谨以此书纪念中国现代美学奠基人和开拓者朱光潜、宗白华、蔡仪、蒋孔阳、王朝闻诸先生

攀 援 集

经验之美与超验之美

阎国忠◎著

中国社会科学出版社

图书在版编目（CIP）数据

攀援集：经验之美与超验之美/阎国忠著．—北京：中国社会科学
出版社，2014.2

ISBN 978 - 7 - 5161 - 3314 - 9

Ⅰ．①攀…　Ⅱ．①阎…　Ⅲ．①美学—文集　Ⅳ．①B83 - 53

中国版本图书馆 CIP 数据核字（2013）第 229387 号

出 版 人　赵剑英
责任编辑　凌金良
责任校对　石春梅
责任印制　王炳图

出　　版　中国社会科学出版社
社　　址　北京鼓楼西大街甲 158 号（邮编 100720）
网　　址　http：//www. csspw. cn
　　　　　中文域名：中国社科网　　010 - 64070619
发 行 部　010 - 84083685
门 市 部　010 - 84029450
经　　销　新华书店及其他书店

印　　刷　北京君升印刷有限公司
装　　订　廊坊市广阳区广增装订厂
版　　次　2014 年 2 月第 1 版
印　　次　2014 年 2 月第 1 次印刷

开　　本　710×1000　1/16
印　　张　31.25
插　　页　2
字　　数　530 千字
定　　价　85.00 元

目　　录

美·爱·自由（论纲）*

（一） 美与爱是人人都能领悟，因而是无须加以解释，同时又是人人都说不清楚，甚至连哲学家也感到困惑莫解的

1. **美与爱是人人都能领悟，都有所认识，似乎无须从身外获得这方面的知识。**

①先说美。在你懂得对对象进行审美判断之前，有谁告诉你什么是美，或者你曾经在书本上获得这方面的知识吗？显然——没有。恰如西方哲学家康德、克罗齐等说的，美不涉及概念、道德和具体的功利，因此不表现为知识形式。

美与真不同，它似乎与认识无关。没有受过教育的人与受过高等教育的人，同样懂得美，追求美。大字不识的农村妇女在剪窗花、团泥人、编花篮、绣团扇中都非常讲究美。在影院或剧场里也恰是她们容易进入剧情，为剧中人的遭遇所感动。

美与善不同，它似乎与道德无关。善良的人爱美，邪恶的人也爱美。道德的堕落并不意味爱美之心的泯灭。尼禄、希特勒、严嵩、秦桧、汪精卫之流尽管在道德上声名狼藉，却是美及艺术的热烈的崇拜者。

美与利害不同，它似乎与经验无关。我们常常赞扬老年人经验丰富，涵养高深，但是却不去赞扬他们对美有更高的敏感，更浓烈的趣味。在对美的敏感程度上，一个未成年的孩子不见得比一个年迈人差多少。希腊人是人类的童年，却创造了令现代人依然叹为观止的神话和史诗。

* 此文发表于《学术论丛》1995 年第 5 期；《新华文摘》1996 年第 3 期全文转载。

②再说爱。同样，在你懂得爱之前，有谁告诉你什么是爱，或者你曾从书本上获得了这方面的知识吗？显然——没有。爱，同样不涉及概念、道德与具体的功利。

爱与认识不同，它似乎不是一种知识。爱的产生不是在知识之后，因此知识不是爱的原因。爱一个对象，常常是一见钟情，是刹那间的事。爱是学不来的，也是忘不掉的。

爱与意志不同，它似乎不是一种德行。道德高尚的人懂得爱，道德堕落的人也有自己的爱。使人走上犯罪道路的，除了欲望之外，常常还有爱。

爱与欲念不同，它似乎不是一种经验。爱得舍生忘死的人往往是年轻人。情歌是年轻人们的心声。爱与经验往往成反比，那些在情场上浪迹最久的人是最寡情的。

2. 美与爱又是人人都说不清楚，甚至连哲学家也感到困惑莫解的。

①谁能说清楚美是什么呢？

去问一个普通人，他可能有这样几种回答：其一，"美就是好看"。其二，"美就是漂亮"。其三，"美是鲜丽的色泽，明快的节奏，优美的线条，适度的比例"等。

去问哲学家，他们煞费心机作出的回答是："美是一种理念"（柏拉图），"美是整一的东西"（亚里士多德），"美是造福者上帝"（圣奥古斯丁），"美是神圣的比例"（达·芬奇），"美是关系"（狄德罗），等等。这些解说有一定道理，因为都指出了美的一个侧面。而恰因为如此，美自身，美作为完整的存在，究竟是什么，就成为越来越使人感到困惑的问题了。

②谁又能说清爱是什么呢？

去问一个普通人，他的回答可能是：其一，"喜欢"。其二，"一种感觉"。其三，"一种精神境界"。但更重要的，爱是一种内驱力，爱是达到某种人生境界的力量。爱不是结果，而是过程。

去问哲学家，他们所给予的答案是："爱是一种迷狂"，是"神凭附的结果"（柏拉图）；"爱是上帝的本性"，也是"上帝对人的诫命——爱上帝、爱邻居"（圣奥古斯丁）；"爱与同情心、竞争心一样，是人的本能"（休谟）；"爱是性欲的升华"（弗洛伊德）；"爱是对本来只是一个自然对象的理想化及对这个理想化目标的追求"（桑塔耶纳）；等等。爱当然根植于人的自然本性，但它的本质却是对自己本性的超越，哲学家们注意到这两个方面，却没有形成对它的一种真正完整的表述。

（二）　美与爱虽然不能从其他方面得到确切说明，却能够相互参证

1. 美所激起的情感是复杂的，但最恰当的表达是爱。

美给人一种愉快，丑使人不愉快。美的愉快是怎样一种愉快呢？

①它是一种生理上的快感吗？比如红色使人兴奋，绿色令人安详，杂乱无章的形体使人心烦意乱，和谐有序的形体令人心旷神怡，这些均与人的生理反应有关，但是美与此相同吗？花的美与花的香相同吗？显然不同。

②它是一种求知的快感吗？亚里士多德说，人们所以喜欢诗，原因之一是人有模仿的天性，看到诗中所写之物与原物相似就产生一种愉快。但是，模仿的愉快毕竟不是美的愉快。有人说，美的愉快就是从所创造的对象上面直观自身的愉快，这种说法也经不住推敲，因为孩子由打水漂产生的愉快，毕竟不同于一个诗人或画家由观赏水中涟漪所引起的愉快。

③它是一种道德上的快感吗？说"美是道德的象征"是可以的，但说美就是道德，美感就是道德感，是不可以的。《巴黎圣母院》中的敲钟人给人一种道德感，而不是美感，敦煌壁画中的飞天给人以美感，而完全不涉及道德感。

美感是由爱所引发的快感；美感实则就是爱的情感。而爱是人们最本真的生命活动，是人的各种意识与下意识，理性与非理性，感觉与超感觉，在生命跃动的刹那间的猝然综合。因此，美所引发的愉快不是人的某一种需要得到满足时的片面的愉快，而是整个生命的振奋和愉快。

2. 爱所涉及的对象是广泛的，但它的最终指向是美。

①爱的对象可以是异性，此谓之性爱，性爱被西班牙哲学家乌纳穆诺称之为"创生典型"（generativetype）①，因为性爱中包含着生命的最基本

①　乌纳穆诺：《生命的悲剧意识》中文版，北方文艺出版社 1987 年版。

的原则，也体现着爱的最基本的特性。生命是通过两性的结合与自我牺牲得以实现的，爱同样是在人与对象间相互确认并在相互确认中超越自我中实现的。性爱是对性的屈从与超越，而实现这一超越的契机就是美。唯有美才能真正地把人从动物般的性冲动中解救出来。萧伯纳因此说："恋爱便是对异性美所产生出来的一种心灵上燃烧的感情。"

②爱的对象可以是父母子女。血亲关系实则是两性关系的扩大。但正因为是扩大，所以不像性爱那么直接屈从于本能。血亲关系有可能使人更多的关注美。

③爱的对象可以是大自然。原因是：第一，只有大自然才能满足人的生存需求；第二，大自然是人精神上的依托，是人可能与之对话的对象；第三，大自然是"性爱的第二领域"（桑塔耶纳）；第四，大自然为一切美的想象和幻觉提供了原型。爱大自然必定爱它的美，只是由于看到了大自然的美，才在大自然面前有种亲切之感。

④美的对象也可以是自己的国家、民族及自己从事的事业。这种爱使人在更大程度上超离了自己，而与作为其中一员的社会或集团的命运连接在一起，这种爱中包含着一种认同感、自豪感与使命感。而爱越是超离了自己，也就越是远离了性与生理的需求，而趋向于精神，特别是美。国家、民族和自己的事业可能给人们带来许多东西，但是其中最为重要的是给人们提供了可以修身养性的栖息之地。

⑤爱的对象更可以是道、永恒的理念或最高的理想境界。什么是道、永恒的理念与最高的理想境界？就是真，就是善，就是美，是这三者的统一。这是真正意义的爱的实现。爱的对象本质上不是有限的欲念的对象，认识的对象，意志的对象，而是永恒而无限地向人敞开的美。

（三）　美与爱相互参证，证明它们之间有相同的根基，这就是自由

1. 自由有许多不同的含义，这里指的是哲学、美学意义上的自由。

①这个意义上的自由同样以不自由与之相对。什么叫不自由？就是被束缚在自然的必然之中。人之所以被束缚在必然性之中，是因为人是有限的存在，人不能超越自然所提供的可能性。所谓自由，就是认识并驾驭这

种必然性，使人在一定程度上超越自己的有限性。人类全部历史就是从必然到自由的历史。也就是从有限性中不断超越出来走向无限的历史。

②所谓超越自己的有限性，就是消除自己作为单个人的片面存在，而将自己纳入整体中。单个人永远是片面的，也是无力的，单个人向整体跨出的第一步，就是与异性的结合。当然，两性的结合也还是向整体跨出的第一步。人是类的存在物，马克思讲，人只有作为类的存在物，才与动物区分开来，才有了自由自觉的意识。扩展开去，还可以说，仅仅人类自身也不是整体，因为人要生存就要依靠自然，自然不是人的对立物，而是人的另一体。

③而当人成为整体，并作为整体存在时，人便得到了确证，也就是人便回归到了自身。马克思讲的异化与回归无非就是这个意思。人的回归意味着人完全消除了自身的片面存在，而获得了全面的发展：由于人与人、人与自然间达到了真正的和谐与统一，人的精神需要与物质需求，个体需求与群体需求，自我需求与对象的需求取得了完全的和解，所以支配人的思想与行为的便不再仅仅是感性的原则或理性的原则，理智的逻辑或情感的逻辑，而人便开始在他所接触的一切自然上面打下自己作为整体，即作为自由主体的烙印。

2. 美的真正根基是自由。

学界对美有过种种区分，比如相对美与绝对美，静态美与动态美，自然美与艺术美，等等，但这些区分都是外在的，真正科学的区分应该是内在的，即以美所体现的自由的性质与程度的区分。从这个角度看，我们将美区分为三类：直觉——形式，想象——意象，生命体验——美的境界。这是三类，也是三个不同层次。直觉——形式是较低的一个层次。自然美属于这个层次。想象——意象是较高的一个层次。艺术中语言艺术基本上属于这个层次，少数杰出作品在这一层次。生命体验——美的境界是最高的一个层次。少数非常优秀的艺术作品，也许是语言艺术，也许是造型艺术，可以达到这种美。生命体验——美的境界是人的整个生命与整个自然的相互拥抱，即所谓"天人合一"，因此对于人来说，自然不再是作为形式或形象的存在；对于自然来说，人也不再是作为理智的或情感的主体的存在。人与自然都从有限中超离出来，而正因为如此，人与自然也达到了完全的和解，人从这里获得了真正意义上的自由。由此可见，人们之所以不停留在直觉—形式，想象—意象，而追求生命体验—美的境界，就是因为人们向往完全的自由。美的价值就在于让人享有一定自由的同时，意识到不自由，从而去追求更高的自由。

3. 爱同样根植于自由之中。

①罗素说："只有爱情是自由和自愿的时候，才会发展起来。"这话道出了一个最平凡的真理。爱的本性就是自由，唯有自由才可能生长出爱，强制和逼迫是与爱无缘的。爱要求超越有限的自身，要求奉献和牺牲；爱要求把个体融入整体之中；爱要求使自身变得圣洁和完善。总之，爱要求自由的真正实现。因此，在爱中能够体会到的正是自由所包含的解放的快乐、升华的快乐和自我实现的快乐。

②因其所体现的自由境界不同，爱也是有层次的。前面所讲的两性的爱、血亲的爱，对大自然的爱，对国家、民族及自己事业的爱，以至于对道、永恒观念、理想境界的爱便体现了不同层次。我们还可以根据柏拉图与新柏拉图主义的精神，作这样的划分：第一，对感性实体的爱，——一般作为欲求的对象；第二，对非实体的形式的爱，——一般作为观赏的对象；第三，对智慧的精神的爱，——一般作为崇拜和仿效的对象；第四，对道或绝对理念的爱，——一般作为信仰与追求的对象。

③爱是无限的，因为自由是无限的。爱的每一次升进，都使人体验到更多的自由。但爱如果始终停留在一个层次上，那么它的生命也就终结了。

（四）　美与爱都指向人的自由和完善，但只有把美归附于爱，把爱引向美，它们才不至于失去其自身

1. 人人都能感受到美的愉快，因而都喜欢美，但是并非人人都懂得爱美，爱美需要知识、道德和人生经验，需要依凭对世界真诚的爱。

①美是有限的，同时又是无限的，是具体的，又是普遍的，是此岸的，又是彼岸的。美就在你眼前，因而是可以感受到的；同时又不在你眼前，因而是不可捕捉的，正因为如此，所以美就具有了中介的性质，"桥梁"的性质。无论是谁，只有如实地把美看成中介，而不是看成既定的

事实或玄虚的幻影，才算把握了美的真谛，而这样就需要有必要的知识、道德和人生经验。

②柏拉图曾把哲学家称之为"爱美者"、"爱智慧者"，这不是说他否认其他人的爱美，而是说只有哲学家才真正爱美，或者说才爱真正的美。哲学家们爱的不是一个一个有限的美的事物，而是无限的"美本身"。哲学家为什么能如此呢？因为他们有美的知识，他们能够把直觉—形式的美（悦目悦耳的美）与生命体验—美的境界的美（悦志悦神的美）区分并联系起来，从中悟到它对实现人生价值的意义。

③爱美不光需要知识，需要道德，也需要人生经验。一个初谙人世的孩子，应该说，不缺乏对美的敏感，但是他绝不会懂得美对人生的意义，因为对美的真正理解要靠体验，而体验要借助于必要的时间。一个在知识、道德上已有充分修养的成年人，往往在一些感性的享乐面前表现得比较沉静，甚至比较冷漠，不是因为他们的感受器官迟钝了，而是因为玄想的机能发达了。他们在人生体验中领悟到一切感性的享乐都是过眼烟云，而他们需要的是一种永恒的美。

④知识、道德和人生体验滋养了爱，使人不仅知道了美是什么，应该怎样，以及他们需要什么，而且造成了一种动力，驱使他们用整个生命去拥抱美。爱虽然离不开知识、道德、经验，但是她永远不停留在是什么，应该怎样，需要什么这样的层次上，爱是渴望，是投入，是奉献，因此，唯有爱才能把人从有限推向无限，从此岸推向彼岸。

2. 人人都能体味爱的滋味，但是并非人人都理解爱的真谛，并真正去爱，爱同样需要知识、道德和人生经验，并需要接受美的引渡。

①爱同样既是有限，又是无限的。爱也分成许多层次。爱铺衍在感性世界与超感性世界，此岸世界与彼岸世界之间。基督教讲究爱与爱者、被爱者三位一体，意思是被爱者是怎样的，爱者及他付出的爱便是怎样的，它们绝对是同一的。就像镜子中的人，影像与真人其实是一个。如果你爱的是直觉—形式的美，而不是形象—意象的美，更不是生命体验—美的境界的美，那说明你与你的爱也正处在这个层次上，你还主要生活在直觉—形式之中，还缺少更深邃的内在生活。所以爱是需要用知识、道德、人生经验来培育的。

②哲学史上曾有一种争论：是知然后爱呢，还是爱然后知呢？其实，

爱与知是并存的，当人一睁开眼看到生养自己的母亲时，知与爱便同时产生了。当然这是最原初形式的知与爱。随着爱的生长，知的范围和程度也在加大，或者反过来说，随着知的生长，爱的深度和广度也在加大。柏拉图把爱称之为一种迷狂，但这种迷狂并不等于无知，迷狂总是对自己认为应该迷狂的对象而迷狂，而且总是认为到了应该迷狂的时候才迷狂的。即便是你爱的是直觉—形式的美，也需要有相关的知识，何况是爱想象—意象的美或生命体验—美的境界的美呢！

③伦理学史上也有过一种争论：是爱在德行之上呢，还是德行在爱之上？如果你说的爱是一般平俗的对异性的爱，对血亲关系的爱，那么这种爱就在德行之下；如果你说的爱是神圣的对道，对绝对理念、理想境界的爱，那么这种爱就在德行之上。爱在一定意义上讲是德行的基础，没有爱便谈不上一切德行；在另一种意义上讲，爱又是德行的归宿，一切德行最终必然导向爱。我们可以说一个道德上堕落的人的心中并非完全是恨，但是不能说一个完全没有道德的人心中还有爱。

④爱一半出于本能，一半出于知识、道德和人生经验。爱的升进与人所面对的世界，所经历的生活，所感受到的亲疏恩怨有关。一个始终关在屋子里，从未见过天空、海洋、森林、沙漠的人，不可能有对大自然的爱。一个从未遭受到现世的苦难，从未品尝过孤独、压抑、烦躁、愁苦滋味的人，也不可能有对道与绝对理念的爱。人生经验，这是将一切知识、道德译解为自身可以懂得和接受的语言，从而为爱的存在与升华提供参照的最基本的形式。就这个意义上，我们甚至可以说：爱即一种经验。

⑤对于爱来讲，知识、道德、人生经验通通指向美才有意义。所谓爱的升进，也就是美的升进，而且只有同时是美的升进，爱才能升进。所以，如果说爱是人实现自我、完善自我的驱动力，那么美就是人实现自我、完善自我的确证和尺度，是照耀人永远前行的灯火。

关于美、爱与信仰的理论思考*

关于美和爱的关系，我在五年前曾发表过一篇文章，《新华文摘》基本上全文转载了，我以为美与爱分不开，应该放在一起讨论，但是没有涉及潘知常教授提到的信仰问题。美与爱常常是信仰的一部分，这是毋庸置疑的，不过这中间有许多理论问题需要研究和澄清。

这要从美与爱的关系谈起。美与爱是相互对应的两面，美关系到客体，爱依附于主体。没有爱就无所谓美，没有美也无所谓爱。所以孔子对美的界定是"里仁为美"，所谓仁，即爱。柏拉图认为有一种"爱的深秘教"，而达到这种神秘境界的过程便是审美观照的不断升进。当代西班牙哲学家乌纳穆诺谈到美与爱的关系时说，美与爱是相互依存的，人们无法说清楚是由于美才去爱，还是由于爱才去寻求美。

美与爱之所以不可分，是因为它们都植根于人的自由意志。显然，对美的观赏需要有一种自由的心境。无论外在的规则或内在的欲求都不能制约美的观赏，换句话说，只有在超越了外在的规则及内在的欲求的条件下才能进入美的观赏。同样，对爱的追求或爱本身也需要有一种自由的心境。爱必然是自由的，它拒绝一切源自周边环境及自身的一切强制。爱之所以指向美，是由于美是自由的象征；美之所以激发爱，是由于爱是对自由的体验。世上恐怕没有人不希望享有自由，因此没有人会拒绝美与爱。对人来说，美是最为普遍的了。大凡活着的人，有谁不向往美，为美所感动呢？一个人可以不要真理，不讲道德，但是不能漠视美的存在。即便看破红尘的出家人，也会选择一块风景清幽秀丽的去处。同样，爱也是最为普遍的，没有人不懂得爱的珍贵，不体会爱的甜美，只是获得了爱，才使一些人活得津津有味，兴致盎然；只是因为失去了爱，一些人才有了生不

---

* 此文发表于《学术月刊》2004 年第 8 期。

如死的念头。但是，正像自由并不总是光临到人们头上，真正的美和真正的爱常常只是一种理想。而且恰恰是这种理想成为支撑人的生命的精神柱石。所以，我们看到，人们谈论的美和爱事实上是这样两种：一种是现实中的个别的美，可以享有的美，一种是理想中的超越的美，需不断追寻的美；一种是世间具体的爱，可以领受的爱，一种是神圣的无限的爱，悬在虚空中的爱。这样，美、爱与自由一起融入了人的信仰之中。人们不仅相信有一种真正的超然的美与爱的存在，而且有意无意地将它当作规范自身美与爱的尺度，甚至相信它是一切具体的美和爱的本源。我们知道，古代希腊人为自己塑造了主管美与爱的神灵——阿芙洛狄忒；中世纪基督教神学家称"美是上帝的名字"（〈托名〉狄奥尼修斯），"爱就是上帝自身"（圣伯尔纳）；文艺复兴以后，康帕内拉等空想社会主义者把美与爱融入了他们的乌托邦世界。人们的信仰经由自然神、人格神，而转化为理念神。18世纪美学的诞生，标志着人类开始将对美与爱的信仰化作切实的理性思考和现实努力：理想作为现实的终极指向，现实作为理想的基础和前提。

　　但美学一经诞生便以科学自命，不再侈谈信仰。殊不知信仰是人类生命之维，即便是最纯粹的科学也不能完全排除信仰，何况美学这样与人类生命攸关的科学。当然，美学不是诞生在无视美与爱神存在的亚里士多德手中，也不是诞生在鄙夷感性之美的圣奥古斯丁手中，这正表明，美学的使命既不是描述现实的个别的美，也不是论证理想的超越的美，而是在这两者之间架起一座引渡的桥梁，让美与爱成为生命自由及其无限性的证明。美学应该为美与爱的信仰辩护，并应该照亮通达这种信仰的道路。

　　古代希腊多神教向中世纪一神教的转化给了我们这样的启示：人类历史上只有在尚未形成统一的宇宙观的时代，才存在对单纯的美与爱的信仰。那个时候，美与爱都是作为一种神秘的自然力量介入到人类生活，人们还不了解美与真、善，爱与信念、期望等的关系。他们幻想着仅仅依靠自己的虔敬与真诚就获得美与爱神的青睐，但神话本身就是人们对诸神的思考，就是对美、爱与相关存在的追问，而正是这种思考与追问本身导致了诸神的退位和基督的降临。一神教的形成说明了人们认识到存在于美与爱神背后的统一的神的世界，认识到单纯的美与单纯的爱只是一种幻影，真正的神是将美、真、善统一于自身的。基督教的上帝不仅以美作为名字，也以真、善作为名字。正像圣托马斯·阿奎那说的，上帝把真、善、美包容于自身，之所以有了不同的名字，是由于人们看待上帝有不同的角度。从认识角度看，上帝是真；从欲望角度看，上帝是善；既从认识又从欲望角度看，上帝是美。当然，上帝也是一种虚设，但是体现了对自然与实在的真切观察和对理想的完整的描绘。世上有什么美不是依附在真、善之上或渗透在真、善之中呢？由这里可以看出，从柏拉图提出单纯的"美本身"时起，就已经走向了一种误区。

正像没有与真、善分离开来的"美本身"，也没有与信念、期望相分离的对"美本身"的爱。基督教把希腊时代作为自然力的爱升华为真正人的爱，这是对美的爱，也是对真、善的爱，是包容了信念与期望的爱。信、望、爱三者间的相互关系是基督教神学的重要论题之一。圣奥古斯丁与圣托马斯·阿奎那都做过重要发挥。在他们看来，一方面，就心路历程讲，信是望的前提，人们只能企望那些在他看来可能实现的事物，而且必须借助这种信念才可以达到；而信与望又是爱的前提，完全不相信和不在期盼中的事物不会引发爱；另一方面，就道德品位讲，爱又是信与望达到纯正完满的前提。因为爱是道德之母，爱不需要依赖知识和利益，而以与上帝的结合为根本目的。毋庸置疑，由审美激起的爱中，包含着某种信念与企望。我们每个人心中部怀有一个美之为美的标准，一个美好的信念，同时我们每个人都企望着与美亲近，让美永存，而我们的这种爱又净化和证明着对美的信念，使之升华到一种更圣洁的境界。

信仰是对一个包容真、善、美的本真世界的信仰，是对一个理想中完整实存的信仰。所谓美，不是别的，只是这个本真世界或完整实存的一种感性的表征。同时，信仰是发自一个包容信、望、爱在内的本真自我的信仰，发自一个现实的生命本体的信仰。所谓爱，只是这本真自我或生命本体内在的冲动。由真而信，由善而望，由美而爱，或由信而真，由望而善，由爱而美，这就是信仰中相互对应的两面。由此可见，美的真正价值不在于为真、善涂一层耀目的光泽，爱的真正意义也不在于为信、望吟一曲浪漫的歌谣。美是悬在前行路上的灯，照亮的是真、善、美的本真世界；爱是心灵对这灯的回应，映现的是自我的本真生命。基督教神学肯定世界存在着两种美与两种爱。上帝的美是最高的美，是美的本源；自然的美是上帝的造物，是上帝光辉映照下的美。同样，上帝的爱是最圣洁的爱；世间的爱是蒙受圣恩的爱。上帝本身是无限博大和圆满，上帝的美融真、善于一身，上帝的爱并不基于某种外在的需求。上帝之所以美，是因为它不能不美；上帝之所以爱，是因为它不能不爱。可以把美与爱看作是上帝的彰显，而彰显并不是它的目的。人是上帝按照自己的形象创造的，但人因原罪的原因，往往盲目地追求某种外在的知识，并往往陷入情欲之中，因此人总是把美与真、善割裂开来，单纯地追寻感性的虚幻的美，总是把爱与信、望对立起来，固执地追求感官的短暂的满足，而这样做只能使他们陷于无穷无尽的痛苦和失望之中。当人认识到这种痛苦和失望仅仅依靠自己的力量无法摆脱的时候，他们开始寻找真正的美和爱，于是，上帝降临到他们心中。

　　所谓信仰，不仅是相信有一个真、善、美的本真世界，而且相信依靠自己的信、望、爱可以接近和达到这个世界。当然，这是非常艰难的事。就美来讲，像柏拉图指出的，要从个别的美上升到一般的美，从事物的美上升到人的美，然后再上升到精神的美、社会的美，上升到美的世界，即上帝的美；就爱来讲，要从感性的爱上升到理性的爱，从亲情的爱上升到种族的爱，然后再上升到宇宙的爱，上升到爱的理念，即上帝的爱。圣托马斯·阿奎那说，人有两种本然的趋向，一种是趋向自己，一种是趋向上帝。人不能不趋向自己，不能不维系自己的生存，但是，人也不能不趋向上帝，因为人不能仅仅依靠自己维系自己的生存。人总是处在趋向自己和趋向上帝的途中，自由便在这途中生成。西方美学从康德起就把这种精神提升的过程当作讨论的重心，不过康德没有超出他的前人，依然把这个过程理解为精神自身的过程，黑格尔、马克思才转向精神之外，理解为现实的实践的过程。

　　美与爱的关系，美与真、善的关系，爱与信、望的关系，作为信仰的美与爱和作为现实的美与爱的关系，所有这些问题都是美学不能避开的重大问题。

　　潘知常教授说，西方美学有长久的希伯来传统，而中国美学一直在认识和实践的语境里徘徊，缺少信仰的维度。他的话有道理。我以为，中国美学一个根本的缺陷，就是对美学的学科性质没有正确的理解，没有把美学这样的人文科学与自然科学区别开来。从蔡仪先生倡导在认识论基础上建立科学的美学开始，人们便在逻辑性、系统性、完整性上下功夫。李泽厚先生也提出，要把美学建设成具有数学方程式般的精密科学。美学因此完全成了实证性科学。所谓"美的规律"以及与之相关的"审美心理结构"成了美学的核心概念与主题，审美活动的理想性、超越性，审美对人的救赎作用以及审美与爱和人的生命的关系被忽略了，或被置于边缘的位置。所以，中国美学要继续前进，必须从这种狭隘的理解中解脱出来，而且要从人们的信仰实践和宗教哲学中汲取必要的营养。

超验之美与人的救赎[*]

　　首先要申明，这里讲的是超验之美，而不是美的超越性。美都有超越性，这个超越性指的是对自己的有限旨趣，特别是与自己相关的世俗功利的超越；而超验之美是指对整个经验世界的超越。美的超越性犹如康德讲的"桥梁"，其意义在于将人从感性引渡到理性，从有限引渡到无限；而超验之美则像点燃着的一盏灯，其意义在于让理性和无限本身——生命的终极境界闪烁出光明。美的超越性涉及的是人的认识和情趣，超验之美则把人们的认识和情趣升华为信念或信仰。

　　关于超验之美的谈论，由来已久，最早还得追溯到古代希腊的柏拉图。柏拉图把美的事物和"美本身"区别开来，把美的讨论提高到哲学的层面，从而开启了美学的前史。所谓"美本身"，就是美的理念。不过，按照柏拉图的说法，理念至少有三种：一种是"和谐"；一种是"智慧"；一种是"至善至美"。"和谐"是体现在外在的感性事物中的美；"智慧"是体现在内在的精神中的美；"至善至美"则是一种人生境界和终极追求的美。前两者都是处在经验世界中的，是有时间和空间的，因而也是偶然和短暂的，后者则是处在超验世界中的，是超越时间和空间的，是普遍和恒久的。"和谐"、"智慧"之美既然存在于经验世界，人们通过一般的认知能力就可以享有了，而"至美至善"属于超验世界，人们用以观照它的手段只能是一种天生的禀赋——"回忆"。柏拉图还认为，美与爱是密切相关的，审美的历程就是爱的增进和升华的过程。人们能够用审美的眼光观赏整个世界，以至能够"凭临美的汪洋大海"的时候，就是被"爱神"召唤，进入"爱的深秘教"的时候。柏拉图提出和张扬超

　　* 此文发表于《学术月刊》2008 年第 5 期；《新华文摘》2008 年第 19 期；人大报刊复印资料《美学》卷 2008 年 8 期全文转载。

验之美是有其时代背景的，这就是对正在逝去的辉煌的希腊城邦制和古典艺术的眷恋和向往，也表达了人类一种共同的挥之不去的情结或情趣。

　　柏拉图的弟子亚里士多德看到了他老师的破绽。他指出，柏拉图用对理念的"分有"这种模糊的语言解释事物之所以美的原因是不能说明问题的，理念如果是一个"共相"，就不能同时是"殊相"，就是说，理念不能成为实体。亚里士多德尽管同样认为存在一种"纯形式"和"至善全美"，但他宁肯把它悬置起来，而只谈论具体事物和人的美，把美归结为"秩序、匀称、鲜明"。后人把亚里士多德和柏拉图对立起来，说他们开创了西方美学的两个相反的传统。这未免有些夸大其词。不过，从亚里士多德开始，西方美学确实出现了一种偏重于经验之美的谈论模式。

　　过了差不多 5 个世纪，随着基督教的兴起，围绕超验之美的讨论成了美学的主潮。圣奥古斯丁和圣托马斯·阿奎那等充分利用了柏拉图和新柏拉图主义（以及亚里士多德）的理论资源，并就他们提出的三个主要论点做了或肯定或否定的回应。当然，他们所有的谈论无不打上了神学的烙印。超验之美在他们看来就是上帝的一个别称。柏拉图认为，超验之美是一种与善相统一的最高的美，圣奥古斯丁则说，上帝"至高、至美、至能"，"至仁、至义、至隐"，"至美、至坚、至定"；柏拉图认为，对超验之美的观赏要借助"回忆"，圣奥古斯丁则说，无论在记忆之内或记忆之外都不可能找到上帝，而只能"从可接触的一面达到其左右"，从"可攀附的一面投入其怀抱"；柏拉图认为，超验之美能够引导人们远离丑陋和邪恶，"进入爱的深秘教"，从而获得精神的自由和解脱，圣奥古斯丁与圣托马斯·阿奎那则说，观赏上帝的美，除非和上帝"面对面坐在一起"①，而这是一个从原罪中解脱出来获得救赎的过程，这个过程就人自身来说，就是由信而望而爱的漫长的心路历程。相信、希望是爱的前提，但作为一种"神学德行"，爱高于相信和希望。此外，他们强调，上帝是三位一体的存在，不仅是圣父、圣子、圣灵的三位一体，也是爱者、被爱者、爱的三位一体，美、美的观赏者、观赏的三位一体。这就是说，美是相对于相应的观赏者的观赏而存在的，超验之美需要有观赏者的超验的观赏。他们还强调，一切经验之美，它的最大价值就是作为超验之美——上帝的象

---

　　①　阎国忠：《美是上帝的名字——中世纪神学美学》，上海社会科学院出版社 2003 年版，第 79 页。

征，而且只是在这个意义上，艺术才被认为是上帝与人之间的中介。

从文艺复兴和宗教改革开始，超验之美的谈论被搁置起来了。先是由但丁开启的自然——人文主义，之后是由休谟阐发的经验——感觉主义以及由布瓦洛倡导的古典——理性主义对经验之美进行了广泛的张扬，自然、感觉、"合情合理"被认为是审美活动的内在根据和尺度。但是，在莱布尼兹、沃尔夫、鲍姆伽通等德国哲学传统里，特别在康德的哲学中，超验世界始终受到特别的眷顾。康德把他理解的超验世界称作"物自体"。在他看来，这个"物自体"是"构成那美术里美学的，但绝对合目的性的主观性原则"的"超感性的机体"。美和崇高本身并不是超验的，审美活动并不意味着自由，却与超验的，即自由的根底相结合，并为实现向其过渡提供了可能。于是，经验之美的超越性第一次被明确地表述出来，诗的艺术作为"审美诸机能"的"全量"的"表现"形式得到了肯定。谢林同样相信有一个超验世界的存在，并且相信这个超验世界有一种"初象（urbilder）之美"，能够通过艺术这种"映像之美"，即通过使大自然"复返光辉的总体和诸形式的绝对同一"而显现出来，在这个意义上，艺术可以被称为"神圣者的一面镜子"①。黑格尔批评了康德以"理性的主观观念"的形式去调和超验世界与经验世界的对立，以主观合目的性去解释审美的超越性，同时肯定了谢林将超验世界与经验世界的统一理解为"理念"本身，将艺术看作是超验之美的一种显现。在黑格尔看来，理念或绝对理念就是"绝对心灵"，而"绝对心灵"就是"绝对的自我外化"，哲学、宗教、艺术都属于"绝对心灵"的领域，是"由绝对理念本身生发出来的"。艺术的目的"是绝对本身的感性表现"②，而美就是将理念"化为符合现实的具体形象，而且与现实结合成为直接的妥帖的统一体"③。这样，黑格尔就赋予了艺术和美本身以"自由与无限"的性质，从而将其提升到了他所谓的"理念和真实的绝对境界"④。

从康德到黑格尔，德国古典美学实现了由超验之美到经验之美，由美的理念本身到它的感性形式，由自在自足的美到审美主体和艺术的转

---

① 谢林：《艺术哲学》，中国社会出版社 1996 年版，第 34 页。
② 黑格尔：《美学》，朱光潜译，商务印书馆 1979 年版，第 99 页。
③ 同上书，第 92 页。
④ 同上书，第 148 页。

折。如果像施莱尔马赫说的，康德将超验世界——物自体推到了不可知的彼岸，从而使美学成为审美判断力之学，那么，谢林、黑格尔则将超验世界——绝对者或神圣者、绝对精神与经验世界的同一理解为真实，并把关注的中心转向它的感性载体；如果说康德还只是认为判断力一方面连接悟性，另一方面指向理性，从而为从经验世界向超验世界过渡提供了可能，那么，谢林、黑格尔则把艺术连同宗教、哲学本身纳入了超验世界的领域。

德国古典美学无疑具有浓重的宗教的痕迹，它不是在宗教的框架内讨论美学，不是把艺术当作通向宗教的手段，而是以审美或艺术代替或辅助宗教，从而为人们提供宗教已不能或不完全能承担的对超验世界的许诺。但至少到黑格尔手里，当他把所有非理性的东西纳入到理性的范畴，当康德的自在之物、自然、惠爱、天才，席勒的感性冲动与形式冲动，歌德的人格、预感，谢林的理智直觉、无意识等概念被他搁置、淡出或消解了之后，不仅作为信仰维度的超验之美受到了质疑，而且与身体相关的经验之美也失去了必要的根基。正如后来德国哲学家卡西尔指出的："思辨的观点是一种非常迷人的解决问题的方法，因为好像通过这种方法，我们不仅有了艺术的形而上学的合法根据，而且似乎还有了神化的艺术，艺术成了'绝对'或神的最高显现之一……美由此变为崇拜的对象，与此同时它又处于失掉自己基地的危险中。它如此高地升到感性世界之上，以致我们忘掉了它的地上的根源，它具有人性特点的根源。"[①] 所以，还在19世纪上半叶，美学就在批判和借鉴黑格尔的基础上，努力寻找另一条更符合人们的审美经验的路。

首先是曾属于黑格尔学派的费尔巴哈和被誉为新教现代神学之父的施莱尔马赫，以及丹麦学者克尔凯郭尔。费尔巴哈在批判黑格尔时指出：作为黑格尔哲学中心点的"不是别的，只是一种上帝概念的必然结论和发挥"[②]。"哲学的开端不是上帝，不是绝对，不是作为绝对或理念的宾词的存在。哲学的开端是有限的东西，确定的东西和实际的东西"[③]，"而只有感性的东西才是绝对明确的，只有感性开始的地方，一切怀疑和争论才停

[①] 《德语美学文选》（上），华东师范大学出版社2006年版。
[②] 《费尔巴哈哲学著作选集》（上卷），商务印书馆1984年版，第154页。
[③] 同上书，第107页。

止。直接认识的秘密就是感性"①，"真理性、现实性、感性的意义是相同的"②。施莱尔马赫认为，一切真理都隐藏在生活本身之中，人应在自我本身之中发现自己的使命。所以，美学必须走与黑格尔的指向思辨不同的另一条"指向实践的路"，返回感性和与感性相关的自然，"以已然事物的人的感性为前提"③。克尔凯郭尔论证说：以黑格尔为代表的思辨哲学不能回答人的生存问题，因为生存是指存在于时间中的自由的个体的生存，是一个理性所无法预设和制约的领域，只有从这种具体的生存出发，即从现实性和有限性出发，才有可能去追寻真理和无限。继他们之后是叔本华、尼采。他们以"生命意志"和"强力意志"概念取代了黑格尔的"绝对精神"。叔本华将艺术哲学问题归结为"在与意志没有任何联系的事物中怎么得到愉悦"，将艺术的愉悦归结为由美——"生命和无生命的自然的最基本的和最原始的形式"所引发的"没有意志因而没有痛苦的感受"④，并把天才界定为以永恒理念为对象的非理性的纯粹直观的能力。尼采则认为，美是强力意志的最高标志，美感是强力增长的感觉，艺术则是"使生命成为可能的伟大手段，是求生的伟大诱因，是生命的兴奋剂"⑤。这样，艺术与美就被纳入了意志——生命的范畴，从而彻底切断了它与超验世界的联系。

叔本华被称为是第一个"对生命的某些内容和存在的观念或状况提出询问的现代哲学家"⑥；尼采被认为是"从作为自我独立决定、全部内容都是单独实体的生命出发"和从生命本身寻求答案的哲学家⑦。他们的后继者狄尔泰、西美尔、倭铿、斯宾格勒乃至柏格森又从不同角度对生命作了阐发，于是"生命"成了19世纪下半叶和20世纪上半叶主导西方学术界的核心概念。生命哲学以及其后的心理主义哲学利用现代心理学和生理学的成果，对经验之美作了更为深入的探讨，为人文主义，尤其为科学主义美学提供了丰富的学术资源。但是，正像后来语义学、分析哲学和

① 《费尔巴哈哲学著作选集》（上卷），第170页。
② 同上书，第166页。
③ 《德语美学文选》（上），第144页。
④ 同上书，第182页。
⑤ 蒋孔阳等编：《十九世纪西方美学名著选》，复旦大学出版社1990年版，第576页。
⑥ 西美尔：《现代文化的冲突》，见《现代性中的审美精神》，学林出版社1997年版，第419页。
⑦ 同上书，第420页。

现象学家们批评的，这种仅仅立足于事实和经验的理论，面临一个最大的问题，就是如何摆脱相对主义的困扰。因为如果美学只承认由心理和生理的经验所确定的事实，那么，显然，美学就不可能成为任何意义的绝对知识和真理。

胡塞尔现象学的创立宣告了生命哲学和心理主义哲学的终结。现象学的影响主要来自两个方面：一是作为认识论和方法论的现象学本身；二是作为超验唯心主义的唯我论。前者不仅使人合理地理解审美现象，克服美学的相对主义，而且为消除经验之美与超验之美——主观与客观、感性与理性、此岸与彼岸的对立提供了可能。后者则为深化自我与世界（存在）的关系的讨论，为美学从认识论走向哲学本体论或存在论提供了契机。从胡塞尔到莫里茨·盖格尔、茵加登、杜夫海纳，现象学和美学呈现了这样两个相互交织又相互舛离的过程：一方面通过"现象学还原"，把诸如自然、理念、上帝"悬置"起来，把美（经验之美与超验之美）还原为纯粹意识（审美享受与审美知觉），从而造就了一个具有"纯粹意识结构"的审美主体；另一方面通过从这种绝对的审美主体向世界（存在）的展开，从主体性向"主体间性"和"生活世界"（胡塞尔），从"纯粹自我"向"存在自我"（莫里茨·盖格尔），从艺术的意向性结构到艺术的形而上性质（茵加登），从审美知觉主体到艺术作品的"准主体"，到自在自为的自然美（杜夫海纳），这事实上宣告了彻底的现象学还原的不可能。

杜夫海纳既是现象学哲学家，也是存在主义倡导者，正是由于这种特质，使他承担了康德以后第二次对美学进行整合的责任。他的思路来自康德，但出发点和结论却与康德完全不同。他"把批判引向现象学，然后又再引向本体论"。康德的出发点是：审美判断力如何成为可能？他的出发点是："人在感到美时处于一种什么样的状态？"① 康德把审美判断归结为"先验的自我的活动"，他则认为"自我表现的总是与必然性相协调的某一对象的灵魂"②；康德在审美判断力中排除了道德、认识因素；而在他看来，"只有当意识的所有能力都在感觉中得到显示"时，才成为审美知觉，"审美知觉确是这种充分展开而又美好的知觉，它证明这些能力并

① 杜夫海纳：《哲学与美学》，中国社会科学出版社1985年版，第2页。
② 同上书，第48页。

激起对这些能力的反思"①。康德所谓的审美判断力涉及无目的的、主观的、形式上的目的性，他却认定在审美的合目的性背后存在着某种自然的必然性，是"自然对人类说话时，给人类许多它显示自身的图像，以便人类能够谈论它"，"通过美，自然表现了对我们的好意"②。杜夫海纳通过他所谓的审美知觉整合了感觉与意识、自我与自然、自由与必然、经验与超验，并从存在主义的角度赋予审美经验以"宗教性"的伟大意义："我出现在世界上，但好似在我的祖国"③，"在这个世界里，人在美的指导下体验到他与自然的共同实体性又仿佛体验到一种先定和谐的效果，这种和谐不需要上帝去预先设定，因为它就是上帝：'上帝，就是自然'"④。

我们终于从杜夫海纳这里看到了对超验之美的回应。他的一些论断甚至直接激发了我们对还处在发轫时期美学的联想。他所谓的"需要——自然也要求——人类的出现，以便审美对象能被认为是审美对象"⑤，使我们联想起圣奥古斯丁讲的上帝通过自然界的美彰显自己，他所谓的"情感性质构成的先验"，使我们联想起柏拉图讲的灵魂的"回忆"和爱；读了他对情感与对象之间、对象与对象的概念之间的两次"相符"的议论，我们不由得会联想起圣奥古斯丁、圣托马斯·阿奎那有关上帝作为美、审美者和审美活动的三位一体的讨论。由于他的指引，我们关注的重心不能不由经验之美转向超验之美，虽然他回避了超验之美的称谓。不过，作为一种系统的建构，杜夫海纳的美学应该说是未完成的。他试图通过现象学还原，即审美知觉将经验世界与超验世界都整合为"现象"——审美对象，并在"感性的完满"中达到感性与理性，情感与信仰直接同一，但是他很快意识到现象学作为一种方法论并不是没有限制的，对自然美的观赏就证明了"客体的外在性"和"主体的非我性"是不可还原的，因而对自然的完满性本身——人与自然作为实体的内在统一性的讨论只能留给了本体论。

世界进入了没有或缺少信仰的时代。但是，正像马斯洛讲的，美（应指信仰层面的超验之美）作为一种高级需要，体现了人类本质的理想

---

① 《哲学与美学》，中国社会科学出版社 1985 年版，第 3 页。
② 同上书，第 7 页。
③ 同上书，第 50 页。
④ 同上书，第 51 页。
⑤ 同上书，第 72 页。

状态，因此，不是任何一种哲学可以随便"悬置"或消解得了的。而且我们相信，只要人们还没有忘记由经验之美所激起的感动，就不会放弃将这种感动纯粹化、永恒化的梦想。上帝死了，代之而起的是最感性的，也是最庸俗不堪的拜物教，正因为如此，真、善、美作为一种终极追求闪烁出了更为纯粹更为绚丽的光芒，也是因为如此，超验之美在人类精神生活领域理所当然地获得了空前崇高的地位。

爱的哲学与美的哲学[*]

　　如果有人问，最容易激发我们想象、最能够触动我们感情的是什么？那么，我会毫不犹豫地回答：是爱与美。而且我会根据人们的共同感受与经验进一步说：人生中最难以忘却的不是别的，就是爱与美；最令人感到快乐和幸福的不是别的，就是爱与美；构成人的生命中最华彩部分的，不是别的，就是爱与美。

　　爱与美是那样的耐人寻味，让我们的先人们沉思冥想，费尽心机。正是从他们的繁复浩瀚的著述中，我们大体知道了什么叫作"爱"，什么叫做"美"。但是我们并不满足，尤其让我们不满足的是迄今还没有找到有关爱与美的关系的系统的知识。我们看到的是孔子、孟子以及柏拉图、普罗丁、圣奥古斯丁、圣托马斯·阿奎那、斯宾诺莎、休谟、康德、弗洛伊德、马克斯·舍勒等少数哲人提供的不多的相关论述，而这些远远不能解答我们的所有疑问，满足我们这方面求知的强烈欲望。我们需要沿着前人的足迹，继续思索和探求。

一　爱的家族与美的家族

　　将爱与美做一个比较，首先我们发现：爱是个家族，美也是个家族，而且这两个家族有一种内在的亲缘关系。

　　正像许多哲人指出的，爱是一个复合概念，是与欲望、认同、同情、怜悯、依恋、友情、新奇、尊敬、忠诚、仰慕、自我价值的实现等因素组

　　* 此文刊载于《文艺研究》2009 年第 7 期；人大报刊复印资料《美学》卷 2009 年第 9 期全文转载；收入《哲学年鉴》2009 年卷。

合而成的一种心理体验或经验。① 与欲望相结合，而有性爱（eros）；与依恋相结合，而有母爱；与情义相结合，而有友爱（philia）；与尊敬相结合，而有敬爱（devotion）；与怜悯相结合，而有怜爱；与相互认同和关切相结合，而有博爱（aritas）或仁爱（benevolence）②；与同情和惠顾相结合，而有惠爱；与信仰和自我实现相结合，而有圣爱或大爱（agape）。没有与理智、意志以及情感完全无关的爱，因此没有所谓的"纯爱"（cavstas）。

美同样是一个复合概念，是由对象的不同特征和主体的不同心境相碰撞和相融合而形成的一种价值判断。与优雅相关的，叫做优美；与秀丽相关的，叫做秀美；与华丽相关的，叫做华美；与娇小相关的，叫做娇美；与和谐相关的，叫做谐美；与雄壮相关的，叫做壮美；与高大恢弘相关的，叫做崇高之美；与凄厉悲怆相关的，叫做悲剧之美；与诙谐幽默相关的，叫做喜剧之美；与奇异怪诞相关的，叫做丑或荒诞之美；与天地、圣神、道、理念相关的，叫做大美或至美。没有与真、善以及想象无关的美，因此没有所谓的"美本身"。

爱是个家族，是因为它们都是爱的亲属，都体现了人类的克服孤独、分离、疏远，追求完整，融入社会和自然的一种内在的需要和趋向。③

美是个家族，是因为它们都是美的支脉，都是协调、比例、匀称、秩序、规律、统一、充实、完善的表征和象征。

作为两个家族，爱和美是这样的具有亲缘性，以至于我们提到爱的时

---

① 弗洛伊德认为，爱这个词将众多的"同一本能的活动的表现"结合在了一起（参见《群体心理学与自我的分析》，《弗洛伊德文集》，王嘉陵、陈基发译，东方出版社 1997 年版，第235 页）。弗洛姆认为，爱是一种能力，包括爱护、尊重、责任、了解（参见《爱的艺术》，安徽文艺出版社 1986 年版，第49 页）。欧文·辛格认为，爱是一种评价模式，指赞扬、珍视和关心的行为（参见《超越的爱》，沈彬等译，中国社会科学出版社 1992 年版，第9 页）。罗素称："'爱'这个字概括着不同的情绪"，它在"在两个极点之间移动着：一端是构思的纯粹快乐，另一端是纯粹的慈悲"（参见《罗素文选》，牟治中译，国际文化出版公司 1987 年版，第64 页）。

② 《论语》中记载孔子讲：仁者，"爱也"。又讲："泛爱众"，"博施于民，而能济众"（参见《四书全译》，贵州人民出版社 1988 年版）。韩愈《原道》中讲："博爱之为仁，行而宜之之为义。"（《唐宋八大家散文总集》卷一，河北人民出版社 1996 年版）

③ 柏拉图《会饮》叙述了人由原初的"太阳人"、"月亮人"、"阴阳人"，被宙斯切割为现在这样的男人、女人后，希求与自己的另一半重新结合的传说，之后有这么一段话："我们本来是完整的，对于那种完整的希冀和追求就是所谓爱情。"（参见《朱光潜全集》第 12 卷，安徽教育出版社，第 208 页）。王太庆译《柏拉图对话集》中此段译文是："我们本来是个整体，这种成为整体的希冀和追求就叫做爱。"（商务印书馆 2004 年版，第 294 页）

候,不能不涉及美,因为爱的最终指向就是美①;而提到美的时候又不能不勾起爱,因为只有美才能表达我们对交往、融合、和谐、整体的意愿和渴望。②

二 爱的秩序与美的秩序

与中国学者注重爱与美的道德意义不同,西方学者更关心的是爱与美自身的秩序③。如果把爱看作是一种追求完整、融入社会和自然的趋向,如果把美看作是完整或完善的表征或象征,那么,我们会发现:在爱与美的家族中确实存在着一种由个别到一般,由物质到精神,由社会到自然,由具象到理念,最终与天、地、神④、人融合为一的心路历程。

爱,就是融入,是由自身向他人,向世界的逐步融入。第一,是性爱。由于两性的结合,人肯定了另一个人的存在,并和这个人构成为物质(生理)的和精神的整体。整体和孤独的距离,在这里,就是人与动物的距离。爱于是成为使人从性,即自然中超离出来的自我确证。第二,是慈爱,主要是母爱。对于母亲来说,儿女是性爱的见证。性爱是母爱中一个潜在的和必然的因素。但是母爱不是面对性的对象,而是性的结果,需要在物质和精神上有不同的付出,儿女的意义是将母爱引向第三个—— 与

---

① 我这里说最终指向美,这个意义上的美与真、善是同一的,就是存在、圣神、道、理念本身。

② 康德在《判断力批判》中讲:"美的欣赏的愉快是惟一无利害关系的和自由的愉快",这种"惟一的自由的愉快"就是"惠爱"(上卷,宗白华译,商务印书馆 1965 年版,第 39 页)。西班牙著名哲学家乌纳穆诺在《生命的悲剧意识》中写道:"到底是因为事物中所具有的美与永恒而唤醒、激发我们对于它们的爱,或者是由于我们对事物的爱而使我们发觉事物所具有的美与永恒? 难道说美不是爱的一项产物? 而在同样的情况同样的意义下,可感觉的世界不就是保存本能的一项创造,而超感觉世界不就是永存本能的创造物? 难道说,美,以及随之而来的永恒,不就是爱的一项创造吗?"(王仪平译,北京文艺出版社 1987 年版,第 122 页)

③ 孟子在论述人格修养时谈到一种秩序,美是其中的一个层次:"可欲谓之善,有诸己之谓信,充实之为美,充实而有光辉之为大,大而化之之为圣,圣而不可知之之谓神。"(《尽心下》)不过,孟子似乎认为爱有个由近及远,由人及物的秩序:"仁者以其所爱及其所不爱"(《尽心下》),"仁民而爱物"(《尽心上》)。后来,董仲舒说:"质于爱民,以下至于鸟兽昆虫莫不爱,不爱,奚足以为仁?"(《春秋繁露·仁义法》)西方学者从柏拉图、普罗丁、圣奥古斯丁起一直到舍勒、蒂利希、乌纳穆诺都肯定爱有一种秩序,在柏拉图和新柏拉图派以及基督教神学中这成为一种传统。

④ 我在孟子的意义上理解神,实际上是指历史的必然性。

性无直接关系的人，以及与之相关的情感世界。第三，友爱。友爱中依然有性的因素，因此常常被认为是性爱的延伸或过渡。① 但是，友爱没有性爱的排他性。友爱的对象可以是性的伴侣，也可以是兄弟姐妹，或其他什么人。它所寻求的是更广泛的交往，更大的整体。友爱促使人走向了社会。第四，是敬爱与怜爱。敬爱面对的是需要仰视的对象，是在自己之上的；怜爱面对的是需要俯视的对象，是在自己之下的。爱因此打破了性爱和友爱的对等性，并超出自身的生活和情感境域向两个方向获得了拓展，将那些并不涉及性，也不涉及友情的人，甚至自然界纳入了情感范围。第五，博爱或仁爱与惠爱。博爱与仁爱是人类之爱，惠爱是自然之爱，这两种爱是密不可分的。真的爱人类必定爱自然，真的爱自然必定爱人类。博爱、仁爱与惠爱融入了，同时淡化了所有个人的感情，心灵在这里有如虚静空灵的器皿，每一个人，包括那些自己嫌恶厌弃的人，每一片自然，包括那些对自己毫无利害关系的自然，都能在心灵中找到自己的位置②。第六，是圣爱或大爱。在基督教的教义里，圣爱（或神爱）是指上帝对他的造物，即世界的爱，我们这里则指人对道、理念，或叫做终极境界的爱。这是像弗洛伊德讲的能够包容整个宇宙的"海洋般浩渺"的爱。个人与世界，主观与客观，有限与无限之间的界限在这里荡然无存，完全消解了。我不再是我自己，我就是世界，同时，世界不再是世界，也就是我。人的人类性、世界性与个性在这里同时得到了最充分的肯定和张扬。

美，就是过渡，是由有限向无限，向理想境界的逐步过渡。包括谐美、秀美、优美、娇美、华美、壮美以及崇高、悲剧、丑、荒诞之美在内，都可以在不同程度上向这样六个层面展开：第一，是作为个体的事物的美；第二，是作为类的事物的美；第三，作为个体的精神美；第四，作为类的精神美；第五，作为事物与精神的综合体的现实——社会、民族、国家、人类的美；第六，作为超越自我和现实的终极境界的存在、道、圣神、理念的美。

---

① 弗洛伊德称友爱为"目标被抑制的爱"（aim‐inhi‐bited love），认为从根本上说，它也是一种纯粹的肉体的爱，只是人们没有意识到这一点（参见《文明及其缺憾》，傅雅芳、郝冬瑾译，安徽文艺出版社 1987 年版，第 46、23 页）。

② 弗洛伊德质疑人类之爱，认为怜悯将要受死的敌人是可能的，爱敌人是不可能的。其实，人类之爱是一种人格修养和精神境界，达到这种境界的人应该能够超越个人利害和地域、民族、时代的局限，把爱无差别地赋予整个世界。人们对由地震、海啸、火山爆发、热带风暴、瘟疫、战争等带来的苦难的同情，就深刻地表露了这种人类之爱。

爱的秩序和美的秩序似乎是同一秩序的两面：爱的秩序就是内化了的美的秩序，美的秩序就是外化了的爱的秩序。如果说爱的秩序是心灵通往自由的一段段的行程，那么美的秩序则是为这行程搭建的一座座平台。①

三　爱的历程与美的历程

爱的历程就是爱的家族得以生成，爱的秩序得以展开的历程。

还在人类文明的早期，就存在着三种类型的爱。这就是：性爱（古希腊称"爱欲"）、友爱和对某种神秘的超越力量——神的爱。由于人们还不了解爱的缘由，所以把爱归之于神，认为爱是神在人身上的凭附。人对神的爱被称为"神圣的爱"。同时，由于女性的地位低下，所以性爱是不对等的爱，其中包含一种或是占有或是屈从的因素。相反，友爱在社会生活中比较受到尊重和推崇。② 中世纪，随着宗教势力的上升，超越之爱被诠释为对唯一的神——上帝的"忠爱"（monos），并且为"忠爱"设置了一个前提，就是上帝对人与万物的爱，叫做"神爱"。"神爱"被认为是本真的爱③，它则是由神在人身上迸发出的"爱的星火"。市民阶级和人本主义的兴起，世俗的爱，主要是性爱，得到了普遍张扬。在游吟诗人、骑士阶层、贵族沙龙中流行着的优雅的、英雄的、浪漫的爱中，在对

---

① 柏拉图《会饮》中那段有名的话是最好的注脚："凡是想依正路达到这深密境界的人应从幼年起，就倾心向往美的形体……他第一步应从只爱好某一个美形体开始，凭这一个美形体孕育美妙的道理。第二步就应学会了解此一形体或彼一形体的美与一切其他形体的美是贯通的。这就是要在许多个别美形体中见出形体美的形式……再进一步，他应该学会把心灵的美看得比形体的美更可珍贵，如果遇见一个美的心灵，纵然他在形体上不甚美观，也应该对他起爱慕，凭他来孕育最适宜于年轻人得益的道理。从此再进一步，他就学会见到行为和制度的美，看出这种美也是到处贯通的。因此就把形体的美看得比较微末。从此再进一步，他应该受向导的指引，进到各种学问知识，看出它们的美。于是放眼一看这已经走过的广大的美的领域，他从此就不再像一个卑微的奴隶，把爱情专注于某一个个别的对象上，某一个孩子，某一个成年人，或是某一种行为上。这时他凭临美的汪洋大海，凝神观照，心中起无限欣喜，于是孕育无数量的优美崇高的道理，得到丰富的哲学收获。"（参见《朱光潜全集》第 12 卷，第 232—234 页）

② 柏拉图称爱神有两个，一个是天上的，一个是凡间的。凡间的爱神引发的爱是低俗的，它的对象是女人或孪童，而且只是她们的肉体，而不是灵魂；天上的爱神引发的爱是高尚的，它的对象是已经成人的男性，是比较坚强、聪明的男性（《会饮》）。

③ 11 世纪的圣维克托的理查在《论三位一体》中说，上帝就是爱，圣父、圣子、圣灵的关系就是爱者、爱、被爱者的关系（参见《美是上帝的名字——中世纪神学美学》，上海社会科学院出版社 2003 年版）。

女性的几乎是上帝之外的另一美与善本原的赞词里，封建贵族和新生资产阶级的审美理想和情趣得到了最充分的表达。进入资产阶级革命时期，神爱被诠释为超越性别、种族、阶级、地域的人类之爱，叫做"博爱"。康德曾倡导所谓"惠爱"，这是以包括人类在内的整个大自然为对象的爱，这种爱在 20 世纪后，在生态和环境成为普遍被关注的问题后，逐渐成了爱的哲学的主题。不过，资产阶级并没有把人引向爱的王国，剧烈的社会矛盾和竞争为爱涂上了一层浓重的铜臭味，人们不得不通过对超越之爱，即道或理念的重新界定，表达对在维持自身个性和整体性的前提下与自然的融合与统一的愿望。①

美的历程同样是美的家族得以生成，美的秩序得以展开的历程。

与早期三种类型的爱相对应，最初，美的家族中也有事物（外在的和谐）的美、智慧（内在的和谐）的美和理念的美。稍后一个时期，出现了悲剧和喜剧之美。一神教形成后，又出现了作为写作风格的崇高之美和由理念演化而来的上帝之美。美被称为上帝的名字——上帝不仅是美的本体，而且是一切美的本原。事物只是在象征的意义上才被认为是美的。15 世纪后，上帝逐步退隐了，人们开始珍视自身的美的感受，从自己和自己的造物而不是上帝的造物中，享受到另一种美——娇美、秀美、华美和壮美。进入资产阶级革命时期，资产阶级对崇高做了极度的渲染，为的是将自己塑造成人类解放者的形象。但是随着资产阶级的颓废和没落，人们对外在世界的兴趣渐渐消退了，而转向了内在世界，即人自身的性、直觉、想象、情感、生命。但是，当性、直觉、想象、情感本身被异化和扭曲了的时候，呈现在他们面前的不再是美，而是它的反面——丑与荒诞。于是，对人的原初状态的怀恋，对超验之美的向往又重新徜徉在人们心头。不过，这不再是柏拉图或圣奥古斯丁意义上的理念或上帝，而是如海德格尔讲的包括此在（人）在内的天、地、神、人相统一的整个存在。

爱与美同样发轫于人类充满稚气的童年，同样经历了宗教的洗礼和人文主义的启蒙，在资产阶级革命时期同样得到了极度的张扬，在工具

---

① 人本主义心理学家 A. H. 马斯洛指出："要满足人希求与世界相统一同时又保持其整体感和个性这一需要，只有通过一种欲求，这就是爱。爱是在维持自立和一个人自身整体性的前提下，与外在自我的某人和某物的联合。"（《人类价值新论》，胡万福等译，河北人民出版社 1988 年版，第 4 页）

理性和压抑性文明里同样受到了普遍的扭曲，如今，爱与美犹如暗夜中点燃的灯火，相互辉映着，为人们点亮了通向理想中的整体和自由的路。

四　爱的本原与美的本原

人之所以趋向整体，是因为人是社会性动物，而且与一般社会性动物不同，是在性、生产、交往、皈依或归属和实现自我等多种生命欲求长时期碰撞和融合中逐步形成的，一般动物的社会性只是自然界本身的一种存在方式，人的社会性则是超越自然界的存在方式。

性、生产、交往、皈依或归属和自我实现，这就是爱与美共同的本原。

首先是性。弗洛伊德称爱起源于"自我通过获得'器官快感'来满足其自身性欲的能力"，"美和魅力是性对象的最原始的特征"①，是有道理的。在从猿猴向人类的进化中，有三个因素决定了性向爱与美演化和升华的历史必然性。其一是性的对象。对象的意义在于使人发现另一个有自己的意志和情趣的人，从而使人走出了自我；同时在于使世界成为与这个人共同拥有的世界，使自我与世界间产生了距离。其二是性的快感。与其他生理上的快感不同，这是与另一个人共享的，因而能够彼此交流的快感。它是生理的，却深深地震撼着心灵；它是感性的，却隐隐地浸透着理性。其三是性的选择。起初仅限于身体：它的和谐、匀称、光泽、节律、健康，后来渐渐涵盖了心灵：它的善良、温柔、理性。一方面是可供选择的不同层面、不同品位、不同风格的对象，另一方面是进行选择的不同的智慧、灵性、视野和情趣的主体。

其次是生产。性对于人类的意义不仅在于两性的结合，更在于自身的繁衍，即人自身的生产。恰如弗洛伊德和马克思、恩格斯讲的，人自身的生产与人的生活资料的生产是全部人类文明的基础和发祥地②。人自身的

---

① 弗洛伊德称友爱为"目标被抑制的爱"（aim－inhi－bited love），认为从根本上说，它也是一种纯粹的肉体的爱，只是人们没意识到这一点。（参见《文明及其缺憾》，傅雅芳、郝冬瑾译，安徽文艺出版社 1987 年版，第 46、23 页）

② 弗洛伊德：《文明及其缺憾》，第 44 页；《马克思恩格斯选集》第 4 卷，人民出版社 1979 年版，第 2 页。

生产还是动物的生产，只有将它与生活资料的生产结合起来，只有性别的分工同时是生活资料生产的分工，生产才具有了社会的性质，才成为与动物的生产不同的人的生产。生活资料的生产是改造已有的自然和创造新的自然的生产。人之所以能够改造或创造自然，是因为人本身就属于自然界，不过它不同于一般的动物和植物，"既是受动的、受制约的和受限制的存在物"，又是"赋有自然力、生命力"的"能动的自然存在物"①。两性的结合为人积累了最初的智慧和情趣，与大自然的物质交换更极大地丰富、扩展和升华了这种智慧和情趣。大自然的广阔、丰饶、深邃扩开了人的心胸；大自然的秩序、韵律、光辉诱发了人的爱恋；大自然的安详、静谧、永恒平和了人的激情；大自然的暴烈、乖戾、凶顽激起了人的恐怖。人们在这里学会了模仿，获得了创造的灵性，并且意识到了融入群体和社会的意义。

　　再次是交往。在一定意义上，爱和美是一种交往，它诞生于交往，又深化着交往。性与生产之所以成为爱与美的本原，就因为它们是人类最基本的交往方式。但是，性与生产中的交往受到了身体及其生活界域的局限，交往遵循的是"目的论行动概念"，是直接的、感性的、单一的。人类不满足于这种交往，因为正像亚里士多德说的，人类有一种无法扼制的交往的本能，这种本能必然地驱使人走向群体间更广泛、充分、深入的交往。神话是在想象中构建的群体世界；巫术、狂欢、竞技是在现实里构建的群体世界。这个群体世界，所遵循的不再是"目的论行动概念"，而是"规范调节的行动概念"或"戏剧行动概念"，其行动的准则不再是个体的某种目的，而是通过规范和调节整合的群体的共同要求，而其中每一个人又都是"自我表现"者。② 群体世界，是激情和想象力的真正的诞生地，是艺术灵感和冲动的源泉。它所展示的是人们在有意识和无意识的状态下创造出来的共同的美，所表达的是人们在自觉和不自觉的情况中迸发出来的普遍的爱。

　　然后是皈依或归属。在性、生产、交往中除了直接的"目的性"和

---

① 马克思：《1844 年经济学—哲学手稿》，人民出版社 1979 年版，第 120 页。
② 哈贝马斯：《交往行动理论》第 1 卷，洪佩郁、蔺青译，重庆出版社 1994 年版，第 120—121 页。

"规范性"、"戏剧性"的冲动外，还有一个更根本的内驱力就是皈依或归属。① 家庭、村社、氏族、部落、国家不仅是性、生产、交往的形式，也是人们赖以栖息和享受生命的家园。人类注定不能自己满足自己。漂泊式的人生，与世隔绝的人生，被世界抛弃的人生不可能有认同感、亲和感、依恋感，因而不可能有爱和美的体验。但是，在性中有同性间的角逐和仇恨，在生产中有阶级间的冲突与对立，在交往中有不同部落、民族、国家间的竞争和战争，人与人像"狼与狼"的现实常常使人处于彼此疏远、分离、无所皈依和归属的状态中。于是，人们发现，人类真正的安身立命之地，生命的最终根基在自然中，确切地说，在人与自然的和谐统一中。自然不仅是人的母亲，为人提供最初的乳汁，在需要时为人抚平创痛，而且是人的教师，使人懂得了生命的意义，并在模仿中学会了赖以生存的技艺。人与自然的统一，是一切生命，一切文明，一切理想和幻想得以生成的本原，爱与美就处在这个"根源的部位上"，而且"通过美，自然表现了对我们的好意"②。

最后是实现自我。③ 宗教是建立在皈依或归属这种冲动的基础之上的，但是人不是必然地趋向宗教，因为人还有一种内驱力，就是实现自我。自我实现，就是将自我作为智慧、能力、情感、个性的整体在与自然（世界）的交往中充分彰显出来。自我实现不同程度地蕴含在性、生产、交往和皈依或归属的行为中，不同的是，在自我实现的冲动中，不仅自我成为一个整体，环绕着自我的自然（世界）也被纳入自我中，成为自我的"另一体"，像海德格尔讲的，此时的自我不再是有限的或绝对的自

---

① 这里讲的"归属"与 A. H. 马斯洛讲的不同，他指的仅是个体对群体的归属，没有讲人类对自然，即世界的归属。（参见《动机与人格》，许金声等译，华夏出版社 1987 年版，第49—51 页）

② 杜夫海纳：《美学与哲学》，孙非译，中国社会科学出版社 1985 年版，第 7—8 页。

③ 自我实现，这一概念是德国著名心理学家库尔特·戈尔德斯坦（Kurt Goldstein）提出的，指的是个性，即"个人的内在本性"的实现以及在与他人的相互协调中，使自己的能力充分发展。马斯洛将它引进自己的人类动机理论中，成为他说的五种需要中的最高的一种需要，后来又将其区分为"健康型自我实现需要"与"超越型自我实现需要"两类。这里借鉴了他们的成果，但在几个方面做了不同的解释：第一，我不认为自我实现是在其他基本需要都得到满足后才有的一种需要，它作为人的一种内趋力，应该潜在地包含在性、生产、交往和皈依行为中；第二，我认为，区分"健康型"与"超越型"是没有意义的，也是不科学的，没有"健康"就不可能"超越"，没有"超越"也不可能有"健康"；第三，我认为，自我实现是目的，也是手段，这两方面是统一在一起的。我赞成马克思的说法"彻底的人道主义和彻底的自然主义的统一"，认为这既是一个目标，又是一个过程。

我，而是能够领悟存在，并为存在而存在的"存在者"或"栖居者"。自我实现既是目的，也是手段。作为目的，是对自我的一切先天和后天的潜能——生理和心理，感性和理性，精神和身体的全面确认和肯定，是对自然（世界）的所有已知和未知的潜能——必然和偶然，有序和无序，合规律和合目的的全面开发和调动，是人与自然，即主体与客体，感性与理性，有限与无限对立的消失，是马克思讲的"彻底的人道主义和彻底的自然主义的统一"，而这一目的是永远无法达到的，所以又永远是激励人们趋向自然（世界），融入更大的整体的手段。自我实现，也就是超越自我，这是同一过程的两面。

性、生产、交往、皈依或归属、自我实现作为爱与美的本原，一半是先天的，一半是后天的；彼此之间是递进的，又是相互渗透和包容的；既可以看作是生命欲求和内驱力，也可以看作是人的基本的存在方式和行为方式，人就是从这里一步步脱离了孤独，走向了整体。

五　爱的定位与美的定位

从沃尔夫、鲍姆伽通那个时代开始，人们习惯于把人的心灵划分为理智、意志、情感，与此相对应，把真、善、美看作是人生的最高价值。我们且在这个框架内，探寻一下爱与美的位置。

既然心灵是理智、意志、情感三位一体的结构，那么，爱显然不是一个与理智、意志、情感平行的、独立的部分，它或者是心灵自身的一种特质，是理智、意志、情感的共同基础，或者是依存于理智、意志、情感之中，是它们的内在机制，或者是超越它们，是它们的合目的的价值取向。

显然，爱兼具这三者，是心灵通过调节、整合理智、意志、情感的方式确证自身、维系自身、超越自身，从而达到人的内在与外在统一的心理机制与力量。

心灵是个整体，人类无论作为群体或个体，开始只有一种懵懂的自我意识，一种感性的直觉，后来才有了理智、意志、情感的区分，之所以如此，是由于大脑的日趋发达和精神生活的日渐丰富，同时也是由于日益发达的社会实践的需要。人与人之间分工的出现，脑力劳动与体力劳动，管理者与被管理者，统治阶层与被统治阶层的分别，需要在自然和精神世界找到相应的根据。在很长一段时期里，人们认可的是理智—意志这种二元式结构。这种认识一直延续到圣托马斯·阿奎那,甚至维科的时候。启蒙运动之后,随着第三等级的兴起,情感作为心灵的另一个组成部分被凸显出来,同时,人性和人的完整性问题也提出来了。① 爱曾经依附于理智,爱的王国就是理念的王国;也曾依附于意志,爱的上帝就是意志的上帝,但是,当情感把一个与身体、知觉、感性、经验、想象相关的世俗世界敞显出来之后,爱就从它们中游离出来,具有了联结和统摄理智、意志、情感的功能和意义。爱需要理智的指引,意志的推动,情感的激发,爱需要一个完整的心灵,同时,爱又必须超越理智、意志和情感,使心灵趋向更大的整体。② 性、生产、交往、皈依或归属、自我实现是爱的诞生地,理智、意志、情感在这里,在冲撞交融中达到了融合;与理智、意志、情感的不同角度和不同层次的组合又造就了爱的家族和爱的秩序。理智、意志和情感造就了爱,同时造就了理智、意志和情感本身,只是由于爱的引导,才为理智超越知性,意志超越欲望,情感超越情欲,最终在存在、道或理念的层面上达到同一提供了可能。

情感在伸张了爱的同时,也彰显了美。真、善、美的设定说明,美不仅区别于真、善,而且独立于真、善。这就是美学这门学科初创时的理由:美并不仅仅是真和善的流溢或衍生物,它植根于人的自我保全和种族繁衍本能之中,与知觉、联想、想象、同情心不可分割地联系在一起;美也不仅仅是真、善的感性形式,它有自己的思维方式,自己的认识功能,自己的历史和逻辑;不仅仅是真、善,还有美,只有这三者结合在一起才构成了人的生命的终极追求和最高价值。不过,在人们使用的语言里,真、善、美有许多不同的层面。只有将这些不同层面区分开来并限定在同一层面之内,这种设定在逻辑上才是可能的:一个层面是:真——事实的真,善——功利的善,美——形式的美;一个层面是:真——逻辑的真,

① 这个时期,情感和人性是一个重要的学术话题,代表性著作有笛卡尔的《心灵的情感》,斯宾诺莎的《神、人及其幸福论》、《伦理学》,休谟的《人性论》,帕斯卡尔的《思想录》,亚当·斯密的《道德情操论》等。

② 舍勒指出,"爱者与认识者之间的对立这一古老冲突贯穿着整个现代史"。(参见《爱的秩序》,林克等译,三联书店1995年版,第3—4页)其实,不仅是现代史,古代史就已贯穿着这种冲突。大体有三种不同的观点:一是将爱置于本体的地位,由爱而理智,而意志,代表人如圣奥古斯丁、马勒布朗士、库萨的尼古拉;一是将理智爱的哲学与美的哲学置于本体的地位,由理智而爱而意志,代表人如圣托马斯·阿奎那;一是意志本体论者,代表人如司各特、弗朗西斯、叔本华,由意志而爱而理智。

善——伦理的善，美—意象的美；另一个层面是：真——真理①的真，善——至善的善，美——终极境界的美。美与真、善作为哲学和美学范畴的认定，标志着以真、善构成的传统价值观的终结和新的价值观的确立，标志着美学作为逻辑学、伦理学之外的一门新的学科的诞生。但是，这是那个着重分析和实证时代的产物，它的剖面式、对等式、三维式的结构，很难充分揭示同一层面或不同层面真、善、美之间各种复杂的关系，同时，也很难理清真、善、美在人类历史中所经常变换着的角色及其内涵。

在一定意义上，理智、意志、情感的心理结构与真、善、美的价值结构之间确是一种相互对应的关系。正像康德所指出的，就美是与知觉、想象力相联系的形式来说，美不涉及理智（仅指知性、认识、概念），也不涉及意志（仅指欲念、意趣、期望），而只涉及情感（感性、表象、情绪、情趣、感触、感情），同时，情感是在与美的碰撞中获得净化和升华的，就像理智是在真，意志是在善中获得提升和完善的一样。但是，这种对应关系显然是不均衡、不对称的，因为就美是人的一种生命诉求和价值理想来说，必然不仅要涉及情感，而且要涉及理智和意志，并充当它们之间的中介。所以，与美相对应的心理机制，不应只是情感，而应是包括情感和渗透在情感之内的理智和意志，即爱。爱，就其作为一种趋向来说，本质上是心灵的整体对生命和宇宙的整体，即存在、道、理念的爱，这是最高的美，也是最高的真、善。我们之所以说，爱是指向美的，这无非是说，美不像真和善那样需要心灵有一个从外在世界到内在世界或从内在世界到外在世界的过程，美始终是面对一个外在与内在、主观与客观、有限与无限世界相统一的整体。

六　爱的意义与美的意义

人融入整体，与人获得自由，这是同一个问题。因为，只有人不再是孤独的个体，而融入群体，并在群体中获得属于自己的位置的时候；只有人消除了与自然的距离，使自然成为人的另一体，人与自然的潜能得以充分发挥的时候；只有人作为主体没有了与之对立的客体，客体成为能够与人对话和交流的伙伴，世界被纳入同一个秩序之中的时候，人才是真正自

---

① 这里用的是海德格尔意义上的概念，即"存在者之为存在者的无蔽状态"。

由的，而这是一个过程。

所以，自由是人的宿命：既是目的，也是手段；既是方向，也是道路。

人注定是自由的，因为人与其他的造物不同，有性又有爱，有"种族尺度"又有"内在尺度"，人不仅要认识世界，而且要按照美的规律改造世界，而这是永无终止之日的，所以，人又注定永处在自由的途中。

爱，确证了人必须走出自己，并且与群体、与自然、与世界融合在一起。爱，在第一种意义上，就是一种发现并寻求共在的力量①。爱的前提就是对象的绝对在场，就是把对象看作是有别于自身的主体。他们之间的关系是相互关切、同情、欣赏，同欢乐，甚至共生死的关系。爱对于他们既是给予，又是获取；既是奉献，又是牺牲。而正是在这样的爱中，他们不仅享受着生命，而且获得了人格的解放和提升。爱，在第二种意义上，就是一种结构和创造的力量。② 没有爱的人类是不可想象的，可以想象的是现实的有爱的人类。爱（当然，通过物质实践）造就了人类，造就了家庭以及以家庭为基础的部落、民族、国家；造就了为了家庭、部落、民族、国家而奋斗牺牲的历史；造就了包括诗与艺术在内的家庭、部落、民族、国家的精神与物质文明。爱，在第三种意义上，是超越有限趋向无限的力量。爱总比理智、意志、情感多一些东西，因此，爱总是与想象、激情、信仰相关。像马克斯·舍勒说的，"爱始终是激发认识和意愿的催醒女"。爱从来不满足于已有的，而是期望未有的；从来都是要在现实的体验中添加一些理想的、浪漫的色彩。爱本身不是无限，却使人超越有限趋近无限成为可能。

美，确证了人的整体情结，并为人勾画了融入群体、自然、世界的轨迹。美，在第一种意义上，是以认识和改造自然为目的的伟大的造型运动的表征。美的规律就是造型的规律。人通过造型，不仅改变了自然的面貌，而且打上了自己的烙印。它是合规律的，也是合目的的；是自然的人

---

①　新马克思主义者弗洛姆说："我把爱作为人们分离的结束，作为结合渴望的满足来谈。"又说："爱的基础在于分离的体验和由此而导致以结合的体验来克服分离焦虑的需要。"（参见《爱的艺术》，第27、52页）

②　马克斯·舍勒认为："爱是倾向或殉倾向而来的行为，此行为试图将每个事物引入自己特有的价值完美之方向，并在没有阻碍时完成这一行为。换言之，正是这种世界之中和世界之上的营造行为和构建行为（die erbauendeuna aufbauede Aktion）被我们规定为爱的本质。"（参见《爱的秩序》，第46页）

化，也是人的自然化。通过造型运动，人逐步消除了对自然的恐怖或傲慢，接近和接纳了自然。美，在第二种意义上，是人的自我生成，自我完善，自我救赎的真实的写照。造型运动就人自身讲，就是人作为整体在自然中的生成，这是一个净化的过程。这个过程对于感性，就是清除欲念和冲动；对于理性，就是超离逻辑和概念，使感性与理性在想象力的调节下达到适度平衡，使心灵与生命在互动中达到协调统一。美，在第三种意义上，是人的最高境界——心灵与自然，个体与群体，有限与无限统一的象征。这时，心灵与自然的对立消解了，心灵就是自然的心灵，自然就是心灵的自然；个体与群体的对立也消解了，个体就是以群体为指归的个体，群体就是以个体为载体的群体；同时，有限不仅是有限，而是构成无限的一个个因子，一个个环节，无限也不仅是无限，而是有限的无穷无尽，无休无止的绵延。

爱的意义就是指向美，美的意义就是彰显爱。爱与美的意义就是通过协调理智、意志、情感，通过整合真与善，构成人以自由为归宿的超越性心理结构，从而使人生充满爱与美，使世界充满爱与美。

在希腊神话中，美神与战神结为伉俪，爱神是他们的孩子。这说明，还在创世之初，人类就已经意识到对立面相辅相成的道理。美的对立面不是丑，而是造成分离、对抗、冲突的战争；但是，美与战争又常常处在一个统一体中，人们正是在这种看似荒诞实为必然的组合中学会了爱。爱的本质是趋向整体，但爱每每遇到阻力，因而有缺失，这就是恨、不爱、冷漠；美的本质是整体的表征，但美常常被扭曲，因而有缺失，这就是丑、不美、混沌（或漆黑、苍白、杂乱），爱与美生成的每一步都在向相反的两方面分化着。爱与美的秩序的背后不是一座整洁空旷的舞台，而是心灵与身体，心灵与社会，社会与社会间的千重万复、纵横交错的战争。而这恰恰是爱与美存在并获得升华的前提与明证。因为有恨、不爱和冷漠，所以爱就更为珍贵；因为有丑、不美和混沌，所以美就更有魅力。所以，老子讲"天下皆知美之为美，斯恶已"。现代资本主义与爱和美在一定意义上是敌对的，它的罪恶不仅带来了更多的恨、不爱和冷漠，造成了更多的丑、不美和混沌，而且是从根本上使爱与美丧失了自身，并使之疏离和对立。爱指向什么？是金钱、权力，以及使之获得金钱、权力的技术，美如果还有意义，就是它本身已沦为了技术；美唤起什么？是享乐、占有以及为达到享乐、占有而膨胀起来的攻击性，爱如果还有价值，就是它已被扭

曲成为嗜欲。① 但是，爱与美作为生命的基本的驱动力是不会被任何外在
力量所征服的，人们既然要维系自己的群体，要维系与自然的和谐，既然
怀有对整体和自由的渴望，就不可能不去爱，不可能不去追寻美，这种对
爱与美的依恋和执着本身就是一种力量——一种普遍的、顽强的、恒久
的、批判的和颠覆的力量。②

---

①　弗洛姆说:"任何客观地观察我们西方生活的人都不能够怀疑:爱——兄弟的爱、母爱、
性爱——是一种相对罕见的现象，而且它的位置被大量的伪装的爱的形式，实际上是爱的瓦解的
诸多形式所取代。"(参见《爱的艺术》，第70页) 存在主义和人本主义心理学家罗洛·梅说:
"我们正从爱欲，这一强大原始的生命源泉，逃向性，这个淘气的玩物。爱欲已降格为供奉葡萄
美酒的酒吧女郎，降格为寻欢作乐的刺激品。"(参见《爱与意志》，冯川译，国际文化出版公司
1987年版，第98页)

②　欧文·辛格指出:"每个人都感到需要某种爱的联系，所有的人都渴望一个他们自己创
造的社会，那个社会不同于他们生来就属于的世界，这就是为什么爱情总是对现状的一种威胁，
而且有时甚至是颠覆性的原因。"(参见《超越的爱》，第27页) 俄罗斯哲学家别尔嘉耶夫指出:
"美不可能属于决定的世界;美是对决定的摆脱，是自由的呼吸。"(参见《美是自由的呼吸》，
方珊、何强、王利刚选编，山东友谊出版社2005年版，第70页)

柏拉图：哲学视野中的爱与美

——一种神话学的建构*

在西方，柏拉图是最早对爱与美进行系统思考的哲学家。[①] 早于他二十余年的恩培多克勒，虽然也曾从宇宙构成的意义上谈到爱，认为爱和恨或斗争的交替作用是宇宙形成发展的根本原因，但仅此而已，且留存至今的只是片言只语。从柏拉图的一些著述来看，他读过恩培多克勒的书，并且多少受了他的影响。柏拉图也曾将爱看做是使宇宙和谐、均衡、稳定、统一的力量，不过，他扬弃了爱与恨或斗争二元对立的观点，而且从宇宙论扩展到了人生论，将爱与美放在一起进行讨论。他的伟大之处在于充分利用了希腊神话的资源，通过对爱神的阐释和解读触及了爱与美的许多最基本的哲学问题，为后来西方学者的研究提供了丰富的滋养，并形成了一种独特的学术传统。

我们可以把柏拉图早期对话《大希庇阿斯》看做是他关于爱与美的讨论的一篇序论。在这篇对话里，柏拉图通过对什么是美的追问，得出了一个结论：美是难的。何以是难的？他没有说，不过对话本身已经给出了答案。这就是：第一，"美本身"与美的事物不同，属于超验层面的东西，不可能在经验层面上给予解释；第二，对"美本身"与对美的事物的感知和判断不同，涉及人的内在修养与意向，涉及爱，需要在感觉之外寻找根据。柏拉图后来的一些对话，比如《会饮》、《斐德诺》、《理想国》等，实际上是《大希庇阿斯》的续篇，是在超验层面上对什么是美，以及相关的什么是爱做出的回答。

---

* 此文发表于 2012 年第 4 期《北京大学学报》；人大报刊复印资料 2012 年 12 期全文转载。

① 在柏拉图的时代，爱与美是哲学家所关注的重要论题之一。据生活在公元前 3 世纪的希腊哲学家第欧根尼·拉尔修《名哲言行录》的记载，当时的克力同、西蒙、西米亚、第欧根尼、塞奥弗拉斯特、赫拉克利特等都有论爱或论美的著作，可惜大部已经散失。

　　柏拉图将讨论置于神话世界里，并且采取了两人或多人对话的形式。神话是早期人类的思想、意志、情感的对象化，既是想象与幻想的产物，又是探索、寻问、思考、求知的结晶。神话是人类思维发展的一个不可或缺的环节，在许多情况下，神就是尚未成型的概念和范畴，神性就是支配着人类行为的潜在的法则。神话"包含着宇宙论和一般的人类学"①。置于神话的世界里，是因为神话是当时除了前苏格拉底哲学之外唯一可以利用的思想资源，这一资源不仅异常丰富，而且具有深厚的文化底蕴；是因为神话是诉诸直观和经验的，它的语言是人们所习惯的感性的语言；也是因为"神话也可以自诩为一种哲学"②。柏拉图看重的是神的蕴涵，而不看重神的谱系，这是他采取对话形式的一个原因。通过各执一词和众说纷纭的对话，柏拉图的神话一方面恢复了神话的原初朦胧、驳杂的样子，避免了独断论，另一方面，又为思想的充分展开，让精神从表象中展现出来提供了可能。柏拉图哲学因神话的关系而博大、深邃、奥妙，因对话的关系而活泼、亲切、富有情趣，黑格尔因此夸赞说，许多哲学家虽然也运用了神话，但柏拉图证明了他"比别的哲学家有更高的天才"③。

　　从泰勒斯、阿那克西曼德、阿那克西米尼开始，希腊哲学虽然重复和延续着神话的主题，但已经尝试着用哲学，而不是神话的思维来解释自然的起源、构造、演化。柏拉图之所以高明，不仅在于深化并超越了作为宇宙构成元素的水、气、土、火之类的讨论，而且在于将神话本身拆解成了一个个元素，建构了"理式论"，从整体上取代了神话思维。柏拉图也经常谈到神，但这个神与"理式"是可以相互转换的，包括有关爱神的论述，实际上都只是"理式论"的一个组成部分。其真正的用意不是用哲学来阐释爱的神话，而是通过神话建构爱与美的哲学。重要的不是神性，而是人性，是人的逻辑。正如写了《柏拉图注疏集》的法国学人 F. 马特说的："柏拉图神话尤其告诉人，人是什么，人是一个灵魂，而灵魂注定是要来到世上，找寻正确的位置，以及自身的限度。"④ 如果希腊神话中的爱与美是对神的礼赞，那么柏拉图神话中的爱与美则是向人自身的回归。当然，哲学毕竟不同于神话，本质上是思辨的，而非感性的，由于这

①　恩斯特·卡西尔：《语言与神话》，于晓等译，三联书店 1988 年版，第 168 页。
②　黑格尔：《哲学史讲演录》第一卷，贺麟、王太庆译，商务印书馆 1959 年版，第 86 页。
③　同上。
④　F. 马特：《柏拉图注疏集》，吴雅凌译，华东师范大学出版社 2008 年版，第 15—16 页。

个原因，柏拉图神话不可避免地带有一些模糊、诡秘和不确定性。

一　爱神、美、生殖

柏拉图在《会饮》中通过与会者的讲述，对爱神做了多角度、多侧面的描绘。

其一，爱神是最古老、最伟大的神。按照赫西俄德和阿库什劳斯的说法，首先存在的是混沌，然后是宽胸的大地，——一切事物的永恒的、安稳的基础，随后就是爱神。帕墨尼得斯也说，世界主宰所生的第一个神就是爱神①。因此也是德行和幸福的来源。对于年轻人来说，没有比有一个情人更幸福了；对于普通家庭来说，要想过上美满的生活，不是靠家世、地位和金钱，必须有"对坏事的羞恶之心和对于善事的崇敬之心"，而这些都建立在爱情的基础之上。而且只有相爱的人才会为了对方去牺牲自己，神话中的阿尔刻提斯代丈夫而死，阿喀琉斯为情人而死，不仅受到了人们的赞扬，也受到了神的钦佩和恩惠。

其二，有两个爱神，一个是最古老的，天是她的父亲，没有母亲，人们管她叫"高尚的女爱神"；另一个是年轻的，是宙斯和狄俄涅的女儿，人们管她叫"凡俗的女爱神"②。"凡俗的"爱神引发的爱情只适宜于下等人，眷恋的是肉体，而不是心灵，不过是苟且撮合而已，因此常常选择最愚蠢的对象；"高尚的"爱神专注于男性，特别是理智开始发达的少年男性，她所引发的是砥砺道德的热情。"凡俗的"爱情眷恋肉体，一旦肉体衰谢了，也就不存在了，是短暂的；"高尚的"爱情专注于心灵，心灵则是恒定的，所以爱情是不变的。

其三，爱神的威力不仅存在于人身上，也存在于一切动物，乃至一切生物身上。人的身体本身就存在着两种爱情，所谓医学就是研究这种爱情的科学。高明的医生就是能够施行转变的手术，激起身体中本应有而没有的爱情，消除身体中本应没有而有的爱情。同时还要使身体中相恶相仇的因素，比如冷和热、苦和甜、燥和湿，变得相亲相爱。医学是如此，其他

---

①　赫西俄德：《工作与时日　神谱》，张竹明、蒋平译，商务印书馆1991年版，第29页。关于爱神是最古老的神的说法，还见奥托·凯恩整理的《俄耳浦斯教理摘录》及阿里斯多芬《飞禽》中记载的俄耳浦斯教神谱。

②　分别见于《工作与时日　神谱》第32页及《荷马史诗》。

健身术、农业、天文学、占卜术也是如此，目的都在于爱情的保持和治疗。音乐就更不要说了，音乐可以说就是"研究和谐和节奏范围之内的爱情现象的科学"。

其四，谈到爱应该追溯到人的本性和起源。最初人有三种：一种是由太阳生出来的男人，一种是由大地生出来的女人，还有一种是月亮生出来的阴阳人。这些人的形体都是圆形的，前后相对各有一副面孔，两只耳朵，一个生殖器，两只手和脚，其他器官也都加倍。走起路来可以向前向后，如果要跑，就像翻筋斗一样，八只脚一起滚动。他们自恃精力和体力上的强大，图谋飞上天去，造神们的反，因而触怒了宙斯，于是宙斯命阿波罗将他们从中间截成了两半，把面孔和半边脖颈转向截开的一面，同时把截开的皮从两边拉到中间，在肚皮中央打一个结，形成现在的肚脐。人被截成两半后，无论是两个男人或两个女人，或一男一女，相互之间都十分想念，拼命要合在一起，以致常常饭也不吃，事也不做，直至饿死懒死。宙斯因此发了慈悲心，想出来一个新办法，将生殖器移到了前面，这样男女之间就可以通过交媾来生育后代，男男或女女之间则可以平泄情欲，获得一种释放，而彼此相爱的情欲于是就种在人的心里，被截开的伤痛自然得到了医治。

每个人其实是人的一半，挟有一半的"符"，因此，每个人都在追求另一半，以获得整个的"符"。原来是太阳生出来的男人，就追求另一半的男人；原来是大地生出来的女人，就追求另一半的女人；原来是"阴阳人"的男人或女人就追求另一半的男人或女人。遇到自己追求的另一半，就会马上与之相恋、亲昵而不可分离。乃至期望冶炼之神赫淮斯托斯再把他们打造在一起，合成一个人。这种对于完整的希冀和追求就是所谓的爱情。

其五，爱神在诸神中是最有福的，也是最美最善的。因为她最年轻。因为年轻，总是爱和年轻人在一起，而远离老年人。因为年轻，所以很娇嫩。她寄居在最柔软的地方——人和神的心灵。她的体态柔韧，无论什么地方，都可以屈身迁就，无论什么人的心灵，都能够遛进遛出。她长得很秀美，喜欢生活在颜色鲜美的花丛中。爱神与暴力无缘，她既不加害于人或神，也不忍受人或神的戕害。爱神不仅有正义，而且有节制，是她统治着一切快感和情欲。爱神也是最勇敢的，连战神也抵挡不住她的巨大力量。此外，爱神具有极高的聪明才智。她不仅自己是个卓越的诗人，而且是一切诗的灵感的源泉。甚至一切生命形式的创造，一切生物的产生，无一不是爱神的功绩。射击、医药、占卜、金工、纺织，包括音乐，一切神和人的技艺，凡是奉爱神为师的都有光辉成就，否则就黯然无光。是爱神消除了神与人间的隔阂，增长了友善；是爱神迎来了和睦，逐去了暴戾。她的子女是欢乐、优美、热情的，所以，爱神一出现，无论是神，还是人，都有了对美的爱好，工作上了轨道，生活有了秩序。

其六，爱神是一个大精灵，介乎人与神之间。由于他的存在，人与神之间没有了空缺，世界才成了一个整体。他是人和神之间的传话者和翻译，一方面把人的祈祷祭祀上传给神，另一方面把神的意志报应下达给人。他感发了一切占卜术和司祭术以及咒语、预言、巫术等活动。凡是精通这些法术的人都是受到爱神感通的人，至于从事其他技艺的人则只是寻常的工匠。

爱神是丰富神和贫乏神的孩子，诞生在美丽的阿佛洛狄忒的生日，后来又成了她的仆从，因此生性好美。爱神既是丰富神和贫乏神的儿子，所以其境遇及知识也介于丰富和贫乏之间。他粗鲁、不修边幅，常常赤着脚，流浪街头；同时又勇敢、执着、精力充沛。因为智慧是最美的，所以他爱好智慧，精于思考，是一位出色的猎人、精明的魔法家、幻术家和诡辩家。同一天之内，他可以时而茂盛，时而萎谢，各种资源在他面前不断地涌现，又不断地流失。

爱神的对象是美的事物，爱它并希望永远拥有它。为了这个目的，爱神采用了"美中孕育"的方式。凡人都有两种生殖力，一种是身体的，一种是心灵的。到了一定年龄，都会迫不及待地要生殖。只有生殖，人才能变可朽为不朽，因此，生殖是件神圣的事。生殖需要借助适合自己的对象，这个对象必须是美的，因为只有美的对象才与神圣的相称。可以说，美就是主宰生育的定命神和送子娘娘。

显然，这几则出自不同人之口的神话存在许多矛盾，比如：一说爱神只有一个，另一说爱神有两个；一说爱神是最古老的，另一说是最年轻的；一说爱神是神，另一说爱神是个大精灵，是人与神之间的传话者。但柏拉图并不在意这些，他只关心其中的意蕴和相互之间潜在的逻辑联系，因此，柏拉图没有陷入当时一些哲人和诗人"穿凿附会"地解释神话的错误。①

可以看出，通过这几则神话，柏拉图对爱的定位、性质、意义以及爱与美的关系做了最高的抽象。下面，我们试着做一些阐释和注解：

人是有爱的，如果宽泛一点，将爱理解为将事物凝聚在一起的冲动和力量，那么世上一切事物无不有爱存在。而且，可以认为，正是因为有爱，世界才成为一个整体，才有联系、稳定、和谐。所以，爱不是别的，就是一切事物之所以成为事物的内在机理和原因。爱与万物同在，爱是最古老、最恒定的。这样，柏拉图就排除了爱与恨二元论的可能性。这是柏拉图从希腊神话中获得的第一个启示。而正是这种观念后来成为新柏拉图主义和基督教神学的重要支点之一，在普洛丁、波伊修斯、伪狄奥尼修斯、圣奥古斯丁、圣维克多的理查、圣托马斯·阿奎那等那里都有所表述。万物是如此，人就更加需要爱，因为人是有理性、情感和内在生活的。生理上的需要对于人只是最基本的需要，交往、尊重、知识、美和自我实现才是与人的本质相关的需要，而这一切都必须有爱。只是因为有爱，所以人才懂得同情、怜悯、敬仰，才能做到嫌恶、羞愧、舍弃，才能够在彼此倾诉中，在交往协作中，在奋斗牺牲中完善和实现自己。爱是人的一切德行和幸福的源泉。

人与动物、植物不同，是肉体与精神的结合体，因此，人有两种爱：一种是精神的爱，另一种是身体的爱。前一种与肉欲无关，是高尚的、深沉的、恒久的；后一种相反，是低俗的、浮浅的、短暂的。前一种引人净化心灵，砥砺道德，后一种让人沉溺享乐，玩世苟生。这两种爱常常是冲突的、矛盾的，所以人少不了医学。医学的作用就是激起和维护前一种爱，节制和遏止后一种爱；当然，医学还有一个作用，就是将身体中相恶相仇的因素，如冷与热、燥与湿、苦与甜协调在一起，使之保持平衡。医学的这个道理也适用于健身术、天文学、农业、占卜术等，音乐则像毕达哥拉斯讲的，就是高与低、强与弱、长与短各种音节之间的协调和和谐。

所谓爱，实际上就是对整体的希冀和追求。人虽然是孤独地降生于

---

① 柏拉图在《斐德诺》中批评了某些哲人的"庸俗的机警"和"穿凿附会"，表示他"所专心致志的不是研究神话，而是研究我自己"。（朱光潜：《柏拉图文艺对话集》，人民文学出版社1963年版，第94—95页）

世界，却无法孤独地生存下去。人是属类的，即社会的存在物，人只有在社会中才作为人而存在。人不仅禀有社会性，而且时时意识到这种社会性，因此，人总是惧怕孤独，而热心交往，注重友情，追求统一。意识到人的生理和心理上的同一性，这既是爱的基础，也是融入社会的开端，这就是为什么爱与社会情结总是首先在这种同一性的追求中强烈地展开。

人因为有爱，所以在世界万物中成为最高贵、最善良的。爱与正义、节制、勇敢、智慧紧紧联系在一起。因为爱，所以不能容忍不平和暴戾，不能放纵快感和情欲；因为爱，人可以成为最无所畏惧的人，成为最聪明最有才能的人。爱是一切诗的灵感的源泉，是射击、占卜、医药、金工、纺织、音乐等一切创造的内驱力。爱使人们发现了美，给人们带来了秩序、欢乐和希望。不过，爱的最高意义还在于沟通了感性的与超感性的、经验的与超验的世界。爱就像是位使者，在这两个世界间搭起了一座桥梁。只是由于爱的存在，超感性的、超验的世界才成为可以理解和向往的，从而在人们的心灵中保有一块至高无上的神圣的界域；只是由于爱的存在，人才意识到自己作为孤独的个人的局限，从感性的、经验的世界走了出来。

爱昭示着心理上和精神上矛盾的两面：爱意味着精神上的富有，——爱激发着、滋养着、成就着人的聪敏、勇敢、执着；同时爱也意味着心理上的贫穷，——爱就是对孤独的厌倦，对他人的依恋，对整体的向往。因富有而付出，因贫穷而获取，这就是爱的表征。

爱以美为指向，以人类的繁衍为最终目的。因为世界上存在着美，所以才有爱。爱是对美的爱，但爱的目的是"生殖"，是延续和繁衍自己，是获得永恒。人有两种"生殖力"，一种是身体的，一种是心灵的，这两种"生殖力"都是要靠爱来激发和推动。世间有些人在心灵上比身体上更富有"生殖力"，比如荷马、赫西俄德、莱科勾、梭伦等诗人和技艺的发明人，美本来就是他们所孕育的一种品质，所以，对"身心调和的整体"，对"美好高尚而资禀优异的心灵"，尤其容易钟情，期望通过他们将孕育许久的东西传播下去。爱总是指向美的，不是因为本能的驱使或快感的满足，而是因为"生殖"和繁衍的需要，这个判断不仅深刻地揭示了爱和美的人类学基础，"生殖"本身具有的道德和审美的价值，而且指明了爱和美的社会学意义，爱和美的超越自我、超越功利、超越时空的性质。①

无疑，这就是柏拉图在神话中所表达的爱的哲学。可以说，这是爱的哲学的一个完整的、系统的大纲。因为与原始宗教有关，所以柏拉图称它是"爱的深秘教"的"教义"，但它的内在机理是逻辑的、论理的、观念的。他的用意不是讨论爱神是谁，而是爱神对于人意味着什么；不是爱神多么伟大、神奇、诡秘，而是爱神如何鲜活、平易、实在；不是在爱神与人之间设一道屏障，而是将人的世界与爱神的世界联系在一起，为人指出一条通向真正的爱的路。

二　形体、心灵、美本身

但是，所有这些思想都是以爱神的名义表达的。人们通往爱的路就是皈依爱神的路，即进入"爱的深密教"的路。也是在《会饮》中，柏拉图将这一问题的讨论不无道理地交给了具有巫师身份的人。这段话很有名，特择要引述在这里：

"凡是想依正路达到这深密境界的人，应从幼年起，就倾心向往美的形体。""第一步应从只爱某一个美形体开始，凭这一个美形体孕育美妙的道理。第二步他就应学会了解此一形体或彼一形体的美与一切其他形体的美是贯通的。这就是要在许多个别美形体中见出形体美的形式。"从而"不再把过烈的热情专注于某一个美的形体"。"再进一步，他应该学会把心灵的美看得比形体的美更可珍贵"，"凭他来孕育最适宜于使青年人得益的道理"。"从此再进一步，他应学会见到行为和制度的美，看出这种美也是到处贯通的，因此就把形体的美看得比较微末。从此再进一步，他应该受向导的指引，进到各种学问知识，看出它们的美。于是放眼一看这已经走过的广大的美的领域，他从此就不再像一个卑微的奴隶，把爱情专注于某一个个别的美的对象上，某一个孩子，某一个成年人，或某一种行为上。这时他凭临美的汪洋大海，凝神观照，心中起无限欣喜，于是孕育无量数的优美崇高的道理，得到丰富的哲学收获。如此精力弥满之后，他

---

① F. 马特认为这篇对话中，"重建原先同一性"，即"整体论"与强调两性的"构成性差异"，以便"让人得以一窥爱欲的超验"，即"生殖论"是相互矛盾的。其实，"整体"是"生殖"的前提，两性的同一性与差异性的存在是人类繁衍生息的生物学基础。（参见《柏拉图注疏集》，第350—351页）

终于豁然贯通唯一的涵盖一切的学问，以美为对象的学问。"

这是一种至高无上、奇妙无比的美。"这种美是永恒的，无始无终，不生不灭，不增不减的。它不是在此点美，在另一点丑；在此时美，在另一时不美；在此方面美，在另一方面丑；它也不是随人而异，对某些人美，对另一些人就丑。还不仅如此，这种美并不是表现于某一个面孔，某一双手，或是身体的某一其他部分；它也不是存在于某一篇文章，某一种学问，或是任何某一个别物体，例如动物、大地或天空之类；它只是永恒地自存自在，以形式的整一永与它自身同一。"

这种美是美本身，是真实本体，"一切美的事物都以它为泉源"。一个人如果能够循着正确的道路，"从人世间个别事例出发"，"逐渐循级上升，一直到观照我所说的这种美"，那么"他对于爱的深密教义就算近于登峰造极了"。这也就是"一个人最值得过的生活境界"①。

柏拉图的理式论有几个核心论点：一是将作为个别的事物和作为一般的理式（概念＋范型）区分开来，认为事物是虚幻的，理式是真实的；一是作为真实的理式由于其内涵和外延的不同，有着不同的类别和层次，最高的层次是属神的，即真实本体；再一是理式不是感觉、想象的对象，人们对理式的感悟或理解只能靠爱与灵魂的"回忆"。理式论是柏拉图终其一生构建和完善起来的，这个过程始终伴随着对美的思考。如果说《大希庇阿斯》对"美本身"，即理式的追问是问题的提出，《会饮》、《斐德诺》、《理想国》、《斐多》等则是对它的系统的回应。《会饮》基本上没有涉及"回忆"，而专门谈爱，但由于爱是对爱神的"分有"，是回忆的一种方式，所以与"回忆"论可以相互补充和印证。

这里，柏拉图对"美本身"做了具体的描述。"美本身"是"永恒的自存自在，以形式的整一永与它自身同一"的。什么是"永恒的自存自在，以形式的整一永与它自身同一"呢？是理式。因为只有理式才能不依恃他物而存在，并永远保有与其本质相应的形式上的整一，才能超越任何时间和地域的局限，统摄和涵盖一切，才能诉诸所有人的心灵，为所有的人所普遍认可；只有理式才能够作为一切美的本原，将美无差别地撒播在世界上，为人和事物所"分有"；同时，也只有理式才能够与爱本身相应，使人既能在爱的引导下领略"美的学问"，又能在"凭临美的汪洋大海"

---

① 《柏拉图文艺对话集》，第 271—273 页。

中彻悟"爱情的深密教义"，从而在人生境界上达到"登峰造极"的
地步。

同时，柏拉图肯定了感性的、物质的，即形体的美。但是，在他看
来，它只是"美本身"的影子。形体之所以成为美，是因为它"分有"
了"美本身"，——确切地说，"分有"了"美本身"一个最基本、最显
明的因素：完整、整一。人们之所以爱它，只是因为作为一个整体，它满
足了作为感性的存在物的感性需要。但是，作为整体，是以事物自身的统
一性为其前提的，一旦事物自身的统一性消失了，它也就不存在了，所以
是短暂的、虚幻的。

这样，柏拉图就给人们呈示了两种美：一种是作为本原的"美本身"，
即理式的美，另一种是作为它的影子的形体的美。前一种是理性的、超验
的、无限的；后一种是感性的、经验的、有限的。应该说，这种区分是十
分重要的，是全部美学赖以存在的基础和前提，一切相关的思辨就从这里
开始。但是问题在于：这两种美何以都称作美？是什么把它们联结在一
起，它对人来说意味着什么？柏拉图给出了"分有"说，这种说法后来受
到亚里士多德等许多哲学家不适当的批评。实际上，"分有"只是一种比
喻。理式不属于实体，"分有"不应该被理解为对实体的分割和占有。这
不是物理的过程，而是心理的过程，是他所说的"回忆"和爱。"分有"
是通过"回忆"和爱来实现的。正是由于这个原因，柏拉图在这两种美
之间设置了"形式"、"心灵"、"行为和制度"、"学问知识"几个不同层
次，构成了一种逐步递进的逻辑次序，形象地描绘了从爱美的形体到爱
"美本身"的升华过程，从而使"分有"成为可能。

可以看出，从形体的美到"美本身"的链条是按照从个别到一般、
从物质到精神、从具体的精神到普遍精神的次序排列的。理式被不同层面
的存在从不同的意蕴上所"分有"。最低级的是"和谐"，这是理式的一
种性质。形体的美、形式的美，一个是个别的，一个是一般的，但都与物
质存在相关联，它们之所以美就是分有了"和谐"，成为一个整体。柏拉
图曾多次肯定音乐、绘画、雕刻、建筑以及各种工艺制作的美在于"和
谐"，甚至人的美，他也认为离不开理智、意志与情感之间的"和谐"。
但人的美不限于"和谐"，更重要的是要有"心灵"。人的"心灵"是更
高一层的美。柏拉图说：不能用"和谐"来衡量"心灵"的美，因为
"心灵"是"最完美而非复杂之分子所成者"，"较和谐更为神圣"。其貌

不扬的苏格拉底比著名的美男子亚尔西巴德更美。"心灵"与人的"行为、制度"以及"各种学问"，是不同层次的美，但都"分有"了理式的另一种性质——"智慧"。柏拉图说："智慧是事物中最美的。"① 不同的是："心灵"的"智慧"是潜在的；"行为、制度"的"智慧"是展开的；"各种学问知识"的"智慧"是经过综合和提升了的。在"智慧"之美之上就是"至善至美"，即"美本身"了。

　　这是由爱构筑的美的次序。美通过爱而一层层展现，爱借助美而一步步升华。美的意义在于激发爱，爱的意义在于彰显美，美和爱相互依存，相得益彰，共同构成了通往最高境界的路。没有美，爱只是一种潜能；没有爱，美则无法得以确证。每一层次的美都要求有与其相应的爱，能够欣赏形体和形式的美的人，自身必须是"和谐"的；能够观照心灵、行为和制度的美的人，自身必须富有"智慧"；能够凭临美的汪洋大海，升达到"美本体"的人，自身必须达到至善至美的境界。新柏拉图主义者普罗丁没能理解柏拉图讲的爱，而代之以"内视觉"，但他说了一句话很形象，也很确切："眼睛如果没有变得与太阳相似的，就永远不可能看见太阳。"②

三　迷狂、灵魂、回忆

　　柏拉图认为，人们通向最高真实和美的途径有两种：一种是智慧，另一种是迷狂，③《会饮》讲的是智慧之路。在这里，爱神只是一个启蒙者、引领者、督导者。从"倾心向往"美的形体开始，到"以美本身为对象的学问"，全部行程主要靠的是人自身的智慧。关键词是几个与智慧相关的动词："学习"、"了解"、"见出"、"孕育"。柏拉图把智慧之学称作哲学，认为"哲学有解放作用和净化作用"，要求用"哲学掌握"灵魂，"永远以理性为皈依，沉思那真实、神圣的东西"④，就是对这一思想的具体生动的表述。

　　柏拉图在《斐德诺》中描述了另一种"迷狂"之路。爱神在整个行

---

① 《柏拉图文艺对话集》，第 261 页。
② 普罗丁：《九章集》上册，石敏敏译，中国社会科学出版社 2009 年版，第 69 页。
③ 《柏拉图文艺对话集》，第 134 页。
④ 《柏拉图对话集·斐多》，王太庆译，商务印书馆 2004 年版，第 229—231 页。

程中扮演了"主宰"者的角色。在他看来，任何一个人，只要有爱神"凭附"在身，并努力参悟爱的教义，就会陷于"迷狂"中并"回忆"起生前在天国的种种经历，"灵魂翅膀"就会恢复羽翼，远举高飞，窥见真实界——美的本体。

恰如 F. 马特所说，《斐德诺》在柏拉图神话中无论就象征意义还是哲学意义来说，都是最复杂、深奥的一篇，因为其中涉及他最核心的几个观念：迷狂论、灵魂不灭论、回忆论、理式论、爱欲论。首先，他将爱归之为一种"迷狂"。在他看来，有四种迷狂——预言、教仪、诗歌、爱情，分别由不同的神来"主宰"或"凭附"，"预言由阿波罗，教仪由狄俄尼索斯，诗歌由缪斯姊妹们，爱情由阿佛洛狄特和爱若斯"。其中，爱的迷狂"无论就性质还是根源是最好的"，是"首屈一指"的。① "有这种迷狂的人，见到尘世的美，就回忆起上界里真正的美，因而恢复羽翼，而且新生羽翼，急于高飞远举，可是心有余而力不足，像一个鸟儿一样，昂首向高处凝望，把下界一切置之度外，因此被人指为迷狂。"②

这种迷狂论是建立在灵魂不朽论基础上的。他用以论证灵魂不朽的根据是两个：一个是"自动论"，一个是"回忆论"。《斐德诺》中讲的是"自动论"。他说："凡是永远自动的都是不朽的。凡是能动另一物而又为另一物所动的，一旦不动时，就不复生存了。只有自动的，因为永不脱离自身，才永动不止，而对于一切被动的，它才是动的本源和初始。""这种自动性就是灵魂的本质和定义。"③在另一篇《斐多》中还讲了"回忆论"。他说，人们关于相等、大于、小于、公正、虔诚、美、善以及涉及"美本身"的知识都只能从"回忆"中获得，这"说明我们必须在以前的某个时候学习过现在回忆起的事情"，否则"回忆就是不可能的了"。"从这方面看，也足见灵魂是不灭的。"④

柏拉图认为，人的灵魂的结构、性质和命运与神不同。他将它比喻为由御车人和两匹马协同驱动的一辆马车。神的御车人和马都是最好的，驾驭起来得心应手；人的御车人和马驳杂不齐，两匹马中，一匹驯良，一匹顽劣，驾驭起来困难重重。灵魂的本性是"带着沉重的物体向上高飞，

---

① 《柏拉图文艺对话集》，第 152 页。
② 同上书，第 125 页。
③ 同上书，第 119 页。
④ 同上书，第 215 页。

升到神的境界"，而这要靠"美、智、善以及一切类似的品质"的滋养，如果生前和生后没有得到这种滋养，就会折翅下沉，遭到毁灭。[①]

"诸天上皇，宙斯，驾驭一辆飞车，领队巡行，主宰着万事万物；随从他的是一群神和仙"，"诸天界内，赏心悦目的景物，东西来往的路径，都是说不尽的，这些极乐的神和仙们都在当中徜徉遨游，各尽各的职守"，"每逢他们设宴寻乐，他们都沿那直陡的路高升一级，一直升到诸天的绝顶"，甚至"进到天外，站在天的背上，随着天运行，观照天外的一切永恒的景象"，这就是"无形无色，不可捉摸"的真实体——"本然自在的绝对正义，绝对美德和绝对真知"。"载神的马车是平衡排着的，而且听调度的，升起来比较容易"；人的马车就比较难了。那些"能努力追随神而最近于神的，也可以使御车人昂首天外"，"可是常受马的拖累，难得洞见事物的本体"；"也有些灵魂时升时降，驾驭不住顽劣的马，就只能窥见事物本体的局部"。"至于此外一些灵魂对于上界虽有意愿而无真力，费尽大力，看不见真理"，于是"他们的营养只有妄言妄听的意见了"[②]。

柏拉图说，每个人的灵魂"天然地曾经观照过永恒真实界，否则它就不会附到人体上来。但是从尘世事物来引起对于上界事物的回忆，这却不是凡是灵魂都可容易做到的"，包括那些"对于上界事物只暂时约略窥见的"或"下地之后不幸习染尘世罪恶而忘掉上界伟大景象的"的灵魂。能够做到的只有少数人，主要是"专注在这样光辉景象的回忆"的哲学家。[③]

所谓回忆，就是反省。柏拉图讲："人类理智须按照所谓'理式'去运用，从杂多的感觉出发，借思维反省，把它们统摄成为整一的道理。这种反省作用是一种回忆。""回忆"之所以被指为"迷狂"，是因为"回忆"所指向的不是一般的知识或观念，而是所谓生前的种种感受和经历。"回忆到灵魂随神周游，凭高俯视我们凡人所认为真实存在的东西，举头望见永恒本体境界那时候所见到的一切。"柏拉图认为，"回忆"不仅是认知的事，更是人得以完善和成全自身的事。一个人"只有借妥善运用

---

① 《柏拉图文艺对话集》，第 120—121 页。
② 同上书，第 121—122 页。
③ 同上书，第 125—126 页。

这种回忆，才可以常常探讨奥秘来使自己完善，才可以真正进入完善"①。

　　柏拉图以神话的形式生动而详细地描述了回忆及由回忆带来的迷狂状态：如果他曾"跟在宙斯的队伍里，旁人跟在旁神的队伍里，看到了那极乐的景象，参加了那深密教的入教典礼"，下地后还没有受到尘世的污染，当"一个面孔有神明相，或是美本身的一个成功的仿影"出现在他面前的时候，"就要先打一个寒颤，仿佛从前在上界挣扎时的惶恐再来侵袭他；他凝视这美形，于是心里起一种虔敬，敬他如敬神"，随之"寒颤就经过自然的转变，变成一个从未经验过的高热，浑身发汗"，"羽翼"也因此而"滋润"，并"苏醒"和"生长"起来，同时整个灵魂也激荡沸腾，又疼又痒。这时候，他会感到爱人的美向他"发出一道极微分子的流，流注到他的灵魂里"，使他苦痛全消，觉得非常快乐。此后每逢爱人出现在他的记忆里，就羽翼丰满，兴奋异常，而一旦爱人离开了他，就羽翼凋零，痛苦难忍，"这痛喜两种感觉的混合使灵魂不安于它所处的离奇情况，彷徨不知所措，又深恨无法解脱，于是就陷入迷狂状态"，而这就是人们所说的"爱若斯"。

　　由于每一个人生前都曾列身在神的队伍里，都有他最为尊敬的，并极力模仿的神，来到尘世后，总要仿照那个神的性格选择他的爱人。宙斯的随从者就找性格像宙斯的爱人，并将从宙斯那里汲取的甘泉，灌注在爱人的灵魂里。战神阿瑞斯的追随者在不如意的时候，或许会"动了杀机，不惜让爱人和自己同归于尽"。追随天后赫拉的人，将一个具有帝王气象的爱人弄到手之后，可能会依照天后的性格去对付他。无论是谁，一旦找到了与心目中的神相似的对象，不仅会自己尽力模仿那个神，还会督导他的爱人在行为与风采上仿效那个神。②

　　《批评的希腊哲学史》的作者斯塔斯指出，柏拉图哲学在存在与生存问题上存在着深刻的矛盾。"个别的马不是实在的，但能生存。普遍的马是实在的，但不生存。"③实在与生存的对立，实即精神与物质的对立，而由此又造成了感觉界与观念界、灵魂与肉体的对立。这种对立，柏拉图自己当然是觉察到了的，但在《会饮》中，在爱—智慧的语境中是无法解

---

① 《柏拉图文艺对话集》，第 124—125 页。
② 同上书，第 129—130 页。
③ 斯塔斯：《批评的希腊哲学史》，庆泽彭译，华东师范大学出版社 2006 年版，第 192 页。

决的，所以在《斐德诺》中，在爱—迷狂的视野里，以神话的形式给予了调和与融通。

《会饮》集中讨论了爱欲论和理式论，没有谈到灵魂不灭论，因此在理论上留下了一个重要的缺漏：爱欲中除了智慧之外，应该还有一种被神"凭附"的心理状态，即"迷狂"；理式既然是自存自在，恒定静一的，感性事物对其的"分有"就是有待解开的谜。《会饮》的前半篇，是对爱神的赞颂，是讲爱的本质和本原；后半篇是通达理式的道路，是讲美的本体。按照柏拉图的理解，爱神本身就是美的，"秀美是爱神的特质"，但爱神并不是理式，而是激发和引导通往理式的力量；理式是绝对的、永恒的，可以被事物所"分有"，但理式不是爱神，只是美的原型和终极境界。理式好像是高悬在天界的灯，而驱使人走向光明的是神。柏拉图没有明确说明理式与神之间的关系，是神创造了理式，还是理式造就了神？但是，从他的表述中，我们似乎可以看到一种内在的统一性，——神不是理式，而是它的化身，是化作生存，因而能够将精神界与感觉界相互沟通的存在。神是什么？是最好、最纯一的灵魂。由于是最纯一的，所以是永恒的。一切事物都会走向终结，唯有灵魂是永存不灭的，这也就是理式之所以是"以形式的整一永与它自身同一"的原因。但这就要迫使他走进《斐德诺》所描绘的神话的领域。

在柏拉图的神话中，《斐德诺》不是唯一讨论灵魂不灭的，却是唯一以灵魂不灭为核心，将理式连同爱欲、迷狂、回忆综合在一起的。围绕灵魂不灭论，柏拉图阐述了这样几个观念：其一，他将灵魂的"本质和定义"归结为它的"自动性"。由于是自动的，即独立自足，不假他求的，所以它可以无限制地运动下去，永不消歇和终止；由于是自动的，因而必然成为一切非自动事物运动的原因和初始，乃至成为这些事物的主宰。灵魂的自动性的观念为他调和与理式的关系，一元论地回答世界的本源与本体问题提供了可能。其二，他以御车人和两匹马组合的带翅马车为喻，确认了灵魂的三维结构。这一观念的渊源是毕达哥拉斯学派。御车人应该指理性或智慧，两匹马应该是指意志和情感。神的灵魂是纯一的，意志与情感能够接受理性或智慧的调理，形成统一的合力，并自由自在地翱翔；人的灵魂是驳杂的，驯顺的意志与顽劣的情感常常处于冲突中，理性或智慧不能得到应有的施展，行进中左冲右突，困难重重。灵魂的三维结构观念为协调人的感性与理性的关系，深入揭示人的内在世界提供了可能。其三,他通过神的"凭附"和人的迷狂论述了神与人灵魂之间的关联。在"凭附"中,神将智慧、善、美以及爱撒播在人的世界,人则在"迷狂"中,经由"回忆"进到神的殿堂。关于"迷狂"和"回忆",《伊安》和《会饮》都曾涉及,但前者讲的是诗,后者讲的是包括诗、艺术、射击、占卜、医药、金工、纺织等一切技艺,这里则将其当做是人获得的真正知识——理式,通往真实界和美本体的基本形式。这一观念又为融通经验世界与超验世界,回应人生的真谛和主旨提供了可能。

英国学者泰勒说《斐德诺》是一部"真正的爱情心理学"①,实际上也是一部审美心理学。"凭附"、"迷狂"、"回忆"以及"观照"是构成它的几个逻辑环节。柏拉图讲的"凭附",与他讲的"理式"的"参与"和"分有"是一致的。不过,神不仅是作为"美、智、善以及一切类似的品质"的化身,而且作为具有"自动性"的原动力,附着在人的身上,使人从经验世界超越出去。因此,"凭附"似乎在于陈明这样的事实:对美的爱,——请注意不是快感,而是爱,虽缘起于一个具有神明相的人,或美的成功的仿影,但是它的真正的本原是悬在人们心中的美本身。人之所以可爱,是因为他具有一张"肖似"神明的面孔;形体之所以被认为是美的,是因为它是美本身的一个"成功的仿影"。而神和"美本身"并不是从感觉经验中来的,是来自先天的一种记忆,或者用现代人的解释,是来自亿万年中人类共同经验的积累,是一种"原意识",当神"凭附"在人身上,人的心灵突然为一种超越力量所"参与"的时候,人便陷入了通常人们所谓的迷狂状态。

在这个意义上的"迷狂"实际上就是指"聚精会神来观照凡是神明的","昂首向高处凝望,把下界一切置之度外",即我们今日讲的"孤立绝缘"、"物我两忘"。所以称作"迷狂"是为了与人们习惯的神话思维衔接起来。柏拉图认为,爱的迷狂是最好的,因为就"根源"讲,来自爱神的"凭附",而爱神"在本质上原来就具有高尚的美和高尚的善",而且"后来一切人神之间有同样的优美品质,都由爱神种下善因";就"性质"讲,得到爱神的"凭附",意味着灵魂的"羽翼"受到"滋润",并向"真实界"升腾。预言的迷狂令人沉迷在对未来命运的感悟里,获得

① A. E. 泰勒:《柏拉图——生平及其著作》,谢随知、苗力田、徐鹏译,山东人民出版社1990年版,第419页。

的是"预测未来的技术"；教仪的迷狂令人为禳灾祈福而心醉神迷，获得的是"禳解灾祸的秘诀"；诗歌的迷狂令人遁入虚无缥缈的幻象中，获得的是神思妙悟的灵感；唯有爱的迷狂在爱神的引领下，完全超离了自身，得到的是"真理大原"上"灵魂的最高尚部分所需要吃的草"。"迷狂"是讲灵魂的状态，其内在的机制则是回忆。

关于回忆，《会饮》中另有一个界定："我们所谓回忆就是假定知识可以离去；遗忘就是知识的离去，回忆就是唤起一个新的观念来代替那个离去的观念，这样就把前后的知识维系住，使它看来好像始终如一。"[①]这里讲的"知识"，就是《斐德诺》中讲的"理式"。因为只有"理式"是"始终如一的永远存在"，因而"可以借助理性推理之助在思想上加以认识"的东西；而那些"变化、消灭、实际上永不存在"的东西，即那些"意见借非理性的感觉之助而加以识知的对象"，不可能提供真正的知识。理式的知识是伴随生命而来的，它虽然可以被暂时忘却，实际上却深深存留在灵魂的记忆之中。这使我们联想起海德格尔在《什么召唤思》中的一段话，他说：那些"应思虑"并"激发深思的东西"，虽然已"抽身而去"，却"留滞于自身"，并且"比任何那些仅仅于人的相刃相靡之物更能从根本上观照人，更能由衷地拥有人"。它的存在本身对人就是一种"召唤"。而"只要人存在于这被传召之中，那么，他作为被传召者就已指明了这种被招引到那抽身而去的东西中去"[②]。柏拉图所谓的"回忆"，实际上是灵魂向自身的回归，"回忆"所指向的东西正是被回归所"指明"了的东西。因此"回忆"首先不是对理式的认知或认同的问题，而是重返生命本原的皈依或归宿的问题。既是这样，"回忆"也就不是"昏暗的感官"和普通的思维的事，而是"明朗的感官"——眼睛和"理性的灵魂"的事。因为"上帝创造视觉并且将它赐予我们，其目的是使我们能够从天上看到理性运动，并且把它应用到我们的理性运动上来"；而理性灵魂则是"具有获得思想的特性的唯一存在之物"[③]。"回忆"的第一原则就是"理智须按照所谓'理式'去运用"，就是"从肉体的接触中返回，集中于自身"，并通过"思维反省"将其"统摄成为

---

① 《柏拉图文艺对话集》，第 268 页。

② 《海德格尔选集》（下），孙周兴译，上海三联书店 1996 年版，第 1211—1212 页。

③ 《柏拉图〈对话〉七篇·蒂迈欧》，戴子钦译，辽宁教育出版社 1998 年版，第 185 页。

整一的道理"。

在柏拉图看来,美本体——真实界是"无形无色、不可捉摸"的,只有"理智——灵魂的舵手,真知的权衡"才能"观照"到它。所谓"观照",就是聚精会神、心无旁骛地对神明的"凝视"。这意味着一种最高的精神境界和最高的审美修养。恰是"观照","使神成其为神的";而对于人,就是与神契合无间、浑然一体,"凡是凡人所能分取于神的他们都得到了"。

四　结　语

哲学史上有一个悬而未决的公案:是认识先于爱,还是爱先于认识。圣奥古斯丁、库萨的尼古拉、马勒布朗士持前一种观点;圣托马斯·阿奎那持后一种观点。达·芬奇说:"伟大的爱是伟大的认识的女儿。"歌德说:"人们只能认识自己所爱的,爱,或激情越强烈越充沛,认识就越深刻越完整。"[1] 海德格尔说:"只有当我们喜爱那本身即是应思虑的东西,我们才能够思。"[2] 了结这个公案的出路,也许需要超越被分割开来的认识与爱,寻找到一个能够将其统摄一起的更高的基点,而这样就要回返到意识尚未完全分化的人类童年,回返到柏拉图。

柏拉图哲学的一个重大贡献,就是延续毕达哥拉斯、巴门尼德、苏格拉底的传统,区分了两种爱和两种知识。一种是"高尚"的,即理性的爱,一种是"低俗"的,即感性的爱;一种是事物的知识,一种是理式的知识。"高尚"的爱是先验的、纯一的,"低俗"的爱是经验的、驳杂的;事物的知识是或然的,虚幻的,理式的知识是必然的,本真的。在他看来,只有在后一种意义上,即建立在感性和经验基础上的爱与知识才是有限的,因而可能是相互矛盾的,而前一种意义上,即建立在理性和超验层面上的爱和知识则是无限的,因而是永远统一,不可分割的。

柏拉图不仅区分了两种爱和知识,而且指出了这两种爱和知识间的内在的关联,即从后一种爱和知识向前一种爱和知识过渡的可能性。《会饮》所讨论的是在爱神的引导下,从"倾心向往"美的形体开始,通过

---

① 　M. 舍勒:《爱的秩序》,林克等译,三联书店 1995 年版,第 3 页。
② 　《海德格尔选集》(下),第 1206 页。

"学习"、"了解"、"思考"（"想通"）、"领悟"（"孕育"），而逐步达到"豁然贯通唯一的涵盖一切的学问"——以"美为对象的学问"的过程。这是一条"美中孕育"的路，智慧的路，这条路虽然有爱的驱动，但主要是知识的累积过程，逻辑的过程；《斐德诺》所讨论的则是在爱神的"凭附"下，即在自身的欲望、意志、理性受到扼制的情况下，从灵魂的"迷狂"开始，通过对生前经历的"回忆"，升达到真实界——美本体的过程。这是一条爱中悟觉的路，"迷狂"的路，这条路虽也触及了知识，但这种知识是先验的，而非后验的，主要是内在意识被激发、被唤醒的过程，是超越的、非逻辑的过程。

在《会饮》的意义上，这是一条人通过知识而自我救赎的路。起点是知识，终点是对知识的爱。支配人的行为的是人自己，"是仍然隶属于'质料'的感官事物的（客观）趋势：争取分有'理念'（在者之在）和'本质的东西'"的冲动；① 在《斐德诺》的意义上，则是一条人通过爱被拯救的路。起点是爱，终点是对知识的爱。支配人的行为的是爱神，是一种以其真实和美向人发出召唤的神圣的、超然的力量。在柏拉图看来，只有以知识为目的的爱才是"高尚"的爱，知识因而就是爱得以升华的阶梯；只有以爱为导向的知识才是本真的知识，爱就是知识得以生成的原因。

所谓本真的知识就是美的知识，所谓"高尚"的爱就是对美的爱，所以，柏拉图的美学就是他的哲学。哲学在这个意义上，就是智慧之学。它应该包含两个互为因果的命题：一个是追随爱神，走出自我，一个是超脱肉体，永葆灵魂。柏拉图是个有神论者，他心目中或许真的悬着一个爱神，而我们宁可将她理解为某种潜藏在个人背后的超越性的力量，——某种尚未被人们所认知的各种历史与环境元素的能量的总和。对于人来讲，爱神的意义应该就是海德格尔说的"以神性度量自身"，就是呵护灵魂，让灵魂通过"生殖"生生不息，永世长存。

---

①　M. 舍勒：《爱的秩序》，第6—7页。

今道友信:技术联结时代的爱*

  现代意义的爱的概念对于东方学者来说,无疑是个舶来品。日本学界接受它要稍稍早一些,大约在明治维新之后。而从美学的角度对爱进行系统探讨则更是晚近的事。今道友信应该是其中最有影响的一个。他的《关于爱》发表在 20 世纪的 70 年代初,其中不仅把爱置放在现代日本的语境中,将西方与东方相关的学术传统衔接起来,而且对爱在现代社会的历史命运做了独到的剖析,从而深化了有关爱与美的现代性的讨论。

  他将爱的概念与流行于日本的传统概念"仁"做了区分,强调了爱的本原性和普泛性。在他看来,"仁"是"完成状态"的"理念的爱",是"一种在人际关系上由自由的决断构成的德",而爱是"所有人都要体验,而且时时都在体验的原体验"①,是"从利己肉欲到学艺、直到爱和神的仁慈"的"多层演绎"结构②,是一种"通过因爱而爱的行动""回复到生命根源同一性"的冲动。③ 爱与德不同,本身不是一种价值,而且"并非总是与道德的价值联系在一起"。但爱与德也有共性,第一,爱与德有共同的本原,这就是性。性的区分不仅有生物学的意义,而且具有与生命价值实现相关的形而上的意义。性对于爱来说,是"呼唤"和延展,性的标志是第三者的诞生;性对于德来说,是互补和张扬,德因此而生成而完善。第二,爱与德有共同的次序。它们从两性开始,延及到子女、父母、朋友,乃至整个宇宙。不过,对于爱,是从横向的爱,到垂直的爱;对于德,则是从与性相关的精神的德到超越的灵魂的德。第三,爱与德有共同的境界。德的最高境界是"包括诸如信仰、希望、爱、真诚、崇高

  * 此文发表于《沈阳工程学院学报》2011 年 4 月,第 7 卷第 2 期。

  ① 今道友信:《关于爱》,徐培、王洪波译,三联书店 1987 年版,第 2 页。
  ② 同上书,第 107 页。
  ③ 同上书,第 184 页。

等人格美的灵魂之德";① 爱的最高境界是"通过平等的人们互爱这种同一方向的爱实现精神之德，而且要在垂直的灵魂之德中闪耀自己生命的意义"。②

他概述了爱的概念的历史发展，介绍了日本学术界的接受史。在他看来。现代爱的概念源起于古代希腊的厄洛斯（erōs），指的是趋向合一的意思。哲学家们常常把它表述为世界生成和运动的一种终极原理，并不单单指人的爱。后来亚里士多德代之以另一个词——菲利亚（philia），以表达本性上善良的人和人之间友好的关系。爱被归结为一种德。基督教的诞生，赋予爱以全新的意义。爱遂超离了两性和伦理的关系，波及到每一个人，包括那些被社会遗弃或诅咒的人。文艺复兴时期，冲破基督教的禁锢，兴起了一种以自然、肉体、女性为对象的所谓英雄主义的爱。到了近代，由于路德、帕斯卡尔等的倡导，这种被视为意志对象和义务的爱被扬弃了，爱被一分为二地分割成恩典和原罪，前者属于神的爱，后者属于人的本能。从此爱作为人生的伟大主题被否定了，蜕变为以丘比特为象征的性的游戏。爱重新成为最高的理念，是在尼采、弗洛伊德之后。但他们基本上将其局限在个体心理界域里。到了 20 世纪，通过西方马克思主义者弗洛姆、马尔库塞才开始转向了社会学，成为人们对整个社会、历史、文化进行反思的组成部分。今道友信指出，在日本学术史上，西周（1828—1897）是第一个将西方爱的概念引进日本的人。此前只有在"仁"、"慈悲"、"人情"、"恋爱"意义上的爱；他之后虽有森鸥外、夏目漱石、岛崎腾村、有岛武郎、川端康成等一批作家，但都没有跳出传统的思维模式，仍将爱封闭在情感和心理的范围之内；真正试图运用帕斯卡尔式的思维方法探求爱的性质和根源的是写了《论爱的无常》的龟井胜一郎；而对爱的概念和内在机理进行学理意义上探讨的是西田几多郎（《善的研究》）、仓田百三（《爱的知识的出发》）、高桥里美（《体验和存在》）。其中高桥里美从他的体验存在论出发进行的讨论最值得关注。仓田把时间看成是纯粹情感存在的形式，把绝对的爱看做是一切对象的成立的根据，认为"爱既可认为是包含意味的存在，也可看做是包含存在的

---

①　今道友信：《关于爱》，徐培、王洪波译，三联书店 1987 年版，第 169 页。

②　同上书，第 182 页。

意味"①。遗憾的是，爱究竟是什么，他没有给予明确的解答。因此，他的所有立论就很难成立。总括地说，他认为，尽管日本学术界对爱进行了上述探索，但它的主流却是"与其把爱作为道德，毋宁说当作一种危险的火花；与其说沿着知识的神圣存在方向探索，不如说是一种多彩的现象游戏"②。爱的深入讨论不仅需要有"超出趣味之上的静思或对话"，而且需要"把对人以外的物的东洋亲切感，看做爱的重大机缘"。

　　他揭示了现代社会结构发生的变化，指出爱所面临的危机和挑战。在他看来，人类的历史无非是"依据其不同时间的体验，一步步了解爱的多面构造而自我展开的认识历史之过程"③。之所以回顾这个过程，目的是通过"研究作为生存原理的爱，它在与利益、权力、金钱斗争的现代社会中，是否仍然能够存在下去"。而这恰恰是 20 世纪后半叶人类社会所不得不面对的一个重大问题。他认为，现代社会可以叫做"技术联结"的社会。这个社会具有四个显著的特征：第一，这是个动态的社会。人们重视的是事物的功能，而不在是事物本身。没有什么事物是永恒的，一切都将被新的东西所取代。丢弃被视为一种"美德"。所以那种对事物，乃至对人一往情深的爱和依恋渐渐淡出了。第二，这是个技术抽象的社会。人们习惯于将事情的过程舍去，而将其结构抽象出来。压缩过程所具有的时间性，尊重结果所具有的空间性。爱作为一种意识是时间性的存在，随着时间性的虚无化，失去了其存在的可能性。同时，人越来越变得接近于没有意识的事物了。第三，这是个"从目的或价值向手段或效果的逻辑转移"的社会。在目的或价值逻辑结构中，"我"是主体，目的或价值是大前提。人们会为一定的目的或价值去寻找有效和便捷的手段。如果没有这种手段，会努力创造这样的手段以达到目的和获得价值。而在手段或效果的逻辑结构中，主体不再是"我"，大前提也不再是目的或价值，人们会被某种手段或效果所支配，从手段或效果出发去选择和确定目的或价值。爱，在人们的习惯中，是与人生价值联系在一起的。在这样的社会里，就有可能被还原为非精神的原理，缩小成性的结合。第四，这是个复制取代原作，映像取代真身，机械取代爱的能力的社会，是法律成为

①　《关于爱》，第 111 页。
②　同上书，第 112 页。
③　同上书，第 114 页。

"砍杀爱的利刃"的社会。技术——通信、网络、媒体、交通的发展，一方面为爱打破了空间的限制，使即便是远隔重洋的人们之间进行直接或间接的交流成为可能，另一方面却又制造了新的心理的壁垒，使人与人之间真诚的交流成为不可能。其中一个重要的特征就是由于复制和映像技术的出现，艺术和美的独一性和新奇感丧失了。"一切按自明的、预定的方式进行。一切都可以通过某种技术找到代用品。"于是，人们养成了对"复数的信仰"，乃至"完全相信真东西可以由其映像而加以守候"①。

在技术联结的社会里，爱不再被当作重大的理论课题被思考，但是，爱的存在仍然是可能的。因为"人是一种没有爱就无法生存的存在，是一种即使受伤喘息而仍对世界的不完善奋勇挑战的力量"，甚至可以说，爱的存在本身就"是对世上不完善状态感到不满足，要求将其完善而行动的心情表现"②。

今道友信注意到了柏拉图在《会饮》篇中围绕爱与美的关系所进行的讨论，但是基本没有更多的涉及。其后不久发表的《关于美》多少弥补了这一缺憾。他提出了这样三个命题：一、真是存在的意义，善是存在的机能，美是存在的恩惠和爱。③ 二、只有爱，才是美；爱是艺术之源。④ 三、"美以爱来完成一切细小事情，并在生活中点燃起希望的光辉"。与真、善相比，美具有与宗教的"圣"相等的最高价值。⑤ 这些命题的提出标志着他在哲学方法论上超离了意识或道德的精神现象学，走向了存在论，但可惜都没有充分展开，甚至它们之间也没有形成逻辑的联系。这里，我们不妨依照我们的理解，从存在论的角度分别做一些必要的延伸：第一个命题——存在——作为整个宇宙的本原和基础，是一个统一体，之所以有真、善、美这样的区分，是对作为对象的人而言的，但人本身就是存在，确切地说，是存在的一部分，所以，真、善、美不仅是人认识的结果，也是人活动的结果，不仅是一种观照、一种洞察、一种评价，也是一种创造。第二个

---

① 《关于爱》，第 26—27 页。
② 同上书，第 123—124 页。
③ 今道友信：《关于爱和美的哲学思考》下篇《关于美》，王永丽、周浙平译，三联书店 1997 年版，第 102 页。
④ 同上书，第 257 页。
⑤ 同上书，第 332 页。

命题——美是存在的恩惠和爱。"凡存在的,在某种意义上都是美的。"① 同时,凡存在的,在某种意义上,也都是寄予着爱的。存在因其美而激发着爱,又因爱而彰显着美。艺术的美来源于存在之爱,艺术的爱来源于存在之美。第三个命题——按照同样的逻辑,应该表述为:美与宗教意义的"圣"一样具有最高的价值。既超越了作为存在意义的真,也超越了作为存在机能的善,因为美就是具有作为意义和机能的存在所显示的恩惠和爱。真,作为存在的意义可以不涉及恩惠和爱,善作为机能也可以不涉及恩惠和爱,但作为存在的恩惠和爱的美却必须建立在存在的意义和机能之上。美之所以成为一种现实的力量,激发起爱,点燃起希望的光辉,因为她以她的恩惠和爱包容一切,统摄一切,涵养一切,使万物都各循其位,各得其所,各显其能,并统一于和谐的整体中。

今道友信只走到了存在论的门前,因此并没有做出与此相类似的结论。《关于美》基本上依然立足于所谓的精神现象学,将对美的考察限定在意识—理念—艺术的范围之内。他认为,艺术"是把发现的有序的自然存在,按照一定的程序,以某种价值为中心,创造出完整美丽的作品的技术"②;"艺术作品虽然具有物质的美,但归根到底是在追求像真实和神性那样的理性的东西,即人的精神美"③;美不是客观的存在,美是"意识、观念的存在"。美之所以具有独特性和多样性是"意识运动"的结果。④ 艺术的目的就是"掌握"理念,使其"以物质形式放射出美的光辉"⑤。

但是,就像杜夫海纳讲的,美不可能被还原为意识或理念,也不可能为艺术所完全包容,因为美就处在人类生命的根基部分,是人的生存表征和方式。美和道德不同,既是经验性的存在,又是先验性的存在。还在生命之初,美就作为原始意象嵌入于人的意识中;同时,美还是一种超验性的存在,是人们借以自我观照,自我反思,自我救赎的手段。美是当下

① 今道友信:《关于爱和美的哲学思考》下篇《关于美》,王永丽、周浙平译,三联书店1997年版,第163页。
② 同上书,第211页。
③ 同上书,第279页。
④ 同上书,第291—294页。
⑤ 同上书,第207页。

的、空间的，同时是未来的、时间的；既见证了人的整体，又彰显了周边的全部世界；既存在于"我"的解释中，又超越了任何可能的解释。美的历史首先是人的生存史；美在现代社会所面临的危机，首先是生存的危机；美之所以成为最高的价值是因为人或人类通过美真正实现了自我。所以，将爱与美放在一起考量，必然地会引发对人的处境和命运的沉思，引向存在论。今道友信既已走到了存在论门前，我们相信，如果继续"以精神现象学为思索的基础"，立意构建一种"形而上学"，终究会得出自己与此相应的结论。

美·爱·自由与信仰[*]

2004 年，我在《学术月刊》上发表了一篇文章，谈到了美、爱与信仰的关系，不久即被《新华文摘》转载了，随之学术界有不少人作了肯定的回应。不过也有例外，一位作者竟武断地说我讲的信仰就是基督教的信仰。他为什么会有这样的质疑呢？我想了想，可能是因为我在文章中提到了上帝，以及神学中的信、望、爱。我们的理论界、学术界、文化界从改革开放之后，比较多的是讲实践、实用、实效，很少讲信仰，包括一些学者在内，许多人根本没有信仰，所以，有人提出这样的问题也不奇怪。其实，信仰对于人来讲，是少不了的。人和动物的区别，说到底，动物不会使用工具，不具有一般的理性，而人会反思，有实现自我的需要，有信仰。信仰对于个人是精神支柱，是一切行为的最终指向和根本动力；对于民族是精神的图腾，是民族之所以凝聚在一起，团结奋斗，兴旺繁荣的保证。没有信仰的人，也许是物质生活上的富豪，但必定是精神上的侏儒；没有信仰的民族，也许能够统领一个时代，但必定不会有辉煌的未来。古往今来，有各种各样的信仰。基督教、佛教、伊斯兰教等固然是一种信仰，柏拉图的理想国、圣奥古斯丁的"上帝之城"、托马斯·莫尔的"乌托邦"也是一种信仰；儒家经典《礼记》中讲的"大道之行，天下为公"，老子讲的"小国寡民"，"邻国相望，鸡犬之声相闻，民至老死，不相往来"也是一种信仰；巴枯宁、克鲁泡特金的无政府主义、康有为的"破九界，入大同"的"大同世界"^①，以及中国共产党人信奉的科学社

＊ 此文发表于《学术月刊》2011 年第 2 期；人大报刊复印资料《关于爱》卷 2011 年 5 月全文转载。

① 在 1935 年中华书局出版的《大同书》中，康有为表达了他对大同世界的信仰，破九界是其基本的内容，包括"去国界合大地，去级界平民族，去种界同人类，去形界保独立，去家界为天民，去产界公生业，去乱界治太平，去类界爱众生，去苦界至极乐"。

会主义都是一种信仰。信仰是一门大学问，是哲学、伦理学、美学、社会学、政治学、心理学等的共同课题。自古至今，凡大学问家，没有一个不有所涉及的。今天，我们只谈美学，因为美学在其中占有特殊的地位，美学是感性之学，在一定意义上也是信仰之学。

一　信仰，赋予生命以意义

我们先谈谈信仰对人生的意义，即信仰对人生意味着什么。借用基督教的说法，信仰是三位一体的结构，包括信仰的对象、人群、行为。信仰是人的信仰，但必须有一个外在于人的对象。这个对象作为一种实体可以叫做上帝、太一、神；作为一种理念可以叫做道、逻各斯、绝对理念；作为一种境界可以叫做终极境界、涅槃、极乐世界。我们且用一个哲学的术语，统合在一起，称它为融真、善、美为一体的"存在"。存在是对信仰的最高抽象，是超越任何具体经验的东西，但毕竟是对人而存在的，人是信仰的主体，而人是生活在经验世界中的，所以人必须超越自己，这是信仰之所以成为可能的前提。这个超越过程就是信仰作为一种行为的本身。因此，可以说，信仰本质上就是从此岸的、经验的世界向彼岸的、超验世界的超越。当然，这完全是属于精神领域的事。

信仰对于人意味着什么呢？首先，意味着在自己之外，在最高层面和终极意义上，为自己树立了一个敬畏、崇拜、向往的目标。有一个敬畏、崇拜、向往的对象，无论对于个人或群体都是很重要的。如果没有这个对象，就可能会失去自我约束，变得自以为是，乃至狂妄傲慢，肆无忌惮，乃至忘乎所以，无法无天。可以想见，西哥特、汪达尔等蛮族攻打古罗马的时候，英法联军火烧圆明园的时候，日本侵略军对南京实施大屠杀的时候，也包括"文化大革命"中红卫兵捣毁炎帝陵、舜帝陵、大禹庙、仓颉墓、孔子墓、霸王庙、武侯祠的时候，都是什么情景！也许那些肇事者中不少是基督教徒、伊斯兰教徒、佛教徒或别的什么信徒，但他们在那个时候完全背弃了自己的信仰，陷入一种不可自制的野性的狂暴之中。因此，不是任何的对象，比如迷信中的鬼、神，都可以成为敬畏、崇拜、向往的对象，只有"存在"，即我们称作真、善、美的本身和本原才是我们需要敬畏、崇拜、向往的对象。之所以叫做本身或本原，不是就事物间因果关系讲的，而是就观念的逻辑关系讲的。也就是说，一切被我们称之为真、善、美的事物都是在与它的比照中得以确认的。这是一种价值观,一种评价事物的尺度;这是一切价值中最高的价值,一切尺度中最高的尺度。这种价值和尺度是跨越所有时间与地域的,无论哪个时代或哪个民族,对人和事物的最高赞词无非就是真、善和美。当然,真、善、美只是信仰的对象,不是祈求的对象,它能给予我们的只是一种光明,一种希望,一种呼唤,但就是这点光明、希望和呼唤就很重要,有了它,就有了一种境界,一种寄托,一种归宿,就说明你超离了自己的局限,冲破了物质、金钱、荣誉、地位等的樊笼,走进了一个自由解放的广大天地。

其次,信仰意味着在"存在"或真、善、美面前,人找到了自己应有的位置和意义。因为你意识到了你既不是一切,也不是中心,在你之外还有另一种你永远无法企及的伟大的"存在"。只是由于它的存在,你才发现了自己身上的真、善和美,也是由于它的存在,你的真、善和美才被世界所认同。真、善、美就在你的前面,你是在它的光芒的照耀下,一步步走向成熟并进入人的角色的。从此,你不会沉迷于金钱和美女的享乐,因为你找到了自己的目的和意义;你不会自以为是,认为自己"老子天下第一",因为你学会了谦逊、敬畏和崇敬。林语堂先生说:"一个人如果站在巍巍耸立的高山的面前,就知道什么是伟大了。"一座高山的真、善和美就可以让你肃然起敬,自惭形秽,何况是作为最高存在的真、善、美呢。老子云:"大象无形,大音希声。"你听不到,看不到它,但它却强烈地撞击着你的心灵,让你的心中升起一种无限尊崇、肃穆、幽远之感,并享受一种静观的愉悦。

再次,信仰意味着你有了一种最高的需求,一种趋向真、善、美的动力。按照人本主义心理学家马斯洛的说法,人有五种需要,自我实现是最高需要。存在的需要,安全的需要,尊重的需要,交往和友谊的需要都可以与金钱联系起来。有了钱就能生存,就多几分安全,就会获得很多人的尊重,就可能有一大批同道、情人和"粉丝"追随,但事情常常是钱赚了,而自我呢?却失去了。慧律大师在《佛心慧语》中就说:"看起来是你赚了钱,实际上是你被钱赚了,赚走了你的青春、时间、体力和生命。"所以有的富豪自我调侃地说:"我穷啊,穷到只剩下钱了。"那么,用钱买来的尊重是真的尊重吗?用钱买来的情人还算情人吗?自我实现是人的本质意义的需要,自我不是我的存在或我的意识,而是我的个性与人类性,是我作为个体在人类生活和历史中所具有的地位和价值。自我实现就是最大限度地发掘、发挥自己的潜能，并用因此而改变的现实证明自己的价值。显然，这是金钱所无法撼动的领域。诗人李白用"天生我材必有用"表达的就是这种自我实现的需要。不是金钱，而是信仰的存在确证了自我实现的需要，并激励和推动人们去一步步实现自我。这是超越其他一切力量的巨大推动力。孔子之所以周游列国，历经磨难而乐此不疲，是由于有实现"先王之道"的信仰的动力。康德是近代哲学最伟大的代表，他不信基督教，但有自己的信仰，后来镌刻在他的墓碑上的是："繁星密布的苍穹和我心中的道德律。"相信宇宙是有秩序的，是一个伟大的美的整体，相信在这种秩序和整体背后有一种"宇宙理性"存在，世界将按照宇宙自身的规律走向文明，这种信仰支撑了包括爱因斯坦在内众多科学家的发现和发明。① 相信中国能够摆脱帝国主义、封建主义统治，经过新民主主义和社会主义，最终实现共产主义，这种信念和信仰推动了毛泽东、朱德、周恩来以及成千上万的革命志士，在极端艰难的条件下，历经五次反"围剿"，两万五千里长征和十多年的浴血奋战，夺得了政权，取得了令世界震惊的胜利。

　　总之，信仰意味着你在现实的物质生活之外有了一种超越的精神生活，意味着你正在走出自我并踏上通往理想境界的途中。特别是在今天，信仰对我们具有极其重大的意义，因为今天我们见的太多的是金钱至上、物欲横流，是怪力乱神、妖魔鬼怪，是各种版本的厚黑学、博弈术。

二　作为终极指向的真、善、美

　　不论信仰的是上帝、神、道、理念或绝对理念，其核心的东西都是真、善、美。没有一种信仰是指向假、恶、丑的。柏拉图讲："所谓神灵的就是美、智、善以及一切类似的品质。"② 圣奥古斯丁称：上帝"至高、至美、至能，无所不能；至仁、至义、至隐，无往而不在；至美、至坚、至定，但又无从执持，不变化而变化一切，无新无故而更新一切"③。现

---

　　① 2010年世博会上，以色列馆里陈列着爱因斯坦1938年的《写给5000年后子孙的信》，上面表达了他对现实世界的忧虑，最后有这么一段话："我相信我们的后人应当怀着一种理所当然的优越感来阅读上面这行文字吧。"

　　② 《柏拉图文艺对话集·斐德诺》，朱光潜译，人民文学出版社1963年版，第121页。

　　③ 圣奥古斯丁：《忏悔录》，周士良译，商务印书馆1981年版，第4页。

代德国哲学家格奥尔格·西美尔说："与其说上帝拥有善、正义和宽容，不如说他就是这些品质的化身；正如我们所明确指出的，神是完美性的实际表现，他本身就是'善'、'爱'。"① 对于基督教说来，上帝不仅是最高的真、善、美，而且是真、善、美的本原。对于伊斯兰教说来，世上的一切善恶、美丑都是由安拉安排的。为什么人们要信仰他们呢？就是因为在人们看来，他们代表了最高的真，最高的善和最高的美，而且祖祖辈辈，千千万万的人都相信上帝或神是真、善和美。信仰与一般的信念不同，是群体的事情，信仰的力量是建立在从众心理上的。

　　真、善、美是对存在，即道、绝对理念、上帝或神的不同表述，它们是统一不可分割的。真就是存在的本体，善就是存在的趋向，美就是存在的表征。当我们把存在当作认识的对象的时候，存在就是真；当作意志的对象的时候，存在就是善；当作情感，确切地说，当作爱的对象的时候，存在就是美。存在是一个东西，人们只是从有限的智性和有限的需要出发，才把它区分为真、善和美。

　　真、善、美既是信仰的对象，也是我们评价人和事物的尺度，同时又是完善和实现自我的力量。我们是在这个过程中走向真、善、美本身的。真，要求我们真诚地面对自己和外在世界；善，要求我们善意地对待自己和外在世界；美，则要求我们以自己的整个生命去体验和爱自己与外在世界。

　　在真、善、美三者中，从认识论的意义讲，应该是真在前。因为无论面对什么样的对象，首先是认识它，有了认识才会去相信；有了认识和相信之后，才会形成自己的意向和希望，善才进入到意识中；有了相信和希望，即有了真和善之后，才会发现对象的美，才会激起对对象的美的爱。但是，从存在论和价值论的意义讲，则首先是美，其次是真和善。从存在论的意义讲，就像杜夫海纳说的，美就存在于生命的根底部，存在于人与自然的原始的统一中，存在于前认识或元意识中。从价值论的意义讲，美作为存在的表征，既包含了存在本体的真，也包含了存在趋向的善，也就是既包含了存在的统一、完整、坚实，也包含了存在的次序、节奏、和谐，美就是融真和善为一体所闪烁出来的灿烂的光辉。因此，刚刚故去半个世纪的俄罗斯学者别尔嘉耶夫曾说："美比善

---

① 格奥尔格·西美尔：《宗教社会学》，曹卫东译，上海人民出版社 2003 年版，第 27 页。

更能表明世界和人的存在的完善。最终目的更多的是以美为标志，而不是以善为标志。"①

美就是融真和善为一体所闪烁出来的光辉，这一点孟子说得很明白。他说："充实之谓美，充实而有光辉之谓大。"② "充实"这个概念很丰富，一个本身不真实，不完善的东西不能称为充实。所谓"有光辉"，学术界都以为是指"辉煌壮观的美"或"崇高"，其实是照耀、显现的意思。"有光辉"就是不仅自身充实，而且能够显现出来，照亮自己和周边世界。"大"是我们中国古人对美的最高称谓。所以，孔子讲："巍巍乎，唯天为大。"庄子讲："古天地者，古之所大也，而黄帝尧舜之所共美也。"③ "天地有大美而不言……圣人者，原天地之美而达万物之理。"④美之所以成为存在的表征，就是它极其充实地体现了存在的真和善，而且显现出来，投给世界一缕耀眼的光辉。孟子的这一思想与柏拉图主义、基督教神学、德国古典哲学、存在主义的观念不谋而合。海德格尔就说过："美是存在之光所闪现的光辉，是无蔽的真理的一种现身方式。"⑤ 信仰是真、善和美的整体，即存在的信仰，这个存在不是认识中的存在，不是意志中的存在，而是审美中的存在，即作为完整的生命个体的"存在者"的存在。所以，早期一位基督教神学家托名狄奥尼修斯提出一个命题："美是上帝的名字。"

信仰虽然是对一种超验的真、善、美的信仰，却植根于人们的日常生活经验之中。正是千百年来的生活经验告诉了人们什么是假、恶、丑，什么是真、善、美，以及假、恶、丑的可恶、可恨，真、善、美的可爱、可贵。超验的真、善、美无非是经验的真、善、美万千年来的伟大积淀。它飘浮在精神的天空中，却是从现实的地面上升起。凡是有真、善、美的信仰的地方，就有对真、善、美的生动丰富的体验。人们之所以不满足经验中的真、善、美，是因为它是有限的、短暂的、虚浮的，而且常常是被扭曲的。格奥尔格・西美尔在《论宗教》中说：宗教之所以成为一种信仰，

---

① 别尔嘉耶夫：《美是自由的呼吸》，方珊等选编，山东友谊出版社 2005 年版，第 66 页。

② 《孟子・尽心下》。

③ 《庄子・天道》。

④ 《庄子・知北游》。

⑤ 孙周兴编选：《海德格尔选集》上卷，上海三联书店 1996 年版，第 276 页。

是因为人的经验中固有一种"宗教性"，即与美、崇高、震惊、恐惧等感受俱生的那种难以捉摸的心理张力，那种不透明性、陌生性。"如果说作为造物主的上帝的确是从原因秩序的延续冲动中产生出来，那么，迈向超验的宗教因素也早已存在于因果过程的低级阶段上。"① 所以，为了确认、追寻、趋近超验的真、善、美，我们只能从体验、感受经验的真、善、美开始。

科学家、道德家、政治家和佛学家、神学家可能有不同的通向信仰的路。通过对人的生命或天体的深入观察，科学家可能会发现宇宙背后的不可理喻的伟大智慧；通过对人类社会和历史的综合分析，政治家可能揭示潜藏在恩格斯讲的平行四边形中的伟大规律；通过对人以及所有生灵命运的深入反省和沉思，佛学家或神学家或许能够见到普通人所难以想象的生命的奥秘。但是，无论什么人要想确立起对真、善、美作为整体的信仰，都只有从对美的体验开始并最终形成美的意境或境界才有可能。人们相信上帝或神的存在，一般情况下，首先不是确证了它的真，或领悟了它的善，而是首先接触了一个遥远、神奇、美丽的传说，一位创始人的悲壮感人的经历，以及无数信徒对这个传说和经历的有声有色的演绎。基督教神学的奠基人圣奥古斯丁之皈依上帝，据他自己说是一次从教堂出来在一棵大树下休息时，猛然从一道神奇的闪光中听到了上帝的呼唤，从而引起他对过去九年的无知和荒诞的反省。所以，黑格尔在《哲学讲演录》导言中说："真理无论在什么阶段，它进入人的意识首先必须在外在方式下作为感觉表象的、眼前的对象；像摩西在烈火的丛林中瞥见了上帝，和希腊人用大理石雕像或别的具体表现使神显示在意识面前那样。不过另外一个事实就是，真理是不能停留，也不应停留在这种外在的形式里的——在宗教如此，在哲学亦是如此。"② 这就是说，首先是一种奇妙的距离感、始原感、惊异感和皈依感，加上对生的热望，对死的畏惧促使人们去思索、探寻，去瞻仰、聆听，并最终拜倒在上帝或神的面前。

---

① 格奥尔格·西美尔：《宗教社会学》，第 70 页。
② 黑格尔：《哲学史讲演录》第 1 卷，贺麟、王太庆译，商务印书馆 1959 年版，第 71 页。

三　美:从根底、中途到终极

美在生命的根底部,在日常经验中,同时又在信仰里,因此,美成为人们从感性的、经验的世界过渡到康德意义上的理性的、超验的世界的桥梁。这么说,有没有根据呢? 有。根据就是对人的本质的认识。人的本质是什么? 黑格尔说是劳动;马克思也说是劳动,但与其他动物不同,是自由自觉的劳动。关键词是自由。自由的第一层意义就是超越自己的有限性,超越越多就越自由。而美就是自由的象征。美就意味着超越和自由,因为只有超越了自己,超越了内在与外在的强制和压力,从而在完全自由的状态下,才有美的诞生。美与超越不可分割,所以凡是讲到超越的地方总要讲到美。孔子讲"兴于诗,立于礼,成于乐"①;孟子讲"充实之谓美,充实而有光辉之谓大,大而化之之谓圣,圣而不可知之之谓神",这是从人格修养的角度讲美和超越。人类学家马斯洛讲人的五种需要,讲自我实现,是从心理规律角度讲美和超越。康德讲美与崇高,合目的与目的,实践理性与纯粹理性,黑格尔讲绝对理念的感性显现,海德格尔讲诗意的栖居等,都是在各自哲学框架内讲美和超越。所有这些人都肯定了美的超越性质。

美之所以有超越性质是因为美有由直觉到想象,再到生命体验的逻辑秩序,这个秩序与人的存在、人的心理需要、人的自我实现是交织在一起的。首先,美存在于直觉中。克罗齐讲:"美是直觉",中国传统美学讲,艺术要靠顿悟,这是什么意思? 第一,直接性,不假思索;第二,瞬间性,没有耽搁;第三,交融性,主客合一。讲心理距离的心理学家布洛曾举过一个例子:傍晚,一艘船在狂风巨浪中颠簸着,船上的人挣扎在死亡线上,惊怖异常,失魂落魄。其中一个坐在船头的人忽然发现,这是非常壮观和具有戏剧性的场面。危险和恐怖在他眼中组合成了一种奇妙无比的美。他是讲心理距离,实际上也是讲直觉。晚清一位学人的随笔中有这么一段:他躺在蚊帐里,但蚊子很猖獗,竟一个个潜入蚊帐,自由自在地在他身边飞舞,并且傲慢地发出嗡嗡的声响。他不能入睡,只好靠在床头抽烟。起初,他欣赏着吐出的一朵朵烟圈和在烟

---

① 《论语·泰伯》。

圈里飞舞的蚊子,后来,在他眼里,烟圈宛如天空中的云雾,而蚊子宛如一只只飞翔的仙鹤。他越看越入神,越看越兴奋,竟忘了睡觉。直觉为什么会使人有愉悦感呢?因为它使人从日常境遇中超脱出来,进入了另一个世界——一个没有主体与客体对立,没有内在和外在迫力的世界,一个新奇的自由游戏的世界。所以说美作为直觉处在生命的根底部,这是因为直觉是作为生命整体的人与同样作为整体的对象之间直接、瞬间的碰撞和交融。人的每一个感官——视觉、听觉、嗅觉、味觉、触觉;每一种生理机能——神经系统、血液循环系统、呼吸系统、消化系统、生殖系统无一例外都介入其中。对象也是以某一种表象——形象、色彩、秩序、节奏、气息、声音进入人的视野。幽深的峡谷,浩渺的海洋,灿烂的星空,苍莽的原野,给我们一种美的享受,都是因为我们身临其境,心与物化,既忘记了自己,也忘记了对象的存在。艺术作品也是如此。欣赏《梁祝》或《二泉映月》,欣赏《茨菇游虾》(齐白石)或《群马》(徐悲鸿),不仅需要眼睛和耳朵,也需要鼻子、舌头和整个肢体。只有你心里有了酸楚,眼里涌着泪水,才会体验到音乐中"梁祝"的哀怨,瞎子阿炳的悲愁;只有你感到了悠然自得或紧张兴奋,才能够进入绘画里的游虾和群马的世界。由此可见,与感觉、知觉不同,直觉是双向性的,一方面指向客体,另一方面指向自身,是主体与客体间的对话和交流,是一种显现和自我显现,观照和自我观照。

美使人回到了生命的根底部,回到了没有被分割、被异化的原初的自我。而且唯有美,没有其他任何东西可以取代。回到根底部有什么意义呢?意义就在于找到了超越和自由的起点。所谓超越和自由,不仅是感官、欲念、思想的超越和自由,而且是整个生命的超越和自由,是马克思讲的人的本质,包括感觉、想象、情感、欲望、理论理性和实践理性的全面解放和均衡发展。在生命被肢解、被异化的状态下,是没有真正超越和自由可言的。金钱是把利刃,它会把人从社会机体中切割开来,撕掉人自身所有温情脉脉的面纱,最终使人完全失掉自我。伟大的进化论者赫胥黎在著名的《天演论》中称,进化就是"园艺过程"与"宇宙过程"间抗争的过程,认为"园艺过程"即人类文明的发展和进步,总是以牺牲"宇宙过程"即大自然生态系统,包括人类自身的自然禀赋为其代价。但是,"宇宙过程"毕竟是不可抗拒的,所以,"大自然常常有一种倾向,就是讨回她的儿子——人——从她那儿借去而加以安排结合的那些不为普遍的宇宙过程所欢迎的东西"①。美属于"园艺过程"，但从根本上说，属于"宇宙过程"，美的意义就是宇宙向被文明所分割、异化的人发出的呼唤，让人挣脱工具理性的压抑，回返感性；挣脱一切违反人性的僵化和虚浮的钳制，回返自然。

其次，美存在于想象中，是一种生命的形式。想象联结着生命的根底部与超越部。这一点，康德讲得最为透彻。人们如何从悟性过渡到理性的呢？圣托马斯·阿奎那认为是因一种外在的力量，是它"强攫"的结果。康德则认为是靠人的悟性—想象力—理性构成的内驱力。有许多的美不是在直觉中，而是在想象或主要在想象里。比如，小说、戏剧、电影、电视里描写的人物和场景：霸王别姬那种悲壮凄楚的美，只存在于人们的想象里；贾宝玉、林黛玉的那种欲吐不能的深情，也只存在于人们的想象里。画面上的蒙娜丽莎的美，音乐中的《春江花月夜》的美，既是在直觉中，也是在想象里构成的。什么是想象呢？想象有许多种，审美活动中的想象是建立在直觉基础上的。在这个意义上，想象就是将直觉中的一个个镜头、一处处场景、一幅幅画面、一段段旋律依照自己的理解和经验综合起来，从而构成一个完整的形象、意象或意境的过程。想象比直觉丰富和深邃，因为想象中融入了人的更多的理性、意志和情感的因素。英国的哲学家休谟说，想象是理智和意志间的使者。想象总是代表了一种意向和意志，总是体现了一种认识和理智，并总是以情感的形式逻辑地表现出来。因此，想象实际上是人作为生命整体对外在世界作出的回应。如果说直觉是一种无意识的创造活动，想象就是自觉地有意识的创造活动。在想象中，理智、意志和情感不再是一种潜在的力量，而是想象自身的内在机制和动力，因而想象比直觉在更充分、更深刻的意义上实现了自我。所以说，想象是人的生命形式，因为是想象把人生存的空间与时间联系在了一起。如果不是想象，人凭什么把不同地域、不同种族、不同语言的人看成自己的同类？凭什么把人类的过去、现在、未来看成是历史的绵延？如果不是想象，我们就不能肯定我们理解的真、善就是或近似其他族类理解的真、善，而美在人类中就不具有可传达性。我的身体随着年龄的增长而不断变化，翻开童年时的照片，与现在比，迥然是两个人，但是，想象根据零星的记忆告诉我，那就是我；想象并且为我设计了未来，使我能够跨越

① 赫胥黎：《天演论》，《进化论与伦理学》翻译组译，科学出版社 1971 年版，第 8—9 页。

时间的隧道，形成一种对真、善、美的憧憬。想象不仅记录着我的成长过程，而且引导我超越有限的理智和意志，趋向一种更高、更理想的存在。

再次，美存在于生命体验中，是一种超越境界。这种美是我们直觉和想象不到的，但常常悬在我们的心中。我们看到一位俊男靓女，认为他（她）美，凭什么？我们走进一处风景，认为它美，凭什么？凭心中悬着的一种美的理想。如果这种美的理想不仅是"我"的理想，也是人类群体或整个人类共同的理想，如果这种理想背后潜隐的不仅是"我"的审美经验，也是人类共有的"原始意象"或"理念"，那么，这就是这里所说的超验之美了。超验之美也是人的一种基本需要，所以还在人类童年时期就被认识并表述出来了。马克思讲，古代希腊是人类的真正的童年。之所以这么讲，原因之一就是希腊人怀有一种童稚般素朴的信念，相信在现实世界之外的奥林匹斯山上还有一个神的世界，其中每个神都代表了一种自然力，相信就是这些神掌握着人类的命运，却又像人一样充满了矛盾和纷争，具有七情六欲。后来，古罗马的衰败，绵延数百年的民族大迁徙，使人们更多地看到了人类自身丑恶的一面，以致失去了对现实的信心，皈依了基督教。从此诸神退位，上帝降临。超验之美是超越一切美之上的最高的美，是一切美之所以为美的根源；超验之美超越了什么？超越了有限的存在以及与之相关有限的理性、意志和情感。由于超越了有限的存在，所以是绝对的、纯粹的，没有了能够与之对应的对立物——丑。由于超越了有限的理性、意志和情感，所以超验之美虽然悬在"我"的心中，却并不属于"我"自己，而是属于整个人类。超验之美之所以进入"我"的心中，不是"我"认识、欲念和期望的结果，而是"我"以自己的全部生命体验或体认的结果。

超验之美对于人们，既是外在的，又是内在的。按照基督教神学的说法，上帝在世界的彼岸，又在世界的此岸，在我的心中。按照老庄的说法，道在自然，是为天道；道在人身，是为玄德。按照黑格尔的说法，作为客体，叫绝对理念；作为主体，叫绝对心灵。按照存在主义的说法，存在是存在者的存在，此在是与存在相关联中的此在。面对超验之美，人不是一般意义地去欣赏或观照，而是"诗意的栖居"。什么是共产主义？共产主义既是一种伟大的社会实践，又是一种崇高的文化精神。外在的与内在的是相互区别又相互统一的。所以费尔巴哈讲，上帝不是别的，就是人自己，是人的本质的对象化。老子讲："道者同于道，德者同于德，失者同于失。"① 庄子讲："得至美而游乎至乐，谓之至人。"② 只是因为有了实现自我和超越自我的人的存在，超验之美才悬在人类的心中，成为人的一种信仰。但一般地说，我们都在实现自我和超越自我的途中。我们心中的超验之美只是我们自己心灵和人格的写照。虽然人们都叫它是上帝、道或绝对理念，但由于世界观、价值观、道德修养和文化水平的不同，所理解和体认的并不相同。如果你还没有学会谦卑，你心中的上帝就还不是真正的上帝；如果你还没有从人类中心主义跳出来，你所谓的共产主义就还是空想的乌托邦。在超验之美面前，我们永远是一个探索者，一个学生。超验之美对于人们的真正意义也就在这里：它是一盏高悬在未来的灯，不仅照耀着，而且指引着我们前进的行程。

四　爱：从形式、心灵到世界

从直觉之美到想象之美，再到生命体验，即超验之美能够把人引渡到以真、善、美的统一为标志的人生的终极境界吗？从理论上讲是可能的。为什么呢？因为在直觉、想象、生命体验的背后有爱，而爱是人类特有的一种生命的元素和冲动，是人类完善自我、走向文明的根本的内驱力。我们看到燕子飞来飞去地为它的孩子喂食，觉得很美，因为我们有爱。我们听说一条狗在主人遇难的地方没日没夜地守着，守了半年，会很感动，因为我们有爱。当中华人民共和国的国旗在天安门前冉冉升起，那昂扬有力的音乐，那庄严肃穆的人群，那晨曦所投来的最初一抹光明，会使我们有一种从未有过的兴奋和激动，因为我们有爱。直觉、想象和生命体验本身并不能触动我们，让我们感到欣慰和愉悦的是意识或没有意识到的爱的存在，是意识或没有意识到的与对象的亲近和交融。

透过美的秩序，我们可以看到相应的爱的秩序。美的秩序与爱的秩序实际上是同一个秩序的不同侧面。关于爱的秩序，西方学者讨论得比较多。它在柏拉图主义和新柏拉图主义者、基督教神学家中几乎是一种传统。现代德国哲学家马克斯·舍勒专门写了一篇长文《爱的秩序》，其中有一段名言："爱的秩序是一种上帝的秩序"，"人属于爱的秩序，爱的秩

---

① 《道德经》第二十三章。
② 《庄子·田子方》。

序是人之本己的一部分"①。中国从先秦诸子起，历代学人多有谈论的，是儒家和新儒家的一种基本的信念。所谓"入则孝，出则悌，谨而信，泛爱众"②；所谓"成己"、"成物"、"合内外之道"③；所谓"仁者以其所爱及其所不爱"④，"仁民而爱物"⑤。爱和美一样根植于生命的本原处，是人的基本需要。按照马克思讲的，人是有意识的类的存在物，蜜蜂、蚂蚁和大部分哺乳动物也是类的存在物，但是，它们没有类的意识，类对于它们只是一种自然的必然性。人则不仅意识到自己的类，而且自觉地从属于类，所以，类成为挣脱自然的局限，获得自由的前提。因为人是有意识的类的存在物，人借以维护类和自由的就不仅是性，而且还有爱。性将两性从生理上联结在一起，爱则将这种联结扩大到心理上，因而有了使这种联结能够保持稳定和持久的婚姻和家庭。随着文明的进步，爱超离性的关系越来越远，扩展到父母子女，兄弟姐妹，扩展到整个部落、民族、国家，乃至人类和自然界。爱记录着人类进步的步伐，是人类文明的一个根本性的标志。当然，作为唯物主义者，还应该看到，爱虽然处在生命的根底部，但它的孕育和发展却是由物质生产和社会交往决定的，没有物质生产，没有社会交往，人只能停留在类人猿的阶段，听任性的摆布。

从直觉到想象，再到生命体验，也就是从个别到普遍，从物质到心灵，从具象到抽象，这既是美的秩序，也是爱的秩序。柏拉图在《会饮》篇中把爱美看作是通往人的最高境界的途径，认为应从爱美的形体开始，由爱某一个美的形体，到爱其他的美的形体，由爱美的形体到爱形体美的形式。这就是说，爱，首先要靠直觉。然后，由爱美的形式到爱美的心灵，虽然心灵美未必形式也美。由爱美的心灵进而爱美的行为和美的制度以及各种学问知识。心灵和行为、制度、知识是在直觉之外的，所以得靠想象。再以后，爱就不再"像一个卑微的奴隶"，专注于某一个形体、形式或某一个人和行为上，而能"凭临美的汪洋大海，凝神观照"，在"心中起无限欣喜"的同时，"孕育无量数的优美崇高的道理"，"彻悟美的本体"。到这个层次，就意味着把整个生命投入进去，用生命去体验和享受

---

① M. 舍勒：《爱的秩序》，林克等译，上海三联书店 1995 年版，第 48 页。
② 《论语·学而》。
③ 《中庸》第二十五章。
④ 《孟子·尽心下》。
⑤ 《孟子·尽心上》。

那种心与物游、物我两忘的境界了。① 爱的意义是发现美，从而让人走出自己，面向世界；美的意义是彰显爱，从而返回自己，实现自己。这就是人通向信仰之路，即自由之路。自由，一方面意味着融入整体——家庭、种族、国家、人类、宇宙，一方面意味着自我实现——感觉、知觉、记忆、想象、理智、意志、情感、理论理性与实践理性等所有潜能的全面发展。单个的人无所谓自由，或者说根本没有自由。因为你还属于抽象的、自然的人，你或许有人的各种潜能，但这些潜能都不可能得到发挥。你是个男人，如果没有与女人结合在一起，你就不是男人，就没有做男人的自由。你是个知识分子，如果没有读者和听众，你就不是知识分子，就没有知识分子的自由。你是一个旅游的爱好者，如果没有山、水、森林、草原，没有大自然为你准备的一切，你就不可能有旅游的冲动。自由不是单个人的事，而是群体的事，人类的事，是康德讲的"伦理团体"的事。整体的意义既在于交往和协同，将人的智慧和才能融合在一起，形成文明和进步的力量，又在于为调动和发挥个人的潜能，发展人的个性提供了可能。古人讲"天地有大美而不言"，又讲"至仁无亲"，"大爱无疆"。自由就是要一步步去发现世界的美，就是要把爱撒向整个世界。而这样就必须不仅从个人的恩怨悲欢中走出来，而且要从家庭、种族、国家走出来，走向人类和自然界。

五 自我确证，自我挑战，自我实现

康德讲，有两种信仰，一种是宗教信仰，另一种是理性信仰。前一种信仰基于对人的原罪，即恶的意识，认为人天生就是情欲的产物，是从伊甸园被赶出来的；后一种信仰则基于对人的类本质的意识，认为人生来就是属类的，就有交往、同情和爱的需求。前一种信仰认为生活就是欲望，就是痛苦，世界就是苦难的深渊；后一种信仰则认为，世界处在进化过程中，物质与精神的需求和社会实践推动着人类不断走向文明。前一种信仰是在人类之上设定一个神，一个救世主，把希望寄托在神——救世主的身上；后一个信仰则将一切原属于神的东西还给了人自己，认为对于善恶是

---

① 柏拉图：《会饮篇——论爱美与哲学修养》，朱光潜译，见《朱光潜全集》第12卷，安徽教育出版社1991年版，第232—234页。

非的最终裁决不是神，而是理性和良心。前一种信仰的目的在于救赎，是通过忏悔、供奉，循守教规以获得神的怜悯与赐福，遵循的是"我给予你，你给予我"的交换原则；后一种信仰的目的则是自我超越和自我实现，是为自己树立一种价值标准和理想境界，遵循的是"在奉献中确证自己，光耀自己"的原则。对于前一种信仰，爱与美是神固有的一种性质，神将自己的爱和美撒播在人间，只是为了确证自己并使人类和整个世界回归自己，所以，爱与美的秩序实际上是神彰显和回归自己的运作机制；对于后一种信仰，爱与美则是人类在数十万年中积淀下来的生命体验和经验，是人类用以自我调节、自我完善、自我解放的心理机制。康德认为，从无宗教信仰到宗教信仰，再到理性信仰是历史展开的三个层次。我们不反对宗教信仰，但提倡和主张理性的信仰。这就是说，信仰，一方面意味着爱向邻人，向自然，向超验世界的逐步展开；另一方面意味着美在事物，在精神，在超验世界的逐步发现。这里有的是对现实和自我的超越，而不是厌弃和决绝；有的是积极向上的乐观精神，而不是悲观厌世的心理。人的最终目的是自由，自由就是包括七情六欲在内的人的本质的全面发展，就是人与自然的全面和解和统一，就是歌德讲的"我在世界中，世界在我身上"。正是在超验之美和对它的爱中，确证、体验自由，并享受着庄子所讲的"与天和"的那种"天乐"。①

---

① 庄子在《天道》中说："与人和者，谓之人乐；与天和者，谓之天乐。"又说："以虚静推于天地，通于万物，此之为天乐。天乐者，圣人之心，一蓄天下也。"

回返自然
——美学的当代课题[*]

鲍姆伽通把现在称作美学的学问理解为"感性学",可惜他是在认识论范围里谈论感性,只是试图为诗性思维确立一个地位;殊不知感性就是人的自然本性自身,就是自然所赋予人,从而使人有可能向理性延伸的一切。感性是理智、意志、情感的共同基础,不仅理智要依恃于感性,意志、情感同样要依恃于感性。理智在通往真理的途中要对感性加以分析、概括和抽象,但是它所抽象的东西永远是感性的一个部分。理智是采矿者,感性则是伏脉深广的矿藏;理智是气象学家,感性则是瞬息万变的大气环流。理智的任务是引导感性,但是,理智自身的谬误常常要靠感性来纠正,所以,就认识论范围讲,感性也不能仅仅用"低级的认识"来定论。

如果跳出了认识论,来看待作为感性学的美学,我们就不会陷入后来谢林、黑格尔、佐尔格等人的误区,把视野仅仅限于直觉—情感—艺术的领域,而会坚信康德在《判断力批判》中所提出的人的感性与理性的统一,马克思在《1844年经济学—哲学手稿》中所强调的人与自然统一,或人本主义与自然主义统一是我们面临的主要课题。

感性与理性的统一,是就人自身讲的;人与自然的统一,是就人与外在世界讲的,是同一问题的两面。马克思曾说:"对人说来,直接的感性的自然界直接地就是人的感性。"① 因此,它与中国传统哲学中讲的"天人合一"不是一回事。从一定意义上讲,"天人合一"只是封建士大夫阶级的一种虚无缥缈的精神追求,而人与自然的统一则是人类所必须面对的

---

　* 此文发表于《台州学院学报》2001年第2期。

　① 马克思:《1844年经济学—哲学手稿》,刘丕坤译,人民出版社1979年版,第82页。

理想，也是现实的历史命运。

从亚里士多德将人界定为"理性的动物"开始，人类就片面地标榜自己理性的一面。理性的发展，一方面强化了人的共同性，推进社会一步步跨向现代文明；另一方面压抑了人的个别性，使人日甚一日陷入了"单面人"的野蛮境地。无疑，现代人已不需要从莽莽荒原中辨别时时出没的野兽，不需要从杂草丛林中寻求可供吃食的植物，不需要从风云变幻中选择出行的日子，因而人的视觉能力已不如原始人；人不需要从数里之外的风声里判断有无潜伏的危险，不需要从滚滚的雷鸣中猜测有无洪水降临，不需要把倾听夏夜的虫鸣当作自己的享乐，因此，人的听觉器官也不如原始人。现代人用水泥、钢铁、塑料等无机物为自己建起了一座理性的屏障，将有机的自然界阻隔在外。环绕人的感官的不再是自然的千姿百态，丰富多彩，不再是自然的神奇诡异，出神入化，而是被极度抽象化了的线条和极度主观化了的音响。映入人的眼帘的是高楼、公路、桥梁等各种几何形体，闯入人的耳际的是机器、车辆、飞机发出的各种刺耳的噪声。在这种情况下，感性与自然之间的天然联系被割断了，感性成了理性的工具，而理性自身也变得越来越单调和苍白。

审美活动的意义就在它既是感性的，又是理性的；既是自然的，又是属人的，它是感性与理性、人与自然相互沟通的中介。审美活动需借助于视觉、听觉及其他感官，需要调动意识与潜意识中的各种记忆，需要伴有刹那间的激情和想象，同时需要与正在酝酿在心头的某种理念联系起来，使整个心灵得以升华。由于这个原因，审美活动中的理性是饱含着感性的，即洋溢着生命情调的理性；而感性也浸透着理性，即体现着生命旨趣的感性。人在审美活动中是自由的，因为审美活动中既没有来自理性的强制，也没有来自感性的诱惑，人的一切感受及由感受而引起的判断都是最自然不过的。

康德把审美活动的这一特性称之为"合目的性"。所谓合目的性，就是符合人类生命自身的目的。人类试图将这种合目的性的要求贯彻到他们所有的活动中，使所有的活动都带上审美的性质，但是，只有在外在目的不再成为目的情况下，即在自然、技艺、艺术的鉴赏中，合目的性才可能得到充分体现，人类才能享有审美的愉悦。在自然、技艺、艺术的鉴赏中，人们面对的首先是生动的感性存在，其次才是渗透在感性背后的理性意蕴，人们必须去看、去听，为感性的存在所感动，然后才可能去品味、去思索，为理性的意蕴所震撼。这就是说，人类必须以融感性与理性为一体的生命整体去体验作为同样是生命整体的外化形式的对象。自然、技艺、艺术不是异在于人类生命的存在，而是人类生命的对应物，在这里，感性与理性一起得到了解放和高扬。

自然、技艺、艺术是构成审美活动的三个环节，它们之间的关系不是单向的递进关系，而是双向的循环关系。从谢林、黑格尔开始，把艺术置于自然之上，并切断艺术与技艺的联系，是一种巨大的失误。艺术是从技艺中分化出来的，而技艺是从观察、模仿自然中来的；艺术、技艺又要反馈于自然中，调整、充实、更新人们观察自然的角度和方法。艺术的根本意义并不在于超离自然，制造一个虚幻的"第二自然"，而在于回返自然，实现人与自然的完全和谐。正是由于这个原因，艺术不是少数艺术家的事，而是人类共同的事。

自然、技艺、艺术必然地体现为感性与理性的相互融通，因此在鉴赏中，它们同样都可以起到像康德讲的引渡的作用。但是，自然与感性本来就是一体的，具有先天的亲缘关系；而艺术则是通过理性构建起来的，感性的因素已经被纯化了、规范了，所以，用康德的话来讲，自然美对人具有"直接性"，而艺术美却是间接的。艺术的创造和鉴赏中，不可避免地夹杂了许多"社会观念"，比如政治观念、宗教观念、道德观念等。艺术由于负载过重，甚至有时候会变形，成为某种理性的工具。由此可见，艺术之所以要回返自然，不仅是观察、变更自然的需要，也是艺术自身维护和不断强化自己审美本性的需要。当然，正因为艺术夹杂了某些"社会观念"，所以艺术常常给予我们不同于自然的享受，常常在审美之外起到惊醒、召唤、教化的作用，不过这已不是美学所讨论的范围了。

应该指出，人与艺术及人与自然的关系永远不是同一等次的问题。在人与自然的关系上，人作为自然的一部分，从属于自然；在人与艺术的关系上，艺术作为人的一种生存方式，从属于人。人是从自然中生成的，人的感性与理性的形成和发展都是人之为人的一种必然要求；而艺术不过是实现这一必然要求的一种方式或手段。当然，作为这种方式或手段，也是必然的，是自然为人作出的选择，这就是说，不是像有些人强调的，是艺术引发了人对自然的兴趣。相反，其实是自然引发了人对艺术的兴趣。艺术作为一种审美活动，归根结底取决于作为自然的、感性的人的存在本身。

　　如果我们将审美活动分为三个层次：直觉—形式，想象—意象，体验—生命境界，并且认定审美的引渡作用正体现在这些层次的转换中，那么我们就会清楚地看到，对自然的鉴赏或曰自然美，与艺术美一样对人类的心灵具有一种净化或升华的作用。康德的著述里对此有一段非常明白的表述。康德认为，自然在感性方面的直接性是技艺和艺术所无法比拟的，人们对自然的兴趣甚至不需要经过任何的教导和训练。他说："谁能孤独地（并且无意于把他们的注意的一切说给别人听）观察着一朵野花，一只鸟，一个草虫等等美丽的形体，以便去惊赞它，不愿意在大自然里缺少了它，纵使由此就会对于他有所损害，更少显示对他有什么利益，这时他就是对于自然美具有了一种直接的，并且是智性的兴趣了。"但是，自然并不仅仅由它的美丽的形体，还常常由它的意蕴与人的某些"知性判断力机能"相联系，从而激发起人通过想象创构某种意象的兴趣，这种兴趣不是直接的，因为它同时"导引出——利益兴趣"，但是与技艺或艺术不同，它不是由外在的利益，而是由"对于实践格律的单纯诸形式（在它们由自身成为普遍立法的范围内）规定"的一种"先验的愉快"，从本质上说，这是一种"道德情感的愉快"。此外，自然美还能够激发一种兴趣，这是"基于理性之上的兴趣"，体现在"诸成品对于我们的摆脱了一切利益感的愉快有着一种合规律性的一致"。自然只是"标示或给予一暗示"，我们在思索自然时，却发现自己"对于自然是感兴趣的"。这种理性的兴趣来源于对"那构成我们生存的终极目的、道德使命"的体认。在康德看来，自然美的魅力和美的形式联系在一起，它们或是属于光（在赋色里面），或是属于声（在音调里面）的诸变相，它们不仅刺激了我们的"感性的情感"，而且诱使我们对它进行观照和反思，"它好像是一种把自然引向我们的语言，使大自然里好象含有一较高的意义"。对自然的鉴赏就是这样形成了从"官能享受"或"舒适性"到"道德情绪"或"善"的过渡。① 康德对自然美的分析是深刻的，唯一需要说明的是，作为康德的出发点是理性主义，他所说的引渡仅仅是从感性、知性到理性，而真正的引渡应该是从感性到理性而又返回到感性，是感性与理性的融合，是马克思讲的人与自然的统一。

　　美学在康德之后，在直觉—情感—艺术领域里已徜徉了近两百年，

---

　　① 康德：《判断力批判》，宗白华译，商务印书馆 1987 年版，第 143—148 页。

其间虽有马克思的谆谆告诫，但并没有使它改变既定行程。现在，即将步入 21 世纪的时候，在整个世界都因人与自然对立和分裂而陷入重重困境的情况下，美学应该意识到自己的责任，把实现人与自然的统一，即感性与理性的统一当作自己的首要课题，在今后的发展中为自己揭开新的一页。

最难舍却自然美[*]

　　继汪济生的《系统进化论美学》之后，近来，鲁晨光的《美感奥妙与需求进化》和肖世敏的《有动物有美感论》又从进化论角度谈到了美感的起源及相关的美的本质问题，读了之后颇受启发。肖世敏批评了我们美学界普遍存在的将人与自然截然区分开来的二元论倾向，否认可能存在的美感的生物性本源。我以为这个批评是中肯的。在美感起源的问题上，历来有许多不同看法。不少朋友倾向于普列汉诺夫的观点，认为美感与美都起源于生产劳动，也有一些朋友认为应将其他社会实践包括进去，比如巫术、游戏之类。持这种观点的人有一个看来无可动摇的论据，就是恩格斯讲的劳动创造了人本身。既然人都是劳动创造的，人的美感以及对人来说美的东西当然也是劳动的产物。但是，恩格斯是在肯定进化论的前提下说这句话的，生产劳动只是从猿到人进化过程中的一个不可或缺的中介。如果人和人的美感都纯粹是由生产劳动创造的，生产劳动是这一切的最初的本源，那么，可以说，劳动在这里不折不扣地被神化了。这很容易使我们想起基督教关于上帝无中生有创造世界的假说。而且，马克思说的人"按照美的规律造型"又怎么解释呢？马克思明明认为按照美的规律造型是人的劳动区别于动物的"劳动"的本质规定之一，美的规律并不是生产劳动的产物，而是生产劳动自身的一种特性。这就是说，当类人猿一开始像人一样进行生产劳动的时候，便懂得了美的规律，并把它应用到生产劳动中。有的朋友用"原始劳动"或"非审美的生产劳动"这样含糊的字眼来辩解，试图说明美的规律产生在生产劳动中，不过这是前人类或准人类的生产劳动。当然，这很难自圆其说。汪济生、鲁晨光、肖世敏所追

　　* 此文发表于《郑州大学学报》2004 年第 4 期；人大报刊复印资料《美学》卷 2004 年第 8 期全文转载。

问的就是这个前人类或准人类的生产劳动是不是就是类人猿这样动物的生产劳动，如果是这样，那么，审美活动是否还能为人类所独有？

　　汪济生、鲁晨光、肖世敏列举了许多事例说明美不是生产劳动创造的，在人类诞生之前某些动物已经拥有美感。但我对此依然持怀疑态度。理由很简单：美感产生的无可置疑的前提是人将自己同自然界区别出来，有了自我意识。动物本身就是自然界，它与自然界的关系是直接的、一次性的，就是说，动物不能在自己的意识和行为中复现自己，不能把自己看做主体，把对象看做客体，因此，动物不可能作为欣赏者面对自然界的美。不过，我赞成这样的观点：在动物与人之间不存在一条不可逾越的鸿沟，人的审美能力和人本身是自然进化的结果。在这个问题上，我认为，进化论者达尔文的一些观察是有价值的，值得我们借鉴。他认为，动物比如某些鸟类是有审美能力的，不过它们对于美的爱好"仅限于吸引异性"。这就是说，动物对于在我们人类看来是美的东西同样具有兴趣，只是这种兴趣是与性的需要联系在一起的。达尔文说动物有审美能力，这可能会让人产生误解，我认为用兴趣这个词比较好。既然绚丽的色彩、均衡的线型、和谐的节奏能够吸引异性，就说明动物对这些被我们称做美的表象是感兴趣的，这不应该有任何疑问。

　　无论人或动物，对自然美感兴趣是合乎情理的。因为美的自然就是适宜他们的生存、令其怡悦的自然。人和动物都是从自然中走出来的，与自然有着天然的亲缘关系。他们就是自然界的一部分，并且每日每时与自然界进行着物质交换。自然界不仅为他们提供了衣食等生活资料，而且还为他们提供了休憩与游戏的契机和场所。当然，人和动物不同，工具的使用使人类具有了远远超出动物的能力和需要，人不仅能够按照自己的意愿改造原有的自然界，而且能够运用想象创造第二个自然界。人还能在自己的作品中复现自己，从而体味创造的快乐。人对自然的兴趣因而从自然自身的兴趣渐渐转向人以及人同自然关系的兴趣，也就是哲学意义上的自然，即自由的兴趣。无疑，在这一转变中，物质生产实践是个决定性的因素。不过，不仅是物质生产实践，还有人类自身的生产，人类种族的繁衍。恩格斯曾说，生活资料的生产和人类自身的生产是造就社会文明的两大动力，这句话千真万确，只可惜没有引起主张实践观点的朋友们的注意。不如说，在种族繁衍上，人与动物本来没有什么区别，但是，当人通过生活资料的生产结合成社会群体后，当人把社会情感融入两性关系后，人便具有了完全不同的性质和意义。人学会了爱，而爱使人在不同程度上超离了性。德国哲学家马克斯·舍勒说，爱就是"迈出作为肉体单位的自己"。迈出，人类走向哪里？走向真、善、美。爱永远是对真、善、美的爱。美是伴随爱而产生的，不是仅仅用石刀、石斧打造出来的。所以，孔子有"里仁为美"的话，乌纳穆诺有美与爱何为因果的追问。据考古发现，迄今发现的最早的艺术作品是奥地利出土的旧石器时代被称做"威伦道夫的维纳斯"的一座石雕。雕像对女性的性器官做了极度夸张的描写，乳房和臀部加在一起，几乎等于全身的一半。可以想见作者当时是出于什么兴趣，如果算是人的本质力量的显现，所显现的不是别的，恰是对生殖的崇拜，是对女性的尊崇和爱。

在这个问题上，也许不能不迫使我们回到柏拉图。柏拉图关于美与爱的一段谈话意味深长，对我们特别有启发。他说，审美的拓展与爱的升华是分不开的。当审美从个别的美上升到一般的美，从事物的美上升到精神的美，从行为的美上升到社会的美之后，人们将凭临一片美的汪洋大海，沐浴在无限的怡悦之中，同时，将达到爱的极致，进入爱的神秘境界。柏拉图所说的，其实是古代希腊人对爱和美的关系的共同体认。在希腊神话中，爱神和美神本来就是一体的。由此可见，美对人的意义，应该说，主要不是提供什么美的享受，超越人生的苦难，而是在于使人学会并珍重爱，在苦难中去实现人生的价值。

一方面是对自身的爱，另一方面是需要认识自身，人才从对自然的兴趣渐渐地转向对自身的兴趣，转向对艺术的兴趣。艺术最初是被用来表达对自然的爱的，所以艺术的口号是"模仿"，衡量艺术的标准是"真实"。古代希腊的雕塑与文艺复兴时代的绘画曾以其对自然的惟妙惟肖的描写令多少人为之倾倒啊！但是就是在艺术对自然的不遗余力的盛赞声中，艺术自身却悄悄地跻进了审美的祭坛。人们甚至以古代希腊和文艺复兴的作品为例，高喊艺术之美高于自然之美。温克尔曼说，希腊艺术的美在于它的"崇高的庄严和静穆的伟大"；席勒说，艺术是游戏，人只有在游戏中才是自由的；康德说，自然之美是纯粹的美，艺术是依附的美，后者才是理想的美；谢林、黑格尔说，艺术是心灵的产物，与艺术之美比较起来，自然之美永远是粗糙的。艺术在一片赞扬声中，堂皇地戴上了"美的集中和最高体现"的王冠。19世纪浪漫主义的成功，使人们相信，法国艺术批评家斯达尔夫人揭示了一个千真万确的真理：迄今唯有一个领域是人们所没有认识的，那就是人本身；唯有一个领域能够激起人的激情，那就是人本身。于是，艺术在畅游了人的情感世界后，又先后沉迷于人的下意识和非理性之中，在人的印象、直觉、幻象、梦境、意识流等上面踟蹰徘徊。如果还有自然，自然也已被心灵撕成了一段段碎片。但是，又一个多世纪过去了，人们终于发现，人是什么，不是人自身说了算，要看他给周边环境打下了怎样的印记。没有了自然，心灵就是一片空白。艺术如果只是咀嚼自己那一点小小的甘苦，拒绝从大千世界获取营养，必然会变得非常苍白和羸弱，以至于除了自言自语之外，几乎不能再告诉我们什么。

当然，人作为主体，在艺术中得到了张扬。艺术为"万物之灵"的人类绘制了一幅历史性的肖像。但是，作为它的负面代价的是人类变得异常傲慢和狂妄，就像慈母跟前一个不肖子女，公然蔑视自然给予的抚养和宠爱。大气被污染了，海面漂着一层厚厚的油渍，本来绿绿的土地被撒满了白色的化学粉尘，本来生机勃勃的生物种群遭到了前所未有的灾难性的浩劫。"人类中心主义"所带来的是人类越来越不能掌握自己的命运，越来越对自己失去了信心。《圣经》中说，人的原罪是人的傲慢。那么，为了赎罪，人类是不是应该谦逊一点，摆正自己在自然面前的位置？也许过去对月球，现在对火星有无生命的探求是人类开始与自然和解的一种证明？是的，那个被大气包裹着的星球曾给了我们多少关于地球的昨天的美妙的遐想啊！

自然给了人类一记响亮的耳光，使人类记起了自己是吃着自然的奶水长大的。如今，人类该回到自然的怀抱了。但是，这不是初民时代的自然，而是经历了数十万年漫长的进化过程、负载着数十亿生灵的憧憬的自然。而这确实是与我们朝夕相处的真实的自然，不是西方马克思主义者阿多诺说的作为"主观表象"的、与人类保持距离的自然。但阿多诺有一句话是对的，就是"没有历史的记忆就没有美"。当我们重新返归自然的时候，我们是怀着对自然的深深的歉疚，对自己的深深的悔愧，怀着和解、期待、同情和爱。我们知道，只要我们真诚地爱着自然，自然就会倾其所有的美回报我们。我们渴望着走向自然，因为我们在用钢筋水泥浇灌的世界里已生活得太久；我们甚至向往着大漠、荒原和冰川，因为即便那里也能感受到大自然的新奇、博大和永恒。我们不再把自己与自然分割开来，不再单纯把自己看做主体，把自然看做对象，因为生存和文化已经把我们和自然融为一体，自然是我们的另一体，我们在自然中生成，我们在欣赏自然的时候，用的其实就是自然给予我们的眼睛和耳朵。

　　套用黑格尔的话，人类的审美活动从初民时代到现在，经历了一个否定之否定的过程。这就是：自然—人—自然。后一个自然是前一个自然和人的综合。它是自然，但不仅仅是自然，同时也是人，是自然中的人和人中的自然，也就是马克思在《1844 年经济学—哲学手稿》里说的人本主义与自然主义的统一。而审美活动的历程也就是人类的爱的升华的过程：从对自然的爱，到对人类自己的爱，再到对自然的人化和人的自然化的爱。由于人与自然的统一，或人本主义与自然主义的统一是个需要不断接近的过程，而不是一个可以想象的历史的终点，所以，美永远是悬在人类前面的一盏耀眼的灯，爱永远是趋近这灯光的昂扬的步履。

从鉴赏自然中获取教益[*]

进入工业社会，特别是后工业社会后，人们越来越感到大自然的可亲可贵。城市，这是文明的标志。摩天大楼、高速公路、规整的园林、繁华的商场、穿梭往来的汽车、覆盖全球的媒体……足以满足人类的各种物质文化需求，但是，唯有满足不了人对自然的亲近和向往，而且，越来越加剧了人直面自然、返回自然的心情，乃至已成为现代人的一种基本的生命情结。

曾有过那么一个阶段，人类就生活在自然之中，天空就是被子，大地就是床，果实就是面包，树叶就是衣裳，鸟兽的鸣叫就是音乐，风云的游弋就是绘画，自然为人类提供了一切，而人并不满足，他们学会了纺织、建筑、种植、弹奏、图画等，从而为自己营造了一个人工的世界。于是，在绿色苍茫的原野上，在起伏跌宕的山谷里，或在被潮水不断冲击的海岸边，竖起了一幢一幢坚固整齐、比例适当的屋宇，在草木丰茂的平原上，在被河水浸润过的三角洲，在原始森林的边缘处，开垦了一片一片参差错落、井然有序的田地；人们为自己发明了各种斧钺、陶器、车船，为自己创造了各种形象、音响、游艺。人们渐渐意识到自己的强大，把自己看成是世界的中心，万物的尺度，好像一切真、善、美都是因人而存在，为人而存在。那时候，人的兴趣就在自己和自己周围的造物上面，偶尔有一两位哲人表达一下对自然的向往，便被视为新奇，那些词句甚至因哲人的声名而成为千古名言。比如《论语》中记载的孔子与弟子们的一段谈话。在弟子们各自讲了自己的志向后，孔子说：我赞成曾点的主张，"莫春者，春服既成，冠者五六人，童子六七人，浴乎沂，风乎舞雩，咏而归"^①。

---

* 此文收入 2000 年 9 月由中共中央党校出版社出版的《点燃智慧》一书中。
① 《论语·先进》。

但是，人工的世界无论如何繁华，毕竟受着人的智慧、想象、创造能力的限制，人永远不能满足自己，所以人永远需要从自然获得灵感和启迪。这一点到了近代，在中国是宋明时期，在西方是文艺复兴时代，人们开始有了返回自然的意向。作为这一意向的明证是中国山水画及荷兰风景画的出现。宋代大文学家欧阳修、郭熙将人的享乐分为"富贵者之乐"与"山林者之乐"，认为这两种享乐很难兼得，山水画之重要即在弥补这一缺憾，成为自然的代用品。艺术在一定意义上是自然的一面镜子，在一个长时期中，艺术的确承担着这样的使命，然而，到了现代，由于主体性及技术理性的强调，艺术自身也越来越与自然拉开了距离，由模仿的，变为表现的；由具象的，变为抽象的；由现实的，变为荒诞的。艺术使人看到的只是被扭曲了的人自己，而不是自然，所以艺术不再能满足人对自然的情趣。现代人因此不仅要走出自我，而且要走出艺术，直面自然，浸润自然，从自然中获得乐趣和教益。人们感到，自然给予人的那份喜悦和振奋是任何艺术所无法比拟的。

直面自然，返回自然，是现代人的一种情结。之所以如此，是因为经过与自然长久的疏隔后真切地体验到人与自然之间血脉相通的亲缘关系。自然是人的母亲，人是吃自然的乳汁长大的。人所吃的、穿的、用的，归根结底都来自自然，不仅如此，连人所想的，也常常以自然为蓝本。没有了自然，人作为生物，便不能生存，作为理性的载体，便是一片空白。自然又是人的教师，人是在模仿自然中成长起来的。古希腊人讲，人从蜘蛛学会了纺织，从燕子学会了建筑，从鸟的鸣叫学会了歌唱。现代仿生学证明，至少人的大部分发明创造，包括飞行器、船只、雷达、声呐、生物技术等都是从自然中获得灵感和启迪的。不仅如此，自然的雄伟、广漠、坚实、清丽、淳朴、柔顺、委婉、平和、险峻、恒久等作为一种道德的象征，给人以抚慰和激励。林语堂先生曾把大自然比作一间"疗养院"，说它如果不能治疗别的病，至少能够治愈人类的"狂妄自大病"。当人望着一百层高的摩天大楼时，常常不自觉地产生一种自高自大的感觉，要把这种虚幻的情感调整过来，最好的办法是将这幢大楼与任何一座山峰比较，那时候他便会知道什么有资格和什么没有资格叫做"伟大"。中国山水画中总把其中的人物画得很小，其意义就在于让人意识到他在大自然中实际位置。当然，大自然作为"疗养院"，它还能治疗人类的自卑自馁的病。那山峰，那荒漠，那雷霆万钧的天空，那狂涛汹涌的大海，不仅能让我们去膜拜崇敬，更能激励我们冲脱自我这个小天地，敞开胸怀，去拥抱世界，创造更辉煌的人生。此外，自然还是人类的朋友，人是在与自然的交游中变得成熟的。试想，如果没有了小狗、小猫、小熊，孩子们会失去多少乐趣？如果没有了夕阳、树影、草地，老年人又怎样抵挡难耐的孤独？而年轻朋友，在热恋或失恋时，那种无法形容和无以克制的激情，如果没有晶莹如水的月光，没有婆娑作响的树林，没有急风暴雨，没有电闪雷鸣，没有如泣如诉的呜咽的河水，没有峰峦叠嶂的险峻的高山，又去哪里倾诉？要知道，在那个时候，只有自然能够以它无比阔大的胸怀，无比雄浑的力量，告慰年轻的人们，使他们在激昂中恢复平静，在懵懂中重现理智，把虚妄还给虚妄，把真实留给自己。人类是怀着歉疚的心情返回自然的，因为自然作为母亲，曾遭到不应有的冷落，作为教师和朋友，曾忍受不合理的轻薄。现在，当人们面对尚未被污染的蓝天白云、青山绿水的时候，不免感到格外的亲切，当人们观赏濒临灭绝的老虎、金丝猴、麋鹿、丹顶鹤的时候，不禁萌生怜惜之情。人们似乎从来没有发现自然之雄壮、自然之美，因此，人们被突然出现的种种奇观妙境所震惊了。过去，人们津津乐道的只是艺术的美：色彩、线条、节奏、韵律、造型、形象、意境等，现在发现所有这些无不以千百倍的丰富性蕴含在自然之中。自然无往而不美，诗人、美学家宗白华谈到这一点时，深情地慨叹："你看那自然何等调和，何等美满，何等神秘不可思议；你看那自然中何处不是生命，何处不是活动，何处不是优美光明！这大自然的全体不就是一个理性的数学，情绪的音乐，意志的波澜吗？"[①] 宗白华说，如果用艺术的眼光看待自然，那么可以把自然称作"大艺术家"。

　　近来，在美学理论上也开始了对自然美的反思。自然美在长时期中被排斥于美学之外，其始作俑者是 19 世纪德国哲学家谢林、黑格尔。他们把自己的美学称作"艺术哲学"，自然美在他们看来只是艺术的一种折光。他们所持的理由，大抵有两个：一、自然美是给定的，人们从自然美中看不到它的构成过程，而美是创造的结果，是与克服困难、消除障碍联系在一起的。二、自然美是自在的，不是来自自觉的心灵，不能映照出心灵的自由和伟大。中国学者朱光潜、吕澄等接受了他们的观点，也认为，自然美与艺术美相比较，一个是"雏形"，一个是成型；一个是"原料"，

---

① 《宗白华全集》第 1 卷，安徽教育出版社 1982 年版，第 309 页。

一个是"精品"，而且自然美还有一个致命的弱点，即它永远是转瞬即逝，模糊不定的。这些理论在当时提出来并得到传播，应该说符合了人类中心主义即理性主义思潮，因而在相当程度上满足了人类，特别是艺术家们的虚荣心。但是，进入 20 世纪之后，随着环境问题、生态问题的日趋严重化，人们渐渐意识到自然美的问题不光涉及审美鉴赏，还涉及人对自然的态度，自然美对人类生存和发展的影响远远不是艺术美可以比较的。人们发现，还在谢林、黑格尔之前，康德关于自然美的"直接性"的谈论较之他的后辈具有更深刻的意义，可以作为人们重新认识自然美的一个根据。

康德说：尽管在形式方面艺术美可能超过了自然美，但是自然美在这一点上是艺术美无法企及的，就是它能够"单独唤起一种直接的兴趣，和人的醇化了的和深入根底的思想形式相协和"。以至于当一个人由艺术美转向自然美，去惊赞一朵野花，一只鸟，一个草虫的美丽形体时，"我们会以高度的尊敬来看待他的这一选择，并且肯定他的内心具有一美丽的灵魂"①。这意思就是说，无论自然美，或是艺术美，都必然与一道德观念相联系着，不过对于自然美，这种联系是"直接"的，而对艺术美是"间接"的，因为艺术从来不是由其本身，而是由于作为"自然的摹本"或是由于"为引动我们的愉快而造作的技术"进入审美鉴赏的。

康德意义上的道德观念类似一种植根于自然本性中的生命意识，在他看来，这种道德观念作为"绝对命令"，本来与生俱有，只是社会的腐化使其遭到了破坏，所以对每个人说来，道德观念的确立都意味着一种"醇化"。艺术美的创造与鉴赏无疑根源于这种道德观念，但它向人们陈述的只是对自然的模仿，或是模仿中的技术，它能够引动我们对道德的向往，那只是"间接"的，而自然美则不同，它是靠自身的存在激发我们对道德的兴趣的。康德没有解释造成自然美的"直接性"的根源，但从他的表达可以看出，对自然美的兴趣，从客体来讲，是来自自然，从主体方面讲，是来自道德，自然美并不是自然与道德之间的中介物，而直接地就是它们之间密不可分的关系的见证。自然美的存在向人们表明，自然不是别的，就是道德的真正基础；道德不是别的，就是来自自然的"绝对命令"。

---

① 康德：《判断力批判》，第 144 页。

　　道德不是从外面加到人身上的东西，而是从人的生命活动中必然地生成的东西。人从自然界走来，并且始终是自然界的一部分。人与自然本来具有鱼与水一样的亲缘关系。自然是人的母亲、教师和朋友，人本能地意识到这一点，从而以最大的爱心去对待作为母亲的自然，以最大的尊敬去对待作为教师的自然，以最大的善意去对待作为朋友的自然，并以同样质朴的心情去对待周围的人，这就是道德。人们鉴赏自然美，往往怀有这样的道德观念，即康德讲的"美丽的灵魂"，因此对自然美的"直接"的兴趣往往成为"具有着良善的道德意念的禀赋"的体现。当然，审美判断与道德判断是不一样的。这一点，康德讲得很清楚。他说："纯粹的审美判断，不依于任何利益兴趣而使人感到愉快，并且同时先验地推想及全人类。道德判断，它基于概念也作同样的事，它对于前一对象也具有一直接的同等的兴趣，而没有清晰的、细致的和预先的思索，在这两种判断之间存在着类关系。只是审美判断是一自由的兴趣，而道德判断是一止于客观规律的兴趣。"① 这就是说对于审美判断来讲，道德只是一种内在的禀赋，因此判断本身是自由的，对于道德判断来讲，道德则是一种外在的规则（规律），判断本身是不自由的。

　　对自然美的鉴赏既然与先验的道德禀赋相联系，既然依恃于一个"美丽的灵魂"，那么就不光是五官感觉的事，也不光是想象力的事，而是作为自然的儿子、学生及友人的整个心灵的事。它要求鉴赏者的全部生命的投入，要求鉴赏者以自身的生命去体验自然的生命。按照黑格尔的逻辑，艺术作为理念的感性显现，其中感性的因素越少，理念的因素越多，就越具有现代性，因此艺术的发展就体现在由三度空间的实体（建筑、雕塑）到两度空间的表象（绘画），到一度空间的声音（音乐、诗）。艺术的发展一方面充分调动了人的想象力、创造力，另一方面又或多或少地压抑了人的感受力、模仿力。正因为如此，在伴随工业社会和后工业社会的出现而越趋严重的"异化"状态中，艺术扮演的充其量是个逍遥者，而不是拯救者的角色。但是自然则不同，自然美向人的整个生命发出呼唤，从感觉到记忆，从联想到想象，从理智到情感，甚至从意识到下意识。自然美不仅要你去看，——那丰富多变的色彩，那奇妙无比的线条，那光，那影，那多种多样，甚至是无法穷尽的变幻和运动；而且要你去听，——那

---

　　① 康德：《判断力批判》，第146页。

小到树叶的沙沙声，大到震耳欲聋的雷击声，还有透过那声音传出的自然的永恒的节律；而且要你去闻，——那花的气息，草的气息，山谷中的气息，海岸边的气息，原始森林的气息，大漠草原的气息；有的时候，还要你去尝，去摸，去用心灵直接感应。在艺术的鉴赏中，人与对象之间必须有一个"心理距离"，人必须置身其外，当一个旁观者，而对自然美的鉴赏，这种"心理距离"恐怕要大打折扣，因为在这里更为重要的是将生命融入自然之中，与自然合为一体。正像西方一位学者 R. W. 赫伯恩在一篇文章中谈道："当一个人观赏自然景物时，自己也常常陷于自然的审美环境之中。有时候，他面对自然景物时也可能仅仅是一个冷漠而超然的旁观者，但是在更多的情况下，他却被自然景物团团包围。在森林里树木包围着他；在山谷里，四面都是青山；在平原上，四面坦荡无垠。如果这景色出现了运动，观者也可能运动起来……"这时候，"他一方面是自然景色的组成部分，另一方面又玩味着身为这种组成部分的感觉"①。当艺术远离自然的时候，它曾为创造了一个虚幻的世界，所谓的"第二自然"沾沾自喜，而它没有意识到，在一定意义上，它自身因此成为人直面自然，从自然领受生动鲜活体验的障碍。

自然美同样是心灵的产物，是心灵与自然相互碰撞的结果。这一点已成为现代美学的一种共识。谢林、黑格尔的错误就在于把自然美与自然本身混同在一起了。自然当然是自在的，我们很难把它当作创造物去理解，但自然美却是自为的，它所隐含的精神意蕴是能够明白地意识到的。山水风景画在艺术史上出现得比较晚，其原因在于它需要画家具有较高的思想文化素养，特别是在人与自然的关系上有较深的理解和感悟。中国第一部有关山水画的论著是南北朝时期宗炳的《画山水序》，其中讨论最多的不是形式上如何把握"自然之势"，而是如何从"澄怀味象"到"凝气怡身"，再到"神超理得"，实现主观心灵的升华。与宗炳同时期的王微有一部《叙画》也指出："且古人之作画也，非以案城域，辨方州，标镇阜，划清流，本乎形者融灵，而动变者心也。"又说："望秋云神飞扬，临春风思浩荡……岂独运诸指掌，亦以神明降之。"自然是既定的，自然美却是生成的，自然能给予人多少审美的快慰，决定于人以怎样的心胸和眼光去鉴赏。并非每一个鉴赏者都能达到宗炳、王微所要求的境界，但大凡

---

① R. W. 赫伯恩：《当代美学》，光明日报出版社 1986 年版，第 367 页。

鉴赏者都必然会从自然中得到相应的回应，哪怕是一个懵懂无知的幼童，哪怕是一个游戏人生、玩世不恭者。自然是博大的、深邃的，它展示的形式和所包容的意蕴是任何人所无法穷尽的，因此，它给人类提供的乳汁能够满足所有人的口味，它给人类带来的快乐可以让一切鉴赏者分享。

对自然的鉴赏有一点不如对艺术品的鉴赏，这就是它需要人走出去，而不能放在家中把玩。而且，由于受春夏秋冬季节更迭的影响，甚至受晨昏昼夜光照变化的影响，它永远是短暂的，偶然的，不可重复的。再好的美景，一旦狂风大作或夜幕降临，也就成为过去。但是，这一点并不会削弱我们对自然美的兴趣，相反，更易激发我们一睹自然风采的热情。三峡的某些自然景观要消失了，驱使多少人从四面八方涌向三峡；黄山景色变幻莫测，又让多少倾慕者一次再次地追寻那最美的一瞬。正因为自然美是短暂的，所以才具有一种永恒的魅力，那短暂一瞬便永远定格在我们的心中，成为我们最为珍贵的记忆；正因为自然美是偶然的，所以才越出了审美定式，给我们心中平添了几分神秘感，并唤起我们好奇的心理；正因为自然美是不可复制的，我们才会意识到人的制品与自然之间的距离，才会激励我们从自然中汲取灵感，去进行真正意义上的创造。

我们从对自然美的鉴赏中会获得多方面的教益，就像我们面对自己的母亲、教师和朋友时那样。我们可以用一个"美"字表达我们的感受，但是这个美包含有多么丰富深邃的含义啊！她们的形象、仪表、风度、语言、动作、衣着，甚至她们的一声呼唤、一个手势、一抹笑靥、一滴泪水，无不深深地打动着我们。我们常常为自然的形式所倾倒，那千姿万态的山，那千变万化的水，那层层叠叠、不同色调的颜色，那此起彼伏、各种音色的声音，一切都显得那么的和谐和有序；我们也常常为自然的品格所迷醉，那挺拔刚劲的苍松，那柔弱轻扬的柳树，那大漠中一潭晶莹清澈的水，那海面上一抹洁白透亮的云，那阳光的挥洒，那狂风的涤荡，那清晨的肃爽，那深夜的诡秘，那狮虎的凶猛，那狐兔的狡黠，一切都似乎在诉说着和警喻着；我们尤其向往着自然所幻化的境界，我们愿意像陈子昂一样站在滔滔东去的河上发怀古之诗情，愿意重蹈桃花源境追思陶渊明的归田园之乐，我们甚至愿意模仿李白、杜甫经一番坎坷生涯之后向巴山蜀水发出人生无常的感慨。自然永远向我们张开手臂，让我们走向自然吧，从自然美的鉴赏中获得无尽的享受与教益。

人与自然的统一*

——关于美学基本问题

一　美学基本问题是人与自然的关系

从康德开始，便将美学基本问题确定为感性与理性的关系，也就是人与自然的关系问题，先是谢林，后是黑格尔、佐尔格高扬艺术，贬低自然，把审美活动与艺术活动等同起来，于是美学基本问题便成了艺术与现实生活的关系，或者更明确地说，成了艺术的超越性问题。受他们的影响，中国学者，从王国维开始，也都是持这种观点的。王国维在《红楼梦评论》中讲，生活的本质是"欲"，而"欲"与苦痛是不可分的，艺术则是解脱因"欲"而来的苦痛的唯一出路，艺术优于自然之处正在于此。① 宗白华与王国维稍有不同，认为艺术之重要，不在于使人得以解脱，而在于使人树立起一种美感态度。所谓美感态度，便是"同情"的态度。他说，"同情"是"社会结合的原始"，是"社会协作的原动力"，而激发起"同情"，"结合人类情绪感觉的一致者，厥唯艺术而已"②。朱光潜明确地把自己的美学称之为文艺心理学。他也认为美学的目标是确立一种美感态度，但是美感态度并非是同情，而是"形象的直觉"，即"无所为而为的观赏"。它要求人们"在知觉到反应动作的悬崖上勒缰驻马，把事物摆在心目中当作一幅图画去玩赏"，"在刹那中去追求永恒"③。吕

---

　　* 此文发表于《浙江师范大学学报》2001 年第 3 期；人大报刊复印资料《美学》卷 2001 年第 8 期全文转载。

① 《王国维文集》第 1 卷，中国文史出版社 1997 年版，第 1—4 页。
② 《宗白华全集》第 1 卷，安徽教育出版社 1994 年版，第 316—319 页。
③ 《朱光潜全集》第 1 卷，安徽教育出版社 1982 年版，第 211—212 页。

澄则进一步将美感态度看成是艺术家的一种特质。在他看来，将艺术理解成艺术活动或艺术品都太狭隘了，"艺术品之所以和一般人造品不同，要加上那么一个名字的，固然为着他能表白特别的意义，但感到那样表白，非在'美的态度'里不可"，因此，艺术家之称为艺术家，必须是生活在"美的态度"里，"美的态度"便是他"最自然的生命表白"①。蔡仪、李泽厚从唯物主义认识论出发，对艺术与现实生活的关系作了完全不同的理解。他们认为，艺术，包括它的美，与自然本身一样，是客观的事实，这个事实不是美感态度可以左右的。"任何艺术作品，无论是看的或听的，对于欣赏者来说，都是在他的意识之外的客观事物。"艺术的美，"对于欣赏者来说，也就是客观事物的美"，美感实质上是一种"主观意识的活动"，"它总是客观事物的美的反映或反应"②。美学的基本问题因此应是"美在心（主观），还是在物？是美感决定美还是美决定美感"③。后实践美学自称为"超越性"美学或"意义论"美学。就"超越性"角度来看，最高超越是"自由的自我本性的超越"，这种超越是在社会美、自然美、艺术美逻辑发展中生成的，最低的是社会美，其次是自然美，最高是艺术美。唯有艺术美才是"对于内容与形式的在感性符号层面的同时超越，即对真与善的同时超越"；④ 就"意义论"角度讲，美是"主体性对象"，是一种"意义存在"，它与现实世界的区分不是实体性区分，所以所谓自然美、艺术美的区分是不能成立的。"自然属性的意义只限于感性、知性，根本不会产生美的意义。"⑤"意义论"美学关注的只是艺术，因为"充分的主体性和超越性"正是艺术的本质。"文艺所体现的审美价值是人的价值的最高形式"，"是对存在的真正价值和本质属性的掌握，亦即对人生意义的最高阐释"⑥。

　从以上简单的回顾可以看出，百年来中国美学几乎始终局限于艺术活动之内，把艺术对现实生活的反映和超越当作美学的基本问题，自然美（包括社会美）虽然也时时为人提起，却被置于从属的、边缘的位置。因

①《中国现代美学丛编》，北京大学出版社 1982 年版，第 142 页。
②《蔡仪美学论文选》，湖南人民出版社 1982 年版，第 253 页。
③ 李泽厚：《美学论集》，上海文艺出版社 1980 年版，第 21 页。
④ 潘知常：《诗与思的对话》，三联书店 1997 年版，第 290 页。
⑤ 杨青时：《生存与超越》，广西师范大学出版社 1998 年版，第 130、242 页。
⑥ 同上。

此，不但审美活动作为一种生命活动的总体被阉割了，感性与理性、人与自然的关系被置换为艺术与现实生活的关系，而且，就连艺术的超越性本身也被抽象地理解了。应该说，感性与理性、人与自然的关系①是美学的基本问题，也是人的生命或生存的基本问题，美学所面对的恰是人的生命或生存本身。审美活动是人的一种生命活动和一种生存方式。作为一种生命活动和一种生存方式，审美活动渗透在人的一切物质的和精神的生活中。马克思讲，人是按照美的规律塑造的，这是指物质生产，但不仅是物质生产，精神生产也是如此。艺术只是一种精神生产，它与其他精神生产的不同之处在于更多地和更集中地体现了人的审美需求，但它并不是审美活动的全部。而且，艺术作为一种审美活动，固然也是以协调感性与理性、人与自然的关系为旨归的，但在艺术尚是艺术家的艺术，即在社会还存在着脑力劳动与体力劳动分工的情况下，艺术这种旨趣常常为它所不能不承受的政治、宗教、道德等要求所遮蔽。艺术作为一种精神生产，作为人的全部物质生产和精神生产的一个环节，不能不受到外在方面的多种因素的制约，这就使得艺术常常不能把审美当作唯一的甚或主要的目标。艺术必须面对现实，必须从现实中获得生存的土壤，否则艺术就会枯萎。所以，对于艺术来讲，第一位的问题不是美丑问题，而是与现实的关系问题，所谓艺术的超越性就是这样提出来的。就艺术作为苦痛的生活的对应物来讲，艺术可以看作是解脱之道；就艺术作为机械的行为的对应物来讲，艺术可以看作是自然生命的表白；就艺术作为驾驭物质世界的手段来讲，艺术可以看作是一种认识或一种把握；就艺术作为阐释意义世界的方式来讲，艺术可以看作是一种对真与善的理想的超越；但是，倘若艺术仅仅是艺术，倘若艺术未与人对自然（包括社会）的审美活动融为一体，艺术这种超越便始终是"理想"中的超越，艺术便不能承担起由必然到自由的中介的使命，而一切有关艺术超越性的讨论便会等同于无。

二   自然美是人与自然关系的直接见证

人与自然的关系不同于主体与客体，或主观与客观的关系，因为人是

---

①   在马克思看来，感性与自然本质上是同一的概念。"对人说来，直接的感性的自然界直接地就是人的感性（这是同一说法）"；"人的第一个对象，即人，是自然界、感性"。（参见《1844 年经济学—哲学手稿》，刘丕坤译，人民出版社 1979 年版，第 82 页）

从自然中生成的并且始终属于自然界，人与自然的关系同时是感性与理性的关系。从这个意义讲，对自然的观赏，或曰自然美，作为人与自然关系的直接见证，本来应该受到美学的更多关注，但是长期以来，相反，却遭到了普遍的忽视，虽然所持理由是非常可疑的。

首先，我们来看看谢林的论断。谢林在《先验唯心论体系》中有一段讨论了自然美与艺术美的关系。他说："艺术作品与有机自然物之所以不同，主要是由于：a. 有机产物把美感创造所表现的那种分离以后又统一起来的东西表现为尚未分离的；b. 有机界的创造过程不是从意识出发，因而也就不是从构成美感创造的条件的无限矛盾出发。因此，如果美完全是无限抗争的解决，有机自然产物也就不一定是美的了；如果它是美的，美就会显得是完全偶然的，因为我们无法设想自然中有美的条件，所以，对于自然美的十分独特的兴趣，不能就其为一般的美而言加以解释，而是就其为特定的自然美而言才能加以解释。从这里自然就可以看出，把模仿自然当作艺术原则到底有什么意思，因为，远非纯粹偶然美的自然可以给艺术提供规则，毋宁说完美无缺的艺术所创造的东西才是评判自然美的原则与标准。"①

其次，再看看黑格尔的论断。黑格尔在《美学》中写道："我们在这里姑且不去争辩在什么程度上可以把美的性质加到这些对象上去（指天空、河流、花卉、动物之类），以及自然美是否可以和艺术美相提并论，不过我们可以肯定地说，艺术美高于自然美。因为艺术美是由心灵产生和再生的美，心灵和它的产品比自然和它的现象高多少，艺术美就比自然美高多少。"黑格尔还写道："心灵和它的艺术美'高于'自然，这里的'高于'却不仅是一种相对的或量的分别。只有心灵才是真实的，只有心灵才涵盖一切，所以一切美只有在涉及这较高境界产生出来时，才真正是美的。就这个意义来说，自然美只是属于心灵的那种反映，它们反映的只是一种不完全不完善的形态，而按照它的实体，这种形态原包含在心灵里。"黑格尔之所以把自然美排除在美学之外，还有一个理由，即"就自然美来说，概念既不确定，又没有什么标准"②。

谢林和黑格尔的出发点是一致的，即把美看作是外在于人的客观的事

---

①　《十九世纪西方美学名著选》（德国卷），复旦大学出版社 1991 年版，第 188—189 页。

②　黑格尔：《美学》，朱光潜译，商务印书馆 1979 年版，第 4—5 页。

实，自然美就是自然自身的美，艺术美就是艺术品的美。由于艺术美是
"意识"或"心灵"的造物，所以无条件地高于自然美。不过他们强调的
方面不同：谢林强调，由于自然不是从"意识"出发的，所以不能将构
成美的各种条件及过程显示出来，它的美因此显得是"偶然"的；黑格
尔强调，由于艺术美来自于"心灵"，而"心灵"作为自然进化到高级阶
段的产物，是唯一"真实"的和"涵盖一切"的，自然美则不过是对只
属于心灵的那种美的"不完全不完善"的反映。但是，谢林和黑格尔的
观点均难以成立。就谢林所说，艺术之所以能够展现美之构成的条件和过
程，是因为艺术是具有意识的行为，且艺术创造较之自然的生成要短促和
简单得多，自然美同样有其构成的条件和过程，不过这些条件和过程潜藏
在漫长的历史长河中，不易觉察，不易表现而已，而且，对于美来说，清
楚地显示它的创造条件和过程不一定比把它置于未知的神秘、朦胧的背景
中更有诱惑力。就黑格尔所说，艺术美是由心灵产生和再生的，但是，自
然美不也是"属于心灵的那种美的反映"吗？自然之所以美是由于用艺
术美的眼光看它，既然如此，决定的方面就不在自然本身，而在人们的眼
光，也就是所谓的心灵。自然美的概念是"不确定"和"没有什么标准"
的，原因就在于心灵本身，因为心灵总是个别的，总是被个别的情境所制
约，心灵的共同性则是抽象的结果。但是，自然美并不因此低于艺术美，
因为艺术美作为心灵的产物，同样没有确定的概念和标准。

　　19世纪审美心理学的发展，没有为谢林和黑格尔这种客观论美学提
供足够的空间，但是，自然美问题并未因此取得它应有的地位。美学越来
越被束缚在艺术美之内，因为人们相信，自然美作为附着在自然自身的表
象，毕竟不如直接来自心灵的艺术美更靠近心灵，更能显明心灵的内在冲
突和历程，而美学的基本概念范畴作为心灵的记录只有在艺术美的讨论中
才能形成。这种观念于20世纪20年代传入中国，并得到了中国学界的普
遍响应，宗白华、吕澂、朱光潜、邓以蛰、黎舒里、华林等或者立足于美
感态度论，或者以移情和联想论为据，或者从形象直觉论出发，差不多一
致肯定自然美和艺术美一样是心灵与自然相互碰撞并融合的结果，但与艺
术美相比，自然美是低级的、粗糙的、短暂的，因为造成艺术美的不是普
通的心灵，而是艺术家，是天才；艺术美是他全人格、全生命的流露。受
歌德、罗丹的影响，宗白华肯定并礼赞自然美，认为自然为艺术提供了范
本，但并不认为自然美可以和艺术美相比较，因为在他看来，艺术是物质

的精神化，自然是精神的物质化；艺术是幻觉，是象征，自然是现象，是
实在；艺术是普遍的、永久的，自然是偶然的、暂时的；艺术给人的快慰
是多重的，深入的，自然给人的愉悦是单纯的、浅层的①。不过，自然美
在宗白华这里毕竟还闪耀着一圈美的光泽，这一圈美的光泽到了吕澂、华
林、邓以蛰等手里则被轻轻地抹去了。吕澂说，向自然寻求美是徒劳的，
自然美实际上是人由自然所生的一种美感，因此与艺术美并无实际上的差
别，不过"一种像原料，一种像精品，所生美感的范围就或很自由，或
有限制"；② 华林说，自然本身无所谓美，如果一定要冠以美的名称，那
么它的美是"幼稚之美"，与艺术之美绝非相同。"因艺术之美，超出实
际之生活，而不感受物质利害之痛苦，且在其创造之新生命内，容纳丰富
之知识与情绪，有想象，有纪念，提高生命，以求精神界之满足。"③ 邓
以蛰说，"自然这个名称是何等可人，仿佛唯自然能对我们吐露宇宙的真
消息，艺术若有真正存在的价值，必得宇宙的真底蕴它也能吐露一些才算
得"，其实，哪里有脱离了人的原本的自然？老子讲"道可道非常道"，
我们也可以说"自然可自然，非寻常的自然"。艺术之所以为人所宠爱，
就因为它有一种"特殊的力量，使我们暂时得与自然脱离；达到一种绝
对的境界，得一刹那间的心境的圆满。这正是艺术超脱平铺的自然的所
在"④。朱光潜虽然也认为自然美产生在艺术美之后，是人们用艺术的眼
光观察自然的结果，可以说自然美是艺术美的"雏形"，但是，他对自然
美这个概念基本上是持批判的否定的态度。在他看来，一般所谓的自然
美，只是一种"常态"，而自然丑是一种变态。常态之所以引起快感，是
由于某些外形（曲线、黄金分割之类），某些形状的安排形式（平衡、对
称、整齐、变化之类），某些声音的安排形式（节奏、和谐之类），甚至
某种气味（美酒、美味等）适合人的生理需要，因此，这种快感并不是
美感。⑤ 从美学意义上讲，常态作为美的条件，可以引起意识形态的共
鸣，但这已非一般讲的自然美了。朱光潜反对在同一层面上使用艺术美与
自然美的概念，反对将这种自然形态的"美"，即常态，和艺术美比较高

① 《宗白华全集》第 1 卷，第 309—315 页。
② 《中国现代美学丛编》，第 264 页。
③ 同上书，第 35 页。
④ 《邓以蛰美术文集》，美术出版社 1993 年版，第 1 页。
⑤ 《朱光潜全集》第 2 卷，第 48—50 页；第 5 卷，第 82—83 页。

低。因为在他看来,"自然只是死物质,艺术却须使这种死物质具有生动的形式。自然好比生铁,艺术作品则为熔铸锤炼而成的钟鼎。艺术家的心灵就是熔铸的洪炉和锤炼的铁斧。熔铸锤炼之后才有形式,才有美"。艺术可以利用作为雏形的自然美,但美本质上是艺术的特质,是创造出来的。

20世纪60年代,马克思的《1844年经济学—哲学手稿》的译介为自然美的讨论提供了一条新的思路。李泽厚的"自然人化"说是个代表。李泽厚一反前人的主张,重新肯定了自然美的客观性。他将"美"区分为"审美对象"、"审美性质"、"美的本质"三个层面,并从这三个层面对自然美作了阐释。首先,他肯定自然美是"使你产生审美愉快的事物、对象";作为审美对象,自然美是以其形式取胜,即以其"合规律性的形式、性能、结构等等"取胜;其次,他肯定自然美之所以成为审美对象,是因为它具有"审美性质",即审美"素质"。他引用格式塔心理学的说法解释形式引起美感的可能:"由于外在世界(物理)与内在世界(心理)的'力'在形式结构上有'同形同构'或者说'异质同构'的关系,即它们之间有一种相互对应;事物的形式结构与人的生理—心理结构在大脑中引起相同的电脉冲;所以外在对象和内在感情合拍一致,主客协调,物我同一,在各种对称、比例、均衡、节奏、韵律、秩序、和谐……中,产生相互映对符合的知觉感受,从而产生美感愉快。"① 不过,他认为自然形式与人的身心结构之形式同构反应仍需要解释,只有这样才能揭示自然美的"美的本质"。在他看来,根本的问题是"人类生产劳动的社会实践活动"。"人类在漫长的几十万年的创造和使用工具的物质实践中,劳动生产作为运用规律的主体活动,日渐成为普遍具有合规律的性能和形式,对各种自然规律,人类逐渐熟悉了,掌握了,运用了,使这些东西具有了审美性质",可见,"美的根源是在人类主体以使用、制造工具的现实物质活动作为中介的动力系统,它首先存在于,出现在改造自然的生产实践过程之中"②。李泽厚比较重视自然美,但是更重视艺术美,在他看来,艺术美才是人的"主要审美对象",艺术社会学与审美心理学的交合统一才应成为"美学的主体"。这是因为,艺术作为作品,不仅"作为静

① 《李泽厚哲学美学文选》,湖南人民出版社1985年版,第461—462页。
② 同上书,第463—464页。

观的欣赏对象而存在",而且"又是人们审美意识(通过作家或艺术家的创作实践)的物态化,是人们这种意识所特有的本质力量的对象化"。①

不难看出,中国学者近百年来对自然美的认识经历了这样的变化:最初,自然美被看作是自然界自身的美,是客观的物质实体,是日月星辰、山川湖海、花草树木等;自然美的生成与人无关,而源于其内在的生生不息的活力,是个"精神的物质化"过程。与自然美不同,艺术是"物质的精神化",物质存在对于艺术美不仅是种资源,而且是个范本,但艺术美中融入了艺术家的思想情感,并被定格在一定的形式里,因而消除了自然美的偶然性和瞬时性。之后,自然美作为物质实体被消解了,人的主观态度和情趣掺杂了进来,自然由人的感官的分工被抽象为具体的形式,即比例、对称、节奏、韵律、统一、和谐等,于是,人们对自然美本身的追问转换成对人何以感到自然美的追问,形象的直觉、同情或移情、心理距离、快感的客观化等成了美学的主题。而艺术美既然更集中地体现了人的审美心理,其对自然美的优势成为不容置疑的事实。再后,自然美的形式也失去了独立的意义,"同形同构"与"异质同构"理论证明了形式的最终根据仍然在主体,而"自然人化"概念更进一步剥夺了整个自然作为独立存在的资格,一切都因人的物质生产而"人化"了,而只有"人化"了的自然才有可能进入美的领域。宗白华讲的自然背后的"大艺术家"为艺术背后的"小自然"所吞并,人被宣布为艺术与自然的共同缔造者,自然美于是被降格为艺术美的粗糙的脚本。这个过程,从一般学理上讲,应该说是一个逐步深化的过程。把自然美看作是自然本身的美,这种观念无疑是质朴了些,自然美与人的审美心理分不开,而人的审美心理又与人的社会生活实践分不开。有了这种眼光,自然美的内涵和意义才有可能得到完整的解释,自然美才有资格成为一个美学问题,但是,深究一步,上升到哲学层面来讲,这种把人与自然间的天然的联系切断,把一切美都归之于人的心理或人的实践的"人类中心主义",是否真正揭示了自然美的本原,是否真正阐释了人从自然中体验到的那种极其丰富、极其微妙的审美感受,这是个值得怀疑的问题。问题在于人是在自然中生成的,并且仍然属于自然界,这是人的生存以及与生存相关的一切感受之成为可能的前提。人如果离开了自然,这可能意味着人的"主体性"精神的高扬,但

---

① 《李泽厚哲学美学文选》,第305—306页。

也可能标示着人失去了他赖以生存的家园，成为漂泊者；人如果离开了自然，这可能意味着理性对感性、自由对必然的胜利，但也潜伏着一种危险，即人丧失自身的完整性和真正意义上的自由，成为单面人。进一步说，如果人将自己置于自然主宰的地位，如果人从自然中看到的只有自己，如果一切感觉都因自然的退隐而淡化了，如果人再也感受不到与自然间的血脉相通的联系，那么，自然还会向我们绽开美的笑靥吗？所以，从哲学层面来看，近百年来有关自然美的讨论不啻是把美学引向了一条狭隘而迷惘的路。美学把一切自然都镀上了一层"人化"的光亮，而人自身却越来越茫然若失。

三　自然美的历史与逻辑层次

自然风景成为一种艺术题材被诗人、画家们关注，在中国是魏晋南北朝时期，在西方是文艺复兴之后，特别是 17 世纪。一些学者根据这一事实推断，人们对自然美的兴趣晚于对艺术美的兴趣，自然美是人们用艺术的眼光观察自然时产生出来的。如果这一说法能够成立，那么就可以推断，自然美不是艺术美的本源或"范本"，甚至还可以得出结论，美是艺术的特质，自然因"分有"了这种特质才显得是美的。

但是，这种推断和结论是不正确的。自然风景成为一种艺术题材固然反映了人们对自然美的兴趣，对自然美的兴趣却并不意味着必须将自然风景当作艺术题材。魏晋南北朝或文艺复兴之前，人们有没有对自然美的兴趣呢？这应该是不言而喻的。因为这不仅可以从有文字记载以来的艺术品，比如中国最早的诗歌总集《诗经》，西方最早的史诗《伊利亚特》、《奥德赛》等得到印证，而且可以从更早的原始人留下的一些岩画、树皮画、石雕、陶绘得到印证。人对自然美的兴趣甚至比对自身的兴趣还要早些，比艺术，作为一种表达自己对自然界的认识和情趣的形式，则更要早些。[①] 当然，正因为这个原因，早期人类对自然美的兴趣是与模仿的兴趣、求知的兴趣、游戏的兴趣、交际的兴趣等混杂在一起的，是人类正在从自然中分离出来但对自然尚怀有强烈的依恋之情的兴趣，这种兴趣与后

---

① 格罗塞：《艺术的起源》，商务印书馆 1987 年版，第 90 页；弗朗兹·博厄斯：《原始艺术》，上海文艺出版社 1989 年版，第 1—5 页。

来中国魏晋南北朝或西方文艺复兴时期人类已经脱离了自然而又向往着回返自然的兴趣是迥然不同的。早期人类就生活在自然之中，他们和自然之间并没有后来文明社会那样的人为的屏障，因此他们对自然的喜怒哀乐各种感情可以直接面向自然倾诉，而不必借助于艺术，[1] 今天被我们看作是艺术品的在当时一般都具有实用或宗教的用途。而魏晋南北朝或文艺复兴之后的人类已经进入了文明社会，自然对人已变得有些陌生，人们再也没有了作为感性与理性、自然与社会相统一的人与自然亲昵交往并融入自然中的欣慰和兴奋，因而不得不把对自然的怀念与向往寄托于艺术之中。艺术对他们来说是不折不扣的自然的"代用品"。

如果我们承认，从早期人类的原始的萌芽状态的艺术到魏晋南北朝及文艺复兴时期的艺术，乃至现代艺术，这中间有个继承发展的过程，承认文明时代的艺术是从原始艺术演化而来的，那么，就应该肯定，自然美是艺术美的一个本源（之所以说是一个本源，因为美的历史并不是美自身的历史，而是整个心灵和文化的历史），而自然美则起源于人类对自然的长久的观察与交往。古代希腊哲学家赫拉克利特、德谟克利特、柏拉图、亚里士多德等人阐发的艺术模仿论，无疑真实地概括了这一过程。当然，我们赞成后来狄尔泰的说法，艺术并不仅仅是起源于模仿，它还有别的源头。[2] 人类有自己生存与享乐的本能，未必真的是从蜘蛛学会了纺织，从燕子学会了建筑，从黄莺或天鹅学会了歌唱，但是，人类既然生活在大自然中，从自然中受到某种启示与教训应在情理之中。这一点，仿生学可以给我们提供充分的证明。艺术是在模仿自然中形成的，而模仿需要一定的知识、技能和激情，这就使艺术与被模仿的自然有了区别。艺术中的自然遂被人们称之为"第二自然"、"自然的儿子"。而且，随着人类生活的逐步丰富完善和人的自我意识的加强，艺术中知识、技能、激情越来越成为主要成分，而对自然的模仿越来越失去求知的性质，[3] 同时，人们渐渐习惯了通过艺术而不是自然去表达自己的审美情趣，甚至习惯了以艺术的原

---

①　格罗塞说："自然的欣赏，在文明国家里，不知催开过多少抒情诗的灿烂的花朵。狩猎民族的诗歌却很少有这类性质。"（参见《艺术的起源》，第 186 页）

②　狄尔泰认为，艺术有三个来源，美化生活的需要，先天的不可遏止的模仿冲动，宣泄和倾诉情绪的欲望。

③　亚里士多德认为，诗起源于人的模仿和音调感两种天性，而模仿所提供的是求知的愉快。

则和尺度去品评自然，赋予自然以意义，这样，艺术便不得不寻找另一种理论，即表现论，来支援自己。当然，艺术模仿论与艺术表现论都是历史的产物，都有其合理性，而艺术的真理应该体现在包容它们并超越它们的一个更高的概念中。艺术既是对自然的模仿，又是人自身的表现，这对整个人类来讲是如此，对于每个人也是如此。任何人一生下来首先面对的都是自然，他的最初的本领都是从模仿自然中得来的，而且正是在对自然的模仿中形成了平衡、对称、秩序、统一等概念，这之后才逐渐接触到艺术，从最质朴的艺术到最高雅的艺术，并通过艺术获得更高的审美趣味和鉴赏力。自然与艺术，作为审美客体，一个是给定的，一个是人工的；一个是实在的，一个是虚幻的；一个是直接诉诸感官的，一个是借助现象的，它们恰好构成了人的审美活动的两面，从而将人的内在世界结成为一个整体。自然激发了人的最初的审美趣味，艺术则把它培养成特定的鉴赏力；自然教会了人按照美的规律去创造，艺术则赋予这种创造以自由的本性。

艺术美与自然美这种历史和逻辑的转换，说明了美既不是艺术的特质，也不是自然的特质，美是审美活动的产物，是人在与自然或艺术的碰撞中诞生的。自然和艺术仅仅是审美活动的两个领域。而且，作为审美活动的领域，自然和艺术并不是它的全部，介于它们之间的还有生产技艺，在某种意义上讲，这是较之自然或艺术更具有现实性的一个领域。只是由于技艺美的存在，自然美和艺术美的相互转换才成为可能，自然和艺术的美才与人的实际生活联系起来，审美活动才真正构成了人的一种完整的生命活动。将自然美与艺术美形而上地对立起来，把自然美看作是外在的、形式的、必然的、短暂的，把艺术美看作是内在的、理念的、自由的、永恒的，而否认它们作为美的同一性，这种观念之所以产生，一个重要的原因就是忽略了作为自然美与艺术美的中介物技艺美的存在。技艺美作为审美客体，既是给定的，又是人工的；既是实在的，又是虚幻的；既是诉诸感官的，又是借助想象的。技艺美是自然美在生产实践领域的延伸，是人以物质手段阐释了的自然美。马克思讲，人是按照美的规律造型的。所谓美的规律，是从观察自然中来的，而造型则是指人将美的规律体现在自己的造物中。自然美是技艺美的源泉，但技艺美反过来又强化规范着自然美。人的生产实践始终是人的基本出发点，自然美的存在与发展最终还是决定于人的生产实践。只是由于生产实践的日益深入，自然在过去、现在和未来才显示出不同的美。如果我们忽略了生产实践这个因素，忽略了技艺美的存在，我们就不能解释自然美对人类社会的真正意义。同样，如果我们忽略了生产实践和技艺美的存在，我们也不能解释艺术对人类生活的审美意义。因为艺术，无论是造型艺术、语言艺术，还是表演艺术，都是与人的生产实践分不开的。最初的造型艺术就是生产工具；最初的语言和表演艺术就是生产与生活的复现。艺术是在技艺美有了相当发展的情况下进入人类精神生活的，而当艺术定型有了自己的法则之后，又会影响人们的生产实践和技艺美的创造。技艺美与自然美，作为审美客体，都是出自人的创造，它们之间并不存在任何鸿沟。康德讲，艺术与技艺有一个根本的区别，就是前者是"自由"的，后者是"雇佣"的，"前者人看作好象只是游戏，这就是一种工作，它是对自身愉快的、能够合目的地成功"，"后者作为劳动，即作为对于自己是困苦而不愉快的，只是由于它的结果（例如工资）吸引着，因而能够是被逼迫负担的"。然而，康德也承认，这种区别是相对的，艺术也不是没有强制性、机械性的东西，否则，艺术里所谓的"自由，唯一使作品有生气的精神就会完全没躯体而全部化为虚空"①。当然，技艺也不是没有自由的、游戏式的东西，否则，技艺便与美完全无缘了。杜卡斯认为，艺术与技艺等一切非艺术的区别在于，在其他的产品中，创造者对产品最后达到的模式，以及制造过程的特殊性质总是一清二楚的，而在艺术创造中，创造过程的特殊性质，却要在创造活动全部结束之后方可知道。文森特·托马斯也认为："创造也就是去创造一个前所未有的东西，从这点上就可以引申出在创造活动之前，创造者并不能预见到创造的结果究竟会怎样。"② 但是，技艺在这一点上与艺术也只有程度上的差别。技艺的制作也是既需要有预见性，有事先的构思过程，也需要借助于经验不断地修正和完善，它的结果也不是此前就完整地存在于人的脑子里的。还有一些人认为，艺术与技艺的区别在于艺术是一种自成体系的意义形式，而技艺是一种实用性的存在。关于这一点，费尔巴哈反驳道："艺术与手艺之间有什么鸿沟呢，难道不是只有当手工业者、陶器匠、玻璃匠、泥水匠成了艺术家时真正的艺术才得以表现出来吗？艺术不是与最平常的生活需要有着联系吗，除了使平常的、必需的东

　① 《判断力批判》，第149—150页。
　② 朱狄：《当代西方美学》，人民出版社1984年版，第371页。

西高贵化以外，艺术还有什么干的呢？"① 杜威也说："因为仅仅实用的艺术实则不是艺术，而是陈规陋习；而绝对纯粹的艺术实则也不是艺术而是被动娱乐和消遣，它与其它放浪形骸的唯一差别就是必然依赖一定的装潢或'熏陶'。"② 当然，像斯托尔尼兹那样，把艺术定义为"为了完成一定目的而对媒介材料所作的熟练的操作"，③ 从而将艺术与技艺完全混同起来，也是不可取的。艺术无论如何要更"自由"一些，其构思过程更复杂一些，而所承载的思想内涵要更丰富和深沉一些，艺术由于距离实际生活远一些，而为人们构筑了一个类似现实而又超越现实的世界。

　　自然美、技艺美、艺术美作为审美活动的领域是互相联系、不可分割的，它们之间的共同性正是审美活动这一概念得以确立的基础。它们恰好构成一个圆环，将自然世界、现实世界与想象世界沟通起来，使对美的向往成为人的全部生命活动的一个特征。大自然是美的"真正原型和原始根源"④。我们从自然中走出来，从对日月星辰、山川湖海、草木花卉、风露云霞的观照中受到了启示；我们学会了用双手去创造令我们赏心悦目的东西，使周围的一切无不印上了我们的痕迹。我们觉得十分自得，因为从造物中不仅看到了上帝，而且看到了我们自己；然而，我们并不满足，我们的心早已乘着想象的翅膀向理想的境界漫游，在绘画中，在小说中，在电影中，在一切艺术作品中，我们描绘着我们自己，并为自己创造了一个梦一般的世界。此时，我们似乎超越了自然，也超越了自己。不，我们发现，我们越来越将自己融于自然之中，似乎自然就是我们的家园，我们欣喜地回到了家园。我们意识到生活实践不断激发了我们对美的渴求，而对美的渴求又引领我们从自然、技艺走向艺术，而后又返回自然。

　　人们习惯于从审美活动的不同领域来区分它的高低，认为自然美低于艺术美，甚至技艺美，其实，审美活动的高低是由它所体现的生命本质和生活旨趣决定的。就这个意义来讲，无论是自然美、技艺美或艺术美，都必然表现为三个层次：直觉—形式、想象—意象和体验—生存境界。自然美不仅包含直觉—形式的美，而且包含想象—意象的美和体验—生存境界的美，这一点常常为人们所忽略。我们读唐代诗人陈子昂的《登幽州台

---

①　《十九世纪西方美学名著选》（德国卷），第 432 页。
②　《当代西方美学》，第 236 页。
③　同上书，第 326 页。
④　《十九世纪西方美学名著选》（德国卷），第 195 页。

歌》，杜甫的《望岳》或苏轼的《枯木怪石图卷》，会感到作品的自然景物之所以打动诗人并打动我们，不在于它的恢弘或怪异的形式，而在于它所体现的苍茫高远、独立不羁的意象或境界。审美活动是人的一种生命活动，它的高低归根结底取决于人本身，取决于人以怎样的眼光和情趣面对客体，对于一个毫无审美素养的人，一座根雕之所以美，无非就是与某种活物肖似；一部戏剧之所以美，无非是演绎了一出有趣的人间故事，技艺美或艺术美并没有比自然美给予得更多；相反，对于一个有较高审美素养的人，一处美的自然犹如一部人生画卷，一种天趣灵境，其中的意味是一般技艺或艺术美所难以企及的。

康德把自然美界定为"形式的合目的性"。所谓形式，在他看来，并不是"作为它的表象的素材，而是作为感觉"；所谓合目的性，即"客体与诸认识机能的一致"①。关于康德这一界定，人们往往从形式主义或感觉主义的角度来理解，以为康德只是把自然美归结为对自然的外在形式的感知，并把它与结构主义心理学意义上的"同形同构"、"异质同构"原理等同起来，其实，康德说的感觉并不是普通感觉（senaus communis），而是比它更高的认识机能。康德为此专门有段说明，他说："人们常常对于判断力，当人们不但是注意到它的反思，而且注意到它的结构时赋予它一个感觉的称号，人们会说到对其它真理的感觉，对礼貌的、正义的感觉等等，尽管人们知道，至少应该知道，这里并不是一种感觉里诸概念能够有着它的席位——更不是它有微末的能力达到说出普遍法则的程度；而是，假使我们永远不能超越这些感觉而达到高一级认识机能，就永远没有关于真理、礼貌、美或正义这一类的表象走进我们的思想里来。"② 在康德看来，自然美就客体来说，主要涉及人们能够感知的形式，也涉及存在；就主体来说，主要涉及直观—想象力及悟性，也涉及理性，由于其涉及的层次的不同，自然美分作三种样态：一种是与"单纯的审美判断力的机能"相关的，仅仅由自然的形式及存在引起的愉快，因而仅仅是满足了人对自然的直接的智性的兴趣，既没有任何感性刺激的因素，也不涉及任何一个目的。康德说："谁能孤独地（并且无意于把他所注意的一切说给别人听）观察着一朵野花，一只鸟，一个草虫等美丽的形体，以便

---

① 《判断力批判》，第128页。
② 同上书，第137页。

去惊赞它，不愿意在大自然里缺少了它，纵使由此就会对于他有所损害，更少显示对他有什么利益，这时他就是对于自然美具有了一种直接的，并且是智性的兴趣了。"一种是与"知性判断力的机能"有关的，它所引致的是"对于实践格律的单纯诸形式（在它们由自身成为普遍立法的范围内）规定一种先验的愉快"，这种"先验的愉快"是由"如人性里本具的某一倾向，或某些智性的东西作为意志的特性"，"先验地经由理性来规定着的"。这是"间接的系于美上去的兴趣，它虽不建基于一个利益兴趣，却依然导引出一利益兴趣"，因而与前一种"鉴赏的"愉快不同，是"道德情感的愉快"①。再一种是基于理性之上的兴趣。理性的兴趣也是直接的，它体现为自然"诸成品对于我们的摆脱了一切利益感的愉快有着一种合规律性的一致"。自然只是"标示或给予一暗示"，我们在思索自然时，却发现自己"对于自然是感兴趣的"。这种理性的兴趣按照它们"亲属关系"来说是道德的，但这种道德禀赋并不是基于对"客观规律的兴趣"，而是基于"那构成我们生存的终极目的，道德使命"的体认。康德认为，自然的魅力常常是和美的形式融合在一起被我们感知的，它们或是属于光（在赋色里面），或是属于声（在音调里面）的诸变相。这种感知不仅包含着"感性的情感"，而且也允许我们对它的形式进行反思，"它们好象是一种把自然引向我们的语言，使大自然里好象含有一较高的意义"。所以对自然的鉴赏明显地存在着一种从"官能享受"或"舒适性"到"道德"情绪或"善"的过渡。②

康德在这里讲的自然美的三种样态与我们讲的直觉—形式、想象—意象、体验—生存境界不尽相同，但重要的是，他同样指出了在自然美的领域存在着不同等次，而且这些等次中存在着由低级向高级的过渡。康德还指出了一点是很重要的，就是自然美比艺术美更优越，因为它能够"单独唤起一种直接的兴趣"，尽管从形式上看，艺术美超过自然美。关于这一点，他说：艺术美并不是和一个直接的兴趣结合着，"因为它或是一自然的摹本，达到错觉的程度，那么它的作用就像一误认为真的自然美那样；或者它是一个有意的为引动我们的愉快而造作的技术，这时我们对于这一成品的愉快固然直接由鉴赏而生起，但除掉唤醒一个对那植于根基里

---

①　《判断力批判》，第142—146页。

②　同上书，第146—147页。

的原因的间接兴趣而没有别的，这就是对于这一种艺术，它只是通过它的目的，永远不是由于自身使我感兴趣"①。不过，康德认为，人对自然美的直接兴趣只是由于"和一切人的醇化了的和深入根底的思想形式相结合"，而这是植根于"陶冶过的"道德情操之上的，其实，人对自然美的直接兴趣连同道德情操都植根于人的生命之中，只是由于自然不仅在人之外，也在人之中，只是由于人与自然本来就是一体的，有着先天的亲和性，自然美对人才是直接的。

人对自然美的直接兴趣实际上也就是人归向自然并与自然达到统一的兴趣。

四　人、自然及人与自然的统一

或许我们需要回到"人"、"自然"以及"人与自然的统一"这些基本的概念上，对它们作一个初步的界定，以便进一步深化对美学基本问题的理解。

自然（nature）这个词有许多含义。朱光潜在《文艺心理学》中列举了三种：一是假古典主义蒲柏理解的"真理"或"人性"；一是与人相对应的外在事物；一是区别于一切人为东西的天然生成的世界。朱光潜则赋予它以第四种意义，即"凡是感官所接触的实在的人和物"，也就是"现实世界"②。

我们权且沿用朱光潜的解释。假古典主义对自然的理解是从希伯来宗教观念中汲取来的，不同的是后者把人性理解为罪恶的欲望，是虚荣、愚妄、自私，前者相反，把人性等同于真理、真实、实在。在这个意义上的自然与我们所讲的自然显然不是一回事。把自然与人或把自然与人为相对应起来，以为"自然界是如同容器一样容纳事物的空间"，或者"自然不过是模糊不定的一群事物的天生的集合体"，③显然也与真正意义上的自然有距离，因为自然并不就是物理世界；自然既在人之外，也在人之内；在所谓的人为中不能排除自然的因素。

---

① 前一种即"纯粹美"，后一种即"附庸美"。
② 《朱光潜全集》第1卷，第334—337页。
③ 《十九世纪西方美学名著选》（德国卷），第198页。

不过，说自然是"凡感官所接触的实在的人和物"，这句话还不够确切和完整，应该修正为：自然是一切可感知、可认识的现象的总和。它不仅指一切感性的事物，也指潜藏在感性事物背后的一切联系、秩序、规律、指向。

自然因此是现实的，不是遭到马克思批评的黑格尔意义上的"抽象的自然界"，即"名为自然界的思想物"。所谓现实的，就是具体的，实在的，人们不仅可以通过感官去感觉它，还可以通过心灵、生命去体验它，而且恰是这种感知和体验确证了人自身的现实性。我是现实地存在着的，要证实这一点，不是靠"我思"或者"我行"，而是靠与自然（周围世界）构成的对象性关系。一个在日光下看不到自己影子的人，会有一种死的恐惧，虽然他看到了日光，并且意识到应该有个影子在。自然对人之所以重要，首先因为它现实地介入到人的生命之中，成为生命得以存在的前提。同时，自然是完整的，不可以分割的。自然可以区分，但任何区分都仅有相对的意义。怀特海将自然的"显相"（occurrences）分为六类，即人（肉体与心灵）、动物、植物、单细胞生物、大规模的无机组合（inorganic aggregates）及无限小的规模上的显相。但他认为这种区分从严格意义上讲是非科学的，因为它掩盖了一个事实——自然中各种界限的"逐渐泯灭而终不可辨认"。他认为自然的显相中存在某种"相互内在"的原理（doctrine of mutual inmanence），即"每一显相都是另一显相的本质中之一因素"，由于这一原因，自然中各种显相之间总是互相影响、互相依赖、互相转化的。① 此外，自然还是生成着的，而不是给定的。赫拉克利特关于人不能两次踏入同一条河水中的箴言，适用于一切自然。自然之所以是永恒的，就因为自然是充满生机的、运动着和创造着的。怀特海在谈到这一点时说，"将自然理解为一种静止的事实，哪怕只在没有延续性的一瞬间，这是荒谬的。没有转变（transiton）就没有自然，而没有时间的延续也就没有转变"②。他认为自然概念应该包含生命概念，生命概念也应该包含自然概念。方东美在阐释中国哲学上的自然概念时说："关于自然，我们认为它是宇宙普遍生命的大化流行的境域。不能将它宰割而简化为机械物质的场合，以供贪婪的人们作科学智能征服的对象，或政治

---

① M. 怀特：《分析的时代》，商务印书馆 1987 年版，第 84 页。
② 同上。

经济权益竞争的战场。自然，对于我们而言，是广大悉备，生成变化的境域。在时间中，无一刻不在发育创造；在空间内，无一处不是交彻互融的。"①

人，并不是与自然相对应的概念，因此，我们谈论人，是把人当作自然的一部分，当然不是普通的一部分，而是作为自然发展的最高阶段的那个部分。人作为自然的最高造物，与其他自然的区别的主要标志是人有意识的，即理性的存在物。人不仅是现实地存在着的，而且是现实地意识到自己的存在。现实性将除人之外的一切自然直接地统一在一起，人必须通过自己的意识和有意识的活动来证明自己的现实性。所以马克思说："动物是和它的生命活动直接同一的。它没有自己和自己的生命活动之间的区别。它就是这种生命活动。人则把自己的生命活动本身变成自己的意志和意识对象。他的生命活动是有意识的。这不是人与之直接融为一体的那种规定性。"② 但是，意识或理性并不是自然之外的东西，而是在自然中生成的，并且始终附着在无意识和感性的自然机体之上。我们思考着，并在此前，我们曾观察着、经历着、体验着，我们是通过眼睛、耳朵等感觉器官提供的资料，并通过大脑中枢神经的运动去思考的。我们思考的永远是感知到的东西，而且永远是用感知到的东西去思考。因此，思考不仅是思考，也是感觉，感官不仅是感觉的器官，也常常是思考的器官。（马克思说："感觉通过自己的实践直接变成了理论家"。）意识与无意识、理性与感性相互交融，以至于混合无间，很难从中找出一条明显的界限，而这恰恰构成了人之为人的生命活动的基础。

人之所以是有意识的、理性的，因为人是群居的，是类的存在物。这一点，马克思讲得非常明确："有意识的生命活动直接把人跟动物的生命活动区别开来。正是仅仅由于这个缘故，人是类的存在物。换言之，正是由于他是类的存在物，他才是有意识的存在物，也就是说，他本身的生活对他来说才是对象。"一般动物的生命与自然是直接同一的，自然并不是它们的对象，因此，意识、理性对它们是没有意义的，人则不同，人与自然之间还有其他的人，人必须通过其他的人，即通过社会与自然发生关系，也就是说，人必须作为类的存在物去面对自然，而人要成为类的存在

---

① 方东美：《生命理想的文化类型》，中国广播电视出版社 1992 年版，第 129—130 页。
② 《1844 年经济学—哲学手稿》，第 50 页。

物，就必须是有意识的存在物，因为所谓意识，就是类意识，离开了类就谈不到意识，就是在这个意义上，马克思说"社会本身创造着作为人的人"，还说："自然界的属人的本质只有对社会的人来说才是存在着的；因为只有在社会中，自然界才对人说来是人与人间联系的纽带，才对别人说来是他的存在和对他说来是别人的存在；才是属人的现实的生命要素；只有在社会中，自然界才表现为它自己的属人的存在的基础。"但人是个人与社会的统一体，人虽总以类的意识去思考、去生活，但他们思考的方向和生活的方式却不尽相同，不过这不是由于意识自身方面的原因，而是所属的类方面的原因。每个人都是"一个特殊的个体，并且正是他的特殊性使他成为一个个现实的、单个的社会存在物"，同时，每个人又是"总体、观念的总体；可以被思考和被感知的社会之主体的、自为的存在"①。这就是人，既有共性，又有个性；既是高度社会化了的，也是林林总总、形形色色、高度特殊化的人。

如果人和其他动物一样不是有意识的存在物，那么人就不会成为厄里根纳讲的"既是被创造的又是能够创造的"。自然，其他动物是不能创造的，因为它们没有类的意识，它们与自然界之间只有物质交换的关系。人作为有意识的类的存在物只有通过"实际创造一个对象世界，改造无机的自然界"才能确证自己。所以创造性是包含在人的本质的规定之中的。人一方面是"受动的、受制约的和受限制的存在物"，另一方面是"能动的"，"赋有自然力、生命力"的存在物，然而这两者又是不可分的。因为创造并不是纯粹主体的行为，而是"对象性的本质力量的主体性"的体现，对象性的东西就包含在主体性之中。"它所以能创造或创立对象，只是因为它本身是为对象所创立的，因为它本来就是自然界"，所谓创造或创立，不过是"站在牢固平稳的地球上吸入并呼出一切自然力的、现实的、有形体的人通过自己的外化而把自己的现实的、对象性的本质力量作为异己的对象创立出来"②。

人与自然的关系就是这样处于自然发展的高级阶段，但仍作为自然的一部分。人与自然总体的关系，是部分与整体的关系，然而又不是一般的部分与整体的关系。犹如人的大脑与整个人体，大脑虽与内脏、四肢一样

---

① 《1844 年经济学—哲学手稿》，第 75 页。
② 同上书，第 120 页。

是物质存在，但大脑毕竟是中枢神经所在，是思想的器官，它承担着统摄人体并引领人体的使命。人是感性的、个体的、被动的，又是理性的、类的、能动的，由于前者，人像其他的自然物，人必须从属于自然的一般规律，比如，人必须要吃，要穿，要自我保护，要延续种族；由于后者，人又超越自然的一般规律，遵循自己的特殊需要，比如要看，要想，要反省过去，要预计未来。由于前者，人像其他自然物，随着整个自然的进化而生成，并将随着整个自然的毁灭而消亡，它的命运似乎是无法改变的；由于后者，人又把整个自然当作自己的对象，不仅去观察它、思考它，而且去改变它，以理智和能力去与既定的命运抗争。人作为感性与理性、个体性与群体性、受动性与能动性的统一体，不仅涵盖了整个自然，而且赋予了自然以灵性。人成为自然的主宰，成了万物之灵。像赫尔德说的，自然本来是没有眼睛的，因为有了人才有了眼睛，"自然通过人的眼睛去观看"；自然本来是没有头脑的，因为有了人才有了头脑，自然"借助人的头脑去思考"；自然本来是无所谓创造的，因为有了人，借助人的双手才懂得了创造。①

　　人与自然的统一是人得以生存和享乐的基础，而这同时意味着人自身的感性与理性、个体性与群类性、受动性与能动性的统一。这实际上是同一个问题的两个方面。人与自然的统一，这就是说，人既能遵循自然的要求，全面地感觉或感受，享有丰富多彩的感性生活，又能自由地理解和思考，拥有广大深邃的理性空间；既能发展自己的个性，为自己营造一块独特的天地，又能将自己融入群类之中，体验和表达人际之间的共通感与同情心；既能如其所愿地领受自然的丰富的馈赠，又能尽其所能地在自然中铭刻下自己智慧的印记。人与自然的统一，这是人，也是自然的本性所必然确定的，然而，人既把自身及自然当作了反思的对象，既然人与自然之间有了社会这个中介，人与自然的关系便出现了许多不确定性。

　　人向往与自然的统一，这成为人具有理性、群类性、能动性的一个标志，然而，恰是在理性、群类性、能动性的驱动下，人渐渐疏离了感性、个体性、受动性，从而疏离了自然。分工是人向这种疏离跨出的第一步。一部分人放弃了体力劳动，专门去从事脑力劳动，另一部分人则被迫专门从事体力劳动；一部分人从农村流落到城市，成为城市的手工业者、商

---

① 刘小枫：《人类困境中的审美精神》，知识出版社1994年版，第7页。

人，另一部分人则不得不继续守候在黄土地上；一部分人利用各种机遇占据了统治者的宝座，另一部分人则鬼使神差地沦为被统治者，甚至奴隶。特别是进入工业社会以后，机械化大生产几乎将每个人都切割成断片。一个人的意义只等同于一道工序或一部零件。这就是被马尔库塞称为的"单面人"。然而，从空想社会主义者到马克思都坚信，人按照其本质不应该如此，随着人类的觉醒，人类会在新的历史条件下，全面地发展自己并合理地面对自然，达到人与自然、人本主义与自然主义的统一。于是，人与自然的统一，这个本属于意识中的逻辑起点，成了意识中的历史的终点。

可以说，人类迄今的一切努力都是趋向这个历史的终点的，包括政治、法律、经济、历史以及所有的自然科学。但是只有哲学，特别是美学，自觉地把它当作自己思考的中心。这是因为审美活动与其他认识、道德、功利活动不同，它内在地包含着实现人与自然统一的条件和可能性：一、审美活动需要感觉、知觉、情感、想象、理智、意识以及潜意识的共同介入。悟性（理智）与想象力（感性、情感）自由协调的活动是构成审美活动的基本因素。因此，人的各种心理机制期望在审美活动中得到全面调动，从而使感性与理性的统一成为可能。二、审美活动既是个体的，又是群类性的活动。审美活动最具有个体性，因此没有两个人是完全相同的，又最具有群类性，因此审美活动成了人与人沟通思想情感的最简便易懂的手段。三、审美活动由自然（或技艺、艺术）引发，经过心灵的创构，而创造一个新的自然，其间既有受动性的一面，也有能动性的一面。由于受动，人从自然中汲取了新的营养，从而丰富充实了自己；由于能动，人将自身的禀赋施之于自然，使自然焕发出新的生命。审美活动作为人的一种生命活动，是生命的完整体验，是人以及作为人的对象的自然的价值的全面实现。

康德天才地看到了审美活动的这种性质和功能，但是他所强调的仅仅是从感性到理性的过渡。黑格尔也是如此，虽然他在其他方面批评了康德。从叔本华、尼采、施莱尔马赫之后，感性自身的价值开始被强调，后来的直觉主义、形式主义甚至把感性的意义夸张到了极致，然而，直到20世纪中叶，新马克思主义者还不得不为在哲学上重新阐释审美活动，从而真正确立起感性—理性的秩序而呼喊。马尔库塞在《爱欲与文明》中即表示，美学学科的历史是理性对感性的压抑和感性反抗这种压抑的历史。现在的任务就是"恢复审美一词的原初意义和功能，从而在理论上克服这种压抑"。这就是要"证明在快乐、感性、美丽、真理、艺术和自由之间有一种内在的联系"，肯定审美活动"调和人的'高级'机能和'低级'机能，感性与智性、快乐与理性"，从而确立起一种"感性的真理"。① 也许因为感性被压抑得太久了，人类已失去了对自然及周边事物的敏感，这不能不说是审美活动面临的根本问题，所以马尔库塞呼吁要建立"新感性"。而其他许多人也多感到有必要为感性的解放而张扬。林语堂就说，"我觉得艺术诗歌和宗教之存在，其目的是辅助我们恢复新鲜感觉，富于感情的吸引力，和一种更健全的人生意识"，它们应该做的是"拿一面镜子来照照我们已经迟钝了的感觉，使我们枯竭的神经兴奋起来。艺术应该是一种讽刺文章，对我们麻木了的情感，没有生气的思想，和不自然的生活下一个警告"，它应"使我们从过分智能活动所产生的热度中恢复过来。它应该可以使我们的感觉再变成敏锐，使我们的理性和本来的天性再度发生联系。由恢复原有的本性，把那脱离生活已毁坏的部分收集起来，再度变成一个整体"②。审美活动的意义不在于从感性向理性过渡，也不在于从理性向感性的迁移，而在于使感性与理性交互渗透，交互生成，像倭铿（R. Eucken）所说的使"感官精神化"、"精神感官化"，"精神与感官谐和一致"。

康德有理由根据他的"共通感"，把审美活动看成是使社会中"受教育部分和较粗野的部分"相互沟通和协调的手段，因为审美活动确实具有族类性的特点。任何一个时代，任何一个民族，美总是人与人最易沟通的语言，而且是包蕴最为丰富的语言。审美活动似乎是一个窗口，其中透出的是每个人的整个心灵，而在人与人之间没有比把心灵全部敞开更易于理解和交流的了。但是，美并不仅是为交流而存在，审美活动的直接目的至少不是建立一种康德式的道德世界。审美活动源于人的内在要求，它的首要意义在于调和身心（生理、心理），完善个性（感性、理性）。这一点为康德也为其他许多人所忽视，比如，卢卡契也比较注重审美活动的族类性。他说："审美反映③总是在完成一种普遍化。""审美反映的深刻的

---

① 《爱欲与文明》，辽宁人民出版社 1982 年版，第 199 页。
② 《生活的艺术》，欧风社 1941 年版，第 135—136 页。
③ 译者徐恒醇认为，卢卡契的"审美反映"概念具有本体论意义。

生活真理在于，这种反映是以人类的命运为目标，人类绝不能与构成它的个体相脱离，审美反映绝不能构成与人类无关存在着的实体，审美反映是以个体和个体命运的形式来表现人类的。审美反映的特征正是表现在，这个个体是如何一方面具有感性直接性，这种感性直接性通过两种因素①的提高而与日常生活的直接性相区别，另一方面这个个体又是如何——不排除这种直接性——包括人类的典型。"② 卢卡契是从对象化原理阐释审美活动的，但他忽视了人自身也是自己的对象。因此，审美活动不仅是外部世界的"反映"，也是内在世界的呈现，不仅能向外延伸而发展出心灵的艺术，而且能向内深化陶冶出艺术的心灵。审美活动是个体性与群体性交互渗透和交互生成的过程，正因为如此，审美活动才成为实现人生价值的最切实的途径。

康德之后，在"人是中心，人是目的"的口号下，张扬人的主体性几乎成了美学的主题，特别是在胡塞尔的意向性理论，阿恩海姆的"同形"理论，接受美学的"期待视野"、"召唤结构"理论之后，人在审美活动中的主观性、能动性、创造性被极大地强调了，而自然作为客体和作为主体的一个因素几乎不再成为谈论的话题。但是就像胡塞尔说的，自然世界可以加上括号悬搁起来，却不能在事实上取消。只要我自然地生活着并面对它的话，自然世界"就对我永远存在"③。自然不仅存在于人的外部，而且存在于人的内部。就其存在于外部讲，自然既是人的"无机的身体"，是人的生命的一部分，又是人的意识的一部分；④ 就其存在于内部讲，自然是人的有机的身体，是人的感性、人的大脑中枢、人的潜意识和激情。而且即便是"能思事物中的理智，象在物质中的运动一样，它同样是一个'儿子'"，是"被自然产生的自然"⑤。外在的自然是人的审美活动的客体，不仅是客体，也是包容客体的广大的物质空间（阳光、空气、自然景物等），它不仅能触动人的视觉、听觉、嗅觉、触觉，从而形成种种形象，而

① 指对反映对象的选择、加工与反映中包含的肯定、否定的态度因素。
② 《审美特征》第 1 卷，中国社会科学出版社 1986 年版，第 199 页。
③ 《分析的时代》，第 104 页。
④ 桑塔耶那："对象永远是我们的意识的一部分。"（参见《美感》，中国社会科学出版社 1982 年版，第 159 页）
⑤ 斯宾诺莎：《神人及其幸福简论》，商务印书馆 1987 年版，第 177 页。

且能触动人的神经、性机能、呼吸系统、血液循环系统，从而影响人的情绪和情感；内在的自然有时候也是审美客体，但大多数情况下是作为一种因素介入主体，人必须通过感官去感觉，通过大脑中枢去欣赏，必须在潜意识与激情的相应状态中获得审美的快感。怀特海说："心灵是通过身体来认识事物的。"桑塔耶那也说："人体一切机能都对美感有贡献。"① 人能够进行审美活动的前提是人有一个正常的、健康的身体，以便去看，去听，去比较，去欣赏，同时有一个良好的、优美的环境，以便使人有心绪并有条件去看，去听，去比较和欣赏。② 总之，人不能自己满足自己，"不可能为其自身的快乐和幸福有所作为"，③ 人的一切快乐和幸福都来源于自身与自然（环境）的协调统一。能动与受动、创造与被创造是构成审美快感的共同的源泉。

创造与被创造永远是统一的。一方面，人作为创造者，创造着对象；另一方面，对象在被创造中也改变着人。怀特海在讲到这个问题时说：生命过程"包含一种属于每一'机会'的真正本质的创造性活动的概念。它乃是把宇宙间的这样一些因素吸引出来使之变为现实存在的过程，这些因素在这个过程以前只以未实现的潜能的状态存在着。自我创造（self - creation）的过程就是将潜能变为现实的过程，而在这种转变中就包含了自我享受的直接性"④。由于人类的出现，自然界发生了根本性的变化，自然越来越优美了（当然，也有自然遭到破坏的一面）。同时，人在改变自然的同时，自身也改变了。自然的千姿百态、绮丽多姿丰富了人的感官，自然的广袤深邃、奇妙多变激发了人的想象，自然的崇高险峻、磅礴壮阔鼓荡了人的精神。自然是人的学校，为人提供了一切必要的知识。自然又是人的疗养院，为人医治着精神上的疾病。对于那些妄自尊大、自命不凡的人，以及那些自卑自贱、猥猥琐琐的人，自然往往是最好的医生。让他们走向自然，去面对巍巍耸立的群山，浩渺无垠的大海，或者摧枯拉朽的狂风，排山倒海的巨浪，前者会看到自己的渺小，从而变得谦逊，后者

---

　① 《美感》，中国社会科学出版社1982年版，第36页。
　② 怀特海："我们发觉自己在健康地享受生活，是由于我们内部器官——心、肺、肠、肾等等——在健康地起作用。"（参见《分析的时代》，第88页）
　③ 《神人及其幸福简论》，第225页。
　④ 《分析的时代》，第84页。

会引起心灵的振奋，从而重新获得自尊。创造之所以是"自我享受"，恐怕就在于人从创造中不仅看到了自己，而且伸张了自己，完善了自己。

美国哲学家泰勒说过一段话，是很富启发性的。当人还作为自然物生活在自然中的时候，他既无快乐也无痛苦，因为一切都是自然而然的；而当人走出自然，发现了自然的时候，快乐和痛苦便一起来了。而且人离开自然越远，人的快乐和痛苦越强烈。但是，快乐是相对的，痛苦是绝对的；快乐是短暂的，痛苦是长久的。而且快乐只是伴随痛苦而来，是痛苦的被遮蔽。因为离开了自然的人注定是孤独的、寂寞的。人为了解脱这种痛苦，并获得真正的快乐，就必须回返自然，与自然融为一体。但是，他说，只有"热爱自然的人"才能"敏锐地感觉到他本人与整个现实的一致性，而这个现实是既无开端，也无终点的"①。桑塔耶那也说："在自然中观赏我们周围不断存在的最大限度的美。这是向想象与现实之结合大大迈进了一步，这结合也就是观照的目的。"② 但是，在泰勒和桑塔耶那看来，真正热爱自然，对自然美产生浓郁的兴趣，并不是人人都能做到的，它需要有"德行"的支持。这种观点恰好与康德相符合。康德认为，自然美比艺术美优越，因为自然美"和一切人的醇化了的和深入根底的思想形式相协和，这些人是曾把他们的道德情操陶冶过的"。他还说，"如果有一个曾经充分具备着鉴赏力，能够以极大的正确性和精致来评定美术作品的人，他愿意离开那间布满虚浮的，为了社交消遣安排的美丽事物房屋而转向大自然的美，以便在这里，在永远发展不尽的思想的络绎中，见到精神的极大的欢快，我们会以高度的尊敬来看待他的这一选择，并且肯定他的内心具有一美丽的灵魂，这种美丽的灵魂不是艺术通和爱好者根据他们对艺术的兴趣能有资格主张他们也具有着"，同时，他又说："实际上正是这样，我们会把那些人的思想形式看作粗俗或不高尚，假使他们对于大自然没有感觉（我们这样称呼那对于观照兴趣的容受性），而只有膳食杯盘之间紧抓住官能的享乐。"③ 自然美之所以优越于艺术美，就在于它表现了一种"直接"的兴趣，即不夹杂其他任何"社会的兴趣"的兴

① 泰勒：《形而上学》，上海译文出版社1984年版，第2—3页。
② 《美感》，第92页。
③ 《判断力批判》，第144—148页。

趣，而这种"直接"兴趣的确立需要的不仅是善良的天性与丰富的知识，还包括广博而深厚的人格素养，因为自然美与理性相关联，在中国哲学中则与道相关联（"道法自然"）。① 自然美固然有不同层次，因而能够成为引渡人通向理性与道，从而达到理性（道）与感性、人与自然的统一，但这毕竟是个艰难而漫长的修养过程。我想美学之重要、之艰巨正在这里。

---

① 刘述先："人必须有深刻的智慧以及严格的训练才能够体证自然，与道合妙。"（参见《儒家思想与现代化》，中国广播电视出版社 1992 年版，第 510 页）

从生态学到哲学与美学[*]

一　生态问题对宇宙观与精神世界的冲击

自从 1866 年德国生物学家海克尔将生态问题提到世界面前，生态问题就引起人们的强烈关注。特别是在 1879 年路德维希·克拉格斯的《人与地球》，1946 年菲尔德·奥斯博恩的《我们被洗劫一空的星球》，1972 年罗马俱乐部的《增长的极限》等发表之后，生态问题已经成为学术界的一大热点。有学者认为，学术界正在经历一场"哥白尼式的革命"。如果是这样，我想，这不仅是因为生态问题所引起的种种令人震惊的结论，更重要的是它所带来的人的世界观和精神世界的变化：

无疑，它告诫人们，世界正深深地陷入生态危机中，一种由此而产生的忧患意识、末日情怀正在世界上蔓延；

它宣称世界是一个整体，从而在人们心目中形成了"世界一体化"的观念；

它对生态危机的根源的追问，即对现行世界的政治、经济体制及现代文明的质疑，在世界酿成了一种批判的、否定的思潮。①

它表达了人期望获得救赎的心理，恰是在它的感召和推动之下，人们不仅在学术上，同时在实践上，将保护自然、净化环境、调整和优化人与自然的关系当作自己的责任。各种环境保护组织正在世界各地兴起。

---

* 此文发表于《安徽师范大学学报》2011 年第 5 期；人大报刊复印资料《美学》卷 2011 年全文转载。

① 美国生态学家保罗·西尔斯称生态学是一门"反叛性科学"，另一生态学家保罗·谢帕德称"生态学是意识形态领域的一种反抗运动"，见乌尔里希《生态现象学》。

二　生态学的兴起是哲学向现代转向的一个因素

生态问题的提出，生态学的兴起，是哲学向现代转向的一个因素。当生态危机被理解为一种历史的必然，当生态系统从生物界延伸到人类社会和文化，当由生态问题引发的批判直接指向人类中心主义的时候，生态学就已经是一种哲学，而且这种哲学与 19 世纪以来的马克思主义、现象学、存在主义，乃至自然主义等在理论向度上基本是一致的。由于这个原因，一方面，生态学获得了来自哲学方面的支持，成为生物学、人类学、环境科学的主导科学；另一方面，哲学在生态学的启发和推动下，实现了由近代向现代的转化。

（一）超越理性主义的认识论，确立一元论的本体论

从笛卡尔以来，哲学一直是以认识论的身份出场的，它所要回答的是世界作为知识、审美和价值的对象如何可能？但现在面对的是本体论方面的问题，是世界作为与人相关联的世界，作为一切有机物和无机物存在的整体和过程如何可能？人们意识到，与认识相比，存在是更为基本的，不是像笛卡尔说的"我思故我在"，而是我"在"故我"思"。人是什么？世界是什么？在人与世界彼此对立的情况下是不可能得到解答的，因为人就是世界的人，而世界就是人的世界。思想总是基于并且总是指向生存的思想。因此，哲学必须奠立在以生存论为核心的一元论的本体论基础之上。这种本体论不同于古代希腊哲学家巴门尼德的本体论，因为它不是指一种与生存不相干的既定的、绝对的实体，而是指一种在历史中生成并不断演化着的生存结构，它是构成性的，而不是实体性的。这个意义上的本体，在胡塞尔晚年的表述中，就是"生活世界"，——胡塞尔没有对"生活世界"给出明确的界定，但从他的表述中可以看出，这既是"被给予的""实在的"世界，又是"主观的相对的"世界；既是具有"原始明见性的"世界，又是"充满普遍归纳性的"世界；既是"直观的经验的"世界，又是为"交互主体性"建构的世界。"生活世界"是个"素朴的"、"具体的"、"充盈"的世界，是一切科学之成为科学的基础，也是"客观世界"之所以可能的根基。在海德格尔的表述中就是"存在"，——"存在者""原始地"包含有

对"存在"，对"世界"及"在世界之内可通达的存在者的领会"，并且只是通过这种领会获得存在，因此，所谓"存在"就是"存在者"的存在，而"存在者"就是与"存在"相关联的"存在者"。在尼采和梅洛·庞蒂的表述中就是"身体"。在尼采看来，"我"就是我的身体，此外什么也不是。灵魂不过是对身体功能的一种称呼。尼采说："在你思想与感情之后，立着一个强大的主宰，未被认识的哲人——那就是'自己'，它住在你的肉体里，它即是你的肉体。""创造性的肉体为自己创造了精神，作为它的意志之手"，并"创造高于自己之物"①。在梅洛·庞蒂看来，"我们就是身体"，"通过身体在世界上存在，因为我们用我们的身体感知世界"。"身体是我们拥有一个世界的一般方式"，由于身体行为所指向的意义不同，世界或者呈现为"生物世界"，或者呈现为"文化世界"②。萨特将他的本体论建立在"自由"概念之上，"自由"对于他就是"存在"的同义词，就是作为"将世界划归己有"的"自为的存在"。杜威在"经验"概念之上建立了他的本体论，——"经验"既是"被经验的东西"，又是"经验的方式"。"经验"具有"原始性"和"本原性"，经验与自然有"内在的连续性"，经验即自然，即人，即艺术。卢卡契称他的哲学本体论为"社会存在论本体论"，——以劳动、再生产、意识形态、异化等为中介，将自然纳入社会存在的范畴，认为社会存在本质上是对自然的一种"飞跃"，一种从自在存在到自为存在的转变。葛兰西称他的哲学本体论为"实践一元论的本体论"，他认为，所谓一元论，意味着"在具体的历史行动中的对立面的同一性"，就是与某种组织起来的物质，与改变了的自然不可分割地联系在一起的人类的活动，即劳动和技术。显然，上述各家对生存本身的理解并不相同，甚至存在根本的分歧，但是，就哲学自身的建构来说，重要的是，它超越了理性主义的认识论，摒弃了主体与客体、精神与物质、人与自然的二元论，为建立一种新的一元论的科学的宇宙观和方法论提供了可能。

（二）超越绝对人类中心主义，确认人与自然统一为基本问题

　　萨特讲，本体论"是对存在的呼唤"，为了真实地逼进存在，"要求

① 《查拉斯图拉如是说》，尹溟译，文化艺术出版社1987年版，第27—28页。
② 《知觉现象学》，姜志辉译，商务印书馆2001年版，第265、194页。

一种超现象的基础"①。"生活世界"、"存在"、"身体"、"自由"、"经验"作为概念是现象学、存在主义、自然主义所设定的"超现象的基础"，而"社会存在"、"实践"作为概念则是马克思主义所确立的"超现象的基础"。他们之间在基本的立足点上有着明显的不同：前者从个体的人出发，——"生活世界"，是先验自我通过其意向性活动构成的世界；"存在"，"总是某种存在者的存在"；"身体"、"自由"和"经验"是"我"的身体，"我"的自由，"我"的经验。② 后者则从作为类的人出发，——"社会存在"是社会的人共同的存在，"实践"是处在一定生产关系中的人的实践。由于有这样的不同，前者总是从个体的原初状态，从前意识与前概念中，从主观方面寻求将人与自然、主观与客观、精神与物质统一起来的根据，而后者则相反，从人与人的交往，从人的语言、行为中，从客观方面寻求何以必须摆脱人与自然、主观与客观、精神与物质对立的原因。但是，无论前者或后者，都确认了人在世界的中心地位，这就是说，确认了人与自然，包括人的感性与理性的疏离、对立及由此导致的人与自然的双重异化是哲学面对的首要问题，因而也确认了人的全面发展与自然主义的彻底实现是同一过程的两个方面。

　　同样是"人是中心"，在康德那里是理性主义的必然结论，而在现代哲学中，却有着完全不同的理论和实践的含义。如果说，生态学的发展告诫人们，人作为整个自然的一个部分，恰好处于微生物与宇宙星云的中项，唯有人能够借助自己的智慧将整个自然统摄在一起，并为它们的存在确定一个适当的位置；那么，现代哲学则告诉我们，人之成为世界的中心，是因为人居于经验世界与超验世界之间，只有人能够通过与自然的物质与精神的交换不断地反省和超越自己，并在自然界打下自己的印记。

---

　　① 萨特：《存在与虚无》，陈宣良等译，三联书店 1987 年版，第 7 页。
　　② "身体"无疑指个体的人的身体。梅洛·庞蒂对身体的讨论主要围绕着身体作为物体、身体的空间性，身体的体验与身体的语言以及身体如何"拥有一种普遍的联结"。萨特讲："我不能描述别人和我本身所共有的自由；所以我亦不能考察自由的本质。恰恰相反，自由才是所有本质的基础。"并说："人们徒劳地希望一种人类的我们，即在'我们'之中主体间的整体意识到它本身是一种被统一的主观性。这样的理想只能是由一种向着极点和绝对的过渡而产生的梦想。"（《存在与虚无》，第 563、550 页）杜威为了建立经验一元论，力图将个人与群体联结起来，强调"联系"一词是"真正的动词"，否认经验有"个人的或主观的成分"，但同时又承认经验是"通过一个有机体实现出来的"，"局限在一个身体之内"。（参见《经验与自然》，傅统先译，商务印书馆 1960 年版，第 184—196 页）

　　可以这样理解，哲学本体论的诸概念就是从对自然的这种认识生发出来的。"生活世界"是"意识的世界"，而意识以对象——"被给予"的自然与人自身的存在为其前提；①"身体"是我们通向自然的一种心理的和历史的结构，所谓自然就是为身体所体验，为知觉所确证的自然。"是我们自己的生活或处在对话中的我们的对话者的表演"；"经验""既是关于自然的，也是发生在自然以内的"，是人与自然间共有的经历和记忆；"社会存在"就是社会化了的自然存在，自然作为一个因素永远是劳动、再生产、意识形态、异化的组成部分。"实践"，按照马克思主义哲学，是人与自然间能动与受动交互作用的过程。也许"存在"将自然的始原性、无限性、神圣性表达得最为明朗，——自然"无所不在"，"创造一切"，"先行于一切现实事物，先行于一切作用，也先行于诸神"②。

　　哲学从本体论的意义上既肯定了人在与自然关系中的中心地位，又肯定了自然的先在性和"内在价值"，从而为彻底地清算绝对的"人类中心主义"提供了可能。人类中心主义是以人与自然二元对立为其立论根据，以人的需要和欲望为唯一价值取向的哲学思潮，它的形成有着深远的思想与社会的渊源。西方一些学者将"人类中心主义"归咎于基督教以及希腊的斯多葛派似乎有一定道理，但缺乏足够的依据。应该说，斯多葛派只表达了早期人类的一种朦胧的自我意识，自然神论依然是他们难以跃出的边界。而基督教恰恰是主张人与自然一体观的：圣奥古斯丁说，世界之所以是善与美，就因为是一个整体，事物所谓的善、恶、美、丑只具有相对的意义。厄里根纳的四种自然说，认为上帝是自然的起点和终项，人是将上帝与其他自然连接的中介，所有的生物和非生物在自然中都有它的位置，都是构成自然的一个部分。托马斯·阿奎那在《神学大全》中肯定，一切生命都有回归上帝和实现自己的内在趋向，都有存在的理由，而这成了文艺复兴人本主义兴起的一个直接的契机。造成人类中心主义的是人对自然的不断膨胀的过度需求，以及对自然"内在价值"的无知和蔑视；

---

　　① 胡塞尔认为，现象学所面对的不是自然本身，而是"关于自然现象连同它在其中可能得到描述的所有意识样式"，因此，他在《现象学与认识论》中写道："对我来说，这整个自然或世界都完完全全是由显现、被意指之物，被设定之物构成的，对我来说，它始终是在我的意识生活和意识体验中构造起来的。"（参见《胡塞尔文集》第七卷，倪良康译，人民出版社2009年版，第186页）

　　② 《海德格尔选集》上，孙周兴译，上海三联书店1996年版，第330—344页。

是财富的高度集中和世界范围的殖民主义的兴起；是一部分人成为社会的"中心"，而另一部分被彻底边缘化的结果。人与人之间的不平等是人与自然的不平等的真正根源。人的异化是自然的异化的真正根源。这一点，生态马克思主义者高兹在《生态学即政治》（1978），W. 里斯在《自然界的统治》（1978），B. 阿格尔在《西方马克思主义概论》等都已经指出了。1990 年布克津在《什么是社会生态学》一书中写道：生态危机的核心是社会经济问题、民族问题、文化和性别冲突问题。"人统治自然的观念直接来源于人统治人的实在"，因此只有在社会公正的基础上，实现人与人的平等，才有可能形成人与自然的平等。但是，批判绝对的人类中心主义，并不等于把人类与其他生物种类等同起来，看作是宇宙中的一个"普通的成员"，人是唯一具有理性的存在物，唯一会反思、有预见的存在物，在人类进化过程中，曾占有并继续占有其他物种所不可比拟的大量的资源，因此有责任维护世界的生态平衡，为其他物种的生存提供必要的空间和安全的保障。人仍然是中心，不过是相对意义的中心。

（三）超越绝对主体性的思维模式，走向交互主体性或主体间性

交互主体性或主体间性内在地包含在一元论的本体论之中，不过，在胡塞尔那里，最初是作为先验哲学问题提出来的。它所回答的问题是：一个经现象学还原的"先验自我"，如何不仅在经验中经验自己，而且能经验到"他人"，乃至"构造"出不仅包括自己同时包括他人在内的"客观世界"。所有讨论没有超出认识论。后来是海德格尔、梅洛·庞蒂转向了本体论。海德格尔在讨论"此在"的"基本结构"时指出："此在就是相互并存的存在，与他人一道存在：与他人在此拥有这同一个世界，以互为存在的方式相互照面，相互并存。"① 梅洛·庞蒂在谈到"作为表达和言语的身体"时，也说："动作的沟通或理解是通过我的意向和他人的动作、我的动作和在他人行为中显现的意向的相互关系实现的。所发生的一切像是他人的意向寓于我的身体中，或我的意向寓于他人的身体中。"② 但这里讲的主体性还都是奠基在意识概念上的，所谓交互主体性或主体间性都是指有意识的人与人之间的关系，之后，随着生态学的兴起，人们开

---

① 《海德格尔选集》上，第 13 页。
② 《知觉现象学》，第 24 页。

始关注到意识之外的广大生物族类，即那些与人呼吸着同一地球上的空气，处于同一生物链中的动物、植物，确认这些生物族类虽然没有意识，却同样具有目的性、自主性、能动性，并且同样以自身的存在影响着周边世界。于是，人们自觉不自觉地返回到马克思的"对象性的本质力量的主体性"概念。马克思说："对象性的存在物对象性地活动着，而只要它的本质规定中没有包含着对象性的东西，那么他就不能对象性活动。它所以能创造或创立对象，只是因为它本身是为对象所创立的，因为它本来就是自然界。"① 这样，交互主体性或主体间性问题就由先验哲学、社会哲学转化为一元论的本体论哲学问题，就成为观察、分析和阐释人与自然、主体与对象之间关系的一种普遍的方法论。于是，卢卡契《社会存在本体论》中有这样一段议论："主客体的关系作为人同世界，同他自己的世界之间的关系，乃是一种相互作用关系，在这种关系中主体在不断重新塑造客体，不断在客体身上造成新的东西，同时客体也在对主体产生着同样的影响。"② 杜威在讲到"经验"的超越性时也谈道："经验，即具有它们自己所特有的特性和关系的一系列的事件过程，发生着、遭遇着和存在着。所谓自我的那些事情就在这些事件之间和这些事件之内，而不是在它们之外或在它们之后"，作为经验的主体"自我""在经验中也接受一定的对象和行动所具有的照顾和管理"③。在这个意义上，应该说，交互主体性或主体间性首先是对本体，即生存的一种表述。人作为自然的一部分，作为社会关系的总和总是生存于主体间性中，只有主体间性中的生存才是真实的生存。主体间性也可以成为认识论，那就是立足于这种本体论去观察人或世界。主体间性提出的意义，一方面是确认其他生物种类的主体性，即它的能动性、目的性与"内在价值"；另一方面确认人自身的非主体性，即受动性和对其他生物种类的依赖性。没有绝对的主体性，有的就是主体间性，人类认识到这一点，意味着为自己找到了一个准确的定位，而这应该是人类真正走向成熟的一个标志。

主体间性的提出的意义还在于人类意识到自己的局限性，知道在自己

① 《1844年经济学—哲学手稿》，第120页。
② 《关于社会存在本体论》，白锡堃等译，重庆出版社1993年版，第438页。
③ 《经验与自然》，傅统先译，江苏教育出版社2005年版，第187页。

之外还有一个并不完全听命于自己，并且永远按照另一种目的和规律向前运动的世界；一个时时环绕着我们，并为我们提供了所有生活资源的世界；一个我们必须认识但永远显得有些神秘和陌生的世界；一个不能不亲近但又不能不敬畏和尊重的世界。只是由于这个世界的存在，我们才意识到作为主体的自己以及区别于我们的另一主体；意识到世界并不因为我们而存在，而我们却因为世界而存在。在这个世界面前，我们必须学会感恩和谦逊。

但主体间性的确立需要有更高的智慧。绝对主体性也是一种智慧，这是带有一定的蒙昧性的智慧，结果导致了人类中心主义的泛滥，世界因而被推到了生态危机的深渊；现在，为从危机的深渊中获得救赎，人类需要换一种思维模式，即主体间性，这是通过两个世纪的反思形成的彻悟性的智慧，是透着崇高的思想境界、道德理念和价值取向的智慧。建立这种智慧是我们当下的需要，也是我们永恒的追求，因为它意味着人类的真正自由和解放。

三　生态学及哲学影响下的美学

在生态学和哲学的双重影响下，美学开始了向现代的转向。

（一）审美活动作为一种生存方式或生命活动的确认

所有有关一元论本体论的讨论在美学上都必然引致对融主客体为一体的审美活动的认定，因此，审美活动越来越被更多的人置于美学的核心地位，成为美学研究的对象。不过，受传统思维方式的影响，这个问题并未完全解决。有这样两个问题：一个是主体的审美需要或审美意向问题，——审美需要或审美意向发生在主体介入审美活动之后还是之前？另一个是客体的审美性质或条件问题，——审美性质或条件是在审美活动中呈现的还是客体所固有的？这两个问题是紧密联系在一起的，所以我们可以换一种提法：在审美活动之前，审美主体与审美客体的存在是可能的吗？或者相反：在没有审美主体与审美客体存在的情况下，审美活动是可能的吗？这是一个类似先有鸡，还是先有蛋的老问题。如果依照传统的思维方式去研究，恐怕永远不会有一个令人信服的结论。问题在于不能停留在现象的层面，而必须追溯到"超现象的基础"上，换句话说，就是不能从既定的事实出发,而必须从事实所以成为事实的历史过程出发。① 无论是审美主体与审美客体,还是审美活动,如今都是具有确定意义的概念,它们的形成都有一个过程。如果追溯它的源头,我们今天所谓的审美活动其实就是带有一定审美性质的生产活动,所谓审美主体或审美客体就是生产的主体与客体,只是在审美活动逐步脱离生产活动的过程中,主体才萌生了一种生产之外的审美需要或意向,同时客体的某些性质和条件才被确认为审美的性质和条件。审美需要不是人性中所固有的,而是历史的产物,随着历史的发展,审美需要在不断充实和变化。审美性质和条件也是如此。一切都决定于人类与自然的物质和精神的交换过程,决定于人类认识和改造自然的社会实践。不是从历史中,而是从所谓人的本性或从事物的属性中寻找审美活动的根据,是传统美学给我们留下的一份负面的遗产,清理它们是美学走向一元论本体论的必要前提,也是必须付出的代价。

　　确认美学以审美活动为其研究的核心和对象,并不意味着美学定位和理论指向问题的完全解决。马克思主义者可以把它与实践概念结合起来,将审美活动理解为一种实践,一种与物质生产实践相关而又有区别的实践,一种能够借以维系并优化生存的实践,一种给人提供美的享受的实践。现象学家可以把它与"生活世界"联系起来,把它看作是生活世界的一个本真的表征,一种将生活世界凝聚在一起,使之生气灌注的机制,一种标示着内在于生活世界的价值指向。对身体美学感兴趣的人还可以将它与身体结合起来,将身体理解为既是生命的身体,又是审美的身体,而这恰是人的身体不同于其他身体的特征。在这个意义上,审美活动就是审美的身体的活动。站在自然主义者杜威的立场上,审美活动就是一种经验。它是与生命息息相关,并作为生命表征的经验,与自然对话和交流的经验。当然也可以站在海德格尔的角度,将审美活动与"存在者—存在"联结起来,去探究人如何"让存在者成其所是",即"参与到敞开之境及其敞开状态中",使美与真理一同敞显出来。不过,审美活动既作为生命活动,就其总体来说,本质上是个体与社会、心理与生理、先验与超验的

---

　　① 杜威曾举一个例子:鹿因为有细长的腿才跑得快,还是因为跑得快才有细长的腿?他的回答是:"真实的存在是整个历史",不能"首先任意地把一个自然历史分割成两截,然后再有意地和任意地把这个分割掩藏起来"。(参见《经验与自然》,第221页)

统一，任何一种哲学本体论在被用来阐释审美活动的时候，都不可能做直接的简单的引申，而必然要面对许多有待深化和完善的中介环节，因此，需要从其他方面获得必要的支持或借鉴。所以，批判地综合永远是美学建构的一种基本的形式。

中国美学大多倾向于实践一元论的本体论，只是对实践的解释与葛兰西和传统马克思主义不同。实践不只是物质生产，也包括精神生产，但排除了"人自身的生产"。因此，在解释美的本源和本质的时候，总是直接与物质和精神生产联系起来，称美是"自由实践的形式"。显然，这里忽略了审美活动的生物学基础，忽略了身体在审美活动中的综合作用，忽略了从性到爱这一处于生命根底部并与审美活动相终始的本原性因素。而这正是现象学和存在主义，包括自然主义美学所特别关注的。马克思与恩格斯将"生活资料的生产"与"人自身的生产"看作是建构人类文明的两大基本动力。当然，它们是紧密联系在一起的，是同一历史过程的两个方面。如果说马克思主义的一元论的本体论是建立在实践概念之上的，那么这就是以"生活资料的生产"和"人自身的生产"两种生产为其表现形式的实践。"生活资料的生产"是指通过改造自然维系自身生存的生产，涉及的是人与环境的自然关系以及由自然关系发展起来的社会关系；"人自身的生产"是指通过生殖繁衍自己种族的生产，涉及的是人与人的自然关系和由自然关系发展起来的社会关系。"生活资料的生产"与"人自身的生产"交相渗透和交互作用，一方面形成了以劳动为基础的生产关系，另一方面形成了以性为纽带的家庭以及以家庭为纽带的人类群体；一方面使人认识了外在自然的规律，激发起了对整齐、对称、和谐的兴趣和创造的热情；另一方面使人发现了人自身的秘密，孕育了爱、同情和尊重的感情和对交往的渴求。"生活资料的生产"与"人自身的生产"这两种生产不仅为审美活动提供了历史的前提，而且为它在现实中的充分展开提供了可能。因此，为了对审美活动作出一元论的本体论的回答，必须将它放回到两种生产中。

（二）人与自然关系作为审美活动核心问题的确认

在认识论的框架内，审美活动的核心问题往往被理解为主体与客体的关系，所回答的是一个既定的主体与一个既定的客体是如何发生审美关系的；而在本体论意义上，审美活动的核心问题则是人与自然的关系，所回答的是人与自然如何在审美活动中生成的。认识论意义上的主体是感觉、悟性、情感,客体是形式、表象;本体论意义上的主体是包括感觉、悟性、情感在内的生命本身,自然是包括形式、表象在内的事物整体。认识论意义上的主客体的统一是一个心理过程,是通过知觉、移情、联想等实现的;本体论意义上的人与自然的统一则是人与自然相碰撞相融合的过程,是通过直觉、想象、体验和整个生命的介入实现的。

如果把本体论建立在实践概念基础上,把审美活动理解为实践活动,那么所要回答的就是实践如何造就了审美主体与审美客体;如果把本体论建立在身体概念的基础上,把审美活动理解为身体的活动,那么他所要回答的就是身体如何赋予自身与世界以审美的性质;如果把本体论建立在经验概念的基础上,把审美活动理解为一种经验,那么它所要回答就是经验如何将人与自然纳入到统一的审美的视野中。如果是立足于生活世界的本体论,那么就要阐明"生活世界"何以通过审美活动升华为审美的世界;如果是立足于"存在"的本体论,就要阐明"存在者"与"存在"何以成为审美的关联,所谓的"天、地、神、人"聚集共存的世界或诗意的栖居何以可能。

审美活动必须以人与自然的关系为核心问题,是因为这是人赖以生存和发展的最基本关系,因为就像杜夫海纳说的,它处在人生的"根底部"。人一出生首先面临的就是他与自然的关系,就是阳光、空气、水,就是色彩、声音、形体,就是生育他的母亲、父亲和周边的亲人,就是饱食的快乐,饥饿的痛苦,而正是在这种生命的体验中,下意识地萌发了对美以及相关的善的兴趣,这时候,他可能还没有将自己与世界区分开来,还没有主体与客体的区分。之后,随着年龄的增长,接触的人多了,特别是参加了生产劳动,渐渐意识到他不是孤独的个人,而属于人类群体,同时,有了有关人生和自然界的初步知识,遂与世界间形成了对象性关系,学会以审美的眼光看待这个世界。审美活动是怎样介入人的世界的,这个问题只能从人与自然关系这个本体论角度予以回答。

审美活动必须以人与自然的关系为核心问题,还因为人不仅来自自然,而且是要回归自然。自然是人的归宿。人的生命是短暂的,在享受生的快乐的同时就怀有死的恐惧,所以人总是思虑着自己的未来。未来是怎样的?由谁来决定?未来就是对现实的超越,就是与自然的和解,就是自我的真正实现,而审美活动恰是通往未来的途径。审美活动与其他认识或功利活动不同，是无目的而合目的的活动；是感性与理性、个体与群体、人与自然间相协调的活动。所以，只有在审美活动中人才能够摆脱来自内在与外在的压力，享受自由游戏般的快乐，并且只有在审美活动中人才能够逐步消除自己的片面性，成为完整的人。

审美活动必须以人与自然的关系为核心，是因为它是一座将感性与理性、个体与群体、有限与无限联结在一起的"桥"；是与自然同行中所形成的种种兴奋和激动，快乐和忧伤，惊异和迷茫，回忆和认知。就自己来说，是彰显自己，超越自己，实现自己的过程；就自然来说，是被发现，被敞开，被认同和接纳的过程。审美活动有三个层次：直觉—形式，想象—意象，体验—人生境界，这是人的生命由根底到终极，由初觉到彻悟的内在联结，每一个层次都意味着对生命的肯定和对自然的和解，同时又意味着在更高意义上的超越。

（三）主体间性或交互主体性作为方法论的确认

在人与自然之间存在着各种关系，唯有审美关系是建立在人与自然交互作用的基础上的，因此，唯有审美活动本质上是主体间性，而不是绝对的主体性，审美活动与绝对的主体性是不兼容的。人们在面对一个人或一棵树的时候，可能由需要和欲望驱使，只关注他或它的功利的一面，但是，在艺术面前，这种需要或欲望多半会被一种审美的冲动所扼制，因为艺术所呈现给人们的是"形象"，而不是实存；艺术与人是"直接无间的关系"，没有来自外在的间隔。"形象"是一种"呈现"，因此，马丁·布伯说："形象惠临我。我无从经验它，描述它，而只可实现它。她在与我相遇者之神妙容光中绚灿流辉，比经验世界之一切明澈更为澄明，故而我能观照她。"①

但是，人与自然作为主体并不是绝对等同或同一的，它们之间有主次与隐显之分，必然与偶然之分。人处于主导的位置，因此自然中最早成为审美对象的是那些最接近人，并介入人的生活的自然，但人之成为主体，是以自然作为另一主体为前提的。只是在人与自然交相渗透和融合的条件下，人的感觉、情绪、兴致才可能被激活起来。人的审美活动由于受到既定的审美意识和理想的限制，在一定程度上是必然的；自然以什么样的形

---

① 马丁·布伯：《我与你》，陈维纲译，三联书店 1986 年版，第 25 页。

式介入审美活动则取决于人的具体情境和心理,因此是偶然的。

不过,进入现代社会以来,人类所面对的自然,是怎样的自然?在许多情况下,是被遗忘了、玷污了、扭曲了、败坏了的自然,人们越进入审美的角色,就越感到尴尬和悲凉,所以,一种直接针对现代文明的否定的、批判的美学就应运而生了。

生态学以及由生态学延伸出来的哲学为美学开辟了一个新的境界和新的前景,但是美学所要回答的不仅仅是生态问题,为了建构现代美学,美学还必须获得自然哲学、文化哲学、精神哲学、道德哲学,甚至宗教哲学的支持。

自然·生产·艺术[*]
——从赫胥黎论"宇宙过程"与"园艺过程"谈起

19 世纪末,英国生物学家赫胥黎在著名的讲演《进化论与伦理学》中指出,自然进化是两个过程的交织,一个是"宇宙过程",一个是"园艺过程"。前者指的是通过"变异"、"选择"和"生存斗争"实现的自然过程,后者指的是"创造并维持园地的人的能力和智力的活动"。"园艺过程"从属于"宇宙过程",是它的"一个重要部分"。"有肉体、智力和道德观念的人,就好像最没有价值的杂草一样,既是自然界的一部分,又纯粹是宇宙过程的产物。"但"宇宙过程"与"园艺过程"有着不同的倾向,"宇宙过程"倾向"调整植物生命类型以适应现时的条件";"园艺过程"倾向"调整条件来满足园丁所希望培育的植物生命类型的需要"。由于倾向不同,所以存在某种对抗性,以至"大自然常常有这样一种倾向,就是讨回她的儿子——人——从她那儿借去而加以安排结合的那些不为普遍的宇宙过程所欢迎的东西"[①]。赫胥黎这里讲的自然观和宇宙论,曾影响了整整一代学人,虽不能完全反映晚近学界的观点,但对我们思考和认识自然、生产和艺术的一般关系,仍然具有巨大的启发作用。

一 "宇宙过程":我们面对的自然界

怎样理解赫胥黎讲的"宇宙过程"?也就是怎样理解我们面对的自然界?19 世纪的生物学和 20 世纪的生态学,以及黑格尔、马克思、柏格森、怀特海等人的自然哲学为我们做了更为完整和深入的阐释:

---

[*] 此文发表于《艺术百家》2011 年第 5 期。
[①] 《进化论与天演论》,第 8—10 页。

1．自然不是存在物的聚集，而是相互联结在一起的整体；

2．自然不是静止或自我复制的，而是不断进化和创造的；

3．自然有自己的历史，有通过变异和竞争形成的不同物种和层次；

4．自然进化的最高层次是具有理性的可自由选择的物种——人。人的出现，为自然史揭开了由自在到自为的新的阶段。

这就是我们所面对的自然界：环绕着我们并成为我们赖以生存、繁衍，乃至进行一切生产、艺术活动的本源和栖息地。①

二　"园艺过程"：生活资料生产与人自身的生产

怎样理解赫胥黎讲的"园艺过程"？也就是人类是如何介入"宇宙过程"中的？所有物种都是通过与自然的物质交换以维系生存，并且都有自己特定的交换方式，但所有的物种都只是适应自然，只有人类不只是适应，而且是改造和创造，以新的更适宜人的生存的自然取代原有的自然。因此，只有人类除了有"宇宙过程"外，还有自己的"园艺过程"。

按照马克思和恩格斯的说法，人用以与自然进行物质交换的方式是生产实践，确切地说是两种生产实践：生活资料的生产（赫胥黎的表述是"创造比自然状态条件更适于栽培植物的人为的生活条件"）与人自身的生产（赫胥黎的表述是"限制构成生存斗争的主要原因之一的繁殖"）②。这两种生产都是为维系自己的生存和发展而进行的自觉的、有意识的活动，但在目的、对象、手段和方式上有着显著的区别。生活资料的生产：目的是获取生活资料，对象是外在的自然，手段是劳动，方式是与自然进行直接的物质交换，是在自然所提供的条件范围内改造和创造新的自然。

①　科林伍德：《自然的观念》，吴国盛、柯映虹译，华夏出版社1998年版，第13—28页。科林伍德认为，现代自然观一个标志性的进步就是将"变化或过程这些科学上可知的历史概念，在进化的名义下被应用于自然界"。

②　马克思、恩格斯在《德意志意识形态》中写道："生命的生产——无论是自己生命的生产（通过劳动）或他人生命的生产（通过生育）——立即表现为双重关系。"（参见《马克思恩格斯选集》第一卷，人民出版社1979年版，第34页）其后过了近四十年，恩格斯在《家庭、私有制和国家的起源》第一版序言中又写道："历史中的决定性因素，归根结底是直接生活的生产和再生产。但是，生产本身又有两种。一方面是生活资料即食物、衣服、住房以及为此所必需的工具的生产；另一方面是人类自身的生产，即种的繁衍。"（参见《马克思恩格斯选集》第四卷，第2页）

人自身的生产：目的是复制和繁衍，对象是人自身，手段是生殖，方式是人与人之间的生物性结合，是借助结合建立一种类的关系。

生活资料的生产的基础是劳动。劳动一方面改造了周边的自然，另一方面造就了人自身。劳动使人有了灵巧的双手，会思考的大脑，能够作出灵敏反应的感觉器官；劳动把人纳入到一定的生产关系中，形成了语言和其他符号的媒介系统，使人由单纯的生物群体转变为社会群体；劳动激发了人的认知能力、想象力和创造热情，培育了人的自我意识和类意识，强化了人皈依自然和超越自然的精神。

人自身的生产的基础是性。性是自然的，生物性的，对人来说，同时也是社会的，精神性的。性不仅肯定了人的生理的需求，也伸张了人的精神需求；不仅维系了两性间的关系，也构建或强化了家庭和以家庭为基础的其他社会关系。性作为一种因素，还滋养了人与人之间爱、同情、尊重的感情，为人类生活增添了浪漫、温馨的人性色彩。

劳动与性的统一，自然性与社会性的统一，这应该是对人的基本界定。人之为人离不开劳动，这一点从黑格尔开始，学术界就有了共识。卢卡契就是以劳动为中介环节，将自然与社会联结起来，建构他的"社会存在本体论"的。但劳动是人的劳动，离不开人，而人又离不开性。所以，卢卡契特别强调一点，就是"人的生物学意义的再生产"对于其他社会生产的"优先地位"。无疑，正像他指出的，"最初以及后来在很长很长时间里，劳动自然一直是直接为人的生命的再生产服务的"，只是由于劳动以及伴随劳动出现的许多非生物性的因素，如语言、交换等的介入，人的生命的再生产才越来越超离了纯粹的生物性而具有了社会性。[①]

可以这样认为，如果说劳动——生活资料的生产是社会的经济学基础，那么，性——人自身的生产就是社会的生物学基础。两性关系是人类社会中最深层、最稳定、最坚实、最强劲的关系。无论人处在什么情境，从事什么职业，属于什么阶级，具有什么个性，首先他是一个男人或女人，而且会因为性别的不同有着不同的思维方式与行为方式；性，永远是他们进行任何欣赏、品评、鉴别、选择的一个潜在的、必然的尺度。[②]

---

① 《关于社会存在本体论》，第 179—180、654 页。
② 梅洛·庞蒂的身体本体论的一个重要支点就是：性不就是性本身，而是"内在地与能认识和能作用的生命联系在一起"，构成行为的"唯一的典型结构"。生命弥漫在性中，同时，性扩散在生命中。（参见《知觉心理学》，第208—225页）

生活资料的生产与人自身的生产,这两种生产是推动人类走向文明的两大动力。

三 "宇宙过程"与"园艺过程"中的精神生产

在赫胥黎看来,"园艺过程"与"宇宙过程"原则上是对立的,因为与"宇宙过程"相反,"园艺过程"倾向于通过"调整"自然条件去维护自己和自己需要的物种,而不是调整植物生命类型以适应现时的条件。当生活资料的生产超出了生物性需要,而社会性需要变得毫无节制的时候,① 当人自身的生产超出自然所能承受的负荷,导致生态失去平衡的时候,"园艺过程"势必遭到"宇宙过程"的惩罚,它的某些权能和成果不可避免地要被"讨回"。

导致"园艺过程"与"宇宙过程"对立的根源,② 在于生活资料生产与人自身生产的性质和状况,确切地讲,在于由于分工和私有制,生产本身出现的异化。首先是生活资料的生产,即劳动的异化,其次是人自身的生产,即性的异化。生产,本质上应该是自由自觉的,但在异化的条件下,生产与人疏离了,成了人的对立物。生产不再是目的,而是手段;不再是为了自己,而是为了他人;不再是自我价值的实现,而是,——并且仅仅是生物性存在的确证。由于生产的异化,于是,作为"无机的身体"的自然界,作为人的"类"本质,作为人自身的身体,包括他的感性与理性也都异化了,除了被抽空了的我,环绕着我的一切都转换成了用以交换的商品或工具。③ 而恰是生产的异化导致了人与人之间的无休止的争斗,导致对自然的无节制的掠夺,同时导致人的自我中心主义和绝对人类中心主义的泛滥,"孤独"、"焦虑"、"忧烦"和"懊悔"在一定意义上成了人的存在的真正的现实。

---

① 显然,生物性需要是有限的,而社会性需要是无限的。政治、经济、文化上的竞争所带来的恶果最终转嫁在自然上。在战争中遭到破坏的首先是默默无言的自然界。

② 赫胥黎认为导致"园艺过程"与"宇宙过程"对立的原因是人的"自行其是"的天性。为了遏制这种天性,人需要有一种以爱、同情为主导的"伦理过程"。(参见《进化论与伦理学》,第18—22页)

③ 性——人自身生产的异化,主要体现在性与爱的疏离,性的生物化和商品化。西方马克思主义者弗洛姆在《健全的社会》、《爱的艺术》等中对此做过深入剖析。在存在主义者中,性的异化也是倍受关注的话题。

但所幸，人还有另外的一种生产，即精神生产，包括哲学、宗教和艺术。精神生产是在生活资料的生产与人自身的生产的基础上发展起来的，它的宗旨是对人的上述两种生产进行反思，以维系"园艺过程"与"宇宙过程"之间的平衡，并满足人类全面和健康发展的需求。哲学是一种思辨，是对什么是自然、什么是人以及人与自然的关系的最深层次的追问，因而是对"工具理性"和"机械感性"以及绝对的人类中心主义的最彻底的讨伐。宗教是一种内省，是对在自然面前人所面临的困境，人的未来出路做出的最亲己的思虑，因而也是对"工具理性"和"机械感性"以及绝对的人类中心主义的最痛彻的检讨。艺术是一种创造，是对自然的反馈和对人自身的超越，艺术内在地要求在感性与理性、人与自然之间的平衡和统一，因此本质上没有"工具理性"和"机械感性"以及绝对的人类中心主义的位置。

四 感性与理性，人与自然相统一的艺术

哲学思辨与宗教内省是直接诉诸理性的思想过程，感性的退隐是其必然的前提；艺术创造则是通过感性诉诸理性的实践过程，感性的出场是其必须的条件。黑格尔将超感性的理性世界当作精神的最高旨趣，因此将艺术置于哲学和宗教之下，但是，如果将人的全面发展，即人与自然的统一当作人生的终极目标，那么，艺术无疑具有哲学和宗教所无法比拟的价值和优越性。

艺术首先必须是感性的，这意味着什么呢？意味着艺术以自然为其创造的根基。因为感性与自然是同义词。感性既指外在的自然，由光照、色彩、线条、形体、声音构成的世界，也指内在的自然，由这个世界引发的感觉、知觉、表象、记忆、情绪、情感和经验。艺术是感性的，就是说艺术所呈现的是一个感性的、完整的、活生生的世界。只是在艺术中，感性才得到了全面的肯定，并获得了自身的意义；性在艺术中才获得了升华；交往在艺术中才富有了诗意，整个世界才焕发出灿烂的感性的光辉。

艺术也必须是理性的，这意味着什么呢？意味着艺术以超自然为其创造的指向。感性是不能满足人的，因为感性受着自身的局限，是个别的、短暂的、偶然的，而人需要的是普遍的、恒久的、必然的。感性让人看到的是一双普通的农夫的鞋，人需要的是看到这双鞋所蕴含的完整的生活世

界。理性的作用就是通过回忆将当下与历史相联结，通过联想将自我与世界相联结，通过想象将现实与理想相联结，从而使感性上升为确定的意识和真切的情感，而艺术正是建立在这种联结之上。不过，艺术理性与哲学、宗教理性不同，不仅依附于感性，始终伴随着感性，而且最后要以感性的形式诉诸感性。

艺术既是感性的，又是理性的；既是植根于自然，又要超越自然。这样，艺术就不仅仅是人的反思的形式，而且是存在，即身体的一种呈现的形式。艺术的主体是身体，艺术所展开的世界是由身体承载的生命世界。所有的观照、体验、回忆、想象、思考都源于身体；所有的快乐、哀怨、悲戚、怜悯、恐惧都发自身体；和谐、优雅、崇高、幽默、滑稽、荒诞，一切审美判断的最后依据是身体，而画面、旋律、动作、性格、情节不过是身体得以显现和出场的方式。[1]

五 "发现"、"模仿"、"创造"：艺术作为"调节"者

身体是什么？既是包括感性与理性在内的一切内在的机能的总体，又是包括生活资料的生产与人自身的生产在内的一切过程的总和，既是身体的禀有者的人本身，又是环绕着人、并为人提供生存条件的自然界。恰如马克思说的"自然界就它本身不是人的身体而言，是人的无机的身体"[2]。怀特海也说：身体"包含亿万分子的协同作用"，是"自然的更大范围内的一个综合许多'显像'的复杂的统一体"[3]。

艺术的主体是身体，艺术通过身体介入到生活资料的生产与人自身的生产中。而生活资料的生产与人自身的生产的主体也是身体，因此艺术本质上是身体与身体间的对话，是人的自我反思和自我调整。艺术虽基于两种生产，但艺术与自然有着更为深厚的渊源，艺术积淀着某些人类共同的经验，并且艺术又是由爱与恨、美与丑、快乐与痛苦组合起来的精神世

---

① 怀特海在《思维方式》中写道："对于哲学来说，最基本的一个事实就是，心灵经验的整个复合体乃是导源于这种身体功能或受其影响。同时，我们的基本感情，便是这种导因于身体之感，这使得我们有身体统一的要求。"（参见《分析的时代》，第89页）

② 《1844年经济学—哲学手稿》，第49页。

③ 《分析的时代》，第90—91页。

界，所以总是会对两种生产及其在政治、经济、文化领域产生的影响作出自己的判断。艺术在某种意义上是两种生产的"调节"者，并且"总是不断地、内在地把矛头指向异化"①。

艺术通过"调节"两种生产而"调节"着人与自然、"园艺过程"与"宇宙过程"②。艺术是人的创造物，从属于"园艺过程"，但又是"宇宙过程"的一个分子，艺术所给予宇宙的，从本源的意义上说，是从宇宙"索取"来的。③ 艺术是人与自然相统一的产物。自然的完整、节律、秩序和生生不息，也恰是艺术的基本品格，但艺术总会在自然之上增加点人的印记。艺术在一个意义上，是"发现"，是将自然中那些隐而不显的美指给我们；另一个意义上，是"模仿"，是用特定的方式将自然中的美复现给我们；再一个意义上，是"创造"，是在自然的基础上构建出异于自然并超越自然的美。因此，艺术对于自然，是一种解蔽，一种显现；对于人，是一种自我观照，自我实现。艺术就是以这样的方式，一方面维护着人在"宇宙过程"中的崇高地位，另一方面告诫人们不要在"园艺过程"中走得太远。

艺术作为"园艺过程"的一个因素不会终结，因为它就在"宇宙过程"途中。它既记录着自然，那些在两种生产中直接面对的山、水、森林、草原、阳光、空气，又描述着人，那些在两种生产中孕育的思想、情感、风俗、习惯，除非艺术自身对这一切不再感兴趣，或者这一切从人们眼前永远地消失。

---

① 《关于社会存在本体论》，重庆出版社1993年版，第179—180、654页。

② 阿多诺艺术论的一个重要概念是"调节性"，在他看来，"人在与自然相互对立的同时，两者也相互依赖，自然有赖于调节性和客观化了的世界的经验"。（参见《美学原理》，阿多诺：王柯平译，四川人民出版社1998年版，第110页）

③ 杜威在《经验与自然》一书中写道："人类追求理想的对象，这是自然过程的一种继续：它是人类从他所由发生的这个世界中学习来的，而不是他所任意注射到那个世界中去的，当他在这个企图之外加上了知觉和观念时，这究竟也不是他所附加上去的；这种附加又是自然界的行为，而且是它自己领域进一步的复杂化。"（参见《经验与自然》，第338页）

艺术的悖论[*]
——积淀在艺术概念里的人类智慧

艺术是什么？两千年来只有悖论，没有定论。之所以如此，原因大抵有三：

一是艺术作为一种精神生产，是艺术家、艺术创作、艺术作品三位一体的组合，这三个方面并不总是同时为人们所关注。在艺术家还没有成为独特的群体，艺术作品还没有独特受众的古代，人们很难将艺术与技艺区分开来；而在艺术家成为独特的群体、艺术创作成为独特的精神行为的近现代，艺术又往往与再现或表现混同起来；到了后现代，艺术作品具有独特的受众，艺术创作成为独特的精神行为，但艺术又渐渐被特定的"艺术界"或者审美习俗所遮蔽。

二是艺术作为一种社会存在，与人构成了各种关系，这些关系决定了它的性质、定位、内涵、目的、趋向、功能、价值，只有全面地认识和把握这些关系和由关系形成的各个侧面，才有可能对艺术做出真实、确切、完整的界定，而由于时代、环境、审美习俗和思维方式的局限，这几乎是不可能的。

三是艺术作为一种社会历史现象，无论是观念还是形式，总是随着生活实践的发展而不断变化着，而人们的认识却总是试图将历史切断，从变化中取其不变，将某一个时代的观念或形式视为具有普遍意义的东西，并以此确认艺术或非艺术的特性与身份。

艺术是难以界定的，但是，对艺术的界定又是认识艺术的唯一途径，因为认识是个由局部到整体、由片面到全面、由表象到实质不断积累的过

---

* 此文发表于《艺术百家》2012 年第 6 期；人大报刊复印资料《文艺理论》卷 2012 年第 1 期全文转载。

程。每一个界定，如果是立足于艺术实践而又经过认真思考过的，都应该是构成这个过程的一个环节，艺术的真谛就是通过这些界定一步步向我们敞明的。

我们有必要追踪这个由一个个界定所构成的艺术认识过程，这不仅是为了了解已知的历史，更是为了整合和完善今日的认识。我们相信，真理虽不在某一个具体的界定中，但所有的界定综合在一起必定包含着更多的真理。

一　模仿

我们接触到的第一个界定就是，艺术是模仿。从古代希腊直到18世纪之前，人类没有今日的艺术概念。Art 在古代指的是技艺，而不是艺术。柏拉图和亚里士多德，乃至后来的贺拉斯都把艺术称之为技艺，不过与医疗、纺织、骑马等不同，是模仿的技艺。这一界定的意义在于：一方面强调艺术与自然的区别，它的人工制作的性质；另一方面强调艺术的自然本源，它的认识功能和价值。不过，在柏拉图有关音乐的叙述中就已经包含它的否定方面，他认为真正理想的艺术不应该一味地模仿，以致与真理隔了三层，而应该着眼于人的道德教育。亚里士多德的诗学实际上也越出了模仿概念的边界，他要求悲剧将事物的必然性与或然性描写出来，具有比历史更多的哲理性。

艺术并不仅是模仿，但模仿是早期艺术的最基本的特征。当雕塑、悲剧、建筑还是艺术的中心形式的时候，模仿可能是对艺术最真切的概括。不过，即便是到了近代或现代，小说、电影等其他形式成为艺术的主流，模仿依然是艺术批评最常见的概念。19世纪初，浪漫主义诗人威廉·华兹华斯在《〈抒情歌谣集〉序言》中，还特别申明"我的目的是模仿"。20世纪中期，结构主义代表人物罗朗·巴尔特也承认，在"功能类似"意义上，结构主义本质上是一种模仿活动。西方马克思主义者卢卡契对模仿的讨论是最多的，在他看来，在当代，模仿是艺术借以"反拜物化"，"写出世界与人的相关性"的重要手段。但是，艺术毕竟不是模仿，特别不是技艺意义上的模仿，这一点，早在文艺复兴时期，达·芬奇一类的画家、建筑家兼机械工程师们就明确地意识到并发出了自己的声音。

二　科学

　　将艺术称之为科学,这种观念没有产生像艺术是模仿那样长久的影响,但这是人们走出艺术模仿论不可或缺的一步。这应该是对艺术的第二个界定。创作了《最后的晚餐》、《蒙娜丽莎》等令人叹为观止的作品的达·芬奇不再容忍把他和他的同行们视为工匠,认为绘画不是一般的技艺,而是科学,因为绘画是伴随解剖学、透视学、光学、色彩学一起发展起来的;绘画像其他科学一样,以感性经验为基础,并经得起严密的论证。不仅如此,他还认为,绘画比其他科学更有资格称为科学,其他科学只是揭示自然的某一个部分或某一个角度,而绘画却能够将整个自然呈现给我们;其他科学用以传达的手段是语言,是听觉,而绘画是形象,是视觉,因此绘画更容易为人们所接受,更有实用价值。①

　　艺术是一种科学,这不仅是达·芬奇,也是同时代艺术家们的共同理解。但丁、卡斯忒尔维屈罗、锡德尼等也纷纷在亚里士多德所阐发的诗的必然性与或然性的基础上,发掘诗作为科学的根据,强调诗作为"自然的孙子",它的真实性更接近自然本身。事实上,艺术虽不能等同于科学,但科学性或真实性却是艺术的一个根本性特征,这一点在艺术批评史上几乎没有异议。即便是个别坚持艺术与科学决然相反的人也不能不承认,人们的许多自然和历史的知识来自艺术,而不是科学读物。而正是由于这个原因,艺术与科学的区别成了美学和文艺学的一个永远的话题。康德将艺术与科学的区别表述为技能与知识,实践与理论的区别;卢卡契表述为反映的"拟人化"与"非拟人化"的区别;别林斯基表述为形象思维与逻辑思维的区别;卡西尔表述为"自然各种形式的发现者"与"各种事实或自然法则的发现者"的区别,及"抽象过程"与"持续的具体化过程"的区别。不过,所有这些思想的最初源头,应该是艺术意识与科学精神同时迅猛兴起的启蒙主义时代。

---

　　① 列奥纳多·达·芬奇:《芬奇论绘画》,戴勉选编,人民美术出版社1979年版,第13—18页。

三　镜子

为了从宗教蒙昧主义中挣脱出来，天文学与物理学曾经发挥了重大的作用，但是，启蒙的根本问题不是怎么看世界，而是怎么看人自己。就是在这种氛围里，艺术跃登上了空前显赫的地位，艺术作为人生的一面镜子，作为真、善、美的体现，作为天才和先觉者的事业，成为人们的一种普遍的期待和共识。

艺术是人生的镜子，这是莎士比亚在《哈姆雷特》剧中的一句话。原话是这样的："演戏的目的，从前也好，现在也好，都是仿佛要给自然照面镜子，给德行看一看自己的面貌，给荒唐看一看自己的姿态，给时代和社会看一看自己的形象和印记。"① 镜子之喻，在启蒙主义者看来，恰到好处地揭示了艺术的地位和性质，特别是经过杨格、菲尔丁、约翰逊、沃伯顿、赫德等人的阐释后，成为指导人们进行艺术创作的一个基本原则。

将艺术比作镜子，源自古代希腊，而模仿概念又常常为启蒙时代所沿用，由于这个原因，西方的一些学者常常不加区分，将莎士比亚的镜子论与柏拉图、亚里士多德的模仿论混为一谈。其实，它们之间有着根本的区别，这一点将莎士比亚的喜剧与索福克勒斯、欧里庇得斯的悲剧比较一下就清楚了。希腊人的模仿论所针对的是神话与几个家族的传奇故事，莎士比亚的镜子论所要呈现的则是普通的"人生"和"人性"；希腊人的模仿论基于对理性和逻辑推理的信任，镜子论则依恃对理性，同时对想象的张扬；希腊人的模仿论要求艺术提供知识，净化心灵，莎士比亚的镜子论则力图让人反观自身，循守道德，回到自然；希腊人的模仿论的目的是为创作确立一种规范，莎士比亚的镜子论则意在强调观察、体验和天才的灵性，为艺术指明一种方向。

应该说，莎士比亚的镜子论虽仅是一种比喻，却更为完整和更为深刻地揭示了艺术的真谛。在这里，几乎触及到艺术的各个层面：艺术家、艺术作品和艺术创作；触及到构成艺术的各个因子：自然与人生、情感与理性、感觉与想象、审美与道德。艺术诞生于人生，并反作用于人生，艺术

① 《哈姆雷特》第三幕第二场。

的魅力，乃至生命就在与生活不离不弃的关联中。如果没有生活，镜子就是空白。但是，镜子既然是比喻，就需要解喻，它自身不能说明自己。这样，浪漫主义作家雨果就有理由怀疑，一面普通的镜子，如果是单纯的平面镜，能不能映现出事物的色彩、光泽和勃勃生机。镜子既没有个性，映像也就没有历史。大约就是因为这个原因，在随后那个充满理想和激情的年代，人们有了一种冲动，将镜子翻转过来，把艺术家自身的内在世界折射出去，照亮出一个新的世界。歌德也许是最早发出这样的感慨的：如果我的灵魂像无所不在的上帝的镜子一样，把如此丰富、如此温暖地活在心中的形象再现出来，该有多好啊！

四　表现

于是，浪漫主义兴起了。人们关注的中心转向了哥特式建筑、法国行吟诗歌、莎士比亚剧作和卢梭的《哀洛伊斯》等积累下来的新的创作经验。19世纪初，浪漫主义诗人华兹华斯、柯勒律治先后为诗歌做出了这样的界定：诗歌是"强烈情感的自然流露"①；"诗歌——是表达我们想要表达的东西的艺术，其目的在于同时表现并激起以直接的快乐为结果的内心的激荡情绪"②。他们谈的是诗，不过，诗是个代名词，在歌德（《论哥特式建筑》）、赫尔德（《哲学原理讲义》）、瓦肯洛德（《一个热爱艺术的修士之心灵的吐露》）、弗·施莱格尔（《关于文学艺术作品研究的讲义》）、罗斯金（《现代画家》）等人对建筑、绘画、雕塑、音乐等的评论中，可以看到与此类似的观念和表述。

这里的关键词是情感、想象、自然。在浪漫主义者看来，艺术的对象不是外在世界，而是内在世界，是情感。艺术创作过程实际上就是将一种情感传播给大众，从而激起他们的快乐。情感与思想不是对立的，因为思想就是"已往一切情感的代表"，而正是基于这个原因，艺术有理由被视为"知识的源头和终结"③。艺术创作方式不是联想或幻想，而是想象。想象的意义在于将具体和普遍、观念和意象、记忆和感受、判断和希望、

---

① 《抒情歌谣集·序言》，《英国作家论文学》，汪培基等译，三联书店1985年版，第16页。
② 《关于莎士比亚和弥尔顿的讲演》，《英国作家论文学》，第40页。
③ 《抒情歌谣集·序言》，《英国作家论文学》，第17—27页。

思绪和冲动等平衡、调和起来，融入艺术的总体，从而创造一个新的世界。"想象是实现道德上的善的伟大工具"（雪莱）。艺术的本性或本原不是技艺，而是自然。情感与想象力是一种天赋。莎士比亚"就是人化了的自然"（柯勒律治）。艺术"恰似最忠实的镜像，乃是诗人的心灵生来就有的，他仿佛给世界带来他自己的世界"（海涅）。

　　19 世纪上半叶是浪漫主义的鼎盛时期，浪漫主义不仅以它的理论，也以它的实践向我们敞开了艺术家的内在世界，深化了我们对情感、想象、无意识以及天才的理解。但是，无论艺术家的内在世界有多么伟大和神奇，或者像 W. 司各特所说的"不管这种感情和兴趣的根源如何深厚"，总还是个"容器"，如果只是一味地"流露"，而没有必要的吸纳，总会有一天"由于习惯而枯竭"。华兹华斯、柯勒律治等所以张扬感情、想象、自然并获得了成功，是因为人们已经积存了近两百年的体验和经验，内心世界是丰富的、坚实的，但是，到了法国大革命时期，面对风起云涌、惊心动魄的严峻现实，任何感情和内在世界都显得贫乏，甚至有些虚幻了。所以，后起的现实主义作家一开始就站到了对立的一面，强调与感情相对的"思想"与内在世界相对的现实世界，批评浪漫主义艺术以"想象世界的富丽花哨的场面"取代"读者每天习见的事物"，[1]要求艺术家要"把两种能量——人的能量和时代的能量——统一起来"，"在思想中发现自己"，并"从思想中创作出美的作品来"[2]。

五　绝对理念的感性显现

　　与英国浪漫主义不同，德国耶拿浪漫主义具有更深的理论根基。德国古典美学就是在不断清除浪漫主义的影响中建立起来的。康德对艺术与自然、科学、技艺的区分，对美的艺术与机械的艺术、快乐的艺术的区分，为划清与浪漫主义的界限提供了一种思路；谢林则明白地拒斥了浪漫主义艺术上的"纯感性情感、感性效果或感性的快慰"；黑格尔更将批判的锋芒指向浪漫主义的哲学基础——费希特的"自我"论，指出"将'自我'看作一切知识、一切理论和一切认识的绝对原则"，从而排斥和否定包括

---

①　W. 司各特：《爱玛》，《英国作家论文学》，第 130—131 页。
②　M. 阿诺德：《论今日评论的作用》，《英国作家论文学》，第 207 页。

真理、道德在内的一切"实体性的旨趣",是浪漫主义艺术所以陷入"不严肃"的、"滑稽"的境地的根源①。

在德国古典美学中,艺术与美是可以互释互证的概念,美就是艺术的美,艺术就是美的艺术。而美,既不是指美的对象,也不是指美的情趣,而是指将主体与客体、感性与理性、自然与自由连接在一起的心境或境界。康德称之为反思的审美判断力。就是在这个意义上,谢林将美与艺术表述为"现实者与理念者之复合";黑格尔则进一步明确地将美与艺术定义为"绝对理念的感性显现"。

这应该是艺术思想史上的一个划时代的进步。首先,艺术作为一个完整的独立自足的概念得到了确认。正像黑格尔说的,一个完整的艺术概念需要建立在"实体性的必然的和统摄整体的原则"之上,这个原则就是从康德以来逐步形成的对艺术本质的理解:艺术美作为一种手段其意义在于克服绝对理念与感性存在的对立和矛盾,使它们归到统一,而历史上存在的各种艺术概念都只是着眼于艺术的外部联系,因而都没有超出经验的描述性的范围。其次,艺术作为"自由的艺术"及其最高目的得到了确认。黑格尔认为,艺术作为独立自足的概念,除了自身的目的之外,没有其他目的,艺术是"自由"的,因为这个原因,艺术才与宗教、哲学处于同一境界,"成为认识和表现神圣性、人类的最深广的真理的一种方式和手段"。而历史上的各种艺术概念中所强调的模仿自然、激发情感、道德教益等都不是植根于"艺术的内在必然性"之上,因而都不是必然的。再次,艺术作为"心灵的演进过程",作为历史得到了确认。在黑格尔看来,艺术是由"绝对理念本身生发出来的",绝对理念需要通过感性的形式显现自己,这个显现过程就是艺术生成的过程,艺术的各种类型和门类是这个过程的各个阶段和差异面。而对于历史上各种艺术概念来说,艺术几乎就是处于同一性中的永恒的载体,既不在历史中,自身也没有历史。

但是,正像后来施莱尔马赫所指出的,如果像黑格尔这样,将艺术定义为"绝对理念的感性显现",并将艺术与宗教、哲学一起置于人类精神发展的顶峰,就不可避免地面临一个问题:那些不属于"美的艺术",比如"机械的艺术"与"快乐的艺术"就必然地被排除在艺术概念之外了。同时,施莱尔马赫认为,黑格尔的艺术概念不是"本原上已经形成的概

---

① 黑格尔:《美学》,第80—81页。

念",更不是"独立自足"的概念,因为它是由"思辨方向"这一条线引发出来的,而真正的艺术概念应该立足于"思辨方向"和"实践方向"这两条线,而且后一条线应该受到更多的重视,因为"实践总是先于理论","已然的事物和经验事物"是"思辨"之所以可能的基础,"人们先是从类似活动和产品的概况出发而后才去提出一个概念的"①。

黑格尔在对艺术的界定中没有给生存、个体、感性、自然留下足够的位置,因此不仅遭到了施莱尔马赫的质疑,也遭到了青年黑格尔派的费尔巴哈、同属黑格尔学派的费肖尔以及丹麦学者克尔凯郭尔等人的批评,而在法国,更遭到了现实主义以及后来的自然主义艺术家们的抵制。"回返地球"、"鄙弃哲学"、"从理念中解放出来"在19世纪下半叶艺术界中几乎成为普遍的呼声。

六　再现

一条"永久的疆界"——莱茵河将德国和法国"分成两个文化地区",形成了不同的艺术、宗教和哲学(史达尔夫人)。德国人沉溺在思辨理性里的时候,法国人却活跃在沸腾的现实中。"法国作家们总是处在社会之中",特别在告别了浪漫主义后,伴随变革社会的伟大实践,一种以"再现"生活和"铸造时代"为宗旨的被称作现实主义的艺术蓬勃兴起。

1855年,画家库尔贝在杜朗蒂创办的《现实主义》上刊发的一篇题为《〈一八五五年个展目录〉前言》,被当时的批评界认为是现实主义的宣言,其中表达了与"模仿"及"为艺术而艺术"不同的新的艺术概念:"求知是为了实践","像我所见到的那样如实地表现出我那个时代的风俗、思想和它的面貌,一句话,创作活的艺术,这就是我的目的"②。

这里,关键词是"活的艺术"。其含义有两个:其一,时代性——"艺术就其本质而言是当代的","历史的艺术是不存在的";其二,具体性——艺术是"具体的语言",只能表现"真实而又存在的东西"。

---

① 施莱尔马赫:《美学讲演录》,刘小枫主编《人类困境中的审美精神》,知识出版社1994年版,第62—64页。

② 伍蠡甫主编:《西方文论选》上卷,上海译文出版社1979年版,第220页。

库尔贝相信，美与真理一样在自然中，一方面与时代有关，另一方面与艺术家有关，艺术家的任务是"发现"它，并用恰当的形式完满地表现它。

现实主义是个历史过程，库尔贝只是对它做了一个阶段性的，而且并不完整的表达。从先于或后于他的法国艺术家、英国宪章派和俄国民主主义者的论述中可以知道，现实主义不仅要求艺术有时代性和具体性，而且强调艺术有思想性、典型性、批判性。巴尔扎克称自己是法国社会的"书记"，要通过两三千人的画廊写出法国社会的整个历史，同时要追踪潜藏在社会现象背后的原因，做出能够与政治家"分庭抗礼"的判断。他并且相信，艺术家"能使事物改观，他决定变革的形式，他左右全世界并起着塑造世界的作用"①。别林斯基称"典型性"是艺术家的"纹章印记"，通过典型化，艺术能够将"把全部可怕的丑恶和全部庄严的美一起揭发出来"②。

现实主义是以认识和改造世界为根本目的的马克思主义艺术理论的直接的渊源。马克思就是通过对现实主义艺术实践的观察，提出了这样三个命题：艺术是一种"掌握世界的方式"；艺术是一种"社会意识形态"；艺术是一种精神生产。

库尔贝的艺术概念所产生的巨大回声"远远超出了法兰西国境"（里奥奈罗·文杜里），但是，并没有超出时代和艺术实践自身的历史性局限，在自然与心灵、理性与情感、个体与社会、愉悦性与功利性等关系的表述上存在着明显的片面性，因而遭到了来自唯美主义、印象主义、象征主义，乃至自然主义的质疑或批评。哲学家蒲鲁东高度评价了库尔贝在结束"无理性"艺术上的功绩，但是，他不赞成将描写外在世界当作艺术的宗旨，主张艺术为"揭示我们所有的——包括那最秘密的思想，我们的脾性，我们的德行、恶习以及我们的谬误"而存在。③ 王尔德则认为："艺术除了表现它自身之外，不表现任何东西。它和思想一样，有独立的生命，而且按自己的路线发展。在现实主义时代不一定是现实的，在信仰

---

① 王秋荣编：《巴尔扎克论文学》，中国社会科学出版社 1986 年版，第 2 页。
② 《西方文论选》上卷，伍蠡甫主编，上海译文出版社 1979 年版，第 377 页。
③ 里奥奈罗·文杜里：《西方艺术批评史》，迟轲译，江苏教育出版社 2005 年版，第 172 页。

的时代不一定是精神的。它通常是和时代针锋相对的，而决非时代的产物。"① 左拉在1866年沙龙评论中写道："库尔贝看起来有点过时了"，艺术上的"主题主义"应该让位于对"独有的艺术个性"的尊重，"莫奈的画胜过了写实主义，它像一位精细而有力的解说者。他抓住了最细微的东西而绝不含糊"②。

七　直觉

自然主义、唯美主义、印象主义、象征主义自己并没有能够形成足以与现实主义抗衡的理论，但是自然主义对"先入观念"的拒绝，对"直接的观察"的强调；唯美主义对超功利的追求，对艺术自身价值的尊重；印象主义和象征主义对审美直观的信奉，对瞬间真实或现象背后"唯一真理"的探求，都为一种新的艺术理论的产生提供了可能并做了准备。

这种新的理论是围绕着直觉这个概念建构起来的，它的最初表达见诸法国哲学家亨利·柏格森的《笑与滑稽》。他认为："艺术的唯一目的就是清除功利的东西，清除社会约定俗成的一般概念，总之，就是要清除掩盖现实的一切东西，使我们直接面对现实本身。"③

对于直觉的理解，历史上有两个传统，一个是柏拉图和新柏拉图主义的非理性主义的传统，另一个是亚里士多德到德国古典主义的理性主义传统。柏格森的直觉论是非理性主义的，而继之而起的意大利哲学家克罗齐则属于理性主义的。但克罗齐与德国古典主义不同，不认为存在一种通达"凭空设立的世界"的"理智的直觉"。他所谓的直觉，是与逻辑相对立的一种知识形式，它来自想象，而不是来自理智；是关于个体的，而不是关于共相的；它引致意象，而不是概念。

克罗齐对艺术的界定是：艺术是直觉，是表现，是美。他说："直觉或表象，就其为形式而言，有别于凡是被感触和忍受的东西，有别于感受的流转，有别于心理素材；这个形式，这个掌握，就是表现。直觉是表

① 赵澧、徐京安主编：《唯美主义》，中国人民大学出版社1988年版，第142页。
② 里奥奈罗·文杜里：《西方艺术批评史》，迟轲译，江苏教育出版社2005年版，第177—178页。
③ 亨利·柏格森：《笑与滑稽》，乐爱国译，广东人民出版社2000年版，第110页。

现，而且只是表现（没有多于表现的，也没有少于表现的）。"① 又说："我们觉得以'成功的表现'作美的定义似很稳妥；或者更好一点，把美干脆地当作表现，不加形容词。"② 克罗齐因此将艺术与它的物化形式严格地区分开来，否认艺术可以传达，可以分类；否认艺术与兴趣有关，与道德有关，与实用有关。

克罗齐艺术即直觉的理论为艺术摆脱对现实的依赖提供了一块暂时的栖息地，因此，赢得了美学界广泛的赞誉。像 A. 吉尔伯特、H. 库恩说的，在 19 世纪与 20 世纪交替的时期，克罗齐艺术几乎主导了长达 25 年。不过，得到的并不都是认同和赞扬，也引发了一系列的质疑和批评。（见 L. 文图里《艺术批评史·导言》，E. 斯平加恩《新批评》，E. F. 卡里特《美的理论》等）

英国哲学家科林伍德被认为是克罗齐的有力支持者。他肯定了艺术即表现，表现即想象的界定，但否定了表现即直觉的观点。他说："通过为自己创造一种想象性经验或想象性活动以表现自己的情感，这就是我们所说的艺术。"③

桑塔耶那则批评克罗齐的"先验论"和对艺术的物化形式的漠视，他指出："'表达'（表现）是一个不足信的术语，因为它必须以传达或再现某种已知的东西为前提。事实上，表达（表现）本身就是一种创新的活动，而创新活动的优点后来又转移到被表现的事物上。"④

中国学者朱光潜曾自称是克罗齐的信徒，后来"告别"了这个"老友"，并对他进行了迄今为止最为深入的批判，其锋芒直接指向克罗齐的三个核心的概念："形式"、"表现"、"直觉"，认为克罗齐没有将"呈现于意识的形状"与艺术作品的完整形式区分开来；没有将由感触到直觉的所谓的表现与由情绪到意象的艺术表现区别开来；没有将一般意义的直觉与熔知觉、直觉、概念于一炉的艺术直觉，即想象区别开来。

---

① 克罗齐：《美学原理》，朱光潜译，《朱光潜全集》第 11 卷，安徽教育出版社 1989 年版，第 142 页。

② 同上书，第 217 页。

③ 科林伍德：《艺术原理》，王至元、陈华中译，中国社会科学出版社 1985 年版，第 156 页。

④ 《美国作家论文学》，刘保端等译，三联书店 1984 年版，第 127 页。

八　有意味的形式

克罗齐的艺术即直觉论之所以产生巨大的影响，是因为继续了长久以来艺术独立化的进程，彰显了艺术自身的品位和价值；之所以后来为另一种观念所取代，则是因为将艺术禁锢在直觉这个"小坚果"（吉尔伯特、库恩）里，切断了艺术借助物化形式与现实生活的联系。可以想象，那些遨游在由阳光与阴影、色彩与线条组合成的世界里的艺术家们，那些曾经和将在美术馆或音乐厅展示自己才华的艺术家们，那些凭借自己的作品已经享誉艺术界的艺术家们，怎么会始终无保留地认同直觉即表现，而容忍所有诉诸文字、色彩、音响的作品被贬为与艺术无关的一种操作或一种技艺呢？所以，在理论界还在玩味着"小坚果"的美妙滋味的时候，艺术家们就已经进行着新的技法与形式上的探索，不断变换着艺术的物化形式，从后印象主义到野兽主义、立体主义、抽象主义、达达主义和超现实主义。

1904年，塞尚与贝尔纳有这样一段谈话：贝尔纳问："你的视觉以何为基础呢？"塞尚答："以自然。"贝尔纳又问："'自然'是什么意思？是我们的自然，还是自然本身呢？"塞尚答："两种都是。""我视之为个人的内在意识。我将这个内在意识置于感性之中，而我依靠智慧将其融入作品。"[1]

艺术家的目的不是为自己制造一个"直觉品"，而是为世界提供一个可供欣赏的艺术品。不过，不是现实主义或自然主义意义上的艺术品，而是经过"个人的内在意识"重塑，因而偏离和变形了的现实的艺术品。这一观念极大地激发了艺术批评家克莱夫·贝尔的想象，并坚定了他业已开始形成的思路。在1913年发表的《艺术》中，克莱夫·贝尔专门辟"向塞尚致意"一节，论述了塞尚对艺术史的意义，说："他是沿着欧洲绘画的传统的道路走向现实的。正是在他所见的东西中，他发现了一种至上的建筑，而这种建筑中包括着能够展示出任何一个特殊性的普遍原则。"[2]

---

[1]　Herschel Chipp：《欧美现代艺术理论》（一），余珊珊译，吉林美术出版社2000年版，第6页。

[2]　克莱夫·贝尔：《艺术》，周金环、马钟元译，中国文联出版公司1984年版，第143页。

　　克莱尔·贝尔以一个短语概括了塞尚的思想和创作，即"有意味的形式"。在他看来，这也就是艺术的本质和真正的目的。他说："艺术品中必定存在着某种特性，离开它，艺术品就不能作为艺术品而存在；有了它，任何作品至少不会一点价值也没有。这是一种什么性质呢？什么性质存在于一切能唤起我们审美感情的客体之中呢？什么性质是圣索菲亚教堂、卡尔特修道院的窗子、墨西哥的雕塑、波斯的古碗、中国的地毯、帕多瓦的乔托的壁画，以及普辛、皮挨罗·德拉·弗朗切斯卡和塞尚的作品中所共有的性质呢？看来，可做解释的回答只有一个，那就是'有意味的形式'。"①

　　什么是"有意味的形式"？他解释说，"在各种不同的作品中，线条、色彩以某种特殊方式组成某种形式或形式间的关系，激起我们的审美感情。这种线、色的关系和组合，这些审美的感人的形式，我称之为有意味的形式。""意味"与"形式"是艺术史上原已存在的概念，问题在于将这两个概念联结在一起，并相互限定。有意味的"形式"，不是通常我能见到的事物的形式，因为这些形式只是唤起日常感情，传达无关信息的手段，会干扰审美感情的激发；形式而有"意味"，这个"意味"不是通常讲的美，因为美实际上是"向往的同义词"；不是通常讲的道德或政治，因为"艺术高于道德"并拒绝"再现"。那么，"形式"与"意味"究竟是指什么？线条与色彩的组合所激发的感情究竟是什么感情？克莱夫·贝尔为此提出了这样一个"形而上学的假说"："所谓'有意味的形式'就是我们可以得到某种对'终极实在'之感受的形式。"② 因为这个原因，艺术与宗教"属于同一世界"，而与科学有本质的不同。

　　英国画家和评论家 R. 弗莱同样主张艺术是一种"有意味的形式"，认为艺术"旨在表现一种观念，而不是创作一个使人感到愉快的对象"。（《想象与构图》）

　　自从 19 世纪德国哲学家、心理学家赫尔巴特对音乐做出形式主义的解释后，形式概念一直为美学与艺术学界所关注。19 世纪末奥地利音乐评论家汉斯立克，20 世纪初的俄国形式主义派，后来的法国结构主义派及美国新批评派对形式都做了许多探索和研究。克莱夫·贝尔和 R. 弗莱

① 《艺术》，第 4 页。
② 同上书，第 36 页。

在"形式"之前加了"有意味的"这个限制语，重新把人们引向"形式"与内容或质料关系的框架中，从而为艺术形式，也为艺术内容或质料的讨论开辟出一条新路。于是，"有意味的形式"成为20世纪学术界最为热衷的话题。

哲学符号学家卡西尔、苏珊·朗格强调了形式的象征意义。卡西尔认为，人之为人不是理性，而是构成象征的能力，而艺术是以感情形式为媒介的最高的象征性活动。他说："当我们沉浸在对一件伟大的艺术作品的直观活动时，并不感到主观世界和客观世界的分离，我们并不是生活在朴素平凡的物理事物的实在之中，也不完全生活在一个个人的小圈子内。在这两个领域之外我们发现了一个新的王国——造型形式、音乐形式、诗歌形式的王国。"[1] 在这个王国里，人们看到的不是"经验事物的真实，而是纯形式的真实"，是"实在的形式结构"，是"内在生命的真正显现"[2]。苏珊·朗格认为，艺术是将人类情感转化为形式的符号手段。这种情感不是个人的而是人类的，是"情感概念"，同时又是集中和强化了的生命。由于艺术形式与这种情感具有"同构"的关系，所以艺术也可以称为"人类情感的符号形式的创造"，而艺术家的使命就是"提供并维持这种基本幻象，使其明显地脱离周围的现实世界，并且明晰地表达出它的形式，直至使它准确无误地与情感和生命的形式相一致"[3]。在这个意义上，艺术是一种象征，"是我们内心生活的神话"。

分析心理学家阿恩海姆认为，艺术作为"视觉对象"，它的最基本的性质就是"表现性"，而"表现性"就存在于它的结构中。一棵垂柳之所以看上去是"悲哀的"，并不是因为它像一个悲哀的人，而是它的"枝条的形状、方向和柔软性本身传递了一种被动下垂的表现性"；一个神庙中的立柱之所以看上去挺拔向上，似乎承担着屋顶的压力，并不是由于观看者设身处地站在了立柱的角度，而是"那精心设计出来的立柱的位置、比例和形状"具有的表现性。"造成表现性的基础是一种力的结构"，这种结构之所以感动我们，是因为它与我们的内在结构是同一的，"那推动

---

[1]　伍蠡甫、胡经之主编：《西方文艺理论名著选编》（下），北京大学出版社1987年版，第744页。

[2]　同上书，第766—769页。

[3]　苏珊·朗格：《情感与形式》，刘大基等译，中国社会科学出版社1986年版，第51、80页。

我们自己感情活动起来的力，与那些作用宇宙的普遍性的力，实际上是同一种力"①。所以，任何伟大作品"所要揭示的深刻含义都是由作品本身的知觉特征直接传递到眼睛中的"。阿恩海姆指出，艺术之所以为艺术不在于"纯粹的形式"，也不在于"内容"，而是"给一个无形的一般概念赋予形体"②。

西方马克思主义者卢卡契、马尔库塞强调形式背后的更深刻的真实和更伟大的社会功能。卢卡契认为："这种形式的联系只是一种深刻的内容性的直接表达，也就是人本身所能认识的他所生活、所活动的周围世界实际是怎样的这一伟大生活真理的直接表达。"③ 马尔库塞称形式是维护或颠覆现实的力量。在他看来，"那构成艺术作品独一无二的、不朽的、具有一贯同一性的东西，那使一个作品成为艺术作品的东西——这个作为统一体的东西就是形式"，但有两种形式：一种是传统的、肯定的审美形式，一种是"朝向主体解放的形式"，即"非对象艺术、抽象艺术、反艺术"的形式，只有后一种形式才称得上是"活的艺术"。"活的艺术""在其内置发展中，在其与自身幻想的抗争中，逐步加入到与现存权力（无论是心灵还是肉体）的斗争中，加入到反控制和反压抑的斗争中，换言之，艺术借助其内在的功能，要成为一股政治力量"④。

所有这些讨论都在有限的意义上，即在对"有意味"重新做出阐释的前提下肯定了"有意味的形式"。问题的关键已经不是"形式"本身，而是形式背后的"意味"。尽管一些结构主义者还在强调"形式本身就是内容"，但人们还是要追问艺术除了眼睛看到的和耳朵听到的，还能告诉我们些什么。艺术需要超离直接的、异化了的现实，但代替它的不应该是形式，而是另一种哪怕是象征性的存在。艺术需要的不是向经验的退守，而是向哲学的逼近。

"有意味的形式"不仅引发出来对"意味"的质疑，而且引发出来对形式主义的更彻底的清算和更尖锐的批判。康定斯基是抽象派绘画的

---

① 鲁道夫·阿恩海姆：《艺术与视知觉》，滕守尧、朱疆源译，中国社会科学出版社1984年版，第624—625页。

② 同上书，第629—631页。

③ 乔治·卢卡契：《审美特性》，徐恒醇译，中国社会科学出版社1986年版，第442—443页。

④ 《西方文艺理论名著选编》（下），第720—721页。

创始人，而恰是他站在了克莱夫·贝尔的对立面。他写了一篇《关于形式问题》的文章，劝诫人们说："我们不应该把形式神圣化"，"形式是内容的外部表现"，只有当形式"出自内在的需要"，并成为它的"表现手段"时，才是有意义的。所以，"概括地说：在原则上，形式问题是不存在的"①。安妮·谢泼德认为，"有意味的形式"的提法恰恰证明了"形式"本身"只能引起人们有限的兴趣"，它既不涉及艺术作品"与世界之间的关系"，更不提供有关世界的信息和评论，而"艺术作品终究不是独立于它们的创作者、它们的观众以及比它们更广阔的世界而存在的"。②

不过，在经验自然主义哲学家杜威看来，"有意味的形式"这个命题根底里是一种二元论。"形式与质料的联系是固有的，而不是从外部强加的"，形式就是"任何事物适合于一个可以享有的知觉的条件所凭借的特征"，但在这里，形式被孤立了出来，"成为完全神秘的东西"。他还论证说，形式与质料的关系与自然中个体与总体、机遇和规律、机会与自由、工具性和目的性联系在一起。他表明："外在的和物理的世界不仅仅是知觉、观念和情绪的一个单纯的媒介；它是意识活动的题材和支持者；而且揭示出这个事实：即意识并不是实有的一个独立的世界，而是自然界达到了最自由最主动的境界时存在所具有的明显的性质。"③

九　经验

"有意味的形式"的提出，将康德，特别是柏格森、克罗齐以来现代艺术的独立化进程推向了极致，这个进程被杜威阻断了。杜威的锋芒所指向的不仅是"有意味的形式"，也包括试图"将艺术与对它们的欣赏放进自身的王国之中，使之孤立，与其他类型的经验分离开来的各种理论"。

在杜威看来，艺术是"运用经验并处于经验中才能达到的东西"，理论所要做的，就是"回到对普通或平常的东西的经验，发现这些经验中

---

① 瓦西里·康定斯基：《论艺术的精神》，查立译，中国社会科学出版社 1987 年版，第76—86 页。

② 安妮·谢泼德：《美学》，艾彦译，辽宁教育出版社 1998 年版，第71—81 页。

③ 约翰·杜威：《经验与自然》，傅统先译，商务印书馆 1960 年版，第314—315 页。

所拥有的审美性质"①。

　　杜威认为"经验"不仅是理解艺术之为艺术的根据，也是认识世界之为世界的根据。"经验"不是别的，就是人与自然、主体与客体、目的与手段、质料与本质相统一的过程。它有两种意义："不仅包括人们做些什么和遭遇些什么，而且也包括人们是怎样活动和怎样受到影响的，他们怎样操作和遭遇，他们怎样渴望和享受，以及他们观看、信仰和想象的方式"，也就是说，不仅包括"开垦过的土地，种下的种子，收获的成果以及日夜、春秋、干湿、冷热等等变化，这些为人们所观察、畏惧、渴望的东西"，也包括"这个种植和收割、工作和欣快、希望、畏惧、计划、求助与魔术或化学、垂头丧气或欢欣鼓舞的人"②。一句话"经验"就是自然和自然过程本身。

　　杜威确信，审美经验是从日常经验中生发出来的。人作为"活的创作物"（live creature），每日每时都在与周围环境进行着交换，而且不是以外在的，而是以最内在的形式进行着交换。生命就是在协调—不协调—协调的过程中不断向"更有利更有意义的生活"转化。"与环境相协调的丧失和统一的恢复这种周期性运动，不仅在人身上存在，而且进入到他的意识之中"，情感则"是已实际发生的或即将出现的突变的意识符号"③。因此，在一个只有往复流动没有休止的世界，或一个已经终结没有冲突的世界都不会有审美经验产生，只是"由于我们生活在其中的实际世界是运动与到达顶点，中断与重新联合的结合，活的生物的经验（才）可以具有审美的性质"④。

　　杜威认为，艺术作为一种经验源自美感经验，并且和美感经验一样，是"一件自然的事情"。艺术不同于一般的美感经验，在于它通过想象力将自然中各种因素统合在了一起，使经验达到了一种"完整状态"，在于它摆脱了知觉直接性和从属性，赋予经验以新的意义和新的享受。进一步讲，艺术是"自然中一般的、重复的、有秩序的、业已建立的方面和它是不完备的、正在继续进行着的、因而还是不定的、偶然的、新奇的、特殊的方面所构成的一个融会的联合，或者如某些美学体系曾在实质上宣称

---

① 约翰·杜威：《艺术即经验》，高建平译，商务印书馆2005年版，第9页。
② 《经验与自然》，第10页。
③ 约翰·杜威：《艺术即经验》，高建平译，商务印书馆2005年版，第14页。
④ 同上书，第16页。

过的……艺术乃是必然与自由的一种联合，多与一的一种协调，感性和理性的一种和解"①。

　　但艺术"是一种经验的张力而不是实体本身"②，因此，在艺术与非艺术之间，在高雅艺术与通俗艺术、美的艺术与实用艺术之间都具有某种内在的连续性。

　　杜威在《艺术即经验》的序言中提到，哲学家欧文·埃德曼曾阅读了这部书的大部分书稿，并提出了批评和建议。埃德曼的《艺术与人》发表在 1928 年，此时，杜威的《经验与自然》刚刚发表不久，而《艺术即经验》尚未面世。他们两个人在哲学和艺术的观念上基本是一致的。埃德曼盛赞杜威"视经验为艺术，而艺术不过是智慧的总称"③ 的观点，认为"无论什么样的生活，大都是一种经验；无论什么样的经验，大都是永恒之中的一段持续流动的时间和婉转多变的插曲"，而"艺术领域就是要强化和净化经验"的领域。④ 他说强化、阐明和解释经验是艺术的三个基本功能：由于对经验的强化，所以艺术能够"最大限度地激发人的美感"；由于对经验的阐明，所以感情能够"得到更深刻、更丰富的表现"，同时，连同遐想在内被纳入到某种"逻辑的轨道"；由于对经验的解释，所以艺术促使人们纠正由于判断和推理造成的偏差，"不仅从肉体上，而且从智慧上对事物做出反应"。他认为，艺术作为一种经验有理由"进入哲学家思考的范围"，因为"哲学家在宇宙间想要找到或实现的合理性，艺术家在其狭小的领域和素材范围内正千方百计去体现"⑤，"经验在那一瞬间对他来说成了清澈的火焰，与他本人等同的宇宙成了活的秩序，一个单一安排得井井有条的生命"⑥。

　　杜威的艺术即经验论提出之时，恰是克罗齐的艺术直觉论、克莱夫·贝尔的有意味的形式论大行其道之时，所以，一开始就遭到了他们及其同道者的抵制和攻讦，但是，杜威的学说并没有像后来理查德·舒斯特曼说的就此销声匿迹，即便是到了 20 世纪 40 年代海德格尔、阿多诺、维特根

　　① 《经验与自然》，第 288 页。
　　② 《艺术即经验》，第 367 页。
　　③ 欧文·埃德曼：《艺术与人》，任和译，中国工人出版社 1988 年版，第 91 页。
　　④ 同上书，第 1—2 页。
　　⑤ 同上书，第 74 页。
　　⑥ 同上书，第 94—95 页。

斯坦等"登陆"美国之后,杜威的影响依然存在,这从杜威的学生托马斯·门罗的崭露头角及其对美国美学状况的描述可以证实。①

M. C. 比尔兹利在美国 1967 年版《哲学百科全书》"美学史"条目中对杜威的自然主义美学给予了比较公正的评价。他认为《艺术即经验》"对当代美学已经产生了不可估量的影响"。之所以"不可估量",我理解不仅在于提出了艺术即经验(或"经验的张力")这个命题,更在于根本改变了在什么是艺术问题上的思路和研究方法,从而为美学的发展揭开了新的一页。体现在以下三个方面:一、以进化论为根据,将艺术与经验,经验与自然连接起来,从而将对艺术的追问溯源到生命的根底部;二、对审美经验与日常生活经验之间连续性的论证,事实上成为后来艺术的大众化、世俗化"日常生活的审美化"的先声;三、最重要的是确立了以"经验"为本体的哲学一元论,将审美经验和艺术纳入人的整个生命活动和历史过程中,从而阻绝了将艺术从人生中孤立出来的可能。

在杜威的影响下,20 世纪 50 年代,托马斯·门罗倡导一种自然科学式的实验的、实证的研究方法,以取代"高度抽象的、思辨的方法",完成了他的《走向科学的美学》的写作;70 年代,理查德·赫尔兹综合了学界有关艺术与生活经验连续性的讨论,提出了"艺术与非艺术的区分是无法区别的"与"观念本身与这些观念在实践中的实现同样重要"两个"公理";② 80 年代前夕,自称是"杜威主义者"的理查德·罗蒂阐发了一种作为"元哲学"的实用主义。"它相当接近于杜威对哲学史所采取的态度;它也是把'真理'分析成'需要的满足'(然后再把哲学想要满足的那种需要看成是成功的沟通)的一个相当自然的副产品"③。不过,罗蒂认为,对于实用或效用来说,更为重要的是语言,而非"经验",因此,他建议"放弃经验这个词"。杜威的艺术观念通过他们的演绎既得到延伸和张扬,同时也得到了修正和改造。

杜威的艺术即经验这个概念的根本问题是混淆了源自自然的、生理

---

① 托马斯·门罗:《走向科学的美学》,石天曙、滕守尧译,中国文联出版公司 1985 年版,第 163—170 页。

② 《现代艺术的哲学基础》,原载《英国美学杂志》1978 年夏季号。摘自《美学译文》(一),中国社会科学出版社 1980 年版,第 149 页。

③ 理查德·罗蒂:《新近的元哲学》,刘请平译,引自理查德·鲁玛纳《罗蒂》,中华书局 2003 年版,第 17 页。

的、个体的经验与源自社会的、心理的、群体的经验。罗蒂之所以主张以"语言"取代"经验"，原因就是"'经验'恰恰也是一个需要通过语言加以澄清的术语语言"，"一切经验事件都是某种语言学事件"。自然与社会、生理与心理、个体与群体具有内在的"连续性"，指明这一点是重要的，因为人是在自然中生成的，自然是人的一切经验、语言和艺术的"根"，但是，仅仅指出这种连续性是不够的，因为人毕竟是自然进化最高阶段的产物，人是"有意识的类的存在物"，人不仅经验着，不仅对经验体验着、反思着、玩味着，同时还通过语言彼此进行着沟通和交流，在经验的基础上营造着共同的精神大厦。人就是凭借这座大厦超越日常的经验，将有限的经验世界与无限的超验世界连接起来。而艺术就是构成这个大厦的组成部分。这就使我们想起弗吉尔·奥尔德里奇对杜威忽视"超然"和"幻觉"的指责："按照杜威的观点，对于审美经验来说，超然是不必要的，对事物的独有的观察是不必要。因而，在审美感知中，表现产生联系的感觉以及认为它们制造出了一种类幻觉的看法都一起消失了。"①同时也想起苏珊·朗格的一段更直截了当的批评："把伟大的艺术看成与日常生活经验基本相同的经验源泉，就是丢掉了艺术的重要本质，这种本质使得艺术如同科学甚至宗教一样重要。"②

十　真理

杜威在哲学上的贡献之一是批判并扬弃了以康德为代表的理性主义的主客体二元论，但是，他的立足点是自然主义经验论，因而没有理会作为理性主义思想根基的超验主义精神，即对美的理念（康德）、绝对同一性（谢林）或绝对理念（黑格尔）的哲学诉求。依照黑格尔的说法，艺术"只有在它和宗教与哲学处在同一境界，成为认识和表现神圣性、人类的最深刻的旨趣以及心灵的最深广的真理的一种方式和手段时，才算尽了它的最高职责"。③

受德国古典哲学的影响，胡塞尔的现象学拒绝了杜威的经验自然主

---

①　V. C. 奥尔德里奇：《艺术哲学》，程孟辉译，中国社会科学出版社 1986 年版，第 25 页。

②　苏珊·朗格：《情感与形式》，刘大基等译，中国社会科学出版社 1986 年版，第 47 页。

③　《美学》，第 10 页。

义，要求将经验的现实与事物的表征"悬置"起来，将事物"还原"为人们的意识内容，即纯粹意识对象的现象。认为审美经验之区别于日常经验在于它本身就是一次现象学还原，而艺术就是暂时中断日常经验，将对经验世界的自然态度转变为审美的沉思态度的"意识的现象学重塑"。杜夫海纳从审美现象学走向了一元论的哲学本体论。在他看来，康德以来，"审美"的本源被遗忘了，审美活动与人的根本生命体验越来越远，只有通过艺术才能回返到生命的根底部，但同时，审美活动必须超越经验的现实，从而恢复人与现实世界的本真的联系。

经过现象学的长久的酝酿，在海德格尔那里形成了一种新的艺术概念：艺术是"存在者的真理自行设置入作品"或"艺术是真理的生成和发生"。海德格尔为了与传统哲学区别开来，采用了一些古奥和怪异的词语，比较费解，不过，好在他对这些词语都做了仔细的阐解。首先，海德格尔交代了他所谓的艺术既不是指艺术作品，也不是指艺术家，而是指使艺术作品成为艺术作品，艺术家成为艺术家的艺术，所以他认为，对艺术或艺术本质的追问，实际上就是对艺术本源的追问。什么是艺术本质或本源呢？就是"存在者的真理自行设置入作品"（das Sich—ins—Werk—Setzen der Wahrheit des Seienden）。所谓"存在者"的真理，即与"存在者"相关，并由"存在者"开启的真理；所谓"自行设置入作品"，即真理不是来自艺术家"以自身为目的来争取的主体的活动和行为"，也不是来自对"现存事物"或"惯常事物"的观察。那么，真理是什么，它又如何"自行设置入作品"的呢？他说，真理不是传统的"与存在者的符合一致"，而是与"事物的普遍本质"的一致，传统意义的真理涉及的是"观念上的判断内容和判断所及的东西即实在的物之间的联系"，属于认识论，而问题却在于"怎样从存在论上把握观念上的存在者和实在的现成存在者之间的关系"①。这就是说，真理涉及的应该"只是存在者本身的被揭示的存在"，是"把存在者从晦蔽状态中取出来而让人在其无蔽状态（揭示）中来看"②。

海德格尔认为，"揭示"不是某个主体的认知行为，而是此在的"在世的一种存在方式"，是"此在的最本己的展开状态"。"所以只有通过此

---

① 马丁·海德格尔：《存在与时间》，陈嘉映、王庆节译，三联书店 1987 年版，第 261 页。
② 同上书，第 264 页。

在的展开状态才能达到最源始的真理现象",而"源始"涉及"世界、在之中和自身"。被置放在慕尼黑博物馆里的《阿吉纳》群雕、索福克勒斯的《安提戈涅》最佳校勘本由于脱离了自身的"本质空间",所以"已经不再是原先曾是的作品"。作品之为作品,仅仅属于作品本身"展开"出来的领域,而真理正是在这种"展开"中"生发"出来。

为了说明真理如何从"展开"中"生发"出来,他以希腊神庙为例,提出了两个关键性概念,一个是"世界",一个是"大地"。希腊神庙"单朴地置身于巨岩满布的岩谷中。这个建筑作品包含着神的形象,并在这种隐蔽状态中,通过敞开的圆柱式门厅让神的形象进入神圣的领域。贯通这座神庙,神在神殿中在场。但神庙及其领域却并非漂浮于不确定性中。正是神庙作品才嵌合那些道路和关联的统一体,同时使这个统一体聚集于自身周围;在这些道路和关联中,诞生和死亡,灾祸和福祉,胜利和耻辱,忍耐和堕落——从人类存在那里获得了人类命运的形态,这些敞开的关联所作用的范围,正是这个历史性民族的世界。出于这个世界并在这个世界中,这个民族才回归到它自身,从而实现它的使命"。同时,希腊神庙"阒然无声地屹立于岩石上。作品的这一屹立道出了岩石那种笨拙而无所促迫的承受的幽秘。建筑作品承受着席卷而来的猛烈风暴,因此才证明了风暴本身的强力。岩石的璀璨光芒看来只是太阳的恩赐,然而它却使得白昼的光明、天空的辽阔、夜的幽暗显露出来。神庙的坚固的耸立使得不可见的大气空间昭然可睹了。作品的坚固性遥遥面对海潮的波涛起伏,由于它的泰然宁静才显出了海潮的凶猛。树木和草地,兀鹰和公牛,蛇和蟋蟀才进入它们突出鲜明的形象中,从而显示为它们所是的东西"。希腊神庙就是这样"开启着世界",又"把这个世界重又置回到大地之中"。

在这里,"世界"不是"立身于我们面前能让我们细细打量的对象",而是通过存在者的诞生、祝福与亵渎而不断展开的领域,世界是个动名词:"世界世界化"。"大地"则是"照亮了人赖以筑居的东西",是"一切涌现者的返身隐匿之所"和"庇护者"。真理就是通过"世界"与"大地",即"澄明"与"遮蔽"之间的"争执"而自行置入作品中的。但这并不意味着争执"在一个特地生产出来的存在者中被解除",或"单纯地得到安顿",而是"在争执中,世界与大地的同一性被争得了":一方面,"世界开启出来",另一方面,"大地也耸然出现"。"世界要求它的决断和尺度,并让存在者进入它的道路的敞开领域之中。大地力求承载着又凸现着保持自行锁闭,并力求把万物交付给它的法则。"所以,"争执并非作为以纯然裂缝之撕裂的裂隙,而是争执者相互归属的亲密性",并且,"只有当争执在一个有待生产的存在者中被开启出来,亦即这种存在者本身被带入裂隙中时,作为争执的真理才得以设立于这种存在者中"。

在这个意义上,海德格尔说:艺术不是某种力量的附庸,也不是流行的文化现象,而是让真理脱颖而出,进入存在的突出方式。①

沿着海德格尔的路子,伽达默尔在他的代表性著作《真理与方法》中,从哲学解释学的角度专门讨论了艺术经验中的真理问题。海德格尔立足于历史上曾经存在的"伟大的艺术",伽达默尔则强调从"伟大艺术"与现代艺术的统一中寻求"最高的基本原则";海德格尔着眼于从词源学中获得话语权与合法性,伽达默尔则力求从游戏、象征、节日庆典里找到全部立论的根基;海德格尔是存在主义者,视"真理是存在之真理",是"存在者之为创作者的无蔽状态",② 伽达默尔是个哲学解释学者,在他看来,"真理"存在于每一次当下的理解活动中。伽达默尔相信,过去的"伟大的艺术"与现代艺术之间存在着内在的连续性,揭示这种连续性,也就是揭示艺术作为"处于一些经久不变的东西的滞留的片刻之中"的真理,是哲学解释学的目的。艺术的真理是可以理解的,因为:第一,可以"返回游戏"这个"精力过剩的人类学基础";第二,通过象征"重新认识流逝的东西里面看出固存的东西";第三,借助节日所提供的艺术经验"重新建立所有的人相互交往的契机"③。

在当代著名学者中,西方马克思主义者阿多诺对艺术真理问题给予了同样多的关注。与海德格尔和伽达默尔不同的是,阿多诺所谓的艺术是指具体作品,所谓的真理就是作品的"真理性内容"。他认为,"艺术唯有通过生产具体而精致的作品方能发现非人工制品的真理性",或者说,"真理性内容唯有作为存在物才闪现出来"④。但是,"真理性内

---

① 《海德格尔选集》(上),孙周兴选编,第252—299页。
② 同上书,第320页。
③ 刘小枫主编:《现代性中的审美精神》,学林出版社1997年版,第988—1000页。
④ 狄奥多·阿多诺:《美学原理》,王柯平译,四川人民出版社1998年版,第230页。

容"既不等于作品的事实性,也不等于作品的逻辑性,而体现在"类似悲剧性的,有限性和无限性之冲突的那些观念",即传统哲学所谓的"理念"中。这是一个悖论:"真理性内容"并非是"人工制品",不仅如此,还直接否定了"人工制品",却"包含"和"闪现"在"人工制品"中。艺术作品寄予了人们"拯救历来受到压抑的自然"的"渴望",但又超乎这种"渴望"之上,因为作品"与历史存在相关联",并承载着历史性存在的"需求"。艺术必须"超越着单一的存在,转化为客观的真理性",所以,"艺术作品在本质上是否定性的","艺术作品消除或扼杀其客观化的事物,将其从直接性和现实生活的关联中强行分离开去"。因此,阿多诺说,"艺术是幸福的允诺,一种经常被打破而不能实现的允诺"①。

就艺术与真理的本质关联这个意义讲,伽达默尔和阿多诺对海德格尔是一种支持,由于这个原因,艺术真理的重新提出本身成为现代美学与艺术批评的一个新的重要的话题,但就对艺术真理存在方式的意义讲,伽达默尔和阿多诺对海德格尔又是一种质疑与批评。海德格尔将所讨论的艺术限定在"伟大的艺术"的范围里,因而切断了艺术与一般的、特别是现代艺术的联系,而正是这一点促使伽达默尔以批判"康德反对实际目的而保卫美的自明性"为契机,走向了基本的人的经验和人类学。(这里,不免勾起人们对杜威所强调的自然与审美经验连续性的记忆) 如果"伟大的艺术"与现代艺术是根本不同的两种艺术,那么,海德格尔有关艺术真理的讨论就只能看作是存在主义哲学的一种逻辑归宿,而不是对艺术本质本身的完整的揭示。海德格尔所讨论的是作为艺术作品的本源,并将其归结为真理的开启和展开,因而艺术——"伟大的艺术"被从历史中绅绎出来,获得了某种意义的恒定性,也正是这一点促使阿多诺从超验主义返回到历史主义。阿多诺反对"从本源中推论出它的本质",他认为"艺术是在各种要素的历史演变状况中获得其概念的",它既不决定于被理解为"基础"的"最初的形式",也不决定于任何一个"伟大的动机","艺术只能通过它的运动法则得到规定的,而不是其恒定性",所以,可以反过来说,正"因为艺术作品否定了它的起源,所以它才成了

---

① 狄奥多·阿多诺:《美学原理》,王柯平译,四川人民出版社 1998 年版,第 225—237页。

艺术品"①。

十一　意境（境界）

　　在中国，将西方的融绘画、音乐、诗、戏剧、建筑等为一体的艺术概念与传统的诗论、画论衔接起来，创立具有东方特色的艺术理论，是从20世纪初开始的。王国维第一个以"意境"或"境界"对艺术进行了界定。在他看来，所谓"境界"或"意境"，就是"意"（情感）与"境"（形式）的统一。它的第一义是"自然"，即真实、率真、清新。王国维讲："境非独谓景物也，感情亦人心中之境界。故能写真景物，真感情者谓之有境界，否则谓之无境界。"②　又讲，艺术应有所感有所悟而发，无意为之而为之，"以自然之眼观物，以自然之笔言情"③，同时"率真之心胸必以清新之语言表出之"，使人读了如目遇其实，身临其境，无疏隔冥晦之感。他还认为，"境界"者，非常人之境界，乃诗人之境界，因为"唯诗人能以此须臾之物，镌不朽之文字"④。

　　其后，宗白华更明确地讲，"境界"或"意境"是"艺术的中心的中心"，艺术即"意境"的创造和生成。他说："每一艺术品所表现、皆作者心中所见的境界，兹名为作者的意境"，创作就是"将作者心中境界表现，输入他人心中"；欣赏也非"消极的领受"，而要"创作意境，以符合作者心中的意境"⑤。他认为，就性质说，"意境"是"造化与心源的合一"，是"客观的自然景象和主观的生命情调的交融渗化"；就结构说，"意境"是"道"与"艺"的"体合无间"，"灿烂的'艺'赋予'道'以形象和生命，'道'给予'艺'以深度和灵魂"；就层次说，"意境"分为"直观感相的渲染"（写实）、"生命活跃的传达"（传神）与"最高灵境的启示"（妙悟）；就形式说，"意境"是一种象征，以声调、色彩、景物等美的意象，映射出超然美的境界，以普通的"生灭相"，昭示生命的永恒和无尽。

---

①　《现代性中的审美精神》，第1003—1004页。
②　《王国维文集》第一卷，中国文史出版社1997年版，第162页。
③　同上书，第153页。
④　同上书，第173页。
⑤　《宗白华全集》第一卷，安徽教育出版社1994年版，第544—551页。

　　但在朱光潜看来，以"意境"或"境界"概念界定艺术有些"笼统"，需借助克罗齐的"直觉"说与立普斯的"移情"说加以厘清与更新。艺术（诗）的境界不同于其他境界对于"见"的作用，而"见"有两个条件：一、必须是"直觉"，即必须将全副精神专注于艺术（诗）本身，而无暇思索它的意义或是与其他事物的关系；二、必须具备意象、情趣两个因素。意象与情趣往复回流，融为一体。朱光潜说："在美感经验中，我们须见到一个意象或形象，这种'见'就是直觉或创造，所见到的意象须恰好传出一种特殊的情趣，这种'传'就是表现或象征，显出意象恰好表现情趣，就是审美或欣赏"①。此外，还有一个因素——语言，这是朱光潜在批评克罗齐中提出来的。他认为，语言与意象、情趣是密不可分的，语言对于艺术不仅有表现功能，而且有结构功能。

　　不容否认"意境"或"境界"较为"笼统"和"模糊"，但这恰是它的一种特质，一种规定性，这种特质和规定性是与中国诗、书、画、园林等追求"言外之意"、"象外之象"等艺术效果相切合的，消除了它的"笼统"和"模糊"，也就等于消解了它本身。朱光潜对"意境"和"境界"概念的厘清与更新，是一个历史性标志——标志着传统诗学，包括画论等的历史性终结和现代艺术理论在中国的滥觞。

　　此后，随着马克思主义的兴起，不仅朱光潜很少运用"意境"、"境界"这样的概念，整个中国学界都在尝试着以"社会生活的反映"、"审美意识形态"等取代传统的艺术话语体系。

结　论

　　早在 20 世纪初，艺术界就发生了一件令所有的人无不震撼的事：法国艺术家杜尚将一个市场上买来的小便池，作为艺术品送进了博物馆。这件事无疑对整个人类的理论智慧提出了挑战。此后，到了 50—60 年代，艺术界犹如一次次连续的爆破，从自身分化出了波普艺术、大地艺术、概念艺术、装置艺术、极简艺术等多种艺术思潮与派别。于是，本来已经似乎逐渐清晰了的艺术与自然，与生活，与理念，与技艺的界限，以及艺术门类之间的区别一下子模糊起来。什么是艺术？成了一个无法解开的斯芬

---

　　①　《朱光潜全集》第三卷，安徽教育出版社 1987 年版，第 347 页。

克斯之谜。所有曾有过的艺术的定义都不能回答一个小便池何以是艺术，一片"土方工程"何以是艺术，一排复制的照片底版何以是艺术，不过，无论艺术发生了怎样的变化，既然是出自思维，那么思维总会找到一种解脱的方式。分析哲学家维特根斯坦的一个命题为人们提供了灵感：不存在具有同样本质特征的统一的艺术，只有相互类似的艺术"家族"，正因如此，艺术理论界就有了理由中断历史性的承担，转换话题或干脆放弃有关艺术本质的讨论。

于是，分析哲学家阿瑟·丹托重新拾起黑格尔的"艺术终结"论，宣布："我的目的表明：我们已经进入一个后历史的艺术时期，对艺术不断自我革命的需求现已消失，类似于曾确定了我们这个世纪艺术史的那一连串令人惊异的震撼，不会也不应再出现了。"艺术"终结"了，艺术界将讨论的话题转换成为艺术品。确切地说，不是什么是艺术品，而是何以被称作艺术品？对于已经从工业社会进入消费社会的西方国家来说，这或许是人们更为关心的问题。杜威在批评艺术独立化倾向的时候，就曾指出，将艺术品与产生它的条件和经验分离开来，并"供奉"在博物馆或画廊，是现代资本主义社会的一种景观："欧洲的绝大部分博物馆都是民族主义与帝国主义兴起的纪念馆"；"作为资本主义的副产品的新贵们"，"为了证明自己在高等文化领域的良好地位而收集绘画、雕塑，以及艺术的小摆设，就像他们的股票和证券证明他们在经济界的地位一样"①。艺术是一个抽象的概念，或者如黑格尔说的，是一种理念，是独立自足的，有关艺术的讨论就是有关艺术自身本质的讨论，属于思辨的形而上的范畴；艺术品如果与艺术家、艺术活动分割开来，就只是具体的事物，存在于一定的时空中，有关艺术品的讨论，就是环绕艺术品的外在的条件或原因的讨论，属于经验的形而下的范围。这就是说，什么是艺术，答案就包含在艺术这个概念之中；而何以是艺术品，答案则在艺术品这个具体事物之外。正像丹托、乔治·迪基、比厄斯利、列文森等力图陈明的，一个艺术品之成为艺术品，要看"艺术界"和"艺术理论"是否认可；要看是否符合艺术的"惯例"；要看是否承载了某种"艺术意图"；甚至要看是否被陈列在"博物馆"或"美术馆"中。"小便池"、"土方工程"、复制的照相底片之所以是艺术品，与它们自身的性质和形式无关，而与环绕它

---

① 《艺术即经验》，第 7 页。

的外部条件和机遇相关。这样，问题的实质就不再是什么是艺术的问题，而成了艺术之为艺术的话语权问题——是哪个"艺术界"，什么"艺术理论"，谁的艺术"惯例"，怎样的"艺术意图"？如果小便池、"土方工程"、复制的照片底版产生在非发达国家，非著名的博物馆，非一流艺术家的身上，会同样被视为艺术品吗？

　　作为一种学术研究，首先需要的是对艺术何以是艺术的界定，而不是对艺术品何以成了艺术品的解释，而且从逻辑的关系来说，对艺术的界定应该先于对艺术品的解释，因为无论如何，艺术品总是并且只是与艺术相关，而不是与某种艺术理论或某个艺术评价机构相关。而要界定艺术是什么，就需要避开构成艺术的外部条件，直面艺术的本质。所谓艺术本质，按照我的理解，就是能够涵盖所有已知的与未知的艺术门类的东西；就是集中体现了人的审美和生活情趣与意向的东西；就是与哲学、宗教、政治、道德、习俗等内在地区别开来的东西；就是借以介入人类生活并维系自身存在的东西。艺术的本质和它的存在不是同一概念，但是不可分割，既不先于存在，如某些本质主义所说的；也不后于存在，如某些存在主义者说的，本质就是以存在为其显现方式的本质，存在就是以本质为其定性的存在。因此，如果我们否认有艺术本质的存在，那就等于取消艺术作为一种具有自己特定内涵和历史的存在的本身。

　　为了深化对艺术本质的讨论，也许更需要从维特根斯坦的另一段话获取必要的灵感："宗教—科学—艺术都只是从我对生活的唯一性的意识内阐发出来的。该意识就是生活本身。"① 这段话包含两个相互关联的命题：第一，宗教—科学—艺术都植根于唯一的生活意识，是从生活意识中阐发出来的；第二，唯一的生活意识就是意识到的生活，就是生活本身。后一个命题，将生活的意识与生活本身等同起来，显然不够恰当；但前一个命题，将生活的意识看作是宗教—科学—艺术的唯一的根基和前提，是完全正确的。维特根斯坦的这段话为进一步理解艺术的本质开辟了一条新路。正是在维特根斯坦的启发下，分析哲学家沃尔海姆提出了艺术犹如语言，是"生活形式"与"艺术的本质是变化的或者具有一种历史"的概念。

　　不过，作为"生活形式"，艺术与宗教、科学是有区别的。区别就在于艺术不仅是从生活中来的，而且始终保持着生活自身的样式。艺术犹如

---

① 刘悦笛：《分析哲学史》，北京大学出版社 2009 年版，第 76 页。

生活的另一面——想象的、虚幻的、象征的一面。与生活本身一样，艺术是感性与理性、精神与物质、主体与客体、个体与群体、社会与自然、时间与空间浑然统一的过程，虽有距离和冲突，但不可能分割和对立。正因为这个原因，艺术自产生之日起就成了人借以观照自己、调节自己、超越自己的方式。用分析心理学家荣格的话说，就是"艺术代表着一种民族和时代生命中的自我调节过程"①。

艺术是人类生活的写照。当人类刚刚揖别自然，需要挣脱自然的统治，强化自我意识的时候，作为一种技艺的"模仿"就是艺术的基本特征。埃及的金字塔、古希腊的神庙、中国的长城是人类为自己建造的伟大的纪念碑。文艺复兴以后，在天文学、地理学、数学、物理学、医学等蓬勃兴起的氛围中，艺术以科学的手段和名义展示了人类眼中的自然界。从此，艺术更深深地介入到人类的生活中。

启蒙运动与资产阶级革命造就了一种新的生活环境，人们面对的首先是日益复杂并充满矛盾的社会，而不是自然。这时候，艺术作为"镜子"翻转过来指向人类自身，承担起调节人类内在与外在生活的责任。华兹华斯、柯勒律治等浪漫主义与库尔贝、巴尔扎克等现实主义者的先后登场，记录了那个充满激情和困惑的时代人的心路历程。而德国古典主义者则试图通过艺术为人们寻找一块精神的圣地，使人超脱感性与理性、人与自然间的对立。

但是当人们意识到真正存在的只有当下，只有直觉，只有经验，只有形式，意识到真理是被遮蔽了的，爱与理性是被扭曲了的，人充其量是一个"漂泊者"或"单面人"，那种荒诞感、孤独感、失落感、卑屈感、羞辱感就成了艺术所要表达的主题。艺术不仅站在哲学高度对生活发出了质问，而且为人们追求真理，返归自然，超越自我，诗意的栖居提供了一种启迪。

这可以说是我们对艺术做出的界定：艺术是人类借以观照自己，调节自己，超越自己的生活方式。这个界定既立足于当代的艺术实践，又综合了历史上已有的艺术观念，因而具有无可比拟的包容性。即便是像小便池、"土方工程"、复制的照片底版这类似是而非的流行艺术，在这里或多或少也能获得相应的解释。但是，这个界定可能依然是一种悖论，而不

---

① 《西方文艺理论名著选编》（下），第377页。

能成为定论，因为它不够周延，并且内在地包含了否定的方面——无法将艺术与非艺术区分开来，无法将"伟大的艺术"与一般的艺术区分开来，更无法揭示艺术在时间和空间中的现实的展开，除非在这个界定之外加以必要的说明。

　　亚里士多德说：只有在与自然的比较中才能懂得艺术何以是艺术。这句话暗示了艺术对于人是个难解之谜，因为我们不知道究竟从何下手：是从本源意义上去比较。从性质意义上去比较，还是从功能意义上去比较。我们知道的是，艺术作为一种"生活方式"与自然始终交织在一起，不存在一个非此即彼、截然分明的界限，所谓的"生活的艺术化"或"艺术的生活化"不是哪一个时代的事情，而是艺术存在的常态。即便如此，我们还是要追问什么是艺术，这不仅是因为艺术要存在下去，必须有一个更为正当的理由，更是因为心灵要安顿下来，必须有一块像艺术这样的栖息地。为了这个目的，人们已经做了许多，今后还将继续下去。我们相信，只要自然还环绕着我们，人类还没有强大到足以拒绝自然的馈赠；只要艺术还没有终结，人类还需要用艺术观照自己、调节自己、超越自己、人们对艺术的追问和界定就不会终止。但是，只要自然还没有完全掀开自己神秘的面纱，只要艺术还没有放弃转换自己的角色，对艺术的理解和界定就不可能是最后的。

艺术与美*

——一个马克思主义者与一个新唯美主义者的对话

一 关于马克思对艺术的三论断

新唯美主义者（以下简称"新"）：现代学术界对艺术倍加关注。据我所知，西方马克思主义者对艺术有过许多讨论。马克思当年有关艺术的论断应该说已经过时了。先生是位马克思主义者，不知对此有何看法？

马克思主义者（以下简称"马"）：我正在研读西方马克思主义的著作，包括卢卡契、马尔库塞、本雅明、阿多诺，以及哈贝马斯。我认为他们对艺术的意识形态性及社会批判功能的强调十分有意义，值得我们借鉴。但是，他们并没有否定马克思，而且把回到马克思和保卫马克思当作自己的口号。马克思关于艺术的论断仍然是他们立论的出发点。

新：我知道马克思说过，艺术是一种"把握世界的方式"。马克思评论 19 世纪英国作家狄更斯、萨克雷时，认为他们对英国社会所做的描述远比经济学家、历史学家等来得翔实。后来的马克思主义者遂把艺术界定为社会生活的反映，认为这就是艺术的本质。不过晚近一些学者对此不那么强调了，您是否坚持这个观点呢？

马：依我看，艺术是把握世界的一种方式，这是马克思的重要思想，是马克思的辩证唯物主义世界观在艺术问题上的体现。不论人们对这一论断持何种态度，毕竟不能否认，人类对世界的认识和了解，有很大一部分是靠艺术活动来获得并加以传播的。

＊ 此文发表于《吉首大学学报》2004 年第 4 期；人大报刊复印资料《美学》2009 年第 1 期全文转载。

新：但是，我相信马克思并没有把它当作艺术的定义。马克思并没有说艺术是怎样一种把握方式，所以，我以为像有些马克思主义者主张的那样，在把握方式之前加上一个限制词"审美地"似乎更合理些。您难道不同意这种表述吗？

马：马克思把艺术同哲学（头脑所特有的把握方式）、宗教、实践—精神等把握世界的方式并列在一起，说明了它们既有共通的地方，也有不同的地方。从而给我们思考艺术特性留下了很大空间。这个空间恐怕不能仅仅用"审美地"三个字来填充。因为，审美主要是评价活动而非认识活动，艺术所以成为一种把握世界的方式，不在于它的审美功能，恰在它超越了这种功能。

新：那么，是否可以同意黑格尔的观点，以"感性形式"作为艺术地把握世界的限制词？

马：我想，这样表述可能要确切一些，不过无论如何把艺术当作是一种把握世界的方式，仅仅揭示了艺术的一方面性质，艺术作为把握世界的方式并不是对任何时代任何人都具有同样的意义，而且艺术的存在和发展总受到一定经济和政治环境的制约，因此，马克思指出，艺术是一种"社会意识形态"。马克思的这一论断无疑也十分重要。

新：不过，我还是以为，即便是把艺术归之于一种社会意识形态也不能抹杀它的审美性质，因此，我觉得像英国马克思主义者特里·伊格尔顿那样，把艺术叫做"审美意识形态"，要合理些。

马：但我不敢苟同。因为审美活动是渗透在日常生活、劳动、语言、游戏、巫术、宗教、科学和艺术中的活动，几乎可以看作是生命的一种形式，虽然其中常常夹杂各种社会意识，但它自身毕竟不属于社会意识形态，它的普遍可传达性是建立在人与自然间最质朴的关系之上，建立在康德所说的"共通感"之上，而不是建立在某种经济和政治的条件之上，所以，"审美意识形态"是个虚假的概念。

新：难道你不认为艺术只是在审美意义上才可以同其他社会意识形态区别开来吗？

马：我承认审美是艺术特性之一，但是艺术作为社会意识形态的性质却不能由审美这两个字来限定，因为艺术的审美特性恰恰是某些杰出的艺术品得以超越意识形态的局限获得普遍和永久魅力的一个原因。

新：那么，艺术作为一种社会意识的意识形态如何与哲学、道德、宗教等区别开来呢？

马：我们需要了解马克思对艺术的第三个论断：艺术是一种"生产"。生产是个什么概念呢？就是：艺术可以作为一种价值进入社会流通；艺术同样具有生产与消费这样互为因果的两个环节；艺术的发展与其他生产，与经济构成某种不平衡的关系。显然，哲学、道德、宗教都不是如此。

新：艺术是生产这个论断可以理解。但艺术毕竟不同于一般的生产，它生产的是具有审美价值的精神产品，是能够给人提供审美享受的产品。

马：马克思这个论断的意义在于强调艺术的实践的品格。不错，艺术是精神产品。但它是通过物质的感性形式表现出来，是占有一定空间或时间的，它的感性形式本身也往往构成一种价值，而恰恰由于这个原因，艺术作为一种社会意识形态往往反而被忽略了，仅以质地、技巧及它的作者艺术家的声望得到人们的青睐，在某种情况下，艺术甚至充当了货币的替代物成为人们争相储藏和交换的对象。这样，艺术作为一种生产与作为一种把握世界的方式和一种社会意识形态就构成了异常复杂的关系。

新：不过，我仍然以为，马克思这些论断即便都对，也还不够完全，因为很显然，艺术如果仅仅是一种把握世界的方式，一种社会意识形态，一种生产，它绝不会具有感人的魅力。艺术作为一种把握世界的方式，不同于哲学，作为一种社会意识形态不同于道德，作为一种生产，不同于一般物质生产，它总是生动的、形象的、感人的，一句话，是美的。

马：我记得你读过马克思青年时代写的诗，你应该能感悟到马克思对诗情与美的超乎常人的敏感。马克思在《政治经济学批判》导言中谈到艺术发展与经济发展不平衡关系时，还特别花了一大段盛赞古代希腊的神话与艺术的永恒的魅力，不过，与莱辛、温克尔曼不同，马克思没有把它的魅力归之于美。

新：可惜，马克思生活在 19 世纪的德国，如果生活在今天，我想他一定会从审美的角度对艺术做出一个新的论断。应该说，21 世纪与 19 世纪相比，无论在物质生活还是精神生活上都发生了巨大变化，人们不必像那个时代那样把革命地变革现实当作最高追求，因而不必让艺术继续充当革命的"齿轮"与"螺丝钉"，人们需要的是精神生活的充实和丰富，需要的是在审美方面获得必要的满足，而这样，艺术便势所必然地承担起重要的责任。

马：你说得有道理，但是无论如何，艺术作为一种把握世界的方式，一种社会意识形态，一种生产，这三个论断都是真理，而真理是不会随着时代的变迁而改变的。

二　新唯美主义有关艺术与美的三命题

新：在我看来，艺术之为艺术不能由它的外在方面来界定，而应由其自身，它的性质和特征来界定。马克思的三个论断都是就艺术的外在方面讲的，换句话说，是就其在社会构成中的地位和功能讲的，并没有揭示艺术自身的本质。

马：我不太赞成艺术内在与外在这种机械的区分，也不赞成把马克思的判断都归之于艺术的外在方面，不过，现在先不谈这些。我想问一句，依你看，怎么才能从内在方面界定艺术的本质呢？

新：这个很简单，把一件艺术品，比如一首诗、一幅画或一曲音乐放在面前，就它自身判断，它为什么被看作艺术品，而不是别的什么。

马：那么，结论是什么呢？

新：艺术是美，是"艺术家审美意识的物态化形式"。任何艺术品，如果称得上是艺术品的话，它必须是美的，必须给人审美的快感。这是艺术不同于哲学、宗教、道德以及一般物质生产之处。

马：对此，我要提出质疑：能不能把艺术与美等同起来，把美看作艺术之为艺术的本质？记得马克思说过，人的生产与动物的生产不同，人是按照美的规律造型的。显然，这里讲的是一般的物质生产。既然一般物质生产也要讲究美，美就不是艺术所独有的。你难道不认为，现在生产的一些服装、家具、汽车、电子产品是美的吗？

新：当然，我不否认，但是我讲得很明白，艺术必须是艺术家审美意识的物态化，是艺术家美的创造的结果。艺术家与普通的劳动者不同，他们不仅按照美的规律造型，而且对美的规律有深刻的理解，能够自觉地和充分地把它体现在自己的作品中，所以一幅绘画中的汽车无论如何要比一部真实的汽车更典型、更美，当然我不是指那些出于三四流画家的模仿品。

马：你说过，判断艺术的本质应以艺术品本身为根据，而这个根据就是美。这就是说，不能把是否出自艺术家之手作为判断艺术本质的标准。

我想我没有理解错吧？

新：是的，人们是根据艺术品来称它的作者为艺术家的，而不是相反。

马：那么，一幅绘画中的汽车之所以比一部真实的汽车更美就是它更典型了。但是，我怀疑有没有典型的美，因而也怀疑艺术美因为更典型而高于现实生活中的美。即便是典型美，即便是艺术因之高于现实生活的美，我也怀疑能不能把更典型当作判断艺术本质的标准。我不知道你如何使我消除这种怀疑。

新：我以为这很简单。在现实生活中，美总是存在于个别事物上，而任何个别事物均不可能是十分完美的。经过典型化处理后，个别事物的美被集中起来了，集中在一部艺术作品或一个人物形象上，这样的美当然要高于现实生活中的美了。

马：还是以汽车为例。一幅以汽车为题材的画一旦完成了，就不可能再更改了，但是现实生活中的汽车却不断地在更新。每一个新车型的出现都必定集中了以前汽车的原有优点，而更为先进，更为适用，更为新颖，给人的感受也更美。说绘画中的汽车因为更典型就必定比真实的汽车更美，恐怕很难让人信服。所以，我认为典型和美是两个概念，典型是就人物性格和环绕他的环境讲的，典型的未必是美的。我们可以说鲁迅笔下的阿Q是个典型人物，而不能说是个美的人物。同样，吴冠中画中的纵横交错的树干很美，但不能说它很典型。典型要求一种普遍性，而美却必须是独特的，超出一般的，必须是令人惊异和出人意料的，那些司空见惯和平庸无奇的不会很美。西施和海伦很美，美在她们超出一般而不是包含一般；屈原的《离骚》很美，它在中国文艺发展史上空前绝后，无一可以与之类比。

新：你没有听说过，古希腊画家宙克西斯为海伦作画时，将城中五个最美的美女当作模特儿，把他们的美集中起来？

马：但我不相信这样画出的海伦能比五个美女中任何一个更美。因为这样的集中化，势必取消了真实美女的活生生的气质和个性。包括宙克西斯在内，希腊人所追求的是类型化，而不是典型。当然。希腊时代个性是不发达的，类型化对于他们对一般人性与人的肉体的赞美是需要的。

新：那么，依你的理解，艺术中的美可以不要经过典型化处理，径直去模仿生活中的个别的美了？

马：艺术家要做的只是去发现，然后将自己的意念与情感融入进去加以强化。仅此而已。

新：那么，无论如何，你承认艺术作为艺术家审美意识的物态化是比现实中的美更高的了？我所以认为美是艺术的本质，就在于只有在艺术中美才获得了高级的表现形式。我想在这个问题上是无须争论的。因此，我同意目前为许多人认可的"艺术是美的集中体现"这个命题。

马：为什么？

新：早在两个世纪之前，德国哲学家谢林、黑格尔等人就已经讲得很明白。第一，在自然造物中，心灵是最高级的。艺术是心灵的产物，当然高于现实中的美；第二，因为艺术是心灵的产物，而不是自然生成的，所以能够使人感受到艺术产生的艰难的过程，在某种意义上，艺术就是对障碍的征服。

马：心灵的产物就一定比自然造物更美吗？

新：我想是的。经过心灵的加工，本来分散的东西可以集中起来，本来驳杂的东西可以纯粹起来；本来短暂的东西可以变得恒久。比如艺术作品中对黄山、庐山、桂林山水的描写。这些自然风景中许多不美或妨害美的部分都被剔除了。其中有些作品已经流传了几个世纪，而且还将继续流传下去。

马：但是，黄山、庐山、桂林山水的美是多层次、多侧面、多维度的组合。艺术家在观赏中发现了一个或几个层次、侧面、维度，于是倾注了自己的意念与情感，再现它、描述它、渲染它、赞美它，把它传达给欣赏者。黄山、庐山、桂林山水在艺术家笔下集中了、纯粹了，欣赏者无须亲自去游历便能在最短时间内看到它们的最美和最动人的景致，这当然是艺术的无可取代的长处，但是它的代价是舍去黄山、庐山、桂林山水的其他许许多多的侧面、层次、维度。要知道，欣赏具有一种创造的性质，把欣赏者固定在一个或几个侧面、层次及维度上，欣赏者就很难体验那种"山穷水尽疑无路、柳暗花明又一村"的兴致和乐趣，就没有了欣赏中的起起落落、实实虚虚和紧张的期待心理。至于说艺术的恒久性，认真说来，在漫长岁月中，真正具有恒久性的艺术品是极少数，可能是千分之一或万分之一，其他大部分则流失了，残损了和被遗忘了。而黄山、庐山、桂林山水虽然也在变化，却依然风韵不减，豁然地兀立在人们面前。当然也不能否认此外一些自然景物在历年的灾害中失去踪影。

新:那你认为自然美高于艺术美吗?

马:不,我认为艺术美与自然美是无法进行比较的。歌德说过,当自然看起来像艺术的时候是美的;当艺术看起来像自然的时候是美的。这就是说人们从观赏自然中培养了一种艺术的情趣;又从欣赏艺术中形成了一种评价自然的尺度。我们不能设想失去任何一方,另一方能够存在。

新:你说的有一定道理。但是你应该知道,美对于自然是自在的,而对于艺术则是自为的。自然并不是有意识地呈现某种美,而艺术则是以美为目的的,既然如此,艺术总不能仅仅追随自然,而要努力超越自然,为人们创造一个"第二自然"。这一超越过程,也就是谢林强调的克服各种物质障碍和困难的过程,或者如马克思讲的人的本质力量的对象化过程。

马:我们不必讨论人的本质力量对象化是不是可以作为美的定义这个老问题了,因为几乎人们的一切产品都体现了人的本质力量,人从自己一切产品中都可以反观自身。我感兴趣的是"艺术以美为目的",因而艺术必定超越自然这个命题。我不知道这一命题是否是你经过深思熟虑之后得出的。

新:当然。难道你对此也有异议?艺术家如果不能使他的作品具有美的性质,不能给人以审美的享受,便失去了存在的意义。艺术不是生活必需品,也不是使人飞黄腾达的捷径,如果艺术不美,人们何必去从事艺术活动呢?

马:艺术是否以美为目的和艺术本身是否美应该是两个问题。就像我们说一个人是否正直、善良和说一个人是否以正直、善良为目的一样。无疑,托尔斯泰的《战争与和平》、曹雪芹的《红楼梦》、鲁迅的《阿Q正传》具有极高的审美价值。但它们的产生都不仅是为了美,而有着非常复杂的思想文化背景和创作动机。我听说过"愤怒出诗人",也听说过"不平则鸣",但没有听说过哪一位伟大作家进入创作是受了美的诱惑。当然,我不否认某些三四流作家、艺术家通过创作来表达自己的闲情逸致,但这绝不是艺术的主流。

新:你误解了我的意思,或者你对我讲的美理解得太狭隘了。美是十分宽泛的概念,它既包括真、善的内涵,也包括丑的因素。美与真、善是统一在一起的。美的总是要与客观的规律相一致,因而有真;必须符合人生的目的,因而有善;美与丑相比较而存在,因而在描述美时必定有丑的比较衬托。美是一切艺术获得艺术资格的身份证。艺术可以没有别的目的，可是不能没有美这个目的。

马：你说美的概念包括真、善的内涵，包括丑的因素是什么意思呢？是说美的概念大于真、善和丑的概念，还是美的概念与真、善和丑的概念是相互交叉、相互包容呢？

新：美与真、善是同一层次概念；与丑是相对应的概念。美不大于真、善和丑，也不是相互交叉。

马：那么，美怎么包含真、善的内涵，又包括丑的因素呢？

新：艺术中有真，有善，有的也有丑。而这些都不是赤裸裸地存在，而是转化为美了，具有审美的特性。这就是许多人讲的，"化真为美"、"化善为美"及"化丑为美"。

马：但我始终不明白，这个"化"字是什么意思。你能解释一下吗？

新："化"是艺术家加工过程，就是集中化、典型化。

马：可我们已经讨论过了。集中也好，典型也好，并不就是美。本身是假的，集中化只能更假；本身是恶的，典型化只能更恶。难道典型的巫婆、妓女、恶棍、酒徒就是美的了吗？

新：法国雕塑家罗丹讲过："一位伟大的艺术家或作家，取得了这个'丑'或那个'丑'，能当时为他变形……只要用魔杖触一下'丑'便化成美了——这便是点金术。这是仙法！"罗丹这些话，你怎么解释？

马：我以为罗丹讲的"丑"是现实中的丑，而"美"则是艺术的美。艺术赋予现实中的丑以美的艺术形式，从而在观众心目中，现实的丑淡褪了，艺术的美占了上风。

新：那就对了。所谓"化"，也就是赋予美的形式。艺术不是把真、善及丑赤裸裸地呈现在人们面前而是使它具有了美的形式。就如一位美学家说的，"美是真的花朵"。

马：那么，依你的观点，艺术的目的就是赋予真、善以及丑以美的形式，给人以审美的享受？那么，可不可以把你的理解列为这样的等式：艺术＝美＝形式？

新：我想，这样的等式虽然简单了点，但基本上是对的。

三　艺术的界定是难的

马：按照你的说法，界定艺术之为艺术应该就艺术本身来说，也就是就艺术的内在方面来说，那么你以为美的形式就是艺术的内在方面了？

新：相对于它作为把握世界的方式，它的意识形态性以及它作为一种生产，可以这么说。

马：那么美的形式背后呢？也就是被赋予美的形式的真、善呢？它们也融入形式之中，还是隐蔽在形式之后？它们是不是属于艺术的内在方面？

新：应该属于内在方面。

马：那么，你认为艺术的真、善被赋予美的形式后便与意识形态无关了吗？

新：不可以这么说。

马：你也认为意识形态性，即政治道德内容也属于艺术的内在方面了？

新：恐怕不能有别的结论。

马：事实上，不仅意识形态性是艺术的本质规定，艺术也是作为把握世界的方式和作为一种生产同样的艺术的本质规定，因为正是艺术的认识功能与实践品格，传达作用与消费价值才使艺术称其为艺术而不是别的。

新：但是，无论如何这还是不完整的。艺术必须是美的，或者具有审美价值。

马：我同意，可见对艺术是什么做一个完整的表达是很不容易的。迄今为止，关于艺术的定义不下一百种，还没有一种是完整而没有纰漏的。

新：那么，依你看，问题出在哪里呢？

马：艺术就如人的另一个生命。你知道人的生命与动物的生命不同，它既是物质的，又是精神的；既是生理的，又是心理的；既是感性的，又是理性的；既是意识的，又是无意识的；既是实在的，又是虚幻的；既是空间的，又是时间的；既是当下的，又是绵延的；既是功利的，又是超功利的。我以为，艺术与生命一样几乎是无法进行界定的。

新：这么说来，人们有关艺术本质或本体的讨论就没有意义了？

马：不，犹如生命是个永远需要进一步揭示的秘密，艺术的奥秘也需要人们不断去认识。每一个时代都有对艺术的理解，这种理解是与那个时代的艺术实践相适应的。这就是说，是那个时代的艺术实践所需要的。虽然，总体看来，各时代的认识均有其不可避免的局限性。

新：我相信这一点：没有任何一种艺术理论是常驻永存的。过若干年之后，如果人们还有兴趣讨论艺术，恐怕不会再是我们今日的话题。

　　马：所以，我主张，对艺术不要试图给出一个绝对完整的界定，而是努力做一些必要的描述就可以了。

　　新：那么，我们能不能把艺术定义为一种生命形式呢？

　　马：如果生命有两种形式，一种是本真的，一种是复现的，或一种是现实的，一种是虚幻的。我同意把艺术称之为一种生命形式。不过这只是我的认识，即便这种认识是正确的，作为定义，也过于宽泛了。

　　新：我觉得这个问题还可以讨论。

论人与文学的历史趋向[*]

目前，围绕刘再复同志提出的文学的主体性问题正展开热烈的讨论。文学的主体性问题是一个十分复杂的理论问题，涉及哲学、心理学、美学、社会学及文艺批评等许多学科，需要充分运用现有学术成果并结合文艺创作实践，给以多侧面、多向度、多层次的剖析和论证。我这里想从历史与逻辑的统一角度说明人的主体性问题的提出是文学发展的带有规律性的现象。我的核心论点是：一、使人认识其自身是文学的目的。如果说古典文学使人看到的是与一定的阶级、等级相联系的类型，近代文学使人看到的是与一定环境相适应的个性，那么现代文学则使人看到人是与全部客体相对应的，具有整体性、自主性、创造性特征的主体。二、以人本身的形式把握人是文学的把握方式，文学的发展经历了三种模式：个别与一般的统一；性格与环境的统一；主体与客体的统一。现代文学，特别是其中有代表性的作品，不同程度地超越了性格与环境的统一，而达到主体与客体的统一。三、让人全面地展示自己是文学所关注的中心。人曾经为文学作品中行动的人激动不已，曾经为具有独特性格的人抛洒热泪，这些都已经过去或即将过去了，现代文学所关注的中心是作为主体的人，是人的全面回归。这里所指的现代文学既包括社会主义现实主义或革命现实主义文学，也包括所谓现代主义文学。我认为它们一个在群体的意义上，一个在个体意义上；一个在实践范围里，一个在精神范围里揭示了人的主体性。但是，群体与个体，实践与精神的这种分立本身就是一种片面性，社会主义现实主义或革命现实主义文学与现代主义文学的发展应该是相互接近与相互融合的。下面围绕上述三个方面问题分别阐述如下。

---

* 此文发表于《文学评论家》1987 年第 1 期。

一　从理性存在物、社会关系总和到与客观世界对应的主体，文学的历史就是人认识其自身的历史

让人认识其自身，这是文学真正的目的，文学在一步步接近这个目的。作家往往把意识到的政治、宗教、道德或文学自身的要求当作文学的目的，其实政治、宗教、道德并不能成为文学的目的，因为它们的出发点也是人；文学自身更不能成为目的，因为没有了人，文学便失去了存在的根据。倡导"为艺术而艺术"的人，实际上也都意识到了艺术是从属于人的这个真理。从这个意义上去理解马克思在《政治经济学批判》导言中的那段话，就会感到那是千真万确的真理。艺术是把握世界的一种方式，这个世界当然首先指人。人是构成世界的最高层次，是它的主体；人包含着世界的几乎所有重大的奥秘。只有了解了人，才有可能了解整个世界。所以我说，文学不是科学，却又是最伟大的一门科学，正是文学，而不是其他科学，才为我们展示了一幅完整的、活生生的人的历史。

人是从什么时候开始认识其自身的？从开始文学创作的时候。一切哲学、伦理学、政治学、社会学都是文学的延伸，正像英国 16 世纪诗人锡德尼说的，诗是一切学术之母，一切学术必须取得诗的"护照"才得以进入学术之门。读一读柏拉图、亚里士多德的哲学，再读一读荷马、伊索、索福克勒斯、阿里斯托芬、德谟斯梯尼的文学作品，就可以毫不费力地找到它们之间的联系，就可以看出形象思维怎样成为逻辑思维的先导；人物形象系列怎样孕育并转化成为抽象的观念系列。于是，从古希腊时代起，在人的问题上我们看到了这样的表述：人是具有理性灵魂的存在物，而理性灵魂是先验的，永恒的。植物与人不同，它只有生命灵魂；动物也与人不同，它只有感觉灵魂。植物为生命而存在，动物为感觉而存在，人则为理性而存在。人的理性有不同等次，因此人与人也有不同：希腊人是富有理性的民族，具有统治其他蛮族的权利；希腊人中的奴隶主是富有理性的阶级，奴隶生来是他们手中"会说话的工具"；女性公民，特别是工匠、水手、农夫、商贩本身是缺少理性的，只有靠其他人理性的启发才得以生存。中世纪末和文艺复兴时期对这种观念作了重要修正，就是申明人作为物质与感性存在的权利，申明人是精神与肉体、感性与理性的统一

体。但是直至 17 世纪古典主义戏剧、文学依然是唱着理性的赞歌。被搬上舞台的，人依然是穿着古代贵族衣衫的高贵的人。文学没有告诉给我们比哲学、宗教更多的东西，但是它把哲学形象化了，玄想的序列化作了具象的序列；它把宗教世俗化了，诸神的层次化作了俗世的层次。文学一产生就注定它是不可取代的，因为没有其他任何东西能够使人如此真实地观照到他自己。

也许从文艺复兴时起，新兴的资产者们崭露头角了，而且渐渐成为文学的主人公，特别是到了 18 世纪，理性观念连同等级观念一起被资产阶级启蒙运动冲垮了。文学作品涌现了鲁宾孙、汤姆·琼斯、克拉丽莎、圣·普乐、台尔海姆等一批冒险型或感伤型的形象。人的形象渐渐变得丰满了，变得有血有肉和生气勃勃了。于是，从英国经验主义者洛克、休谟等人起，对人形成了一种新的理解——灵魂是个集合概念。灵魂并不就是理性，情感比理性更为原始，人首先要吃，要穿，然后围绕着吃穿才形成各种观念。因此，对于人来说，感觉与经验是更重要的。人是由感觉塑造出来的，人不过是一束束不断更递的感觉。——人在与环境的交往中造就了自己，人是环境的产物。所谓环境就是指地域、气候、人种、文化、风俗及政治制度。上帝分配给人类的智慧是均等的，是环境造成了智力发展及性格上的种种差异，而政治制度与分工又使之演变为社会生活上的种种不平等。——环境决定了人的命运，那么为了改善人的命运就必须改变环境。对于为文明所腐蚀的心灵，唯一的办法是弃绝文明，返回自然去。教育是万能的，把犯有种种恶行的人交给阿里斯托芬吧！只有在剧场（而不是法庭），恶人与善人的泪才可抛洒在一起。这些观念促使法国人走向了政治，促使德国人走向了思辨。黑格尔在一定程度上看到了人的主体性，他指出：自然不是人的界限，也不是人的对立面，自然的地位是由人来设定的；自然的真实只是设定者自身，自然是人的另一面，当人还以对立物看待自然时，人是片面的、不自由的；而当人如实地把自然看成是自己的另一面，自己本质的外化，人才消除了片面性，成为完整的自由的人。艺术就是为此而存在的，艺术的满足是把本来只是主体的内在的东西转化为外在的东西，从而为自己造成了另一种存在——另一面。人是环境的产物与自然是人的另一面这是两个相反相成的命题，这两个命题到马克思、恩格斯手里才被综合在一起。马克思讲，劳动创造了对象，同时创造了人本身。自然的人化的前提是劳动，而不是自我意识。人首先是劳动者，然后才能成为设定者，但是劳动也是在一定前提下进行的，这个前提就是现存的生产资料和社会关系。所以，归根结底，人是社会关系的总和，社会关系制约着人与自然的关系，制约着自然条件对人所产生的影响，同时制约着人对自然可能达到的认识与驾驭的能力，不仅如此，社会关系还决定了人的整个思想意识和精神生活的样态，包括哲学、宗教、道德、艺术在内。人的观念的这种变化深深地渗透在文学创作中，文学于19 世纪终于摆脱了古典主义的束缚，走向了浪漫主义与现实主义。这时，我们看到，作家把笔锋转向了人生活的环境，人与人的社会关系，以及能够生动地表现人的性格的具体的生活场景。我们记得马克思对狄更斯、沙克莱、白朗特、加斯克耳夫人的评价，他说这几位作家"对资产阶级的各个阶层，从'最高尚的'食利者和认为从事任何工作都是庸俗不堪的资本家到小商贩和律师事务所的小职员，都进行了剖析"，他们"向世界揭示的政治和社会真理，比一切职业政客、政论家和道德家加在一起所揭示的还要多"①。至于现实主义大师巴尔扎克、列夫·托尔斯泰等人，我们就无须提起了，我认为，他们的作品是马克思关于人是社会关系的总和这一论断的最好的注脚；他们是伟大的，他们通过自己独特的方式达到了与马克思相同的结论，从而把人对自身的认识推进到一个新的层次。

　　但是，人对自身的认识是无止境的。19 世纪后半叶以后，随着资本主义逐步走向垄断和战争，一种异化感或自我失落感在人们心中普遍而强烈地滋生起来，人们需要寻回自己，体认自己，于是，一些人遵循马克思、恩格斯的学说，开始了规模浩大和旷日持久的实践上的反叛，他们告诫说：只有共产主义才能够消灭异化，实现人性的全面复归；另一些人则扯起实证主义、存在主义的大旗，对各种传统观念进行精神上的反叛，他们总结说：现实与理性都已披扭曲了，人为了肯定和完善自己，唯有从现实与理性中超脱出去。文学开始踏上两条相互并行的途程：一条是现实主义（"革命现实主义"，"社会主义现实主义"）的，但浸透了浪漫主义情调。它把现实生活当作创作的源泉。它的目标是"在每个现象里探求它的肯定的品质，在每个人身上寻找他的美德"②，是努力"在腐朽的垃圾

---

① 马克思：《美国资产阶级》。
② 高尔基：《年轻的文学及其任务》。

的烟气腾腾的灰烬中看见未来的火花爆发并燃烧起来"①；另一条是反现实主义，被称作现代主义（"未来主义"，"达达主义"、"超现实主义"、"表现主义"、"存在主义'、"魔幻现实主义"等），它把笔触沉入到人的心灵，人的非理性、潜意识及梦幻世界，它的目标是"了解内心独白中一点不外露的秘密细流和心理活动的无限丰富"②，揭示最深层、最内在的人的本性。

社会主义现实主义或革命现实主义展示的是现实的具体的人。在这一类作品中可以看到马克思主义哲学、社会学、美学所取得的认识：需要造成了人的理想，同时支配了人的行动，理想与行动是人的两面；人格的分裂就是理想与行动的分裂，这是造成悲剧的主要根源，而人格的力量就在于理想与行动的统一，只有在这种统一中人才能确证自己；人并不总是在适应环境，人在与环境交往中往往打下自己的印迹，人是具有主观能动性的自由的存在。

现代主义揭示的是非现实的本然的人。这一类作品集中体现了西方现代社会心理学、人类学和精神分析学的成果，其中包含这样一些崭新的观念：一、人格是在物质环境、文化氛围、社会心理、种族遗传等多种因素作用下形成的复杂的心理结构，包括意识与潜意识，理性与非理性，内在的隐蔽的自我与外在的显明的自我；二、人格并不仅仅表现在对外在事物的理解与适应中，它本质上是一种"投射"，只有在"投射"中，在自己的特殊"生活方式"中，才能表现为真正的人格，人格是人的"自我实现"；三、心理不是静止的结构状态，而是一个不断流变的过程，心理与环境总是处在相互渗透之中，环境是特定心理的环境，心理是特定环境中的心理，因此，每个直觉都是一种创造，一种美，每个意象都是刹那间思想与情感的复合体，都是自我与现实的新的结合；四、梦是人按照自身愿望描绘的世界。梦形成之前，是以"潜梦"的形式藏伏在下意识中，因此，梦和下意识中包含着真正的人格，人只有在梦中，在下意识里才完全属于自己，才作为自由的个性存在着，相反，意识和理性却常常是一种伪装，在那里起支配作用往往不是自我，而是环境。

社会主义现实主义或革命现实主义与现代主义从不同方面描述了人的

①　高尔基：《本刊的宗旨》。
②　纳塔丽·萨罗特：《怀疑的时代》。

主体性，使人在一定程度上认识到人是世界的主体，人是按照自己的需要去设定世界，按照自己的理解去造就世界的。人是自身的产物，只有在自身的活动中才能得到说明。人的本质中就包孕一种创造的机制，人不能不创造，否则就不称其为人，凡是人所触及的一切无不打下人的烙印，但是，人同时是世界的客体，人本身就构成了一种普遍的需要，一种理解的依据，一种创造的规范。人首先要战胜自己，然后才能支配世界。人无论如何不能超越自己，必须把自己当作出发点，必须不断地返回自身。现实主义与现代主义都还在这个认识的途中，它们暂时还是分立的。这种分立本身就是一种局限，文学的进一步发展，应该是超越这种局限，让社会主义现实主义或革命现实主义与现代主义在更高层次上达到彼此和解，也许只有到那时，我们才可以指望看到一种主体与客体统一的、完整而自由的人的形象出现。

二　从个别与一般的统一、性格与环境的统一到主体与客体的对立和统一，文学的存在方式就是人的存在方式

人不仅是文学的目的，也是文学实现这个目的的手段，即文学的把握方式。文学与哲学、宗教、道德不同，就在于它是以人本身存在的形式去把握和再现人的。

文学的目的与手段恰恰成为螺旋性循环：文学在怎样的程度上接近自己的目的，取决于它所采取的把握方式；反过来也是这样，文学采取怎样的把握方式，又取决于它接近自己目的的程度。

这样，我们看到，与文学对人的认识的三个历史阶段相适应，文学在以人作为把握方式上也有三个逻辑层次，三种模式。

第一种模式是个别与一般的统一。文学之为文学的第一步，就是懂得了人是社会动物，人的理性、品格、价值是由其所处的社会地位决定的，因此，为了认识人必须把人的个别存在与相应的社会存在统一起来，把个别纳入一般之中。亚里士多德曾经说过：任何存在都是个别的，但个别的只是感觉的对象，不是认识的对象，认识是从个别上升为普遍开始的。最普遍的也就是最难认识的，诗或艺术所以能够引起人们的快感，是因为它能够满足求知的欲望。它的秘诀就在于："由'这个'（个别）制作一个

'如此'（一般），……在既诞育之后，这是一个'这个如此'（个别一般的综合体）"。亚里士多德这样理解，不仅是他，这也是后来贺拉斯直至17世纪古典主义者布瓦洛的理论支点。

个别与一般统一这个模式在创作上体现为以下三个特征。一、它强调文学的纯认识功用。在其看来，一般就是必然，个别只是偶然，文学借助个别描写一般，就是透过偶然揭示必然。诗所以高于历史，就是因为诗描写的是"按照可然律与必然律将要发生的事"，诗告诉人们的不是事实上的真，而是哲学上的真。二、它把情节置于作品的中心。它认为，情节是悲剧的基础和灵魂；悲剧模仿的不是人或人的品质，而是人的行动、生活、幸福；悲剧不是为了表现性格而行动，而是在行动中附带表现性格；悲剧中没有行动，则不成为悲剧，但没有性格，仍不失为悲剧。事实上，它根本没有近代的性格的概念，它所谓的性格仅仅是在抉择性行为中所表现出来的善恶；是游离于一般的思想、言辞、行动之外的。三、它认为创作是理性的事情，亚里士多德就说，创作是"推理"的过程，虽然要通过制作来完成，但"它的起点和形式都是在思想中进行的"。贺拉斯强调作家要有良好的"判断力"，懂得怎样把人物写得合情合理，——国家和朋友的责任是什么，怎样去爱父母和宾客，元老和法官的职务是什么，派往战场的将领的作用是什么，等等。直到布瓦洛依然把服从理性当作创作的第一要义，要求作家首先需爱理性，让笔下的一切因理性而放射光辉。

无疑，这样模式的文学是幼稚的文学，但这是由幼稚的人生所造成的。这时种族与阶级的力量正在发展和强化，人的个性是极不发达的。人的命运基本上决定于他所从属的种族与阶级，与个人的奋斗几乎没有什么意义。人们并不关心阿伽门农、奥狄浦斯或克勒农具有怎样的性格，他们虽作为单个人行动着，但他们的行动完全是作为国王所应该做出的行动。戏剧中面具的广泛采用，雕塑中人体标准的探求，充分证明人们所看重的是一般的共性，而不是个性，同时，这时人对自身的认识才刚刚开始，而种族，特别是阶级的划分是认识所面临的第一个基本事实。从神的意识到笼统的人的意识，再到阶级的意识，这无疑需要有一个相当漫长的过程。文学的贡献也许正在于使人们看到，支配这个世界的不是神，也不是笼统的人，而是在理性发展上居于较高层次的种族和阶级，人是不幸的，它生来就注定被分割为不同的种族和阶级，并永远生活在战乱和纷争之中。

第二种模式是性格与环境的统一。个别与一般统一这个模式的最大弊病是把人与他所生存的环境分割开来，把人的个别与一般的对立看作是基本的和不变的事实。实际上，人是由环境造成的，个别与一般在一定条件下不仅可以彼此消长，而且可以相互转化。这一点在西方从 18 世纪时就为人们所认识了，因此，从 18 世纪开始，性格与环境的统一便取代个别与一般的统一（确切地说是包容了，使之降至从属的层次上），成为创作的模式。狄德罗是第一个明确表述这样观念的人。他在《论戏剧诗》中强调性格与情境的对比，性格与利害矛盾的对比，在他看来，人物性格是由情境决定的，而不仅是出身和门第。他说："把女儿当作牺牲品的人可能是个野心家，也可能是个弱者。丧失钱财的可能是财主，也可能是穷人。资产者或英雄，温柔的或嫉妒的，亲王或随从都可能为情妇担心。"[①]黑格尔把这种观念伸展为系统的理论。他认为，"理想的完整中心是人，而人是生活着的，按照他的本质，他是存在于这时间、这地点的，他是现在的，既个别而又无限的。属于生活的主要是周围外在自然的那个对立面，因而也就是和自然的关系以及在自然中活动"[②]。他并且指出，文学描写应该从"一般的世界情况"（即造成性格及发出动作的前提，可以理解为社会历史背景）开始，从中发现"情况的特殊性"（差异面），也就是具体的"情境及其冲突"，然后把它转化为人自身的"情致"，形成"动作与反动作"，性格作为某种普遍力量的载体，它的某些深刻方面只有通过动作与反动作的完整运动才能显现出来。恩格斯在给玛·哈克奈斯的信中，更明确地将性格与环境的统一当作现实主义的本质规定，他批评玛·哈克奈斯的小说《城市姑娘》中的人物对环绕他们并促使他们行动的环境来说不够典型，他认为"现实主义的意思是，除细节的真实外，还要真实地再现典型环境中的典型性格"。

　　以性格与环境统一为模式创作出来的文学无论就题材的广泛程度，内容的深刻程度及形式的多样程度都超过了以往的文学。它的基本特征可以归结为以下几点。一、它强调对世界的整体观照。无疑，环绕性格并促使他行动的环境不是指某一两种社会现象，而是整个繁复的世界。只有在这样的世界里，性格才能成为完满的、活生生的整体。人物性格的丰满程度与他所生长的环境的广阔程度应该是成正比例的。所以对世界的整体观照

---

① 　狄德罗：《论戏剧诗》。
② 　黑格尔：《美学》。

对于性格与环境统一模式的文学不仅是个基本的出发点，也是它必然的趋向。二、它把性格置于作品的中心。文学无论如何不能把世界原封不动地再现出来，它的主要手段就是性格，只有性格才能把广大的社会历史背景，造成动作的具体情境和活跃在人物心灵中的生动的情致融成一体。所以黑格尔说，古代文学编造的那些信仰、希望、爱情、忠贞、妒忌、怨恨、仇杀等寓言再也不能吸引人了，人们唯一感兴趣的是具体的主体性，只有性格才应成为"理想艺术表现的真正中心"。三、它认为创作是理性内容与现实形象互相渗透的过程。文学家为了塑造出与环境相统一的性格，不仅要有深刻的理解力，而且要有灌注生气的感情，不仅要观察很多，了解很多，而且要把观察和了解的东西放在心中反复玩味，并深深地为之感动，同时，必须用自己切身的经历与体验去充实它、丰富它，总之，文学家必须是善于将外在现实与内在的理性和情感融合起来的具有创造机能的主体。别林斯基说，"诗人比谁都更需要研究物质的与精神的本性，爱它，对它发生共鸣"，"诗情的灵感是大自然创造力的反射"①。

　　性格与环境的统一的创作模式从 18 世纪起成为文学的主潮，这是有深刻社会原因和认识方面原因的。被列为"第三等级"的资产阶级就是特定历史环境的产物。他们没有显赫的门第，没有高深的教养，他们之所以获得甚至令王公贵族们妒羡的地位和财富完全是靠机遇和才干。在那个自由贸易和竞争的时代，谁敢于否定封建的等级观念，谁能利用环境以寻求可能的机遇，谁就能出人头地；谁死抱着封建等级观念不放，妄信先验理性和永恒不变的社会秩序，谁就活该倒霉。环境是竞技场，也是学校，就是在这里，许多曾举足轻重的大人物倒台了，变得一文不名，而不少微不足道的小人物却平地崛起，身价百倍。大人物变得不那么趾高气扬，有时候不得不屈尊纡贵地靠变卖家产过活；小人物却一改平时谦卑顺从的本性，理直气壮地坐到皇家剧院去看戏了。古代那些家族故事不再吸引人了，文学不得不求助于现实，去探索性格与环境的辩证法。这些东西在当时既新鲜，又充满教益。文学家这时普遍养成了一种经验主义者们的气质，他们宁肯相信感觉与经验，而不相信理性；宁肯靠文学的微薄收入为生，而不愿去依附宫廷和权贵；他们用双脚踏遍了教堂、市场、酒店、赌场、农村田舍，并用活生生的事例传播这种新的观念：没有不变的个别，

---

　　①　别林斯基：《文学的幻想》。

也没有不变的一般，一切都随同环境的改变而改变，使人成为人的，也许是上帝；但是使人成为这样的人的，是环境。

第三种模式是主体与客体的统一。性格与环境统一模式的文学使人看到了性格的多样性和不稳固性（在性格中包含着整个环境的复杂的变迁史），看到了人如何为自己创造的环境所羁绊，因而也看到了资本主义制度下人性的普遍异化，这是真正批判性的文学。然而，人并不满足于仅仅看到自身的失落，他们要看到它的复归，人要在实践中，同时在文学中表明他才是构成世界的主体。于是，在东方与西方分别出现了两种文学：一种是现实主义，同时浸透了浪漫主义的文学；另一种是反现实主义，通常被称作现代主义文学。这两种文学从不同途径探索着人的主体与客体的统一。

在性格与环境统一模式的文学中，现实主义（批判现实主义）与浪漫主义是分立的。现实主义在再现现实中掩盖了自我，浪漫主义在伸张自我中丢弃了现实。以主体与客体相统一的文学要消除这种对立，把自我与现实在理想的形式上融合起来，使现实成为自我的实现，自我成为现实的延伸，这依然是现实主义，然而由于与浪漫主义的结合，而升华到一个更高的层次。1931年，高尔基曾第一个提出这样的问题："是否应该寻找一种可能性，把现实主义和浪漫主义结合成为第三种东西，即能够用更鲜明的色彩来描写英雄的现代生活，并用更崇高更适宜的语调来谈论它呢？"① 卢那察尔斯基似乎还没有看到将现实主义与浪漫主义结合成"第三种东西"的可能性，但他肯定与社会主义现实主义并列存在着的，还有一种社会主义浪漫主义。直到1958年，毛泽东才根据中国文艺发展的历史趋向，明确提出了将"革命现实主义与革命浪漫主义相结合"作为社会主义时代的一种新的创作方法。于是，一种与旧的现实主义和浪漫主义不同的创作潮流在理论上正式得到了确认。

社会主义现实主义或革命的现实主义在创作上有哪些特点呢？根据它的倡导者们的描述大致可以归结为三。一、它把现实当作历史过程来描写。不仅写它的过去、现在，更重要的是写它的未来。卢那察尔斯基说："资产阶级艺术的境界便是这样——静止的现实主义，否定的现实主义。""我们接受现实，但是我们不用静止的态度接受它，——我们又怎么能承

---

① 高尔基：《论文学及其它》。

认它处于静止状态呢？——我们首先把它当作一项课题，当作一个发展过程来接受。我们的现实主义特别富于能动。"① 卢卡契说："社会主义现实主义必须有远景，否则它就不成为社会主义的了。""这种远景不是一种空想，不是一种主观的幻梦、而是客观社会发展的必然结果。"② 二、它描写的中心是那些理解世界、掌握世界、在世界的进程中处于前列的英雄人物形象。高尔基认为，文学应该"把真理化为形象"，写出"大写字母的人"。周扬说：文学决不可把反面人物与正面人物放在同等地位上，要写出正面人物战胜反面人物的过程，要表现出正面人物的革命乐观主义与英雄主义。三、它强调作家树立马克思主义世界观，并担负起教育人民、鼓舞人民的责任。这一点从列宁发表了《党的组织与党的出版物》，申明"写作事业应当成为无产阶级总的事业的一部分"之后便成为无可置疑的了。毛泽东在《在延安文艺座谈会上的讲话》中进一步要求作家通过"深入工农兵群众、深入实际斗争"，"学习马克思主义和学习社会"改造自己的思想情感。

社会主义现实主义或革命现实主义文学把人当作实践的主体，并且在理想意义上达到了主体与客体的统一，它向人们揭示了世界作为过程的客观必然性，同时揭示了人作为意识到自己力量的群体的主观能动性；它赋予了个人以崇高的历史感与使命感，同时赋予了他们以智慧与蓬勃的热情。它至少使人树立了这样的信念：世界的完善与人自身的完善是一个统一的过程，从必然王国向自由王国的过渡是艰难的、漫长的，却并非是不能实现的。然而，社会主义现实主义或革命现实主义文学没有，也不可能弥合理想与现实间的巨大裂痕，因此，它的一切有关人的主体性的设定不能不带有主观幻想性色彩。人们事实上常常处在二律背反的情态中：当他以群体的一员出现时，他强烈意识到自己作为主体与其他事物的区别，而当他作为个体与别的个体交往时，则不由得感到自己正消失在广袤的事物中；当他沉浸在未来的幻想中时，他享受着作为主体的喜悦，而当他陷进现实生活的巨大网络时，他又不能不为自由的丧失而苦恼。我们看到，在社会主义现实主义或革命现实主义文学中，除少

---

① 卢那察尔斯基：《社会主义现实主义》。
② 卢卡契：《关于文学中的远景问题》。

数优秀作品之外，往往把英雄人物当作人的本质的体现，把群体的意志当作英雄人物的灵魂，而把世界的历史必然性当作群体意志的根基，——其实，这一切之间并非是等同的、同一的，其间还有无穷无尽的差异、层次、间隔、衍生物、次本质与非本质的因素。当然，人并不能从英雄人物身上看到自己的影子，英雄人物从群体意志中也会找不到完整的灵魂，群体意志也并不总是与世界的历史必然性相一致，一切都是经过理想化升华了的，因而一切都显得不那么实在和亲切。人们在他们塑造的英雄形象面前感觉到了什么呢？感觉它有一种不可企及的崇高；感觉它生活在别一个世界；感觉它只是出现在心灵中的一道闪光，光亮逝去，便又是一派平庸。总之，他们感到自己依然是一个局外人，一个观照者。

在性格与环境统一模式的文学中，性格、环境以及这两者的统一都是建立在想象基础之上的，性格是环境制约下的性格，环境是性格要求的环境，而性格与环境又作为道具一同扮演着作者为之安排的戏剧。这里，唯一真正发出动作和给人以启示的真实是作者自我，但可惜，这个自我又巧妙地躲藏起来了，人们要寻找他就像从一场规模宏大的演出中寻找它的导演那么渺茫和艰难。以主体与客体统一为模式的现代主义文学要消除自我与现实这种人为的间隔，让自我取代人物性格走到前台来，直接地、坦率地吐露自己的心曲并展示他心中的世界。于是，在现代主义作品中，旧的用某种精神元素堆积起来的人物性格消解了，出现在人们面前的是真正具有血肉之躯的，活生生的自我。自我也具有一定的性格，但性格被包容在异常丰富的生命活动中，你可以感觉到它，却难以捕捉到它；自我也有自己生存的环境，但环境就是与自我相对应，相终始的世界，你可以意识到它，却不能去具体地描绘它。性格是理智的产物，因此性格永远是人的可以化作理智的部分；自我则是直觉的产物，凡直觉所能提供的都可以用来丰富自我。所以直觉就成为现代主义文学通向自我和通向世界的一个基本的环节。被称作现代主义文学理论奠基人的柏格森将这种观点表述的十分清楚，他说："绝对是只能在一种直觉里给予我们的，其余的一切刚落入分析的范围。所谓直觉就是指那种理智的体验，它使我们置身于对象的内部，以便与对象中那个独一无二，不可言传的东西相契合。相反地，分析的作法，则是把对象归结成一些已经熟知的、为这个对象与其他对象所共有的要素。""小说家可以堆砌种种性格特点。可以尽量让他的主人公说话和行动，但是这一切根本不能与我在一刹那间与这个人物打成一片时所得到的那种直截了当，不可分割的感觉相提并论。"① 作家普鲁斯特也说："直觉，不管它的构成多么单薄与不可捉摸，不管它的形式多么不可思议，唯独它才是判断真理的标准。根据这条理由，它应该为理智所接受，因为，在理智能提取这一真理的条件下，只有直觉才能够使真理更臻完美，从而感受纯粹的快乐。"②

在创作上，乔伊斯曾经将现代主义文学特点概括为四个方面，为便于对照，我们依然把它归结为三。一、它摒弃现实，而把笔锋转向自我。约翰·浮尔滋说，文学应该类似"自画像"，作家从中看到的只是自己；纳塔丽·萨罗特说，小说的主要人物应该是无名无姓的"我"，其他一切都是"我"的附属品，"我"的梦境、幻象或反照；维吉尼亚·吴尔夫认为，当代作家最感兴趣的事物是"尚未认识的心理深度"，小说的任务就是尽可能少地掺进外物，以便把变幻不定和难以穷尽的心理世界描写出来。二、它拒绝传统，强调创作中非理性和下意识的作用。作家让·蒂博多说，小说不应该设置什么中心、角色、人物，它应该是"没有真正的开端和结尾的一堆不可捉摸的音响的序曲"；阿兰·罗布——格里耶说，作品产生之前，什么也没有，没有肯定，没有主题，没有信息。认为小说家有些事要讲，然后又寻求如何讲的方式，这是最严重的误解。只有"暧昧不明的设想"及"不稳定的内容"才有助于"自由的事业"。安德烈·勃勒东在《超现实主义宣言》中更明白无误地宣布：超现实主义——阳性名词，一种纯粹的心理"无意识化"，一种不受理智的任何控制，排除一切美学的或道德的利害考虑的思想的自动记录。三、它不承担任何义务，让作家居于绝对孤独的、超越的地位。约翰·浮尔滋写道：今天艺术家感到的主要需求就是表现个人的以个性特征为标志的"自我"和气质，而与此相应的就是放弃反映外在世界，放弃对外在世界所承担的义务。于是，我们看到，在艺术家与读者之间裂开了一条张着大口的深渊。欧仁·尤奈斯库在《论先锋派》一文中说：艺术家既不是教育家，也不是煽动家。戏剧创作是为了回答精神的一种需要，这种需要本身就够了。一棵树就是一棵树，它要

① 柏格森：《形而上学引论》。
② 普鲁斯特：《复得的时间》。

成为一棵树，用不着得到我的许可。同样地，艺术作品存在于自身之中。我构思的完全是一种没有观众的戏剧。彼埃尔·加斯卡说，职业作家永远不会和芸芸众生融为一体。他的行业需要高度的孤独，他的创作应该是孤傲的自由。

现代主义文学把人当作了纯粹精神的主体，并且在直觉基础上达到了主体与客体的统一。它告诉人们，在普遍异化的情况下，在人成了"忘记自己家乡的无法召回的流放者"的时候，人并没有堕落成为一般的动物，他依然能够借助于直觉保持作为主体的人与客体的和解和统一，并享受作为主体的快乐。直觉，这是人在丧失了自由理性和自由意志之后，唯一能够证明人不同于动物，人具有主体性的标志，是人作为主体与客体相沟通的唯一和最原初的纽带。直觉的快乐是主体性的快乐，因为它不是把客体当作异己的对立物，相反，它消除了客体的疏远，使之与自己达到完全的和解，成为自己的反照，自己的外化。正像柏格森说的，直觉"使我们置身于对象的内部，以便与对象中那个独一无二、不可言传的东西相契合"。直觉包含对客体的感知，但本质上是投射，是移情，是创造，而这也就是主体性的定性，——主体性是在创造中确立的。正因为如此，所以直觉都是独立的，特殊的，是"一次性获得的"。直觉中最容易见出人的不同品格。

一般感觉、思维往往把有限的自我当作出发点，因此往往把心灵引向有限的外物，直觉却要求超越有限的自我，升达到无限的实在，所以直觉对于人所引起的"振奋"有时候要超过科学给予人的启迪。但是，现代主义文学本身是苍白的、畸形的，它并没有让人享受一个"流放者"找到"自己家乡"的那种欢乐。它没有注意到人，包括直觉能力本身都是在物质实践中生长并完善起来的，没有物质实践，人就不可能与自然区分开来；它没有注意到人作为主体首先必须是统一的整体，在自身尚处在分裂的情况下（直觉与经验、下意识与意志、梦幻与理智等），不可能达到主体与客体的完全统一；它没有注意到直觉并不是与理性、情感、意志隔绝的孤立的存在，相反，直觉中包含着全部精神里活的历史的积存。直觉不像克罗齐说的，是认识的初级阶段，是它的起点，而是已有认识的终结，直觉给人提供的享乐是以整个精神积存作为依托的。当然，现代主义文学可贵之处在于把直觉世界当作对经验世界的否定，把下意识、梦幻当作创造的主体性的明证，它表现了丑，却没有忘记维护和发掘人的美的本性。

三　从行动的人、性格的人到主体的人，
　人永远是文学的兴奋中心

　　人如此执着地通过文学的创作与欣赏认识其自身，显然不是出于任何
意义的义务感或使命感，而是出于一种内在的、本然的需求。人需要认识
其自身，因为认识自身是完善自身的前提，而认识与完善自身又是造成真
正人的快感的最本质的根源。文学的魅力从哪里来？——是模仿？是游
戏？是同情？是移情？是幻觉？是对生活的超越？当人们这么说的时候总
觉得意犹未尽，不得不加以适当注解。其实，文学像柏拉图说的，是面镜
子，它所以扣动人的心弦，给人以莫大的精神享受，归根结底是因为使人
得以认识其自身。当然，人需要模仿，据说人的最初的技艺是从模仿中来
的；人需要游戏，人在繁重的劳动之后总应有一定调节和休憩；人也需要
同情和移情，因为人不是孤独的存在，需要有同类的协同；甚至人也需要
幻觉和超越，因为精神不能完全沉入物质的现实，需要有缥缈的梦一般的
追求，但是，人更需要认知自己，确证自己，肯定自己。我敢说，人的最
大快乐莫过于在周围生活中留下自己的印迹，从而使自己观照到自
己，——看到自己生命的跳跃、理性的闪光；最大痛苦莫过于自己被一个
陌生的群体所吞没，无论如何喊叫，如何挣扎，如何拼斗都听不到一丝回
响，——试想，一个站在阳光下而看不到自己的影子的人，该是如何的惊
惧和慌恐啊？文学给人的快感就是自我观照、自己确证的快感，人类所以
能够保有对童年的美好回忆，所以能够充分领略大自然所提供的种种乐
趣，所以能够怀着对未来的憧憬去进行创造，大半靠了文学，是文学使人
对自身有了生命感、整体感与历史感。

　　人始终是文学的兴奋中心，但这个兴奋中心不是固定不变的，它时时
在摆动着，而摆动的方向与人对自身的认识是一致的，这就是从行动的
人，到性格的人，到作为主体的人。

　　古典文学——特别是它的典型形式（或如泰纳讲的中心形式）悲
剧——描写的主要是行动的人。在他看来，对于人具有决定意义的是行
动，"无行则无乐"，行动是一切快感的根源。它把动作（情节）放在作
品的中心，因为这个缘故，它强调对行动本身的选择——行动必须是

"严肃"的，有道德意义及娱乐价值的，少数几个古代家族的传说故事成了文学的主要题材；它强调行动的内在逻辑，行动的"必然性与或然性"及"整一性"，命运在很长时期里成为构成行动及冲突的直接动因，强调由动作的"发现"与"转折"所造成的"惊奇感"，以及由此生发出来的"恐惧"与"哀怜"之情；它强调性格的从属性，性格必须"适合"（指与身份、地位相宜）、"相似"（指与传说中或历史中人物相符）和前后"一致"。

我们这一段概括主要根据亚里士多德的《诗学》。亚里士多德是古典文学观念的主要阐述者，车尔尼雪夫斯基曾正确地指出他在整个西方古典文学历史上的巨大影响，说他雄霸了欧洲文坛一千多年。为了便于对照，我们不妨从《诗学》中再引用两个段落。其一："模仿者所模仿的对象"是"在行动中的人"，"这些人物必然在'性格'和'思想'两方面都具有某些特点"，但"悲剧的目的不在于模仿人的品质，而在于模仿某个行动"，"悲剧是对于一个严肃、完整、有一定长度的行动的模仿"。其二："关于'性格'须注意四点。第一点，也是最重要之点，'性格'必须善良，……如果他抉择的是善，他的'性格'就是善良的。……第二点，'性格'必须适合。人物可能有勇敢的，但勇敢或能言善辩与妇女的身份不适合。第三点，'性格'必须相似。……第四点，'性格'必须一致。"

当然，不能怀疑，亚里士多德的这些观点是从当时已有的文学创作中总结出来的。意大利著名美学家维科就曾证实，荷马史诗中的人物性格正是亚里士多德所要求的"想象性的普遍性相（即类型）"。他说："亚里士多德在《诗学》里说，只有荷马才懂得怎样去进行诗的虚构，因为荷马的诗的人物性格（这些在崇高的恰当性上是无比的，曾获得贺拉斯的赞赏）都是上文'诗的形而上学'里所下过定义的想象性的普遍性相，是希腊各族人民用来统摄同属一类的一切不同个体的。"①

古典文学的这种观念到了近代遭到了普遍的反叛，基本属于古典主义营垒的蒲伯、德莱顿、伏尔泰等开其端，狄德罗、莱辛、歌德等则使之酿成具有时代特征的新的创作潮流。他们明确表述了这样的思想：成为创作中心的不应是行动，而应是性格。行动是从属于性格的，是性格的延续，性格比行动更"神圣"，更易于打动心灵，行动只有显示性格，说明性格

---

① 维科：《新科学》。

时才有意义。狄德罗说:"古代人想法不同,一个简单的处理,为使一切处于高度紧张状态而采用的一个面临最后结局的情节,一个即将发生,却一直因简单而真实的情势而往后推迟的悲惨的结局,有力的台词,强烈的激情,几个画面,一两个有力地刻划出的人物:这就是他们的全套装备了","就我来说,我更重视在剧中逐渐发展,最后展示出全部力量的激情和性格,而不大重视使剧中人物和观众全都受折腾的那些剧本中交织着的错综复杂的情节,我以为高尚的趣味会蔑视这些东西,巨大的效果也难以与此相容"①。莱辛也说:"一切与性格无关的东西,作家都可以置之不顾。对于作家来说,只有性格是神圣的,加强性格,鲜明地表现性格,是作家在表现人物特征的过程中最当着力用笔之处。"②

近代文学主张以性格为中心。它的理由大抵是:一、性格是行动的根据。古代人所以把行动放在作品中心,因行动而设置性格,是由于他们相信命运的存在,以为人的苦乐祸福都是某种外在力量造成的。而实际上,人自身才是真正的主宰,决定的东西是人的天赋、经验和品格,文学应如实地把性格看作是"某种本质的和特有的东西",而把行动(事件)看作是"某种偶然的,许多人可能共有的东西"。二、由行动而设定的性格只能是类型,只能是机械的、虚假的影像,实际生活中是不存在的,因此很难与读者产生心灵上的交流。读者关心的是与他们的生活息息相关的人(而不是某个古代家族的命运),这些人犹如春天的树叶,每人都是独特的,没有两个人具有完全相同的色调和气质。三、行动的整一要求性格的适合与一致。但真正的性格却常常是矛盾的和不断变化的。文学是"同时怀有极端的和相反的感觉的艺术,也可以说是从相反的方向去扣动心弦,在心灵中激起交织着痛苦和快乐、苦涩和甜蜜、温柔和恐怖的颤动"。四、"丰富的教育意义并非寓于单纯的事件,而是寓于认识",③文学只有揭示出构成事件的性格根源的时候,也就是在性格与事件间寻找出其内在联系的时候,才有助于增长人们的认识。

近代文学——特别是它的典型形式小说把性格置于作品的中心,性格,在其看来,并非是对善恶等行动的抉择,而是"把一个人与其他所

---

① 狄德罗:《论戏剧体诗》。
② 莱辛:《汉堡剧评》。
③ 同上。

有的人区别开来的东西"，是许多看起来相互矛盾实际上并不矛盾的品性的综合，是决定一个人所以这样爱，这样恨，这样生活和这样死去的东西，是在很大程度上影响着他的出身、地位、命运的东西。因此唯有在性格中，而不是行动中才包含着人的心灵的秘密。由于把性格置于作品中心，所以近代文学强调性格自身的逻辑——它的"必然性"与"承续性"；强调性格的多样与独特，认为"理会个别、描写个别是艺术的真正生命"①；强调性格与环境，与利害的对比，反对单纯性格与性格间的对比（如高尚与卑鄙、慷慨与悭吝、勇敢与怯懦等）；强调情感是性格的延展，重视细节描写的真实；强调作家对自然与生活的观察，要求作家具有掌握现实并灌注生气于作品的必要的修养。

莎士比亚的出现是近代文学兴起的标志。文学借助莎士比亚的独树一帜和气势恢宏的创作才摆脱了古典主义的束缚。莱辛是第一个认识到莎士比亚的伟大价值和力量的人。他不只一次地将莎士比亚与高乃伊、拉辛作了比较。他说：如果把莎士比亚的戏剧比作一幅鸿篇巨制的风景画，那么高乃伊、拉辛的作品不过是一枚小小戒指上的小品画。莎士比亚的戏剧处处显得那么狂乱和粗野，然而处处都那么自然和率真；高乃伊、拉辛的作品虽处处那么文雅和庄重，却处处使人感到虚伪和做作。只有莎士比亚才能使人想起真正有生命力的各色人物，才能给人提供高尚的和无穷的趣味。

近代文学由于产生了莎士比亚、歌德、巴尔扎克、列夫·托尔斯泰这样一些巨匠，至今仍拥有相当数量的读者，但是，随着人对自身认识的不断深入，人的兴奋中心毕竟还是转移到了以描写人的主体性为特征的现代文学方面。现代作家是在马克思主义哲学和现代心理学、人类学影响下成熟起来的，他们意识到，人与环境并不是同一等次的对应物，"情感和人形成核心和始原"，"人的心和一切事物紧密相连"，不是历史的现实导致人的伟大；历史现实仅是人的装饰品，人必须摆脱性格—环境这个机械的框架，恢复自己的主体性及丰富复杂的内在生活，才能重新在文学中站立起来，并与新的读者进行真诚的对话。他们感到，新的读者需要文学提供一面新的、更加真切的镜子，而不需要继续陈列那些看起来有些滑稽的人物肖像。布莱希特说："自然主义使舞台上出现了惟妙惟肖的肖像画，逼

---

① 见《歌德与爱克曼谈话录》。

真的社会'角落'以及社会发展的有限的局部的过程，但当人们逐渐地
认识到，环境对人的生活态度的作用被过分夸大，而且这种环境带有自然
性质的时候，对'四堵墙'的兴趣就消失了。"① 纳塔丽·萨罗特说：
"自从《欧也妮·葛朗台》盛行以后，小说人物具有极大的影响，他高居
于读者与作者之间，成为两者共同关注的对象，如同文艺复兴前期的油画
上那些站在众施主之间的圣者一样。但是现在，小说人物却不断地日益失
去了所有的特性和全部的特权了。……就现在看来，重要的不是继续不断
地增加文学作品的典型人物，而是表现矛盾的感情的同时存在，并且尽可
能刻画出心理活动的丰富性和复杂性。"② 彼埃尔·加斯卡写道："自由小
说中的人物已经不是通过形象塑造和传统的心理分析这两个方面来表现的
了。现代科学告诉我们，以肉体的，甚至形态学的观点来捕捉人的个性的
现实性，远比作家长期以来对这个问题的考虑要困难得多，……如果今天
的长篇小说作家愿意把他的想象创造物写得尽可能接近于真实，那么他就
不能无视比如把人视为无限复杂的整体的人体心理的概念（或者哪怕促
使读者产生关于这种复杂性的想法），因为他不能对现代心理学的发现装
聋作哑（尤其是涉及人的语言现象的发现）。"③

现代作家对旧的以性格为中心的文学持批判的态度。他们的根据
综合起来有以下三点：一、人是活人，人不等于一个灵魂，或一具躯
体，人也不是神智、知识、情感，或大脑、胰腺、神经中枢，人是这
"各不协调部分的一个非常奇怪的综合体"。人不仅经常是矛盾的，而
且经常在变幻着，没有一个人能长久维持一种心理，一种品格，一种
态度。这样的人若不是被凝固并被肢解，不可能转化成文学作品中的
性格。性格"囿于自身的特点以及自身与其他性格的联系，它只能表
现我们天性的一个方面"，而当人被挤压在一个方面的时候，人就不
再是活人，而降为"一种粗制的标签"，一副干瘪的骨架。④ 二、创
作是整个生命的活动，是表现，作家的职责是将自我完整地融入作品
中去，但是，如果作家面临的是性格，那么作家就失去了这种自我表
现的自由，他不得不按照被阉割和被凝固了的性格的要求，阉割和凝

① 布莱希特：《戏剧辩证法》。
② 纳塔丽·萨罗特：《怀疑的时代》。
③ 彼埃尔·加斯卡：《论长篇小说》。
④ 乔治·桑塔耶纳：《诗歌的基础和使命》。

固自己，不得不将心灵中与性格无关的部分压抑下去，而使性格所需要的部分膨胀开来，不得不放弃自身的追求，而去迁就性格的逻辑，这样，作家在创作中就失去了表现的乐趣，他对作品不可能不是机械的、冷漠的。三、现代读者的知识结构、文化素养及欣赏习惯已经大大不同于从前，他们对遭到阉割和凝固了的性格失去了兴趣。当然，以性格为中心的文学作品依然存在，并且依然有人去阅读它，犹如人们拖着疲乏的身躯去观赏一座座历史或自然博物馆，他们试图从这些性格中得到的不可能比这更多。现代读者不满足于这些精巧地雕琢出来的性格，因为性格让他们看到的东西远不如对四周迅速一瞥或瞬间的接触所得到的更丰富。他们希望看到的是更深层、更隐秘、更完整的东西，甚至是超越可视界域的东西。作家只有掏尽全部心灵才可能满足读者的这种炽热的希求。

现代文学把兴奋中心转向人的主体性。人的主体性当然是属于人的，但这个人不应是被切割并被压缩了的断片，而应是整体，是有百种情思、千般形态的活脱脱的人。整体性是人的主体性的第一个和最基本的规定，人只有自身成为独立自足的整体，只有自身成为规范和尺度，才可能成为世界的主体。在资本主义异化状况下，人是谈不上整体性的，而且可以说，资本主义比任何社会都更使人丧失了整体性，大工业精细分工和盲目的无政府主义生产几乎把人通通变成了各种机器的零部件，人只有在幻想中，在梦境中才感觉到自己是完整的、有生命的人。现代文学的可贵之处就在于它没有追随现实之后去讴歌被异化了的人性，它是"否定一切神圣的东西"的叛逆者的文学，是执着地追求人的整体性的文学，是把丑恶袒露无遗而激起人们对美的遐想的文学。现代文学把笔触伸向了超现实与非理性的方面，这里无疑包含有对过去文学片面夸大理性、意识与功利主义冲动的否定，但是它否定的也只是这种片面性，而非理性、意识与功利主义冲动本身。它并没有把非理性、潜意识、梦幻看成人的本质，而只是看成人的不可分割的组成部分，或者看成全部人的"生活基础"。现代文学也是要诉诸理性的，而这样，就必须把非理性的东西与理性沟通起来，并将它化作理性可以容纳的东西。萨特的《墙》写的是三个被判处死刑的人临刑前非理性的恐怖，然而其中却透出非常深沉的理性思考。可见，正像美国作家赫柏特·劳伦斯说的，现代文学描写非理性、下意识或梦幻不是让人去做"生活中的死人"，相反，它的目的恰在于"帮助"人去做"活人"、"完整的人"，——"要活着，要做活人，做活的完整的人，这才是问题的根本"。①

　　人的主体性的第二个规定是自主性。所谓自主性就是人是自身的原因和根据，在人之上不存在任何的神。人所以成为完整的人，而不是各种感觉、意念、冲动的聚合物，就是因为人有自主性，人能够根据自己内在的需要去进行选择和评价。现代文学的兴起与人的自主性在事实上的丧失是密切相关的。翻开荒诞派剧作家尤奈斯库的剧本就可以看出，现代文学的一个核心主题就是对世界的"非人性化"，即人的自主性的丧失的讽怨与嘲笑。在《椅子》中，我们看到舞台上堆满了空空的椅子，却不见一个人影；在《责任的牺牲者》中，我们看到刚刚送上舞台的咖啡杯子猛然"繁殖"起来，堆得像座山；在《阿麦迪或脱身术》中，一簇又一簇蘑菇覆盖了公寓的房间，而一具成几何级数增长的尸体竟挤走了房客。宇宙被物质塞满了，人失去了落脚之地。人创造了物质，而物质成了主人，于是在人的感觉中，世界变成了严酷而陌生的荒野，人则成了这荒野中流浪的孤儿。这是个被物质化、机械化、抽象化占有的世界，是听不到人的个性的呼唤的世界。如果说合理的才是现实的，那么这也是最不现实的、最荒诞的世界。现代文学把荒诞还给现实，用幽默注入自身，目的是"在同压制我们的东西相遇的一切地方能找到人"，是"一点一滴地收集人的伟大"，以证明"超人的因素就发源于人本身"，并帮助人"不妥协地"生存下去。现代文学要求人们超越现实，回到自我，把自我当作透视世界的窗口，它要人们相信，"生活绝不是一排对称置放的灯，生活是一个闪亮的光环，是一个自我的意识产生直至消失为止始终包围着我们的半透明的外壳"，作家不应试图描绘灯一样的生活，而应努力捕捉被生活的光环所照亮的自我。真实的生活就是直觉、想象、梦幻中的生活，唯有在直觉、想象与梦幻中才能剔除一切荒诞性，使人恢复为自主性的人，因此，文学应该以它们为基石创立一座永恒的博物馆，让失落了自我的心灵在这里得到必要的补偿。

　　人的主体性的第三个规定是创造性。创造性的意思就是人是自身的动力，人借助自身得以不断更新、不断完善。文学的价值不是在现有世界之

---

　　①　赫柏特·劳伦斯：《小说为什么重要》。

外创造一个新的世界，而是使现有的人经过净化成为新的人。"文学就是对命运的反叛。""作家是割断习惯这条绳索的人。"结构主义者巴特认为，现代文学与过去文学的区别之一就是现代文学大部分是"创造性"的，而过去文学大部分是"阅读性"的。"阅读性"文学是静态的、封闭型的，是供读者被动地消耗的文学；"创造性"文学则是动态的、开放型的，是需读者积极参与并一起完成的文学。现代文学不是要提供任何事实，而只是提供一个过程，不是要建造某种模式，而只是形成一种透视。安东尼·德·圣埃克苏佩里说："创作，这就是说，你把另一个人送到一个地方，在那里他能看到一个你希望他看到的世界，而不是由你给他提供一个新的世界。"① 现代作家由于解除了摹写现实的义务，获得了更大的创作自由，同样，现代读者由于失去了作品情节与性格的牵引，获得了更多的想象的自由，这样，作家与读者都上升到了创造者的地位，他们之间长久以来形成的教育者与被教育者的鸿沟被弥合了，文学遂变成了他们之间相互沟通与进行交际的工具，但是，这不是说作家就可以就此消匿在广大读者中，不，他依然是人类精神的引渡者，依然有责任用自己的心烛去点燃历史的灯火，为人类指出一条光明的路。现代作家有不少人是有这种意念的，他们并不把文学创作当作自我解脱的消闲的游戏，而把它看作是一桩伟大而庄严的事业，而且，现代文学在某些方面似乎代表了一种形象（正如日本学者今道友信所说）——从苦难中拄着拐杖挣扎地站立起来的人类的形象。

　　这里有一个问题：所谓人的主体性究竟是指作品中的主人公，还是作家、读者？主体性这个概念的基本含义就是"主体 + 客体 = 世界"，主体只能有一个，其余都是客体，世界是由这个主体与客体所构成的特定世界。现代文学，其中相当一部分作品，事实上取消了作家、读者与主人公的对立，把他们通通融合于第一人称的"我"中。对于创作来讲，作家就是"我"，就是主体，作家只按照自己的内在冲动去进行创作，除了自己的内在冲动之外，不承认任何一种外在的力量或逻辑；对于作品来讲，主人公就是"我"，就是主体，其他所有的人和事物都是为主人公而存在的，是作为客体，作为影子而存在的；对于欣赏来讲，读者就是"我"，就是主体，他潜入作家与主人公心灵中，并把他们化作自己的代言人，他

---

　　① 　安东尼·德·圣埃克苏佩里：《城寨》。

用自己的感觉、想象与情感从四面八方去充实、完善"我"的形象。现代文学使作家感到,他是为自己而创作的,创作不是他的责任,而是他的生存方式,他必须在创作中维护他的整体性、自主性与创造性;同样,现代文学使读者感到,他在欣赏,同时也在创作,他必须时时回到自己的心灵,让已经失落的整体性、自主性与创造性得到复苏。现代作品的主人公汇合了作家与读者两颗心灵注入的血液,他显得生机勃勃,始终在生长,而始终未能定型,他有自己的生命和历史,但没有游离在作家与读者之外的单独的个性。

　　"我"是无限大的,也是无限小的。文学可能确切认知并生动表现的"我"只是"我"的感觉、记忆、想象、情绪或梦境。但这对文学来讲也就足够了,因此,现代文学把意象的描写放在了很重要的位置上。什么是意象?简单地说,意象就是化作形象的意念。而意念,则是感觉、记忆、想象、情绪、梦境等心理活动的综合。庞德对意象做过这样的界定:意象是"一种在瞬间显现的理智与感情的复杂的经验",是"各种根本不同的观念的联合"。意象与象征不同,它只是意念与形象间的一次性转换。意象在表现上有几个特点:一、它是短暂的,就像突然闪现在人们面前的一道光亮,这光亮又充分显示了光源的巨大能量;二、它是流动的,这流动跨越了所有的时间和空间,纵横交错,跌宕起伏、时断时续;三、它是深广的,可以成为无数量信息及情绪的载体。成功的意象描写给人以猝然感、生动感、亲切感,使人感到宛如真的潜入心灵这个小宇宙中去进行全然新奇的游历,意象大于情节,大于性格,也大于语言,这一点已经为许多人指出了。尤奈斯库让无数空椅子充斥舞台,让公寓里生满了蘑菇,其中所包含的意蕴是语言、动作所难以表达的。

　　问题就在于这个"我"及"我"的意象的含量。作为具有主体性的"我"不仅要统摄客体,而且要融入客体,成为将主体与客体统一起来的环节。"我"就是我心中的世界,此外,"我"什么也不是。"我"之所以成为整体,之所以能够自主和创造,是因为世界就是整体,世界就在不断地运动和更新。"我"不过是大海中的一滴水,虽然含有海水的一切元素,但"我"毕竟是一滴水,而不是大海。"我"就是你,就是他,就是所有的人,"我"的意象中闪动着人所共有的细微的感觉、朦胧的幻象与莫可名状的情思,当人们发现"我"的时候,实际上也看到了他们自己。现代文学中的"我"还没有达到这种境界,它排斥客体,将"我"缩小在心灵之内，因而使"我"除了感觉、回忆、想象、梦幻之外什么也没有。"我"是空虚的，"我"的感觉、回忆、想象、梦幻也很苍白。"我"勾起了人们对失去主体地位的人生的讪笑和愤慨，但是"我"也只是主体的人的一个影子。当然，这不能责怪在"黑色光谱"中创作的作家，而应责怪造成"黑色光谱"的社会。

不容忽视，现代文学中还有相当数量的作品是以性格为中心的。迄今为止，大部分社会主义现实主义或革命现实主义作品就是如此。但是与近代文学比较，这些作品有一个很明显的变化，就是它将人的主体性输入人物性格，使之冲破了与环境对应存在的格局，因而显得更坚实更丰满了。这些作品没有前面讲的那种把人化作苍白的"我"的弊病，但是却存在另外一种难以克服的矛盾：人的主体性在这里是作为普遍的、类的形式出现的，而人物性格却必须保持其特殊的、个体的特征，结果不是主体性的丧失，就是性格的解体；性格的抽象化、定型化、雷同化实际上就是对性格自身的否定。大约正是由于这个原因，近年来社会主义现实主义或革命现实主义文学出现了向现代主义文学靠近的势头。国外有些人提出了所谓"开放的现实主义"口号；有些人则对现实主义本身重新加以解释，比如法国作家彼埃尔·阿布拉姆说：什么是现实主义？"如果读者在作品中能够发现与自己的生活相适应的思想和感情，如果他能将自己和主人公加以对照，努力找出同主人公的相似之处，那么可以认为这部作品是现实主义的。"——这里完全没有对典型环境与性格的要求。国内一些作家不仅在创作实践上吸收了意识流或黑色幽默的手法，在理论上对把典型环境典型性格视为现实主义的"无所不包"和"唯一"的创作规律也大胆地提出了质疑。

主体性给予人们的快感是使人意识到自己是自己的本体，自己是自己的根据，自己是自己的动力的快感，是真正向自我回归的快感。这是一种动态的、趋进性的快感，因而也是永远无法满足的、永恒的快感。主体性快感中当然没有对自己的单纯否定，但也没有对自己的单纯肯定。完满性概念是与主体性无缘的，因为完满性本身就包含一定的限定——完满是对一定的限定而言的；因为完满性就意味着一个过程的终结，凡是已经达到完满的东西都是失去任何生机的东西；因为完满性就等于宣告自己不再是自己的本体、根据和动力，而将自己交付给另外一种力量去支配。完满性也可以提供一种快感，但这是有限的个体的快感，因而也是肤浅的快感；

主体性的快感却是超越于有限个体，也超越于有限实在的快感，这种快感与完满性快感不同，是建立在对自身的不断否定的基础上的。现代文学的巨大魅力不在于为我们塑造出完满性的人物形象，而在于通过细腻的心理描写为我们揭示了人对主体性的追求。它的优越与缺陷都在于它是一个开端。它也在不断演变中寻找自己，从没有倒退回去，这也许可以证明它是有生命力的。

人是文学的目的，是文学需把握的中心，所以对文学来讲，唯一神圣的东西是人。人之外的自然只有作为客体、作为陪衬才具有意义。旧的文学传统只有适宜人的认识和娱乐自身才值得去遵循。现实主义与现代主义没有理由成为对立的两极，因为它们都是文学，都是通向主体性的人的一个环节。同时，文学应该是谦逊的，应该承认它始终是个探索，因为人对它永远是一个斯芬克司，一个谜。

对建筑的审美解释[*]

一　建筑凭什么闯入人的心灵

（一）近十年来，我国建筑事业有了长足的发展。由于各种新颖别致的建筑物的出现，我国大部分城市和一部分农村已经面貌一新。特别是北京图书馆、香山饭店、地铁建国门工程以及亚运村等的兴建，在我国建筑史上揭开了新的一页。建筑既是我国物质生产发展的象征，也是精神文明建设的象征。建筑是一部用钢筋混凝土等写下的大书，其中记录着我们民族对自身的意识，对自然的探求，记录着我们民族心灵中的真、善与美。建筑事业的发展给美学提出了一个课题：建筑作为精神产品，作为观赏物如何出现在人与自然之间？建筑对人类的心灵究竟意味着什么？它凭借什么给人以审美的快乐？这就是说，建筑既然已经闯入我们的心灵，美学就应说服心灵为它留下一块可以容身之地。

（二）应该没有人否认建筑是一种美，建筑不光是美，而且在众多的美中具有不容轻视的重要地位。建筑被黑格尔列为人类的第一个艺术门类，它是介于自然与纯粹心灵造物之间的。它与自然一起构成了人类生存的空间。建筑不是用来娱悦耳目的，它要为人类提供一个庇护所和交际的场地。在这里，人阻挡了风雨严寒的逼迫，躲避了飞禽猛兽的袭击；在这里，人组成了家庭，组成了足以维系其种族的群体；在这里，人发现了神，同时渐渐发现了自己，总之，在广漠的自然中建筑成了人安身立命的家园。建筑是一种美，然而它不同于一般的美，它可能在刹那间给人以强烈震撼，但它的真正力量不在于新奇，它是人向自然的伸延，同时也是自

　　*　此文发表于《北京大学学报》1991 年第 5 期。

然向人的趋进,是人与自然亲昵和谐的见证,它无时无刻不在把人引向真实、简朴、永恒的自然。

(三)当我们把建筑与绘画、雕塑、音乐、戏剧、小说等做一个比较时,我们发现了什么?首先,我们发现:建筑具有实用的价值。雕塑没有实用意义,音乐、绘画也是如此。当然人们可以用它来馈赠友人,美化环境,甚至可以派作别的用场,但是这些都不是雕塑、音乐与绘画本身固有的功能。建筑则不同,它的建造主要是为了居住或进行交际的,它的实质是运用各种手段创造一个适度的空间,因此,不是外在形体决定着内在的空间,而是内在的空间支配着外在形体。对于它,美是从属的,美感与舒适感必须融为一体。正如丹麦建筑师拉斯穆辛(S. E. Rasmuseen)说的:"建筑学是一门非常专门的功能的艺术;建筑限定了空间,而使我们能生活居住其中,它创造了围绕着我们生活的结构。"[1] 其次,我们发现:建筑所使用的材料是砖石、木料、钢材、水泥、玻璃、塑料等物质材料,这些材料与声音、色彩、线条、文字、影像不同,是具有特定质量的,并受重力规律支配的实体,因此,建筑本身都是具有一定量度、一定规模和一定重力的结构,建筑要想成为美的,必须自身是坚实的、牢固的、安全的。无论如何,一个摇摇欲坠的建筑物不会使人产生美感,而一个既稳定又轻灵的建筑物会激起我们许多美好的灵感。第三,我们发现:建筑存在于三度空间内,是一个上下、左右、内外、前后均可供观赏的对象。这一点与雕塑、戏剧有点接近,但雕塑没有内在空间,戏剧虽有内在空间,对于观赏者仍然是外在的。建筑不但有三度空间,而且还具有另一维度——时间。建筑,无论是单一建筑或是群体建筑,都是在时间中层开的,像戏剧一样有它特定的开端、高潮和结尾。优秀的建筑总是把它最精彩的部分放在高潮部分,吸引观赏者从一开始便不忍离去,一步一步地走上高潮乃至结局。第四,我们还发现:建筑是以周围的自然环境为背景的,并且需融入自然之中。其他艺术都需设置一个人工的环境,环境就是它的组成部分,因此总是把人从自然中吸引到自身上来,而建筑则只需从自然中选定一个环境,使人工的与自然的巧妙地融为一体,从而使人始终不忘记自然,并始终享有自然的温馨。最后,我们还发现:建筑不是某一个建筑师

---

① 拉斯穆辛:《建筑的体验》第一章,引自《现代西方艺术美学文选·建筑美学卷》,第309页。

的作品，是包括建筑师在内的成百上千，甚至上万人共同的作品。建筑不是为少数人观赏而建造的，它的观赏者是整个社会，整个民族，是所有具有观赏能力的人。因此，建筑作为美必然是最普遍的、最通俗的、最易于领悟的。建筑不应该也不可能成为某种特殊的情趣或情绪的表现，而应该成为时代、民族和阶级的审美文化的结晶。从这个意义上讲，建筑确可称为一门"进行组织的艺术"。

（四）这样，建筑的美究竟是什么，在哪里，就是颇费思量的了。建筑首先呈现给我们的当然是它的形式，它的型体、结构、色调一闯入我们的眼帘，就迫使我们做出一种审美判断，美的会不禁多欣赏几眼，不美的则怅然而去。但是，建筑的美仅仅是形式吗？不是。因为建筑的形式就像画布上的线条一样，它要勾起我们的想象，从而呈示出某种形象来，使我们感到它不仅是完整的形式，而且是完整的、有生命的形式；不仅是单独的个体，而且是单独的、有性格的个体。它宛如一个人，一个带着生活中风尘和甘苦的人，虽然没有说一句话，但是它的穿着、表情和姿态无不使我们产生一种既熟悉又陌生之感。但是，建筑的美是否就是形式与性格呢？不是。建筑与其他一些艺术一样还常常成为某种理念的象征。特别是一些优秀的建筑物，人们从它的形式中能够读到一些也许建筑师自身也不曾想到的东西。建筑把人从有限的存在中超拔出来，使人或联想到伟大的过去，或展望美好的未来，或与一颗崇高的心灵邂逅，或在大自然中任意的遨游。总之，建筑的美犹如但丁在《神曲》中描绘的从净界到天堂的路，它是无限地向前延展着的，如果你是一个热心追求真理、道德完善和具有审美素养的人，它将把你一直引向最高的美的境界，享有至高的美的欢乐。

二　直觉—形式层面的建筑之美

（一）如果我们直觉地面对某个建筑，或在某个建筑周围观看一遍，呈现在我们眼前的是经过建筑师巧妙安排的形式。建筑的美首先是形式的美。形式对于美的意义是独特的，因为它不仅是形式，也是内容。建筑的全部魅力只有通过形式才深入我们的心灵。在现代建筑史上曾产生巨大影响的著作《走向新建筑》曾经很精要地提示我们："建筑师通过使一些形式有序化，实现了一种秩序，这秩序是他的精神的纯创造，他用这些形式强烈地影响我们的意识，诱发造型的激情，他以他创造的协调，在我们心里唤起深刻的共鸣，他给了我们衡量一个被认为跟世界的秩序相一致的秩序的标准，他决定了我们思想和心灵的各种运动，这时我们感觉到了美。"①

（二）建筑形式的构成是前后相接的两个相反过程：第一是将各种材料和构件统摄起来，纳入一个统一的整体；第二是将整体分解为各个部分，使整体成为有内在生命的有机体。所以，建筑的形式是相反相成的两面：统一与多样。这是相互依存的两面：统一是呈现为多样的统一，多样是指向统一的多样，其中把任何一面孤立出来都是没有意义的。统一与多样是以人的直觉为依据与限度的，不是任何统一都具有审美意义，只有为直觉所理解的统一才具有审美意义，同样，不是任何多样都能使人感到怡悦，只有直觉能够分辨的多样才给人以怡悦之感，这就是笛卡尔说的一个原则：一个对象要成为美的，必须是对感官来说既不容易也不难的。一座花坛，各种花卉的搭配过分单调，使人看起来一览无余是不美的；过分繁复，以至不易理出任何头绪，也是不美的。

（三）对于任何一幢建筑，统一无疑是第一个原则。统一不仅意味着整体，而且意味着存在。凡是存在都是统一，统一消失了，存在本身也就消失了。一幢建筑为确证自己的存在，首先必须实现自身的统一。建筑主要通过以下手段达到统一：一、纳入单一的几何形体。埃及、希腊和罗马的建筑，如金字塔、鲁克索庙、帕提农、大角斗场、哈德良离宫等，呈现棱柱体、立方体、圆柱体、三面角锥体或球体。现代建筑加拿大蒙特利尔万国博览会美国馆也是巨大的球体。二、几个几何形体的复合。中国传统的四合院是同一水平线上的数个长立方体的复合。威尼斯圣马可图书馆是相互垂直的两个长立方体的复合。三、借助第三因素实现的几何形体的联结。第三因素可以是另一个特殊形体的建筑，也可以是花坛、影壁、桥梁等。长春第一汽车厂入口处在两幢同样形体的建筑间，建了一个方广场，一座较矮的平房，也起到了联结和统一的作用。几何形体是统一的基础，是人类把握统一的基本手段，因而是具有永久意义的建筑语言。

（四）均衡是建筑的另一个原则。统一而不均衡，就像一个人丧失了

---

① 勒·柯布西耶（Le Cobusier，1887—1966）：《走向新建筑》，引自《现代西方艺术美学文选·建筑美学卷》，第62页。

一条腿或一只手臂，自然不能算是美的。从这个意义上说，均衡是对统一的一种限定。均衡有两类：一类是对称的均衡，另一类是不对称的均衡。对称的均衡要求建筑物的两翼必须是同样或近似的，中国古代宫殿、古希腊神庙大都如此。北京毛主席纪念堂、长城饭店、重庆人民大会堂等现代建筑也都如此。不对称的均衡常常运用杠杆原理，借助某种附属物在本来不均衡的两侧造成视觉上的均衡。天津市长途电信枢纽、上海港十六铺客运站客运大楼可以作为不对称均衡的例子。此外，对于建筑来讲，还存在三度均衡问题，三度均衡一般都不是对称的。比如巴黎圣母院由中心大塔所统摄起来的整体均衡，法国休农索城堡中心塔楼造成的整体均衡。

（五）另一个原则：比例。均衡与比例早在古罗马时期即为建筑师维特鲁威所注意，以后，文艺复兴时期的阿尔伯蒂、17世纪古典主义者弗朗索瓦·布龙台，直到一些现代建筑师都十分注重比例。柯布西耶就曾说："建筑，就是使用天然的材料，建立起动人的比例关系。"什么样的比例关系是"动人"的？建筑师们差不多一致认为是类似或接近人体的比例关系。维特鲁威为了这个原因曾详尽地考察了人体各部分的比例，比如他发现：人的头部颜面由颚到额之上的发际是十分之一，由包括颈根在内的胸腔最上部到发际是六分之一，由胸部中央到头顶是四分之一，脚是身长的六分之一，臂是四分之一，胸部是四分之一，等等。① 维特鲁威认为，古希腊的两种柱式实际上体现了两性的不同身躯的比例。我国的古典建筑从皇宫到普通的四合院也十分讲究比例，比例对于我国不仅体现了建筑美的要求，也体现了传统的道德礼仪及社会法度的要求。

（六）再一个原则：尺度。尺度与比例是密切相关的，比例指建筑自身各部分关系；尺度讲建筑与人的关系。尺度是建筑特有的要求。尺度的大小是造成建筑的宏伟、崇高、深邃、永恒、适宜、亲近、纤小、秀丽等效果的主要根源。所谓尺度是以人或人所熟悉的形体为参照系对建筑的设定。建筑师为在人们心灵中树立起某种神圣、庄严和宏大的形象时，他们采用的手段就是以人体为基准无限地加大比例，使人看起来不禁感到自身的渺小和微不足道，比如哥特式教堂就是如此。相反，建筑师若想为人们提供一个舒适、亲昵、温馨的环境，则常常以人体为基准无限地缩小比例，使人看起来毫无陌生和奇异之感，比如江浙一带的园林。现代一些大

---

① 《建筑十书》第三书《神庙的均衡》。

饭店、火车站、俱乐部等公共建筑常常是异常宏大的，建筑师为了消除因其巨大造型所造成的陌生感和突兀感，一般通过隔断、屏风、短墙、水池、假山、龛厨等设施将其分割为一个个小的空间或体块，以使人们在心灵上达到平衡。

（七）韵律与秩序也是建筑的一个原则。德国古典哲学家把建筑称为"凝固的音乐"是有道理的。建筑要通过空间的秩序造成一种时间上的韵律，使人获得类似音乐的精神享受。建筑的秩序和韵律是通过诸建筑元素的重叠或重复构成的。这些元素指门、窗、柱、墙、线、脚、台阶、阳台以及光照、形体、色彩等。基本上有两类：一类是相同元素的严格的重复，古罗马的尼姆输水道、中国的长城等基本上属这一类；另一类是不同元素的大致重复，中国的许多古塔和桥就属这一类。颐和园长廊中的不同形状的窗户的重复体现了统一和多样的美。此外，建筑的秩序如果体现在一处完整的建筑群体上，比如以广场为中心的建筑群落，或以纪念堂、神庙为中心的建筑群落，常常引起人们思想情感的更大幅度的跌宕和起落，这时候采用的手法就不再是某些元素的重复，而是各种大小不一、型体不一、色调不一的建筑物的有序的排列。故宫及古罗马的奥古斯都广场这两个建筑群落的共同特点就是以象征着皇权的大殿或神庙为中心造成相对封闭的空间，在这个空间中以各种建筑手段形成一种严格的秩序，门楼、过厅、走廊、广场、庭院、台阶、堂殿，所有这些都似乎是一种过渡或铺垫，以便把人们引向群落的高潮——那个神圣和庄严的所在。

三　想象—性格层面的建筑之美

（一）如果我们不是直觉地面对某一建筑，也不是仅仅在它周围游览一遍，而是借助于想象将它置于一定的环境和一定的历史中，使它获得独立的、内在的生命，那么，呈现在眼前的就不再是单纯的形式，而是性格。人不满足于形式，因为形式总是趋向于普遍，而人希望看到特殊的东西，确切地说，希望看到寓普遍于特殊之中。千篇一律既不是自然的特性，也不是人的特性。在丰富多彩和形态各异的自然与人性面前，千篇一律只是呆板、机械、僵死的代名词。人不满足于形式，还因为形式只诉诸人的直觉，而心灵总是意味着在想象中向四面八方的延伸。想象总是把人从对象的外在方面引向内在方面，总是把局部延展为整体，把死寂激活为生命，把片断升华为历史，因而，带给人的快乐也总是昂扬的和持久的。人不满足于形式，而追求性格，因为人渴望从对象中看到自己，渴望消除形式的陌生感，从性格中获得理解，寄寓情思，把自身对象化于对象之中。

（二）性格就其本来的意义，就是指人的整体，它包括人的内在精神，精神的外在表现以及精神所具有的社会意味。建筑性格作为人的写照，也应包括三个方面：一、它的内在定性，二、它与环境的关系，三、它在社会与文化学上的含义。建筑性格是整个建筑的生命的体现，而这只有在消除了形式与内容、部分与整体、立体与平面、装饰与效用、材料与母题、实体与空间等的对立之后才能形成。因此，不是任何一幢建筑都是有性格的。正像意大利建筑师奈尔维（Pierluigi Nervi，1891—1979）说的，在众多的建筑师中，"仅仅只有突出的少数人才将这许多常常是相逆的因素综合在一起，构成一个艺术的表现"，这些人在技术意识、力学意识与美学意识上都有较高修养①。

（三）建筑的内在定性，也就是建筑的目的性。建筑的全部功力虽在树立一个遮蔽物，一个相对封闭的实体，但它的目的，它的核心却在创设一个供人自由活动的空间。建筑是以自由空间为目的的艺术，这一点是它区别于绘画、诗歌、音乐等的根本特征。绘画仅能描绘空间，诗歌仅能讴歌空间，音乐仅能唤起人们对空间的想象，而唯有建筑才真实地创造空间——不同于自然，而能满足人的特定需要的空间。建筑空间有其特殊的含义，当然，首先它是由各种形式的遮蔽物围拢起来的三度空间，但它并非是一个空壳，一个框架，而是由光线、色彩、音响及各种形体的构件、陈设等充实起来的、充满生机的处所。它既是人的身体的保护所，也是精神的栖息地。建筑空间是具有丰富表现力的艺术手段，它的丰富性正好与人的需要和人的精神成正比。当人们需要为自己设定一个神圣而崇高的境界时，建筑师就把空间加大加高，并且把自然的光照遮掩起来，于是罗马式与哥特式的教堂便兴建起来了；当人们需要为自己创造一个舒适、优雅的环境时，建筑师又把空间压扁拉长，让各种豪华适意的陈设将空间分割成一个一个小块，于是洛可可式的王宫与别墅又拔地而起。现代建筑中的蒙

① 奈尔维：《建筑的艺术与技术》，引自《现代西方艺术美学文选·建筑美学卷》，第357页。

特利尔国际博览会美国馆（1967）为造成一个无所不包的心理效果，被建造成为一个由三角形及六角形构件与透明塑料构成的、直径254英尺的巨大球体；法国蓬皮杜艺术中心（1972—1977）为适应展出、阅览、放映、游艺等各种功能的需要，给人们创造出自由活动而又互不干扰的空间，把全部结构与运转系统敞露在外，从外面看，管道、线路、自动扶梯等都一目了然。而墨西哥的神奇少女教堂（1954），其结构是一系列双曲抛物线的拱，其中柱子是扭曲的，拱顶是不规则的，建筑空间成了既相互联结又相互隔开的，既开敞又幽闭的异常神奇的幻觉世界。

（四）与建筑空间相对应的是建筑的环境。环境有如画框与电影的外景，是建筑的组成部分。任何建筑设计的第一步都是选择环境，以便让它的作品与环境融为一体，并纳入大自然的韵律与秩序之中。建筑环境与内部空间一样，有虚有实，实的指山峦、河流、树木、桥梁及各种建筑物，其中每一种东西，无论是自然的或是人工的，都会对人们的审美视觉产生影响；虚的指环绕建筑的广阔空间，其中的阳光、空气、声音更是关系着建筑的视觉形象。我国著名诗人白居易很早就注意到建筑与环境的关系。他在《草堂纪》中记述了他在庐山"面峰腋寺"建立草堂的经过。他说他的草堂"三间两柱，二室四牖，广袤丰杀，一称心力"，"其四傍耳目杖屦可及者，春有锦绣谷花，夏有石门涧云，秋有虎溪月，冬有庐峰雪，阴晴显晦，昏旦含吐，千变万状，不可殚记"[1]。现代建筑师赖特倡导"有机建筑"，要求建筑成为环境的一部分，与环境有"协调的感觉"或"结合的感觉"。他设计的住所塔里埃森周围有小山丘，有突出的岩体，有茂密的山林，为适应这个环境，塔里埃森采用普通的石料，样式也是普通北方式的，因此看起来就像众多"小山中的一个"。后来他又设计了西塔里埃森，这里的环境迥然不同：沙漠、山、仙人掌，一切都是尖利的、粗硬的，清清楚楚而有野性。西塔里埃森因此棱角鲜明，看上去像是被甲胄紧裹起来的斗士。当然，一幢优秀的建筑不光要适应环境，还应该美化环境，成为环境的主宰。一座布达拉宫，或一座艾菲尔铁塔，就是缀在自然中的一颗星，由于这颗星的存在，自然才被照亮了，变得美丽耀眼。

（五）建筑性格不仅是建筑师自身性格的体现，更是一定时代和一定社会文化的缩影。对于其他艺术，比如绘画、音乐，艺术家的个性可能具

---

① 《白香山集》。

有决定意义，因此属于纯粹发泄性质的所谓"自言自语"的作品是可能存在的，但是，对于建筑则是完全不可能的。原因是：一、建筑是包括建筑师在内的，成千上万人的共同产品，要依赖于他们之间的相互默契与协作；二、建筑必然要诉诸整个社会，因此必然要经受整个社会的选择与评判。建筑作为一种艺术品不仅对人具有强烈的感染力，而且对人的感知系统具有无法推拒的强迫性，这一点是任何一个社会和民族都不会忽略的。建筑总是某种共同的社会意志与审美理想的体现，总是与某种普遍的艺术风格相一致的。确切地说，性格不是别的，就是风格的特殊体现，而风格则是性格的一般表征。没有可以超离风格的性格作品，即便有，那也只是一种不知所云和无法理喻的堆积物。艺术风格就是"激励着一个时代所有作品的许多原则的统一体"，它的形成带有一定的历史必然性。地理与自然条件是一个因素，材料及材料的组合方式是另一个因素，人们的文化结构、审美心理等是第三个因素，也许是更重要的因素。古希腊的地理和气候决定了其神庙建筑的向外敞露的性质，同时，由于石料是主要材料，其神庙一般突出水平线，并采用了立柱式。无疑，石料的长度与厚度也决定了其立柱的粗细、高低及相互的间距。此外，希腊神庙作为一种精神现象还体现了希腊人的多神教的宗教观念，城邦制的政治观念，崇尚人体美的审美观念。现代建筑追求新的风格，因为新型的材料（钢铁、水泥、玻璃、铝材、塑料等），新型的技术（钢框架与混凝土框架、自动扶梯、照明与空调设备等），新型的结构形式（薄壳结构、折板结构、悬索结构、空间网架结构、塑胶充气结构等），为去掉外在装饰而依靠自身造成抽象的复杂多变的美感效果提供了可能。当然，现代建筑的风格的形成与现代文化中的直觉主义、结构主义、存在主义等思潮的出现密切相关。

四 生命体验—理念层面的建筑之美

（一）一幢优秀的建筑往往不仅具有美的形式与性格，还渗透着美的理念。人们常常把建筑比作凝固的音乐，沉淀的诗，但它还是具象化了的哲学或道德的箴言。它是一组思绪，一个命题，一个凝聚着成千上万人的理想与情怀的巨大的感叹号。当人们不是以直觉，也不是以想象，而是以审美体验面对这样的建筑，他就会从形式、性格中超越出来，从一切有限的、具体的、短暂的存在中超越出来，体悟到一种普遍的和永恒的理念，就会与建筑本身融合在一起，并且一起向美的更高境界升腾，就会感到自己面对的不是一幢建筑，而是一座直插云霄的高山，一片汪洋无涯的大海，心灵与高山一样升华了，与大海一起净化了。

（二）建筑是一种象征的艺术，虽然它采用的手段与其他艺术一样是有限的，但它总是要超越有限指向无限。什么是象征？象征就是一个表象由于其某种性质或特征使人很自然地体悟到另一个更高更隐蔽的事物，成为另一事物存在的表征或征兆。具体地讲，就是：一、一个本身是局部或个别的事物，却与自然整体相联系，从中映衬出整体的过去与未来；二、一个本身是短暂的事物，却与永恒的事物息息相通，从中透出真理与美的永恒性；三、一个本身是有限的事物，却神奇地通向无限，使人看到它就想起无限的浩渺与神秘。建筑所以能够成为整体、永恒和无限事物的象征，是因为建筑所使用的材料大都取自自然，可以充分利用自然提供的各种元素与形式，利用自然的广袤无垠与永恒在人们心目中形成的观念；是因为建筑植根于群体创造，能够将积淀在社会中的最深刻的思想与旨趣具象化在一般的形式与性格上，成为人类的一种写照；还因为建筑是诉诸视觉的，可以借助人的视觉效应，造成类似广大、雄伟、丰盈、深邃、崇高、永恒的印象，使人一方面领悟到美的无限，同时意识到自身的有限。

（三）建筑作为象征与被象征的理念之间既没有外在的形式方面的联系，也没有内在的逻辑方面的联系，因此既不能为直觉所感知，也不能为想象所描述，但是，这并不妨碍建筑师适当地利用形式与逻辑的手段，作为触动或引发人们更深刻的审美机制的契机。按照中国传统观念及基督教的观念，数既是具体的又是普遍的，既是有限的又是无限的，因此常常成为人与某种神秘存在的中介。建筑师于是利用数把某种理念具象化为可诉诸直觉与想象的因素。比如作为明清两代皇城正门的天安门（1651），在结构上采用面阔九间，进深五间，重檐歇山顶形式，共用意显然是彪炳皇帝的九五之尊的崇高地位。郑州二七纪念塔为唤起人们对二七铁路工人大罢工的记忆，在塔体（双塔）、塔的层数（2＋7层），乃至周围树木的选择上都做了精心设计。建筑与雕刻历来有一种亲缘关系。黑格尔说，如果建筑的兴起是为了给神安排一个住所，雕刻的目的就是为这个住所请进一位神。古希腊巴底农神庙（前447—438）、古罗马图拉真纪念柱（114），法国明星广场凯旋门（1739—1811）、我国天安门广场上矗立的人民英雄纪念碑（1959）等都镌有大量的雕刻，形象地记录了被纪念者们的历史业绩，当人们欣赏这些雕刻，再遥望那些庄严高大的建筑型体，不免要受到深刻的震动，激起某种敬畏与崇敬之感。

（四）但是，即便借助于形式（比如雕刻）或概念（比如数）能够激起人们的想象，也无法使人们达到理念，因为形式与概念是具体的，而理念是普遍的。为了从作为象征的建筑上洞见到普遍的理念，必须诉诸更高的审美心理机制——审美体验。所谓审美体验，就是宋代学者邵雍说的，"以心观心，以身观身，以物观物"；伽达默尔说的，"我们回到其中的逝去的东西"；建筑师格罗庇乌斯说的，"我们通过不能分割的自我，通过灵魂、心理和身体的同时活动来感知空间"。苏轼诗云："与可画竹时，见竹不见人。岂独不见人，嗒然遗其身。其身与竹化，无穷出清新。庄周世无有，谁知此是神。"讲的就是审美体验。我国50年代末修建的人民大会堂（1959）是我们年轻的共和国的象征。它以水平线为主体的阔大高耸的结构，四面洞开的全方位式的格局及由廊柱或门庭与高大的窗户围拢起来的开敞的外观，不禁使人意识到我国的人民民主制度，及我国作为社会主义大国的庄严、伟大和稳定。南京大屠杀遇难同胞纪念馆（1985），以简朴的抽象的手法表现了人们心灵中积郁着的对那场恐怖事件的记忆；自贡恐龙馆（1986）表现了人们想象中那曾是地球霸主的庞然大物的幻影，它们都没有具体标明什么，但是当人们走进它们时，那种悲愤之情或那种怀古之感就油然而生。悉尼大歌剧院（1973）被誉为"二十世纪以来最生动、最激动人心的建筑艺术形象"，被称作是一篇"伟大的宣言"①。它的整个造型像是三组扬帆待发的赛艇，又像是被狂风卷起来的三重巨浪，它虽在岸边，但是却与整个大海融成一体，并正向大海冲去。看到它人们也许会感到那里奏响着的音乐并不只属于它自己，而是属于世界，乐音响彻了大海，与大海的波涛声一起向世界各地传播开去。法国朗香的朗香圣母院（1955）彻底打破了传统教堂的框架，既没有钟楼，又没有十字架，完全采用抽象的象征手法。其卷曲的南墙末端挺拔上举，有如指向苍天，房屋沉重而封闭，

---

① 见帕瑞克·纽金斯：《世界建筑艺术史》。

暗示了它是安全的庇护所，东南长廊开敞，意在欢迎朝圣者们来临；墙体倾斜、悬顶下坠、窗户大小不一，室内光线幽暗，目的在于使人忘记世间的种种机械性安排，回到神意中的不规则与多样化。它无疑要传达一种新的宗教观，在人们心灵中塑造一位新的神。审美体验要求人"设身处地"和"全身心的投入"，要求人将自己的生命注入对象中，从而完全消除人与对象的对立，它不仅需要理性、经验的支持，也需要意志与情感的支持，因此不是像直觉与想象那样，任何人任何时候都可以触之即发、招之即来。

（五）理念是现实的反映，因此与现实本身一样，有的属于阶级，有的属于民族，有的属于时代，那些最普遍和最深刻的理念总是与历史的脉搏和时代的精神相一致的。翻开人类文明史，我们会发现，除了各种文字的典籍之外，建筑是人类从蒙昧走向启蒙，从自我走向族类，从必然走向自由的一种最忠实最生动的记录；我们还会发现，那些优秀的建筑是不朽的，尽管已经完全失去了实用的价值，但作为人类心灵的纪念碑却永远兀立在大地上和人们心灵之中。在人类文明的第一个时期，那时神还处在人们理想与趣味的中心。在人们的心目中，神不仅是最高的存在，也是最高的善和美。人们为了取悦于神与安慰自己，把最宏伟、最瑰丽的建筑奉献给神，为神提供一个住所，一个与人交往的殿堂，于是，建筑成了神的象征。古代埃及的金字塔、古希腊的神庙、基督教哥特式教堂就是这样的建筑。它们以巨大的型体与空间，封闭式的结构与朦胧幽暗的光照把人从俗世引向了神。17—18 世纪之后，随着资产阶级启蒙运动的发展，人的自我意识增强了，人们发现神不过是人的幻影，人才是目的，才是中心，才是善与美，于是，人们再不去颂扬神，而着力讴歌自己，建筑成了人的颂歌。这时候出现了大量的世俗建筑，如王宫、市政厅、别墅、庭院、医院、学校、车站等，其中意大利的威尼斯宫、朱里亚诺·桑加洛·麦第奇别墅、法国巴黎歌剧院、奥地利的维也纳议会大厦等通过以人为主体的整体设计，通过对科学技术的炫耀及对比例装饰等的考究体现了深刻的象征意味。进入 20 世纪之后，人们从实践中意识到，人的肯定不需要也不应该以对自然的否定为前提。工业与科学技术的发达如果破坏了自然原有的平衡，会酿成巨大的灾难。人是自然进化的最高层次，但只有在自然的其他各层次不遭受破坏的情况下，人的这种地位和优势才是现实的。人只是自然的一部分，而不是全部自然，因此，人与自然应结成为伙伴关系，彻底的人道主义与彻底的自然主义应该是统一的。于是建筑师们宣告："把自我同宇宙对立起来的二元论世界观在迅速瓦解"，"规划师和建筑师的最伟大的成绩是保护和发展人类的栖身地"①。从瑞典的拉普兰体育馆、美国华盛顿美术馆东馆、美国匹兹堡的落水公寓等的设计可以明显地看到这种追求人与自然和谐统一的倾向。

---

① 　格罗庇乌斯：《魏玛国立建筑学校的理论与组织》、《全面建筑观》，引自《现代西方艺术美学文选·建筑美学卷》，第126、262页。

文艺与政治*
——一个需重新审视的话题

一 理论上的失误与再失误

如今，恐怕再没有什么人会否认 20 世纪 40 年代初延安文艺座谈会后到 70 年代前在文艺与政治关系问题上所产生的失误。那次失误主要表现在将文艺与政治割裂开来，将政治狭义地归结为无产阶级反对资产阶级及其他非无产阶级的斗争，将文艺理解为无产阶级反对资产阶级及其他非无产阶级的工具。这一失误不仅严重妨害了文艺自身的繁荣发展，而且严重挫伤了广大文艺工作者的热情，一些在艺术上有独特见地和造诣的人甚至遭到了种种迫害。

20 世纪 70 年代末，中共中央十一届三中全会后，这一失误得到了纠正。第四次全国文代会是一个标志，标志着文艺作为社会主义精神文明建设的一支重要力量，在社会生活中找到了自己的位置，文艺从政治这驾马车上"解放"出来了。20 世纪 80 年代初，文艺界围绕着文艺与政治关系发表了许多议论。可以看出，当时整个文艺界，不管是作家还是评论家，都是异常兴奋的。人们当作一种教训，批评了"文艺为政治服务"，"政治标准第一"等说法，并开始谈论起文艺自身的规律问题。应该说，这些议论和批评的基本倾向是对的，也是积极的，但思想方法上却是错误的，可以说犯了被批评者犯的同样的错误：把文艺与政治机械地割裂开来，并且依然从阶级和阶级斗争的角度理解政治；尽管当时最权威的领袖

* 此文发表于《理论与创作》2002 年第 5 期，发表前张艺声教授看过并参与署名。

对政治已经做了新的解释①。

到了 20 世纪 80 年代后期，在所谓"文学主体性"的讨论中，有人为了强化文艺与政治，乃至经济等的区别，更进一步从理论上提出了文艺"向内转"的口号。他们认为文艺的本质决定于文艺自身，而政治充其量只是条件；文艺的繁荣发展归根结底是文艺自身的事情。这一口号的提出意味着文艺界在刚刚纠正一种失误后陷入一个新的误区。主张文艺"向内转"的人没有认识到任何事物的本质都不是事物自身决定的，而是由这一事物与周围环境的关系决定的。所谓本质就是内化了的关系。文艺问题不可能仅仅是文艺自身的问题，文艺的繁荣发展固然要靠文艺工作者对文艺规律的不懈探求，同时也要靠良好的政治环境和经济条件。不仅如此，文艺工作者饱满的政治胸襟与热情往往是他在艺术上能否达到较高成就和具有长久生命力的一个因素。政治对于文艺不完全是外部问题，而常常作为一种契机、一种视野、一种情结、一种价值渗透在文艺创作的机理中。这一点如果要举例，那么在中国，从屈原到杜甫，到鲁迅，在西方，从荷马到但丁，到卡夫卡，可以说举不胜举。如果没有政治这个因素，我们不知道这些伟大作家会不会创作出那么卓越不朽的作品；如果没有政治这个因素，我们甚至不知道会不会被这些不朽作品所感动，以至于每当提起它们便不禁感到一种强烈的震撼。

二　政治是个历史性概念

为了正确地理解文艺与政治的关系，需要对政治这个概念重新解读。

政治这个概念和其他许多概念一样，是历史的。随着人类政治生活实践的发展变化，不同时代的人们不断赋予它以新的意义。最初，古代希腊时期，亚里士多德曾以《政治学》命名他的一部著作。那时候他所讲的政治，主要是现在我们说的政治体制或政权形式。亚里士多德曾详细考察了当时希腊及地中海沿岸各个城邦国家的政治制度。把它们归纳为三种，即君主制、贵族制、共和制。他自己比较赞成以中产阶级为主体的贵族制。后来，古罗马时期的西塞罗也对当时各种政治体制进行了评论。他主张一种包括民众代表、元老院贵族、执政官三位一体的"混合政体"。这

---

① 《邓小平文选》第 2 卷，人民出版社 1983 年版，第 149 页。

种政治观念到了文艺复兴之后有了改变。新生的市民阶级，包括商人、手工业者等，为了把少数人的政治变成多数人的政治，把关注的重心从政治体制扩展为整个国家的结构和权力。意大利思想家马基雅弗利 1513 年撰写了一部书，叫《君主论》，其中第一次运用了"国家"这个词。他把国家分为"君主国"与"共和国"，认为理想的国家应为"市民的君主国"。国家的核心问题不是古代希腊人强调的"正义"，而是权力。晚于马基雅弗利半个世纪的法国人让·布丹还专门写了一部六卷本的《国家论》，正式把国家概念当作了全部"政治科学"的基础概念。在他看来，"国家"应与"政府"区分开，"国家"的根本特征是"主权"（Summa potestas）。"主权"是维持国家内在统一及独立的根本。之后，从约翰·阿尔都塞、雨果·格劳秀斯、孟德斯鸠、卢梭，以至康德讨论的重心都是国家的本质、起源、形式、职能以及法律、义务和公民权利等问题。这种情况一直持续到 19 世纪 30 年代，资产阶级在欧洲取得了胜利，资产阶级与无产阶级之间的矛盾日益激化之后。这时先是在英国，后是在法国、德国，"阶级"这个词流行起来了。英国学者约翰·韦德 1833 年写的《中等阶级和工人阶级》率先讨论了阶级的产生及相互关系这一当时国家生活中最为重要的现象。随之，马克思便把"阶级"这一概念当作他的全部政治哲学的前提。在《黑格尔法哲学批判》导言中，马克思指出："要使人民革命和市民社会个别阶级的解放相吻合，要使一个等级成为整个社会的等级，社会的一切缺点就必须集中于另一个等级"，"要使一个等级真正成为解放者阶级，另一个等级相反地就应当成为明显的奴役者阶级"①。在《德意志意识形态》中马克思由无产阶级的历史地位谈到了无产阶级作为资产阶级的掘墓人，作为整个社会的"解放者"阶级的历史必然性。在《资本论》最后未完成的章节中，马克思本拟从经济学角度进一步对"阶级"的社会本质及其历史地位作出论证，可惜这一打算未能实现。

　　正像古代希腊的政治体制或政权形式是协调均衡奴隶主之间权益的产物一样，近代国家也是各个"经济利益相互冲突的阶级"为"缓和冲突，把冲突保持在'秩序'的范围以内"而相互妥协的结果。所以恩格斯在《家庭、私有制和国家的起源》中指出：国家并不是从有人类就有的，国

---

　　① 《马克思恩格斯全集》第 1 卷，人民出版社 1956 年版，第 464 页。

家是"从社会中产生但又自居于社会之上，并且日益同社会脱离的力量"，这种力量的产生"表示这个社会陷入了不可解决的自我矛盾，分裂为不可调和的对立面而又无力摆脱这些对立面"①。马克思、恩格斯从阶级与阶级对抗的角度深刻揭示了国家的本质，从而把人们关注的焦点从国家引向了阶级和阶级对抗，阶级问题于是成了 19 世纪中叶以来政治生活的核心问题。

但是，无论如何，阶级问题不是政治生活的全部问题，特别是进入垄断资本主义和社会主义之后。在垄断资本主义条件下，由于竞争和资本的不断重新组合，资产阶级内部矛盾日益凸现出来，同时，资本与劳动、脑力劳动与体力劳动、劳动与享乐的对立则日益减弱；在社会主义条件下，阶级斗争虽然没有消失但已不再占据主要地位，人民内部的各种冲突相反变得日趋复杂尖锐，因而，政治问题越来越成为普遍的社会问题。当代政治概念当然不能不包含阶级问题。马克思有关无产阶级只有解放全人类才能解放自己的论断并没有过时，但是政治概念除了包含阶级之外，还应包括由地域、民族、阶层、职业、财团、各种社会组织等构成的"无数的形态"②。所以一些政治学家正力图在政治体制、国家、阶级之外寻求一个更能体现政治本质和更具有概括性的概念。

三　政治对人的三重意义

政治一旦成为物质的事实，政治体制、国家、阶级及其他社会形式一旦介入人类物质生活之中，它便同时成为反思的对象，并通过反思衍化为种种的社会观念，所谓政治学或政治哲学也就相应地产生了。在前一种意义上，政治就是马克思讲的上层建筑，在后一种意义上，就是马克思讲的社会意识形态。此外，既然政治作为物质事实和社会观念是人类生活中不可或缺的东西，既然是人类完善自身和实现自身价值的途径，必然渗透在每个人心灵里，与饮食男女、劳动、游戏等一样成为一种基本需要和基本情结。这应该是政治对人的第三重意义。

---

① 《马克思恩格斯全集》第 21 卷，第 184 页。
② 詹姆斯·A. 古尔德、文森特·V. 瑟斯比：《现代政治思想》，商务印书馆 1985 年版，第 26 页。

亚里士多德讲,人是政治动物。不管亚里士多德本来的意思是什么,这个命题显然可以引发我们三个方面的思索:

首先,人是彼此间构成一定政治关系,并在一定政治环境下生活的动物。其他动物,可以是群居的,可以有这样那样的分工和秩序,但是只有人才有脑力劳动与体力劳动的区别,才有剩余劳动和私有制,才需要并实际建立了一定的政治体制和国家机构用以维护社会的稳定和大多数人的各自不同的利益。这一点,早在亚里士多德的《政治学》中就已有所表达。亚里士多德讲,人类除了维系自身的生存之外,似乎还有一种更高的目的,那就是"至善",而家庭、村社、城邦国家就是通向"至善"的途径。对于家庭来讲,个体仅仅是"质料";对于村社来讲,家庭也仅仅是"质料";对于城邦国家来讲,村社又仅仅是"质料"。城邦国家才是人类达到"至善"的最高形式,因而才真正实现了人的本质。亚里士多德对人性本善的理解,在资产阶级启蒙运动中受到了质疑和批评。英国哲学家霍布斯接受了古罗马诗人普劳图斯(Maccius Plautus)"人即是豺狼"的说法,认为促使人走向联合并建立国家的不是人的"至善"目的和"社交性",而是人与人之间永无休止的战争及与生俱有的对同类的恐惧感。国家是人与人之间的一种"契约"。国家所遵循的是成文法,不是自然法,而人只有摆脱了自然状态才可能过渡到文明状态。霍布斯的观点与亚里士多德的观点看似相反,但均立足于对人性的虚拟的设定。马克思、恩格斯之重要就在于他们试图从人的现实的物质生活状况中寻求解释。在他们看来,家庭、私有制乃至国家根源是发展到一定阶段的经济事实。经济是基础,政治体制、国家机构是上层建筑。有什么样的经济基础,便有什么样的上层建筑。政治体制、国家机构的根本使命就是为经济的持续发展和社会的稳定提供保证。国家不是永恒的,当具有不同经济利益的阶级及其对抗逐渐消失后,国家也必将最终消亡。但是,无论如何,政治体制与国家(以及阶级等社会形式)是人类最伟大的创造之一。人类正是通过一定政治体制与国家形式缓和并消除了源于自身的各种矛盾冲突,保持了内在的整体性或统一性,使人类智慧得以集中在物质生产与科学文化事业上,并实际造就了绵延数千年之久的文明史。当然,任何一种政治体制或国家都仅仅是一定政治关系的体现,随着政治关系的改变,人们会不断探寻和创造出与之相应的新的社会结构模式。国家消亡了,人类的政治关系却不会消亡。

其次，人是自觉地意识到自己的政治地位，并且具有某种共同的政治观念的动物。动物生活在群体中，但是并不能意识到自己是群体的一员。它们既没有个体意识，也没有群体意识；人则不同，正像马克思讲的，人是"类的存在物"，正因为是"类的存在物"，所以是"有意识的存在物"；"类"总是人思考和行动的一个出发点。人不仅创立了一定的政治体制，一定的国家，组成了一定的阶级或其他社会形式，而且形成了与之相应的各种政治观念，乃至政治理论。这些政治观念与理论，作为社会意识形态，由于超越了任何具体的政治体制、国家、阶级及其他社会形式的特殊性质，由于融入了人类政治生活中的某些具有普遍意义的共同经验，同时由于表达了某种理想主义与人文精神的内涵，所以往往具有相当的包容性和稳定性。建立在"正义"观念基础上的亚里士多德的《政治学》，没有随着城邦国家的解体、罗马专制帝国的建立而丧失其影响。资产阶级启蒙运动中关于"自然法"及"天赋人权"的观念和理论在几个世纪中成为欧洲政治生活中最基本的用语。如今，法国大革命已经过去了三百多年，但"自由"、"平等"、"博爱"的口号仍活在每个人的心中，成为不同国家和民族的共同的政治理想。特别是随着马克思主义的建立，阶级的观念、民主与专政的观念、社会主义和共产主义观念更成为人们观察人生、评价历史、瞻望未来的重要依据。政治观念与理论是人为自己营造的另一种精神环境。任何人可以不关心这个环境，但不可以游离这个环境，而恰是这种看似外在于人的环境构成了人的内在生活的一个必然的部分。

再次，人是在本性上趋向政治，对政治怀有原始情结的动物。其他动物不需要也不懂得政治，维系它们生活节律的，犹如任何有机物的自然钟一样，是大自然预先就安排好了的；但是人不同，人在有了自我意识和类意识之后已不再愿意遵循自然的指令，于是通过政治重新安排人生，安顿自己成了人的一种基本的生命欲求。应该说，在这一点上，亚里士多德（以及柏拉图）与"社会契约"论者霍布斯、卢梭等并无原则的区别。当然，问题在于这种原始的生命欲求如何转化成为支配具体行为的现实的冲动，而这就不能不求助于马克思、恩格斯的经济作为杠杆的解释。近一个世纪来，心理学，特别是人本主义心理学的发展为现代政治学提供了重要的依据。政治作为人的一种原始需要或情结又重新引起了人们的关注。英国著名政治学家格雷厄姆·沃拉斯的《政治中的人性》（1908）首先开创了政治心理学研究。他指出，政治学在过去数百年中，对政治体制的研究已经做了大量工作，但对政治中的人性因素却关注甚少。而在他看来，"政治行为和冲动是人性与其环境接触的产物"，"政治冲动不仅仅是对手段和目的进行考虑后所做出的理智推理，而且也是先于个人的思想和经验，尽管为思想和经验所修正的意向"①。继沃拉斯之后，美国学者詹姆斯·戴维斯［《在政治生活中的人类本性》（*Human Nature in Politics*）］、阿尔蒙得［《对发展中地区的政治研究》（*The Politics Of the Development Arcas*）］、克里斯琴·贝［《政治和伪政治：对某些有关行为主义著作的批判性评价》（*Politics and Pseudo Politics：A Critical Evaluation of some Behavioral Literature*）］等人借鉴马斯洛的人类需要等级理论围绕政治作为一种需要与人的生存、安全、爱、自尊、自我实现等之间的关系，展开了更深入的讨论。当然，马斯洛的学说本身尚存在一个很大的缺陷，这就是他的出发点是孤立的个体，而忽略了人所归属的群体给人带来的影响。人当然首先需要生存，需要安定，但是人总是在自我与群体的关系中去维系生存，寻求安全，而不是把自我从群体中孤立出来。群体永远是人的一种物质与精神的依托，也正因为如此，人才逐步学会了爱、自尊、自我实现等，所以，确切地说，对群体的关注本身就是一种需要，而且这种需要贯穿在人的所有需要，特别是高层次需要中。人是政治动物，在这个意义上说，人是意识到自己是群体的一分子，并且时时关注着群体，必要时甚至为群体放弃自己生存的动物。

四　同一网络中的政治与文艺

如果我们把人类社会比作网络，那么，政治与文艺都是这网络的经纬。

宇宙是一元的，人生是个整体，只是为了认识的方便，人们才将宇宙和人生分析成各个部分，才有了有机物与无机物、自然与社会、物质与精神以及政治、宗教、伦理、科学、文艺等的区分。不消说，这些区分都是相对的，因为不仅其中略去了许多中间性和过渡性的因素，而且相互区别的双方在一定条件下是可以转化的。

政治与文艺的关系之所以成为一个问题，就是由于人们把政治与文艺

---

① 格雷厄姆·沃拉斯：《政治中的人性》，商务印书馆1996年版，第4页。

这两个本来密切相关的部分机械地割裂开来，以为它们可以并行不悖，井水不犯河水，但事实上这是不可能的。

政治是什么？如前所说，至少在 20 世纪 70 年代以前，被理解为阶级斗争；20 世纪 80 年代以后，阶级斗争这个字眼从我们的政治生活中消失了，取而代之进入人们意识的是政党或政府的行为。这样说来，政治充其量是马克思讲的上层建筑的事，至于意识形态与作为人的生命情结意义上的政治则完全被人们忽略了。既是如此，一个厌倦了阶级斗争，厌倦了听命于某种政治指令的作家或艺术家，就完全有可能为自己营造一个象牙之塔，并且有理由声明自己是不问政治的人；相反，一个对政治本来满怀激情，笔触下不乏讽刺性和批判性文字的作家、艺术家也会以为自己与政治无关，完全在为艺术本身而创作。

文艺是什么？20 世纪 80 年代以来很流行的一种见解是文艺是满足人们审美需要的表现形式。依据这一见解，美是超越一切功利目的的高层次需要；文艺的根本特征是它的超越性，也就是它的美；文艺对人生的意义在于使人在享受审美快感的同时受到净化或陶冶。其实，正像西方哲学家卡西尔讲的，美并不是文艺的本质，特别是现代艺术中许多作品并不是以美来打动我们。文艺是人的生命的一个侧面，它与人生有着几乎全方位的联系，其中包括政治。文艺给人提供的快感不仅仅是审美的，常常还是政治的、宗教的、道德的、历史的和科学的。一些人相信屈原的《离骚》、曹雪芹的《红楼梦》、陀思妥耶夫斯基的《卡拉马佐夫兄弟》，甚至毕加索的《哥尔尼卡》的魅力全在于作家、艺术家精心构制的结构或语言密码，而与政治、宗教、道德等无关，这种论调显然违背了一般的阅读经验，是无法说服任何一个普通人的。

人的生命是个整体，同样，由于历史与文化的种种契机所构成的民族和国家也是个整体。在这样的整体中，政治与文艺作为两种基本的因素互相紧密地结合在一起，相互制约，相互影响。完全不涉及政治的文艺（指文艺总体，而非单个作品）和完全不理会文艺的政治都是不可想象的。就每个人来说，他对群体的关注，他对政治理想的追求，他对政权机构及其政策法令的意见都会自然地影响到他对文艺的创作或鉴赏，相反，某些文艺作品的创作和鉴赏也会影响他的政治态度。中国人讲的所谓"诗可以怨"，"不平则鸣"就是这个意思。就每个民族或国家来讲，作为执掌政权的人，总是要利用文艺的形式来伸张和渲染自己的政治主张；作为从事文艺创作的人，也总是要利用政治机遇和氛围来观察反映社会现实，表现自己的思想情感，这一点古今中外似乎没有例外。

五　作为政治生活干预者的文艺

按照马克思主义经典作家的观点，在现实生活中，政治（指政权机关及政策法令等）属上层建筑，文艺则属社会意识形态。政治与所从属的经济基础的关系是直接的，而文艺与经济基础的关系是间接的。这就是说，经济发展状况可以直接反映到政治生活中来，政治必须适应经济状况；而经济对文艺的影响则是经过了政治这一中介，文艺与经济状况的关系常常是不平衡的。这一情况决定了在总的趋向上政治的单一性及文艺的多样性，同时也决定了政治在整个社会生活中的优先地位及文艺在一定意义上的从属性。政治由于与经济的直接的关系，由于直接影响到经济的发展，而经济又是全部社会的基础，所以理所当然地受到社会的更多的关注。

文艺与经济状况可以是不平衡的。经济的繁荣或衰退不一定使文艺发生相应的变化；但是，文艺与政治在一定意义上却是平衡的。政治生活中的重大事件总是要通过文艺表现出来，同时文艺总是会通过重大事件的描写作用于政治，构成政治生活中最生动、最富色彩的一页。一个相对稳定和清明的政治环境，作家、艺术家在创作上是自由的，他们能够把笔触伸入社会生活的各个层面，能够把内心最真实的体验抒发出来，而且可以指望向较多的读者、观众陈示自己的作品，所以文艺往往是繁荣的；相反，一个相对封闭和晦暗的政治环境，作家、艺术家在创作上是不自由的，他们往往被拘束在自己的小天地里，失去了与最有生机的那部分社会机体的联系，而大多数民众又苦于生计而无暇或不屑介入文艺生活，所以文艺往往是衰退的。这是文艺发展的一般规律。

在政治与文艺的关系上，一般来讲，政治处于主导地位，但文艺并不总是从属的，这是因为文艺面对的不仅仅是同一经济基础之上的政治，而且是人类历史上所有的政治；同时不仅仅是政治，还有宗教、道德，某种绵延不绝、根深蒂固的民族文化传统；作家、艺术家不仅仅是作为一个特定政治环境的公民，而且是作为超越一切政治环境的世界公民的眼光看待生活，进行创作的。他们的作品除了作为当代政治生活的"晴雨表"外，常常触及人类本性中某些最为普遍的东西。因此，对于政治来说，文艺是天然的思想家和批判家。在某种情况下，文艺似乎是站在政治一边的，它以最绚丽的语言讴歌政治，把政治化解为一缕缕暖风吹入人们怀中；在另一种情况下，文艺似乎又是站在政治的对立的一边的，它的语言就像"投抢"和"匕首"，无情地指向了政治。在某种情况下，文艺似乎逃避着政治，却以充满忧伤和哀怨的笔触倾诉着自己失落的心理，因而唤起了人们对政治的疑虑；在另一种情况下，文艺又似乎超越了政治，在人们面前描绘着类似乌托邦的幻象。这样，文艺不时地改换它的角色："歌德派"、叛逆者、现实主义者和理想主义者。

在资本主义条件下，一切都作为商品进入市场，文艺作品也是如此。文艺因此直接介入了经济生活。但即使如此，文艺也不同于一般商品，因为决定文艺价值的不仅仅是剩余劳动，还有当时的政治、道德、文化状况。不过，恰恰是这一事实使一些更看重文艺的经济效益的作家、艺术家有可能丧失自身的品格，蜕化为文艺掮客。

六　作为政治观念阐释者的文艺

政治作为一种社会观念，与文艺同属于社会意识形态，它们的关系是互相渗透、互为条件的关系。

观念形态的政治与上层建筑意义的政治有着较为直接的关系，但与文艺一样，又有其自身的历史与逻辑。正义、权力、法、等级、领袖等观念虽然在其形成时都有某种特定的政治背景，但是一旦经过反复阐释而稳定下来，便具有了普遍和恒久的意义。由于这一点，政治观念才与文艺结下了不解之缘。政治观念是抽象的，在生活中几乎找不到真正的对应物；文艺则是具象的，酷似生活本身。但文艺与政治观念却是这样的密不可分：它们都属于一定的时代，而又超越这个时代；它们都禀有自己时代的种种倾向，又具有某些共同的历史文化底蕴；它们与宗教、道德等一起构成了人的观念总体，乃至人生观、世界观，同时又把这观念总体，人生观、世界观当作了自己的出发点。

但是，同是社会意识形态的政治和文艺在相互作用及对社会生活的影响方面并不是完全对等的。前者由于常常直接体现了作为上层建筑的政治的需要，能够得到某些阶级、阶层或社会集团更强有力的支持；同时由于与广大民众的政治需求和政治倾向有着紧密的联系，在民众中常常获得普遍的响应，所以一般地总处在强势地位，后者则相对地处在弱势地位。无疑，政治观念需要文艺为之鼓噪和包装，所以我们看到从柏拉图的"理想国"到康有为的"大同"世界，几乎没有一种乌托邦的蓝图是没有经过艺术加工的；但是，文艺更需要政治观念为之依托和引领，因此，我们几乎找不到一部称得上经典的伟大作品其中没有洋溢着强烈的阶级意识、民族观念以及爱国主义的激情。政治观念、道德和宗教观念是精魂，文艺是血肉。失去了血肉的精魂是虚幻的，而失去了精魂的血肉是僵死的。

虽然阶级这个概念是近代的产物，但是阶级及相应的阶级观念却是与文明社会联系在一起的。奴隶主与奴隶、封建庄园主与农民之间的区分与相互对抗不仅体现在各种历史文本中，也体现在许许多多的文艺作品里。但是在资产阶级登上政治舞台之前，我们看到的主要是占统治地位的奴隶主和庄园主的观念。资产阶级是第一个自觉地意识到自身作为阶级（"第三等级"）的独特地位与力量的阶级。他们在政治上有明确的主张和口号，并且培养了一批为之鼓噪的作家、艺术家。自由、平等、博爱作为资产阶级的政治理念曾支配了从启蒙运动到资本主义制度确立的两百多年的文艺运动。不过，资产阶级是最虚伪的阶级，他们所要维护的明明是自己阶级的私利，却要以全人类的名义标榜。作为它的对立物的无产阶级却不同，它公开申明它的目的是依照自己的世界观改造这个世界，要消灭一切阶级和实现共产主义。无产阶级并且明白地要求它的作家、艺术家，把文艺当作无产阶级阶级斗争的武器，当作革命的"齿轮"和"螺丝钉"。

民族问题一般说就是阶级问题。但是，民族观念由于人种、地域、传统及历史的原因常常更为根深蒂固。世界上许多民族都有自己的神话和史诗。在交通和信息不怎么发达的年代，正是这些神话和史诗将同一民族的人群紧紧地凝固在一起。同一个神，同一部历史，同一种语言，同一块栖息地，这就是一个民族的标志。资产阶级的兴起强化了阶级观念，同时使民族主义成了具有阶级内涵的一个口号。资产阶级文艺正是在民族主义旗号下发展起来的。但丁、薄迦丘、蒙田、莎士比亚、莱辛等最早一批资产阶级作家、艺术家都是民族语言文化的倡导者。他们的作品一般也被视为各个民族经典之作。其后，在各个不同的历史时期，盎格鲁撒克逊民族、法兰西民族、日耳曼民族、俄罗斯民族、阿拉伯民族以及我们中华民族在文艺领域里都曾崭领风骚，创造了自己的辉煌。

国家作为一个概念至今还在讨论，但这对于普通人也许并不重要，因为在长久的政治生活实践中，政治家、历史学家和作家、艺术家们已经对国家做过种种描述，国家的观念已经深深植根于人们的心灵中。政治家大胆地为人们构想着国家的未来，历史学家小心地为人们追溯着国家的过去，而作家、艺术家则充满激情地为人们描绘着国家的广袤与贫瘠、富足与羸弱，古老与新生、庄严与秀丽。因此，国家观念与阶级观念、民族观念不同，几乎是一个活生生的具象观念。当然，不是所有的作家和艺术家都具有国家观念，都是爱国主义者。但是文学艺术本身与国家观念却有着天然的联系，祖国作为文艺创作的母题，与爱情、母亲、自然一样是永恒的。如果我们不能记住所有的作品，至少应该记得在宋明及清初战乱年代的那些荡气回肠的诗词，第一次与第二次世界大战中那些慷慨激昂的散文和小说，洋溢在其中并深深打动我们的正是那种惊天地、泣鬼神的爱国热情及牺牲精神。应该说，这是人性中最崇高最壮丽的一面。文学艺术家常常由于生动地展示了这一面而成为人类灵魂的导师。

七　作为政治情结体现者的文艺

人都有以关注所属群体为特征的原始的政治情结，作家、艺术家也不例外，而且由于文艺自身的特点而体现得更为强烈和深沉。

康德在《判断力批判》中曾经指出："在经验里，美只在社会里产生着兴趣，并且假使人们承认人们的社交倾向是天然的，而对此的适应能力和执着，就是社交性，是人作为社会的生物规定为必须的。也就是说，这是属于人性里的特性的话，那么，就要容许人们把鉴赏力也看做是一种评定机能，通过它，人们甚至于能够把他的情感传达给别人，因而对每个人的天然倾向性里所要求的成为促进手段。"康德还指出，如果一个人生活在荒岛上，他不会修饰自己和装点环境，只有在与人群交往中他才会想到"不仅做一个人，而且按照他的样式做一个文雅的人"，而所谓"文雅的人"，就是"倾向于并且善于把他的情感传达于别人，他不满足于独自欣赏而未能在社会里和别人共同感受"。康德说，如果对美的兴趣是筑基在这上面的话，那么，"鉴赏将发现我们的评判机能的一个从官能享受到道德情绪的过渡"①。

康德肯定人性中有一种"社交倾向"。美及对美的鉴赏植根于人的这种社交倾向上，而就是由于这个原因，人们在审美活动中存在着由"官能享受"到"道德情绪"的过渡。应该指出，由这里讲的"道德情绪"包括人在处理与社会群体及社会组织的关系时所体现的政治情绪。

文艺无论作为社会生活的反映，还是作为主观情趣和理想的表现，其目的均不是自我欣赏，因而很难设想，当世界仅仅剩下一个人的时候，他还在创作。文艺的目的在于传达和同别人分享，它一方面要求敞显自己，宣泄自己，实现自己；另一方面要求打动他人，影响他人，引起他人的共鸣。所以文艺本身就是为群体而存在的，其性质，其价值，其功用无一例外地决定于群体。

作家、艺术家都应是热切地关注群体的人，特别是那些称得上伟大的作家与艺术家，关注群体可以说是他们的第一修养。一个伟大作家、艺术家与三、四流作家、艺术家（如果还能称为作家、艺术家）的区别就在于能否和在多大程度上超越自我，或者确切地说，将"小我"升华为"大我"，成为人类群体的代言人。记得王国维在《人间词话》中评论了许多词人，其中对李后主、纳兰性德最为叹赏，其原因就是他们的词直抒胸臆，"俨有释迦、基督担荷人类罪恶之意"。王国维主张，作家、艺术家应具有"诗人之眼"，能够"通古今而观之"②。意思就是要求最大限度地超越自我，关注人类群体的命运，承载他们的忧愁和苦难。

如果用这样的尺度来衡量当代作家、艺术家，不用说，会有许多遗憾。当然，也有不少令人感到欣慰的。王蒙在发表了"四季"系列之后对记者的一番谈话至今还让我们记忆犹新。他说，许多人劝他写遗老遗少，宫闱秘闻；写俊男美女，月下床上。但他觉得还是社会主义的题材对他最为合适，因为他是在社会主义环境中长大的，眼睛看的，耳朵听的都是与社会主义有关的东西，只有这些东西他最为熟悉，最为亲切，他说他不隐晦自己喜欢写政治。他这不完全是出于个人偏好，而是生活中确实少不了政治。一个诚实的作家没有理由回避政治。

---

① 康德：《判断力批判》，第 141—142 页。
② 《王国维文集》第 1 卷，第 145—166 页。

　　虽然人人都有一种原始的政治情结，但作家、艺术家却能够超越一时一地的政治，并升华为对人类整体的命运的关注。政治在他们的眼中永远带有几分理想性，几分浪漫主义色彩。他们虽然有时也会附庸于当时的政治，但更多的时候是作为它的质疑者、批判者。他们引渡人们的不仅仅是从"感官享乐"到包括政治情绪在内的"道德情绪"，而且是从享乐的、道德的以及政治的情绪到完整的和更为人性的人。

何谓美学？*

——一百年来中国学者的追问

何谓美学？自美学诞生之日起，人们便不停地追问，而且还将追问下去，美学史因此成了问题史，不同的只是追问的目的、角度和方法。不过，美学之所以保持着勃勃生机，也许正在于不停的追问；恰恰是不停的追问激活了一代又一代人的情感和智慧，从而将他们的内心世界真实地呈现出来。从这个意义上讲，我们对这一问题的回顾，可以看作是对一百年来中国学人心路历程的一次浏览。

一　王国维:寻求美的标准与文学原理

美学经由日本传入中国是在 20 世纪初。王国维是最早阐扬美学的人之一。王国维是位启蒙思想家，他之推崇美学主要是从国民教育出发的。在他看来，美学之重要，不仅在于它是哲学的一部分，能够将本属直观的、顿悟的审美与艺术现象放在理智的层面上进行思考，而且在于它能够为人生提供某种"美之标准"，为"文学上之原理"提供某种根据，从而现实地为人们指示一条通往理想境界的途径。

王国维最初接触的主要是叔本华的美学。《红楼梦评论》是他的一次实践。这篇文章在美学本身上并无新的建树，但对于美学在中国的传播、对于文学批评之纳入哲学视野，无疑起了奠基性和先导性的作用。

《红楼梦评论》第一章意在为评论确立一个原则。他指出："生活之本质何？'欲'而已矣。"而欲生于不足，因而与苦痛相联。所以"欲与

---

*　此文发表于《郑州大学学报》2001 年第 11 期；人大报刊复印资料《美学》卷 2002 年第 1 期全文转载。

生活、与苦痛，三者一而已矣"。他认为，人类一切知识的探求和实践的行为，无不是"欲"的结果，无不与苦痛相始终，唯有一物，可"使吾人超然于利害之外，而忘物与我之关系"，这就是"美术"，即文学艺术。文学艺术所呈现给人们的不是可感可触之实物，而是"美"。他认为，美之中有优美与壮美两类。所谓优美，是指一物或与我无关系，或虽有关系但为我所漠视，我是以宁静心态去观照物之本身；所谓壮美，是指一物大不利于我，我的意志因之破裂，我遂成为独立之我，从而得以深观此物。无论优美与壮美，"皆使吾人离生活之欲，而入于纯粹之知识者"。《红楼梦评论》第二章、第三章讨论《红楼梦》之精神及美学上之价值。王国维认为，《红楼梦》之精神在于通过对贾宝玉等人物形象的描写揭示出生活之本质即生活之欲及其解脱之道。贾宝玉的"玉"实为"生活之欲的代表"，玉之来龙去脉，恰好说明"此生活、此痛苦之由于自造，又示其解脱之道不可不由自己求之者出"。《红楼梦》之美学价值，与《桃花扇》相似，而与《牡丹亭》、《长生殿》等不同，主要是壮美或悲剧的美，但《桃花扇》的悲剧，是政治的、国民的、历史的，《红楼梦》的悲剧则是哲学的、宇宙的、文学的。《红楼梦》因而大悖于国人的世俗的、乐天的传统精神。王国维由此得出结论，文学艺术的任务"在描写人生之苦痛与解脱之道，而使吾侪冯生之徒，于此桎梏之世界中，离此生活之欲之争斗，而得其暂时之平和"，"美学上最终之目的"，应"与伦理学上最终之目的合"①。

《文学小言》特别是《人间嗜好之研究》，可以看作是王国维美学的一个转折。转折的标志是与"生活之欲"不同的，他提出了"势力之欲"。他在《文学小言》中写道："文学者，游戏的事业也。人之势力，用于生存竞争而有余，于是发而为游戏。"②《人间嗜好之研究》中进一步谈到"势力之欲"与"生活之欲"的关系，并由此拈出"嗜好"这一概念。他说："人类之于生活，即竞争而得胜矣，于是此根本之欲复而为势力之欲，而务使其物质上与精神上之生活超于他人之生活之上。此势力之欲，即谓之生活之欲之苗裔，无不可也。人之一生，唯由此二欲以策其知力及体力，而使之活动。其直接为生活故而活动时，谓之曰'工作'，或

① 《王国维文集》第1卷，第14页。
② 同上书，第25页。

其势力有余，而唯为活动故而活动时，谓之曰'嗜好'。故嗜好之为物，虽非表直接之势力，亦必为势力之小影，或足以遂其势力之欲者，始足以动人心，而医其空虚的苦痛。不然，欲其嗜之也难矣。"[1] 王国维将烟、酒、博弈、宫室、车马、衣服等称之为低等的"嗜好"，其中，实用部分属于"生活之欲"，装饰部分属于"势力之欲"；称文学、美术等为最高尚之"嗜好"，这种"嗜好"则完全属于"势力之欲"。他说："希而列而（编者按，即席勒）即谓儿童之游戏存在于用剩余之势力矣，文学、美术亦不过成人精神的游戏。故其渊源之存于剩余之势力，不可疑也。"[2] 他认为，普通人对文学、艺术的爱好均源于"势力所不能于实际表示者，得以游戏表示之"，而真正之大诗人，则"以人类之感情为其一己之感情"，"遂不以发表自己之感情为满足，更进欲发表人类全体之感情"，"彼之著作，实为人类全体之喉舌"。王国维进而由文学艺术推及哲学、科学及一切知识，说"一切知识之欲，虽谓之即势力之欲，亦无不可"。把"势力之欲"及"嗜好"引进美学，这标志着王国维从叔本华转向康德、席勒，标志着他不再从悲观主义角度将文学艺术的意义消极地归之于超脱生活及其苦痛，而赋予了文学、艺术以表现与完善人性自身的人文主义的功能。这一转变同时改变了王国维对"美之标准"和"文学上之原理"的理解。这便是《人间词话》及《宋元戏曲史》所以产生的理论根基。

　　《人间词话》和《宋元戏曲史》的核心概念不是美，而是"境界"或"意境"。它是"意"与"境"的浑然统一，是"自然"。所以，他在评元南戏时说："元南戏之佳处，亦一言以蔽之，曰自然而已矣。申言之，则亦不过一言，曰有意境而已矣。"[3] 这个"自然"，有道家讲的"自生自成"之意，而不同于"自然中之物"，其中包括真实、真诚及描写时之质朴无华等多种含义。王国维以为艺术，至少诗词戏曲之类的最高范畴，应是"境界"，美作为一种形式只是构成"境界"的一个因素。因此，他从"有我之境"与"无我之境"重新界定了优美和壮美。在他看来，优美既然是由对象之形成不关乎吾人之利害，使吾人得以静心沉浸于

---

① 《王国维文集》第 3 卷，第 28 页。
② 同上书，第 30 页。
③ 同上书，第 407 页。

其形式中，作为"境界"，便是"无我之境"；壮美既然是由对象之形式大不利于吾人，吾人必须调整心态超越利害之观念，以达观其形式，作为"境界"，便是"有我之境"。"无我之境"的特征在"静"，"有我之境"的特征在"动"。同时，因为艺术作为"第二形式"，有个表现问题，所以他又在优美、壮美之外，提出了"古雅"这个范畴。由于"境界"概念的提出，王国维完全抛开叔本华所谓的"实念"（即理念）这样异常空乏的用语，而注重对艺术家人格修养的分析。强调"其所写者，即其所观其所观者，即其所畜者"；强调"物我无间，而道艺为一，与天冥合，而不知其所以然"①。

综观王国维的叙述，可以看出，王国维所理解的美学，实即艺术哲学，而美育，实即艺术教育。他的美学是随着他对艺术本身的理解的变化而逐步完善的。

二　宗白华：美学归美学，艺术学归艺术学

与王国维不同，宗白华是直接受到了德国哲学和文化的熏陶的。在宗白华身上，不仅凝聚着中国传统的艺术精神，而且保有德国学人那种形而上的思辨的智慧。宗白华是在诗情与哲思的激烈碰撞中走入美学的，一开始就致力于给美学一个明确的定义。1925 年至 1929 年，宗白华在中央大学任教期间，给我们留下了一份"美学"讲授大纲和两份"艺术学"大纲，三份大纲均谈到了美学与艺术学的区别。其中，第二份"艺术学"大纲讲得最为概括。他说："美学之范围为自然美、人生美、艺术美、工艺美等"，"凡是对于文化世界、精神世界及全世界之美感，皆属于美学。即艺术学也可谓是美学的一部分，但艺术学虽为美学之一部分，至其内容非仅限于美感的；如 Eola（欧拉）的小说，描写的事实，虽皆系鲜活之事，文笔和结构方面，也少美的组织，但吾人不能谓其为非伟大的艺术品也。盖艺术除美的实现之外，作家的个性、社会与时代的状况、宗教性，俱非美之所能概括也。故艺术学之研究对象不限于美感的价值，而尤注重——艺术品所包含、所表现之各种价值。"②

---

① 《王国维文集》第 1 卷，第 132 页。
② 《宗白华全集》第 1 卷，第 542 页。

在宗白华看来,美学与艺术学应是相互区别又相互关联的两门学科。美学的对象包括"文化世界、精神世界及全世界之美感",具体地讲,涉及"人生方面"、人对于世界的"美的态度"(鉴赏、创造)、"文化方面"及人们创造的"美的各物"。艺术作为人鉴赏与创造的对象,即作为"美的态度"的实现,也应包含在其中。美学研究的方法是由对象决定的。就人生方面来说,美学要分析美感和美的创造、一般人类美的创造的历史和动机,民族心理学上的创造美的过程、天才问题,等等;就文化方面来说,美学要回答艺术品是什么,它的历史与分类,还要回答美学的应用问题。而美感"乃人生对于世界之一种态度",它要求人将一切"占有的、利害计算的、研究的、解剖的各种观念"完全抛开,纯然用"客观的目光观察之",所以美感态度也就是"客观的态度"。根据这样的认识,我们看到,在"美学"大纲中,宗白华着重讨论了这么几个问题:审美方法——静观、同感(移情)、联想、幻想(幻觉);艺术创造——动机(私人动机与非私人动机)、工作之次序(过程)、天资与天才。与美感态度无关的其他艺术方面的问题,宗白华通通放到艺术学中去了。

从两份艺术学大纲来看,艺术学讨论的是艺术的范围、艺术的起源与进化、艺术的形式与内容、美感的主要范畴、艺术创造的本质及意义、艺术之欣赏、艺术家的个性与风格、艺术门类。宗白华认为,艺术是"美的技能",因此,艺术学必须研究艺术的美。他在大纲中以很大的篇幅来讨论艺术的内容(象征之实际,"美的实际")及形式的美,尤其值得重视的是他把美感范畴美、丑、崇高、滑稽、悲剧、优美等都放到了艺术学中。显然,在他看来,这些范畴的形成是在艺术中,是人们在欣赏艺术时所呈现的"主观之情感的状态或判断"。但是,正如前面已介绍的,宗白华认为,艺术除"美的实现"之外,尚有其他各种价值。"艺术为生命的表现,艺术家用以表现其生命,而给予欣赏家以生命的印象。"所谓艺术内容也就是表现于艺术品中的艺术家生命的经历,所谓艺术形式便是由表现冲动而生的象征化、形式化了的材料,如文字语言、色彩、音响,等等。这个意义上的艺术内容实际上就是意境。所以宗白华说:"每一艺术品所表现的,皆作者心中所见的境界,兹名为作者的意境。"创作就是"将作者心中的境界表现、转入他人心境中",欣赏也非"消极的领受"。可见,在宗白华的艺术学中,作为理论核心的概念,并不是美,而是意境。意境中除了美之外,尚有一定的文化、个性、时代性、宗教性等内涵。

宗白华将美感范畴纳入艺术学之中，并非否认它同样适应对自然美的观赏，而是因为只有艺术才能充分揭示它丰富的深刻的内涵；宗白华将艺术分类纳入艺术学之中，也并非否认它在美学上的意义（他的美学大纲亦有艺术分类的讨论），只是为了更深入、具体地阐明各门类艺术自身的特征。同一道理，宗白华在美学中把艺术创造的有关问题，如动机、过程、天资及天才等，当作理论的重心，也不是否认这些问题应当归属于艺术学，而是为了从艺术实践的角度阐明人对世界的美感态度。从动机可以看出美感的人性根基与社会根基；从过程可以看出美感的自然因素与心理因素；从天资及天才可以看出美感的意识层面与非意识层面。这样，美感态度问题就成了人生与文化方面的最根本问题之一。

于是，宗白华把一般艺术的结构、个性、风格、创作方法等的讨论从美学中剔除出去，赋予美学以人生哲学的性质，从而强化了美学作为哲学一个分支的地位。

三　朱光潜：把美学看作文艺心理学

朱光潜把他第一部美学著作称作《文艺心理学》，这是很耐人寻味的。为什么要起这个名称，他在"作者自白"中解释说："这是一部研究文艺理论的书籍。我对于它的名称，曾费了一番踌躇。它可以叫作《美学》，因为它所讨论的问题通常都属于美学范围。美学是从哲学分支出来的，以往的美学家大半心中先存有一种哲学系统，以它为根据，演绎出一些美学原理来。本书所采的是另一种方法。它丢开一切哲学的成见，把文艺的创造和欣赏当作心理的事实去研究，从事实中归纳出一些可适用于文艺批评的原理。它的对象是文艺的创造和欣赏，它的观点大致是心理学的，所以我不用《美学》的名目，把它叫作《文艺心理学》。这两个名称现代都有人用过，分别也并不很大，我们可以说，'文艺心理学'是从心理学观点研究出来的'美学'。"①

在朱光潜看来，美学的对象是文学艺术，并作过多次论证。他认为，美学，顾名思义，应该是研究"美"的学问，而艺术恰是"美"的高度

---

① 《朱光潜文集》第1卷，第197页。

集中的体现。所谓优美、壮美、悲剧、喜剧、崇高、滑稽等都只是通过艺术才为人所认识和领悟。自然中无所谓美。"在觉得自然为美时，自然就已造成表现情趣的意象，就已经是艺术品。"① 他认为，美是创造出来的，美是艺术的特质。"艺术的目的直接地在美，间接地在美所伴的快感，"②所以对艺术的研究应该是美学的中心。他认为，美学把艺术当作中心是美学上一个进步的传统。从柏拉图、亚里士多德到狄德罗、莱辛、康德、黑格尔，他们的美学，实际上是从一定的哲学体系出发对文艺实践的总结。

但是，朱光潜指出，美学与个别文艺理论不同，它又是一种认识论③，是从哲学的角度对艺术现象作出的最普遍、最一般的概括。个别的文艺理论讨论的是个别艺术，比如音乐、美术、文学的具体的审美特征、艺术规律、艺术个性与风格等，美学研究的则是艺术作为一种审美现象的一般特征、本源以及它对人生的意义。朱光潜认为，人对世界的态度，无非是三种：实用的、科学的、美感的。"实用的态度以善为最高目的，科学的态度以真为最高目的，美感的态度以美为最高目的，"这三种态度不可机械地区分。不过从价值论的角度讲，"美是事物的最有价值的一面，美感的经验是人生中最有价值的一面"④，而这些都是通过艺术创造和鉴赏实现出来的。由于美学触及艺术的根本性质，触及人性或人生中这些最根本的方面，所以美学必须从一定的哲学出发，以一定的哲学作为自己的理论依据。

于是，1960 年，朱光潜在《美学研究什么，怎样研究美学？》一文中，对美学作了这样的界定："美学是处于哲学和个别艺术理论之间的一门科学。就对上的关系来说，它是哲学的一个部门；哲学研究的是一般，是意识反映存在或人掌握现实的普遍规律，而美学研究的是这一般下面的特殊，是关于人用艺术方式掌握现实的规律；就对下的关系来说，美学又是个别艺术理论的共同基础，它所研究的是一般，即各种形式的艺术所掌握的普遍规律，而个别艺术理论（例如音乐理论、文学理论）则研究各自的特殊规律。"⑤

---

① 《朱光潜文集》，第 1 卷，第 347 页。
② 同上书，第 349 页。
③ 同上书，第 188—215 页。
④ 同上书，第 12 页。
⑤ 同上书，第 233 页。

在朱光潜看来，美学固然不能不以哲学为根据，但仅仅如此还不足以对艺术现象作出科学的阐释，还必须借助心理学的方法。他认为："过去许多文学批评之所以有缺陷，都在于缺少坚实的心理学基础。"他论证说，哲学的优势是它把艺术放在人性与人生这个深度的层面，对它进行概括和抽象。"抽象地处理事物"，是哲学家们的"特权"。而心理学的意义则在于"注意各个组成部分的相互关系，并弄清每一部分的原因和结果"，心理学家的权力是"整个地处理具体经验"①，近代美学的基本特征和重要贡献，就是把美学的中心从美作为客体的研究转向了"我们在欣赏自然美或艺术美时的心理活动"，即美感经验的研究。美学遂日益演化为文艺心理学。

在朱光潜看来，美感经验的研究，既是哲学的，也是艺术学的、心理学的。从认识论角度讲，美是哲学的；从创造与鉴赏角度讲，美是艺术学的；从心理机制及效应角度讲，美是心理学的。美学是连接哲学、艺术学、心理学的纽带。

朱光潜用以阐释美感经验的哲学依据是康德、克罗齐的形式主义。他把美感经验直接归之于"直觉的经验"或"形象的直觉"。他认为，形象的直觉的特征是"孤立绝缘"与"物我两忘"。他说："意象的孤立绝缘是美感经验的特征。在观赏的一刹那间，观赏者的意识只被一个完整而单纯的意象占据，微尘应对于他便是大千；他忘记时光的飞驰，刹那对于他便是终古。"他又说："在美感经验中，我和物的界限完全消灭，我浸入大自然，大自然也浸入我，我和大自然打成一气，在一块生展，在一块震颤。"并且他把这种形象的直觉等同于艺术创造。他说："直觉是突然间心里见到一个形象或意象，其实就是创造，形象便是创造成的艺术。因此，我们说美感经验是形象的直觉，就无异于说它是艺术的创造。"②

形象的直觉，作为一种哲学上的表述，在克罗齐那里，具有极大的包容性，以至于从中引发出其全部的美学学说。但在朱光潜眼中，直觉却是一个需要限定的概念。他认为克罗齐意义上的直觉过于纯粹和独立，已失去了与生活整体的联系，因此，很难解释美感经验中概念思维和道德感的因素。所以，形象的直觉作为逻辑的起点，还需要有能使之恢复与生活整

---

① 《朱光潜文集》第 10 卷，第 182 页。
② 《朱光潜文集》第 1 卷，第 209—215 页。

体的联系的理论原则的支持,这个理论原则就是英国心理学家爱德华·布洛的"心理距离"说。朱光潜认为,在美感经验与艺术中,"距离是一个重要因素","艺术成功的秘密在于距离的微妙调整","心理距离"理论完全可以证明。逻辑认识、个人经验、概念的联想、道德感、本能、欲望等,对于美感经验与艺术并不是绝对不相容的,问题只在于把它们"放在适当的距离之外"①。

以"心理距离"为中介概念,朱光潜顺利地将美感经验的讨论转向了心理学。他先后吸纳了费肖尔、立普斯的"移情说",谷鲁斯的"内摹仿说"以及英国经验主义的"联想说",同时给了以黑格尔、托尔斯泰为代表的道德论美学以应有的位置。他做了大量的"补苴罅漏"与"调和折衷"的工作,在前人已有成果的基础上,建构了一个具有自身特色的美学框架。在这个框架中,不仅包容了美感经验本身的各个环节(直觉、距离、移情、内摹仿、联想、快感等),还涉及美与自然、艺术与游戏、想象与灵感、理智与情感、天才与才能、创造与模仿、艺术与人生等。值得指出的是,朱光潜还依照自己对美感经验的理解,成功地重新阐释了刚性美(壮美)与柔性美(优美)、悲剧与喜剧这些范畴。

毫无疑问,朱光潜讨论美学的方法和所运用的概念主要是西方的,但这并不意味着他完全放弃了中国传统美学的成果。他在美学上的贡献之一就是运用"情趣"与"意象"这一对概念重新阐释了"境界",并把它纳入他的美学框架中,从而一方面纠正了克罗齐"直觉说"的机械性的弊病;另一方面为中国传统美学与西方美学的结合做了成功的尝试。朱光潜没有忽略美学所包含的对人生的思考,但是他宁愿把这种思考通通纳入艺术的创造与鉴赏中。在他看来,美学所应回答的是,人应以怎样的心境进入艺术,或者艺术将人引向怎样的心境,全部的问题是心理问题,所以,他的美学恰如他称呼的是艺术心理学。当然,这里主要是指他早期的美学。

四　蔡仪:美学应属于哲学认识论

蔡仪没有西方美学的学术背景。在日本读书期间,他所接触的主要是

---

① 《朱光潜文集》第 1 卷,第 216—229 页。

马克思主义。他的美学完全是在马克思主义认识论基础上建构起来的。①

蔡仪肯定美学是一门独立的学科，不认为美学可以等同于艺术学。他在主编的《美学原理》中写道，"美学固然要研究艺术美及其创造的普遍规律，要与艺术实践紧密结合，但是，它并不要求专门研究艺术的一般的具体问题，也不要求专门研究艺术的每一个侧面"，同时，"美学又不仅是研究艺术的，他还把艺术范围之外的自然美、社会美和美感等问题作为自己专门研究的对象"②。他也不认为美学可以等同于心理学。他说："美学作为完备的学科不能局限于美感心理现象和艺术精神活动的研究，它首先必须明确美感和艺术美的来源和基础，同时，艺术创造和欣赏固然与人的心理活动有联系，但我们又不能把它们仅仅看作是单纯的心理活动，囿于心理学范畴。"③

蔡仪认为，美学作为哲学的一个分支或一个部分，应该把"研究美的存在与美的认识的关系及其发展的普遍规律，研究艺术与现实的相互关系及其发展的普遍规律"作为自己的任务。他认为美学包括三个部分：美的存在（现实美）、美的认识（美感）、美的创造（艺术）。

美的存在包括自然美与社会美。它们虽然"都是不依赖于人的感受和认识而客观地独立存在的现实事物的美"，但是又有本质的不同，"自然美主要有关事物的实体的美，也就是直接间接地联系于实体事物的美，这种美是较多偏重于形式或现象方面的。而社会实质上不外是各种各样的人和人的关系，社会美主要是属于社会事物的关系的美，即主要是社会关系的美，这种美偏重于内容和本质的方面"。同时，"自然美是自然界事物的美，它和自然的真是一致的"，"社会美不仅同样地和社会的真理是一致的，而且和善实际上也是一致的"；"自然美和自然事物的发展相关，也就是体现着自然的必然的美"，"社会美则和社会事物的发展是不分开的"，"是必然和自由统一的美"④。

蔡仪认为，无论自然美或社会美，以及作为它们的摹写、复现的艺术美，都因体现了"美的规律"才成为美的。而"美的规律"也就是"典型的规律"。"真正美的艺术品，无论如何是不能脱离艺术典型的创造

① 《蔡仪美学讲演集》，长江文艺出版社1985年版，第65页。
② 《美学原理》，湖南人民出版社1985年版，第8—9页。
③ 同上书，第9页。
④ 同上书，第25页。

的",这固不待说,自然与社会中,也"只有那些以非常突出的现象充分地表现本质的事物,才是美的事物"。所以,"一般来说,具有丰茂的枝叶、鲜艳的花朵的植物,充分地表现出它们的欣欣向荣的生意,就是美的植物";那些以其"非常特异的性格特征,或非常突出、鲜明的举止行为",充分体现先进的社会关系或革命阶级的要求的人物,就是美的人物。

蔡仪所说的美的认识,也就是美感。在他看来,"美感根本上就是对美的认识"。但美感不同于一般的认识,它是"能够正确掌握美的规律的一种形象思维"。一般的认识侧重于利用概念的抽象性,形象思维则侧重于利用"概念的具象性",通过"表现具象的关联,而形成观赏、创作的心理状态"[①]。蔡仪把形象思维的结果称之为"意象"。不过他明确地把他理解的"意象"与传统意义上的"意象"区分开来。他理解的意象不限于文艺创作和欣赏,也包括"人们面对现实的事物时的一种心理状态",它的含义"大体相当于具象概念或形象观念这种认识","是经过联想、想像或形象思维等对感性材料的比较、分析综合、概括而成的"。"意象"具有"直观性",但是"它同时又是思维的成果,它还可能包含着"逻辑因素"[②]。蔡仪认为,"意象"作为形象思维的结果是阶段性的,"意象"既然"可能反映一些美的现象、却不一定能反映美的规律",所以,还要进一步使"意象"典型化,使"意象"上升为"美的观念"。

"美的观念"在蔡仪美学中是很重要的一个概念。在他看来,"美的观念"是"对于客观事物的美的理智认识的重要过程,也是关系着理解整个美感心理活动的关键"。一般来说,美感之形成必须有两方面的条件,一方面是"客观的美的事物";另一方面是"能与客观事物相符合的""美的观念"。所谓美感,就是"由于客观事物的美",使"美的观念得到充实、得到明确、得到满足",从而引起"感官的快适"和"心灵上的喜悦"[③]。"美的观念"与科学中的概念虽同属于认识论的范畴,但它具有自身的一些特性,这就是既具有"非常鲜明突出的具体形象性",同时具有"比较不确定和不明确的特性",此外,"作为一种理智的认识,

---

① 《美学原理》,第125页。
② 同上书,第125—129页。
③ 同上书,第144页。

它积极地要求使自己的认识功能不断地扩大和深入，也就是必须不断地更加确定化和明晰化"①。

蔡仪虽不否认美感是一种情感活动，但是他认为，美感的情感问题必须在谈清美的认识的前提下进行讨论。因为美的认识活动反映的对象是客观事物的美，在美感中是作为客观内容存在的，而情感则是主体对认识客观所发生的反应，是属于人的主观意识的。显然，美的认识在先，情感表现在后，情感表现决定于美的认识。②

蔡仪将通常的美的范畴作为美感的形态来讨论，分为"雄伟"的美感与"秀丽"的美感，"悲剧"的美感与"喜剧"的美感。他认为，"美的对象同美的观念相结合时，不仅发生美感，而且往往发生感性的、知识性的及感情的伴随条件"，"这种伴随条件的不同就会造成美感形态的不同"。

蔡仪早年写了《新艺术论》，以后又写了《新美学》，艺术学与美学是分开的，后来他在对《新美学》进行修订时，又将它们合在一起。"美的创造"，即艺术，是构成他的美学的有机组成部分。蔡仪认为，艺术是一种社会意识形态，是社会生活的反映，艺术表现就是艺术认识的摹写；艺术美的创造在于艺术的典型化，是具体形象的真理。在艺术分类问题上，他主张应该"按照艺术所反映的现实"，即"社会生活的历史过程和人对现实认识的发展"，"按照艺术所反映的客观事物的美"进行分类。艺术可分为"以图案、形制、节奏、旋律、色彩的美为基础的艺术，即主要是以反映现实的现象美为基础的艺术"，"以动植物的形体特别是以人体的美为基础的艺术，即主要是反映现实的种类美，特别是个体美的艺术"，以及"以描写人的生活情景或摹拟人的生活情景为基础的艺术，即主要是反映社会的关系美的艺术"③。

值得注意的是，蔡仪在美学之外，还有艺术社会学的创构。他认为，艺术社会学的任务是"考察艺术及其产生的社会基础的相应关系，与其随社会基础的发展而变化的相关联的规律"。所以艺术社会学"只是一种广泛而完全的艺术史论"，而不是传统意义上的艺术哲学。

① 《美学原理》，第138—141页。
② 《蔡仪美学讲演集》，第174页。
③ 《美学原理》，第321页。

蔡仪的美学是哲学的美学，是哲学在美学领域的运用，具体地说，是一种认识。它的全部讨论的意义，就是为美感和艺术提供一个认识论的基础。以认识论为界限，蔡仪为艺术学，包括艺术社会学，保留了一块属于它自己的天地。

五　李泽厚：哲学、心理学、艺术学三个视角

李泽厚的美学是在 20 世纪 60 年代美学大讨论中，在阐释马克思主义某些原理的基础上创立的，在 70—80 年代逐步吸纳西方及中国传统美学的过程中渐趋完善的。

李泽厚于 1980 年发表了两篇谈论美学学科性质的文章。他认为，美学应该包括三个方面或三种因素，即美的哲学、审美心理学、艺术社会学。[①]

美的哲学是美学的"主干"，包含美的存在与美的种类两个方面的讨论。他认为，美的存在表现于三个层次上，即审美对象、审美性质、美的本质。所谓审美对象，是指比如一处风景、一件彩陶、一块宝石、一幅名画等，但这些事物之成为审美对象要有主观与客观两方面的条件，它们应该是"主观意识、情感与客观对象的统一"；所谓审美性质，是指对象的客观的自然性质，即比例、对称、和谐、秩序、多样统一、黄金分割等；所谓美的本质，则是指"美的普遍必然性的本质、根源"，这个普遍必然性的本质、根源，就是人类的社会实践，就是自然的人化。李泽厚沿用习惯的分类方法，将美分为社会美、自然美、科学美和艺术美。他认为，社会美是"美的本质的直接展现"，它"首先是呈现在群体或个体的以生产劳动为核心的实践活动的过程中，然后才表现为静态成果或产品"，是"从动态过程到静态成果"；自然美分为两种：一种是"具体自然物的美，包括山水花鸟、珠光宝石和整个大自然风景"，另一种是"净化了的自然美，即形式美"。自然美与社会美一样也是人类历史的产物，是自然人化的结果。科学美是"人类在探索、发现自然规律过程中所创作的成果或形式"，是一种"反映美"；艺术美也是一种"反映美"[②]，"艺术从再现

---

① 《李泽厚哲学美学文选》，湖南人民出版社 1985 年版，第 190 页。

② 同上书，第 146—147 页。

到表现，从表现到形式美、装饰美，又由这些回到具有较具体明确内容的再现艺术或表现艺术"①，艺术美总是艺术之为艺术的重要因素，但艺术绝不等于艺术美。

审美心理学是美学的"中心和主体"，是围绕审美意识展开的，所谓审美意识，在李泽厚看来，就是美感。这项讨论共分五部分：审美意识各阶段、建立新感性问题、积淀问题、美感种类、审美个性。他认为，审美意识有三个阶段，即准备阶段，包括审美态度、审美注意、审美经验；实现阶段，包括审美知觉、审美愉快（狭义的美感）；成果阶段，包括审美观念、审美趣味、审美理想、审美情感、审美能力。其中，审美情感、审美能力的塑造是审美意识的最后成果。建立新感性的问题，实质是审美的目的性问题。李泽厚认为，审美是实现"内在自然人化"的重要途径。"内在自然人化"，首先是"感官的人化"，即"感性的功利性的消失"；其次是"情感的人化"，也就是对人的情感的塑造和陶冶。"内在自然人化"是"社会生活实践'积淀'的产物"，有关"积淀"问题的谈论，也就是讨论新感性得以建立的历史根据问题。李泽厚根据"内在自然人化"这个"总原则"，将美感分为三个层次：悦耳悦目、悦心悦意、悦志悦神……悦耳悦目一般是在生理基础上但又超出生理的一种社会性的愉悦，它主要是培养人的感性能力；悦心悦意，则一般是在认识的基础上培养人的审美观念和人生态度；悦志悦神则是在道德的基础上达到一种超道德的境界。李泽厚认为：审美对人的心灵的塑造，最后还是要落实到人的个性上，"艺术或审美的个性多样化，通过社会历史而形成、发展，它标志着内在自然人化的尺度，是一个极深刻的问题"②。

关于艺术社会学，李泽厚前后理解有些不同。在1956年发表的《论美感、美和艺术》中，把"艺术的一般美学原理"归之为两个方面：一是"艺术和艺术创作的基本美学问题"，包括艺术与现实的关系、艺术形象与典型、形象思维问题；二是"艺术批评的美学原则"，包括艺术的时代性和永恒性，艺术的阶级性和人民性问题。到了1980年写《美学的对象和范围》时，强调艺术社会学的对象是"作为审美对象的艺术品"，即"物态化了的一定时代的心灵结构"。随后，于1986年刊出的《艺术杂

① 《李泽厚哲学美学文选》，湖南人民出版社1985年版，第401页。
② 同上书，第378—412页。

谈》中，又把艺术的审美研究扩展为三个方面："审美素质的创造（创作过程和创作）；审美素质的贮存（作品本身）；审美素质的实现（接受过程、接受者）。"同时以审美经验为中心，李泽厚将艺术作品自身分为三个层面，即感知层、情欲层、意味层。他认为，"艺术作品的感知层，它的存在发展和变化，正好是人的自然生理性能与社会历史性能直接在五官感知中的交融会合，它构成培育人性、塑造人类的艺术本体世界的一个方面"；"艺术情欲层所呈现所陶冶的是更深一层的人性结构，它是情欲（动物性、原始本能）与观念（社会性、理性意识）的交错渗透"；而意味层既不脱离又超越了感知层与情欲层，它是"整个心理状态"的"人化"，就审美讲，实际就在意味层。①

值得一提的是，李泽厚鉴于美学自身在当代的发展，特别是历史美学与实用美学的发展，将美学看作一个广大而又细密的系统，对美学的各个部门及其关系作了如下的描述：首先是基础美学，包括哲学美学、科学美学（心理学美学、艺术学美学）；其次是实用美学，包括文艺批评和欣赏的一般美学、文艺各部类美学、建筑美学、装饰美学、科技—生产美学、社会美学、教育美学；再次是历史美学，包括审美意识史或趣味流变史、艺术风格史、美学史。李泽厚认为，美学的发展，便是这三大部分间相互分化又相互渗透的过程。②

李泽厚建构了一个包括美的哲学、审美心理学、艺术社会学在内的庞大的理论框架。从这个框架来透视美感经验的本质、根源、机制、运作、效应、趣向、结果，无疑会更全面和深入，问题是用以支撑这一框架的根基和逻辑环节尚待进一步完善。

六　"后实践美学"：美学应为"哲学的哲学"

20世纪90年代以来，美学界出现了新的人物，他们纷纷倡导以"生命"、"生存"、"存在"为基本范畴与逻辑起点建构美学，以取代旧有美学，这些人的主张被称作"后实践美学"。

杨春时是"后实践美学"的代表人物之一。他将自己的美学称作

---

① 《走我自己的路》，第312—332页。
② 《李泽厚哲学美学文选》，第190页。

"超越美学"或"意义论美学"。他把审美看作是人类的一种"自由的生存方式"和一种"超越的解释方式"。他说人类有三种基本生存方式：一种是"自然的生存方式"，即原始人的生存方式；一种是"现实的生存方式"，即文明人类的生存方式；再一种是"自由的生存方式"，这就是审美。"审美是独立的精神生产，他不依附于物质生产，是精神的自由创造，"在这种创作中，主体作为"自由的主体面对世界"。与这三种生存方式相对应，人类还有三种解释方式：一种是"巫术的解释方式"，它构成了"巫术化的意义世界"；一种是"理智"的、"符号系统"的解释方式，它构成了"文化的意义世界"；再一种是"超越的解释方式"，这种解释方式的特点是"审美突破现实观念，以直觉和情感体验来占有对象，使其呈现出超现实的意义即审美意义，这是对生存意义的领悟"，"在审美状态中，主客对立消失，知识与价值同一，达到天人合一境界"①。

　　杨春时认为，"应该把生存作为美学的基本范畴和逻辑起点"，但生存作为一种意义是主体所阐释的结果。所以全部讨论的重心便是这种阐释何以成为可能、意识的本质特征及其结构等问题。在他看来，审美意识根植于人的"非自觉意识"之上，是"非自觉意识"的"最充分的体现"。审美意识是一个复杂的心理结构的运作过程。它由潜意识引发，而形成审美需要；在审美需要作用下，人的现实意识（全部生活感受）以及以往的审美经验、审美观念提升综合为审美理想；在审美理想支配下，想象力调动记忆中的生活感受材料，并加以选择，重新组合，构筑审美意象；审美意象呈现于审美理想之前，使之得以实现，产生审美情感。审美情感是审美意识活动的最终结果，它以最高愿望的满足为目标，但不依赖意志。他认为，在审美意识中，主体与客体、认识与情感思维、意识与实践、感性认识与理性认识、个人意识与集体意识的对立通通消解了，从这个角度看，审美意识实际上成了"人类实践创造自由的意识类型"，成了"人类意识发展的最后结晶"②。

　　杨春时把美学范畴看成是"审美意识的内容范畴"，并且认为，这些范畴与"原始意识范畴"存在着"心理结构上的对应关系"和"心理能量的承继关系"。他把"审美意识内容范畴"分为"肯定性"与"否定

---

① 《生存与超越》，广西师范大学出版社 1998 年版，第 35—36 页。
② 同上书，第 200—207 页。

性"两类。"肯定性"范畴指"通过对人的全面发展和自由直接肯定上升到美的高度"的审美对象，即优美、崇高、喜（剧）；"否定性"范畴指"通过对人的变化存在的否定而上升到美的高度"的审美对象，即丑恶、卑下、悲（剧）。这两类范畴均脱胎于原始意识和原始文化，具体地说，脱胎于巫术中的祈求性与诅咒性两种活动。①

潘知常是"后实践美学"的另一代表。他的《诗与思的对话》可以说是"后实践美学"的一个较完整、系统的理论建构。

潘知常认为，美学是一门人文科学，它与哲学、文艺学有密切关系。哲学是"借助于这样一种强烈的'形而上学欲望'表明人类对于自身的存在根据即生存意义的深切关注"，美学与此类似，但"哲学的'形而上学欲望'，面对的是作为'思'与'诗'相统一的生命智慧；美学的'形而上学欲望'面对的却只是以'诗'为主的审美智慧，因此，就更加与人类自身的存在根据即生存意义密切相关"②。美学与文艺学都以艺术作为研究内容，但文艺学是"构造性"的，"以不考虑前提作为自己的前提，以认可某种观念、某种已知判断并以之为预设前提作为自己的前提"，美学却"把文艺学当作前提从而不予考察的对象当作自己的考察对象，以新的视角、新的方法、新的理论转向对于习惯不惊的文艺前提的考察，转向美学的考察"，"相对于文艺学，美学应该是反思性的"③。他认为，美学之为美学，它的真正问题，不是什么是美、美在哪里这些问题，而是"审美活动如何可能"。

"后实践美学"明确地把美学定位在人文科学方面，美学面对的不再是外在于人的美，而是作为人的生存或生命活动方式的审美活动，美学因而被赋予了更深刻的形而上学的意义。

以上我们选取几位有代表性的学人，对他们的观点作了简要的介绍。从此可以大略地看出，百年来，中国学人对"何谓美学"这一问题的追问历程，他们所获得的进步及尚待思索的症结。

可以看出，中国美学百年来确是有了很大进步，这些进步，我冒昧地概括为四个方面：第一，在美学对象问题上，认识经历了这样的过程：开

---

① 《生存与超越》，第115—116页。
② 《诗与思的对话》，三联书店 1997年版，第3—4页。
③ 同上书，第7—8页。

始认为是"美"、"艺术"，后来认为是"审美关系"、"美感经验"，最后归结为"审美活动"。由于把美学对象确定为审美活动，一则摆脱了审美主体与客体，美感与美孰先孰后这个本属虚幻问题的纠缠，把美学研究引向了具体的审美现象本身；二则美学因此被推及到人的一切审美领域，从而消除了由形而上与形而下的虚假对立所带来的困惑。第二，在美学宗旨或目的问题上，认识开始局限于"审美之标准与文学之原理"上面，后来根据马克思主义认识论，确认是指导人们"艺术地把握世界"，再后来，趋向于把美学与实现人自身的价值联系起来，要求美学满足人的"形而上学欲望"。这样，美学越来越意识到它的目的不在人之外，而在人本身。美学的核心问题不是"什么是美"或"美在哪里"，而是"审美如何可能"以及审美对人生的意义。第三，在美学学科性质及定位问题上，从笼统地认为美学是哲学的一部分或一个分支，到认为美学处于哲学和艺术理论之间，再到认为美学作为边缘学科与哲学、心理学、社会学、人类学、艺术学间具有多元互补的关系，并肯定美学属于人文科学，从而使美学在理论上真正地独立起来。第四，在美学方法论上，在较长时期中，中国美学基本上套用了西方古典的主客二分的方法，运用这种方法在对审美主体与审美客体的探索中取得了相当的成果。"实践"作为一个基础概念引进美学后，在方法论上发生了重要转变，美学开始采用一种新的以审美活动为本体的一元论的研究方法，这应该是美学跨入新的阶段的一个标志。中国美学百年来的进步不只于此，限于我们设定的"何谓美学"这一题目，无法一一列举。当然，无可否认，中国美学尚未真正成熟，回顾一百年来走过的路程，可以看出，在我们面前，尚有许多概念需要清理，尚有许多疑难需要澄清，美学所承诺的与它实际上所给出的还相距甚远，正因为如此，所以问题还需提出，讨论还需进行。

关于美学学科的定位问题[*]

　　美学这门学科是否能够成立，在西方一直受到质疑，在中国却被当作毋庸讨论的事实被接受了下来。中国学者对美学情有独钟并寄予厚望，在他们看来，不但是艺术这个向来很难给予说明的东西，而且整个情感领域的事情都可以通过美学得到解释。他们甚至认为，因为有了美学，人性的改造和人格的完善才真正成为整个社会面临的现实课题。但是，美学是怎样一门学科，它与哲学、心理学、艺术学等是怎样的一种关系？对这样一个需从学理上认真研究的问题，学界并没有给以足够的重视，虽然在一些著述中也能找到若干精辟的说法。因此，美学，至少在大多数人面前，依然披着一层似是而非、难以捉摸的神秘的面纱。

一

　　第一个需要讨论的问题是：在何种意义上美学是哲学的分支？

　　按照美学创始人鲍姆伽通的界定，美学应该与逻辑学同属哲学分支，美学的对象是"感性认识"，美学是"低级的认识论"。康德虽然不赞同鲍姆伽通的主张，不认为作为低级认识论的美学可以成为一门独立的学科，但在他的哲学体系中，美学依然是以认识论或知识论来处理的。受他们的影响，中国学者从王国维开始，便把美学当作一种认识论。在这方面，宗白华、朱光潜、蔡仪、李泽厚等学者均有清晰的表述。朱光潜的直觉概念就是从康德、克罗齐哲学中汲取过来的，不同的是，他把它置放在心理经验的层面上，赋予它以近乎审美本体的功能。蔡仪与前期的李泽厚有着与朱光潜不同的学术背景。在他们看来，美与美感的关系，实际上是

　　* 此文发表于《文艺研究》2000 年第 4 期；人大报刊复印资料《美学》卷 2000 年第 10 期。

存在与思维的关系，美感就是对美的反映，美感与一般认识的区别，在于美感需经过"美的观念"这个中介，或在于美感具有主观性与社会功利性的两重性。

19世纪心理学美学引介到中国后，美学在学界被看作是一种经验性学科。审美心理学成了美学的中心和主体，有关的哲学讨论被置放在了边缘的或基础的位置。于是，有了李泽厚的"美的哲学"的提法。依照李泽厚的解释，"美的哲学"是对美进行纯粹哲学思辨的学说，它所讨论的问题是：美是什么，艺术是什么，真、善、美的关系是什么等。在美学作为一种认识论的时候，它所面对的是认识的主体与客体，以及认识的全部过程，现在美学划归在"美的哲学"中却仅仅是审美的客体，而且是作为超验的客体。美学对于审美主体的讨论，对审美过程的讨论，对审美客体中艺术品的讨论通通交给了心理学与艺术学。美学由于包含了"美的哲学"，因而仍可称之为哲学的分支，但更主要地是从属于心理学和艺术学，成了心理学与艺术学的分支。

李泽厚一方面认为"美的哲学"不过是美学的"引导"和"基础"，审美心理学则"大概是整个美学的中心和主体"，美学必须借助审美心理学才可以走向"成熟的真正科学的路途"，成为"数学方程式"式的"精密科学"；另一方面又认为"美的哲学"涉及的不是一般的哲学，而是"随时代而发展变化的人类学本体论"，是"哲学加诗"，其中，有对客观现实的根本规律的科学反映，也有特定时代、社会的人们主观意向、欲求、情致的表现。由于这个原因，又由于"美的哲学""涉及了人类的基本价值、结构等一系列根本问题"，所以"美的哲学"的讨论就决定和影响了对艺术现象的品鉴、研究和评价。这两种说法显然存在着矛盾。即便是哲学可以加诗，数学恐怕无论如何不可以加诗。但李泽厚的这种矛盾恰好为后实践美学提供了极好的生长点。后实践美学基本上弃置了对审美活动的形而下的心理经验层面的讨论，而沿着人类学本体论的思路，全力营造"哲学加诗"式的生命美学或存在论美学。在后实践美学看来，哲学的根本问题是存在或生存问题，而审美活动恰是一种"真正合乎人性的生存方式"，一种"通过它得以对人类本体存在深刻的理解方式"，所以以审美活动为研究对象的美学不仅是美学问题，直接的就是"文化哲学、哲学问题"，而且有理由被称作"哲学的哲学"或"哲学的前卫"了。美学作为哲学的分支的概念从另一方面遭到了否定。

马尔库塞谈到美学概念的演化时讲："某个基本术语的语源学上的命运通常不是纯粹偶然的事情。"上述认识及所用词语的变化也是有其必然性的。它表明，学术界对美学这门学科性质的认识逐渐深化了，也表明他们对美学学科寄予了越来越高的期望，应该说，这是学术思想史上的一个进步。

美学不是一种认识论或知识论，这在西方叔本华时期提出与"意志世界"相对的"表象世界"的概念时，便已经被人们认识到了。现代艺术心理学和艺术社会学的发展，更远远地将美学的视野扩大到认识论或知识论之外。在中国，最早认识到这一点的是朱光潜，那是在 20 世纪 60 年代美学大讨论中。朱光潜的立足点是马克思主义的实践观点与有机整体观点。在他看来，马克思主义美学的最大贡献就是实现了从"单纯的认识观点"到"实践观点"的转变。从认识观点出发，只可以解释一些美学现象，而从实践观点出发，则"证明了文艺是一种生产劳动，与物质生产劳动显出基本的一致性"。同时，他指出，从认识观点出发的前提是将人机械地区分为科学的人、实用的人与审美的人，"把有生命的人割裂为若干独立部分"，首先是歌德，接着是马克思从有机观出发，强调人的整体性，从而将文艺与生产劳动紧密联结在一起。李泽厚在 80 年代提出他的"人类学本体论"或"主体性实践哲学"的时候，也明确地把美学与一般的哲学认识论区分开来。他所依据的一个是康德的主体性概念，一个是马克思的"自然人化"的概念。他认为，康德在美学上被人忽略的一个贡献，就是将审美愉快和动物性的官能愉快以及概念性的理智认识作了区别，指出审美愉快是人类主体多种心理因素、功能（感知、想象、情感，包括意向、欲望等，以及理解）活动的结果。康德讲的"审美判断力"，实际上就是现代哲学讲的"相对于客观世界的人化自然"的"人化自然的主体"，是"人的主体性的最终结果"[1]。他还认为，马克思提出的"自然人化"概念应该被看作是美学的基石。美的本质与人的本质密切相关，它们都不是源于自然的进化或神秘的理性，而是"实践的产物"，是"自然人化"的结果。"美的本质标志着人类实践对世界的改造。"[2] 因此，美学问题不应是认识论问题，而应是历史唯物论问题。

---

① 《李泽厚哲学美学文选》，第 150—161 页。

② 同上书，第 269 页。

　　把美学归之为哲学认识论，这是 18 世纪认识论成为哲学主题的产物。应该承认，在长久以来感性被漠视的情况下，鲍姆伽通强调感性的认识论意义，从而创立了以感性认识为对象的美学学科，这是一个重大的进步，然而在他将感性仅仅作为低级认识来观察，并且把审美活动与文艺现象均纳入感性这个范畴来分析的时候，便不可避免地陷入了机械论的误区。其实，感性是与人的生命密切联系在一起的，感性是比理性更为广大、更为深邃的领域。人的认识、情感、意志无不以感性为基础。感性作为生命的基本形式为理性的伸展提供了可能，而它自身的价值则更应得到充分的理解。审美活动与科学活动、伦理活动的不同之处，在于它具有更多的感性特征，而将它仅仅与感性认识而不是与感性自身联结在一起的时候，它的真正本质便被遮蔽了，人们再也看不到活跃在审美活动中的活生生的生命。同样，艺术活动并不单是满足人们对外在世界的认识，它的不可泯灭的价值之一就是让人们永远葆有一双敏锐的眼睛、一对聪慧的耳朵和一颗充满感性的天真的心灵。感性是生命的开端，也是它的归宿，如果从这样的角度理解感性与审美活动、艺术活动的关系，也许能透出更多一些的真理。

　　用"美的哲学"来表述美学与哲学的关系，在这样一点上是可取的，就是：美不再被看作"感性的完善"，而看作是一种形而上的追求。"美的哲学"在这个意义上便是以纯粹的形而上的思辨为主旨的学问。但这个概念，在西方已渐渐为人所忘却①，在中国也开始受到质疑。问题在于两个方面：第一，美与真、善在形而上的层面上是统一的。在柏拉图、亚里士多德的著述中，至善与全美常常不加区分。从形而上的层面讨论美，而不涉及真、善，是根本不可能的。因此，"美的哲学"如果能够成立，也只是在方法论的意义上，而不能成为一门独立学科的称谓；第二，将形而上意义上的美与形而下意义上的美，即所谓审美心理及艺术分割开来，使对美的讨论完全成为抽象的概念分析和推论，这样的"美的哲学"能否具有生命力和真正的意义，也是值得怀疑的。李泽厚在回答美学何以属于哲学时，说："美的哲学所要处理、探寻的问题，深刻地涉及了人类基本价值、结构等一系列根本问题，涉及了随时代而发展变化的人类本体论。"这就是说，"美的哲学"不单讨论美，还要讨论整个哲学，要体现

————————

　　① 《走向科学的美学》，第 147 页。

人类对自身的"整体反思"，既然如此，"美的哲学"，不就等同于哲学，从而消失于哲学之中了吗？这个说法也证明，"美的哲学"其实是一个既无血肉又无定所的怪胎和漂泊者。

在后实践美学中，美学终于膨胀到了不再是自己的地步，美学成了"哲学的前卫"或"哲学的哲学"。在审美心理学肆意泛滥了数十年之后，强调一下美学的形而上的超验的本性，应该说是必要的。否则，美学难免要面临被肢解、被吞噬的危险。但是，让美学承担起一般哲学所不能承担的哲学的任务，是不是太难为美学了呢？除非像某些西方学者那样，把哲学阐释为"诗的玄想"。可惜，美学的对象不是纯粹的抽象的概念，而是具体的审美活动，审美活动又与其他的生命活动密切地联系在一起，美学必须以这种具体的也是有限的审美活动作为基本的依据和出发点，去思考它与整个人生、人的本质与未来的关系，即思考它的形而上的意义。康德和德国古典美学把审美活动看成介于形而下与形而上之间的，是引渡人们从感性到理性、从有限到无限的桥梁。这一界定，对美学来说，不啻是寻找到了一个真正属于它并足以使之安身立命的家园。美学正是在这个意义上成为无可替代的学科。像后实践美学那样，舍此而无限地拔高它，把它高悬在玄虚的空中，恐怕只能置它于死地。

但应该肯定，美学仍是哲学的分支。这意思就是说，美学是哲学范围内的一门学科，而与哲学又有所不同，具有自己独特的研究对象和方法。哲学是什么？依照通常的说法，是关于存在本身的一种学问，而存在是包含最高意义上的真、善、美在内的。谢林的表述比较有代表性，他认为，哲学是"宇宙的忠实的图像——但这个图像——用一切观念的总体来表达的绝对的东西（编者按：即存在）"，"哲学就像上帝一样，作为真、善、美的共同的东西漂浮在真、善、美的概念上"①。哲学是，而且必然是个观念体系，在这个体系中，包含着逻辑学，即对理智功能的思考；伦理学，即对道德功能的思考；美学，即对审

① 谢林：《艺术哲学》第一部分第一节，关于哲学是什么，我们或许还可以从亚里士多德学派及新托马斯学派得到印证。在他们看来，哲学仅仅与人类的最高概念和法则有关，并且，最终与上帝的认识有关。新康德主义者文德尔班及李凯尔特学派认为，哲学之为哲学与真、善、神圣这些普遍价值有关。当然，我们没有采取诸如逻辑经验主义者卡尔纳普等人的观点。

美功能的思考①。哲学与逻辑学、伦理学、美学的关系是总体与分属的关系。对于哲学来说，没有对理智、道德、审美活动的思考，是不可想象的，因为存在就体现在这些活动之中，并只有通过这些活动才能被体认；而对于逻辑学、伦理学、美学来讲，没有哲学作为基础和灵魂，也是不可想象的，因为真、善、美这样的观念只有在存在这个总体中才能获得自身的定性。美学作为哲学的分支，就是在这个意义上讲的②。美学不等于认识论，就像哲学不等于认识论，美对于美学就像存在对于哲学，不仅是知识的对象。美学也不等于"美的哲学"，哲学是个总体，只能以总体的形式存在。其他学科可以把哲学作为方法论，但这不会构成一门特殊的哲学。美学是哲学的分支，这表明，美学具有形而上的超验的本性。这使我们有理由将一切描述性的美学，比如艺术、技术、环境美学看作是美学的应用，而不是美学本身。但是，美学不是哲学，更不是"哲学的哲学"，就像逻辑学、伦理学不是哲学或"哲学的哲学"，因为作为分支学科，它们除了禀有形而上的性质之外，均包含有属于自己的特殊的形而下的领域，恰是这些仅仅属于它们自己的特殊的领域，才将它们彼此区分开来，获得了存在的理由。美学既是形而上的，这是它本质的方面；又是形而下的，这是它的非本质的方面，这并不意味着美学可以区分为形而上的美学与形而下的美学，美学是一个整体，它的意义就在于它是个整体。在形而上与形而下之间，对于美学来讲，不存在不可逾越的鸿沟，因为美学归根结底是对审美体验活动的反思，而审美体验本来就融合了形而上与形而下两个方面，而且，恰如狄尔泰讲的，所谓形而上的，"最终还是过去了的伟大体验"，它之所以重要，只在于它为当下的体验提供了"标准"，而对它的真正领悟还需要通过当下的体验。美学的价值，就这一点来说，可以说就是探讨如何通过当下的审美体验领悟形而上的意义。

---

① 伯特兰·罗素、L.T. 霍布豪斯均认为，哲学以对诸门科学进行综合为自己的目标；奥古斯都·孔德、赫伯特·斯宾塞也认为，哲学是人类整个知识的体系。

② 每种哲学都有美学，每种美学都被包容在哲学中，关于这一点，施莱尔马赫讲得很明白，他说："当美学以哲学为基础时，它也就依附于哲学的多样性之中了，人们可以说，每个哲学体系必定有自己的美学，因此，假如哲学体系间的争议尚未结束，假如一个哲学体系未得到普遍承认，那么，我们的美学就不会有一个令人满意的确定的良好的开端……"（参见《十九世纪西方美学名著选》（德国卷），第327页）

二

第二个需要讨论的问题是：能不能把美学归之于审美心理学或文艺心理学？

20世纪20—30年代中国美学主要是心理学美学。宗白华、朱光潜、吕澂、范寿康等人无不把主要精力用在探讨有关审美活动或艺术活动中的心理问题。朱光潜在《文艺心理学》中把美学与文艺心理学看成一个东西，认为以研究"在美感经验中我们的心理活动是怎样的"为主旨的文艺心理学取代以研究"什么样的事物才能算是美"为核心内容的美学，是近代美学的一个必然的趋势。虽然，朱光潜的真正出发点是作为哲学家的康德、尼采和克罗齐。20世纪50—60年代，心理学美学几近消歇，"什么样的事物才能算是美"的问题又成为美学上的热点问题，但这应该被看作是一个特殊的时期。80年代之后，随着现代西方美学的大量译介，心理学美学又成了美学的主题。不过这时候，朱光潜等只是有时接触旧日话题，李泽厚则开始扮演了主要角色。李泽厚的兴趣本来在哲学方面，此时竟把所谓的"美的哲学"置放在"基础"或"先导"的位置上，而把"中心"与"主体"的空缺留给了审美心理学。在他看来，不仅"美学作为美的哲学日益让位于作为审美经验的心理学"，"从哲学体系来推演美、规定美，作价值的公理规范让位于实际经验来描述美感、分析美感，作实证的经验考察"，而且唯有"审美心理学"——"以数学为基础的更完善的心理学"，才可以"促使美学走向成熟"①。

文艺心理学是否等同于美学呢？朱光潜自己的议论中就存在着矛盾。朱光潜文艺心理学的核心概念是"直觉"，这个"直觉"就是从康德、克罗齐的哲学中汲取来的。当"直觉"被译介为经验性概念，而与"心理距离"、"移情作用"、"联想"等放在心理学范畴讨论的时候，它与人生及宇宙本体的联系于是被切断了。这一论说上的偏颇，还在建构"文艺心理学"的时候，朱光潜就已发觉。可惜，朱光潜并没有意识到自身的失误，而把责任全都推到了康德、克罗齐身上。朱光潜当时写道："我们在分析美感经验时，大半采取由康德到克罗齐一脉相承的态度，这个态度

---

① 《李泽厚哲学美学文选》，第201页。

是偏重形式主义而否认文艺与道德有何关联的。把美感经验划成独立区域来研究，我们相信'形象直觉'、'意象孤立'以及'无所为而为地观赏'诸说大致无可非难。但是根本问题是：我们应否把美感经验划为独立区域，不问它的前因后果呢？美感经验能否概括艺术活动的全体呢？艺术与人生的关系能否在美感经验的小范围里面决定呢？形式派美学的根本错误就在忽略这些重要问题。"① 为了纠正形式派美学的错误，朱光潜在完成了直觉及相关部分的写作之后，不得不补进了有关艺术与道德、克罗齐美学批评等章节，而这些章节显然超出了文艺心理学范畴。由此可见，朱光潜自身事实上也已经肯定美学不等于文艺心理学。此外，也许我们还可以拿《文艺心理学》的"作者自白"中的一段话作为进一步的佐证。朱光潜在讲到自己的学术经历时说，他原来的"兴趣中心"是文学、心理学、哲学，"因为欢喜文学，我被逼到研究批评的标准、艺术与人生、艺术与自然、内容与形式、语文与思想诸问题；因为欢喜心理学，我被逼到研究想象与情感的关系、创造和欣赏的心理活动及趣味上的个别的差异；因为喜欢哲学，我被逼到研究康德、黑格尔和克罗齐诸人讨论美学的著作。这么一来，美学便成为我所欢喜的几种学问的联络线索了。我现在相信，研究文学、艺术、心理学和哲学的人们如果忽略美学，那是一个很大的欠缺"②。这段文字是《文艺心理学》出版前写的，应该代表朱光潜比较成熟的认识。依照这一认识，显然，美学与心理学是不同的学科，是介于文艺、心理、哲学之间的。

审美心理学能否成为美学的"中心"与"主体"呢？李泽厚的美学自身也作了否定性回答。李泽厚认为，审美心理学是研究审美心理及其结构法则的学问，它要研究的是专为马克思写的《美学》条目中提出的问题："美的线条"及诸如旋律、节奏、辞藻、形象、语言的声音的魅力何在，即所谓"人类天性"实即心理结构的审美法则问题。这个问题涉及两个方面：一为包括感知、理解、情感在内的"审美心理结构方程"的构成元素及其功能；二为审美心理结构的历史产生过程，即所谓"积淀"。应该承认李泽厚在这些方面的研究是有价值的，但是，这样的研究能不能称为美学的"主体"和"中心"呢？称为"主体"的东西，应该

① 《朱光潜全集》第1卷，第314页。
② 同上书，第200页。

是美学的主要的、基本的部分,应该是体现美学这门学科性质和特征的部分,审美心理学显然不具备这样的条件。因为美学在性质上是哲学的分支,在特征上是反思的或思辨的,审美心理学的具体的分析和描述只是它的补充。审美心理学无论如何不能说明它自身何以存在、何以可能,而必须依靠其他哲学和社会学。恰如李泽厚自己在谈到"积淀"问题时谈的:所谓审美心理结构,是在"动物性生理基础上成长的社会性的东西",它是"随时代、社会的发展变迁不断变动着的形式"①,因此审美心理学作为一种原理要依恃于另一个更根本、更重要的原理,这就是"自然的人化"。同样,称为"中心"的东西,应该是可以逻辑地向外延展并与所展开的部分构成逻辑的整体东西,"中心"应该是就这种逻辑的关系讲的。就这个意义上讲,审美心理学不能成为美学的"中心"。李泽厚把"美的哲学"看作是"基础"和"先导",既然如此,审美心理学应该包蕴哲学所奠立和引发的某种形而上的内容,但是,按照李泽厚的说法,哲学总是要溢出于心理学之外的,因为哲学"总包含有某种朦胧的、暂时还不能为科学所把握所规定的东西"②;艺术社会学研究的对象是"物态化"与"凝练化"的审美意识,即艺术,但是也如李泽厚讲的,"艺术不等于审美,当艺术变为一种纯粹审美或纯粹的形式美的时候,艺术本身就会走向衰亡"③。这就是说,艺术有审美心理学所不能说明的自身的规律,由于这个原因,艺术社会学也很难与审美心理学构成"统一整体"。

美学不是文艺心理学,也不是以审美心理学为"中心"和"主体"的科学,但是,与心理学确有着密切不可分的关系。这是因为,作为美学研究的对象的审美活动首先是一种心理活动,涉及感觉、直觉、情感、理性、意识及潜意识等各种心理机制,美学只有借助于心理学才有可能揭示审美活动的心理动因、效果及其运作规律。所以,19世纪后,美学发生"自上而下"向"自下而上"的转折,心理学美学取代哲学美学成为学术的主流,不是偶然的。从学术思想上讲,这是美学从哲学中独立出来获得自身价值的必要过程,从社会思潮来讲,这是人类社会希望从审美活动本身得到更多享受、更多慰藉的体现。不过,无论"自上而下",还是"自

---

① 《李泽厚哲学美学文选》,第215—216页。

② 同上书,第193页。

③ 同上书,第398页。

下而上"，美学总不应停留在"上"或"下"一个层面，而应把它们融贯在一起。也许美学在形而上层面盘旋太久了，所以人们渴望把它拉下来；而把美学局限在形而下层面，人们又觉得它少了点理想或精神意蕴。这一点还在心理学美学大行其道的时候，许多美学家就已经意识到了。比如，伏尔盖特在他的《美学体系》中就写道："美学必须使美和艺术与人类其他伟大美德之间的关系以及与其他文化活动之间的关系发挥巨大作用，"因此，美学在依据"经验的心理学方法"开个"最基本的头"之外，应"让那种包含在抽象推论的德国美学中的整体和真实在现代的心理分析的研究方式中发挥作用"，以便"让美学中这种琐碎的、分裂的、偏重于卑微和人情味太重的现代方法与过去那深刻、高尚、积极上进的方式相结合"①。梅伊曼针对那种认为"心理学美学所研究的东西是全部美学的中心"的观点，归纳学术界的反对意见说："心理学的美学对艺术和艺术家只能进行一种片面的不充分的研究，"因为：一、"当心理学美学只想研究审美欣赏的主体（尤其包括艺术家的活动和把他们的作品作为审美欣赏的动机）的时候，它就完全任意地限制了美学的研究范围"；二、"要详尽研究审美欣赏就连心理学也不够用"，因为"艺术作品的特性和关于艺术家的判断的知识要求一种独立的客观的研究"②。狄尔泰，这位享有盛誉的德国哲学家，在这个问题上所发表的见解尤其值得重视。他在《当代美学的三个时期及其当前的任务》一文中，主要讨论美学的方法论问题。他指出，"今天最迫切的要求就是描述和分析人类天性中的伟大现象，同时不用任何假说"，而"心理学从一定数量的分析结果中推导出其他结论，自然不能缺少假说"。他认为，"心理学按其目前的发展程度，只能对创造性想象力作出很少的、一般性的解释"。他说："凭借我们的心理学，谁能够把苏格拉底或佩斯塔罗齐这种教育天才解释清楚呢？书斋里的佩斯塔罗齐和跟孩子们在图林根山区里创作儿歌、搞游戏的弗吕贝尔都在爱的驱使下深入儿童的内心世界，了解他们下意识中的一切幽晦不明和纯真质朴的动机。而对这样一种无可穷尽的伟大事实，心理学只感到束手无策。这并不是由于现象过于复杂，而是因为这些现象包含有超出现代

---

① 《十九世纪西方美学名著选》（德国卷），第580—581页。

② 同上书，第678—679页。

心理学解释的东西。"① 这就是说，由于心理学在研究对象、范围、方法上的局限，许多与审美活动相关的领域它无法触及：一、道德及其他文化活动；二、艺术与艺术家作为客体的自身；三、人类天性中的某些伟大现象。而将审美活动与道德及其他文化活动，与艺术及艺术家自身，与人类天性中某些超验的现象分隔开来，只就审美活动中个体的、感性的、经验的层面进行研究，势必会陷入伏尔盖特所谓的"琐碎的"、"分裂的"和"偏重卑微和人情味太重"的弊病之中。由此可见，心理学对于美学只可以作为一种方法，而不能成为美学本身或它的主体。

三

第三个需要讨论的问题是：美学与艺术哲学、艺术社会学的关系是怎样的呢？

鲍姆伽通在把美学界定为"低级的认识论"的同时，又界定美学为"自由艺术的理论"。后来，谢林、黑格尔扬弃了前者，而将美学的对象限定在艺术领域，称之为"艺术哲学"。"艺术哲学"的着眼点并不在艺术，而在哲学，它所讨论的是艺术中的最一般和普遍的问题，而这样的问题是浪漫主义者所不感兴趣的。所以，施来格尔、施莱尔马赫等人以艺术是以"彼此间相异的个别性为前提"的"内在的意识活动"为理由，拒绝这一称谓。不过，稍晚于他们的法国学者泰纳还是写了一本称作《艺术哲学》的书。泰纳显然受到黑格尔的影响，把艺术作为一种历史现象来研究，与黑格尔不同的是，他所讲的艺术哲学，不是艺术作为一种精神现象所包蕴的哲学，而是艺术作为一种社会存在所体现的哲学。他是把艺术哲学当作"实用植物学"来看待的。泰纳的书写得非常成功，以致20世纪之后许多学者纷纷步其后尘，撰写同类型的著作。不过20世纪人们的哲学与艺术观念毕竟发生了很大变化，所以科林伍德、赫尔伯特·里德、约翰·杜卡斯、布洛克、奥尔德里奇等人意义上的"艺术哲学"与泰纳又有所不同，在他们看来，所谓"艺术哲学"是"研究艺术思维方

---

① 《十九世纪西方美学名著选》（德国卷），第513—514页。

式的科学"①，"描述"艺术谈论中所使用"概念"的科学②，"旨在肯定一种价值判断"的科学③，"关于评论的基本学说"④，或者从现象学角度讲，是一种"描述性的形而上学"⑤。"艺术哲学"的概念虽与美学本身一起传入中国，并得到学界的普遍认同，但是作为美学的另一称谓却很少为学者们所采用。80年代，刘纲纪的《艺术哲学》与马奇的《艺术哲学论稿》是绝无仅有的两部。在他们看来，艺术哲学与美学是同一个东西。马奇在书的序言中明确地说："我认为美学就是艺术观，是关于艺术的一般理论"，"它的基本问题是艺术与现实的关系问题，它的目的就是解决艺术与现实这一特殊矛盾。"⑥ 马奇的《艺术哲学论稿》与20世纪西方一些相同名称的著作一样，着眼于艺术，而非着眼于哲学，哲学作为方法论只体现在对艺术的描述或评价中。

相对于"艺术哲学"来讲，"艺术社会学"被用来指称美学，时间要晚将近一个世纪，范围也要狭小得多。"艺术社会学"与"艺术心理学"均是美学由"自上而下"向"自下而上"转折中的产物。一批社会学家和心理学家不满于心理学美学只强调艺术中个体的心理经验，忽视艺术作为社会现象的历史事实，呼吁仿照杜博斯、赫尔德、泰纳、居友的做法，以社会学方法，从历史与社会的联系中阐释艺术。梅伊曼即指出："审美生活永不休止地变动着，只有当我们把产生这种变化的那一整套社会的和个人的、宗教的和世俗的、文化的和经济的条件和原因全都认识了，我们才能理解人类的审美生活。"⑦ 格罗塞在他的名著《艺术的起源》中说："艺术科学的这个课题，只能在它们第二形态或社会形态中去求解决，因为，我们既然不能从艺术家个人的性格去说明艺术品个体的品格，我们只能将同时代同地域的艺术品的大集体和整个民族或整个时代联合一起来看。"⑧ 20世纪以来，艺术社会学在西方和在中国均有很大发展。在有深广的马克思主义背景的中国，艺术社会学尤其受到学者们的青

① 科林伍德：《艺术哲学新论》，中国工人出版社1998年版，第1—2页及"译者前言"。
② 布洛克：《美学新解》，辽宁人民出版社1987年版，第2—3页。
③ 赫尔伯特·里德：《现代艺术哲学》，台湾东大图书有限公司1980年版，第27—28页。
④ 约翰·杜卡斯：《艺术哲学新论》，光明日报出版社1988年版，第2页。
⑤ 奥尔德里奇：《艺术哲学》，中国社会科学出版社1986年版，第7页。
⑥ 马奇：《艺术哲学论稿》，山西人民出版社1985年版，第17页。
⑦ 《十九世纪西方美学名著选》（德国卷），第673页。
⑧ 同上书，第684页。

睐。蔡仪有专门的艺术社会学著作，附录在他的《新美学》中；李泽厚则把艺术社会学看成是构成美学的三大部分之一。近来又有刘崇顺、王铁、马秋枫的《文艺社会学论稿》，司马云杰的《文艺社会学论稿》，滕守尧的《艺术社会学描述》，花建、于沛的《文艺社会学》，姚文放的《现代文艺社会学》等更系统的著作问世。艺术社会学在中国和在西方一样，一般被列作社会学的分支、艺术学的分支或美学的分支。

艺术哲学与艺术社会学虽从美学中演化出来，却不仅在名称上，而且在事实上大有取代美学之势，这就使美学定位问题变得日渐迫切。美学是不是就是艺术哲学呢？艺术社会学是不是属于美学呢？如果美学是艺术哲学，那么有关自然美以及社会生活的美的讨论理所当然地要摒弃在美学之外；如果艺术社会学包括在美学之中，那么美学的对象就远远超离了审美活动；如果美学就是艺术哲学，同时又包括艺术社会学在内，那么，美学就应该换一个名称，叫作广义艺术学或艺术理论，美学作为人生哲学的意义便无从谈起了。其实，这个问题，即美学与一般艺术学或艺术理论的关系，早在20世纪初，德国美学哲学界便有许多讨论，当时作为德国美学界顶尖人物的马克斯·德索还发表了一部专著，叫《美学与艺术理论》。这里，我们不妨将他在此书序言中的一段意思转述于下。马克斯·德索说：美学从开始之日起，便有一种观念，即认为"审美享受与创作以及美与艺术是不可分割的整体，这门科学的论题虽可有多种样式，然而它们却是一致的"。对于这一点，现代人开始有了怀疑，原因是：从一方面说，美不仅存在于艺术中，也存在于生活和自然中，而艺术的美与生活的美、自然的美是完全不同的。"一个活着的人体的美——这种美是被公认的——对我们所有的感官都起着作用。它常会唤起我们的情欲，纵使是难以觉察的也罢。我们的行为不期而然地受其影响。然而，一个大理石裸体像却有一种冷漠，使我们不去理会眼前是男人还是女人，""自然的审美经验包括森林的芬香和热带植物的炙热，而低级感官是被艺术享受摒之于外的"，此外，"艺术欣赏是包含艺术家个性中的欢欣与克服困难的能力之中的"。就这个意义来讲，"美学在范围上便超越于艺术"；但从另一方面来讲，"美学并没有包罗一切我们总称为艺术的那些人类创造活动的内容和目标"，"艺术之得以存在的必然与力量绝不局限在传统的标志着审美经验与审美对象的宁静的满足上"，任何一种天才的艺术的产生和效应都有复杂的背景，并不取决于"随意的审美欢欣，而且也不仅是要求达到审美愉悦，更别说是美的提纯了"。马克斯·德索不否认美学与一般艺术学之间的紧密联系，然而他以为当下的问题是"再也不应该不诚实地去掩饰这两个领域之间的差别了"①。宗白华在 20 年代编写的《艺术学》讲演大纲中概略地介绍了马克斯·德索的观点，在另一篇同名的讲演大纲中又用自己的语言，更精要地对此作了表述。他说："美学的对象包括极广，凡人对于文化世界、精神世界及全世界之美感，皆属于美学，"而"艺术学之研究对象不限于美感的价值，而尤注重一艺术品所包含、所表现之各种价值"，"如一个艺术品所表现的文化、作家的个性、社会与时代的状况、宗教性，俱非美之所能概括也"②。李泽厚虽然把艺术社会学列入美学之中，却不赞成将美学与艺术学等同起来。他是从所谓的人类学本体论意义上讲的。他说：

> 我一直认为，美学不能等同于艺术论，它远远不是艺术哲学。生活中的实物造型可算作实用艺术，但美学也远远不只是这个方面。人的生活怎样安排都与美学有很大关系，社会的和个人的生活节奏、色彩如何呢？感性的节奏是生活秩序的一部分。一个社会或群体必须建立一种感性的秩序。有和谐，有矛盾，有比例，有均衡，有对称，有节奏，有各式各样的关系，有张有弛……人对世界的改造、把握、安排就包含了很深刻的美学问题在里面……从这个角度看，美育、美感、审美都不是一个狭窄的问题，它是主体方面的人化的自然这个大问题。③

显然，这里的关键问题是美与艺术的关系。马克斯·德索、宗白华以至李泽厚的谈论对于我们都有启发，但我们现在面临的问题，不是将美与艺术完全等同起来，认为艺术就是美，美就表现在艺术中，而是把艺术看成美的"集中体现"或"最高形式"。这个观念如果追溯其根源，那便是

---

① 马克斯·德索：《美学与艺术理论》，中国社会科学出版社 1987 年版，第 2—3 页。
② 《宗白华全集》第 1 卷，第 542 页。
③ 《李泽厚哲学美学文选》，第 364 页。

黑格尔在《美学》一开头讲的，艺术美因为是自为的心灵的产物，所以高于自然美。朱光潜后来把这句话译释成"自然美是艺术美的雏形"。这个由来已久、流传极广的观念对不对呢？我认为值得商榷。这里分三层来谈：首先，黑格尔的观念是基于美是客观的这个前提之上的。艺术有艺术的美，自然有自然的美，它们都与审美主体无关。而依据马克思《1844年经济学—哲学手稿》的说法，美并不是脱离审美的人而存在的，主体与客体的关系是互为对象、相互建构的关系，艺术或自然之所以美是因为有能够观照和欣赏它们的人。既然如此，艺术美与自然美本身就无所谓高低优劣之分，它们可以同时是高或低、优或劣，全看审美的人以怎样一种情趣面对具有怎样形式的艺术或自然。对于一个毫无审美素养的人，再具有魅力的艺术或许也没有意义；而对于一个审美素养很高的人，即便是一片贫瘠的荒野也会有其特有的艺术价值。历史上许多描写讴歌自然的艺术至今仍令我们倾倒，但作为它们的模拟的对象和给予它们以灵感的却是自然本身。如果有人一定要以艺术中的美与自然中的美作比较，说诗中或画面上的山比自然的山更秀丽、更壮观，诗中或画面上的美女比生活中的美女更妩媚、更动人，那恐怕只能算是一家之言，而未必真的表达了什么真理。艺术美与自然美是无法比较的，因为决定的方面是人，而人是有多种需求、多种趣味的整体。其次，如果不把艺术美与自然美看成纯粹客观的，而把具有决定意义的审美的人加进去，那么就会发现，以艺术美去比较自然美，甚至把艺术美置于自然美之上，是完全不现实的，这种比较只存在于美学家的抽象的思考中。因为艺术并不就是美，而且常常并不美，特别是现代艺术。杜卡斯说，"美与艺术并无本质联系"，这句话有它的道理。艺术所承载着的是包括政治的、伦理的、宗教的、宗族的等观念，艺术所勾画的是善良的与邪恶的、高贵的与卑贱的、欢乐的与痛苦的种种场景。艺术就外在方面来说，是一个完整的世界，就内在方面来说，是一个完整的生命。艺术的魅力不仅是美，而是它对人及世界的生动的描绘和在描绘中倾注的感情。同样，自然也并不就是美，自然之打动人除了美之外，往往包括了它的古老，它的广袤，它的坚实，它的丰腴，它的短暂或它的永恒。不仅如此，自然之打动人，更重要的是自然是人的出生地、母亲和家园。人的生命，以至于人的一切技能、知识和幻想最初都是从自然中来的。自然与人休戚相关，因此人的一切努力，从使用工具到组织家庭，到发展科学和进行现代化大生产，都是为了或适应，或协调，或改造人与自然间的关系。如果从这个意义讲，自然的魅力是任何其他东西所不可比拟的，艺术当然也是如此。而且，艺术作为世界和生命的载体，它的根基和归宿在哪里呢？艺术如果仅仅描摹外在的美，而不试图通过美把人引向真和善，引向无限和永恒，引向彻底的人道主义与彻底的自然主义，那么，艺术对于人究竟还有多大价值？再次，自然对人再重要也不能取代艺术，因为人是通过艺术以及其他精神的与物质的手段走向自然的，艺术是人与自然间的中介之一。人是由于有了艺术等这样社会的构成力量和方式，人才与自然形成了关系，人与自然之和谐才成为可能。当然，这不是仅仅就艺术的美讲的，而是就艺术的整个社会功能讲的。从这个意义讲，艺术美要具有人与自然的中介的性质，一个重要前提就是要与自然保持密切的关系：一方面把自然当作模仿的对象，当作源泉，不断地从中汲取营养和资源；另一方面又要把自然当作超越的对象，像朗吉弩斯讲的，与自然竞争，创作出与自然不同的"第二自然"。再一方面，所谓超越，并非以艺术自身去超越自然，而是艺术以其设定的自然去超越既定的自然，所以其结果并非是艺术自身的无限膨胀，以至离自然越来越远，而是创造出更加真实和美的"自然"。歌德说，艺术只有在酷似自然时才是美的。这句话意在告诫艺术家，艺术的真正源泉和归宿是自然。艺术史的事实证明，艺术之走向成熟是与人对自然的兴趣直接相关的，当亚里士多德讲诗有两个来源，一个是模仿，一个是音调感、节奏感的时候，艺术还处在襁褓之中，艺术与技艺尚难区分，而当魏晋时期或17—18世纪的人把笔触直接指向自然，把他们发现的美记录下来的时候，艺术开始繁荣起来，在精神生活领域占据了一席之地，以致不得不有一门学问来讨论它。由这里可以得出一个结论，而这个结论是与主张艺术是美的集中体现和最高形式的人相反，即美学不应舍弃自然美，而应给它以比艺术美更为重要的位置，特别在今天这个自然环境遭到了极大破坏，相应的人普遍失去了精神家园的时代。

如果我们弄清楚了美与艺术并不是一个东西，艺术也并不是美的集中体现或最高形式，那么对于美学与艺术哲学、艺术社会学的关系问题就容易解决了。艺术哲学的对象是艺术，美学的对象是审美经验。艺术哲学是对艺术作为生命总体或观念总体的哲学思考，其中包括审美经验。美学是对审美经验作为一种生命形式或情感形式的哲学思考，其中包括艺术。它们是紧密相关而又互有区别的，它们的关系不是包容，更不是等同的关系。只是由于艺术哲学是从美学中演化出来的，且一直囿于艺术的审美经验方面，它与美学的关系才有了种种误解。这一点，如果我们读一读科林伍德的《艺术哲学新论》，会获得必要的启发①。艺术哲学与艺术社会学不同，虽然它们的对象都是艺术。艺术哲学是通过艺术来探讨哲学，它的着眼点（而不仅是方法论）是哲学，是思考人如何通过艺术这个中介走向自然，与自然达到和解，也就是通常讲的，从有限达到无限，从必然达到自由这样的问题。而艺术社会学是通过艺术研究社会，它的着眼点是社会，是思考人如何通过艺术结合成社会并不断完善社会。艺术哲学与艺术社会学均立足于经验世界，但艺术哲学必须指示我们一个超验世界。艺术社会学不可避免地要触及审美经验问题，但它的重心不在这里，因此，它对美学来讲，完全是另外一门学科，充其量只具有比较、参照和提供某种资料的意义。在这个问题上，我们赞同罗贝尔·埃斯卡皮、汉斯·诺贝特·菲根等一些社会学家的观点②。对于像李泽厚那样把美学对艺术的研究完全交给艺术社会学，我们也可以以阿诺德·豪塞尔的说法作为回答：不错，文艺与其他精神产品一样是"社会的构成方式和手段"，但文艺首先是"一个独立的整体"，一个"小宇宙"，对于文艺自身的内在逻辑和结构，以及这种逻辑和结构所产生的巨大魅力，艺术社会学是无法给予说明的③。而且，我们再补充一句，即便是对艺术外在方面的描述，艺术社会学也是有局限的，不可能达到美学所要求的形而上的层面。

四

第四个需要讨论的问题是：美学作为人文科学如何可能？

无论西方还是中国，美学都是人文精神与科学精神的共同产物。在中国，"五四"前后正是人文精神与科学精神得到高扬的时期，而美学，经过王国维、梁启超、蔡元培的阐释，恰恰成了它的负载者。之后，人文精

---

① 我以为科林伍德打破了只讨论美感经验的传统，把艺术放在精神生活总体中来讨论，这才是名副其实的艺术哲学。

② 请参照姚文放的《现代文艺社会学》，江苏文艺出版社1993年版附篇第十四章。在他们看来，文学社会学属社会学分支，它的任务是以文学作为一种特殊的现实的起点，用当代社会学方法去回答社会学问题。

③ 阿诺德·豪塞尔：《艺术史的哲学》，中国社会科学出版社1992年版，第2—3页。

神与科学精神便渗透在美学的所有讨论中，成了美学成长的根本动机。特别是进入 80 年代以后，以"共同美"，人性论与人道主义，《1844 年经济学—哲学手稿》、艺术本质及主体性问题等的论争为契机，人们越来越对美学所内在地包含的人文精神与科学精神有所领悟。李泽厚讲的"美的本质是人的本质的最完满的展现"①，渐渐成为人们的普遍共识；李泽厚极力张扬的"人类学本体论"或"主体性实践哲学"的美学，至少在一部分学者眼中成为美学走向现代的一个标志。而美学作为人文科学，就是在这样的理论背景下提出来的。蒋培坤大约是最早提到这一问题的一个学者，他在《审美活动论纲》一书中，呼吁建立"以马克思主义的、以人和人的'活动'为中心的、生动活泼的人类学本体论美学体系"，这个体系在他看来应该属于哲学人文科学②。美学作为人文科学，在中国的提出，似乎是顺理成章的事，没有受到任何质疑，因而也没有任何争论。但是，美学何以成为人文科学呢？它与其他人文科学，比如伦理学等有何区别呢？这些问题显然是不应也不能回避的。

问题也许需从头说起：美学能否成为一门科学呢？这是一个老问题。康德是伟大的美学家，而恰恰是他否认美学是一门科学。当代分析哲学大体都是同意康德观点的。持这种主张的人无一例外是依据了自然科学的范例。自然科学一般可以采用精确的测量方法，其成果是可以量化的，美学则不可以。但这种主张早已受到托马斯·门罗等人的批评。他指出："许多自然科学家坚持这样一种观点，即只有测量方法高度发展的研究才称得上是科学。这种观点是不正确的。因为它似乎要把所有对心理和文化现象的研究贬低为盲目的猜测，它抹杀了按照科学路线发展的各个研究领域在发展程度上的差别，同时也掩盖了一个重要的事实。即在人们还不会进行测量的情况下，人类就取得了由原始状态的思维进入有控制的观察和逻辑推理的思维阶段的巨大进展。"③ 托马斯·门罗不认为美学不能运用精确的测量方法就不能算作科学，但他仍然认为，精确的测量方法是美学走向科学的一个标志。与托马斯·门罗相似，李泽厚也认为，美学只有借助于所谓"数学方程式"才能走向成熟。显然，美学作为人文科学是否能够

---

① 《李泽厚哲学美学文选》，第 162 页。
② 蒋培坤：《审美活动论纲》，中国人民大学出版社 1988 年版，第 7—10 页。
③ 《走向科学的美学》，第 131—132、147 页。

全部或主要地进入量化研究,是一个需要讨论的问题。一个很简单的说法:美学是涉及有限与无限、必然与自由、现实与未来两大领域的,至少属于无限、自由和未来的部分是无法给以量化的。

问题在于对科学的界定。如果我们冲破传统的自然科学的眼光,把对人性和社会的考察纳入科学的视野,那么,或许会形成一种更加宽容的态度。杜威对科学的界定值得我们参考。他讲:"科学的目的是法则。一个法则适当到什么程度要看它具有的形式如何;如果不是一个方程式的形式,至少也是一种陈述恒常性、关系或程序的形式。"① 被托马斯·门罗征引过的韦氏词典的界定是:"一种对事实进行观察和分类,特别是运用假设和推理建立起可以验证的一般法则的研究领域,如生物学、历史学、数学,等等;具体来说,是一个将人类积累的和接受的知识(不论是发现的一般真理,还是掌握的一般规律)进行系统化和条理化的领域。"② 根据这样的界定,美学与其他社会科学一样,理应有自己的立身之地。无疑,美学的目的也在于提供"法则",或一种"陈述恒常性、关系或秩序的形式",美学也必须依靠"观察"和"分类","假设"和"推理",对已积累知识"进行系统化和条理化"。

科学这一概念和一切概念一样,是历史地形成的。考察科学史,会发现曾出现的三次重要的分化。第一次是5—6世纪,"人文学科"的形成,"人文学科"与"神学"的分化;第二次是17—18世纪,社会科学的形成,社会科学("精神科学"、"文化科学")与自然科学的分化;第三次是19世纪以后,人文科学的出现,人文科学与社会科学的分化。最后一次分化虽然已有了一段历史,但迄今尚未完成,人们关于人文科学与社会科学的区分的讨论仍在进行。波普尔甚至说:"劳神于区别科学与人文科学,长期以来就成为一种风气,成为一件麻烦事。"③ 美学作为科学,属于人文科学,这种认识似乎已成定论,但由于人文科学本身的讨论尚未完成,所以,美学的学科性质及特征也还有待进一步澄清。

在与神学相对的意义上,人文科学与自然科学都属于"人的作品",但是,自然科学面对的却不是"人的作品",而是自然本身,当然包括作

---

① 《人的问题》,上海人民出版社1985年版,第177页。
② 《走向科学的美学》,第132页。
③ 波普尔:《科学知识进化论》,三联书店1987年版,第392页。

为自然的人。它们之间的区别是显而易见的；而在与自然科学相对的意义上，人文科学与社会科学所面对的都是人和人类社会，它们之间的区别就不容易见出了。据分析，中外学术界在这个问题上观点分歧众多①。不少人只承认有人文学科，不承认有人文科学；人文科学与社会科学的关系，或者归之于母体与子体的依附关系，或者归之于全部与局部的包容关系。另外，相当一些人承认有人文科学，但对人文科学所以成立的依据有不同认识。其中，有的人着眼于认识论或主观心理功能，认为人文科学的基本特征是"理解"，自然科学的基本特征是"说明"，而社会科学则近乎是它们的居间者。科学哲学的重要代表波普尔根据他的"三个世界"的理论，肯定"对第三世界客体理解构成了人文科学的中心问题"，然而却明确表示，他"反对把理解的方法说成是人文科学所特有的这种企图，反对把它说成是我们可用以区别自然科学的标志"②。另外，有的人着眼于目的论或价值意义，认为人文科学的出发点主要在人的自我观照和自我完善，社会科学的出发点则主要在调节和控制人的行为。美国社会学家伯纳德·巴伯在《科学与社会秩序》中从人文科学产生的思想文化背景谈到它与社会科学的区别，他指出：

> 社会科学由于其 19 世纪的大量社会理论而有其深刻的实证倾向根源，即使现在还没有完全摆脱这种人类行为的误解的、有相当局限性的理解所造成的影响。现在仍有一些实证社会科学家，他们忽视甚至否认整个道德——美学——情感领域，并且试图完全从人类对于世界的理性侧面去理解人类行为。并非所有人类生活中的非理性的东西都是无知、谬误、不合理的；并非所有非经验的东西都是"不现实的"。很清楚，按照这种理解，社会科学与人文科学之间就没有必然的冲突。与所有科学一样，社会科学主要关心分析、预见和控制行为与价值；人文科学则主要关心综合与欣赏。在人类调整其与社会存在的关系时，二者都发挥各自必需的作用，作为生活手段，任何一方都不能完全替代另一方。③

---

① 张明全：《人文科学与社会科学关系研究述评》，《哲学动态》1999 年第 6 期。
② 波普尔：《科学知识进化论》，第 371、391 页。
③ 伯纳德·巴伯：《科学与社会秩序》，三联书店 1991 年版，第 306—307 页。

　　近来，中国国内哲学界正展开这个问题的讨论，到目前为止，似乎已形成了一些具有概括性的说法，比如有人认为，从研究对象上看，社会科学主要研究"外在文化"，即人之外的各种文化现象，人文科学则主要研究"内在文化"，即作为文化的承载者的人本身；从方法论上看，社会科学主要采用客观地观察、分析、判断的方法，人文科学则同时需采用直接参与和体验的方法；从目的意义上看，社会科学旨在掌握客观规律，获取有关知识，人文科学则主要是从人的生成发展中反思人自身，追索人的价值。应该说，上述种种说法，在一定意义上，都是合理的，都可以作为我们认识人文科学的性质和特征，以及它与社会科学间的关系的参照。

　　诚如伯纳德·巴伯说的，人文科学是在社会科学研究中"忽视甚至否认整个道德——美学——情感领域"的情况下发展起来的。这时，恰恰是自然科学，主要是心理学，证明了"并非所有人类生活中的非理性的东西都是无知、谬误、不合理的；并非所有非经验的东西都是'不现实的'，自然科学给了人文科学以勇气和生机。完形心理学、精神分析学、实验心理学等成了人文科学得以确证自己和发展自己的重要依据。所以，如果说人文科学作为"子体"是从某一"母体"孕育出来的，那么，这个"母体"不仅是社会科学，也是自然科学。人文科学是社会科学与自然科学相互借鉴与交融的产物。人文科学跨越了自然与社会两个领域，它与自然科学及社会科学构成了双向交叉的关系：人是人文科学、自然科学、社会科学共同的对象，但自然科学只涉及人的自然领域，社会科学只涉及人的社会领域，政治学、经济学、法学无一例外地只针对人的一种社会行为或关系，而人文科学却要面对自然与社会两个领域，即完整的活生生的人。正因为如此，人文科学在方法论上，不仅可以同时借鉴自然科学与社会科学的方法，还可以采取以生命去直接体验的方法，而且只有把这些方法结合起来才能真正沉入对象中去。也是因为如此，人文科学大多具有边缘性、交叉性、综合性的特点。这或许是人文科学区别于社会科学及自然科学的更为基本的方面。

　　美学属于人文科学，因为美学具有人文科学的基本特征。美学的对象是人的审美活动，而审美活动是需要人的整个生命投入其中的活动，是人的一种生命活动。美学也只有把审美活动纳入人的生命之中，从生命的整体去观察审美活动时才能走向科学。美学必须借鉴心理学、生理学、几何学、物理学、光学等自然科学的成果，必须参照政治学、经济学、历史学、社会学等社会科学已有的种种结论。美学必须在方法论上避免单一化，而尽量把观察、比较、分析、综合以及体验、反思、思辨等结合起来。美学应该像一面镜子，径直面向人及人的命运本身，为人的现实与理想、困顿与希望、由来与归宿提供某种答案。此外，美学作为人文科学尚有自己独自的特点，那就是，它所关注的是人生最根本的问题——人与自然的关系问题。审美活动的根本意义就在于调解人与自然的关系，这是美学的主题。艺术只是人通向自然的一个中介。美学正凭借这一点居于所有人文科学的中心，也是凭借这一点，才取得了哲学分支的资格。

体验·反思·思辨[*]
——关于美学方法论问题

在方法论上，近百年来中国美学大抵经过了三次转变：第一次是 20 世纪 20—30 年代，由"自上"到"自下"的转变，即由一般哲学到心理学的转变；第二次是 50—60 年代，由心理学到马克思主义哲学及社会学的转变；第三次是 80 年代，由马克思主义哲学和社会学到以哲学、心理学、社会学为主的综合化、多元化的转变[①]。这个过程与近现代西方美学的走向是一致的，体现了美学向人类整个精神生活领域的深入，同时体现了在人类整个精神生活领域中，美学承担着越来越重要的角色。

一 从"自上"的到"自下"的

王国维、梁启超、蔡元培一代人的美学虽然有自己的方法论，却无对方法论的反思。康德、席勒、叔本华的哲学无疑是他们用以思考美学问题，包括小说、诗词、戏曲等艺术问题的主要方法论依据。后来，郭绍虞在他的《近世美学》中系统地介绍了费希纳之后的西方美学，肯定了心理学的研究方法。接着，1920 年，宗白华发表了《美学与艺术略谈》，其中明确表示，美学从哲学到心理学的方法论的转变，是一种历史的趋势。他写道：美学应"以研究我们人类美感的客观条件和主观分子为起点，以探索'自然'和'艺术品'的真美为中心，以建立美的原理为目的，

---

* 此文发表于《北京大学学报》2000 年第 5 期；《新华文摘》2001 年第 2 期；人大报刊复印资料《美学》卷 2000 年第 12 期全文转载。

① 关于美学方法问题在张涵主编的《中国当代美学》一书中有较详细的讨论。其中认为，在方法上当代美学呈现了四种趋向：由外到内，由一到多，由微观分析到宏观综合，由封闭体系到开放体系。见该书第 475—478 页（河南人民出版社 1990 年版）。

以设定创造艺术的法则为应用。现代的经验美学就是走的这个道路。但是以前的美学却不然。以前的美学大都是附属于一个哲学家的哲学体系内，他里面'美'的概念是形而上学的概念，是从那个哲学家的宇宙观念里面分析演绎出来的"①。朱光潜的《文艺心理学》写于他出国留学期间，定稿在1936年。他在"作者自白"中也表示，要"丢开一切哲学成见"，专注于"心理事实"，"美学是从哲学分支出来的，以往的美学家大半心中先存有一种哲学系统，以它为根据，演绎出一些美学原理来。本书所采用的是另一种方法。它丢开一切哲学成见，把文艺的创造和欣赏当作心理的事实去研究，从事实中归纳得出一些可适用于文艺批评的原理。它的对象是文艺的创造和欣赏，它的观点大致是心理学的，所以我不用《美学》的名目，把它叫作《文艺心理学》"②。与宗白华、朱光潜同时的吕澂、陈望道、李安宅、黄纤华等人无不把关注的重心放在心理学上，把立普斯的移情作用说、朗格的幻觉说、桑塔耶纳的快感的客观化说等当作美学的正宗，而康德、席勒、黑格尔的哲学美学基本上被视为历史的陈迹悬置在一边。

在现代美学历史上，一般把"自上"向"自下"的转向的倡导者和先引者的称谓送给德国心理学家、实验美学家费希纳。但是，费希纳并没有把"自上"与"自下"对立起来，更没有把"自下"看作是取代"自上"的唯一科学的方法，而是主张将这两种方法结合在一起。费希纳在1876年出版的《美学前导》中，开篇第一章便提到"自上"与"自下"两种研究方法。他是这样界定的："自上而下地研究美学，就是从最一般的观念和概念出发下降到个别"；"审美经验领域是被纳入或从属于一种由最高观点构造出来的观念的框架，"它"首要而又最高的职责涉及美、艺术、风格的观念和概念，以及它们在一般概念体系中的地位，特别是它们同真和善的关系，而且总喜欢攀登上绝对、神、神的观念和创造活动，然后再从这个一般性的圣洁的高处下降到个别的美、一时一地的美这种世俗——经验的领域，并以一般为标准去衡量一切个别"；"自下而上地研究美学，就是从个别上升到一般"，它"根据审美的事实和规则自下开始去建造整个美学"，即"从引起快与不快的经验出发，进而支撑那些应当

① 《宗白华文集》第1卷，第188页。
② 《朱光潜全集》第1卷，第197页。

在美学上有位置的一切概念和原则，并在考虑到快乐的一般规则必须始终从属于'应该'的一般规则的条件下去寻找它们，逐渐使之一般化进而达到一个尽可能是最一般的概念和规则的体系"。费希纳认为，"自上"即哲学的与"自下"即"经验的"研究方法本身并不矛盾，两者"贯串的是同一领域"，只是"方向全然相反"，它们各有其"特殊的优点、困难和危险"。对于"自上"的方法来说，最大的问题在于：第一，必须寻找一个"正确的出发点"，而这样的出发点"只能在一个完美无缺的哲学体系和甚至是神学体系中才能找到"，但"这二者我们现在都还没有"，追随康德、谢林、黑格尔的人如赫巴特、叔本华、哈特曼，虽做过许多尝试，但这些尝试并不尽如人意；第二，从一个"最普遍的视野、最高的观点"出发，只能获得对事物的"一般"的了解，很难就事物的个别性得出确切的概念；对于"自下"的方法来说，最大的问题在于，容易陷入事物的个别性、片面性，"受到次要价值和次要作用的观点的束缚"，而"难以达到最一般的观点和观念"。例如，英国经验主义者哈奇生、荷加斯、柏克、海依等人就是如此。费希纳认为，无疑，"哲学的美学比经验的美学能有更高的格调"，然而，"它不能去代替或由一个先验（经验）的根据制造出那类学说"，而且，它需要以这样的学说作为"前提和基础"，否则，哲学的美学就会成为"泥足巨人"。费希纳称他之所以选择"自下"的方法，就是因为美学所面临的主要是缺乏来自经验方向的根据，这些根据必须在回答诸如"它为什么会引起快与不快，它在多大程度上有理由是快的或是不快的"这样具体的问题中求得解决①。

但是，费希纳的实验美学并没有为"自上"的美学提供这样的根据，相反却出人意料地将美学引向了"自下"的道路。在他之后，费肖尔、立普斯、伏尔盖特、屈尔佩、朗格、梅伊曼等人纷纷踏上了这条道路，于是，心理学美学取代哲学美学成为主流。美学日渐成为经验学科，而丧失了形而上学的品格，这一点即便是一些心理学家也不以为是正确的，因为美学之重要并不在于仅仅回答"为什么会引起快与不快"，以及"在多大程度上有理由是快的或是不快的"。伏尔盖特在他的《美学体系》中就表示，他的美学用的是"经验的心理学方法"，但这与"琐碎的、分裂的、偏重于卑微和人情味太重的现代心理分析方

---

① 《十九世纪西方美学著作选》（德国卷），第417—421页。

法"不同，其中结合进了"过去那深刻高尚积极上进的方式"，因此，那种包含在抽象推论的德国美学中的"整体和真实"在其中得到了体现。他认为，美学不光是揭示审美的事实，更重要的"必须使美和艺术与人类其他伟大美德之间的关系以及其他文化活动之间的关系发挥巨大作用"①。一些心理学和社会学家甚至发现，即便在具体的经验的范围内，心理学也有其天然的局限。梅伊曼之所以强调心理学的美学与"客观的美学"相结合，格罗塞之所以提倡心理学形式与社会学形式相结合，原因就在这里。

如果说美学由"自上"向"自下"的转向是出于对费希纳思想的误读，那么，对于德国和西方美学来讲，大半是有意识的，而对中国美学来讲，则大半是无意识的。因为，美学从鲍姆伽通开始，到黑格尔为止，已经经历了一个半世纪的发展，而这一个半世纪始终是囿于哲学的范围之内。哲学家们所关注的仅仅是审美活动的哲学意味，并总是从一定的哲学概念和范畴出发阐释审美活动。在理性主义占统治地位的德国，尤其如此。美学向心理学的转变，应该说是继叔本华、尼采及施莱尔马赫高扬审美的感性主义之后的一次方法论意义上的反叛。所谓"自下"的，就是指出发点是现实的、具体的、个别的、感性的。美学在哲学中徘徊了一个半世纪之后，需要回到现实的、具体的、个别的、感性的经验中来，需要回答作为生命的个体，如何通过现实的、具体的审美活动，从感性上升到理性，并使二者结合起来，恢复它的完整性，心理学美学的发展恰恰是反映了美学的这一历史性要求。但心理学美学的发展只是暂时地扼制了哲学美学，并不能消除哲学在美学上的影响，因为由康德、谢林、黑格尔等人创立的德国古典哲学已经为美学打上了深深的形而上的印迹，这是无论如何不可以抹去的。但是，美学传入中国已经是黑格尔逝世后半个多世纪的事，康德、席勒、叔本华的美学虽率先被介绍到中国，但还未来得及站稳脚跟，便被"自下"的一股浪潮所淹没了。在大约仅仅十年的过程中，人们只大略知道了作为美学家的康德、席勒、叔本华的名字及其主要观念，至于他们的全部美学以及美学在其哲学中的位置便不甚了解了。甚至，他们的美学著作尚无一本译成中文。所以中国学术界并没有形成真正的哲学美学的观念。当然，与之

① 《十九世纪西方美学著作选》（德国卷），第580—581页。

相应的也没有有关哲学方法方面的真切体验。这一点，我们只要看看王国维如何用他的"有我之境"与"无我之境"去解释优美与壮美，以及蔡元培如何理解以审美教育取代宗教的问题就可以明白了①。这不是说，他们的主张有什么不妥，而是说，他们没有完全看到美或审美活动的形而上的含义。中国美学没有像西方美学那样在哲学的母胎中吸收足够的营养，因此，当立普斯、朗格、桑塔耶纳以及被当作了心理学家的克罗齐被介绍到中国之后，"自下"的美学便迅速占领了几乎所有美学的领域：几乎所有的美学家都放弃了康德、席勒、叔本华式的思索，而去从事具体的审美经验的指证和描绘。哲学上曾许诺的人与自然的统一，感性与理性的统一，也被译解为艺术欣赏中刹那间的物我两忘、物我合一。而且，由于中国美学没有坚实的哲学根底，所以，在心理学大行其道的时候，却很少有人像伏尔盖特、梅伊曼、格罗塞那样为伸张客观的、社会学的原则去呼喊。

当然，我们应该珍视心理学美学所取得的成果。可以说，只是由于心理学美学的存在，中国美学才摆脱了传统的短论式、随感式、散文式的叙述方式，而日益走向规范和科学。

二　从心理学的到马克思主义哲学和社会学的

心理学方法在中国学术界的浸润、发展，以至于成为美学研究的主流，仅仅用了十年左右的时间。这期间，曾在不同时期广泛流行于西方的各派心理学美学，从英国经验派的联想主义到结构主义心理学、精神分析学，无不经过中国学者的选择、清理和重新阐释。如果说，中国的美学没有经受严格的哲学上的洗礼，那么，心理学方面却经过了充分的熏染。其中尤可称道的是朱光潜。朱光潜与其他美学家比较，有三点显著的不同：第一，他的着眼点在艺术，因此，不是泛泛地谈论审美心理，而是努力将艺术创作和鉴赏中的具体的审美心理揭示出来；第二，由于艺术现象是复杂的，为了揭示艺术创作和鉴赏的审美心理，他不得不采取"综合"、"折中"的

---

① 优美与壮美，即美与崇高，在康德美学中是由感性、知性过渡到理性的两个环节，在王国维那里则失去了这种形而上的意义；蔡元培在谈以美育代宗教问题时，强调的主要是"陶养感情"方面，而非形而上的意义。

方式将各派心理学协调一致；第三，受康德、克罗齐的影响，他虽始终囿于心理学的层面，却始终没有忘记对心与物、主观与客观这样的哲学问题的追问。朱光潜把自己的美学称作"文艺心理学"，而作为他整个学说的出发点的却不是某一派心理学，而是克罗齐的哲学，即他的直觉论。不过，直觉在克罗齐哲学中本来是认识论的一个范畴，是最基层的心灵活动，直觉之上便是概念、经济、道德，它们各以美、真、善不同的价值取向体现了真实界，而这便是真实界的全体。因此，在克罗齐哲学中，不存在心与物或主观与客观的对立，或者说，这种对立已经被他消解了或悬置了①。朱光潜却把直觉译解为心理学的概念，把它放在知觉之下，并赋予它以概念式知觉的特性，与审美经验中的心理距离、内模仿、移情作用、联想等汇通在一起，而这样就使心与物，或主观与客观的对立凸显出来，成为无法解脱的症结。这是朱光潜与克罗齐若即若离的原因，也是他沉溺于心理学而又时时瞩望哲学的原因。然而，朱光潜美学中确有一个哲学的立足点，这个立足点不是直觉，而是人作为整体的观念。他相信人是一个整体，人不可能被分割成审美的人与科学的人、实用的人。因此，审美活动必然与其他认识与实践活动紧密联结在一起。他认为，仅仅依靠克罗齐的直觉论不足以阐释审美活动，克罗齐之外，其他心理距离、内模仿、移情作用、联想主义也不足以阐释审美活动，因为它们只触及审美活动的局部，而不是全体。如果要全面、真实地阐释审美活动，必须把所有这些学说串缀起来，使之相互包容，互渗互补，成为具有必然性的一个个逻辑环节。这种方法，朱光潜称作"综合"和"折中"的方法。当然，这种方法本身也还是经验性和描述性的。朱光潜试图以经验的方法解决超验的问题，即心与物、主观与客观的统一问题②，自然是不可能有结果的，然而，他比其他心理学家高明之处，正在于他从经验中看到超验的存在和可能。

朱光潜在美学方法论上的贡献，不仅在于他在比较的基础上，有选择地综合了心理学各种学说，而且在于他一个人通过对克罗齐及其他西方心理学家的批判，承担了西方由众多哲学家、心理学家、社会学家所完成的

①　克罗齐说："直觉恰恰意味着现实与非现实的难以区分，意味着意象仅仅作为纯意象，即作为意象的纯粹想象才有其价值，它使直观的、感觉的知识与概念的理性的知识相对立，使审美的知识与理性的知识相对立。"（参见《美学纲要》，外国文学出版社1983年版，第216页）

②　心与物、主观与客观的统一，实质上是超验问题。在经验世界中，心与物、主观与客观永远处在差异和对立中；统一是相对的。

对"自下"方法的跨越。朱光潜最后接受了歌德与马克思的有机整体观念与实践观念，从而使他早年的人是整体的思想获得了系统哲学的支持，这一事实，从一定意义上说，是他在心理学美学探索中所引致的必然结果。但是，我们不应忘记，蔡仪从发表《新美学》、《新艺术学》开始对心理学美学的批评。这是一个唯物主义者对唯心主义者的批评。在蔡仪看来，美的本质问题是美学的第一位的问题，美感是对美的反映，所以，美学应属于哲学认识论。心理学美学否认美的客观性，把全部注意力放在美感的研究上，从认识论上讲是错误的，从方法论上讲也是错误的。他指出，"纯粹心理学的美学是偏于美感的意识活动的考察，虽是根据经验，但广义地说还是一种意识的反省"，他们或者"要由感觉去把握美"，或者"主要由感情的考察去把握美"，但无不"陷在主观观念的圈子里"；实验美学与之不同，"偏重于美的现象的考察"，却又以意识作为判断的标准，"方法与对象"之间存在着明显的"乖戾"①。蔡仪对心理学美学的批评，在当时几乎是绝无仅有的，学术界没有引起任何反应，但是在美学发展史上，这一批评具有的意义不容抹杀。虽然立论的角度不同，但它起的作用与19世纪后半叶伏尔盖特、梅伊曼及狄尔泰在西方起的作用大体相当，它使人关注审美活动的客体的方面、社会的方面、哲学的方面，而恰恰是因此，这一批评成为60年代美学大讨论的先导，为马克思主义哲学与社会学方法的切入作了准备。当然，蔡仪对心理学方法的拒斥是不可取的，特别是时至80年代，他依然把心理学美学看成只是"现代美学史上的一个流派"，并且，"迄今并没有取得令人肯定的什么成就"，这更是难以让人接受的。

应该说，在对心理学美学方法论上的探索还没有来得及充分地反省和总结的情况下，马克思主义哲学和社会学的方法便取而代之，在一个时期内甚至成为美学的唯一方法。这就是说，中国马克思主义美学的一个先天的不足就是对审美经验作为一种心理现象缺乏了解。当然，马克思主义哲学与社会学的方法论的兴起，为中国美学补足了起始阶段的不足，使美学返回了心灵之外的广大世界。这一具有开拓意义的举动，甚至使人们感到对上述缺失可以忽略不计。

对马克思主义哲学与社会学方法的认识与运用本身也是一个历史过程，在这一过程中大抵形成了三种类型，即蔡仪的作为认识论的方法论，

① 《新美学》第1卷，第8—10页。

李泽厚的作为实践观点的方法论以及周来祥的辩证思维的方法论。

　　蔡仪是第一个将马克思主义哲学方法运用于美学中的人，并且第一个建构了马克思主义的美学框架。蔡仪在《新美学》的"序"中自诩说，他的美学是"以新的方法建立的新的体系"，这句话是符合事实的。关于这个"新的方法"，蔡仪在同一本书上有一个简明的表述："美学全领域的三方面，美的存在、美的认识和美的创造，三者的相互关系，第一是美的存在——客观的美，第二是美的认识——美感，第三是美的创造——艺术。美的存在是美学全领域中最基础的东西，唯有先理解美的存在然后才能理解美的认识，然后才能理解美的创造"，"只有正确地设定了美学全领域及其相互关系，然后才能建立正确的美学。"① 80年代中期，蔡仪主编的《美学原理》继续申明了这一主张，其中写道："美学研究的正确方法应当是首先从现实事物去考察美，从把握现实美的本质入手来探讨美感和艺术美的本质以及它们三者之间的关系，并进而研究美学的其他问题。"②

　　蔡仪把唯物主义认识论直接运用到美学中，对于心理学美学虽起了补弊纠偏的作用，然而自身却陷入了机械主义的困窘之中③。由于这一原因，他在60年代美学讨论中遭到了来自多方面的批评，其中包括李泽厚。李泽厚认为，蔡仪美学的根本缺陷，"首先在于缺乏生活—实践这一马克思主义认识论的基本观点"，他所谓的"现实事物"及其美，"是缺乏人类社会生活实践内容的静观的对象"，而这样"就必然不能历史地了解和把握现实事物，必然会走上抽象的形而上学的道路"④。李泽厚不是把认识论，而是把实践观点作为他的方法论基础⑤。实践观点，在他看来，属于历史唯物论范畴。他同样主张美的存在是美学的第一个问题，但与蔡仪不同，李泽厚认为美是实践的产物，是"自然人化"的结果，因此，对美的本质的考察"必须从现实（现实事物）与实践（生活）的不可分割

　　① 《新美学》，第26页。
　　② 《美学原理》，第8页。
　　③ 蔡仪对这一点多少也意识到了。他在《唯心主义美学批判集》的"序"中承认自己在《新美学》中"或多或少地表现出思想方法上的形而上的倾向"。
　　④ 《美学论集》，第212—125页。
　　⑤ 蒋培坤的基本主张与李泽厚相同，认为马克思主义美学"从方法论上讲，其核心就是坚持了实践观点和历史观点"。（参见《审美活动论纲》，第8页）

的关系中，由实践（生活斗争）对现实的能动作用中考察和把握"①。他同样认为美感是对美的反映，但与蔡仪不同，他认为美感有功利性与直觉性的两重性，美感本质上是对人自身生活实践的肯定。李泽厚还认为，只有从以实践观点为基础的方法去探讨美学问题，才可能切入人的深层的审美心理结构中去，触及诸如"主体性"、"积淀"、"新感性"、"天人合一"这类重大的理论问题。

李泽厚曾声称，他从来不谈方法论②，而周来祥却相反，多次长篇大论地谈论方法论。在他看来，方法是必须要谈的，方法是"内容的、实质性的，是内容本身"。他主张的方法是"辩证思维的方法"。他说："马克思主义美学、文艺学内在地要求辩证思维的方法，要求着辩证逻辑思维框架，这是一方面；另一方面，也只有辩证思维方法和逻辑框架，才能铸造起马克思主义美学、文艺学的理论体系。"什么是辩证思维的方法呢？他说：辩证思维的"最根本的特征是运用流动概念和流动范畴。它是在概念和范畴的辩证运动过程中再现客观事物辩证发展的历史过程"。所谓概念和范畴的辩证运动，主要包括"分析与综合，归纳与演绎，抽象与具体，逻辑与历史"诸方面。他还说，在现代自然科学的影响下，辩证思维具有"系统性总体思维"和"双向逆反纵横交错的网络式圆圈构架"的特性。周来祥认为，美学的对象是审美关系，美就存在于和谐自由的关系中，这种关系至少包含四个层面：形式；内容；形式与内容；主体与客体、人与自然、个性与社会。审美关系是较之认识关系、实践关系为"更高层次"的一种关系。因此，他认为只有运用马克思主义辩证思维的方法才能全面和科学地揭示这种关系。③

应该说，马克思主义哲学方法论是一个总体，认识论、实践观点、辩证思维具有内在的统一性。仅仅以马克思主义认识论处理美学问题，存在许多弊病，因为审美活动毕竟不同于一般认识活动，并不涉及概念，也不提供知识；仅仅把审美活动纳入实践的框架之内，把美归之于"自然人化"，同样存在着弊病，因为审美活动虽然也是一种实践，但毕竟不同于一般实践活动，它不涉及功利（直接的），不提供任何实际的满足；同

---

① 《美学论集》，第 144 页。
② 《走我自己的路》，第 31 页。
③ 《再论美是和谐》，广西师范大学出版社 1996 年版，第 151、153、165、168、190 页。

样，仅仅运用辩证思维方法，从概念与范畴的运动中揭示审美活动，也有它的局限性，因为审美活动是需要全部生命投入其中的活动，无论是形而下的感性层面，或形而上的理性层面，都有其不可言说的一面，即有其不能完全用概念与范畴来表达的一面。审美活动是一种实际的存在，而概念与范畴所代表的只是逻辑存在。审美活动不是认识活动，但与认识活动有密切的关系（蔡仪的失误之一在于他对认识活动本身的机械的理解），审美活动不是一般的实践活动，但又包含了实践活动，同时，审美活动虽然具有模糊性和不可言说性，其基本的和共同的方面仍然是可以纳入概念与范畴之中的。审美活动的这种错综复杂的性质，类似生命现象本身，至少要求对马克思主义哲学与社会学方法有全面把握和运用，否则是不可能真正揭示出来的。

　　而且，美学是哲学的一个分支，具有自己特定的形而下的领域，将马克思主义哲学与社会学方法运用于美学，尚有一个向具体转换的问题。认识论处理的是人与自然（社会）的认知关系，认知关系无疑是人的生命得以存在和延续的基本关系，卢卡契甚至把认知，即反映看作是生命的本体；实践观点处理的是人与自然（社会的物质交换）关系，当然也是构成人的生命的基本关系，李泽厚也有理由将实践（工具）看作是生命的本体，审美活动既然是一种生命活动，它之完全脱离认识和实践显然是不可能的，但是仅仅一个认识论、一个实践观点能不能把审美活动的奥秘说清楚呢？同样，辩证思维是人类最高层次的、普遍有效的思维方式，包括美学在内无不要借助辩证思维，但是，美学毕竟有自己许多独特的方面，是超出辩证思维之外的。和谐与崇高的变奏，只能算是对审美作为社会现象的描述，而不能取代对审美活动自身特性的分析。所以，马克思主义哲学与社会学方法之外，美学还必须汲取其他哲学、心理学，甚至生理学的方法，必须使美学的方法无障碍地通向美学的各个层面、各个领域，包括形而下与形而上，包括可言说的与不可言说的，包括外在的和内在的、感性的和理性的。

三　从马克思主义哲学及社会学方法到哲学、社会学、心理学各种方法的综合

　　如果说20世纪60年代，人们大多囿于马克思主义哲学与社会学方法之内，那么到了80年代，随着西方现代美学著作的大量译介，人们渐渐

感到美学方法论也应该是开放的、多元的，这是美学跨入新时代的必须。记不得谁首先提出了美学方法多元化的主张，反正这一主张迅速成为美学界的普遍共识。李泽厚在 1985 年发表过几篇短文，提到了美学方法问题。其中一篇叫《方法论答问：找最适合自己的方法》，有这样一段话："现在有些'方法论'提倡者好像急于找到一把适用于任何人、任何事的万能的钥匙，我觉得这似乎是不大可能的"。"很长一段时间以来，我们似乎习惯于搬用军事的方法，把一切都分为两大阵营：唯物主义—唯心主义、现实主义—反现实主义、农民阶级—地主阶级，等等，总是两军对战的思维方式。我想，也应该不排斥其他方法，允许各种各样的方法存在。"① 另一篇叫《我的选择》，有这样一段话："我以为，学术作为整体，需要多层次、多角度、多途径、多方法去接近它、处理它、研究它。或宏观或微观，或逻辑或直观，或新材料或新解释……它们并不相互排斥，而毋宁是相互补充、相互协同、相互渗透的。真理是个整体，而不是在某一个层面、某一种方法、途径或角度上。"② 李泽厚的谈话显然具有自我反省的意思，因此，他表示要一反过去，主张"当前要多做一些实证研究，研究一些细微具体的问题"，要探索把自然科学的方法，特别是数学方法引入美学中来。周来祥虽然认为，"揭示某一客观真理的方法只有一个，而不是多样的，不是任何一种方法都可以的"，这个方法就是马克思主义辩证思维的方法，但同时也表示，不拒绝采用其他方法，而且说："在文艺学、美学的方法问题上，我主张既应是多元的、多样化的，一切有益的方法均要吸取，不可排斥，同时又应是综合的、一体化的、统一的，即最终又融合到马克思主义辩证思维中来，成为丰富、深化辩证思维的一个有机因素。"③ 较之周来祥，叶朗在《现代美学体系》中似乎表达了一种更为开放的态度。他说："利用现代知识体系的多学科对它（美学）进行多角度、多侧面、多层次的研究时，不应当存在某一方法独尊，其他方法附从，甚或被排斥的局面，"这些方法包括归纳与演绎、实证与思辨、自下和自上、科学主义与人本主义，也包括心理学、社会学、发生学等。不过他还强调，在运用这些方法的

---

① 《走我自己的路》，第 31—32 页。
② 同上书，第 20—21 页。
③ 《再论美是和谐》，第 149、170 页。

时候，要注意各种方法的"适用性"、"互补性"及"协调性"问题①。此外，张涵、杨恩寰、彭立勋等人也都从不同角度谈到了美学方法多元化问题。

美学方法多元化的提倡，使美学研究步入了一个异常活跃的新的时期。首先是信息论、系统论、控制论及模糊数学等自然科学方法的引进；其次是现象学、解释学、分析哲学、结构主义等现代西方哲学方法的移植；再次是中国传统美学的重直观、重感悟、重体验的方法的借鉴，多种多样的方法把人们引向美学的多种多样的层面，面对多种多样的问题，形成多种多样的观念，从而为美学开辟了十分广阔和充满诱惑力的前景。美学在80年代后有了显著的发展，其中特别是在审美心理学及审美社会学两个领域。审美心理学在20—30年代已打下较好的基础，直觉、移情、心理距离等对中国学人并不陌生，此时借助精神分析学和结构主义心理学的译介，重新又焕发了生机。具有标志性的成就有两个：一个是李泽厚提出的"审美心理结构"及与之相关的"积淀"概念，另一个是叶朗提出的"感兴"概念。应该说，"审美心理结构"并不是新问题，蔡仪讲的"美的观念"，朱光潜讲的美感的意识形态性，就已肯定审美主体在审美观照时，自身并不是一片空白，而有一定的思想文化底蕴在。不过，李泽厚的"审美心理结构"是以结构主义心理学的"同形同构"、"异质同构"等理论为依据的。其内涵要丰富深广得多，特别是在把它与"积淀"概念融通在一起的情况下，更超出了一般"观念"与"意识形态"的层面，而具有了超时空的普遍性意义。叶朗的"感兴"概念，是从中国古典美学中汲取来的，他重新阐释过，并赋予它以现代意义。依照他的解释，"感兴"不仅集中体现了审美活动的基本特性和主要过程，从而有充分理由取代"审美感受"、"审美经验"、"美感"这样的概念，而且由于它同时从中国古典美学与西方人本主义哲学中取得了支持，使它有可能成为沟通中西美学的一个交点。叶朗关于"感兴"作为心理学概念与"体验"作为哲学概念相互关系的阐释，固然存在一些疑点，但它对我们的启发是很大的。审美社会学，不同于蔡仪、李泽厚讲的艺术社会学，是对审美活动的社会性质、形态、功能、意义的考察。马克思主义哲学与社会学的方法为这种考察提供了方法论方面的依据。这方面具有标志性的成就

① 《现代美学体系》，北京大学出版社1988年版，第5—10页。

是有关审美形态及其历史演化的研究，李泽厚的《美的历程》是一个开端，它启发了一代学人。叶朗在《现代美学体系》中提出了"文化大风格"的概念，把传统美学中有关范畴的研究转换成了"文化大风格"，即美的形态的研究，从而将优美、崇高、悲剧、滑稽和喜剧、荒诞、中和的研究从抽象的逻辑框架中绅绎出来，置放在了宗教的、哲学的、艺术的文化有机体中，使其具有丰富的历史文化底蕴。周来祥的美学主要是审美形态学。他把审美形态归之为两类：一类是美，它体现了"主体与客体、人与自然、个体与社会、必然与自由等关系在总体上处于和谐、均衡、稳定、有序的状态"；一类是崇高，它体现了"主体与客体、人与自然、个体与社会、必然与自由等关系在总体上处于不和谐、不均衡、不稳定、无序的状态，然而又在它们的尖锐的矛盾冲突中求平衡，在不和谐中求和谐，不自由中趋于自由的获得"。他认为，整个审美关系的历史就是美与崇高这两种形态相互交替、不断深化的历史①。无疑，周来祥的研究为美学思想史，特别是范畴史的研究提供了一种新的视角。审美心理学与审美社会学的这些成就，显然不是运用某一种方法的结果，而是多元化方法的体现。

　　美学方法的多元化，应该说，是美学这门学科的性质决定的。美学与其他学科（比如政治学、宗教学、伦理学、心理学）不同，是一门综合性、边缘性、交叉性学科，它是哲学的一个分支，具有形而上的性质，又有属于它的特殊的形而下领域；它既属于精神现象，又渗透在几乎所有物质实践活动中；它是个别主体与客体交往的一种方式，又是人类群体用以彼此沟通的一个中介，由于这个原因，它必须依附于一定的哲学体系，同时必须借助于心理学、生理学、社会学、人类学、艺术学等众多学科提供的知识和方法。鲍姆伽通及以后的古典时代，虽没有多元化的提法，但当时的哲学多少都借鉴了心理学、社会学、艺术学的方法。康德的美学因而被奉为心理学美学的先驱，黑格尔对艺术类型及门类的划分被看作是艺术社会学的经典。而且，黑格尔在《美学》中明确地表示，反对单纯以经验或理念为研究的出发点的方式，而主张把这两方面结合起来（黑格尔主张把理念作为开始阶段的研究方式，所以，费希纳称他是"自上"的方法，这并没有错）。现代美学与康德、黑格

---

① 《再论美是和谐》，第 219—220 页。

尔时候比，已有了很大发展，这个发展主要涉及两个方面：一是它所触及的心灵世界已不限于感觉、想象、理念这样的理性的领域，包括广大的非理性的领域，这就是说，触及了人的心灵的全体；二是它所关注的已不仅是对艺术或自然的观赏，而包括了日常生活和物质生产实践，这就是说，关注着人的生命的全体，既然如此，美学方法的多元化就成为美学现代性的一个重要特征。可以说，美学方法的多元化正是美学越来越巨大的包容性的体现。

然而，任何学科的方法的选择都不是任意的和无限的，因为方法是为学科宗旨服务的。美学的学科性质及对象决定了它在方法上的多样性，但这些方法对于美学并不具有相同或同等的地位，它们之中必须有一个或一组是基本的方法，其他则是从属的方法。周来祥讲的美学方法的唯一与多样的矛盾，这么去理解，应该说就没有问题了。美学没有自己的基本的方法，而游离漂泊在各种方法之间，我们叫作"方法论迷失"。近来，美学界有人批评当代美学有"拼盘化"倾向，就是指"方法论迷失"。方法论迷失就是有方法，而无方法论，即没有对方法的本体论思考。他们把方法看成是外在的、偶然的、手段性的，因此，是可以任意取舍和改变的，其实，方法应是内在的、必然的、合目的的性的。作为综合性、交叉性、边缘性学科的美学如果没有相应的一种内在的、必然的、合目的性的方法的支持，就有可能消失在其他学科之中，失去自己独立存在的价值。90 年代初，美学向"审美文化"的蜕变，审美文化向一般文化的蜕变，从而使美学面临一种丧失自身的"危机"，我想主要是由"方法论迷失"而引起的。

四　体验、反思、思辨

方法是由主体选择的，而主体的选择要受对象的制约，所以方法归根结底决定于对象。各门学科有不同的研究对象，因此有不同的方法。但是，无论是什么学科，它的对象都是世界的一部分，世界是各种学科的共同对象。这种共同性，决定了以世界自身为对象的哲学"自上"方法，成为所有学科均必须和可能参照的方法。所谓哲学的方法，就是把世界看成一个整体，看成一种时间空间形式，看成在矛盾冲突中不断演化的实在，从而用这种观念去看待、分析、评论各种事物和现象的方法。无疑，物理学、化学、生物学、医学等自然科学，经济学、法学、政治学等社会科学，美学、伦理学、宗教学、人类学等人文科学都需要借鉴这种方法。

但是，除了哲学之外，各门学科面对的并不是一个朦胧的世界整体，而是其中的一个部分，不是世界作为过程的全部，而是其中的一个片断，所以它们所采用的方法又有明显的区别。对于自然科学来讲，需要的是观察、实验、证明，因为它面对的是各种外在于主体的自然现象，自然现象是有规律可循的，因此，是可以通过观察、实验来证明的；对于社会科学来讲，需要的是调查、统计、综合分析，因为它面对的是外在于主体的社会现象，而社会现象虽然也有规律，但这些规律是通过人类的长久的生活实践体现的，难以用直接的观察去把握，在一般情况下，也无法从实验中获得证明；对于人文科学来讲，它所面对的是包括主体在内的作为自然的与社会的人的总体。因为主体与对象的同一性，所以在方法上主体便可以直接融入对象中去体验，而不必也不可能置身于对象之外，做纯粹客观的观察或调查。所以有人讲，人文科学在方法上的一个重要特点是"从内向外"的。人文科学同样需要观察、实验、调查、综合分析等方法，但所有这些都需返回到主体自身，经过主体的体验去验证。当然，在方法上的这种简略区分是相对的，自然科学、社会科学、人文科学这样的分类是晚近才形成的，它们之间并没有严格的界限，而且，许多交叉学科、边缘学科的出现，使这本来不够严格的界限日渐淡化。

美学是哲学的分支，是人文科学，也是交叉性、边缘性科学，美学无疑要运用哲学的方法，要依恃于一个哲学体系，要从这个体系中撷取一个或几个基本概念或范畴作为自己的逻辑起点，要在广泛深入地观察的基础上，以具体的事实充实和丰富这些概念和范畴，并对这些概念与范畴的运动进行逻辑的推演，以便得出相应的结论；但是美学也要运用心理学（自下）的方法，要从具体的经验出发，对一个个具体的事实进行分析、比较，发现它们之间的相似与不同之处，并通过假设解释它们所以如此的原因，然后，在可能的情况下，通过必要的实验进行验证与证明。此外，美学还要运用社会学的，实际上也是"自下"的方法，要将具体的个别的经验置入人类的总体和生命的总过程中，给它以历史的也是逻辑的解释，使它与作为逻辑起点的哲学概念或范畴相一致。美学是人文科学，因此，体验是美学的基本方法。体验与经验不同，不仅是"自下"的，也是"自上"的，也就是说，不仅是心理学、社会学的，也是哲学的，体验就是以完整的生命去体验世界的生命。只是经由体验，个别的与普遍的、瞬时的与恒久的、浮泛的与深沉的、熟悉的与陌生的、和谐的与怪诞的、快乐的与痛苦的等的经验才能融为一体，获得相应的意义，乃至将意义转化为哲理。

这样说来，美学需要借鉴哲学、自然科学、社会科学及人文科学的种种方法，其中任何一种方法都不是唯一的，而且不是这些方法的简单相加，美学作为一门独立的科学应该有自己独立的方法。这也是由美学的对象所决定的。美学研究的是人，但不仅是作为世界一部分的人，不仅是作为自然造物的人，也不仅是被称为"社会关系总和"的人，而是作为审美活动的主体的人；美学研究的是人的审美活动，而审美活动既不单纯是物质活动，也不单纯是精神活动，既不单纯是诉诸感性的活动；也不单纯是诉诸理性的活动；既不单纯是由外向内的活动，也不单纯是由内向外的活动，审美活动是包容这一切在内并融为一体的生命活动。美学不拒绝任何从不同角度和侧面分析审美活动的方法，但是拒绝把审美活动肢解开来的任何独断论的方法。美学要求有适应自己研究对象的有内在统一性的方法。这种方法既是哲学的、心理学的、社会学的，又不是哲学的、心理学的、社会学的，确切地说，是所有这些方法的变异和重新组合。这种方法就其基本的方面说，是体验—反思—思辨的方法。

审美活动是作为个体的人的活动，而且是他将整个生命投入其中的活动。审美活动不仅体现着他的审美的情趣、观念和理想，而且体现着他的经历、知识和整个的人格。由于这个原因，由于审美活动所显示的是人的全部生命世界，而这个世界绝对是独特的，不可重复的，所以对于另外的人永远是个秘密，这个秘密是不能靠一般观察、实验和综合分析的方法查知的。不过，审美活动虽然是个体人的活动，却具有普遍性，因为个体的人总是作为群类的一分子生活在群类中，他的经历、知识乃至人格是在群类的生活中获得的，而且，审美活动之所以可能也是基于群类之间交际的需要，只是由于群类的存在，他与他人、与自然才构成了对象化的关系。这种被康德称作"共通感"的东西，消除了人与人之间的间隔，使人有可能通过体验的方法去了解他人在审美活动中所泄露的秘密。体验是美学的最基本的方法，因为审美活动本身就是一种体验活动，唯有用体验的方法才可以真正洞悉体认体验本身①。不过，相对于审美活动的体验，美学的体验应该说是体验的体验，是再体验。朱光潜在一次讲演中曾讲，"不通一艺莫谈艺"，就是强调美学必须建立在再体验的基础上。体验作为美学的基本方法，它针对的永远是个别性。而对于审美活动来讲，只有个别性才是真实的。美学作为一门科学，当然要有普遍性的结论，但是这种普遍性之能够成立完全在于对个别性的把握，同时，这种普遍性之所以有意义，也在于把握个别性。所以狄尔泰把个别性看成是美学及其他人文科学的真正主题。狄尔泰的阐释者 H. P. 里克曼说："在人文科学中，我们的目的并不总是高度的概括，而且，即使当我们试图去进行概括的时候，我们也并不会对作为概括之基础的素材减少兴趣"，"我们经常试图去理解的东西是一首诗，而不是一般的诗歌；是一个行动，而不是一般的行动；我们考察个别的表达式或者这些表达式的主体，其中无论哪一个都可能同一整部法典或一种文化一样错综复杂"，"个别的人的存在具有头等重要的地位，因为狄尔泰把个别的人的存在看成是一种自然单位，这里所谓的自然单位，较之于这些个体所构成的部分（器官、细胞或分子），或者这些个体所构成的较大的整体（家庭或社会），具有更为深刻的意义。"② 不过，体验作为美学的方法，它的立足点却不是个别性。它不是以个别性去体验个别性，而是在"个别普遍"的关系中去体验个别性。因为个别性之所以成立和有意义，是奠立在个别性的各种关系的基础上的。一个人的特性，是在他与其他人的关系中，比如，他是××的父亲，他是×次数学竞赛的冠军，他是××会议的主持人，他在×次历险中摔伤了腿，等等，才能够得到揭示；同样，一段文字的特性，也只有在与其他段落文字相互阐发中，在"上下文"中得到阐明。体验并不就是对个别性简单的认同，而是把个别性放在"个别普遍"的关系中获得领悟。普遍在这里不是抽象的概念，而是已经融入个别之中的种种体验的总和，而且，这种总和是在每次个别与普遍的互释中充实着、变化着。正是由于这个原因，体验者和被体验者才不是同一的，体验本身才可能成为一种科学研究的方法。

---

① 体验作为方法论概念是现代才有的，不过作为一种审美心理现象早已为人们所认识，所谓"感性直观"、"理性直觉"、"审美直觉"实际上主要是体验，柏格森曾讲："所谓直觉就是指那种理智的体验，它使我们置身于对象的内部，以便与对象中那个独一无二、不可言传的东西相契合。"（参见《十九世纪西方美学名著选》（德国卷），第 128 页）

② H. P. 里克曼：《狄尔泰》，中国社会科学出版社 1989 年版，第 282—283 页。

体验的总和，即体验中的普遍性是在反思中形成的。反思，或内省，在洛克哲学中，被看作是心灵通过对自己的活动及活动方式的关注和反省，产生"内部经验"与知识的途径。在黑格尔哲学中，被看作是一种反复思考的过程，一种思想的自我运动，一种把握事物内在本质的方式（"本质是在反思中建立起来的总念"）。狄尔泰在强调体验的同时，也十分重视反思的意义。他认为，"哲学就是人对于自己的思维、创造和活动的意识"，"哲学的进步在于这样一种不断增长着的意识，它是作为整体的人类精神对于自身的作为、目的以及推测所具有的意识"，"哲学的最高成就就是：使一个时代的文化意识到自身，并通过系统地对该文化进行阐述而增强它的力量"，而反思便是达到这一目标的关键性过程。他认为，反思并不仅是对自身的反观或反省，而且是从反观与反省中寻求并确认何者具有意义和有什么意义。① 审美活动与认识活动不同，就在于它不是以知识为目的的，它的意义是内在的，是人的自我观照、自我确认、自我追求。对这种意义的揭示，因此必然不是一般归纳的方法，而是反思的方法。反思作为一种美学方法，是对当下的体验与原有的体验，自己的体验与他人的体验（技艺品、艺术品）进行比较、综合，从而把握其中普遍性的特征及本质的过程，也是由人的审美活动反观审美活动的人，从而领悟其中的意义的过程。生命哲学告诉我们，人是能够追索并领悟生命意义的生物，但生命的意义是什么，这是个永恒的问题，因而对它的追索和领悟是没有止境的。人无法找到生命的意义的答案，但并不放弃对生命意义的追索和领悟。"愚笨的人要寻求，博学的人同样要寻求，孩子会寻求，成人也会寻求，凡是能惊讶地注视世界的人都要寻求。"② 于是，这种寻求、这种追索和领悟本身成为一种意义，一种人之为人的本质，一种具有本体论性质的概念。狄尔泰把这种明知无法追索和领悟而还要追索和领悟生命意义的冲动叫作"形而上学冲动"（mams mestaphysical impalse）。他认为，宗教和诗歌就是这种冲动的反应。而这种反应一旦以持久的、批判的思想作为基础时，它就变成了哲学，所以形而上学不是哲学的顶峰，而是哲学的基础。审美活动本质上是人追索和领悟生命意义的活动。人们在审美活动中，在直觉、想象和体验中捕捉着美，玩赏着美，但是，美是什

---

① 《狄尔泰》，第89—90页。
② 理查德·泰勒：《形而上学》，译文出版社1981年版，第5页。

么？美在哪里？美的意义仅仅在于唤起人们去捕捉和玩赏它的兴趣，换句话说，就在于捕捉、玩赏人的生命本身。审美活动，看起来是一种感性的、形式的冲动，而在感性与形式冲动之后，人们如果沉静下来，认真回味一下，就会发现，还有一种更为深刻的冲动，就是"形而上学冲动"。而这样就为美学提出了一个更高的课题，就是从形而下的、经验层面的感性活动中揭示出潜藏在其中的形而上的、超验层面的理性的东西。美学之必须运用哲学的思辨的方法，其目的就在于此。关于哲学的思辨的方法，长久以来存在一种误解，以为它完全是脱离现实的、抽象的，甚至是诡辩的，对此，鲍桑葵就曾作过有力地批驳。他指出："的确，有不少人说，哲学的美学是演绎的、是从上往下推论的，而不是归纳地从下往上推的，因此它采用的是一种过时的和形而上学的方法。我要说，所有这些关于哲学方法的谈论，在我看来，都是愚蠢的、厌烦的。我知道哲学只有一个方法，那就是把所有的有关事实汇总在一起，扩充为许多概念，并在人们思想上看去是详尽无遗的和自圆其说的。"[1] 哲学的思辨的方法同样要以事实或经验为根据，它之不同于其他科学的地方在于，他所根据的不是一个个具体个别的事实和经验，如原子、细胞、反射作用或案例、事件、作品，而是事实或经验的总体。所谓形而上学的概念，正是建筑在这事实与经验的总体之上的，是"过去了的伟大体验的标准"和"代表"[2]，而哲学的思辨的方法，就是在体验、反思基础上形成概念，并将这些概念纳入诸如真与善、认识与实践、物质与精神、有限与无限、自由与必然等概念（这些概念同样是事实与经验的总体）系列中进行分析比较，综合判断，从而揭示出其特定的地位与意义。

体验—反思—思辨是完整的美学研究方法，在彼此关联统一中才有意义，方法的这种构成性是美学这样综合性、边缘性、交叉性学科的一个必然的特点。

---

① 《十九世纪西方美学名著选》（德国卷），第 72 页。
② 同上书，第 543 页。

中国美学缺少什么[*]

中国美学^①在改革开放的 30 年中有了很大发展，这是有目共睹的。重要的是中国美学踏上了一条具有开放性、包容性和综合性的路。中国美学具有光辉的前景，在世界美学中有望获得更加显赫的地位，因为中国美学有马克思主义哲学作为自己的根基，有一百余年学习和研究西方美学的经历，有涵盖博大深邃的中国传统美学和文化的思想和学术渊源。当奠基在两大文明之上的美学传统，在以马克思主义哲学为根基的哲学基础上汇合在一起的时候，也就是当美学不再停留在马克思主义词句上，不再对中国传统美学和西方美学做简单比附和拼合，而是真正深入到它们的精髓中，进行哲学层面的综合的时候，我相信，那就是中国美学完全成熟并堂而皇之地步入世界之林的时候。当然，这个目标与我们现在的状况还有相当的距离。相对而言，我们的美学还缺少许多东西。

一

中国美学缺少借以与现实对话的话语，缺少批判的、否定的精神。

也许我们不能将作为哲学分支的美学与经济学、法学等经验学科相比，要求美学具有直接的现实性、可操作性，但是，无论如何，美学不能飘浮在空中，以至于只是学者们的自言自语。从这个角度进行审视，不能不承认，我们的美学虽然也经常涉及一般的文学艺术和审美教育问题，并且形成像文艺美学、技术美学、审美教育学这样的分支学科，但

---

* 此文发表于《学术月刊》2010 年第 1 期；人大报刊复印资料《美学》卷 2010 年第 4 期、《艺术报》2011 年第 11 期全文转载。

① 本文所讲的"中国美学"，主要是指国内处于主流地位的美学。

总体来说，"学院"气依然很重，许多问题的讨论并没有超出纯学术的范围，因此，在作家、艺术家、科学家和教育家中几乎没有产生值得重视的影响。这里，一个根本的问题是，我们的美学还没有找到切入现实的途径和属于自己的话语。这就是说，美学还没有作为一种本体论去关注人的诗性的生存问题，还没有作为一种认识论去解决审美之如何可能的问题，还没有作为一种价值观去讨论如何以审美的方式观察和评判现实的问题。我们的美学基本上还属于西方马克思主义者批评的"肯定的美学"，在某些人的美学中，甚至宁愿回到孤独的个体的心灵中，空谈心理结构的"建设"，而不愿意面向现实，拒绝对现实作任何意义的批判和否定。

美学的生命在现实中，美学本质上是批判的、否定的。人类的审美活动是在两个层面上进行的：就客体来讲，是经验的层面与超验的层面；就主体来讲，是感性的层面与理性的层面。美学所要回答的是如何从前一个层面过渡到后一个层面并与之融通在一起。在这个意义上，美学是超越之学，而不是实证之学。而超越就是对现实，包括对经验与超验、感性与理性双方面的批判与否定，历史上真正有影响的美学，从柏拉图、亚里士多德到康德、黑格尔，到杜夫海纳、海德格尔，都是批判的、否定的美学。后现代主义之所以在美学领域兴起和传播开来，就是由于它是现代资本主义的对立物，是人们习惯了的非人的现实——一切被异化了的经验或超验、感性或理性的存在的对立物。

美学之所以成为批判的、否定的，因为审美活动就客观方面来说，是康德所讲的"无目的而合目的"的活动。作为"无目的"的活动，审美活动区别于认识活动和道德活动，作为"合目的"的活动，却又与认识活动和道德活动紧密地交织在一起。美是一种价值判断，它的核心是美，但不仅是美，真、善永远是其中一种潜在的必然的因素。就是因为这个原因，审美活动才具有了可传达性，而美学才具有了社会意义，并成为一种社会意识形态。美学无论如何不能脱离与社会政治、道德、宗教、文化的关系。把潜藏在审美活动中的真、善的因素彰显出来，从而揭示审美活动的社会价值和意义，是美学的天职和基本功能。

美学之所以成为批判的、否定的，还因为审美活动就主观方面来说，本身就具有批判的、否定的内在机制。审美活动只有在这些内在机制得到调动并协调在一起的情况下才有可能。其中，第一个因素是形式。马尔库塞认为，"形式指把一种给定的内容（即现实的或历史的、个体的或社会的事实）变性为一个自足整体所得到的结果"①。在这个意义上，内容实际上是亚里士多德讲的"质料"，形式则是"质料"的组织者、统摄者、规范者。形式是一种伟大的范塑和造型的力量。形式所提供的总是与既定世界不同的异在世界，因而总是具有一种将人们从有限存在中解放出来的功能。第二个因素是肉体。伊格尔顿称美学是"肉体的话语"，认为美学的产生是"肉体对理论专制的长期而无言的反叛的结果"②。人对自然的感知和交往，不是仅仅靠知性或理性，更重要的是通感，是妙悟，是包括心灵在内的整个肉体。肉体所提供的信息总比知性和理性丰富得多、鲜活得多、完整得多。在知性与理性因遭到社会文化和环境的压抑而扭曲、而异化的情况下，肉体往往能够透出一个不甘沉沦的、反叛的自我。第三个因素是模仿。卢卡契曾深入探讨了模仿这一具有否定性指向概念的意义，认为模仿能够通过"目的性中断"将自然"还原为纯粹视觉、听觉和想象的形象"，从而使"拜物化"的自然转化为与人相关并充满诗意的"偶然性"的自然。③ 所谓人与自然的"和解"，所谓"诗意的栖居"，应该是从模仿开始。第四个因素是想象。依照萨特的理解，想象是"意识的整体"，而不是意识"偶然"和"附带"的能力。想象总是把知觉"挪到它处"，"避开所有尘世的束缚"，总是"表现为对存在世界中这一条件的否定，表现为一种反世界"④。想象一方面与本我，与肉体，与潜意识相关；另一方面与情感，与爱，与信仰相关，因此，想象所展开的常常是生命中最不安分的另一面。第五个因素是爱。美与爱是相互依存，互为因果的两个范畴。孔老夫子讲："里仁为美。"爱是对丑陋、平淡、冷漠、孤独、无聊、仇恨的拒绝和否定。"爱是对不可及的理想目标的想象的追求。"⑤ 如果说，美是自由的表征，那么，爱就是自由的体验和张扬。只

① 马尔库塞：《理性与革命》，程志民等译，重庆出版社1993年版，第196—197页。
② 伊格尔顿：《审美意识形态》，王杰、傅德根、麦永雄译，广西师范大学出版社2001年版，第1页。
③ 卢卡奇：《审美特性》第2卷，徐恒醇译，中国社会科学出版社1986年版，第214、235页。
④ 萨特：《想象心理学》，褚朔维译，光明日报出版社1988年版，第208—209、281页。
⑤ 桑塔耶纳语。转引自欧文·辛格《超越的爱》，沈彬等译，中国社会科学出版社1992年版，第34页。

是由于有爱在，我们才渴望并试图改变这个世界。

　　一个是客观的目的论原则，一个是主观的功能论原则，这就是美学成为批判的、否定的美学的依据与出发点。前一个原则使美学与社会、人生、自然联结在一起，成为人类文明的一个不可或缺的组成部分；后一个原则则使美学自身结成了一个自足的整体，并获得了仅仅属于它的、无以取代的话语权。因此，美学的批判或否定，不同于政治的、道德的、宗教的和文化的批判与否定，因为它的旨趣不是有限的功利主义，而是以真、善、美的统一为最终指向的无限的生命境界，同时，因为美学有仅仅属于自己的独特的途径和方式，所有的意向和结论都是在对审美活动的反思中自然地得出的。

二

　　中国美学缺少对人的整体的把握，缺少爱这个重要的理论维度。

　　从 20 世纪初心理学美学被介绍到中国之后，人们就相信，与美的对象相对应的是人的"心理本体"，审美活动就是孤立绝缘、心理距离、内模仿、移情作用等的心理经验或体验。直至 21 世纪初，在主流一派的表述中，美学仍被区分为美的哲学、审美心理学和艺术社会学，审美活动被直接等同于直觉、想象、情感等的心理活动。虽然人们也常常提到叔本华、尼采和生命哲学，提到马克思、弗洛伊德，提到现象学和存在主义，但是这并没有使人们从心理主义的影响中超离出来，将人还原为生命或存在的整体。

　　在西方哲学史上，理性主义之后，生命哲学把生命当作哲学的基点；生命哲学之后，心理主义把心理当作哲学的核心，对于美学来说都是里程碑式的进步。生命哲学强化了肉体、感性、无意识在审美活动中的意义；心理主义则揭示了制约审美活动的各种心理机制和功能。从理性主义到生命哲学，再到心理主义，似乎是经历了一个否定之否定的过程。心理主义试图把正在兴起的科学主义思潮引入美学中来，用实验心理学的观念和方法，将人从社会与自然环境中孤立出来，对审美活动作经验层面的描述，并使美学认识论化，因而逻辑地把美学引向了相对主义。逻辑实证主义、语义学和现象学都对它进行了批评。但是，至少从 20 世纪 20—30 年代起，西方美学就逐步摆脱了心理主义的羁绊，在分析哲学或在现象学、存在主义的意义上重新审视审美活动问题了。

人是一个整体，这一点在德谟克利特时代就朦胧地意识到了。"小宇宙"这个概念连同"认识你自己"那段有名的箴言成了检视和考验人们智慧的永恒的话题。人是一个整体，遗憾的是，从分工——脑力劳动与体力劳动、管理者与被管理者、有产者与无产者——开始，人就被渐渐地分割开来了。体现在精神领域里，就是肉体与灵魂、感性与理性、有限与无限的对立。在中世纪之前，这种区分和对立被理解为是由神或上帝先验地决定的，人类无权进行选择。亚当的堕落是必然的，因为上帝虽然按照自己的形象造了他，却又给了他一具充满肉欲的形体。从13世纪到文艺复兴，人们终于明白了，上帝之所以给了人以肉体，是相信人能够利用同样来自上帝的那点理性的星火，节制自己，超越有限。但是这种大半来自希腊人的朦胧意识禁不住理性的真正考量。进入工业社会后，人的分工更加精细了，劳动和社会交往把人切割成七零八落的碎片。人应该是怎样的呢？社会应该是怎样的呢？英国经验主义和大陆理性主义从不同的文化背景出发给出了不同的说法，而这就是后来德国古典哲学所不得不面临的最根本的问题。康德和黑格尔试图调节肉体与精神、感性与理性、有限与无限的矛盾，为人类的未来寻找一个理想的出路。但是在现实中他们看不到任何可能的前景，只好把希望寄托在理性自身或它的外在形式——艺术、宗教和哲学上。歌德和马克思之所以伟大就在于，一个从对艺术的反思中，一个从对社会历史的考察中发现人作为整体的现实的可能性与必然性。马克思相信，人类由分工导致的异化是不可避免的，但是人本质上是个整体，使人成为真正的人，是可以通过消灭私有制，消灭体力劳动与脑力劳动，消灭工业与农业、城市与农村三大差别，实现人自身的全面发展来逐步达到的。人不仅是"一束知觉"，也不仅是一组符号；不仅是经验的集合体，也不仅是理性的存在物，人是一个整体，它自身，它与它所生活的世界都不可分割地联结在一起，这就是审美活动之成为可能的根据。因为美的第一个定性就是整体：统一、匀称、秩序、节律、和谐，只有自身是整体的人才可能成为审美的主体。这一点，毕达哥拉斯讲的"内外感应"也许包含了更多的真理。当你面向星空，欣赏星空那种寥廓、幽远、绚丽的美，或者面向大海，品味大海那种浩渺、涌动、壮阔的美，你不只是看，或者听，同时在闻、嗅、触，甚至你的神经系统、血液循环系统、呼吸系统都在影响你的情趣和判断。你是用生命的整体与大自然对话和交流。即

便你不是面对真正的星空或大海,而是面对画面上的星空和大海,如果你
不能从中感到扑面而来的沁人肺腑的清凉,隐隐袭来的声响和超越时空与
想象的神奇,就不能体悟其中的美。美的魅力,不仅在于它能够冲击我们
的直觉,激发我们的想象或者勾起我们的回忆,更在于它能够使我们在物
我两忘的情境中回复到整体,消除人与自然的距离,激起和增进对自然和
人生的爱。

　　关于爱以及爱与美的关系,柏拉图、奥古斯丁、阿奎那、休谟、斯宾
诺莎、康德、弗洛伊德、舍勒、乌纳穆诺、弗洛姆等人有过许多讨论,而
中国美学基本上没有涉及。如果我们从现有语言中寻找一个与美相对应的
词,以表达促使我们作出美的判断,或由美的判断激起的那种感受和心
情,这个词只能是爱。这是潜藏在直觉、想象、愉悦背后的更根本的东
西。爱不属于某种器官,不属于某种意念,不属于某种情趣,爱是整个生
命对作为整体的自然——它的统一、匀称、秩序、节律、和谐作出的回
应。世界上如果没有美,就不会有爱;同样,没有爱,也不会有美。美有
优美、壮美、崇高之美、滑稽之美、悲壮凄厉之美、幽默诙谐之美、大美
或至美,美是个家族;爱则有性爱、友爱、敬爱、怜爱、博爱、惠爱、大
爱或圣爱,爱也是一个家族。如果说美是作为协调、匀整、完善的整体的
表征或象征,那么,爱就是人类趋向整体,克服孤独、分离、疏远的意向
和冲动。从作为个体的事物的美,到作为类的事物的美;从作为个体的精
神的美,到类的精神的美;从作为事物与精神的综合体的现实的美,到作
为超越自我和现实的终极境界的美,即至美或大美,美是有秩序的。从两
性的爱到母爱,从友爱到博爱或仁爱,从惠爱(自然之爱)到对终极境
界——存在、道、理念的爱,即圣爱或大爱,爱也是有秩序的。① 美的秩
序与爱的秩序似乎是同一秩序的两面。美与爱同样根植于性、交往、生
产、皈依或归属,在自我实现的生命内趋力中,同样以自由——人与自然
的统一为最终指向。美与爱具有共同的意义,这就是通过协调理智、意
志、情感,通过整合真与善,构成人的以自由为归宿的超越性心理结构,
从而使世界充满美与爱。

---

　　① 中国古代的孟子、董仲舒、王阳明等人都肯定爱有个"以其所爱及其所不爱","仁民
而爱物"的秩序,西方从古代的柏拉图、普罗丁、奥古斯丁到现代的舍勒、蒂利希、乌纳穆诺等
许多哲人对爱的秩序都有过或详或略的讨论。

美是难的，爱也是难的，因为它们跨越在肉体与心灵、感性与理性、有限与无限之间，但是美和爱可以互相参证，在对爱的反思中可以而且必然能够透出美的秘密。

三

中国美学缺少形而上的追问，缺少相应信仰的支撑。

超验之美（至美或大美）以及与它相关的超验之爱（圣爱或大爱），都是形而上层面，即信仰领域的事。美学的基本功能之一就是确认并论证这种形而上的追索和信仰之如何可能。中国美学从西方美学借鉴了"自由"概念，从传统美学汲取了"天人合一"概念，把它视为审美活动的最高境界和美学的最高旨趣。但是何谓自由呢？审美自由与生命自由有何区别呢？何谓"天人合一"？"天人合一"与人和自然的统一（自然人化）有何区别呢？至今未有一个完整的阐释，而且，既然涉及形而上或信仰领域，就有一个超越性的问题，但至少在主流一派美学中我们并没有看到与此有关的较深入的讨论。"自由"或"天人合一"因此还只是一种承诺，而不是美学自身的内在目的和逻辑指向。"自由"或"天人合一"还不能成为中国美学的理论和精神的支撑，因为它本身的合法性还有待审视和确证。

应该说，形而上的追索和信仰的确立是人类走向文明的一个重要的标志。第一，标志着人类有了自我意识和类意识；第二，标志着人类有了共同的经历和共同的体验；第三，标志着整个世界和它的未来成了人类反思的对象。黑格尔讲，"信仰是一种知识"，但这不是"纯粹识见"意义上的知识，而是一种奠立在知识和对知识的反思基础上的"纯粹意识"，是"已上升为纯粹意识的普遍性了的实在世界"[①]。所谓理念、太一、上帝、自我、意志、存在等都只是抽象化、异在化了的人类自身，是它的哲学或神学的表达。形而上的追索和信仰的确立与生存、安全、交往一样，是人的一种基本需要——实际上即是对与自然最终和解的需要，对真、善、美相统一的理想境界的需要，对自我确证和自我实现的需要。无论任何时代和地域的人，只要还没有脱离生理与心理、感性与理性、有限与无限的对

---

① 黑格尔：《精神现象学》下册，贺林、王玖兴译，商务印书馆 1987 年版，第 70—75 页。

立，就需要有一种以人自身的完整和自由为核心内容的信仰的支撑。可以说，对于没有摆脱"原罪"的人，信仰是一种召唤的力量；对于被肢解为"碎片"的人，信仰是一种统摄的力量；对于困囿在有限理性和意志中的人，信仰是一种超越的力量。

　　美学开始于经验之美（事物之美）与超验之美（美本身）的区分以及超验之美作为一种信仰的确认。柏拉图之所以感叹"美是难的"，就在于事物之美何以"分有"美本身，从而被认为是美的，同时，美本身又如何超离美的事物而成为美本身的。超验之美，即美本身虽然从根本上说来自经验之美，但是，这里讲的经验，不是任何个体的人的哪怕一生中积累起来的经验，而是人类在千百年中共同经历和体验过的经验。这种经验已经作为"原始意象"先于个人经验沉淀在人们的无意识中，成为人们判断事物之美与丑的先验的尺度。因此，超验之美或美本身的确认不是经验范围的事，而是超验范围的事，是柏拉图以为的"回忆"，实即信仰领域的事。但是，超验之美或美本身作为一种信仰与一般宗教的信仰不同，超验之美与经验之美一样，是由主体与对象两个方面的因素构成的，就对象来讲，超验之美是与同样超验的真、善统一在一起，是理念、道或存在的显现；就主体来讲，超验之美是理性、意志、情感协调在一起，是自我价值的实现。超验之美既是人的目的，也是道路，它所承载的是人的自我救赎的渴望和宿命；既是外在的，也是内在的，是人类从现实的苦难中挣扎着站立起来，成为真实的、自由的人的象征。

　　从经验之美到超验之美，即从感性到理性，从个体到整体，从必然到自由，这是整个人类社会面临的历史性问题。这个问题的真正解决是要靠改造自然，包括人本身的物质实践。但是，这个问题作为一种意识或理论，首先是个美学问题，因为正是从"合目的"的审美活动中，人们发现了实现这一目的的可能性的根据。审美活动与认识、伦理、功利活动不同，它的基本特性就是消除感性与理性、个体与整体、必然与自由的对立，使人处在"物我两忘"的游戏状态中。审美活动的主体是由客体激发起来的生命体验，即爱；客体是由主体的体验，即爱所显现的美。正是美与爱这种我中有你和你中有我的密切关联，构成了审美活动通往自由的内在机制与秩序。没有任何活动能像审美活动那样，需要调动人的全部潜能和能力，包括理性与非理性、意识与无意识、感觉与超感觉，使人的机能充分协调起来；没有任何活动能像审美活动那样需要打破所有将人类分割开来的藩篱，包括种族的、阶级的、地域的、职业的，使人们在"共通感"的交流中彼此融通起来；也没有任何活动能像审美活动那样需要人与自然的完全和解，彻底克服人的"自阉"和"自闭"，实现"自然的人化"与人的自然化。我们相信，无论个体的人或人类，生命是个自我完善的过程，相信心灵在与自然的交往中不断地净化着，相信整个世界会越来越一体化，现代文化所带来的孤独、疏离、迷惘、失语将为人与人之间的更亲密的交流和信任所取代。之所以如此，是因为有史以来的生活实践告诉我们，无论任何时候、任何地点，人或人类不会没有美和爱，不会拒绝美和爱。美与爱对于被称作"压抑性"的文明永远是个颠覆者，对于真正符合人性的文明则是绝对的建设者。

四

从根本上说，中国美学缺少的是可以作为依恃的、与时代和社会的现代化进程及审美和艺术发展的总体趋向相适应的完整的哲学。

中国美学，从王国维时候起，一直在寻找着一种可以依恃的哲学。20世纪40年代前是康德、叔本华、克罗齐、黑格尔，50—70年代是马克思，80—90年代是弗洛伊德、尼采、萨特、海德格尔；进入21世纪后，一方面是后现代主义，特别是后结构主义的兴起；另一方面是文化学或文化哲学的冲击，中国美学出现了"去形而上"与所谓多元化的倾向，从而陷入了一种无所依傍、无所适从，随机式与拼盘化的状态。当然，我们不能无视现在依然十分活跃的，以马克思主义的实践概念为基本立足点的主流美学，但是，从几位代表人的身上可以看出，实践概念（以及自然人化）本身已经脱离了马克思的原典，被赋予了新的个性化的含义；马克思主义的基本原理——剩余价值与劳动异化理论，生产力与生产关系、经济基础与上层建筑、社会存在与社会意识的理论正在受到质疑或淡出；而且，一些基本问题的立论和阐释与马克思主义几乎没有关系。

美学作为哲学的一个分支，从来就是隶属于一定的哲学体系的。鲍姆伽通之前的柏拉图、亚里士多德、奥古斯丁、阿奎那、休谟，鲍姆伽通之后的康德、谢林、黑格尔、叔本华、克罗齐、杜夫海纳、海德格尔等，凡在美学史上产生过重大影响的美学都是如此，无一例外。这是因为美学的宗旨和根本出发点是通过对审美现象的研究，探讨和解决感性与理性、人与自然的关系，也就是人的基本生存问题，而它的前提就是将审美活动从人类的全部生命活动中抽象开来，给它一个确切的定位；就是将审美活动与认识活动、伦理活动以及其他功利活动区别开来，厘清它们之间的关系；就是将美与真、善在不同层面上的差异与关联揭示出来，以指明它们的不同意义。无疑，这些都属于存在论、认识论方面的问题，需要有一定的哲学的支撑。同时，也只有在一定的哲学的框架内，美学的批判性、否定性问题，美学对人的整体把握问题，美学在信仰层面上的话语权问题才有可能获得确认和解决。

中国美学需要奠立在哲学的基础上，但是，不是任何哲学都有这个资格，只有根植于我们自己的时代，能够回应这个时代提出的问题的哲学才可以有这个承担。无疑，开放的、不断充实和发展着的马克思主义依然是中国美学主要的哲学基础。因为，迄今为止，还没有一种哲学能够像马克思主义哲学那样，不仅为科学地探讨感性与理性、人和自然的关系，审美活动与其他生命活动的关系提供了基本的理论依据，而且为这些关系的实际解决开辟了道路。所谓开放的、不断充实和发展着的，就是不把自己看成是最后的、僵死的、不可更易的，而是需要适应变化了的客观现实，吸纳中外一切新的有价值的学术成果，对已有命题和结论不断进行审视、阐释、修正和丰富的。马克思主义哲学永远在建设中。① 特别是在近 100 年来世界哲学有了极大的推进的情况下，马克思主义哲学极需要通过批判和整合进一步充实、更新、完善自己。中国美学为了自身的发展，应该而且必须介入以马克思主义哲学为基础的哲学建设中。这是中国美学面临的最基本的问题，也是最前沿的问题。

---

① 梅洛·庞蒂说，"哲学生存于历史和生活中"，但"它不满意于已经构成的东西，作为表达活动，哲学只能通过放弃与被表达者一致，通过远离被表达者以便从中看到意义的方式来自我表现"。(参见《哲学赞词》，杨大春译，商务印书馆 2000 年版，第 37 页) 马克思主义正是这样的哲学，由于它"生活在历史和生活中"，"不满意于已经构成的东西"，所以永远与历史同行，与历史共在。

谈马克思关于艺术的三个命题*

作为伟大的思想家和政治家，马克思对艺术特别关注，曾在许多地方谈论过艺术。其理论中最为重要的是这样三个命题：艺术是一种把握世界的方式；艺术是一种社会意识形态；艺术是一种精神生产。这三个命题都是我们经常挂在嘴边的，也是几乎每一部有关艺术的教材都必然要提到的。但是，迄今为止，还没有谁能对这三个命题，特别是它们之间的相互关系做完整的理解和表达。蔡仪先生在他的《新美学》（改写本）里用一节论述了马克思论艺术，分别谈到了这三个命题。他的出发点是回应学术界持不同观点的人，因此，并未就其本身进行更深入的探究。其他的人一般都是只抓住其中一个或两个命题，便把他说成是马克思艺术理论的全部，甚至说成是马克思给艺术下的定义。由于这样理解和认识马克思，而且长期得不到纠正，所以就为一些人漠视马克思、曲解马克思、贬低马克思提供了可能，同时也为某些并不高明的西方艺术理论在学术界得到不适当的张扬创造了条件。

马克思这三个命题是在不同时间，针对不同问题提出来的，但是它们之间却有着不容忽视的内在的联系。

马克思在《〈政治经济学批判〉导言》的《政治经济学的方法》一节中，提出了艺术是一种把握世界的方式的命题。他的原话是："整体，当它在头脑中作为思维的整体而出现时，是思维着的头脑的产物，这个头脑用它所专有的方式掌握世界，而这种方式是不同于对世界的艺术的、宗教的、实践—精神的掌握的。"① 显然，马克思在这里主要是在讲哲学和诸如政治经济学这样的社会科学"掌握"世界的方式与艺术、宗教、实

* 此文发表于《台州学院学报》2004年第10期。
① 《马克思恩格斯选集》第2卷，人民出版社1963年版，第104页。

践—精神的方式的区别,艺术作为掌握世界的方式在这里是顺便提到的。在马克思看来,世界是本质与现象、普遍与个别、必然与偶然的统一体。人对世界的掌握,既需要掌握它的本质,也需要掌握它的现象;既需要掌握它的普遍、必然的一面,也需要掌握它的个别、偶然的一面。因为本质就潜藏在现象中,普遍、必然就隐含在个别和偶然中。只有充分掌握了现象、个别、偶然的东西,才有可能真正掌握它的本质、普遍、必然的东西。因此,既需要哲学和一般社会科学那样通过现象而最终扬弃了现象的抽象的方法,也就是从感觉、表象上升到概念的方法,也需要艺术那样通过现象并不舍弃现象的具象的方法,即通过直觉或想象直观本质的方法。艺术作为掌握世界的方式的可贵之处就在于它所呈现给人们的是包括本质和现象在内的完整的活生生的世界。艺术不仅把结论告诉给人们,而且告诉人们如何通过自己的努力达到结论,并把它当作自己的结论。同时,掌握世界还需要宗教和实践—精神的掌握方式。蔡仪先生认为,宗教作为一种掌握方式是"完全虚幻的,根本不符合实际的",① 这个说法恐怕有待商榷。如果确如蔡仪先生所说,那么为什么马克思还把宗教称作是一种掌握世界的方式呢? 应该说,宗教是人类通过内省来掌握世界的方式,特别是在原始或尚未开化的人群中。宗教谈论的是与现实世界不同的彼岸世界,但所谓彼岸世界恰恰是被扭曲了的现实世界的缩影。在对神或上帝崇拜的背后,实际上就是人对自己的命运,对未来世界,对真、善、美本体的向往和探求。至于实践—精神的掌握方式,我理解就是自亚里士多德以来西方哲学界讲的"实践理性",应该说,政治、经济、法律以及其他的社会实践都伴随着某种特定的思维活动,都是人们用来认识和掌握世界的方式。

　　马克思十分重视艺术掌握世界的作用,把它当作评价艺术作品的重要尺度。马克思高度赞赏 19 世纪英国现实主义作家狄更斯、萨克雷的作品,认为他们对英国社会所做的描述远比当时的经济学家、历史学家来得翔实。这样的评价艺术作品的方式在后来的马克思主义者中几乎成为一种传统。恩格斯、列宁、普列汉诺夫等人都以差不多相似或相近的语言评价过歌德、巴尔扎克、列夫·托尔斯泰。不过,遗憾的是,到了苏联和我国学术界一些人手里,艺术是掌握世界的方式被转换成"艺术是社会生活的

---

① 《蔡仪文集》,中国文联出版社 2002 年版,第 114 页。

反映",并且被确定为对艺术的定义。当然这是出于对马克思的误读。其一,马克思关于艺术至少有三个命题,艺术是一种掌握世界的方式只是其中之一,马克思并没有用它来定义艺术;其二,马克思用的词是"掌握",而不是"反映","掌握"和"反映"应该是两个不同的概念。"反映"和"模仿"、"再现"含义近似,强调的是社会生活的第一性,是艺术的源泉;而"掌握"是在肯定社会生活的第一性的前提下,强调艺术作为人认识世界的手段的主体性和能动性。这里清楚地体现了马克思与一切旧的唯物主义者的区别。

马克思并不认为指出艺术是一种掌握世界的方式就说出了艺术的全部。他还在《资本论》中提出了另一个命题,这就是艺术是一种精神生产。他的原话是这样的:"因为斯托齐不是从历史方面考察物质生产本身,即是,把它当作一般的物质财富的生产而不是把它当作这种生产的一定的、历史发展的和特殊的形式去考察,所以,他本人就使自己失去了这样的基础,可是只有在这个基础上才能了解统治阶级的思想的组成部分以及既定形态的自由的精神生产。他不能超出一般的毫无内容的词句。而且,这种关系本身并不像他所设想的那样简单,比如说,资本主义生产对于某些精神生产部门是敌对的,例如,对于艺术和诗歌就是如此。"马克思之所以把艺术归之为精神生产,出发点是揭示艺术生产和物质生产的关系,从而把艺术概念纳入历史唯物主义范畴之内。关于艺术生产和物质生产的关系,前面引文已经谈得很清楚:对作为"一定的历史发展的和特殊的形式"的物质生产的考察是"了解统治阶级的思想的组成部分以及既定形态的自由的精神生产"的"基础"。这段引文之前马克思还曾明确地指出:"从物质生产的一定形式中,第一,产生社会的一定结构;第二,产生人们对自然的一定关系。人们的国家制度和他们的精神状态是由这两者决定的。"① 艺术是一种精神生产这一命题的提出,无疑为人们进一步了解艺术的本质提供了可能。艺术是一种掌握世界的方式,但它不同于其他哲学社会科学或宗教、实践—精神的掌握方式,因为它同时是一种生产,一种精神生产。作为一种精神生产,它的最终结果要体现在它的作品中,要在它的读者中得到传播、回应和检验;同时,作为一

---

① 《马克思恩格斯论艺术》,人民文学出版社1960年版,第274—275页。

种精神生产,它必然是由"生产"、"产品"、"消费"三个环节组成的一个系统,这三个环节互为因果,互相制约;此外,正如马克思强调的,作为一种精神生产,它的存在和发展要以物质生产的一定规模和水平为基础。艺术对世界的掌握是通过奠立在物质生产基础上的艺术自身的整个系统完成的,这是生产的过程,也是掌握世界的过程,生产的每个环节,都是认识获得深化的环节。人们在谈论艺术是掌握世界的方式的时候,很少联系到艺术的生产的性质,而这样是很难把问题谈清楚的。

但是,艺术是一种精神生产也仅仅是马克思有关艺术的一个命题。朱光潜先生把它孤立出来,认为它就代表了马克思全部的艺术观,是不恰当的。艺术不是一般的生产,也不是一般的精神生产,它的目的不是生产某些实用的产品,而是生产供人欣赏或把玩的产品,而且,这种生产必须是对世界的一种掌握,也就是说,它能够真实地再现世界的某一情境和人对这情境的体验。一件一般生产的产品只是一件产品,而艺术生产的产品却是一个世界。由于这个原因,由于它的目的不是实用而是揭示一个未知的世界,所以它的产品可以多次进入消费,而且,每次消费都因欣赏者主观意念和情趣以及欣赏者所处环境的变化而有所不同。杰出的艺术作品几乎具有永恒的生命力,比如,马克思讲到的古代希腊的神话和史诗,比如中国的《诗经》和《楚辞》。作为掌握世界的方式的艺术生产,何以具有这样的性质和功能呢?这是因为艺术同时是一种社会意识形态,而且距离经济基础较远,似乎是飘浮在虚空中的社会意识形态。艺术是一种社会意识形态,这是马克思有关艺术的又一个命题。马克思在他的著作中多次作为社会意识形态提到艺术以及政治、法律、哲学、宗教等。我们仅引《〈政治经济学批判〉序言》中的一段话:"人们在自己生活的社会生产中发生一定的、必然的、不以他们的意志为转移的关系,即同他们的物质生产力的一定发展阶段相适合的生产关系。这些生产关系的总和构成社会的经济结构,即有法律的和政治的上层建筑竖立其上,并有一定的社会意识形式与之相适应的现实基础……随着经济基础的变更,全部庞大的上层建筑也或快或慢地发生变革。在考察这些变革时,必须时刻把下面两者区别开来:一种是生产的经济条件方面所发生的物质的、可以用自然科学的精神性指明的变革;一种是人们借以意识到这个冲突并力求把它克服的那些法律的、政治的、宗教的、艺术的或哲学的，简而言之，意识形态的形式。"① 作为一种社会意识形态的艺术的存在和发展是由人们生活于其中的，与物质生产力相适应的生产关系即经济基础所决定的，经济基础首先产生"社会的一定结构"和"人们对自然的一定关系"，然后产生"国家制度和精神状态"，也就是社会意识形态。艺术的社会意识形态性质决定了它必须依赖于一定的经济基础，必须为经济基础服务，不管从事艺术生产的艺术家是否意识到这一点。在任何社会中，艺术总是显得很清高，很超脱，事实上，这种清高和超脱大半只是艺术家的一种自我感觉，而且，这种感觉是很脆弱的。道理很简单：艺术只可以观赏，不可以充饥。艺术家首先要解决衣、食、住、行这样的生活问题，然后才有时间和精力去进行创作。这样，就逼迫艺术家去寻找市场，从市场获得相应的官俸或酬金，就是说，把他的创作纳入整个社会的经济生活中，成为社会生产的一个组成部分。意识形态的性质，对于艺术来讲，并不是外在的，而是艺术之作为艺术的本质规定。艺术是怎么产生的呢？人们通常的解释是从应用性生产向享乐性或审美性生产转化的结果，但是，问题是这种转化是怎么发生的呢？应该说，这是由于随着分工的出现，形成了一个不参加生产劳动而又能占有剩余劳动的有闲阶级。所谓享乐或审美的需要首先是这个有闲阶级的需要。只是在有闲阶级的庇护和滋养下，艺术才得以生存和发展起来。艺术，我指的是真正意义上的艺术，从来就是一种社会意识形态，从来就是与一定的时代和阶级的利益联系在一起的。当然，这是就艺术的整体讲的。艺术所以能够掌握世界，有一个重要的前提，就是它作为社会意识形态具有一定的先进性，能够体现广大人民群众的某些愿望和呼声；所以艺术生产的产品不仅是产品而且是一个世界，也必须有先进的、开放的意识形态作为保证，首先在意识形态层面上消除与世界的距离。但是艺术与其他政治、法律、道德等不同，而与哲学、宗教相似，经济基础对它的制约或它对经济基础的影响并不是直接的，而是经过了政治、法律、道德甚至宗教这样的中介。因此，艺术与经济之间的关系并不是平衡的。关于这一点，马克思有一段非常著名的话，是大家都熟悉的："关于艺术，大家知道，它的一定繁荣时期决不是同社会的一般发展成正比例的，因而也不是同仿佛社会组织的骨骼的物质基础

---

① 《马克思恩格斯选集》第 2 卷，第 82—83 页。

的一般发展成比例的。"① 这就是说，艺术作为一种社会意识形态，在一定的情况下，可以而且可能淡化其意识形态功能，可以而且可能超离于其所依赖的经济基础，在更广大的范围或更长久的时间里产生影响。而这就意味着，艺术家在为自己时代创作的同时，也可以为以后的时代，为整个人类去创作。如果他是一位伟大的艺术家，那么，他就可以指望自己的作品长久地流传下去，永世长存。

马克思没有就艺术与美的关系提出任何命题。他对当时正在欧洲兴起的唯美主义似乎不感兴趣。但是，他在谈到古代希腊艺术的时候，提到了"艺术魅力"这个概念。马克思称赞希腊神话和史诗具有一种"永恒的魅力"，以至于数千年后"仍然能给我们以艺术享受，而且就某方面说，还是一种规范和高不可及的范本"。马克思认为，希腊艺术的魅力不能从当时生产力还十分低下的经济状况里去寻找，而只能从它自身与其所处的文化背景的"特殊性"中获得解释，在他看来，这就是，希腊是人类"发展得最完美的地方"，"希腊人是正常的儿童"，而每一个人都有自己的童年，对童年的回忆和向往是人的共同天性，希腊艺术之所以那么让人眷恋不舍，感慨万千，就是因为它使人看到了永不复返的人类的童年。应该说，马克思这段话比迄今所有的美学教本的解释更有说服力。希腊神话和史诗当然很美，但是美是个非常宽泛的概念，问题是要找出它所以美的特殊的地方和原因。这就需要得到来自社会心理学、文化心理学等方面的支持，仅仅停留在美的概念上的美学是无能为力的。

马克思没有对艺术说最后一句话，我想这是因为马克思已经意识到艺术是不可定义的，因为艺术实际上就是生活的另一面，生活有多么广阔，艺术就有多么广阔。生活是海洋，艺术就是海面上不断涌动的波澜。但是，重要的是，马克思对艺术提出了上述三个命题，这确为我们一步步揭开艺术的奥秘提供了可能。

---

① 《马克思恩格斯选集》第 2 卷，第 112—113 页。

毛泽东有关美学的八个命题[*]

毛泽东是一位伟大的政治家和思想家。作为政治家，他的政治是阶级的政治、群众的政治，阶级与群众的最大利益就是他的追求；作为思想家，他的思想从未限制在某个具体的领域，哲学、伦理、经济、文化，凡与社会的发展有关的都属于他思想的范围。他不可能不关注人们的审美与艺术实践，因为它不仅是构成社会生活的一个不可或缺的部分，也是人们用以改造环境和改造自身的必不可少的手段。毛泽东没有也不可能对审美与文艺问题作出更系统、更全面的探讨，这是一个事实。除了《讲话》之外，他对审美与文艺的论述多是零星的、简短的。但是，问题在于这零星的、简短的论述背后有没有一个基本的出发点，以及这零星的、简短的论述之间有没有一个逻辑联系。毛泽东无疑有自己的逻辑，这个逻辑不仅将《讲话》本身结成一个整体，而且将它与直至 70 年代的一些论述结成一个整体。我们讲的毛泽东的美学命题就是构成这个逻辑的一个个纽结。我敢说，就毛泽东美学与文艺思想的内在逻辑和这个逻辑本身所必然导致的结论，包括已明白提出的结论及尚属潜在的命意，以及这些结论与命意的深刻的哲学、心理学与社会学的内涵来讲，至少在政治家、思想家中绝对是不可多得的，值得我们认真研究和借鉴。

第一个命题："我们根本上不是从观念出发，而是从客观实践出发。"^①

实践观点是马克思主义美学的基本观点。马克思在《1844 年经济学—哲学手稿》中第一次阐明了这样的观点，指出：人的劳动是对象化

＊　此文发表于《理论与创新》1991 年第 6 期，收入本文前做了不少修改。

①　《在延安文艺座谈会上的讲话》。

的劳动，在劳动中自然成了人的对象，同时人成了自然的对象；审美客体与审美主体是同一过程的两面，是不可分割的。根据马克思的指示，美学把它的立足点从观念转向了客观实践。

毛泽东坚持了实践观点，并且进一步丰富了实践这一概念。他将实践区分为生产活动、阶级斗争及政治生活、科学与艺术活动，指出生产活动是最基本的、决定其他一切的活动；阶级斗争能够给人的认识发展以深刻影响；其他政治、科学、艺术活动同样能够使人在不同程度上知道人和人的各种关系。值得注意的是，毛泽东在这里将艺术活动也看作是一种物质实践，而这一点由于后来将毛泽东的话概括为生产斗争、阶级斗争和科学实验三大实践而被忽略了或淡化了。现在重新学习毛泽东这段话，从物质实践去理解艺术活动，或将艺术活动理解为物质实践，我以为具有十分重要的理论意义和现实意义。

毛泽东已经指明，艺术活动作为一种实践虽然是社会生活所不可缺少的，但是并非是基本的和决定一切的，艺术活动总是从属于生产活动，并受到阶级斗争的制约。因为任何艺术活动总是在一定生产力发展水平和一定阶级关系范围内的活动，超离这一切的绝对"纯粹"的艺术活动是没有的。而艺术活动既然自身是一种实践（不是生产活动、阶级斗争实践的组成部分），又必然有其自身特殊的对象、规律和标准，这些对象、规律和标准作为艺术活动的定性是伴随艺术实践一起产生的，是不以人们意志为转移的。艺术活动的这种特殊性质就使它与生产活动构成了马克思讲的不平衡的关系。

艺术活动作为一种实践，本身就包含有改造客观世界与主观世界的要求。毛泽东十分重视艺术在改造和推动社会前进中的作用。他要求作家和艺术家通过艺术实践不断"改造自己认识世界的能力，改造主观世界同客观世界的关系"[1]。请注意，这里讲的不是改造对世界的认识，而是认识世界的能力，不是改造对世界的占有或支配的方式，而是改造主观世界与客观世界的关系。所谓世界观的改造，实际上就是认识世界的能力及主观世界与客观世界关系的改造。毛泽东的这一提法与马克思讲的共产主义是彻底的人道主义与彻底的自然主义的统一是一致的。人类的全部活动和最终追求无非是改造客观世界以适应主观的需求，同时改造主观世界以符

---

[1] 《在延安文艺座谈会上的讲话》。

合客观的规律，从而达到人与自然的和谐统一。

艺术活动既然从属于生产活动，并受阶级斗争的制约，人们在观察和评价艺术时就不能不从生产活动与阶级斗争出发，但艺术活动自身既然是一种实践，又必然有其特殊的区分是非美丑的标准。主张纯艺术的人是没有道理的，因为这样的艺术是不存在的。但是把艺术等同于政治，以为艺术问题仅仅靠政治手段便可解决也是没有道理的，因为政治不可能是万能的。毛泽东把艺术活动看作是一种实践，其必然导致的结论就是"艺术和科学中的是非问题，应当通过艺术和科学的自由讨论去解决，通过艺术和科学的实践去解决，而不应当采取简单的方法去解决"①。

讲到艺术活动的实践性质也许需要澄清一个问题，即艺术作为精神生产的含义。艺术活动是一种物质过程，但它的产品是精神的产品，精神生产主要是就产品讲的。因为任何精神产品都不可能来自精神本身，所以艺术家的第一个储备就是以一个物质的个体的身份介入现实的物质过程中去，从中进行观察和体验。

第二个命题："只有具体的人性，没有抽象的人性。在阶级社会里就只有带阶级性的人性，而没有什么超阶级的人性。"②

这是与实践问题相关的另一个基本问题。既然实践是认识的源泉，那么共同的实践必然造成共同的认识，阶级性与人性的命题不言而喻已包含在实践是出发点这个命题当中了。

在人类历史上，阶级论的提出无疑是个大的进步。因为阶级论是在对资本主义的生产方式与经济基础做了深入观察分析之后提出的。阶级论不再把人性自身当作前提，而把人与人之间的物质关系即阶级关系当作前提，从而第一次揭示了人的异化现象以及克服这种异化的途径。毛泽东深化了阶级论，把它应用于认识论和美学，强调审美与艺术活动对一定阶级关系的依附性，是十分重要的。但是，阶级论对于毛泽东来讲，并不是最后的和最基本的，阶级论本身还需要借助存在决定意识这个唯物主义原理

---

① 《在延安文艺座谈会上的讲话》。
② 同上。

来加以阐明。而根据存在决定意识这个命题，阶级性只能是阶级社会的产物，因为只有在阶级社会里，才有同一阶级的共同实践，而在非阶级的社会里，由于人们只有种族与分工的不同，并无阶级的区分，阶级性当然就谈不上了。而且，就是在阶级社会里，阶级的实践也不是唯一的实践，在阶级之外，人们在婚姻、家庭、地域、民族、国家等方面还有着极广泛的联系，因而，除了阶级性的共同性之外，人又往往具有地域、民族等的共同性，乃至一般人的共同性。

从实践观点出发，毛泽东批判了资产阶级的抽象的人性论。显然，在他看来，人性论的弊病不在于肯定或否定人性的存在，而在于脱离具体的实践，抽象地谈论人性。有人以为，毛泽东批判了抽象的人性，就是否定了一般的人性，还有的人以为，毛泽东否定了阶级社会中有超阶级的人性，就是否定了阶级性之外的任何人性，这些都是不正确的。与马克思、恩格斯一样，毛泽东并没有漠视一般人性，而只是强调人性的具体性，也就是现实性。如果从具体性或现实性角度看待人性，那么就不能不看到，在阶级社会里只有带阶级性的人性，而无超阶级的人性，否则，抽象地看待人性，人性就会被曲解为某种永存不变的观念，就会把资产阶级所标榜的，实际上是资产阶级自身的本性当作一切人的本性，显然这是十分有害的。

毛泽东的人性观具有重大的理论意义与实践意义。就理论上讲，它使美学对各阶级的美及不同阶级的共同美的探讨成为可能。人们的审美活动既是特殊的，又是普遍的。因为是普遍的，美学这门科学才得以确定；因为是特殊的，美学才显得那么艰难和引人入胜。审美活动的特殊性与普遍性是与人性的个别性与共同性联系在一起的。每个人有每个人独特的个性，因此，每个人有每个人独特的美，正是在这个意义上，康德说，美是无法争辩的；同时，每个阶级又有每个阶级的一般品格，因此，每个阶级又有每个阶级共有的美；而各阶级之间还有彼此相通相近的本性，还有各阶级之间共同的美，在这个意义上说，美又是可以论证和可以争辩的。美学正是建立在这样的二律背反之上的。所以，历史地和辩证地理解人性问题是科学地阐释人们审美现象的直接的理论前提。就实践上讲，它为正确地认识和执行"古为今用、洋为中用"的方针、弘扬优秀的民族文化、进一步普及与深化审美教育、推进社会主义精神文明的建设确立了一个思想根基。实践证明，资产阶级的抽象的人性论，把人性看成是绝对的和永恒不变的，与狭隘的阶级论把阶级之间的区别看成是既定的和不可逾越的，都是与现实的辩证法运动本身格格不入的。

第三个命题："各阶级有各阶级的美，不同阶级也有共同美。人之于味，有同嗜焉。"①

这是与前一命题紧密相关的一个命题。毛泽东提出这一命题的时间是在1961年1月23日。这时那场全国性的美学讨论已接近尾声。讨论中批判了康德—克罗齐派的唯心主义美学观，却兴起了另一种准车尔尼雪夫斯基式的机械论的美学观，这种美学观有两个基本特征：一是绝对的客观论，二是狭隘的阶级论。毛泽东的命题显然就是针对这种机械论的美学观提出的。

按照绝对的客观论，美是客体本身的一种性质，是与作为审美主体的人的态度、情趣、意向、理想无关的。毛泽东的命题却指出，审美客体的确立离不开审美主体，美可以区分为阶级的美与各阶级共同的美，其中决定性的东西并不是审美客体，而是审美主体。无疑，毛泽东的观点与马克思在《1844年经济学—哲学手稿》中阐发的思想是一致的。正像马克思批评费尔巴哈时指出的，绝对的客观论在这里犯有两个毛病：一是没有从主观方面，从人的感性活动、人的实践去理解客体，二是没有从客观方面去理解人的感性活动、人的实践。他们机械地将审美客体与主体分割开来，以为只有如此才是坚持了唯物主义，实则这种分割本身必然导致唯心主义。

按照狭隘的阶级论，在阶级社会里，阶级的划分与对立是唯一具有决定意义的事实，一切美都因阶级而异，不存在也不可能存在各阶级之间的共同美。毛泽东的命题却认为，在阶级的美之外，存在有不属于任何阶级的共同的美。在他看来，阶级的划分与对立必然给每个人的心灵打上阶级的烙印，但是，除此之外，人们既生活在同一个世界上总还有共通与相近之处。"口之于味，有同嗜焉，"同样，"目之于色，有同美焉"。狭隘的阶级论的弊病在于把阶级的划分与对立绝对化，以为阶级不同，一切思想、情感、感觉、欲念、快乐、痛苦等

---

① 与何其芳的谈话（1951），引自何其芳《毛泽东之歌》。

便都不同了，其实这是极荒谬的，如果这种观点可以成立，那么不仅人与人之间普遍的审美交流成为不可能，连所谓全人类的解放也成为一纸空谈了。

机械论的美学观具有准车尔尼雪夫斯基美学的性质，因为车尔尼雪夫斯基虽主张美的客观论，并没有绝对化，这从他给美下的定义中就可看出；虽主张美的阶级论，也并没有陷于褊狭，他一再申明只有社会美，也就是人的美方面才有阶级不同，至于自然美则是一切人所共同的。机械论的美学观是在批评车尔尼雪夫斯基美学的基础上发展起来的，但是在理论的完整性与自明性上却远不如车尔尼雪夫斯基美学。他们在车尔尼雪夫斯基驻足的地方向前多跨出了几步；而正是这几步使他们陷入了机械论所不可避免的自相矛盾的泥潭中：他们主张绝对的客观论，而这意味着什么呢？意味着对于美的定性来说，唯一具有决定意义的是客体，既然如此，人在阶级方面的共同性与差异性又有什么意义呢？他们主张狭隘的阶级论，也就是主张美是由人的阶级地位所决定的，既然如此，客观对于人充其量不过是一种契机或诱因，这两种论调是无法加以综合的。

毛泽东关于阶级的美与各阶级共同的美的命题，对于中国当代美学具有发轫与启蒙的意义。表现在：一、他从理论上维护了马克思主义的主客体辩证统一思想，弃绝了机械论观点；二、他肯定了美与不同阶级的实践的关系，坚持了阶级观点；三、他十分坚决和明朗地提出了各阶级共同美的问题，从而开启了人们对审美心理学、人类学美学、审美与艺术的社会学等的研究。回顾十多年来美学的发展，可以知道，80年代以来，美学的发达和兴旺是与毛泽东提出的这一命题以及人们由此展开的讨论分不开的。

第四个命题:"真的、善的、美的东西总在于同假的、恶的、丑的东西相比较而存在,相斗争而发展的。"[①]

只有在观念领域里才可能有机械的弊病，现实或实践则充满了活生生的辩证法。毛泽东的这一命题是他理论的延伸，而从根本上说，是对现实

---

① 《论正确处理人民内部矛盾问题》。

与实践的总结。

　　这一命题包含有丰富的含义。首先，它告诉我们，真、善、美虽然有所区别，但又是互相联系、互相渗透、互相包容的，它们是事物发展的同一过程的表征。这里的表述方式是耐人寻味的：它没有把真与假、善与恶、美与丑分作对立的三组，而是把真、善、美放在一起，把假、恶、丑放在一起，列为对立的双方。这表明，在毛泽东看来，美与丑的比较和斗争总是同真与假、善与恶的比较和斗争交织在一起的，没有也不可能有纯粹的孤立的美与丑的比较和斗争。真、善、美对于事物的表征来说，是三个不同的侧面；对于人的观念来说，是三个不同的角度。人们在观照一个事物时，可以从美这个角度或选择美这个侧面，但是一定要意识到事物本身是一个整体，而整体必然包括有许多侧面，因而需要许多角度。了解了这一点，对于我们认识和把握美的本质与规律无疑是重要的。

　　其次，它告诉我们，真、善、美，不是绝对的，而是相对的，真、善、美的规定根据并不在或不仅在其自身，而在与假、恶、丑的相互比较与斗争之中。按照一般的思维方式，真与假，善与恶，美与丑是对立的两极，真的就不是假的，善的就不是恶的，美的就不是丑的，但是按照毛泽东的观点，真与假，善与恶，美与丑既有区别又有联系，因为有区别，所以才可以比较和斗争；因为有联系，所以才能够相互转化。根本没有联系的事物，是不可能进行比较和斗争的，当然更谈不上转化。所谓联系不是指外在的、表面上的联系，而是指内在的、本质的联系。美学向来关注的是寻求美与丑相互区别的界限，而它的真正意义却在探索美与丑彼此转化的根据。

　　再次，它告诉我们，真、善、美与假、恶、丑的比较和斗争是人的存在方式与历史趋向，它的动力和它的中介是人。比较虽然是事物之间的比较，但是是经由人实现的，比较的根据就是人的理解和观念。斗争虽然也可以发生在事物之间，但只有与人的命运联系在一起才有意义，而且自从有了人之后，人就成了世界的主体，因而成了斗争的轴心。由此可知，真、善、美的存在和发展是与人分不开的，人在真、善、美的比较与斗争中，一方面不断地发现和推动了美的客体；另一方面又不断地更新和完善了美的主体，也就是人的自身，而这正是构成美的两面。

　　第五个命题：社会生活与艺术"虽然两者都是美，但是文艺作品中反映出来的生活却可以而且应该比普通的实际生活更高、更强烈、更有集中性，更典型、更理想，因此更带普遍性"①。

　　长期以来，人们往往从文艺的创作方法上理解这一命题，把它当作对典型化的一种表述，显然，这是不正确的。这样做不仅曲解了这一命题的本义，而且也给典型化的阐释带来了混乱。

　　毛泽东的这一命题是针对文学艺术的审美本质与特性问题提出的。在他看来，文学艺术的美取决于两个方面：一方面是它反映的社会生活；另一方面是它对社会生活的反映。由于前者，它与社会生活本身的美本质上是一致的。它必须以社会生活为蓝本，从社会生活吸取养料，把社会生活的走向及预示的前景当作出发点和背景；由于后者，它又与社会生活的美有所区别。它是经过选择、集中和加工了的，理应比社会生活本身更高，更具有感染力。社会生活虽然比文化艺术有无可比拟的生动丰富的内容，而人们依然不满足前者而企望后者，原因就在这里。毛泽东用六个"更"字标示了文学艺术的审美特征，意在表明文学艺术的美与社会生活的美，应该是也只能是两种不同层次的美。文学艺术的美并没有什么神秘的，社会生活中本来就蕴藏着它的原始的、初级的形态；但文学艺术的美又是值得人们去追求与享有的，因为凡是社会生活中原始的、初级的形态的美在这里都得到了净化与升华，并都获得了神奇的魅力。

　　将社会生活的美净化为或升华为文学艺术的美经过了艰苦的创作过程，这个过程，按照毛泽东的理解，是一个"反映"过程。"反映"这个词异常明白地揭示了文艺创作的本源及性质，但是却不足以表明创作的复杂过程。毛泽东在运用这个词时是十分慎重的。这一命题开头他讲社会生活与文学艺术"虽然两者都是美"，接着却说："但是文艺作品中反映出来的生活却可以而且应该比普通的实际生活更高……"可见，他在尽力避免由"反映"一词引起的误解。他认为社

────────────

① 《在延安文艺座谈会上的讲话》。

会生活是文学艺术的源泉，这个社会生活既包括美，也包括丑；他要求文学艺术反映生活，这个生活既包括美，也包括丑。文学艺术面对的是全部沸腾的生活，而不仅是它的美。他在《在延安文艺座谈会上的讲话》中曾三次谈到革命文艺应以歌颂为主、暴露为辅的问题。即使对人民内部的问题，他也主张写出人们如何由落后改造为先进的过程。美与丑是相比较而存在，相斗争而发展的，社会生活中如此，文学艺术中也是如此。文学艺术的美并不是社会生活中的美的直接复现，如果那样，文学艺术的美就永远不会超越社会生活的美。文学艺术之高于社会生活的美，不在于去"拔高"已有的美，而在于为它设置一个新的环境，造就新的矛盾冲突，让它在拼搏奋进中展现出新的光辉。

毛泽东的这一命题无疑包含有对文学艺术创作方法的暗示。六个"更"字虽然着眼于指明文学艺术美高于社会生活之处，却也体现了创作过程的若干特征。其中更高、更强烈、更有集中性为一组，以更有集中性为落脚；更典型、更理想、更带普遍性为一组，以更带普遍性为落脚；更高、更强烈，这是更有集中性的前提；更典型、更理想，这是更带普遍性的前提。文学艺术的创作首先需要把所观察到的大量的分散的人物与事件集中起来，这种集中并非是像古希腊画家宙克西斯画海伦那样，将许多人的美组合在一起，而是使人物的境界比普通的实际生活更高一些，使事件比原有的事实本身更强烈一些。集中，不是数量上的概念，而是质量上的概念。只有比生活原型更高、更强烈的东西才具有真正的集中性。在将人物及事件集中起来之后，创作的任务就是赋予它以理想，使之上升为典型，从而获得应有的普遍性。普遍性并不是代表性，任何一组人群中都可以找到它的代表，但这个代表不一定具有普遍性。普遍性不仅是空间概念，也是时间概念。只有理想的才成其为普遍的，只有典型的才成其为理想的，理想与典型两者在这里具有相同的内涵。雷锋只有一个人，但他体现了理想，是新时代人物的典型，因此，就带有极大的普遍性。

但是，毛泽东在这里并没有讨论创作方法，因此，不能认为这一命题中包含有对典型化方法的经典性表述。人所共知，典型化方法中非常重要的一点是典型环境问题。毛泽东这里没有涉及这一问题，但从他的著述可以知道，他是十分重视这个问题的。他曾反复强调文艺家必须深入生活，学习社会,要求他们"研究社会上的各个阶级,研究它们的相互关系和各自状况,研究它们的面貌和它们的心理",认为只有如此,"文艺才能有丰富的内容和正确的方向"①。如果忽略了这些论述,以为上述集中化与普遍化就是典型化方法的全部,并且硬套在"个别与一般统一"这个老而又老的公式中,则势必以偏概全,陷于片面性之中,既不能全面领会毛泽东的观点,也不能正确理解典型化方法。

第六个命题:"诗要用形象思维,不能如散文那样直说,所以比兴两法是不能不用的。"②

这一命题中有许多问题值得研究。

这里将诗与散文相对照,强调诗要用形象思维。可见,并非像一些人理解的,毛泽东主张形象思维是艺术特有的思维方式,一切艺术都必须运用形象思维,除非他们能证明,毛泽东所谓的艺术是将散文排除在外的。

这里与形象思维相对照的不是抽象思维,而是"直说"。"直说"显然是一种表达方式,而不是思维方式。由此可见,毛泽东并不认为思维方式与表达方式可以截然分开,而把它们看成是统一的东西。诗人要用形象思维,既是将形象寓于思维之中,又是将思维寓于形象之中,总之,离不开具体的形象。

诗人之所以用形象思维,是为了增强感人的力量。毛泽东讲:"宋人多数不懂诗要用形象思维的,一反唐人规律,所以味同嚼蜡。"形象思维之所以感人,是因为运用比兴,即"以彼物比此物",或"先言他物以引起所咏之词也"。丰富的形象自然会激起人们丰富的联想和浓郁的趣味。当然,采用"直说"的散文也自有其艺术魅力,它的魅力主要不在形象,而在"直说"。

毛泽东讲了形象思维,而没讲抽象思维,更没有在这两者中划一个界限。但是他既然强调了诗要用形象思维,就表明这两者在他心目中是有区别的。诗不同于散文,更不同于科学论文,是需要有点儿情致的,诗必须给人一种审美的享受。"味同嚼蜡"的诗,人们是不愿意读的。诗要做到这一点,就不能像抽象思维那样将理智作为轴心,去追寻概念、范畴、规

---

① 《在延安文艺座谈会上的讲话》。
② 《给陈毅的信》。

律这样外在的原则，而应该以情感为轴心，让一切外在的感觉、理解和想象都融入情感之中。当然，诗并不完全排斥抽象思维，至少毛泽东没有这么说。

毛泽东所以看重形象思维，恐怕不仅是为了增加几分情致，也是为了增强诗反映现实生活的效果。所以他说："要作今诗，则要用形象思维方法，反映阶级斗争和生产斗争。"运用抽象思维方法当然也可以反映阶级斗争和生产斗争，但是要做到比社会生活更高、更强烈、更有集中性，更理想、更典型、更带普遍性就不大可能了。这里所有的"更"字都必然地指向形象，归结为形象。不必说，概念或范畴不存在比社会生活更高、更强烈、更理想、更典型这类问题。概念虽然有集中性、普遍性的特点，那也是就另外一种意义讲的，与文学艺术风马牛不相及。文学艺术的力量在于形象，比如毛泽东举的例子，一方面是受饿、受冻、受压迫，一方面是人剥削人，人压迫人，这个事实到处都存在着，人们看得很平淡，文学艺术就可以通过几个形象把这些现象集中起来，把其中的矛盾和斗争典型化，使人们在与自己的比照中惊醒并感奋起来。这里，形象是具体的、现实的、亲切的，因而易于引起人们的共鸣。

第七个命题："中国诗的出路，第一条民歌，第二条古典，在这个基础上产生出新诗来。形式是民歌，内容应是现实主义和浪漫主义对立统一。太现实了，就不能写诗了。"①

这是毛泽东在 1958 年 8 月的一次谈话。在此之前，于 1939 年鲁迅艺术学院建院一周年时，毛泽东为之题词，即已提出，"抗日的现实主义，革命的浪漫主义"。可见毛泽东在这个问题的主张上是一贯的。

可以在几种意义上理解现实主义与浪漫主义的对立统一：一种是现实与理想、现实主义与浪漫主义的统一；一种是客观与主观、现实主义与浪漫主义的统一；再一种是理智与激情、现实主义与浪漫主义的统一。这几种不同意义的对立统一都有人主张过，且都曾用以阐释毛泽东的观念。

分析毛泽东短短的论述，虽然不能排除几种统一的含义，同时，对照

① 《在成都会议上的讲话》（1958）。

毛泽东自己的诗作，也不能不承认其中确有理想与现实、主观与客观、激情与理智的完满的结合，但是，我们仍然有理由认为，这里讲的现实主义与浪漫主义的对立统一具有一种更为宽泛的内涵，需要给予另一种不同的理解。

　　毛泽东讲"内容是现实主义与浪漫主义的对立统一"，接着讲"太现实了，就不能写诗了"。可见，这是针对诗歌创作中过分注意写实的倾向提出来的。在他看来，写诗固然不能脱离现实，但又不能酷似现实，需要一点浪漫的意味或色彩，否则诗就不成其为诗了。浪漫一点儿，是否就意味着多一点儿理想，多一点儿主观的东西，多一点儿激情呢？如果这三者并不相互排斥，而是互相浸透和包容的，我想就是，否则便不是。在这个意义上，理想、主观、激情就是诗加之于现实并使之别具一种情致的总体。这就是说，理想并不是纯然客观的抽象设定，而是化作主观的具体心态；主观不是沉入理智的虚幻的自我，而是洋溢着激情的真实的动机。诗不是现实加理想，因此谁也不能说平实地写实而不触及理想的诗不是诗；同样，诗也不是客观加主观，不是理智加激情，因此谁也得承认诗之中包括那些客观地描绘而不透出主观好恶的诗，以及冷静地叙事而不那么激情昂然的诗。毛泽东要求于诗的只是对现实加以熔铸，使之更带一些诗的情味，这与前一命题，讲诗要用形象思维，要用比兴手法，其出发点是一致的。

　　但是，对照"抗日的现实主义，革命的浪漫主义"的题词，我们又感到在现实主义，特别是浪漫主义背后似乎还包蕴着更深刻的东西。现实主义前面加上"抗日的"的限定，说明它不同于一般的写实主义或自然主义，要求抓住大多数人们所热切关注的时代的主题；浪漫主义前面加上"革命的"的限定，说明它不同于一般的浪漫主义，要求体现出大多数人所共有的积极的、乐观的思想倾向。诗的目的虽然包含有"娱乐情性"的方面，但是更重要的还是"反映阶级斗争和生产斗争"，起到鼓舞人民、教育人民的作用。而为了做到这一点，诗就不能只是去追逐自己的理想，剖析自己的主观，表现自己的激情，而要把视野与情趣放开一些，与人民息息相通起来，就像黑格尔所希望的，把自己变成神——人民的眼睛和喉舌。现实主义与浪漫主义只有在这里才能找到真正坚实的根基。

　　毛泽东讲，艺术的美比现实生活本身更高、更强烈、更有集中性，更理想、更典型、更带普遍性。这句话充分表明了他对现实主义与浪漫主义对立统一的要求。现实生活是艺术的土壤和源泉，艺术不能脱离现实，并且必须以现实为依归，这是问题的一面；另一面，艺术又必须高于生活，必须以其特有的手段与魅力反作用生活，推动生活前进。任何成功的作品都必须具备这两个方面。这里的关键是艺术家、诗人们自身的思想境界与艺术素养。现实主义与浪漫主义的对立统一是对艺术作品的要求，但首先是对艺术家与诗人们的要求。

第八个命题："艺术离不了人民的习惯、感情以至语言，离不了民族的历史发展。艺术的民族保守性比较强一些，甚至可以保持几千年。"①

毛泽东是在谈论艺术的民族形式问题时提出这一命题的。在这段引文之前本来还有一句话："艺术有形式问题、有民族形式问题。"在艺术的民族形式上，毛泽东谈到的大抵有以下几点：一、艺术的基本原理有其共同性，但表现形式要多样化，要有民族形式和民族风格；二、艺术的民族形式与一定民族的习惯、感情以至语言联系在一起，具有比较强的民族保守性；三、应该提倡民族特色的东西，要研究中国的语言、音乐、绘画的规律，要勇于标新立异，独树一帜；四、反对"全盘西化"，但要向外国学习，外国有用的东西都要学到，用来改进和发扬中国的东西。学习外国的东西，会使我们自己有一个跃进。

这里要指出的是毛泽东从艺术的民族形式的保守性角度回答了马克思当年提出的艺术生产与物质生产的发展的不平衡问题。1857 年 8 月至 9 月，马克思在《政治经济学批判》导言中，针对庸俗的唯经济论，提出了艺术生产同物质生产的发展具有不平衡关系，并且以希腊艺术和史诗为例，从人种心理学角度做了具体的阐释。他说："一个成人不能再度变成儿童，否则就变得稚气了。但是儿童的天真不使他感到愉快吗？他自己不该努力在一个更高的阶梯上把自己的真实再现出来吗？在每一时代，它的固有的性格不是在儿童的天性中纯真地复活着吗？为什么历史上的人类童年时代，在它发展得最完美的地方，不该作为永不复返的阶段而显示出永久的魅力呢？"这里，全部是以反问的形式作出的肯定性判断。其中，第一

---

① 《同音乐工作者的谈话》（1956）。

句是讲，人都经历了自己的童年，对于童年时的天真都怀着眷念与向往之情；第二句是讲，希腊人是人类的童年，希腊人的固有性格在以后人们的童年的天性中不断的复现；第三句是讲，人类的童年在希腊人身上获得了完美发展，而且这种发展是永不复返的了，它对于人类具有永久的魅力。

毛泽东没有限止于某一阶段或某一形式的艺术，而是泛指一切民族的艺术，包括迄今为止的一切古代艺术。他说："古代的艺术，后人还是喜欢它。"他把这一现象归结为"民族保守性"。在他看来，民族保守性与民族的习惯、情感、语言等分不开，与民族的历史发展，即民族的物质实践及其历史条件分不开。任何民族都有自己的保守性，印度人喜欢穿宽松的服装，中国人喜欢用筷子，这些业经形成为传统，而形成为传统的东西是很难改变的。艺术也是如此。某种艺术形式为人们所习惯了，获得了人们的共鸣，并且已经融入人们所熟悉的语言与交际活动中了，就具有了恒久的生命力。这里起作用的，不是物质生产的状况，而是特定的民族心理。当然，民族的心理并不是凝固不动的，它也在改变，不过比起物质生产的发展要缓慢得多。

毛泽东与马克思一样，谈的是艺术的永恒魅力问题，却没有囿于精神生活的范围，而把它与人们的物质实践紧密联系在一起，这样，不仅深化了我们对艺术与物质生产发展的不平衡现象的理解，对艺术的特殊本性及其发展规律的理解，对艺术与人类或特定民族的心理关系的理解，而且深化了我们对物质实践这个马克思主义美学的核心范畴的理解。

无疑，上述八个命题是一个有着内在逻辑联系的整体，其中心环节是物质实践，这是全部立论的立足点与出发点。人性与阶级性、共同美与阶级的美，真、善、美与假、恶、丑，社会生活的美与文学艺术的美，形象思维与抽象思维，现实主义与浪漫主义，艺术生产与物质生产，所有这些矛盾的对立统一只是在物质实践观点的基础上才获得了合理的解释。对于毛泽东来讲，物质实践是一个基本的理论范畴，更是重要的思想方法。他的视野始终不在理论本身，而在社会现实。他的所有命题都是为了回答社会现实所提出的问题。正因为如此，这些命题虽然并不都是那么标新立异，却在理论界和社会中产生了巨大反响。回顾数十年来美学与文艺上的若干次重大的争论，不能不说都与毛泽东提出的命题有关。由此可知，毛泽东美学思想的力量与其说是理论的逻辑的力量，毋宁说是现实的、历史的力量。

毛泽东：文艺政治学的创立[*]

一 文艺政治学的历史渊源

20 世纪 90 年代，我在《北京大学学报》上发表了一篇题为《学习邓小平文艺政治学札记》的文章，事过十余年，我发现文艺政治学这个概念开始为人们所接受了。不久前，在中华美学会的一次会议上，围绕这个问题有过一些讨论。我想，文艺是个极大的领域，这个领域之大可以和生活本身相比。人们可以从许多不同层面研究文艺，包括哲学、伦理学、社会学、心理学、人类学，甚至几何学、数学，当然也可以是政治学。而且，比较起来，文艺与政治的关系要紧密与重要得多。在当今，在经济危机席卷整个世界、国际政治风云变幻莫测、国内经济发展和改革开放又面临严峻考验的关键时刻，文艺与政治的关系尤其需要我们给予特别的关注。

文艺政治学，顾名思义就是立足于政治，把政治与文艺的关系当作核心论题，研究政治如何制约和影响文艺，文艺又如何干预和超越政治的一门学问。文艺政治学，应该说有着很深的历史渊源。中国古代文论有个"文以载道"或"文以明道"的传统，所谓"道"对于儒家来说，是人伦之道，对于道家来说，是自然之道，被视为社会生活准则的"君君、臣臣、父父、子子"既是人伦之道，也是自然之道，这里就包含了作为君、臣、父、子的文艺家与其他人政治和伦理的关系。《诗经》是我国历史上有文字记载的第一部文

　＊ 此文发表于《汕头大学学报》2009 年第 3 期；人大报刊复印资料《毛泽东思想》卷 2009年第 6 期全文转载。

学著作，孔子是第一个对它进行过整理和评论的人。他给我们留下的一句话就是"诗可以兴，可以观，可以群，可以怨"，而这无疑是从社会政治的角度谈的。从汉代起，历代王朝大都设立了主管诗歌、音乐、绘画的机构，用以了解和疏导民情，粉饰和宣扬自己的政绩。汉武帝、隋文帝、唐太宗、宋徽宗、李后主、清乾隆等一些有作为的帝王不仅热切关注文艺的政治功用，而且自己就是作家或艺术家，西方的情况与此类似。第一部系统谈论文艺的著作，柏拉图的《理想国》及其姊妹篇《法律》就曾谈到文艺与政治的关系，其中对希腊史诗与悲剧的评论显然是立足于政治。接着，亚里士多德写了一部书叫《政治学》，最后一章专门讨论了音乐在净化人们心灵和形成合理的城邦政治秩序中的作用。亚里士多德把人界定为"政治动物"，认为人天生有社交性，人通过社会交往，结合为家庭、村社、城邦，人的本质和最高境界是"至善"，而至善只能在城邦国家中实现。这样一种思想为后来许多政治家、思想家与文艺家接受了，即便是相反主张人天生有攻击性、人和人就是"狼与狼"的关系的霍布斯等人也把国家的起源归结为人的本性。政治因此在人们的理解中，成为人的一种内在机制，一种原始情结，一种无意识的欲求。所以，无论是对于政治家或文艺家，文艺与政治的关系从来不是什么问题。而且，我们看到，从罗马帝国的奥古斯都大帝、11世纪法国萨洛林王朝、文艺复兴时期的美第奇家族、17世纪的法国路易十四宫廷，直到美国开国初期几位总统华盛顿、林肯、杰弗逊等的周边都集聚了一大批文艺家，这些文艺家为那个时代的政治稳定和社会繁荣作出了为人们所公认的重要的贡献。

　　文艺与政治的关系作为一个文艺学的问题的提出是在资产阶级与无产阶级两大对立的阶级形成以后，也就是政治成为阶级的政治之后。无产阶级为了摧毁强大的资产阶级统治，需要有一种高度的阶级自觉，需要调动一切物质的和精神的力量，包括文学艺术。马克思主义经典作家有关经济基础与上层建筑、意识形态关系的论述，关于统治阶级的思想就是统治的思想的论述，关于文艺要反映无产阶级革命现实的论述回应了时代的这一要求，第一次把文艺与政治的关系放置在历史唯物主义框架内，为这个问题的解决奠定了坚实的理论基础。其后，作为马克思、恩格斯的后继者，梅林、卢森堡、拉法格、普列汉诺夫等人都把文艺与政治、与阶级、与人类自由和解放的关系作为立论的基点，对艺术的本质和起源、欧洲文化和艺术史、现代资产阶级艺术以及一些重要的作家和作品重新进行了解读和评论。① 俄国十月革命之后，无产阶级取得了政权，政治、经济和意识形态的建设同时提到了日程上，列宁在百忙中抽空写了《党的组织和党的出版物》、《列夫·托尔斯泰是俄国革命一面镜子》等文章，明确把文艺放置在从属于政治的地位上，认为如果革命（政治）是一架运转着的机器，那么文艺就是这架机器上的"齿轮"和"螺丝钉"。其后，中国、越南、朝鲜、东欧各国以及古巴先后都发生了社会主义革命，都面临着与俄国同样的问题，而且，由于这些国家社会和经济状况相对落后得多，启蒙的任务更为复杂和艰巨，文艺的社会地位和功能受到了一些政治家、思想家的更多的关注，毛泽东、李大钊、陈独秀、瞿秋白、周恩来、刘少奇、朱德、邓小平、胡志明、金日成、齐奥塞斯库、日夫科夫②等人都有过许多相关的论述。

---

① 梅林在《莱辛传奇》中评论说："一个民族的观点总是由作为代表其各阶级的社会利益所决定，就胡登来说，他是德国的贵族，就莱辛而论，他是德国的中产阶级。"（参见《马克思主义与艺术》，文化艺术出版社1989年版，第96页）卢森堡写道："在每一个阶级社会，智力文化（科学和艺术）是统治阶级创造的；而这一文化的宗旨，一方面在于保证直接满足社会进程的需要；另一方面，还在于满足统治阶级成员的精神需要。"普列汉诺夫在《艺术与社会生活》一文中指出："任何一个政权，只要注意到艺术，自然就总是偏重采取功利主义艺术观，这是可以理解的，因为它为了自己的利益要使一切意识形态都为它自己所从事的事业服务。"

② 李大钊与邓中夏等人为1922年《少年中国》杭州会议提交的《北京同人提案——为德莫克拉西（民主主义）的提案》中写道："政治斗争是改造社会，挽救颓风的最好工具"，"少年中国的文学家们，"应"加入革命民主主义运动"，"在实际活动范围中指导"人民群众的斗争。陈独秀在《文学革命论》中指出："今欲革新政治，势不得不革新盘踞于运用此政治者精神界之文学。"瞿秋白在《大众文艺和反对帝国主义的斗争》一文中号召"革命的文艺，向着大众去"，说："破破烂烂污污浊浊的贫民"为反对帝国主义及其代理人的斗争"沸腾着，在等待着自己的诗人。"刘少奇在《关于作家的修养等问题》的谈话中，强调文艺为社会主义建设服务，指出"作家是人类灵魂的工程师，应有社会主义的热情"。周恩来《在鲁迅逝世二周年纪念会上的讲话》、《在中华全国文学艺术工作者代表大会上的讲话》、《要做一个革命的文艺工作者》等文中，也谈到文艺为政治服务，为工农兵服务，文艺工作要"和今天的建设联系起来，和我们的政治运动密切结合起来"。朱德在《三年来华北宣传战中的艺术工作》中说："一个艺术家，应当同时是一个政治家。"邓小平《在中国文学艺术工作者第四次代表大会上的祝词》中肯定了文艺工作者在粉碎"四人帮"斗争中的贡献，指出文艺工作者"要通过塑造社会主义新人的形象，来激发广大群众的社会主义积极性，推动他们从事四个现代化建设的历史性创造活动"。胡志明《在文化干部会议上的讲话》、《就1951年美术展览致画家书》，金日成在《关于我们的文学艺术的几个问题》，齐奥塞斯库在《在政治教育和社会主义文化代表大会上的讲话》，日夫科夫在《人民的文化，社会主义的文化》等著述中都强调了文艺在建设社会主义和教育、团结、鼓舞人民中的巨大作用。

由此，我们可以得出结论：第一，强调文艺从属于政治，为政治服务是文学艺术的一个历史传统；第二，文艺与政治的关系是无产阶级登上历史舞台后所必然面对的一个问题，马克思主义经典作家通过建立历史唯物主义为其奠定了理论基础；第三，历史为文艺与政治的关系的解决积累了大量问题和经验，列宁、毛泽东等人立足于这些问题和经验，从不同层面和角度进行了阐发与论证，于是形成了我们今天讲的文艺政治学。

二　历史唯物主义的政治概念

毛泽东的《新民主主义论》、《在延安文艺座谈会上的讲话》、《与音乐工作者的谈话》等著述中对文艺政治学作了最为经典的表述。

毛泽东阐释和确立了一种历史唯物主义的政治观念，科学地论证了政治与文艺的关系。

《新民主主义论》有这样一段话："一定的文化（当作观念形态的文化）是一定社会的政治和经济的反映，又给予伟大影响和作用于一定的政治和经济，而经济是基础，政治则是经济的集中的表现。这是我们对于文化和政治、经济关系及政治和经济的关系的基本观点。"[①] 这里讲的文化，指的是包括文艺在内的一切观念形态的文化，所以《在延安文艺座谈会上的讲话》又说道："在现在的世界上，一切文化或文学艺术都是属于一定的阶级，属于一定的政治路线的"，"无产阶级的文学艺术是无产阶级整个革命事业的一部分"，"文艺从属于政治，但反转过来给予伟大影响于政治。"[②] 这些话明白地告诉我们，政治作为上层建筑，它的基础不是人性，无论是交往性还是攻击性，政治不是社会契约；政治的基础是经济，政治是生产力和生产关系发展的一定水平的产物，确切地说，是以阶级斗争的形式（以及它的物化形式——党派、政权、国家）表现出来的生产力与生产关系的矛盾。政治作为上层建筑的本质和使命就是变革或维护已有的生产关系，推动或阻碍生产力的发展。生产力和生产关系的矛盾，在生产关系能够容纳的范围内是可以通过调整、改革的手段加以解决的，但是，当生产力的发展需要突破旧的生产关系，也就是说，当旧的生

---

① 《毛泽东选集》第2卷，人民出版社1952年版，第419页。
② 《毛泽东选集》第3卷，第822—823页。

产关系不再能容纳新的生产力的时候，政治就要分化为代表新的生产力的政治和代表旧的生产关系的政治，而且，这两种政治力量之间的较量就是不可避免的了。而一旦代表新的生产力的政治取得了胜利，那么它就要彻底革除旧的生产关系，为新的生产力的发展开辟道路。这些话还告诉我们，政治作为上层建筑与经济共同构成了人类社会的最基本的物质存在，它们不仅直接影响着和制约着人们的生活方式，而且影响着和制约着人们的思维方式，因而成为一切文化和文艺赖以生成与发展的基础。文化和文艺同样属于上层建筑，但这是属于观念形态的东西，是经济和政治在人们头脑里反映的产物。在阶级社会里，没有可以超离阶级的人，因此，也不可能有超离阶级的文化和文艺。文化和文艺一经形成就要反作用于经济和政治，但与政治的作用不同，是采取了观念的形式。即通过将经济与政治的物质现实转化为观念，并以熏陶、感染、教育、鼓动的方式作用于观念，从而影响和造就作为经济与政治的主体的人。除非形成了自身特定的市场，文化和文艺一般不是直接作用于经济，在它与经济之间政治充当了不折不扣的中介。文化和文艺只有在成为政治的组成部分，成为革命机器的"齿轮"和"螺丝钉"的条件下，才能真正介入经济和政治的斗争中。因为这个原因，政治总是处于主导的决定的地位，而文化和文艺则处于从属的地位。

　　文化和文艺与政治之所以是这种关系，并不取决于人们自己，而是取决于社会生活本身。首先是政治斗争的需要，其次也是文化和文艺发展的需要。毛泽东讲："推翻一个政权，总是要做意识形态的工作。"[1] 同时还讲："如果连最广义、最普通的文学艺术也没有，那革命运动就不能进行，就不能胜利。"[2] 毛泽东将文化和文艺与军事斗争看作是中国革命的两条战线，这足以证明毛泽东对文化和文艺的重视。此外，毛泽东又讲：政治，特别是作为它的继续的革命战争，"其力量是很大的，它能改造很多事物，或为改造事物开辟道路"，它"是一种抗毒素，不但将排除敌人的毒焰，也将清洗自己的污浊"[3]。在政治，特别是战争中，共同的利益和命运将千百万人民凝聚在一起，人们为同一个目的，同一个理想而奋

　　① 《建国以来毛泽东文稿》第 10 册，中央文献出版社 1992 年版，第 194 页。
　　② 《毛泽东选集》第 3 卷，第 823 页。
　　③ 《毛泽东选集》第 2 卷，第 526 页。

斗，经受着同样的刀与剑、血与火、伤与痛、生与死的伟大洗礼，饱含着同样的悲与喜、忧与惧、爱与恨、冷峻与狂热的崇高情怀。每时每刻都有无数可歌可泣的戏剧在上演，都有无数可钦可敬的英雄人物涌现出来。人生中难得一见的最激动人心的场景、最揪人肺腑的纠葛、最让人难以忘怀的亲情在危亡的时刻都将呈现在人们面前。对于文化和文艺，这是多么深厚的土壤，多么丰富的养料，多么难得的机遇啊！在文化和文艺走向工农兵大众，走向火热的斗争的过程中，它是在经受着怎样的考验，怎样地"清洗自己"并获得新生啊！

三　决定的东西是现实的政治

《在延安文艺座谈会上的讲话》开始就声明，它所谈论的政治和文艺，不是从什么是政治、什么是艺术的定义出发，而是从革命斗争的实际、文艺运动的实际出发。政治，在毛泽东的意义上，是具体的、历史的。在资产阶级民主主义革命时期，政治就是指打倒帝国主义、封建主义、官僚资本主义，建立新民主主义的中国；在社会主义革命时期，政治就是指解放和发展社会生产力，建设具有现代工业、现代农业和现代科学文化的社会主义国家。① 社会主义革命时期，虽然还存在着阶级和阶级斗争，特别是政治思想领域里，阶级斗争甚至是很激烈的，但是，总的来说，大规模的阶级斗争已经过去，人民内部矛盾成为制约社会发展的主要矛盾，而人民内部矛盾只能通过"团结——批评——团结"的方式解决。与政治一样，文化和文艺也是具体的、历史的。与新民主主义经济和政治相对应的新民主主义文化和文艺，是"人民大众反帝反封建的文化"和文艺，反对帝国主义和封建主义是它的基本的内容和时代特征；与社会主义经济和政治相对应的社会主义文化和文艺，是为人民服务、为社会主义服务的文化和文艺，反映社会主义现实，教育和鼓舞人们为社会主义现代

---

① 毛泽东在最高国务会议上讲到："社会主义革命的目的是为了解放生产力。"见《建国以来毛泽东文稿》第6册，第22页。《在中国共产党全国宣传工作会议上的讲话》中讲道："我们一定会建设一个具有现代工业、现代农业和现代科学文化的社会主义国家。"（同上书，第379页）在对周扬《在第三次全国文代会上的报告稿》的批语和修改中又讲道："我国人民当前的政治任务就是以客观上许可尽可能快的速度把我国建设成为高度工业化的社会主义强国，并准备条件在将来逐步实现向共产主义的过渡。"（同上书，第9册，第237页）

化建设而奋斗是它的基本性质和使命。所以，毛泽东十分强调文艺家要关注和研究政治的变革和态势，真正了解"中国发生了一些什么向着旧的社会经济形态及其上层建筑（政治、文化等）作斗争的新的社会经济形态、新的阶级力量、新的人物和新的思想"①。他还不断鼓励他们以饱满的革命热情讴歌在社会主义建设中涌现出来的英雄人物和先进事迹，同时，多次严肃批评了文艺界"不去接近工农兵，不去反映社会主义的革命和建设"的错误②。

　　新民主主义革命时期，特别是抗日战争的年代，一个毋庸置疑的严酷的现实是帝国主义、封建主义和官僚资本主义是强大的，日本帝国主义已逐步侵吞了中国的大部分土地，中华民族正处在生死存亡的危急关头，在这种情况下，唯一可能的选择是调动全国一切智慧和力量，团结一切可以团结的人去和敌人做拼死的周旋，以争取革命战争的胜利。毛泽东作为中国革命的领袖，这个时候号召文艺家从"象牙塔"中走出来，与工农兵大众一起投入到火热的斗争中去，在军事战线之外开辟出第二条战线，显然是完全必要的、正确的。因为，在当时的情境下，恐怕没有什么比保卫这块几千年来生息繁衍的家园更为重要和迫切的了！既然是第二战线，战斗自然是严酷的、剧烈的，免不了要打破文化和文艺界习以为常的理念和格局③，许多文艺家不得不放下架子，打起行装，深入到革命战争的第一线，去创作主要为当时的政治所需要的作品。进入社会主义革命时期，摆在人们面前的重要任务是解放和发展生产力，建设社会主义现代化国家，而解放生产力，首先是人自身的解放；建设现代化国家，首先是人自身的建设。千百年来生活在封建或半封建、半殖民地环境里的人民，需要从愚昧、落后的状态中惊醒起来，需要了解这个世界，了解自己的历史，需要树立新的人生观和价值观，需要掌握新的文化和科学技术，总之，需要将自己培养成为与时代相适应的一代新人。基于这样的需要，毛泽东适时地提出了"百花齐放、百家争鸣"的方针，以充分调动和发挥文化和文艺在教育、培养人方面的作用。毛泽东在同音乐工作者的一次谈话中指出，

---

　　① 《建国以来毛泽东文稿》第 2 册，第 417 页。

　　② 《建国以来毛泽东文稿》第 11 册，第 91 页。

　　③ 毛泽东在《论持久战》中讲道："战争的经验是特殊的。一切参加战争的人们，必须脱出寻常的习惯，而习惯于战争，方能争取战争的胜利。"（参见《毛泽东著作选读》上册，第 231 页）

"艺术的基本原理有其共同性，但表现形式要多样化，要有民族形式和民主风格"。就像"一棵树的叶子，看上去是大体相同的，但仔细一看，每片叶子都有不同。有共性，也有个性，有相同的方面，也有相异的方面。这是自然法则，也是马克思主义的法则"①。

四　"反映"的政治诉求

在毛泽东看来，政治和文艺在无产阶级革命事业中的地位是确定了的。革命文艺是整个革命机器的"齿轮和螺丝钉"，是不可缺少的，但是和政治比较起来，还是有"轻重缓急第一第二之分"。这是就政治与文艺的社会功能讲的，就反映与被反映、社会存在与社会意识，也就是就社会结构和序列上讲，文艺对于政治的从属的地位更是不容置疑的了。理论上阐明这一点，对于文艺政治学来讲，是十分必要的，因为这是讨论其他一切问题的前提，但是，接下来的问题就是，文艺作为"齿轮"和"螺丝钉"是如何介入革命机器的运转的，也就是文艺作为一种社会观念形态是如何反作用于政治和经济的，而这才是文艺政治学要讨论的中心和主题。

这里，作为全部命题的哲学基础和逻辑起点是"反映"这个概念。反映，是认识的机制，也是生存的机制，属于认识论，也属于本体论。这两者应该是统一的。任何生命都是靠对周边的环境作出相应反映来维系的，不能作出反映的生命不可能存在。与一般的生命不同，人的反映经过了"从感性认识而能动地发展到理性认识，又从理性认识而能动地指导革命实践"的复杂过程。人的认识不是为满足肉体的需要对环境作出的直接的、感性的反应，而是为了理性地把握环境，了解其中带有本质的和规律的东西，以便改造它乃至整个世界。只有人类生存在一定的经济和政治关系中，只有人类的生存是在一定经济和政治关系中的生存，所以也只有对于人类、对经济和政治的反映才成为反映的最基本的内容和层面。人类之所以发明了哲学和社会科学，发明了文化和文学艺术，从根本上说，就是为了揭示经济和政治以及受其制约的主观和客观环境的奥秘。但是，文学艺术与其他意

---

① 《建国以来毛泽东文稿》第 6 册，第 175 页。

识形式还有所不同，它所面对的不是成型或不成型的经济或政治的体制和模式，不是既定和非既定的经济或政治的观念和指令，而是以经济为基础、以政治为主导的活生生的社会生活本身。文学艺术与人民大众的生活有着无法分割的直接的、具体的、生动的联系。说文艺要反映政治和经济，也就是说，文艺要反映以经济为基础、以政治为主导的人民大众的社会生活。所以，毛泽东在强调文艺的政治功能的同时，十分深入地探讨了文艺与社会生活的关系。在他看来，作为观念形态的文艺作品，无一例外"都是一定的社会生活在人类头脑中的反映的产物"。他并且说："人民生活中本来存在着文学艺术原料的矿藏，这是自然形态的东西；但也是最生动、最丰富、最基本的东西；在这一点上说，它们使一切文学艺术相形见绌，他们是一切文学艺术取之不尽、用之不竭的唯一的源泉。"即便是像《山海经》中的《夸父逐日》、《淮南子》中的《羿射九日》、《西游记》中的孙悟空七十二变，《聊斋志异》中的鬼狐变人这样的神话也都是"无数复杂的显示矛盾的相互变化对于人们所引起的一种幼稚的、想象的、主观幻想的"产物①。社会生活不仅为文学艺术提供了它要反映的对象，而且提供了可供选择的反映的手段和形式。文学艺术中的人物形象、矛盾冲突、情节结构或语言风格不是直接取自于社会生活，就是从社会生活中获得它的原型。因此，是否贴近生活，成为生活的一面镜子，从来都是衡量文学艺术优劣成败的尺度。但是，与所有其他的反映形式一样，文学艺术的反映不是要模仿或复制社会生活中已有的东西，而是要改造或创造出生活中所没有的东西。依照毛泽东的说法，生活中无疑有美，这些美甚至是很丰富、很生动，但是人们并不满足于这些，因为"虽然两者都是美，但是文艺作品中反映出来的生活却可以而且应该比普通的实际生活更高、更强烈、更有集中性、更典型、更理想，因此就更带普遍性"②。文学艺术之所以具有强大的感染力，具有广泛的教育作用，并能够反作用于经济和政治，应该说，在这几个"更"字里得到了全面和确切的回答。

---

① 《毛泽东选集》第 3 卷，第 817 页。
② 同上书，第 818 页。

五　人民群众是政治的主体

　　毛泽东说："一切问题的关键在政治，一切政治的关键在群众。"① 无产阶级的政治是阶级的政治、群众的政治，不是少数所谓政治家的政治。新民主主义革命时期，为了取得反对帝国主义、封建主义的胜利，要动员和依靠广大人民群众，"造成陷敌人于灭顶之灾的汪洋大海"；社会主义革命时期，为了实现工业、农业和科学技术的现代化，同样需要动员和依靠广大人民群众，解放思想，鼓足干劲，发挥革命的主动精神和创造力量。任何时候，任何政治斗争，离开人民群众的支持都是不可能取得胜利的。"革命的主体是什么呢？就是中国的老百姓。"② 所以，如果你是一个真正的革命者，那么，你就必须到革命的主体——人民群众中去，与他们结合在一起，而不是游离于他们之外。愿意不愿意、能够不能够与人民群众结合在一起，这是衡量马克思主义者与非马克思主义者的唯一的根本的区别，对于革命的文艺工作者来说，当然也是如此。

　　这个问题，在《在延安文艺座谈会上的讲话》之前和以后一段时间并没有完全解决。许多从国民党和日本统治的区域到延安和其他根据地的文艺工作者对当时的革命形势还不了解，对工农兵群众还很陌生，虽然怀着极大的热情希望投身到革命斗争中去，却又找不到适合自己的位置，乃至感到"英雄无用武之地"。毛泽东正是在这种情况下，提出了文艺为群众和如何为群众的这样相互关联的两个问题。前一个属于文艺的方向问题，是一个"根本的问题、原则的问题"；后一个属于文艺的路线问题。毛泽东强调，在阶级社会里，一切文艺都是为一定的阶级服务的，不是为被压迫、被剥削的阶级服务，就是为压迫和剥削阶级服务，没有超阶级的文艺。在关系到整个民族生死存亡的战争年代里，阶级的对立和斗争更是鲜明地反映在文艺运动中。就在大批革命的文艺工作者争先恐后奔赴抗战第一线的时候，文艺圈子里就有为地主阶级服务的封建主义文艺，为资本主义服务的资产阶级文艺，比如梁实秋；还有为帝国主义服务的汉奸文

---

　　① 见《毛泽东文集》第3卷《审阅〈解放日报〉社论〈衡阳失守后国民党将如何？〉加写的三段文字》（1944年8月）。

　　② 《毛泽东选集》第2卷，第635页。

艺，比如周作人、张资平。文艺总是要面向社会和公众的，为自己而创作，虽然不能说没有，但毕竟是极其罕见的。革命的文艺工作者面对的对象是占人口的绝大多数的工农兵群众和知识分子，这不仅是革命斗争的需要，也是文艺自身存在和发展的需要。因为正是这些受众及群众使他们的作品获得了必要的生命，能够在社会中传播开来和流传下去，从而成为一种能够推动社会前进的积极的力量。毛泽东曾把群众比作文化和文艺工作者的军队。他说：文化和文艺工作"必须有自己的军队，这个军队就是人民大众"，没有人民大众就是"无兵司令"，无法战胜敌人①。所以，他要求文艺家"长期地无条件地全心全意地到工农兵群众中去"，一方面做他们的学生；另一方面做他们的先生，而且首先是做他们的学生。

六　普及与提高的辩证法

与政治概念一样，"人民"或"群众"这些概念也是历史的、具体的。决定的因素是当时的经济条件和政治环境。文艺既要面对构成人民群众主体的工农兵，也要面对小资产阶级的城市贫民和知识分子；既要面对人民群众当前的需要和接受能力，也要面对人民群众今后的要求和欣赏水平。这样，就提出了一个文艺的普及与提高的问题，同时还提出了一个文艺家如何站在时代的前列，以先进的思想和优秀的艺术作品教育和引导人民群众的问题。

20 世纪 40 年代，毛泽东比较强调普及。这是因为当时摆在工农兵面前的问题，"是他们正在和敌人作残酷的流血斗争，而他们由于长时期的封建阶级和资产阶级的统治，不识字，无文化，所以他们迫切要求一个普遍的启蒙运动，迫切要求得到他们所急需的和容易接受的文化知识和文艺作品，去提高他们的斗争热情和胜利信心，加强他们的团结，便于他们同心同德地和敌人作斗争"，"对于他们，第一步需要还不是'锦上添花'，而是'雪里送炭'"②。而到了 20 世纪 50—60 年代，情况不同了。战争结束了，中国人民站起来了。"世界的注意力正在逐渐转向东方，"③ 同时，

---

① 《毛泽东选集》第 2 卷，第 680 页。
② 《毛泽东选集》第 3 卷，第 819 页。
③ 《建国以来毛泽东文稿》第 6 册，第 176—177 页。

工农兵不仅政治上翻身做了主人，文化上也已摆脱了愚昧无知的状态。他们渴望文艺工作者能够拿出更多、更好的文艺作品来满足自己日益增长的精神和文化的需要。所以，这个时候，毛泽东比较强调提高。在《同音乐工作者的谈话》中，毛泽东谈的中心就是文艺如何提高的问题。他说：西方国家发展了资本主义，在历史上是起了作用的。近代文化，外国比我们高超，应该承认这一点。但是，现在世界都看着东方。中国作为一个有几千年古老文明的大国，作为一个新兴的社会主义国家，应该在文化和文艺上创造出与自己地位相称的东西来。文化和文学艺术要发展，就要向外国学习，把他们那些好的东西学到手。但是，不是教条主义地去学，不是去照搬，而是把它与中国自己的东西结合起来，使我们自己有一个跃进。要学习鲁迅搞"民族化"，提倡"标新立异"。与此同时，要批判地继承我们中国一切优秀的文化遗产。中国历史上有很多好的东西，中国的语言、音乐、绘画、舞蹈都有自己的规律，需要我们去研究。"艺术的民族保守性比较强一些，甚至可以保持几千年。"但是，保守主义也是要反对的。要明确一点："向古人学习是为了现在的活人，向外国人学习是为了今天的中国人。"① 学习的目的是增强我们民族的自信心，进一步改变中国的原有面貌。

　　毛泽东指出，中国古代和外国的东西再好，对于今天的文学艺术创作来说，也只是"流"，而不是"源"。"是古人和外国人根据彼时彼地得到的人民生活中的文学艺术原料创作出来的东西，"之所以对我们有价值，是因为可以"作为我们从此时此地的人民生活中的文学艺术原料创造作品时的借鉴"，所以，无论是普及或提高，根本的问题还在于回到人民群众这个"源"中去，观察他们的生活、思想、习惯和语言，向人民群众学习，并和他们结合在一起。

七　文艺政治学的学术地位与价值

　　无疑，毛泽东的文艺政治学是中国现代文艺思想史上真正具有中国特色和世界意义的重要的文艺理论。说它是真正有中国特色的，因为它根植于中国的土壤中，它所提出的问题是中国的问题，它的思维

① 《建国以来毛泽东文稿》第6册，第176—182页。

方式和言说方式也是中国的；说它是具有世界意义的，因为它所涉及的问题具有极大的普遍性和涵盖性。可以说，在文艺与政治关系问题上，它一方面凝聚了整整一代人的睿思，另一方面又塑造了整整一代人的艺术理想和价值观念；一方面廓清了笼罩在文艺界近半个世纪的混乱和迷蒙，另一方面又为文艺事业未来的发展注入了生机和力量。直至 20 世纪 70 年代，发生在中国的所有重要的文艺运动，产生过重要影响的所有优秀的文艺作品无不深深地打上了它的烙印。这个事实说明，无论是中国或西方，文艺与政治关系是人们普遍关注的一个问题；对于文艺来说，政治并不是外在的，而是它赖以存在与发展并获得社会认同与眷顾的一个因素，当然也是文艺理论赖以自圆其说，乃至成为科学的一个因素。

　　依照马克思主义原理，世界是一个联系在一起的物质整体，是一个绵延不绝的历史过程。人们之所以把世界分成物质与精神、自然与社会、经济与政治、科学与文化、生产与消费、理想与现实等等，只是由于认识和分工的需要，它们之间的区别是相对的，在一定条件下，是可以相互转化的。文艺与政治的关系也是如此。它们是联系在一起的，不存在一个绝对的、不可以逾越的鸿沟。无论任何时代，在政治生活中，没有文艺的渲染和鼓噪是不可想象的；同样，在文艺活动中，没有政治的介入和干预也是不可想象的。所以，所谓要求在文艺中"去政治化"，完全是不现实的、虚伪的。当然，这是就文艺的整体讲的，如果就个别的文艺家与作品来说，情况就非常复杂了。因为文艺与生活的界限本身就很难区分。一个艺术家经过长久的构思和精心的创作出来的作品是艺术品，一个艺术家在不经心中涂鸦似的创作出来的作品是不是艺术品呢？一个毫无艺术素养的普通人经过长久构思和精心的创作出来的作品是不是艺术品呢？"为艺术而艺术"，为"自我表现"而艺术，为"五斗米折腰"的艺术不是没有，但这不是文艺的本质和目的[①]，否则，就必然面临这样一个问题：决定文艺之为文艺的是艺术家的创作欲望或冲动这个主观因素，还是文艺作为社会结构的一个部分，社会变革的一种动因这个客观事实呢？应该说，这是一个很浅显的道理。这个道理在

---

　　① 特里·伊格尔顿说，"审美自律性"实则成了一种"否定性的政治"。（参见《美学意识形态》，广西师范大学出版社 1997 年版，第 369 页）

历史上虽然不曾有人明白地阐述过，却也不曾遭到真正有分量的质疑，只是到了现代，当政治从少数人把持的政坛上走下来，成为阶级和群众的自觉的行为的时候，当政治将艺术家与阶级和群众的命运紧紧地联系在一起的时候，当艺术自觉不自觉地被深深卷入政治旋涡的时候，人们才意识到这个问题不仅重要，而且不能回避。毛泽东的文艺政治学的学术价值就在于回应了现实生活的需求，从活生生的现实中，而不是从纯粹的学理上对文艺与政治关系做了科学的、系统的回答，创建了一门新的学科——文艺政治学，为它确立了基本的范畴、命题和研究方法。从而不仅推动了那个时代文艺运动的发展和繁荣①，而且为后来文艺的继续发展和文艺相关问题的解决奠定了坚实的理论基础。

毛泽东的文艺政治学具有强大的影响力和生命力，这是因为它是马克思主义与中国革命和中国文艺实践相结合的产物。它所提出和回答的问题是中国革命和中国文艺实践历史地面对的问题，是马克思主义在这些问题上可能作出的最合理、最科学的结论。我们可以看到，在毛泽东的背后，是刘少奇、周恩来、朱德、陈云等一大批卓越的政治家；郭沫若、茅盾、周扬、丁玲、赵树理、艾青、邵荃麟等一大批优秀的文艺家，他们在许多与文艺政治学相关的问题上都作了进一步的阐释和申发。20世纪70—80年代后，中国在政治领域与文艺领域发生了史无前例的巨大变化，政治与文艺的概念因而具有了新的内涵，生产力的革命被确认为"最根本的革命"，经济工作被认为是"当前最大的政治"，是"压倒一切的政治问题"；人民内部矛盾，各个集团、阶层、群体之间的矛盾取代了阶级斗争成为社会关注的重心，社会生活不再是那样充满浓重的政治色彩，而处处洋溢着人文精神与和谐气息；同时，文艺正在脱出传统意义的范围，各种艺术间的差别逐渐淡化，甚或趋于消失，而且越来越贴近人民群众的日常生活，在这种情况下，文艺政治学又在新的层面和意义上重新受到人们的关注。邓小平、江泽民对文艺在社会主义现代化建设特别是精神文明建设、在培育和弘扬民族精神上的作用、文艺与人民群众的关系、文艺在意识形态领域中的批判功能、文艺的时代性和多样性以及文艺家自身的思想

---

① 对于延安文艺座谈会之后到20世纪70年代这一时期文学艺术的繁荣和进步，邓小平和江泽民都是肯定的。邓小平《在中国文学艺术工作者第四次代表大会上的祝词》中指出："文化大革命的前十七年，我们的文艺路线基本上是正确的，文艺工作的成绩是显著的，所谓'黑线专政'，完全是林彪、'四人帮'的污蔑。"

建设等问题上都做了富有新意的解读①，从而使文艺政治学获得了新的丰富和发展。

　　文艺政治学是文艺学的一个组成部分，回答了文艺与政治的关系问题，但并没有解决文艺学的全部问题。因此，我们十分尊重和珍视围绕文艺的本体、特质、结构、语言、风格以及创作个性等方面的研究和讨论。但是，我们相信，只要我们继续生活在政治的环境中，只要我们的灵魂中还怀有政治的理想和欲求，或者如特里·伊格尔顿说的，只要数以万计的原子弹、氢弹还高悬在人们的头顶上，"世界末日"的恐惧还萦绕在人们的心头，我们就不能不，也不得不把文艺与政治的关系放在所有文艺学问题的首位，不能不，也不得不时时回到毛泽东。

---

　　①　参见《邓小平文选》第 2 卷《在中国文学艺术工作者第四次代表大会上的祝词》和《江泽民文选》第 3 卷《文艺是民族精神的火炬》等文章。

邓小平文艺政治学初论[*]

一　政治作为基本的出发点

现在，人们越来越认识到，文艺是人的一种生存方式，它与人的生存是贯通在一起的。从最简单的物质生产到最高级的精神生活，从一般的经济交往到政治、宗教、伦理等专门的意识形态领域，无不与文艺紧密相关。因此，现代的文艺学便不再拘守在文艺自身的若干概念上，而旁衍到其他许多学科中，产生了所谓的文艺社会学、文艺心理学、文艺美学以及文艺政治学等。文艺学的这些分支，都以文艺为研究对象，但是基本的出发点不同。文艺社会学的出发点是社会，要解决的是文艺作为一种社会现象的特征与规律问题；文艺心理学的出发点是心理，要解决的是文艺作为一种心理现象的特征与规律问题；文艺美学的出发点是审美，要解决的是文艺作为一种审美现象的特征与规律问题；而文艺政治学的出发点则是政治，要解决的是文艺作为一种政治现象的特征与规律问题。文艺如何作为一种生存方式，如何构成人的生存的不可或缺的组成部分，正是通过这方方面面的研究才逐步为人们所认识的。

文艺政治学作为一门学问的产生是晚近的事，但政治作为文艺研究的出发点却有相当长久的历史线索可寻。我国先秦时期，诸子百家，特别是儒家，就常常从政治着眼来看待文艺，而这在后来竟构成了一个传统。在西方，柏拉图的许多文艺观点是在讨论他的"理想国"时提出的，他的弟子亚里士多德在《政治学》一书中则用了一章的篇幅论证了音乐的审美特征及教育价值。中世纪之后，几乎没有一个伟大的思想家不重视文艺

---

* 此文发表于《理论与创作》1996 年第 2 期。

的政治意义。当然，更深刻地看到文艺的政治作用，并把它与政治斗争紧密地结合起来，是在无产阶级登上政治舞台之后。马克思、恩格斯不仅明确地将政治作为思考文艺的出发点，而且从理论上揭示了文艺的社会意识形态性质以及文艺作为社会意识形态与经济基础及上层建筑的其他社会意识形态的关系，从而为文艺政治学的创立奠定了基础。当然，马克思、恩格斯在文艺社会学、文艺心理学、文艺美学上也有许多精辟的论述，这些已为人们所熟知，不过，马克思、恩格斯的文艺学的主体是文艺政治学，这一点恐怕是没有什么疑问的。

　　如果我们对马克思主义文艺政治学作一个回顾，那么不妨把它分作三个历史阶段：第一个阶段是马克思主义创立时期。这一时期主要解决了文艺政治学的一般哲学基础，阐明了文艺与经济发展的不平衡关系、文艺作为一种特殊的把握世界的方式、文艺在无产阶级革命中的崇高使命。代表人物除了马克思、恩格斯之外，还有梅林、拉法格、卢森堡等。第二个时期是马克思主义在世界部分地区取得胜利的时期。这一时期主要解决的是文艺作为无产阶级革命的组成部分与整个革命事业的关系问题，作为核心命题的是列宁的两种文化的思想，文艺应成为时代的"镜子"的思想，党的出版物应受到党组织监督的思想，代表人物还有斯大林、普列汉诺夫、卢那察尔斯基、高尔基等。毛泽东也应属于这个时期；① 第三个时期是进入社会主义建设阶段的马克思主义。邓小平是这一时期的代表。这个时期马克思主义意义上的政治的内涵已发生很大改变，文艺与政治的关系也有了新的调整，文艺的政治使命从一方面看是淡化了；从另一方面看又是深化了，文艺政治学从而有了许多新的拓展。

　　无疑，邓小平文艺思想与毛泽东文艺思想有着历史的、逻辑的联系，它们在许多观点上是不可区分的，但是，由于所处时代不同，所面临的问题和所承担的使命不同，它们之间的区别也是显而易见的。我以为，指出这些区别和指出它们的联系同样重要，而当前更重要的是指出这些区别，因为不这样就不足以揭示邓小平文艺思想的特殊性质与特殊地位，就不足以表明马克思文艺政治学的当代发展，就不能把人们的理论视野引向正在

---

　　① 确切地表述应该是：毛泽东处于革命及向社会主义建设的转变时期，由于毛泽东历史唯物主义全面地阐释了政治概念，确立了文艺政治学的基本逻辑框架，所以事实上成为它的创立者。

发展和完善着的活生生的马克思主义文艺学。

　　毛泽东与列宁相似，面临的是将马克思主义与革命实践相结合，以解决建立和巩固无产阶级政权的问题。但是，一则是作为中国革命主力的农民的落后性，二则是革命由农村到城市的长期性，这两点决定了毛泽东不能不更重视马克思主义的启蒙教育，重视文艺这种群众喜闻乐见的宣传形式。列宁关于文艺的谈论很多，但没有一篇是作为党内文件组织全党学习讨论的。《在延安文艺座谈会上的讲话》不仅是延安整风时党内的必读之物，而且是以后党内外政治学习的重要教本。毛泽东依据马克思主义一般原则与中国当时的文艺实践，对文艺问题作了系统的思考，第一次明确地将文艺问题奠定在哲学认识论基础之上，并完整地阐发了三个主要观点：第一，文艺作为一种社会实践与生产斗争、阶级斗争实践的关系；第二，文艺作为反映的形式与以工农兵为主体的社会生活的关系；第三，文艺作为观念的整体它的政治标准与艺术标准的关系。毛泽东文艺思想曾经有力地指导和推动了我国革命时期的文艺实践。

　　邓小平文艺思想产生在社会主义建设时期。这个时期无论政治的内涵乃至政治的背景都发生了变化。社会生活从以阶级斗争为中心转向了以发展生产力，实现四个现代化为中心；经济上，竞争机制和市场经济取代了国家统一调配机制和计划经济；同时，现代科技，特别是大众传媒技术有了巨大发展，西方文化以前所未有的规模被引进过来，在国家生活日趋民主化的同时，人民的精神生活日趋丰富多样，所有这一切不仅深刻地改变着文艺与政治的关系，也改变着文艺自身的观念，改变着文艺的创作与欣赏、作者与读者、提高与普及、审美价值与功利价值等关系。在这种情况下，文艺即便愿意也难以承担政治的传声筒的责任了。邓小平正是从这样的政治及这样的政治背景出发来思考文艺的，它之所以新，之所以具有活力，之所以值得重视，原因也就在这里。

二　几个重要的逻辑环节

　　首先，邓小平根据社会主义理论和实践，对政治这个概念重新进行了界定，从而将文艺政治学奠定在崭新的基础之上。邓小平认为，大力发展生产力，实现社会主义现代化，就是最大的政治。既然最大的政治是发展生产力，实现社会主义现代化，那么，文艺就不应再从属于一些临时的、具体的、直接的政治任务，而必须将自己的重心转移到这个决定祖国命运的千秋大业上来，所以邓小平明确地要求文艺工作者，为建设高度发展的社会主义精神文明作出积极的贡献，于是，文艺在政治及社会生活中的地位与使命遂得以重新确立。

在生产力诸因素中，人是第一位的。因此，邓小平文艺政治学的第二个环节，便是培养和造就社会主义新人的问题。在邓小平看来，培养和造就社会主义新人，这首先是个政治问题，为培养造就社会主义新人，文艺固然要承担起社会批判的责任，批评和揭露各种妨害四个现代化的思想言行，更重要的是，要正面表现我们人民的优良品质，赞美人民在革命和建设中，在同各种敌人和各种困难的斗争中所取得的伟大胜利，塑造出有革命理想和科学态度，有高尚情操和创造能力，有开阔眼界和求实精神的现代化建设的创业者的形象，以便激发广大群众的社会主义积极性，推动他们从事四个现代化建设的历史性创造活动。

但人不仅是生产力，而且是生产的直接的目的，人既需要物质生活上得到满足，也需要丰富多样的精神生活。因此，邓小平文艺政治学的第三个逻辑环节便要求文艺肩负起教育与娱乐人民的双重责任，为全面提高人的素质作出贡献。正因为这个原因，邓小平反对文艺的公式化、概念化，而主张文艺在题材、体裁、风格及表现方法上的多样化，并要求文艺从事实出发，尽力满足人民的各种需要，无论是雄伟的或细腻的、严肃的或诙谐的、抒情的或哲理的，只要能够使人民得到教育和启发，得到娱乐和美的享受，都应当在我们的文艺园地里占有自己的位置。

按照文艺政治学的一般原则，政治是文艺的出发点，但政治并非是少数人的政治，更非是政治家们的政治，而是大多数人的政治，文艺从政治出发与从大多数人的社会意向出发是一致的。因此，文艺的第一位的问题是读者或接受者需要什么，是读者或接受者决定了文艺的性质与走向，但是作者也不完全是被动的，他们也是大多数人中的一员，而且是先知先觉的一员，他们应该能够把人们已经或尚未意识到的典型事件通过艺术加工生动地表现出来。

作为一种历史性要求，在文艺范围里需要造成自由的、和谐的、宽松的、富有蓬勃生机的环境和氛围。这是邓小平文艺政治学的落脚点。邓小平重申毛泽东提出的"百花齐放、百家争鸣"的方针，并进一步号召文艺界的不同学派、不同流派间的"互相尊重，互相学习，取长补短"。邓小平的这一观点和他主张的在国家政治、经济生活中"不搞争论"和继续批判"左"的倾向是一致的。文艺问题，在他看来，从来不单单是文艺问题，不光文艺的思想性、艺术性是政治的一种要求，文艺界的宽松、和谐的气氛也是政治的一种要求。

邓小平文艺政治学是一个逻辑的整体，却不是自我封闭和凝固不变的整体，随着社会主义现代化事业的蓬勃发展，它的每一个环节都将不断地得到充实和完善，而整个理论也将像一切真理一样，螺旋式地向广处深处延伸。当前文艺界关心的许多问题，比如，市场经济与文艺发展问题，文艺与物质文明、精神文明建设问题，文艺与大众传播问题，文艺与全民的审美教育问题等，所有这些问题的提出和深入讨论必将促进邓小平文艺政治学体系的进一步确立。因此，那种把邓小平文艺政治学看成是已经完成了的观点是没有根据的。

三　在当代文艺学中的地位

文艺学有两条路子：一条是将文艺与其他社会实践区分开来，就文艺自身的特点和规律进行探讨；一条是将文艺与其他社会实践联系起来，就文艺与其他社会实践的关系进行研究。由于文艺一开始与其他社会实践，特别是生产劳动、巫术、游戏等紧密联结在一起，只是到了历史发展的一定阶段才逐渐分化出来，所以，文艺学在相当长的时期里不得不把重心放在对文艺与其他社会实践的区分上，在西方，从亚里士多德到康德以至当代一些思想家做的就是这个工作。然而，仅仅将文艺与其他社会实践区分开来是不够的，因为文艺并不是孤立于其他社会实践之外的，文艺的特征与规律只是靠它自身并不能得以充分说明，所以近代把文艺与人类、与社会、与政治、与伦理、与宗教、与心理等联系起来进行分析比较成为一种趋向。我想，当西方当代一些思想家把文艺归之于人的生命活动或生存方式的时候，这个趋向事实上已经逻辑地包含在他们的命题中了。

我相信，当我们一些文艺家"向内转"，转到人的生命及生存这个极点后，也会发现生命及生存并不就是单纯的感性个体，更不是神奇的大脑、精巧的骨架和无休无止跃动的血脉的组合，而是遍布于周遭的类及积淀了数十万年的历史。我们可以把生命或生存解剖开来，单单去分析文艺自身的特征及规律，但是这种分析的前提永远是对生命或生存的阉割，为了弄清楚文艺在活生生的生命或生存中的样式与作用，就必须把文艺归附于生命或生存之中。所以，文艺学不应排除对文艺与政治、宗教、伦理、社会、心理等关系的研究，事实上，文艺界对后现代主义、人文精神、市场经济等的关注，也预示了文艺学的一个与"向内转"相反的趋向的开始。

如果是这样，我以为，我们必须重新审视马克思主义文艺政治学，给它以应有的地位。我们应该继续深化对毛泽东文艺政治学的内涵及其历史意义的研究，同时要大力加强对邓小平文艺政治学的研究，这不仅是因为毛泽东、邓小平的文艺政治学代表了马克思主义文艺政治学的当代发展，是构成我国现代文艺政治学的主流，还因为它与其他马克思主义意识形态一起成为我们长期以来精神文化生活的支柱，指导和推动着现实的文艺运动的发展。可以说，至少是近半个多世纪以来，没有一种文艺学在中国具有像毛泽东、邓小平文艺政治学这样巨大的影响，当然也没有一种文艺学的实际地位可以与毛泽东、邓小平文艺政治学相比肩。邓小平文艺政治学正在形成之中，这可能使许多人忽略了对它的研究，但是恰恰是邓小平文艺政治学包含了与现代文艺发展紧密相关的许多深刻的理论内涵。要解决文艺所面临的重大理论与现实问题，可以说没有一个可以脱离邓小平的文艺政治学。当然，这就要求我们不是教条主义地罗列和转述邓小平文艺政治学，而是创造性地运用它的原理，在运用中去深化它、丰富它、完善它，所谓建设有中国特色的文艺学，其立足点大约就在这里。

朱光潜的学术品格[*]

  朱光潜先生离开我们已经十年有余了。他给我们留下了两份遗产：一是数百万字的学术著作；二是字里行间所透出的学术品格。随着岁月的流逝，这两份遗产的宝贵价值越来越清晰地显露了出来。

  今天，尤其值得我们一谈的是他的学术品格。

  朱光潜的学术品格，实则就是他的生命品格，因为他的一生便是学者的一生，他的生命完完全全倾注到他的学术生涯中了。朱光潜之所以走上学术道路，似乎是冥冥之中安排好了的，但是一经拿起了手中的笔，他便意识到它的分量。翻翻他早年写的《给青年的 12 封信》便可知道，他对学术之于青年、之于民族的意义是异常清醒的。20 世纪 40 年代，他为呼吁学术的振兴写了一篇文章，更是直截了当地说："学术研究是国家命脉所系"，"一个国家如果在学术文化方面落后，在其他方面也就不能不落后。"因此，"从长远计，中国的救星也恐怕还在学者们"。也许这里透着几分自负，不过那种对学术的执着和热忱却清晰可见。朱光潜在坎坷不平、艰难险峻的学术道路上一步一步走了六十多年，直到临终前仍不甘心停下来歇歇脚，就正是因为怀着这种执着和热忱。

  当朱光潜踏进英国爱丁堡大学时，他已为自己的一生作了选择，学术从此成了他"安身立命之地"。他此时需要的只有"宗教家"们的精神和"科学家"们的头脑。他一头钻进浩瀚的古典文学中，尤其对浪漫主义文学产生了浓厚的兴趣。他执意要弄清楚它的来龙去脉，而为了这个目的，不得不去触及当时尚十分陌生的哲学和美学。他从众多的前辈中终于寻到了心目中的偶像——克罗齐（Crocc），于是，朱先生成了克罗齐的"忠

  * 此文发表于《北京大学学报》1998 年第 2 期。

实信徒"。他发现克罗齐的直觉说很有道理：人在审美活动中很难区分物
与我，它们通通消融在直觉中。直觉就是美，也就是美感，也就是表现，
也就是艺术。不是吗？——在直觉中，我的思想、情趣自然地流露了，而
艺术也就诞生了；很难想象直觉之外的艺术。朱光潜很容易地把直觉说与
中国传统美学中所谓的妙悟、神韵、意境等联系起来。但是，他不能忘记
另一个曾对浪漫主义文学产生巨大影响的心中偶像——尼采（Nictzsche）。
尼采所倡说的酒神精神与日神精神是那样深刻地震撼过他。尼采证明，酒
神精神与日神精神是人生的两种基本的心理经验，前者是一种类似酩酊大
醉的精神状态，后者是一种安详和谐的精神状态，艺术就产生于这两种精
神的结合。显然，这又为理解艺术打开了一个新的视角。如何才能将克罗
齐与尼采两家的学说统一起来呢？这是刚刚踏进学界的朱光潜为自己提出
的一个课题，一个很难的课题。当然，他为解决这一课题付出了大部分青
春时光。正像我们从《悲剧心理学》与《文艺心理学》中看到的，他意
识到克罗齐的直觉说主要揭示了审美活动的感性层面，而尼采的酒神精神
与日神精神学说则较多地触及理性层面，即道德精神的层面。于是他把直
觉说当作逻辑的起点，把酒神精神与日神精神说当作逻辑的终向，然后把
布洛（Edward Bullough）的心理距离（psychical distance）说、闵斯特堡
（Mnstcrbcrg）的孤立绝缘说、谷鲁斯（Karl Croos）的内模仿（inner
nachahmung.）说、立普斯（Thcodor Lipps）的移情（Einf hlung）说以及
英国经验派的联想说等作为前后相接相续的逻辑环节放在它们中间，从而
构成了一个新的在结构上甚是严整的理论框架。这样，不仅把形式主义美
学的各个支派联缀在了一起，而且把黑格尔（Hegel）、托尔斯泰等道德主
义美学也包容了进来，在更广泛的意义上消解了长久以来形成的感性与理
性、形式与道德精神的对立，同时还有一层，为中国传统美学与西方美学
的融合提供了一种可能的契机。

　　朱光潜初试锋芒便在学术上取得如此重要的收获，这既得益于他的学
术精神，也得益于他的治学方法。他把他采用的方法称作"综合"、"折
中"。在他看来，作为一种学术研究，这种方法是谨慎的，也是富于创造
性的。他曾说过："学与问相连，所以学问不只是记忆而必是思想，不只
是因袭而必是创造。"① 所谓"综合"与"折中"，便是记忆与思想、因

---

① 《朱光潜全集》第 4 卷，第 87 页。

袭与创造的统一。他相信，每种学问都有长久的历史，其中每一个问题许多人都曾经思虑过、讨论过，提出过种种不同的解答，需要人们去弄个明白并承继下来。同时，所有思虑过、讨论过乃至被"认为透懂的几乎没有一件不成为问题"，需要人们去清理和进一步解决，"疑问无穷，发见无穷，兴趣也就无穷。学问之难在此，学问之乐也就在此"①。"综合"、"折中"，实际上便是将前人成果集中起来进行分析、比较和重新阐释的过程。

朱光潜把自己置放在了学术的前沿。他的精神和方法都是具有挑战性的。他所面对的是西方最有权威的一批学者，其中特别是一直为他景仰的康德之后形式主义最大代表克罗齐。朱光潜没有放弃直觉说，而是仅仅把直觉说当作全部美学的逻辑起点。这就等于说，艺术虽根植于直觉，并不就是直觉，艺术还包容了由"心理距离"所引发的一系列心理活动，以及由联想所触动的各种复杂的道德观念；同时，艺术还有一个借助语言、文字、色彩、线条、形体、声音等媒介传达出去的问题，而这种主张是克罗齐所坚决反对的。当然，朱光潜意识到依他的学术地位尚不足以与克罗齐抗衡。但他毫不气馁，毅然在已写完的《文艺心理学》中补进了一章，亮明旗帜，专门批评克罗齐。而且并不就此停止不前，为了彻底认识和批评克罗齐，他于20世纪40年代还亲自翻译了他的《美学》中属于原理的部分，深入考察了他的全部学说，并写了长达六万字的批评文章；50年代接受马克思主义之后，又从认识论角度深深触动了克罗齐学说的哲学根基。

但是，对于一个从克罗齐阴影中长大的人，一个曾"恭顺地跟着克罗齐走"的人，对克罗齐的批判同时就是对自己的批判。这时，朱光潜的心情有如永远"告别"一个"多年老友"那样的彷徨与失落。他跨越了克罗齐这座高山，却发现克罗齐背后只是一片沙滩、一处旋涡，原先，即便是幻觉，至少脚下还是坚实的，而现在竟感到突然悬在了空中，没有了落脚之地。他精心建构的美学框架由于没有一定哲学体系的支撑，显得像是风中之烛，那样渺茫和脆弱。

朱光潜之结识马克思主义，就学术角度来讲，是有其必然性的。当然，马克思主义对于他完全是新的问题，他不得不像"初级小学生"一

---

① 《朱光潜全集》第4卷，第87、88页。

样从头学起。但是，他有充分的自信，他相信他"性格中的一些优点，勤奋、虚心、遇事不悲观"，可以作为他"新生的萌芽"①。为了学习马克思主义，他甚至在几近花甲的年纪，跟随一位白俄罗斯籍家庭教师学会了俄语。马克思主义不仅是一门学术、一种理论体系，同时也是一种世界观，学习马克思主义不像学习克罗齐主义那么得心应手，这一点，朱光潜一开始入门就感觉到了。他知道横亘在他面前的主要障碍不是他曾经是个克罗齐主义者，而是世界观上的"个人自由主义"，是"脱离实际的见解褊狭"和"意志不坚定"②。1956 年，朱光潜写了一篇自我检讨的文字《我的文艺思想的反动性》，可以看出，这是经过认真思索了的，是真诚和严肃的。他确实期望马克思主义不仅为他的学术，也为他的人生打开一条新路。

随之出现的锋芒指向他的美学大讨论，是他不曾预料到的，但是却给了他一个极好的学习马克思主义的机会。大讨论实际上就是两方：一方是他，作为"主观唯心主义"美学的代表；一方是蔡仪以及黄药眠和后来介入的李泽厚等。作为马克思主义美学的代表，蔡仪于 40 年代便写过批判朱光潜的文章，朱光潜对他是了解的。在知识分子改造运动中，朱光潜曾流露过对蔡仪所持的所谓反映论美学的不满。这一次，以蔡仪为首对朱光潜展开的批判，其理论出发点正是这个反映论美学。这就促使他不得不深入研读马克思等经典作家的著作，以及苏联一些美学著作，调整角度，重新思考美学问题。结果，他发现，蔡仪等人的反映论，只强调存在决定意识，美决定美感的一面，而忽略了意识反作用于存在，美感影响美的一面。尤其是，他们把存在与美、意识与美感简单地等同起来，没有见出美作为"物的形象"与"物"本身的区别，因此，他们的反映论明显地带有机械论的性质。朱光潜认为，必须把马克思主义反映论与意识形态论、实践论统一起来，从主体与客体的统一中阐释审美现象，才可以建构真正科学的美学。只是由于朱光潜既不固执己见，又不随波逐流，善于从马克思主义中汲取有价值的东西，并且大胆地不厌其烦地陈明自己的主张，方使本来针对他的批判转变为一场真正意义上的百家争鸣。

朱光潜在一篇文章中曾经写道：无论任何人想成就一番事业，都需要

---

① 《朱光潜全集》第 9 卷，第 538 页。
② 同上。

两种基本的德行:第一是"公",即"公理公道"。"做学问存私心,便为偏见所蒙蔽,寻不着真理;做事存私心,便不免假公济私,贪污苟且,败坏自己的人格,也败坏社会的利益";第二是"忠",即"死心塌地爱护自己的职守,不肯放弃它或疏忽它"。"忠才能有牺牲的精神,不计私人利害,固守职分所在的岗位,坚持到底,以底于成。"① 美学大讨论对朱光潜的"公"与"忠"是一次十分严峻的考验。朱光潜一开始就被置放在被批判的地位,他是孤立的,整个讨论中,几乎没有一个人公开站在朱光潜一边,而且,他必须接受这一事实,因为他毕竟是从唯心主义营垒中走出来的。但是,他坚信一条,在学术领域里,唯一的权威是真理本身,既然他已挣脱了谬误,他与真理的距离便与其他人一样的接近。对马克思主义,他是个"初学"者,然而,他对马克思主义有一种特殊的敏感,能够见出别人所见不到的东西。他必须四面应战,然而,如果掌握了哪怕是部分的真理,他的声音就不会被历史所淹没。经过了美学大讨论,朱光潜不仅实现了美学观念上的转变,而且更加强固了自己的理论勇气,特别是进入 80 年代以后,他多次冒着被扣上"回潮"的帽子的危险,领风气之先,挑起学术上的论争,从而将他的名字与当代学术思想史紧紧地联结在一起。

开始是"共同美"的论争,随之是人性、人道主义的论争,马克思《1844 年经济学—哲学手稿》的论争,形象思维的论争,经济基础、上层建筑及社会意识形态的论争,所有这些论争,有的是他挑起的,有的则是因他的介入而使之深化了的。朱光潜于 1979 年初发表了《关于人性、人道主义、人情味和共同美问题》,这是一篇与主流意识相悖因而影响很大的文章。这篇文章有意识地把"共同美"的论争引向了共同人性的论争。在他看来,所谓人性,就是指人类的自然本性。而人性与阶级性的关系,就是共性与特殊性,或全体与部分的关系;他还认为,马克思《1844 年经济学—哲学手稿》整部书的论述都是从人性论出发的。这些观念的陈述令学术界感到很意外,因为传统的看法是人性就是社会性,而社会性的核心是阶级性。学术界对这篇文章沉默了一年左右,第二年开始有了反响且渐渐地惊动了众多的人,酿成了一场有名的学术论战。朱光潜的观点没有为大多数人所认同(据知,只有两个名不见经传的人写了附会文章),

---

① 《朱光潜全集》第 9 卷,第 151—152 页。

这在意料之中，而问题不在这里，而在朱光潜对人的自然本性以及相关的人的生理机能、潜意识、灵感、非理性等的强调，这种强调对于旧的观念与思维方式无疑是个有力的冲击。此后不久，朱光潜在为《西方美学史》第二版写序的时候，在上层建筑与社会意识形态关系问题上，发表了一种新的观点，这种观点与传统的看法也相去甚远。他把"现实基础"、上层建筑、社会意识形态看作是推动历史前进的三种动力，批评了将上层建筑与社会意识形态混为一谈的观点，并且把社会意识形态归结为"精神生活"、"主观意识"。他的这些主张也遭到了学术界一些人的批评，并因此引发了一场规模不小的论争。这场论争的实际成果是使许多人意识到需要把哲学、伦理、艺术等属于社会意识形态的东西从政治结构或权力这样的上层建筑的战车上拉下来，解脱它对国家政治经济生活所不应承担或难以承担的那部分责任，从而给它以更为宽阔的自由空间。

每次论争，朱光潜都标榜出一种新的观念，营建起一个新的营垒，这使得许多学术界朋友为之捏了一把汗。不时有人给他以善意的劝告，但是他却处之坦然，不以为意。人性论、人道主义的争论，大大冲破了旧的思想理论界的"禁区"，触动了一系列被视为定见的基本的理论观点，着实在人们心灵中燃起了一把火，以致中央主管意识形态的胡乔木同志不得不亲自出面发表讲话，阐明马克思主义在人性问题上的基本主张，并对个别人的错误观点进行了批评。当时，朱光潜虽未受到批评，但处境也比较尴尬。胡乔木同志担心他因此背上思想包袱，特派人捎信安慰他，叫他放心地做自己的学问。其实，朱光潜何曾因这样小小的曲折而沮丧而却步呢！中共中央十一届三中全会关于"实事求是"、"解放思想"的战略决策犹言在耳，学术上的自由讨论体现了时代的一种要求，"扣帽子"、"打棍子"之类的举动不可能再重演；而且，人性论、人道主义这样的问题，主要是个学术问题，对这样的问题，朱光潜有过长久的研究，并懂得自己主张的价值和分量；所以，此后不久，朱光潜在应约编写《拾穗集》的时候，又几乎没有任何改动地将人性论、人道主义讨论中所表达的观点写了进去。

朱光潜是个很自信的人，同时也是个很谦逊的人，他从来不认为自己已经据有了真理，而总是不断地探求。在历来的有名的学者中，像朱光潜这样把自身当作批评的对象，不断否定自己、修正自己的人，即使有也不会多。有的人不论学术本身有了多少进展，他们的主张却始终不变；有的人主张虽然变了,却不愿去承认,装作一贯正确的样子,这都是朱光潜所不齿的。朱光潜曾写过一篇《谈谦虚》的文章,其中这样写道:"说来说去,做人只有两桩难事,一是如何对付他人,一是如何对付自己。这归根结底还只是一件事。最难的事还是对付自己。""自己不易对付,因为对付自己的道理有一个模棱性,从一方面看,一个人不可无自尊心,不可无我,不可无人格;从另一方面说,他不可有妄自尊大心,不可执我,不可任私心成见支配。"① 在朱光潜看来,学问比"我"大,"有我"与"无我"的标准就在学问。所以,他把朱熹的"清潭活水"之喻当作自己的座右铭。凡是正确的,他便学习吸收;凡是错误的,他便清理剔除,而且他是公开的。黑格尔讲,人的主体性表现在理念及为理念而不断自我否定,从这个意义上讲,朱光潜是个真正具有主体性的人。他一生中带有根本意义的自我否定就有两次,两次都标示了他的学术思想的巨大转折:一次是针对早年对克罗齐形式主义的盲目信从,一次是针对50年代对某些被曲解了的马克思主义的迁就。第一次涉及最基本的美学观,乃至哲学观;这对于一个半生都生活在那个圈子里的人,无疑是相当艰难的,但做起来应时顺势,具有良好的外部条件;第二次多属于一些具体的观点和结论,理论上的反复尚还容易,但外部缺少机遇,一般还要冒着一定的风险。但这两次否定都合乎逻辑地实现了。遗憾的是第二次否定(这次否定重新提出了早年的"心理距离"问题、内模仿问题、艺术起源于游戏问题、艺术灵感及偶然性问题等)还没有真正完成,朱光潜便与世长辞了,否则,他本来可以在经历了完整的否定之否定后给自己的学术生涯打上一个更完满的句号。

朱光潜造就了自己的学术,学术反过来也造就了朱光潜。当我们翻检或研读朱光潜的学术著作时,我们的眼前不免要映现出具有崇高学术品格的朱光潜的身影。而这个时候,我们不仅对朱光潜的著述,而且对学术本身有一种彻悟,从而产生一种由衷的景仰和敬畏之情。

---

① 《朱光潜全集》第3卷,第163页。

重温朱光潜美是主客观统一命题 *

　　《朱光潜全集》已由安徽教育出版社编辑出版，这在美学界乃至整个学术界是一件值得庆幸的事。朱光潜是当代中国少数称得上学术泰斗的人之一，他不仅具有广博丰厚的学识，深邃细密的思想，而且具有一种献身于真理和为真理而不断否定自己的崇高品德。他的全集将为我们开辟一个新的丰富的知识库藏，同时，将为我们提供一个伟大学者的翔实的写照。

　　朱光潜在美学上是以主张"美是主观与客观的统一"闻名于世的。"美是主观与客观的统一"既是他全部理论的支点，也是他整个生命的支点，他的大多数探求和大半个人生是围绕这一命题展开的。20 年代末的渴求，40 年代中的苦闷，50 年代与 60 年代间的激情，80 年代以后的自信，可以说都是或为这个命题而生或为这个命题而发的。他之所以如此执着地坚持这个命题，是因为他相信只有这样理解美，才符合一般人的审美经验，才能表达一般人对审美的追求；也只有这样理解美，才充分体现出长久以来美学的丰富成果，才能为当今的美学发展指出光明的前景。我在《朱光潜美学思想研究》中曾经指出，朱光潜以他对美的深刻的理解，沟通了中国传统美学与西方美学，沟通了近代美学与现代美学，指的就是这个经过朱光潜多次阐释不断丰富和深化了的"美是主观与客观的统一"的命题。我以为这个命题是真正美学的命题，在《朱光潜全集》出版之际，重温并深入理解这个命题，不仅对于恰当地评价朱光潜美学成就是重要的，而且对于进一步发展美学这门学科是重要的，而且对于加强民族的审美教育，培养自由的、全面发展的新人也是重要的。

---

　　* 此文发表于《北京大学学报》1989 年第 4 期。

一 潜在命意

"美是主观与客观的统一"这个命题曾遇到来自两个方面的批评：一是主张"美是观念"的主观论者，一是主张"美是典型"及"美是真理的形象"的客观论者。他们的出发点看来是相反的，实则是同一的。他们指责"美是主观与客观的统一"论是"二元论"的，但据我看，"二元论"的弊病在"主观与客观统一"论中要比在"主观论"与"客观论"中都少得多。因为美是人的造物，没有人固然无所谓美，没有物（凡物皆是被人化了的）也无所谓美；人们在美中看到并感到愉悦的不是与物隔绝的人或人的观念，也不是与人隔绝的物或物的形象，而是——人的创造，创造的人。美是人的自我观照和自我描述，人才是美的本体，历史上一切关于美的构想无非都是人自身本质的凝聚与升华。而人，按其本义来说，就包括人自身、人的对立物自然以及人与自然的相互转化。正如黑格尔所说，自然并不是外在于人的，除非这个人是抽象意义的人，人也不是外在于自然的，除非这个自然是僵死的自然。自然不是别的，就是人的"另一体"。试想，如果不是这样，如果不是人把自然融合在自身之内，如果自然始终与人对峙着，像雪山那样坚实与冰冷，人怎么会有审美的情趣，甚至人怎么能维系生存？"美是主观与客观的统一"这个命题体现了这样的基本观念，这就使它在很大程度上摆脱了历来美学所难以避免的二元论的厄运，赋予了更深邃的哲理和更旺盛的生机。

熟悉朱光潜美学思想的人都知道，"美是主观与客观的统一"的命题正是在批判主观—客观的二元论基础上提出来的，它超越了一般的二元论，因而揭示了为主观论或客观论所忽略了的美的深层奥秘，包含了许多极富启发性的潜在命意：

一、它否定了美的实体性。实体性观念是个传统观念，主观论者认为美是一种精神实体，比如直觉、理念、情趣；客观论者认为美是一种物质实体，比如和谐、整一、适宜。主观论者因而着眼于人的审美心理结构，包括本能、感官、想象力、情感等的分析；相反，客观论者则侧重对审美对象的形式结构，包括数、比例、运动、光线等的分析。"美是主观与客观的统一"论冲破了这种观念，这一理论认为，不存在美的实体，只存在美的境界。作为实体，美应该是独立自在的，就像光线、色彩、香味，但美不是，美只存在于美感活动的一刹那间（即便艺术的美，也只是存在于欣赏活动中）；作为实体，美应该有其内在的必然性，就像花朵、丛林、草坪，但美没有。美的生成、完善或消退完全系于人与对象的相互契合的关系；作为实体，美自身应该是有限的，美对人的满足也是有限的，就像人们享有的其他享乐，但美不是。美是无法限制的，人们对美的希求永远没有止境，美只是一种境界，一种主体与客体相互追逐和逼近中闪现出来的光华。

二、它否定了美的知识性。传统美学是一种认识论，它的主旨就是探求美的可认知性。主张美是主观的人认为，美可以通过内省、回忆、潜心内视得以观照；主张美是客观的人认为，美能够借助感官或内在感官、巧智、想象力等予以把握。但如果肯定美是可认知的，那么就意味着美是可以分析的，因为认识就是分析，而美是不能分析的，美只存在于境界的整体中（把莎士比亚的戏剧分解为性格美、情节美、语言美之类，绝不是美学）。同时，如果肯定美是可认知的，那么就意味着美是可以仿效的，因为认知本身实质上就是仿效，而美是不能仿效的。美的境界是独特的，它只能出现一次。即便同一个主体与同一个客体之间也不可能造成同一种美。"美是主观与客观的统一"论不认为美感是一种认知，而认为是一种体验，这是包含感觉、想象、思维、情感、意识、下意识等在内的极复杂的心理过程，是整个人性与整个客体在相互感应中发生的一种心理效应。美只存在于人的体验里，而绝不会出现于人的认识中。

三、它否定了美的恒定性。在传统美学中，美既然被看作是一种实体，并且是可以认知的实体，那么美当然就具有恒定的性质了。这就是说，无论客体发生了怎样的变化，在主观论者看来，美作为观念或理念是不变的；无论主体处在怎样的情景里，在客观论者看来，美作为形式或形象是不变的，迄今为止，大部分实验心理学与艺术哲学就是奠立在这样一种观念基础上的。应该说，它们所谓的美，并不是真正的美，而只是美的表象。传统美学把人们的目光引向既定的现实，好像美就在现实中，好像现实就可满足人的美的享乐，实则美并不在既定的现实中，美永远具有某种虚幻的性质，永远具有某种属于未来的东西，用基督教世界常用的话说，美永远是一半属于人性，一半属于神性，因此，现实并不能够满足人的美的享乐，人为了享有美还必须不断地去探索、去追求。"美是主观与客观的统一"论告诉人们的就是：美不在主观，也不在客观，美是它们两者的统一，而统一虽然在美感的刹那间实现，但实际上却是一个无休无止的过程。因为统一的真正意义不仅在于本身感性与理性的统一，而且在于人与自然的统一，在于人的完全自由与解放。

这是"美是主观与客观统一"论的潜在命意。之所以叫作潜在命意，是因为有些在朱光潜立论中并没有直接的表述，而包含在他的必然的逻辑结论中。

二　历史渊源

"美是主观与客观的统一"作为一个命题虽然是朱光潜提出来的，作为一种理解或追求却包含在所有重要的美学体系中。特别是 18 世纪以来，德国一些美学家意识到，解决"抽象的心灵与自然间的对立和矛盾"，"不但标志着一般哲学的再醒觉，也标志着艺术科学的再醒觉"，而只有经由这种再醒觉，美学才可能"真正成为一门科学"，艺术也才可能得到"更高的估价"[①]，因而开始在肯定美的本体性、知识性及恒定性前提下讨论心灵与自然，也就是主观与客观统一问题，尽管这些讨论本身没有产生特别重要的成果，却为现代美学，也为朱光潜扬弃美的主观论与美的客观论做了理论上的准备。

黑格尔在他的《美学》中以"从历史演绎出艺术的真正概念"为题概述了这一"再醒觉"的过程。他认为，康德是这一过程的发端。康德不仅早就感觉到心灵与自然统一观点的需要，而且对这一观点有"明确认识"，"并把它阐明出来"。在康德看来，"通常被认为在意识中是彼此分明独立的东西其实有一种不可分裂性"，"自然的、感性的事物以及情感之类的东西本身具有尺度、目标与谐和一致，而知觉与情感也被提升到具有心灵的普遍性，思想不仅打消了它对自然的敌意，而且从自然里得到欢欣；这样，情感、快感和欣赏就有了存在理由而得到认可，所以，自然与自由、感性与概念都在一个统一体里找到了它们的保证和满足"。康德有个根本的纰漏，就是"主观性"，他赋予这一统一以"主观观念的形式"，而忘记了恰恰它才是"真正唯一的真实"。黑格尔讲，康德的纰漏在"一位心灵深湛而同时又爱作哲理思考的人"即席勒那里得到了补缀。

---

① 《美学》第 1 卷，第 69 页。

席勒的大功劳就在于消除了康德所了解的思想的主观性与抽象性，敢于设法超越这些局限，在思想上把统一与和解作为"真实"来了解，并且在艺术里实现这种统一与和解。席勒把统一理解为"理念"，认为它不唯是认识的原则，也是存在的原则，而这正好与黑格尔自己的美学联结起来，并成为他的先导。黑格尔把自己的美学看作是近代美学，特别是德国美学发展的逻辑结果。他把美定义为"理念的感性显现"，按照他的解释，这就是说，感性的客观因素在美里并不具有独立的意义和价值，它必须把自己存在的直接性取消掉，而融解在理念里，乃至看起来像是从理念中生发出来的，同时，心灵的主观的因素在美里也不再以有限的抽象的方式起作用，它必须让审美中的欲念退隐，把它对对象的目的抛开，使自己上升为理念，这样，原来分裂为我与对象的两个抽象方面就在理念中，也就是在概念与实在统一中达到了和解。黑格尔认为，美与真是一致的，美必须是真，无论是作为客体的对象、行动、事迹、情景，也无论是作为主体的"我"，只有在符合理念并实现了理念时才能趋向于真与美，所以，美对于审美的人带有一种解放的性质。

从康德到黑格尔代表了一种理性主义传统。他们所理解和追求的心灵与自然、主观与客观的统一，实则是事物的形式与认识机能的统一，是具体实在与普遍概念的统一，而这并没有也不可能揭示审美活动的本质。因此，黑格尔以后，也就是19世纪中叶以后，出现了以叔本华、尼采、克罗齐等人为代表的反理性主义的思潮，他们开始从理性之外，从直觉、"生存欲"、"酒神精神和日神精神"里寻找将心灵和自然、主观与客观统一起来的根据。

当朱光潜于20年代游学欧洲的时候，正是反理性主义思潮方兴未艾的时候，他迅速卷入这一思潮中去，并理解了这一思潮对美学发展的重要意义。他在《给青年的十二封信》中不无激情地写道："现代哲学的主要潮流可以说主要是十八世纪理智主义的反动。自尼采、叔本华以至柏格森，没有人不看透理智的权威是不实在的。"他特别谈到心理学方面的麦独孤的"动原主义"（homic theory）与弗洛伊德的隐意识理论，认为由于这两方面的成果，那种以为理智能够支配人的行为，以及理智的世界是尽善尽美的世界的假定便完全失去了赖以自恃的根据①。从这样一点出发，

① 《朱光潜全集》第1卷，第41—43页。

他批评了席勒的"理想主义"与黑格尔的"极端的泛理性主义",指出:
依照这种哲学,"宇宙浑身都是理性",而人们都必须"着眼全体",但除
非人们都变成像席勒、黑格尔一样的哲学家,否则人们只能被排除在理性
世界之外,既不能获得真,也不能享有美。显然,这是违背一般人的审美
经验的。①

　　也是从这样一点出发,他对康德采取了稍有不同的立场。他阉割了康
德,截取了他的"形式主义"方面,认为康德"超出一般美学家","抓
住了问题的难点,知道美感是主观的,凭借感觉而不假概念的,同时,却
又不完全是主观的,仍有普遍性和必然性",但是,康德并未完全弄清审
美活动中心与物的关系,在他看来,心与物的关系无非是"刺激"与
"感受"的关系,"一个形象适合心理机能,与一种颜色适合生理机能,
并无分别",这样就把与联想、概念相联系的所有的美都排除在"纯粹的
美"之外了②。

　　朱光潜看到了康德形式主义的合理因素,因而对被他称为"形式主
义美学的集大成者"的克罗齐表现了极大的热诚。他很欣赏克罗齐的
"美即直觉,直觉即表现,即艺术"的命题,并且把它当作自己早年美学
理论的支柱;但是他对康德形式主义的"极端化",对克罗齐形式主义的
"机械性"又表现了少有的冷漠。他认为,审美活动除了直觉之外,应该
包含更多一些内容,于是,他把视角转向了叔本华、尼采的生命哲学。在
他看来,"叔本华的厌世主义比较黑格尔的泛理性主义似稍近于真理",
而尼采比叔本华则更进了一步。审美不单单是要把一个个具体对象"孤
立"出来,从中寻求刹那间的快感,实现"心"与"物"的统一,更重
要的是要把充满罪恶与苦难的整个世界隔绝开来,化作一幅可供观赏的光
怪陆离和奇妙无比的图画,达到"情趣"与"意象"的融合,而在主观
"情趣"与客观"意象"间不啻有着"天然难跨越的鸿沟",尼采的"酒
神精神"与"日神精神"论"可以说是这种困难的征服史"③。

　　对于朱光潜来讲,克罗齐与尼采都只是真理的一半,他需要把他们联
结起来,汇为一体,而为了这个目的,就必须把立普斯、布劳、联想主

---

① 《朱光潜全集》第 1 卷,第 444—446 页。
② 同上书,第 346 页。
③ 《朱光潜全集》第 3 卷,第 62 页。

义、道德主义通通引进来，作为其间的中介。他建构了自己的美学，这个美学的核心就是美感经验的三阶段论。他肯定美感经验是一种直觉，是"情趣的意象化"和"意象的情趣化"，它不假思索，不计功利，无所为而为，同时又认为，在美感经验之前，即情趣转化为意象之前，心灵已经经过了长久的积蓄和准备；在美感经验之后，即意象转化为情趣之后，心灵又将产生一种回流，在这个回流中，想象扩充了，同情伸展了，知识拓开了。朱光潜曾说：对于一个审美的人，重要的是懂得什么样的经验是审美经验，并且懂得将美感态度推到人生世相方面去①。就前一方面，他超越了尼采，就后一方面，则超越了克罗齐。他寻求的是更真切、更深透、更现实的美，是对美的更确定、更完整、更普遍的解答。当然，他没有比克罗齐、尼采走出多远，因为他没有找到第三种足以取代他们的理论根据。

三　理论根基

朱光潜于40年代中期写的《克罗齐述评》标志着他思想上的转折。他终于认识到，克罗齐美学的最大弊病，不是他的"机械观"，而是他试图打破而终又陷入的心物二元论。他所谓的物并非实际存在的自然，因为这在他看来是混沌的、机械的、不可认知的，而是"方便假立"的"限界的概念"，也就是通常称作感受（sensation）、印象（impression）的东西；他所谓的心也并非实际存在的心，而只是从心中阉割下来的直觉，这个直觉可以不涉及概念、经济与道德。所以，克罗齐所追求的心与物或主观与客观的统一与被他所摒弃的理性主义者的心与自然或主观与客观的统一同样是片面的、虚假的。当然，朱光潜不会完全抹杀它，因为它至少使人看到了在美的主观与客观统一中的非理性主义的一面。克罗齐的直觉论既然不能成立，与它相联系的尼采的"酒神精神"与"日神精神"论也就失去了依傍，于是，朱光潜不得不重新审视自己"折衷"式的美感经验"三阶段"学说。

50年代末60年代初，一些美学界同仁站在传统美学立场上，运用马克思主义的反映论，对朱光潜进行了批评，这迫使他匆忙地转向了马克思

---

① 《朱光潜全集》第2卷，第7页。

主义。令他出乎意料的是，多年来让他苦思冥想、殚精竭虑而终无所得的有关美的本质问题的答案似乎就包藏在马克思主义之中。他把争论从反映论引向意识形态理论，因为在他看来，艺术是一种意识形态，美是艺术的属性，美毫无疑问具有意识形态性。他依此作了如下的阐释：

一、美是意识形态性的，因此"凡是未经意识形态起作用的东西都还不是美，都还只能是美的条件"，这就是说，"任何自然形态的东西，包括未经认识与体会的艺术品在内，都还没有美学意义的美"。

二、构成美的包括"美的条件"（自然或艺术品）与意识形态两个方面。"美的条件"只是"原料"，虽然这个"原料"起着"决定性的作用"，但究竟还不是"成品"。"条件"要转化为"成品"就必须经过意识形态的"加工"。从这个意义上讲，美就是"条件"的意识形态化。

三、这么说，没有美感就没有美。"美是既经过美感影响又经过美感察觉的一种特质，它可以在美感前（察觉的对象），也可以在美感后（影响的对象）。"

四、美感和艺术创作、欣赏本质上是同一的，"美感活动阶段是艺术之所以为艺术的阶段"，而这也就是通常讲的形象思维阶段，这是美学要研究的"中心对象"。

五、艺术活动是"一个生产劳动过程"，是"需要注意力的高度集中、主观能动性和创造的劳动"，它要借助于形象思维，但形象思维不是唯一的，有时也要借助抽象思维。此外，个人生活经验等也常常不自觉地起着作用。

六、所以，对于处于美感状态或艺术活动中的人，应"作为整体的有机的人来看待，作为'社会关系的总和'的人来看待"。"一个人的生活经验、文化修养、意识形态的总和（世界观、人生观、阶级意识，等等，这些意识形态通常都伴着情感色彩，大略相当于从前人所说的思想情感）以及专业方面的技术修养等都可以影响他的创造和欣赏，这些都是客观决定的，但是是通过主观起作用的。"

七、如果给美下一个定义，那么应该说："美是客观方面某些事物、性质和形态适合主观方面意识形态，可以交融在一起而成为一个完整形象的那种特质。"这个定义中包含了"内容与形式的统一"（物的形象反映了现实，表现了思想情感），"自然性（感觉素材、美的条件）与社会性

（意识形态、美的条件）的统一"，"客观与主观的统一"。

八、所谓统一，不是"机械地拼合"，而是"辩证的统一"，不是几分客观加几分主观，而是说"主观和客观对立成为矛盾，艺术克服了这个对立的矛盾，把它们融合成一个完整的艺术形象，在这个完整的艺术形象中，客观与主观统一起来了"①。

应该说，朱光潜对"意识形态"的理解并不符合马克思主义本义。马克思主义讲的"社会意识形态"指的是哲学、宗教、艺术等本身，并不是尚保存在人们头脑中的有关的观念，更不是一般的"思想感情"，所以，朱光潜把美说成是"意识形态性的"是不正确的。正像朱光潜自己阐释的：一、美不是像艺术（品）那样的一种固定的"形态"，它是伴随美感而形成的，是人的一种"评价"；二、参与美感之中的不光有"意识形态"（世界观、人生观等），还有个人生活经验，是整个有机体的人。当然，我们很理解朱光潜把他对全部美的理解勉强嵌入"意识形态"论中的苦衷，因为在那个时代，马克思主义术语几乎是唯一令人信服的学术语言。我们对于朱光潜用不十分确切的术语所表述出来的不十分明晰的思想必须谨慎地加以分辨和推敲。

据我看来，重要的不是"美是意识形态的"这个结论本身，而恰恰是"意识形态"所蕴含的实际意义。朱光潜认为，介入美感与艺术活动的是"意识形态的总和"，即世界观、人生观、阶级意识以及相应的思想情感，此外还有生活经验、文化素养、专业技术修养等，是全部自觉的与不自觉的心理活动，是人之为人的整个有机体，这就是说，作为审美的主体，不单单是理智、直觉，也不单单是情趣，而是这一切理性的与非理性因素的总和；同时，作为审美的客体，也不单单是对象的形式、"限界的概念"，不单单是意象，而是适合主体的意识形态并与之交融在一起形成完整形象的那种特质。这种理解无疑比康德、黑格尔、尼采、克罗齐前进了一步，比他自己早年的认识也前进了一步。人从来都是作为有机整体存在着，如果他思考着，必定是以整个心灵在思考；如果他感觉着，必定是以整个心灵在感觉；如果美感经验确实生成了，那必定是人的整个心灵受到了震撼。美是对于真实而完整的人而存在的，如果人割裂了自己，成为理智、直觉、意识或下意识的片断，那么美也就被肢解了和消亡了。朱光潜

---

① 《朱光潜全集》第 3 卷，第 67—72 页。

正是在这个意义上，把美的主观与客观的统一同时解释为内容与形式的统一，自然性与社会性的统一。

　　但是，问题也正发生在这里，在对人或自然作为整体的理解上。朱光潜在这里仅仅把人看作是"意识形态的总和"，或者再加上生活经验、文化素养之类的心理因素，而还没有把人看作是同时具有血肉之躯的活生生的人，人的心灵部分与自然部分还是分裂着的。似乎人的美感或艺术活动仅仅只是心灵的活动，似乎人的生理机能对美感或艺术活动根本不发生影响，这当然是不符合事实的。与此同时，朱光潜把自然也割裂为两个部分，一部分是作为"美的条件"与人的意识形态发生关系的，一部分是不能作为"美的条件"因而只与人的生理机能发生关系的。事实上，自然自身是统一的，自然之所以显得美，之所以给人以美的愉悦，也正由于自然作为统一体的存在。不这样理解人与自然，就不能揭示像朱光潜试图证明的美的内容与形式的统一、自然性与社会性的统一。

　　理论的逻辑迫使朱光潜摒弃所谓意识形态论，而真正回归到人与自然的整体上去。这一点在朱光潜深入钻研了马克思的《费尔巴哈论纲》及《1844年经济学—哲学手稿》之后基本上达到了。朱光潜认为，马克思在美学上的贡献就在于他倡导了由单纯的"认识观点"转变到"实践观点"，强调"主体（人）与对象（物）的互相推进，不可偏废"，与在方法论上主张人是一个整体，"人与自然及人本身各种功能的辩证统一"。他说，马克思讲"人道主义与自然主义的统一"，就是人的真正解放和自然的真正复活，而这只有通过人的实践才能实现。所谓实践就是人与自然的相互交换和转化，一方面是人之中有自然，另一方面是自然之中有人；一方面是人改造自然，丰富自然，使自然成了"人的本质力量的现实界"，另一方面人在改造自然中改造了人自身，丰富了人自身。美感或艺术活动正是组成人类实践的一个部分，在美感与艺术中相互对应并相互融合的正是人与自然的整体。也正因为如此，马克思强调人的"全面本质的恢复"，即调动人的"视、听、嗅、味、触、思维、观照、情感、意志、活动、爱，总之，他的个体所有的全部器官，以及在形式上直接属于社会器官的一类的那些器官"，"去占有和掌管人的现实界"。马克思讲，为了使"对象变成人性的对象"，必须使"眼睛变成人性的眼睛"，自然的完整是以完整的人的存在为前提的。朱光潜认为，马克思这些话道出了美与美感不可分割、主观与客观不可分割的实质，并且以为它应该是建构一部真正科学的美学的基础。朱光潜晚年正是抱着这种信念，做了一生中第二次系统的理论综合，这次综合是以马克思主义实践观点为中心，从人的本质开始，逐次涉及美的共同性与特殊性、审美活动的心理与生理、艺术创作中的形象思维与抽象思维、现实主义与浪漫主义、典型环境与典型性格、喜剧与悲剧、必然性与偶然机缘等问题，成为他对当代美学的一个初步的总结①。

综上所述，可以认定，与历史上的理性主义和非理性主义美学比较起来，朱光潜的美学是站在前列的，他的"美是主观与客观的统一"论超越了所有二元论的对立，揭示了审美活动的真实本性。重温朱光潜一生对这一问题的不懈探求，不仅具有深刻的理论意义，也具有重要的实践意义。

一般美学都试图解答感性的美、艺术的美或理念的美，但是重要的是在所有这些美之中寻找出一个可以相互衔接、相互沟通、相互过渡的环节。美学体系的建立就取决于这样的环节是否被找到和被阐明了。"美是主观与客观的统一"正是这样的环节，从这里人们既可以了解一般感性的美的特征、艺术的美的本性，也可以了解理念的美的实质，既可以明了感性的美、艺术的美与理念的美这些美的不同层次，也可以明了从较低的感性的美，经由艺术的美，达到理念的美的途径。

美学的目的并不是指证具体的美的存在与规律，而是揭示一条从感性的美达到理念的美的道路。一切对美的具体指证都是虚伪的，因为美是不可指证的，凡是经过指证而被人认知的都不再是美。美之所以为美在于它是一种追求。"美是主观与客观的统一"理论告诉我们的就是这个事实：美不在客体，因为没有经过心灵贯通的客体是抽象的、外在的，它不能满足心灵的渴求；美也不在主体，因为没有在外在世界中彰显的主体也是抽象的，有限的，也不能满足心灵的渴求，美只能在主体与客体相互撞击、交流、融通中诞生，而这必然是一个不断闪现又不断消失，逐渐接近而又始终令人感到渺茫的过程。正因为如此，美不应该使人沉痛，相反，应该使人警醒，美应该像一盏不灭的灯火，在漫长的路途上引人前行。那种因谈论美而把人引向粗俗的、浅薄的感性欲求中的美学是对美学的亵渎，我们必须反对这种亵渎的美学，让美学真正肩负起引导人们达到更高、更美的境界的使命。

① 阎国忠：《朱光潜美学思想研究》，辽宁人民出版社1987年版，第218—281页。

对传统的现代阐释*

——朱光潜论意象、意境与境界

在中国传统美学中，意象、意境、境界是具有核心意义的概念。

"意象"一词，最早见于《周易·系辞上》："子曰：圣人立象以尽意，设卦以尽情伪，系辞焉以尽其言，变而通之以尽利，鼓之舞之以尽神。"此处之"象"指卦象，"意"指卦之意蕴。将"意象"一词运用于文艺学中，使之具有审美意义的是南朝齐梁时代的刘勰。刘勰在《文心雕龙·神思》中写道："……然后使玄解之宰，寻声律而定墨；独照之匠，窥意象而运斤；此盖驭文之首术，谋篇之大端。""意象"后被广泛运用于文学批评中，泛指人们意识中、作品中或自然事物中一切有意味之表象。

"意境"一词较为晚出。唐代王昌龄在其所撰的《诗格》中，首次提到"意境"。"诗有三境：一曰物境……二曰情境……三曰意境。亦张之于意，而思之于心，则得其真矣。"清末王国维总前人诸说，对"意境"作了深入概括。他说："文学之事，其内足以摅己而外足以感人者，意与境二者而已。上焉者意与境浑，其次或以境胜，或以意胜。苟缺其一，不足以言文学……文学之工不工，亦视其意境之有无与其深浅而已。"① 又说："然元剧最佳之处，不在其思想结构，而在其文章。其文章之妙，亦一言以蔽之曰：有意境而已矣。何以谓之有意境呢？写情则沁人心脾，写景则在耳目，述事则如其口出是也。古诗词之佳者，无不如是。元曲亦然。"②

---

* 此文收入《朱光潜与当代中国美学》，香港中华书局1998年版。

① 《人间词乙稿序》。

② 《宋元戏曲考》。

"境界"一词更为晚出,主要见之于王国维的《人间词话》。其中说:"词以境界为最上。有境界则自成高格,自有名句。五代、北宋之词所以独绝者在此。"① 又说:"然沧浪所谓兴趣,阮亭所谓神韵,犹不过道其面目,不若鄙人拈出'境界'二字,为探其本也。"② 又说:"……一切境界,无不为诗人设。世无诗人,即无此种境界。夫境界之呈于吾心而见于外物者,皆须臾之物。唯诗人能以此须臾之物,镌诸不朽之文字,使读者自得之。遂觉诗人之言,字字为我心中所欲言,而又非我之所能自言,此大诗人之秘妙也。"③

意象、意境、境界在文学批评史上同时被人们所接受,并且被置于核心概念的地位,这固然体现了学术思想及风格上的丰富性,却也无可避免地带来了审美观念及价值取向上的不统一,所以,自美学作为一门学科在中国确立以来,几近 100 年中,对这些概念的辨析和厘定一直是学界关注的问题,而且对这个问题的解决被认为是继承中国美学传统,建构具有中国自身特点的现代美学的一个关键。

朱光潜是在中国古典艺术精神熏陶下成长起来的。他早年一些著述也曾沿用意境、境界这些概念,但在接触西学之后,感到这些概念过于"笼统",于是在意予以改造。他在《诗的隐与显——关于王静安的〈人间词话〉的几点意见》中写道:

> 从前中国谈诗的人往往欢喜拈出一两个字来做出发点,比如严沧浪所说的"兴趣",王渔洋所说的"神韵",以及近来王静安所说的"境界",都是显著的例子。这种办法确实有许多方便,不过它的毛病在笼统。④

朱光潜根据克罗齐的"形象直觉说",同时参照立普斯的"移情作用说"、尼采的"酒神精神与日神精神说",将经他重新阐释了的"意象"作为核心概念,从意象、情趣和语言三者的统一中揭示艺术的构成,同时,将"意境"、"境界"一并纳入自己的评价系统中,他的这一努力对

---

① 《人间词话》一。
② 《人间词话》九。
③ 《人间词话附录》十六。
④ 《朱光潜全集》第 3 卷,第 355 页。

于改造传统概念，赋予它们以现代意味无疑具有开拓性意义。当然，意象、意境、境界这些概念的意蕴极其丰富，在许多情况下，它们是相互重叠和交叉的，当将它们依照某种观念与方法予以厘定的时候，也就是当它们不再保持以前的"笼统"，而被逻辑地解析和限囿的时候，它们会在获得明白清晰的同时，失去原有深广而隐秘的意蕴。当然这也是很可惜的。所以，对传统概念的改造是一项十分细致和复杂的事，这件事虽然有朱光潜等人开了先河，但更艰巨的"披沙拣金"的工作还有待于将来。①

这项工作之所以艰巨，因为它涉及整个中国学术的改造，包括学术精神及学术方法上的改造。这方面，朱光潜于 30 年代初所提到的抛弃"学以致用"的短见，提倡科学的求实精神，扼制"独尊"主义流毒，树立民主的批判精神以及注重科学的方法、注重观察实验、注重独立创造等，② 依然是我们所面临的一个重要使命。

一

朱光潜在《给青年的十二封信》中第一次向中国读者介绍了"意大利美学泰斗"克罗齐的"为美术而言美术"（art for art's sake）的观点，同时，也就将"意象"与克罗齐的"直觉"联系在了一起。"image"一词，朱光潜翻译为意象。他认为，克罗齐的学说可以称之为"意象（形象）直觉说"。这一学说主张，"美术品只是直觉得来的意象，无关意志，所以无关道德"③。1927 年前后，朱光潜开始系统地评介克罗齐的美学，首先写了《欧洲近代之大批评学者——克罗齐》一文。在这里，朱光潜进一步申发了"直觉乃单纯的意象"的观点，并且把意象与美联系起来（"美术的意象"），而和善与真做了区别。他说："美术既然是直觉，所以与道德作用（moral act）无涉"，"一个美术的意象只是一个意象，你决不能站在实用的伦理的立脚点批评它是道德的或不道德的。说一个幻想是道德的，一个梦是不道德的，或者说一幅画是道德的，一首诗是不道德的，无异于说一个方形是道德的，一个三角形是不道德的，都是妄言妄听

---

① 《朱光潜全集》第 10 卷，第 561 页。
② 《朱光潜全集》第 8 卷，第 23—38 页。
③ 同上书，第 28 页。

的呓语"。又说："美术既然是直觉，则不但与'善'的问题无关，与'真'的问题也不相涉。真假是非都是概念的知识（conceptual knowledge）。概念的知识属于哲学范围，其目的在判别实在与非实在。直觉乃单纯意象，此意象是否实在，非直觉所能判别；若经判别则直觉已变而为概念"；"直觉的对象是个体（particulars），概念的对象是共性（universals）。直觉仅在心灵中形成事物的意象，概念则以此意象为主词加以种种判断。比方心中偶然想到一轮明月，这只是直觉，进一步思索到月是一个行星，距地球若干里路，须若干时运行一周，这便是概念了。"①

不仅如此，朱光潜还依照克罗齐的观点将意象中"美术的"意象与"非美术"的意象做了区分。他说："美术仅关意象，然一切意象不都能构成美术。比方看电影，读冒险小说，许多离奇恍惚的意象流转承续，然而，我们只把这种玩意儿当作消遣品，决不把它当作美术"，"克罗齐以为这个分别在单整性（unity）。非美术的意象没有经过美术家的心灵综合作用，只是零落杂乱，而美术的意象则经过心灵综合作用，所以于'繁杂之中寓有单整性'（unity in varirty）。换句话说，非美术的意象是死的，美术的意象是有生命的。"②

这里所谓的"心灵综合作用"是通过直觉实现的；但直觉并不是单纯的感官的活动，它"背面的支配力是情感"，所以克罗齐又把"美术即直觉"一个定义引申为"美术即抒情的直觉"（lyrical intuition）。换句话说，"在美术的直觉中情感与意向融合成一体，这种融合就是所谓'心灵综合'，所谓'创造'，所谓'表现'，总而言之，就是美术"。朱光潜接着阐释说："情感的背面又有全人格（personality）在那里阴驱潜率，所以美术是全人格的表现。因此，单就本身说，美术是独立的，是不受是非善恶苦乐诸概念支配的，是超现实的；就来源说，美术是人格的产品，是时代的产品，是与宇宙生命脉搏交感共鸣的。"③

或许在写作这篇文章的同时，朱光潜就已着手构思他的系统性的美学著作《文艺心理学》，但《文艺心理学》成书已是 1932 年，且以后又经过了反复修改，所以书中所陈述的观念已发生了很大变化，不过在直觉说

---

① 《朱光潜全集》第 8 卷，第 234—235 页。
② 同上书，第 236 页。
③ 同上。

问题上依然可以看出其前后相续的关系。

《文艺心理学》是从美感经验讨论起的。它所回答的问题是：在美感经验中我们的心理活动是什么样？在朱光潜看来，美学（aesthetic）一词，应译为直觉学，因为 aesthetic 本指心知物的一种最单纯、最原始的活动，其意义与 intuitive 极相近。美感经验就是直觉经验，直觉的对象是意象，因为意象要求全副心神投入进去，不旁迁他涉，不管它为某某，所以他给它加上限制词，称之为"无沾无碍的独立自足的意象"。值得注意的是，这里朱光潜常常把意象改称为形象，并且明确地指出，"形象是直觉的对象，属于物；直觉是心知物的活动，属于我"。他说："在美感态度中，我们也是在从知觉到反应动作的悬崖上勒缰驻马，把事物摆在心目中当作一幅图画去玩索。不过审美者的目的不像实用人，不去盘问效用，所以心中没有意志欲念；也不像科学家，不去寻求事物的关系条理，所以心中没有概念和思考。他只是在观赏事物的形象。唯其偏重形象，所以不管事物是否实在，美感的境界往往是梦境，是幻境。"[1] 为了加强自己的立论，朱光潜还特别援引德国心理学家闵斯特堡（Münsterberg）在《艺术教育原理》中说的一段话作为印证："如果你想知道事物本身，只有一个方法，你必须把那件事物和其他一切事物分开，使你的意识完全为这一个单独的感觉所占住，不留丝毫余地让其他事物可以同时站在它的旁边。如果你能做到这一步，结果是无可疑的：就事物说，那是完全孤立；就自我说，那是完全安息在该事物上面，这就是对于该事物完全心满意足，总之，就是美的欣赏。"[2] 不过，朱光潜认为，在美感经验中，直觉与意象（形象），我与物并不是互不相干的两个东西，而是相因为用的。比如在观赏古松，玩味到聚精会神时，常常不知不觉地把自己心中的高风亮节的气概移注到松，同时，又把松的苍劲的姿态吸收到我，于是，古松俨然变成一个人，人也俨然变成一棵古松，我与古松的界限完全消灭，心灵只被古松的完整而单纯的意象占据。美感经验的特征就是这种物我两忘。所以上面提到的"直觉属于我，形象属于物"是粗浅的说法，严格地说，形象一半是由事物所呈现的，一半则是由观赏者本人当时的性格和情趣外射出去的。并且朱光潜由此得出结论说：

---

① 《朱光潜全集》第 8 卷，第 211 页。
② 《朱光潜全集》第 1 卷，第 212 页。

　　直觉除形象之外别无所见，形象除直觉之外也别无其他心理活动可见出。有形象必有直觉，有直觉也必有形象。直觉是突然间心里见到一个形象或意象，其实就是创造，形象便是创造成的艺术。①

二

　　但是，把意象界定为直觉的对象这种观念，由于引进了立普斯的移情作用说而受到了冲击。克罗齐把直觉说成是"抒情的直觉"，承认在直觉中融注着情感，但他绝对排斥联想或想象；② 而立普斯却认定在美感经验中有联想或想象的介入。立普斯以古代希腊多立克式（Doric）石柱为例，指出：看到这些石柱，本来应有承受重压顺着地心吸力下垂的感觉，却往往相反，觉得它耸立飞腾，显现出一种出力抵抗不甘屈挠的气概，这是为什么呢？因为我们没有以石柱本身为对象，而以它的"空间意象"为对象。"空间意象"之所以使我们有耸立飞腾的感觉，是因为凭以往经验进行"类似联想"的结果。朱光潜接受了立普斯这一观念，并按照自己的理解阐释说：

　　　　我们最原始、最切身的经验就是自己的活动以及它所生的情感，我们最原始的推知事物的方法也就是根据自己的活动和情感，来测知我以外一切人物的活动和情感。我们不知道鼠被猫追捕时的情感，但是记得起自己处危境的恐惧；我们不知道一条线在直立着和横排着的时候有什么不同，但是记得起自己在站着和卧着时的分别。以己测物，我们想象到鼠被追的恐怖；同理，我们也想象线在直立时和我们在站着时一样紧张，在横排时和我们在卧着时一样弛懈安闲。我们觉得石柱耸立上腾，出力抵抗，也是因为这个道理。③

---

　　① 《朱光潜全集》第 1 卷，第 215 页。
　　② 克罗齐有时把想象和直觉看成同义词，有时对想象持拒绝态度认为"想象"只适于外部的结合，而不适于有机体和生命的产生。（参见《美学原理·美学纲要》，第 209—222 页）朱光潜早期受其影响把想象理解为"心中酝酿出一个具体的情境，就是直觉到一种形相"。（《朱光潜全集》第 8 卷，第 379 页）
　　③ 《朱光潜全集》第 1 卷，第 244 页。

　　朱光潜于是从克罗齐的"形象（意象）直觉说"中游离出来，在直觉之外强调了想象或联想在艺术活动中的作用，认为艺术的创造与欣赏都有联想或想象的介入。他说：普列斯柯特在他的《诗的心理》（Proscott：The Poetic Mind）里援引霍布斯的"有意旨的思想"和"联想的思想"的分别，以为诗完全属于"联想的思想"，与梦极相似。诗境往往是一种梦境，在这种境界中，诗人越能丢开日常"有意旨的思想"，越信任联想，则想象越自由，越丰富。柯勒律治（Coleridge）在吃鸦片烟之后睡眼蒙眬之中做成他的名诗《忽必烈汗》，是一个最好的例证。诗人在做诗时，自己固然仿佛在梦境里过活，还要设法"催眠"读者，使读者也走到梦境里，欣赏他所创造的世界。如果丢开联想，不但诗人无从创造诗，读者也无从欣赏诗了。他还说，如果仔细研究法国象征派的理论，可以更加明了诗和联想的关系。象征派主张各种感官默契旁通，视觉意象可以暗示听觉意象（请注意这里的感官意象的提法），嗅觉意象可以旁通触觉意象，乃至于宇宙间万事万物无不是一片生灵贯注，息息相通，"香气、颜色、声音，都遥相呼应"，所以诗人择用一个适当的意象可以唤起全宇宙的形形色色来。兰波（Rimbaud）也曾用《母音》为题做过一首十四行诗，渲染AEIOU 五音所引起的视觉意象，例如写 I 音的两行：I，灿烂的深红，淋漓的喷血/盛怒或沉醉而忏悔时的朱唇的笑。由 I 音联想到红色、鲜血和美人的笑容，I 音不过是一个导火线，深红、鲜血、朱唇的笑容是由这导火线所迸发出来的光辉四射的意象世界。李商隐和许多晚唐诗人的作品在技巧上很类似于西方的象征派，都是选择几个很精妙的意象来，以唤起读者多方面的联想。如他的"沧海月明珠有泪，蓝田日暖玉生烟"等句。"珠泪"、"玉烟"两种意象本身已很美妙，更勾起我们由死亡消逝之后，渺茫恍惚、不堪追索的情境所起的悲哀。[1]

　　但是，朱光潜并不认为联想乃至移情作用是美感经验本身或它的必要条件，原因在两个方面：

　　（一）作为审美者并不都须借助于联想与移情。依照弗来因斐尔斯（Müller Freientels）的说法，审美者分两类：一类是"分享者"（mitspieler，participant），另一类是"旁观者"（zuschaucr，contemplator）。只有"分享者"才在观赏时把自我放在物里，设身处地、分享它的生命；"旁

---

　　① 《朱光潜全集》第 1 卷，第 287—288 页。

观者" 在观赏时则物我分明，把自我置于物外去静观它的美。尼采将艺术分为两种：一种狄俄倪索斯式（Dionysian），专在自己活动中领略世界的美；一种阿波罗式（Apollonian），专处旁观地位冷静地观赏世界的美，观点与弗来因斐尔斯类似。王国维所说的"有我之境"与"无我之境"也是这个意思。"有我之境"即同物之境，"无我之境"即超物之境。前者物我两忘，我设身于物而分享其生命，人情与物理相渗透而我不觉其渗透；后者物我对峙，人情和物理猝然相遇，默然相契，骨干里它们虽是契合，而表面上却是两回事。此外，在这两类观赏者中，一般而论，"分享者"在品位上因隐而深并含有几分天机而高于"旁观者"。

（二）移情而起的联想也不是都有助于审美。根据布洛的观点，联想有"融化的"（fused）和"不融化的"（non‐fused）两种。"融化的"联想实则就是想象（imagination），"不融化的"联想则是幻想（fancy）。"幻想"是杂乱的、飘忽无定的，是杂多而无整一的联想；"想象"是受全体生命支配的、有一定方向和必然性的联想。比如，林逋的咏梅诗句"疏影横斜水清浅，暗香浮动月黄昏"，如果看到"疏"字便纷乱地联想到五服之外的亲属，或禹疏九河，或上呈皇帝的奏疏，便是幻想；如按一定方向联想到梅花的疏影，而与整句诗的意境贯通起来，便是想象。"融化的"联想，即想象，是有助于审美的；相反，"不融化的"联想，即幻想，是无助于审美的。由此可见，联想并非就是审美经验本身，也并非是审美的必要条件，联想对审美的意义仅仅在于它是一种预备。由于在美感之前有联想，可以使美感变得充实。

朱光潜引进立普斯的移情作用说及英国联想主义，本来是为了克服克罗齐"形象（意象）直觉"说的形式主义偏向；但由于他仍然将联想、想象排除在美感经验即艺术之外，所以，并没有比克罗齐前进多少，不同的是，他意识到了这是一种偏向，而努力去调和，克罗齐则没有意识到。

三

朱光潜在进一步修改《文艺心理学》过程中，发现克罗齐的"形象（意象）直觉说"存在着一些更根本的问题，这就是能否把美感经验，即直觉，从全部欣赏活动中孤立出来，美感经验能否等同于艺术活动，艺术给人提供的是否仅仅是直觉中的意象，而意象又是否与知识、道德无关。

朱光潜在 1936 年的《作者自白》中写道：

> 从前，我受从康德到克罗齐一脉相传的形式派美学的束缚，以为美感经验纯粹地是形象的直觉，在聚精会神中我们观赏一个孤立绝缘的意象，不旁迁他涉，所以抽象的思考、联想、道德观念都是美感范围以外的事，现在，我觉察人生是有机体；科学的、伦理的和美感的种种活动在理论上虽可分辨，在事实上却不可分割开来，使彼此互相绝缘。①

于是，朱光潜在理论上做了这样一些调整：

第一，继续确认美感经验是纯粹的形象的直觉，但认为美感经验不等于艺术，而只是艺术活动的一小部分，直觉是一种短促的、稍纵即逝的活动；艺术的完成则需要长时期坚持的努力。

第二，肯定人的心理活动可以分出"科学的"、"伦理的"、"美感的"，但认为不能把这种分别绝对起来，让每种孤立绝缘，认为人在生理与心理两方面都是完整的有机体，其中部分与部分，部分与全体都息息相关，相依为命。美感经验作为人的一种活动必然与其他活动紧密联系在一起。

第三，艺术是人性中一种最原始、最普遍、最自然的需要。艺术的社会功用在于扩展同情、扩充想象，增加对于人情物理的深广真确的知识。伟大的艺术甚至应成为整个人生与社会的返照。因此，所谓"为艺术而艺术"的形式主义主张是该遭到排斥的。

既然意象仅仅是直觉的对象，那么艺术就不是直觉，还包括直觉之前之后的反省或思考的功夫。这一点朱光潜讲得很明白。他说：

> 美感经验只限于意象突然涌现的一顷刻，但是做诗却不如此简单。在意象未涌现之前，作者往往须苦心构想，才能寻到它。纵然它有时不招自来，也必须在潜意识中经过长期的酝酿。在意象涌现的一顷刻中，诗人心中固然只直觉到一个孤立绝缘的意象，对于它不加以科学的思考或伦理的评价，但直觉之后，思考判断自然就要跟着来。

---

① 《朱光潜全集》第 1 卷，第 198 页。

作者得到一个意象不一定就用它，须斟酌它是否恰到好处；假如不好，他还须把它丢开另寻较满意的意象。这种反省与修改虽不是美感经验，却仍不失其为艺术活动。①

这里所谓反省、思考、判断，实际上就是想象。朱光潜为划清与早期将想象与直觉混同的界限，此时将想象区分为两种：一种是"再现的想象"，另一种是"创造的想象"。前者"只是回想以往由知觉得来的意象，原来的意象如何，回想起的意象也就如何"；后者则"根据已有的意象做材料，把它们加以剪裁综合，成一种新形式"，而材料是自然的，形式才是艺术。朱光潜进一步指出，创造的想象与直觉不同，它含有三种成分：理智的、情感的、潜意识的。就理智成分来说，创造的想象在混整的情境中选择若干意象出来加以综合，须借助"分想作用"（dissociation）与"联想作用"（association）。"分想作用"把某个意象与和它相关的意象分离开，把它实现出来；"联想作用"则由某一个意象联想到另一个意象。就情感成分来说，意象的选择和综合决定于特定情感。情感触境界而发生，境界不同，情感也随之变迁；情感变迁，意象也随之更换，而且只是由于情感，原来散漫凌乱的意象才融成为整体。就潜意识来说，创造性想象还常常由灵感触发，而灵感则源于潜意识的酝酿。所以，创造性想象所面对的不再是直觉中的意象，而是较之意象更丰实、更饱满、更隽永的东西，这就是意境。

早期，朱光潜运用"意象"这一概念时，取其与"实在"相对的意义，强调美感经验及艺术活动有其不同于实在的独特法则。② 当他发现艺术活动与美感经验不能等同之后，于是又在意象概念之外，启用了意境与境界的概念，认为意象是美感经验的对象，是刹那间生成的、个别的、孤立的、无自身意义的形象，而意境或境界则是艺术想象的结果，是经过反复构思的、完整的、有独自意义的世界。50年代末，朱光潜写的《诗的意象与情趣》标志着这一思想的最终形成。在这篇文章中，他明确地认定：意象是"个别事物在心中所印下的图影"，是诗"创造个别的意境的基础"，意境除了意象之外，还须有情趣和语言，意境是意象、情趣与语

① 《朱光潜全集》第1卷，第315页。
② 《朱光潜全集》第9卷，第226页。

言的统一体。他解释说:

> 意象容易引生情感,却不一定能引生情感,所以不是所有的意象都是可以构成诗的境界的。比如举头向外一望,我看见房屋、树木、道路、人马,等等,在我心中都印下意象,可是,我对它们漠然无动于衷,它们没有感动我,对我可有可无,我不加留恋,它们就没有成为诗的境界。但是,这些寻常事物的意象也可能触动我的某一种心情,使我觉到在其他境界下不能觉到的喜悦或惆怅,使我不得不在它上面流连玩索。如果我把那依稀隐隐约约的情与景的配合加以意匠经营,使它具体化、明朗化,并且凝于语言,那就成为了诗。杂乱的、空洞的意象的起伏只是幻想(fancy),完整的意象与完整的情趣融贯成一体,那才是诗的想象(poetic imagination)。①

他以李白的《玉阶怨》为例,指出,“玉阶生白露,夜久侵罗袜,却下水晶帘,玲珑望秋月”,人们一眼先看到四句五言的语文,其中有音有义。就音说,它有一个整齐的格律,声与韵组成一种和谐的音乐,念起来顺口,听起来悦耳。如果细加玩索,这音乐也很适合于诗所要表现的情调。就义说,它写出一些具体事物的意象,如“玉阶”、“白露”之类。这些意象可以个别地用感官知觉去领会。温度感在这首诗中最显著,多数意象都令人觉得清冷。其次是视觉,玉阶、白露、水晶帘、秋月等都有看得见的形状色彩,“生”、“侵”、“下”、“望”四个动词可以起筋肉运动感觉,“生白露”与“下水晶帘”还可能有听得见的声音。不过,乱杂拼凑的意象不能成诗。这里的许多意象都是朝着一个总效果生发,它们融成一体,形成一个完整的境界,可以看成一幅画或一幕戏。

意境是由情趣、意象、语言所构成的。由于将语言加进去,情趣与意象的含义及相互关系都不同了。在《文艺心理学》及《诗论》中,朱光潜都曾提到“情趣的意象化”和“意象的情趣化”。其中有这样的话:

> 在美感经验中,我们须见到一个意象或形象,这种“见”就是直觉或创造;所见到的意象须恰好传出一种特殊的情趣,这种“传”

---

① 《朱光潜全集》第1卷,第347页,另参见《朱光潜全集》第3卷,第51—55页。

就是表现或象征：见出意象恰好表现情趣，就是审美或欣赏。创造是表现情趣于意象，可以说是情趣的意象化；欣赏是因意象而见情趣，可以说是意象的情趣化。[①]

依照这个意思，情趣与意象都是在"见"，即直觉的一刹那发生的，也是由"见"，即直觉统合起来的。因此凡能"见"的人，会直觉的人便可以称之为艺术家。这个观点在这里得到了纠正。因为朱光潜发现艺术与直觉毕竟不是一回事，艺术有个传达问题，由于有传达问题，艺术便必须诉诸语言（这里所谓的语言，按朱光潜在一篇文章的定义，应为"实有事物或想象事物的一种符号系统"[②]），而语言并非是情趣、意象之外的附加物，而是与情趣、意象同时发生的同一件事。情趣与意象（作为统一体）同时也就是语言，或者更确切地说，情趣与意象就呈现于表现它的语言之中。不是有了情趣与意象，然后才去寻找一定的语言来表达，而是在情趣与意象的生成之中就有语言的介入。因此，语言在艺术活动中不仅赋有表达的功能，在某种意义上还秉持结构的功能。由于语言的介入，原来朦胧的情趣才会明朗化，原来杂乱的意象才会完整化，同时明朗的情趣和完整的意象才会统一而为一种意境。

在《诗的意象与情趣》中，朱光潜称借助语言使之明朗化的情趣为"第二度情绪"或"回味起来的情绪"，此前那种未经反省的情趣为"第一度情绪"或"生糙自然的情绪"。他认为，它们之间的分别可以这么判定："第一度情绪"如"洪水行潦，拖泥带水"；"第二度情绪"如"秋潭积水，澄清见底"。"第一度情绪"有悲喜两极端中各种程度的快感与不快感；"第二度情绪"悲喜相反者同为欣赏的对象。"第一度情绪"起于具体的情境而那具体的情境却不能反映于意识，意识全被情绪垄断住了；"第二度情绪"连着由它所起的具体的情境同时很明确地反映于意识，是一个情景交融的境界。总之，"第一度情绪"是人生，是自然；"第二度情绪"是想象，是艺术。艺术凭借自然，却也超脱自然，它是自然之外建立的一个意象世界。

艺术涉及情趣、意象、语言，无论艺术家和读者都不能不接触这三个

---

① 《朱光潜全集》第9卷，第385页
② 同上。

方面。对于艺术家，是由情趣见到可表现那情趣的意象（因情生景），或是由意象而见到其中所表现的情趣（即景生情），然后把那情趣意象混化体凝定于恰如其分的语言，传达给别人。读者则首先见到传达出来的语言，由语言而见意象（意境，或完整境界），由意象而见情趣，然后把那个情趣意象语言混化体（艺术品）在想象中再造出来。艺术家与读者都须凭借直觉与想象，都付出某种创造的功夫，因此都不是很容易的，尤其是艺术家。艺术家要从"无"开始，他们的感觉必须更加锐敏，想象必须更加丰富，情感必须更加深挚，能见到我们所不能见到的，感到我们所不能感到的，并且能够把所见所感的一切用语言恰当地表达出来。所以，艺术家一般比我们要高一着，不是人人都可以成为艺术家的。

四

朱光潜明确是以"意象"为其出发点的，[①] 所以对意象的讨论颇多。综合起来可以归纳为以下几点：

（一）意象与概念是人类认识事物的两种形式。意象是"个别事物在心中所印下的图影"，概念则是"同类许多事物在理解中所见出的共同性"。"比如说'树'字可以令人想到某一棵特别的树的形象，那就是树的意象，也可以令人想到一般叫作'树'的植物，泛指而非特指，这就是树的意义或概念。"[②]"概念就是意义，而意义是普遍的，是可以代表许多事物的符号。意象自身没有意义，因为我们心中此时此地'马'的意象，不能用来做符号代表他时他地'马'的意象，""概念是超时间与空间的，意象是限于特殊时间与特殊空间的"[③]。就人类思想演进的程序讲，意象在先，而概念在后。"原始民族和婴儿运用思想多着重实事实物的图形，开化民族和成人运用思想才着重凡事凡物的关系条理。我们想到'重'，原始民族想到山石；我们想到'慈爱'，原始民族想到'鸟哺雏'。"[④]

（二）意象既为人类认识事物的方式，在成为审美意象时必然获得一

① 《朱光潜全集》第 3 卷，第 355 页。
② 《朱光潜全集》第 9 卷，第 369 页。
③ 《朱光潜全集》第 8 卷，第 250 页。
④ 《朱光潜全集》第 9 卷，第 369 页。

种新的性质，否则一切意象便都成为审美的了。这种新的性质就是"单整性"。由于具有"单整性"，审美意象便不是"死的"，而是有"生命"的。审美意象的"单整性"，即希腊人讲的"繁杂之中寓有单整性"，是经过心灵综合作用的结果。一般情况下，心灵综合作用有两种途径：一是直觉，二是想象。直觉与知觉（perceptiom）不同，知觉是纷乱的，必须经过抽象达到概念的统一，直觉则是单整的，它唯一面对的是个别的意象。想象与幻想也不同，幻想是纷乱的，想象是单整的，"幻想只是让纷乱的意象在脑中复现，想像要经过心灵的创造作用把纷乱的意象剪裁综合，成一种有生命的作品"①。由直觉所得的意象可以称作"感官从外物界所摄取的意象"，这种意象因涉及感官的不同，有视觉意象、听觉意象、运动意象等，由想象所得意象则可称之为"心里所想象的意象"②。

（三）意象是在直觉或想象中诞生的，因此涉及心与物两个方面，这两方面是不可分割的。与意象同时形成的心理效应可以称之为情趣。意象与物有关，是有见于物的心中的图影，情趣与心有关，是有感于心的物的回音。情趣是"内在的、属我的、主观的、热烈的、变动不居，可体验而不可直接描绘的；意象是外在的、属物的、客观的、冷静的，成形即常住，可直接描绘而却不必使任何人都可借以有所体验的。如果借用尼采的比喻来说，情感是狄俄倪索斯的活动，意象是阿波罗的观照"③；但意象与情趣互为表里，具体的情趣必然要表现在具体的意象中，具体的意象又必然负载着具体情趣。"具体的意象必是一活跃的情境，使人置身其中，便自然而然地要发生那种具体的情趣。"④

（四）意象的功用是双重的：一是象征某种感情与概念；二是以本身的美妙去愉悦耳目。"文艺是在'殊相'中见出'共相'，在'感觉的'之中表出'理解的'，这就是说，它以具体的意象象征抽象的概念，"当然"概念应完全溶解在意象里，使意象虽是象征概念却不流露概念的痕迹，好比一块糖溶解在水里，虽然点点水之中都有甜味，而却无处可寻出糖来"⑤。"情感的本来面目只可亲身领受而不可直接地描写，如须传达给

---

① 《朱光潜全集》第 8 卷，第 236 页。
② 同上书，第 466 页；《朱光潜全集》第 2 卷，第 371 页。
③ 《朱光潜全集》第 9 卷，第 265 页，
④ 同上书，第 372 页。
⑤ 《朱光潜全集》第 1 卷，第 390 页。

别人知道，须用具体的、间接的意象来比拟。例如秦少游要传出他心里一点凄清迟暮的感觉，不直说而用‘杜鹃声里斜阳暮’的景致来描绘"；好的意象"好比图画的颜色阴影浓淡配合在一起，烘托出一种有情致的风景出来"，《诗经》中"燕燕于飞，差池其羽，之子于归，远送于野"，"蒹葭苍苍，白露为霜，所谓伊人，在水一方"，其中的意象本身都极为美妙。①

（五）意象的"孤立绝缘"，不旁牵他涉，是审美经验的一个特点，但艺术品却必须是由众多的意象组成，造成一个完整的"意象世界"。"意象世界"对于艺术尽管还是外在的，在其背后还必须透出某些属于思想情感的东西，但是艺术之为艺术正在于它所营构的"意象世界"。一个作家或一个读者，如果只有丰富的人生经验，深刻的情感，而没有对"意象世界"的洞悟与把握，便依然是站在艺术的门外，当然也就不能从艺术的返照中玩味人生的真谛。"由于这个道理，观照（这其实就是想象，也就是直觉）是文艺的灵魂；也由于这个道理，诗人和艺术家们也往往以观照为人生的归宿。"②

意境、境界也是朱光潜经常使用的两个概念，但对这两个概念的内涵及相互异同的关系，朱光潜未加明确界定，我们只能从其零星的论断中作出如下分析：

（一）艺术除了营构意象之外，还须造成某种意境。意象是"个别事物在心中所印下的图影"，是"创造个别意境的基础"，意境是在意象基础之上，融意象、情趣与语言为一体的艺术生命本身。意象可以指包含、视、听、嗅、味、触运动诸器官所生的印象在内的"心中的一切意象"（mental image），意境则是指意象背后"心中一切观照的对象"（object of contemplation），即一切呈现于直觉及想象中的社会现象与人生经验。③在一定意义上，意境就是艺术中所体现的艺术家的"思想和情调"，④是"弦外之音"、"言外之意"，是寓无限于有限之中的东西。⑤以唐代诗人王维的《鹿柴》及《辛夷坞》为例："空山不见人，但闻人语响。返景入

---

① 《朱光潜全集》第 8 卷，第 408—409 页。
② 《朱光潜全集》第 9 卷，第 265 页。
③ 《朱光潜全集》第 8 卷，第 510 页。
④ 同上书，第 534 页。
⑤ 《朱光潜全集》第 9 卷，第 507 页。

深林，复照青苔上"；"木末芙蓉花，山中发红萼。涧户寂无人，纷纷开且落。"透过表面的画境，可以看出诗人寄寓于孤独出静的景物中的"世外桃源"的向往，可以看出"如鱼得水，独乐其乐"的那种"静趣"，还可以看出诗人那特殊的性格及其"隐逸理想"①。现代画家丰子恺的《指冷玉笙寒》、《月月柳梢头》、《花生米不满足》、《病车》等，人物装饰都是现代的，可他的意境却与粗劣的现实维持一定的距离，其中有诗意，有谐趣，有悲天悯人的意味，因而在"平实中寓深永之致"②。

（二）意境必须借助意象表现出来，而意象又必须具体地指向意境，因此，意境与意象的关系是内在的、确定的，是不可更易的。王介甫把"春风又到江南岸"一句诗中的"到"字辗转改为"过"、"入"、"满"字，到最后才定为"绿"字。字的不同不是语言的不同，而是意境上的不同，一字之差，意境便成为两样。③ 废名的小说《桥》中尽管有许多美妙的意象，有诗境、画境、禅境，却"每境自成一趣，可以离开前后所写境界而独立"，使人感到家是"翻开一页又是一页"的"风景画簿"，没有形成具体的意境。④

（三）意境与境界同指艺术的内在精神和生命，因此常常可以通用，但是意境一般指艺术作品表露出来的艺术家的思想情调，境界则指艺术作品在思想上及艺术上所达到的完善程度。意境可以体现在整个作品中，也可以体现在作品的某一片断中（如王静安的《浣溪沙》⑤，"如论意境，也只有'失行孤雁'二句沉痛凄厉"），境界则只能是对作品的整体评价；意境是已经凝定在作品中的，是没有时空界域的，境界则是艺术家与读者共同造就的，是随时空变幻而不断更新的。比如读陶渊明的诗句"采菊东篱下，悠然见南山"，朱光潜认为"我必须从这十个字的符号中也见到一种意境，感到一种情趣。我所见到感到的和陶渊明原来所见到感到的虽不必尽同，但是大体总很近似……我和陶渊明所不同的只是在程序的先后"⑥。这是讲意境，境界则不同，"每首诗所写的境界与情趣唯其是活

①《朱光潜全集》第 10 卷，第 233—234 页。
②《朱光潜全集》第 9 卷，第 155 页。
③ 同上书，第 199 页。
④《朱光潜全集》第 8 卷，第 553 页。
⑤《浣溪沙》："天末同云黯四垂，失行孤雁逆风飞，江湖寥落尔安归。陌上金丸看落羽，闺中素手试调醯。今朝欢宴胜平时。"
⑥《朱光潜全集》第 8 卷，第 377 页。

的、具体的，所以是特殊的。'只此一遭'（unique）"。因此，"诗不但不
能翻译，而且不能用另一套语言去解释……翻译和改作，如果仍是诗，也
必另是一首诗，不能代替原作"①。

五

综上所述，可以看出，朱光潜对意象、意境、境界的理解和阐释较前
人远为具体和深入。其中尤其是意象。在刘勰及以后的一些文学理论家及
批评家那里，意象无非是指有某种意味的表象。由于没有对表象本身的科
学分析，所以意象的内涵一直比较芜漫笼统。朱光潜则借用西方近代审美
心理学成果，从直觉、联想及想象的不同层面加以限定，意象自身以及它
与情趣的关系、意象在艺术品中的地位都比较清晰了；而且由此旁涉到意
象的构成、功用，意象世界，意象与意境等的讨论，这些均是前人所不曾
注意的。意境这个概念，从王昌龄到王国维都强调其"真"（真实、真
诚）的意义，包括意真、境真及意与境合一的真。朱光潜则把它与意象
联系起来，看成是意象之上之后属于"思想情调"方面的东西，认为意
象是一种"形式"，在意象之上之后必须透出艺术家的独特心境，即意
境，意境是艺术品的灵魂。对境界，朱光潜虽然同王国维一样，把它当作
艺术的理想品格，但他不认为境界是由艺术品直接呈现的，而依克罗齐的
说法，把它看成是在阅读中不断创造、不断更新的。当然，我们不能把这
一切当作朱光潜对意象、意境、境界的自觉的圆满的界定，因为朱光潜自
己在晚年的时候，也还把对这些概念及其他一些概念的厘定，作为整理研
究中国传统美学遗产的"特别重要"的工作之一提了出来。②

朱光潜对意象、意境、境界的阐释给了我们以方法论方面的启示：一
个概念的界定不能仅就其自身的各个侧面进行分析，必须把它纳入它所从
属的更大的概念中，同时，必须把它与其他相关的概念对应比较。审美活
动是牵涉到主客体双方的活动，因此，与审美活动有关的概念的界定尤其
要注意物与心、实在与精神的相互照应。朱光潜开始时是以克罗齐意义的
直觉限定意象，后来他发现这样做，意象的含义过分狭窄了，于是又将联

---

① 《朱光潜全集》，第 9 卷，第 272—273 页。
② 《朱光潜全集》第 10 卷，第 319 页。

想、想象加了进去，认为直觉、联想、想象都可以造成意象；而这样又发现意象所包容的内涵太大了，一朵花与一幅水墨画，一个乐音与一首抒情诗所提供给人们的是不同的，这种不同难以用意象这一概念表达清楚，所以他又提出了意境，认为意境是在意象基础之上体现着艺术品灵魂的东西。可惜，朱光潜没有顺着这条路子走下去，没有进一步把意境与境界这两个概念界定明白。

我想，审美活动可以分成三个层面：一个是直觉—形式的层面，一个是想象（包括联想）—意象（意境）的层面，一个是审美体验—境界的层面。

应把意象与形式区别开来。朱光潜开始理解的与直觉相对的意象应为形式，它是直接呈现于人们的感觉面前的，不假思索的，虽然可能包含某种意味，但真正打动人的是外在的光泽、韵律、声音、色彩、形体等。

意象，顾名思义，包括意与象两个成分，而且两个成分不可分割，因此单纯的直觉无法面对意象，必须诉诸想象或联想，换句话说，意象只能成为想象或联想的对象，只能在想象或联想中呈现出来，直觉则无能为力。意境与意象处于同一层面，只是表现形式不同。意象是以客观的、空间的、静态的形式出现的；意境是以主观的、时间的、动态的形式出现的。这也就是朱光潜一再引用的尼采所谓的阿波罗式与狄俄倪索斯式两种方式。意象之意是象中之意，意境之意是境中之意，所以，它们都是受限定的；同时，意象之象是寓意之象，意境之境是融意之境，所以，它们又都是可在想象与联想中绵延的。

审美体验—境界则是更高一个层次。在这个层次中，本来受限定的意获得了解放。所谓境界是一种思想，精神的境界是一种超越的境界；而当意不再有象或境的限定后，便失去了自身的定性，成为无主体同时无客体的一种生命体验，一种超凡的自由。生命体验不同于直觉、想象或联想，它是柏拉图讲的"出神"状态，是我融于物，物融于我，物我两忘的状态。人只有到了审美体验—境界层次才能充分体会到审美的愉快。

我这样将意象、意境、境界区分开来不知道是否符合朱光潜的方法论原则，是否能有益于对这些概念的厘定。

朱光潜与克罗齐[*]

人们习惯于把朱光潜与克罗齐联系在一起，把朱先生称作克罗齐的信徒，其实，早在 60 年代中期，朱先生就摒弃了克罗齐，而在这以前，他虽然追随克罗齐，但并不那么谦恭，他曾经三批克罗齐，由信从而怀疑，由批评而超越，逐步走上了一条非克罗齐的道路。今天，把朱光潜与克罗齐联系在一起只有一个意义，就是他们代表了从唯心主义过渡到马克思主义的两个环节：一个标示了它的开始，一个象征着它的终结。

1925 年，当朱先生刚刚踏上西欧土地的时候，克罗齐是美学界的风云人物。他的《美学》与《美学纲要》译成英文后不胫而走，成为当时最畅销的书之一；他则被誉为"哲学界的亚当斯和勒维里耶"，① 获得哥伦比亚大学、牛津大学、佛莱堡大学等授予的荣誉奖章及学位。朱先生目睹了这颗巨星的冉冉升腾，并为它那耀眼的光焰所慑服了。他本来是在爱丁堡大学修心理学及文学批评的，由于克罗齐的影响，迅速转向了美学。他读了许多美学方面的书：从柏拉图到柏格森，从贺拉斯到托尔斯泰，他感到在近代兴起的诸派美学中，康德派形式主义是主流，而在康德派中，克罗齐是集大成者。而且，他发现克罗齐美学与自己早些时候写的《无言之美》有其些相通之处。于是，克罗齐不仅成了他的老师，也成了他的知己，他则成了克罗齐热诚的崇拜者、追随者。1927 年，他写了一篇硕士论文，题名为《悲剧的喜感》，这是后来的《悲剧心理学》的初稿，之后又写了《文艺心理学》最初的十二章，这两部书稿都是以克罗齐的"美即直觉"说为核心，综合其他各派美学而写成的。其中写道：什么是美学的任务呢？"美学的最大任务就是分析美感经验"，而美感经验就是

＊ 此文发表于《江淮论坛》1986 年第 4 期。

① 19 世纪发现海王星的两位天文学家。

"直觉的经验"，就是"形象的直觉"；什么是"形象的直觉呢"？就是"无论是艺术或是自然，如果一件事物叫你觉得美，它一定能在你心眼里显现出一种具体的境界，或是一幅新鲜的图画，而这种境界或图画必定在霎时间霸占住你的意识全部，使你聚精会神地观赏它、领略它，以至于把它以外的一切事物都暂时忘去"①。朱先生接受了克罗齐这一公式：直觉＝表现＝创造＝艺术＝美，认为艺术家都是"自言自语者"，艺术都是艺术家的"自言自语"。

　　朱先生所以要走"综合和折中的路"，是因为他已经看出克罗齐美学的某些褊狭，但他以为这些褊狭是非本质的，可以通过引进布劳的"心理距离"说、立普斯的"移情作用"说等来加以补缀。到了1933年回国以后，因为要在北京大学、清华大学等处讲课，他对《文艺心理学》及另一部著作《诗论》进行了加工修改，在加工中才意识到克罗齐美学存在一些根本性的错误，这些错误是补缀不了的，必须认真予以澄清，于是，他在《文艺心理学》初稿的基础上增补了五章，并辟专章批评了克罗齐的美学。他指出，克罗齐美学有"三个大毛病"：第一是他的机械观，第二是他关于"传达"的解释，第三是他的价值论。他的机械观表现在"它把整个的人分析为科学的、实用的（伦理的在内）和美感的三大成分，单提'美感的人'出来讨论，而忘记了'美感的人'同时也还是'科学的人'和'实用的人'"②。由于他将"美感的人"与"科学的人"、"实用的人"割裂开来，所以，他就把美感经验看作是没有意志和思考的"单纯的直觉"，把直觉的形象看成是没有实质和效用的"单纯的形象"，似乎对于艺术来说，"心里直觉到一种形象或是想见一个形象，就算尽了自己的能事"，这样就把"传达"活动排除在艺术之外，而艺术排除了"传达"，也就无法对它的高低优劣进行品评，艺术的价值问题也就不存在了。

　　正如朱先生自己说的，从《文艺心理学》初稿到定稿，这几年，他对克罗齐的认识"经过了一个很重要的变迁"。但是，这还只是变迁的开始。1947年，朱先生翻译了克罗齐的《美学》中的原理部分，并为它写了一篇六万字的长序。这篇序文被朱先生看作是他30年代至40年代的

---

①　《朱光潜美学文集》第1卷，第13页。
②　同上书，第166—167页。

"最重要的著作"。事实也是如此。在这里，朱先生为了要研究克罗齐的美学，涉猎了他的全部哲学；为了要研究他的哲学，又涉猎了康德以来整个唯心主义哲学。他刨根问底地探究了克罗齐的哲学和美学是怎样起来的、他对前人吸取了什么、除去了什么、他要解决的是哪些问题等。他肯定了克罗齐的贡献，认为他"集合了康德的先验综合说与黑格尔的辩证法"，"建立了在现代比较最完满的美学和历史学"，但是他否认克罗齐说出了哲学的"最后一句话"，而且，针对克罗齐在发展问题、物质问题、科学概念的真实性问题、行动的原动力问题等方面的观点提出了十大疑难。尤其值得注意的是，他把批评的锋芒指向了作为克罗齐全部哲学和美学基础的直觉论本身，从而大大地深化了他在《文艺心理学》中所提出的责难。他指出，直觉论的最根本错误在于将一般直觉与艺术直觉混淆在一起，从而一方面抹杀物的存在，把物说成是"人心所创造的意象，人类的艺术品"；另一方面抹杀艺术的社会价值，把艺术降低为对"个别事物形象的直觉"，艺术家的"自言自语"。他说，一般直觉与艺术直觉是应严格区分的，一般直觉即一般人所谓的知觉，是"最基层的知解活动"，艺术直觉则是"熔铸知觉、直觉、概念于一炉的想象"，一般直觉只能提供"个别事物形象的知识"，艺术直觉"则可以根据已知解材料""融情于景"，"造成完整的形式"。

《克罗齐哲学述评》这篇序文的写作动摇了朱先生对克罗齐唯心主义的信念，但并未打破他对克罗齐的迷梦。他"犹如发现一位多年的好友终于不可靠一样"，对克罗齐的"惨败""心里深深感到惋惜和怅惘"，然而，依然坚定地相信克罗齐比其他人"能思想些，也肯思想些"，他对美学、伦理学、历史学等方面的贡献"极可宝贵"，不可抹杀。直到1949年政治形势的巨大变革迫使他接受马克思主义时为止，他一直沉浸在这种自相矛盾而又无以解脱的困境之中。应该说，朱先生接受马克思主义不仅是一种政治性的举动，也是他理论发展的逻辑结果。朱先生见到摆脱心与物二元论的困境，确切地揭示美与艺术的本质的唯一出路是马克思主义。他学习马克思等经典作家的著作非常认真，为了搞清一些概念的原意，常常将汉译、英译与德文原著对照起来阅读；为了能读列宁、斯大林的原著，甚至在花甲之年学会了俄语。1958年，当全国范围的美学论争方兴未艾之际，朱先生又第三次著文批判克罗齐，这次批判充分地体现了他在学习马克思主义方面所取得的收获。在这篇题为《克罗齐美学批判》的论文中，他首先从唯物论的反映论角度揭露了克罗齐直觉论的主观唯心主义实质，指出克罗齐的直觉论的宗旨在于"证明一切事物都是艺术活动所创造出来的意象"，从而"消灭物质世界"，而这样一种"独角主义"哲学就与他对作为经济活动与道德活动的基础的人和人类的肯定相矛盾了。其次，他从辩证法的角度批判了克罗齐的形而上学方法。指出，克罗齐一方面企图打消康德的物自体，一方面又企图修正黑格尔的辩证法，结果是放弃了辩证发展而走到一种自相矛盾的唯心主义的形而上学。在克罗齐看来，直觉或艺术活动在逻辑上不依存于概念、经济和道德，所以一个艺术家处于艺术家的地位，就不应同时顾到概念和经济、道德三个方面。但这种分析问题方法完全是从"纯概念"出发的，是绝不能达到真理的。再次，他从马克思主义的社会意识形态理论的角度批判了克罗齐的"为艺术而艺术"的形式主义。他认为，克罗齐把艺术与直觉等同起来，把传达出来的作品说成只是"物理的事实"，与艺术无关，这种看法不但忽视了艺术与艺术媒介的密切关系，而且也抹杀了艺术的社会功用以及社会对于艺术的影响。而艺术作为一种意识形态，它的根源就是"当时人民大众的社会生活"，它的目的在于"帮助人认识现实，从而借实践活动去改变现实"。但是，遵照马克思主义的历史主义原则，朱先生对克罗齐也没有全盘否定，对他强调美与艺术的整一性、意象表现情感以及艺术与语言相统一等也给予了肯定的评价。

至此，朱先生对克罗齐的批判算是结束了。但是随着他对马克思主义实践观点的深入把握，又开始了对整个唯心主义美学的批判。在他看来，马克思主义美学与唯心主义美学的最根本分歧就在于：一个建立在实践观点之上，是"实践者的美学"；另一个建立在直观观点之上，是"观照者的美学"①。这些批判无疑把他对克罗齐的认识推向了一个更深的层次。

朱先生做学问，借批判克罗齐等不断地检视和充实自己，这是一个重要方法。翻开朱先生的著述，即便是三五千字的应命之作，也多有新意，而且要看到，其中有不少是出自一个年逾八旬的耄耋老人之手，这尤为不易。朱先生说他有一个座右铭，就是朱熹的一首诗："半亩方塘一鉴开，天光云影共徘徊，问渠哪得清如许，为有源头活水来。"为要流来源头活水，就要不断疏浚渠塘，这就是上面讲的检视和充实自己的意思。

① 《朱光潜美学文集》第3卷，第366—372页。

谁在接着朱光潜讲?[*]

——"主客观统一"说的逻辑展开

时间是伟大的鉴别者。人们长时期不能辨别的问题，往往由时间做了最终裁决。朱光潜先生的"美是主客观统一"论，当年被视为主观唯心主义，遭到了其他三派的猛烈攻击，谁知与此同时和以后，不少人却从不同立场和角度接着讲起来，其中包括曾经激烈地批判过朱光潜的人。

当然，学术本质上是拒绝复制的，接着讲并不是照着讲。近半个世纪"主客观统一"论的不断开掘和演绎，成为中国美学摆脱主观与客观二元对立思维方式，建构严整的逻辑框架和话语体系的一段重要的学术史。

一 朱光潜:"美是主客观统一"的逻辑建构

"美是主客观统一"是朱光潜一生都在思考和完善的命题，期间有三次重大的转折。20 世纪前半叶，受康德、克罗齐的影响，将美学理解为一种"知识论"，认为"美感经验就是直觉的经验"，"在美感经验中心所以接物者只是直觉，物所以呈现于心者是它的形象"①。所谓主客观统一，就是知识论意义上的直觉与形式（形象）的统一。不过，有的时候为了与康德、克罗齐区别开来，强调统一中的创造的诗性的意味，直觉与形式（形象）被置换为"情趣"与"意象"，主客观统一因而被表述为"情趣的意象化"或"意象的情趣化"。

20 世纪后半叶，1956 年前后，朱光潜接受了马克思的意识形态理论，

　* 此文发表于《马克思主义美学研究》2011 年第 1 期；人大报刊复印资料《美学》卷 2012 年第 3 期全文转载。
　① 《朱光潜全集》第 1 卷，第 208—209 页。

认为美感就是"客观方面的某些事物、性质和形状适合主观方面意识形态，可以交融在一起而成为一个完整形象的那种快感"；美就是"客观方面的某些事物、性质和形状适合主观方面意识形态，可以交融在一起而成为一个完整形象的那种特质"①。美既有客观性，也有主观性，既有自然性，也有社会性，既是客观性与主观性的统一，也是自然性与社会性的统一。

1958 年到 1960 年，朱光潜将马克思在有关"艺术地掌握世界"、"异化劳动"和"人化的自然"等论述中所表达的观点，称之为"实践观点"，认为实践观点的提出是美学史上的一个根本性的变革。它表明，美和艺术问题不光是认识问题，也是实践问题。劳动本身就是一种艺术创造。劳动和艺术作为创造活动，虽然存在着区别，但其基本原则都是"自然人化"或"人的本质力量的对象化"；基本感受都是认识到对象是自己的"作品"，体现了人作为社会人的，体现出人的"本质力量"，因而感到喜悦和快慰。从实践观点来看待艺术创造，不仅回答了艺术的本质问题，也为理论上解决人与自然、个人与社会、认识与实践间的对立提供了可能。在这个意义上，美可以表述为作为主体的人和与之相对应的客体自然的统一。

从以直觉为基础的主客观统一，到以意识形态为基础的主客观统一，再到以实践为基础的主客观统一，朱光潜从文艺心理学转向了哲学——美学；从知识论（认识论）转向了存在论；从克罗齐、康德转向了马克思。无疑，这是一个自我否定和自我超越的过程。朱光潜对于自己的纰漏从不遮掩，但即使是对被他称之为老友的克罗齐，在与之"告别"的时候，也是有所保留的。美学既涉及心理学，也涉及哲学；既属于知识论，也属于存在论；既可以从克罗齐、康德的角度去思考，也可以从马克思的角度去立论，它们之间的区别，应该说主要是不同角度和层面的区别，或者说主要是方法论的区别。可贵的是，朱光潜在三次转向中用"调和折中"、"补苴罅漏"的方法逐一有所涉猎，客观地为我们展示了美学自身一种内在的逻辑理路。

二　李泽厚：美在"主观实践与客观现实的交互作用"

对朱光潜的"美是主客观统一"说最早提出批评的人也许不是李泽

---

① 《朱光潜全集》第 5 卷，第 78—79 页。

厚,但可以肯定他是最早接着讲的人。李泽厚与朱光潜的分歧,说起来是客观论与主客观统一论的分歧,实际上是"美的事物"或"事物的美"论与"美自身"论的分歧。按照他的说法,就是形式(康德)与理念(柏拉图)的分歧,虽然这样理解(康德的)形式并不准确。朱光潜是围绕美本身展开的,其核心和灵魂是"统一"。"统一"是美的本质,也是它的本源,"主观"和"客观"都是在"统一"中生成和界定的,因此审美活动无不带有表现和创造的性质;李泽厚立论的基础是与主体相对应的美(自然人化)的事物,美是物质的、客观的,人与美的事物的关系是反映与被反映的关系。李泽厚相信世界上存在两个独立的"本体",一个是"工具本体",一个是"心理本体",无论如何都不理解美能超然于这两个"本体"之外,所以把朱光潜归入了主观唯心主义一类,进行了素朴的希庇阿斯式的批评。① 李泽厚所讲的与其说是美的哲学,不如说是美的文化学,以及此外的审美心理学、艺术社会学。

　　不过,李泽厚在美学上的主要贡献也在这里。朱光潜讲美"统一"于直觉、意识形态、艺术实践,但是,他没有回答这种"统一"何以可能;他对艺术与一般劳动所做的比附,只是说明了艺术作为一种存在和创造活动的性质,并没有触及"自然人化"与"人的本质的对象化"本身所隐含的更为深层,因而更值得开掘的存在论意义。李泽厚提出的"自然的人化"与"人的自然化"或"外在的自然人化"与"内在的自然人化",实际上是为朱光潜的主客观统一论提供了历史的,也是逻辑的前提。它说明了无论是主体或客体都是在"人化自然"的过程中生成的,人和自然间首先是实践的关系,其次才是审美的关系,主客体之所以能够在审美活动中获得统一,"其根本的原因就在于人类有悠久的生产劳动的社会实践活动作为中介"。与朱光潜相反,李泽厚是从马克思走向康德的。主体性实践哲学或人类学本体论的确立,使他对主客体间的关系有了新的更富弹性的认识。表现在他将美区分为美的本质和本源、美的性质、美的对象,在论证了美的本质是"在主观实践与客观现实的交互作用的意义上"的主客观统一的同时,肯定了将美的对象表述为在直觉、表象、

---

　　① 李泽厚将美的本原和本质均归之自然人化—自由的形式,但自然人化是个物质实践的过程和结果;自由的形式则经过了人的反思,是反思的产物。当形式还被理解为物质的、客观的形式的时候,就不具有普遍性,就不是自由的形式;当形式被理解为自由的形式的时候,它就超离了具体的物质,存在于人们的理解中。

移情、心理距离基础上的主客观的统一的合理性。①

三　蒋孔阳:"美在关系"与"美是多层累的突创"

但是, 美的客观性是李泽厚绝对坚守的边界。为了让人们相信他的这种真诚, 他毅然放弃了早期曾频繁使用的, 同样出自《1844 年经济学——哲学手稿》的"人的本质力量的对象化"（原文是"人的本质的对象化"）这一词组。这样, 他与同样主张实践观点的蒋孔阳的分歧就明朗化了。按照李泽厚的理解, "人的本质力量的对象化", 如果是作为对美的本质的一种表述, 只能是指"物质性的现实实践活动, 主要是生产劳动";而按照蒋孔阳的理解, "人的本质力量的对象化"就是包括情感、理性、意识、精神在内的人本质的对象化, 除了物质性的现实实践外, 重要的还有审美实践和艺术活动。

李泽厚在放弃了"人的本质力量的对象化"之后, 为了给人, 即主观精神以主体的地位, 不得不转向康德;而蒋孔阳则借助对"人的本质力量的对象化"直接将人, 将人的创造安放在了主体的地位, 而且由于没有美的本质问题上的牵累, 在对美是主客观统一的理解和阐释上, 比李泽厚来得更为爽快和彻底。

在蒋孔阳看来, 人的本质力量的对象化和自然人化是同一问题的两面, 如果就主体来说, 美是人的本质力量的对象化, 就客体来说, 美就是自然的人化。人的本质和人化的自然都不是抽象的概念, "人的本质转化为具体的生命力量, 在人化的自然中实现出来, 对象化为自由的形象"时, 才是美。② 美是一种现象, 而不是一个抽象的概念, 所以, 蒋孔阳一开始就把关注的重心放在美的现象上。他具体地分析了诸如星空、中山陵、三危山等的美, 比如星空的美, 他认为至少是由以下因素所构成:第一, 要有星球群的存在;第二, 要有太阳光的反射;第三, 要有黑夜的环境;第四, 要有文化历史所积累下来的关于星空的种种神话和传说;第

①　李泽厚将自然人化直接等同于制造和使用工具的物质生产实践, 是值得商榷的, 正像马克思和恩格斯指出的, 人类文明的进步靠两种生产:一种是生活资料的生产, 一种是人自身的生产。自然人化应该包括由于人自身的生产而带来的两性关系及类生活上的人化。李泽厚把美分成三个层面, 在论述上存在许多矛盾:美的本质与美的现象（对象）如果可以分割开来, 美的本质如何得以确认, 美的对象又何以成为美的对象, 显然是个问题。

②　《美在创造中》, 广西师范大学出版社 1997 年版, 第 56 页。

五,观赏星空的人,各自所具有的心理素质、个性特征和文化修养。这里包括四个层面:自然物质层、直觉表象层、社会历史层、心理意识层。"自然物质层,决定了美的客观性质和感性形式;直觉表象层,决定了美的整体形象和情感色彩;社会历史层,决定了美的生活内容和文化深度;心理意识层,决定了美的主观性质和丰富复杂的心理特征。"① 蒋孔阳由此肯定:美不是一种实体,或一种属性,而是被整合在一起的各种关系,这个整合的过程就是创造的过程;所谓审美关系,就是在创造中被整合的关系,具有主导和决定意义的是主体,但这不是直觉、想象、意识或感性实践的主体,而是包容这一切在内的人的生命的总体,即马克思讲的人的全部本质力量;与人作为生命总体发生关系的客体,也不仅仅是感性的物质存在,还包括潜藏在它背后的历史文化内涵,是一个不断变化着的完整的世界;美是"多层累的突创",是主客体所累积的各种关系通过审美直觉或想象在刹那间的碰撞和整合。

四　杨恩寰:"审美心理和行动为统一活动"的"审美经验"

无疑,蒋孔阳的美学存在着深刻的矛盾。在他看来,美是人的本质力量对象化,而人的本质力量对象化具有多种形式,或者通过劳动实践直接改造自然,使自然服从人的需要,成为人的"无机的身体";或者通过自由想象及幻想支配和安排自然,使自然成为人的主观希望的自由的形象;或者利用自然本身特殊的物质结构形式和自然景观抒发人的胸怀和意气,表现人的思想感情。依照他的理解,至少有一种美——通过劳动实践改造过的自然的美是纯然客观的,不涉及所谓"直觉表象层"和"心理意识层",与"多层累的突创"没有关系。所以,将美的本质和本原归结为"审美关系",学理上与逻辑上还存在着明显的纰漏。

正是基于对这种矛盾的思考造就了杨恩寰的美学。受李泽厚的影响,杨恩寰较为关注美本体的研究。在他看来,审美关系实际上是情感关系,如果美学限止在审美关系之内,美本体问题势必要被排除在外。因此,他将美学对象确定为囊括审美关系与美的本体在内的"审美现象",而将

---

① 《美在创造中》,广西师范大学出版社1997年版,第41页。

"审美经验"——"审美心理和行为统一活动的经验"置放在了美学的核心地位。① 杨恩寰认为，美学所面对的"审美现象"无非是两个部分：一部分是经验的审美对象，另一部分是对象的审美经验。前一部分向外延伸，涉及审美对象的客观因素，可能条件，即审美客体；后一部分向内延伸，涉及审美经验的主观因素，可能条件，即审美主体。审美经验是审美主体的审美经验，但在杨恩寰这里成了沟通审美对象、审美性质与审美本体的中介，这样就为建构完整的、一元论的美学提供了一种新的思路。显然，这是在更广泛更深层意义上的主客观统一论，这里的关键词不是物质生产，不是自由的形式，而是拥有各种欲望、情趣和潜能的实践者本身，是人的"审美需要"、"审美能力"和"审美价值意识"。在他看来，有三种审美需要：一种是经转化、提升的本能欲求；另一种是超越性的欲求；再一种是情感生命对形式的欲求。审美需要作为审美机制的动力，属于审美的动力系统，它说明审美不是被动的应对性行为，而是主动的表现性行为。有四种审美能力：审美感知、审美想象、审美理解、审美情感。感知是基础、依托、归宿；想象是载体、纽带、创构；理解是规范、秩序；情感是动力、中介、亲和、效应，它们共同构成了一个审美工具系统。此外，有包括审美观念、审美趣味、审美理想在内的审美价值意识。审美价值意识具有两个特性：一个是意识形态性，另一个是非概念意向性。审美价值意识属于审美的范导系统，观念和理想为审美提供了审美范型、尺度，趣味为审美提供了健康情感倾向和评判能力，成为个体审美需求和能力不可或缺的调控因素。② 由此杨恩寰作出结论：审美经验是由动力性、感悟性、体验性、构建性、范导性等系统构成的一种复合经验。同时下结论：审美经验本质上是一种感悟和体验的愉快，一种符合文化心理机能的自由的愉快。

　　但是，严格地讲，杨恩寰并没有完成一元论美学的建构。原因是他在审美经验之外设定了一个美本体。在这一点上，杨恩寰和李泽厚是一致的。不同的只是杨恩寰意义的美本体包括美的本原和本质，而美的本原和本质是有区别的两个概念。美的本原是指美的"实体根源"，即自然人

　　① 李泽厚曾将美学定义为以美感经验为中心，研究美和艺术的学科，但是美学被分解为美的哲学、审美心理学和艺术社会学，所谓中心只是一种虚设，美感经验的研究既不能触及作为自然人化的美本体，也不能延及艺术的社会学内容。

　　② 《美学引论》，辽宁大学出版社 2002 年版，第 181—221 页。

化;美的本质是指"审美现象的最深层最根本的性质或终极本质",即"实践自由消融(或积淀)在它的形式上的""自由的形式"。作为美的本原,先于一切审美经验而存在,是审美经验之所以可能的前提和根据;作为美的本质,美本体独立于审美经验之外,是审美经验所必然指向却永远无法触及的领域。但是,这样一个美本体是可能的吗?如果没有审美经验,我们凭什么肯定并接受这个美本体?当然,我们可以通过想象或推理进行"外向的延伸",从经验性的审美对象,追溯到审美客体,再追溯到美本体,但是这种追溯本身完全属于经验和理智方面的事,与审美经验没有关系。而且,即便这样追溯下去,也未必真正能够达到所谓的美本体,因为"自由的形式"是人的反思的结果,纯属主观的概念,自由是人的特质,形式无所谓自由,如果抛开心理的因素,谁也无法辨别自由的或不自由的形式;实践可能是"自由"的,但这种"自由"怎样"消融"或"积淀"在形式中,使形式本身成为自由的,杨恩寰没有给出具体的说明。即便自由实践能够"消融"和"积淀"在形式中,难道就可以保证形式是美的吗?经验告诉我们,自由的实践未必能够造就美,相反,美常常诞生于不自由的实践。审美经验与形式相关,这是无可置疑的,但这不是已经积淀在物质实体上的物化形式,而是经主体改造了的形式;审美经验与自由有关,但这不是"自由的力量、自由的实在"的自由,而是感性、想象力与理性相互协调活动的自由,是超越有限存在,物我两忘、天人合一的自由。审美经验应该是美的本质与现象的统一,正因为如此,人们才有可能从审美经验中实现从现象到本质的过渡,逐步懂得真正的美是什么,在哪里,并享受美给自己带来的愉悦。

五　朱立元:"自我和对象合一"的"审美活动"

杨恩寰在建构美学框架的时候,将审美经验置于全部立论的中心,而没有选择审美关系;朱立元则相反,将审美关系置于美学的中心,而舍弃了审美经验。理由是审美经验"着重于主体在活动中的主观体验",而美学应该"涉及主体与超越主体的范域的关系";但是,他所理解的审美关系与蒋孔阳又有所不同,他虽也着眼于方法论,却将立足点放在生存论,即本体论上,在他看来,"审美关系"包括"审美活动",并且以"审美活动"为核心建构了较前人更为严整的逻辑框架。

　　不过，朱立元理解的"审美关系"并没有摆脱抽象性，是一个矛盾概念。

　　"人生存于世界上"，这是朱立元为确定生存论给出的命题。"生存"应该是本体，"人"与"世界"在"生存"中确证自己；朱立元将"生存"转换为"关系"，并赋予"关系"以本体与方法的双重意义。"关系"是对"生存"的抽象，是一种观念，它本身不可能成为本体，除非还原为"生存"（或朱立元提到的语言、实践），因为只有"生存"才是现实的、历史的；但"关系"作为一种抽象，可以在观念上与"人"和"世界"区别开来，并成为将它们"勾连"的"中项"。这就是说，"关系"作为本体论概念，"内在地"统合了"人"与"世界"，是一元的；作为方法论则是以"人"、"世界"、"关系"三要素的预先设定为前提，是多元的。朱立元所以对"关系"作这样越界式的解析，用意显然在于赋予基于多元论的"关系"概念以一元论的本体论的意义，从而将美学奠定在生存论的基础上。

　　朱立元把"审美关系"视为美学的研究对象。作为方法论概念，他要求首先确立"主体与客体互相依赖"的观念，即"主体与客体在关系中存在，主客体关系是主体与客体（对象）的现实存在方式"，要求"在对主客体分析的基础上解释出关系"；作为本体论的概念，他要求确立"主客体在关系中建立自身，确证、肯定自身"的观念，深入对"关系"本身的思考，比如"语言"、"生存"、"实践"。其中"实践"，他认为，尤其深刻地体现了"关系"的"动态性、历史性和社会性"。他指出："'人'不仅总是体现在、肯定于实践中，而且在实践中被生产出来"；"实践是对作为人本质的展现，作为人与对象关系的本质展现的生存的进一步更为科学、明确的表达"[①]。他承认这里存在着两个层面：一个是"现象层次上"，另一个是"更深层意义上"。前者意味着审美对象与审美主体间的相互"确证"和"重现"；后者则意味着"在审美活动中的审美主体和审美对象有一种深层的、对于表层的主体意识来说是一种自我超越性质的和谐与沟通"。朱立元并且明确地讲："需要我们确认有这一本体论意义上的审美关系，使它作为一个理论基础。这个意义上的审美关系不仅具有如此功能（和谐与沟通），它还更进一步左右了审美主体与审美对

---

① 《美学》，第 58 页。

象的实现形态与实现方向。"①

这样,朱立元就在保留"现象层次",即"形态、结构与性质"上的"审美关系"概念的前提下,转向了"审美活动"。他明确了一种认识:"审美活动是审美关系的现实展现,审美关系可以从审美活动的探讨中得到揭示。"② 其实,如果确认具有本体论意义的"审美关系"是"审美活动",那么,作为方法论意义的,即"现象层次"的"审美关系"概念就是不能成立的。本体论与方法论应该是统一的,既然"审美活动"是"审美关系"的"现实展现",并且"左右了审美主体与审美对象的现实形态与实现方向",美学就没有必要去涉足一个非现实的、抽象的观念领域。现实中不存在"审美活动"之外的"审美关系",即便有,这个"审美关系"也不可能成为审美的"形态、结构与性质"的表征,因为所谓审美"形态、结构与性质",就是审美活动自身的"形态、结构与性质"。无论审美的动态性、实践性、生存性,还是它的社会性、历史性都只能在作为现实的"审美活动"中展现出来。

虽然朱立元没有最终扬弃"审美关系"这个自相矛盾的概念,但他在确定以"审美活动"为逻辑起点建构美学的基本框架的时候,还是把它悬置起来了。"审美活动"于是成为思考审美发生、审美形态、审美经验、审美教育等全部美学问题的核心。

他仍从实践概念谈起,区分了两种实践:一种是"有限的实践",另一种是"全面的实践",将审美活动归之为"全面的实践"。同样是基于人的"欲望",审美活动的"欲望"关乎"人的本质的表达及对象本身的显现";同样是需要"筹划",审美活动的"筹划""将基础的现象作为'你'来对话",是"真正虚心投入的体验与追问";审美活动将"形式与材料"结合为一个"存在",不仅不扭曲材料,而且让材料的光、色、质充分地展示出来;同时,审美活动作为评价的尺度不是部分或有限的满足,而是"对自我实现的欣悦"。总之,审美活动作为"全面的实践","它的产品就是它本质的展现,自我和对象是合一的"。基于这样的分析,朱立元做出了如下三个判断:审美活动是"人与世界、主体与客体之间在当下直接性的情境中所展开的一种最具本己性的精神交流与沟通";审

---

① 《美学》,第85、92—93页。
② 同上书,第55页。

美活动是"以对主体存在的充分肯定为前提，以对人的价值的高扬为旨趣"而"创造的一个个性丰满、生命充盈的人的世界"；审美活动是基于人的内在的生命需要，"人之所以为人的最具本质性的存在方式"①。

延伸下来的结论就是，"有限实践"的主体与客体不是审美活动中的主体与客体，审美主体与客体只存在于审美活动中，"只有在审美活动中它们才现实地生成、真实地显现出来"。基于这样的理解，他进一步深入地分析了有限实践的主客体向审美的主客体转化的过程。就主体来讲，有三个环节：一个是"惊异——从日常生活中跃出"，一个是"体验——沉浸在与对象直接的相处中"，一个是"澄明——走向本真的世界"。就客体来讲，则是"审美对象从它所依存的客观事物中被抽离出来的过程，既是外在事物从实向虚的能动转化过程，也是审美主体内在的本质力量充分对象化的过程"②。有限实践的主客体向审美的主客体的转化之所以可能，是因为审美是人类的一种"内在必然性的生命需要"，是人类"独有的本质力量"，同时是因为人类具有一种能够与日常经验相区别并超越日常经验的美感经验。在朱立元看来，审美经验是"由审美活动构建起来的、主客体之间的一种精神性的关系，一种主体直觉对审美对象生成过程的忘我投入时的反应和感知"，它的最根本的性质是它的"实践性"③，正是在审美经验中并通过审美经验，本来"无意义的材料转为有意味的形式"；"知性的抽象的超越转为具体的超越"；"功利性占有的快感转为非功利性拥有的审美愉悦"；最后达到"自我超越"的"境界"——"与对象相对立的主体消失了，它和对象合为一体，共同进入一种非功利、具体、轻柔而又充满意味的状况"④。

朱立元认为，"美"是思想在本体论阶段的产物。随着思想的发展，人们首先认识到"美"不是一种实体，而是一种"观念"；进而认识到美是一种"肯定性的价值观念"；再进一步则认识到美是一种"纯粹性的观念"，即"美本身"。可惜，他没有将这个过程与主体和对象之间"静观"（形式）、"对话"（意义）、"境界"（存在）三个层次的关系的论述结合

---

① 《美学》，高等教育出版社 2001 年版。第 55 页。
② 同上书，第 58 页。
③ 同上书，第 85、92—93 页。
④ 同上书，第 101—104、106—117 页。

起来，成为对审美活动自身必然性和内在秩序的表述。①

六　王旭晓："审美活动"即"价值活动"

　　杨恩寰和朱立元都肯定审美关系是在审美活动中生成和确立的，但是又都认为美学研究的对象不应仅仅是审美活动，而且应包括审美关系。杨恩寰的理由是："审美客体与审美主体是审美活动的条件"，审美活动总是"一定审美关系的呈现"②；朱立元的理由是：审美关系"对审美主体与审美对象的表层性质与形态具有内在的决定性，它决定了主体与对象彼此从属的相互依存性、相互肯定性"③。显然，这里存在着一种循环论：既然审美主体、审美客体以及它们之间的关系是在审美活动中生成并确立的，那么，审美主体与审美客体就不可能成为审美活动的条件；既然审美主体与审美对象的"表层性质与形态"以及"相互依存性"、"肯定性"决定于审美关系，那么，说审美主体与审美对象以及它们之间的关系是在审美活动生成和确立的就不确切了。他们之所以不得不在审美活动之外强调审美关系，对于杨恩寰来说，或许主要是不能放弃那个外在于审美活动的审美客体，特别是作为审美现象"终极本质"的"美本体"，即"自由形式"，因为既然是审美现象"终极本质"的"美本体"，当然就是审美活动本身所难以敞显或呈现的；对于朱立元来说，则主要是无法整合那个同样外在于审美活动，并成为审美活动的"根基和控制平台"的"内在必然性的生命需要"，即审美需要。因为既然是审美活动的"根基和控制平台"，当然也是审美活动本身所无法显现或澄明的。

　　无论从逻辑上，还是事实上说，审美活动与审美需要都是无法分割的。审美活动就是审美需要的活动；审美需要就是审美活动的需要。只是由于审美活动的存在，审美需要才成为可能并被确证；只是由于审美需要的存在，审美活动才成为现实并被认定。问题只是如何从发生学的角度揭示审美活动和审美需要的生成，从而将以审美活动为本体的一元论的叙述推及到它的最后根基——生存或生命本身。

　　① 《美学》，高等教育出版社 2001 年版，第 62—69 页。
　　② 《美学引论》，第 35 页。
　　③ 《美学》，高等教育出版社 2001 年版，第 57 页。

　　王旭晓没有朱立元那种"全面实践"、"自我和对象是合一的"概念，而将审美活动界定为"出于人的内在需要，与欲望、兴趣等感性生命的要求相联系，为达到自己需要的满足而进行的活动"，即价值活动①，但是，她却明确地将美学对象确定为审美活动，并以之为核心建构了自己的美学。在她看来，"当人有了审美需要时，审美活动就发生了，尽管早期的审美活动与人的生命活动结合在一起，没有形成独立的形态"②。王旭晓扬弃了在她看来具有"思辨"性质的审美关系概念，而将美学对象明确地表述为审美活动。同时她否定了从自然需要直接进化为审美需要的可能，而将审美需要看做是审美活动"从人类活动中独立并展开为一种特殊活动形式"的产物。她承认审美需要的最原初形态，是追求快乐的生命需要，但是严格地将其与真正的审美需要，即审美追求区分开来，认为审美追求"融入了更多的社会、历史、文化与精神等人所特有的本质的需要"，这个过程也就是审美活动与物质生产活动及精神活动的"分离"过程。审美发生学的问题，在杨恩寰那里是美的本原问题，结论是"劳动创造了美"；在朱立元那里是审美意识的问题，结论是"只有当审美意识作为一种独立的意识形式出现后，才意味着审美活动的真正发生"；③而在王旭晓这里则是审美活动的问题，结论是审美活动生成过程就是作为一种特殊的生存实践"从不自觉到自觉，从依附到独立"的演化过程。

七　从二元论到一元论，"美是主客观统一"的历史展开

　　我是我的出发点，一切环绕着我而存在的事物都是我的对象；人类是人类的出发点，整个宇宙都是与人类相对待的客体，这是经验告诉我们的最真切不过的事实，也是最浅显不过的道理，所以主体与客体的分离和对立的观念几乎是天经地义，无可置疑，但是，至少19世纪以来，这种二元论式的观念受到了一些著名的思想家和哲学家的批评，人们开始尝试着换一种思维方式看待自己和这个世界。较早的是赫胥黎，他在《天演论》

---

　　①　可以将审美活动理解为价值活动，但主要不是以自身感性需要为价值标准的评价活动，而是以实现自我价值——人的全面发展和人与自然的完全和解为最终目的的活动。
　　②　《美学通论》，首都师范大学出版社2000年版，第77页。
　　③　《美学》，第138页。

中说，世界的进化看起来是两个过程：一个是自然的"宇宙过程"，一个是人为的"园艺过程"，但"那种通过我所称为'园艺过程'来创造并维持园地的人的能力和智力的活动，严格说来，就是宇宙过程的一个部分"；"有肉体、智力和道德观念的人，就好像最没有价值的杂草一样，既是自然的一部分，又纯粹是宇宙过程的产物"①。

后来马克思在《1844 年经济学—哲学手稿》中进一步讲到，"历史本身是自然史的一个现实的部分，是自然界生成为人这一过程的一个现实的部分"。"全部所谓世界史不外是人通过人的劳动的诞生，是自然界对人来说的生成。"② 进入 20 世纪后，海德格尔以"此在—存在"概念建构了他的哲学本体论。他在《存在与时间》中写道："此在是被刻画为'在世界中存在'（Inder – welt – sein）的那个存在者。人的生命不是某个主体，不是某个为了进入世界必须表演出某种技艺的主体。""此在"总是"为它的存在本身而存在"，并且，总是"以领会着存在的方式存在着"③。这种一元论的宇宙论应该就是朱立元所倡导的生存论的本体论。历史上有各种哲学本体论，比如自然本体论、社会存在本体论、物质实践本体论、人类学本体论，就美学来讲，能够作为它的哲学基础的只能是生存论或存在论的本体论。因为审美活动本身就是人的一种生存形式或存在方式，它深深植根于人的生命活动并伏脉于生命的根底部，是人类与自然间相互沟通、交融、和解的一种内在的、必然的运作机制。审美活动作为本体性的活动，它本身就是它所以存在的根据，审美主体、审美客体只是在审美活动中获得自己的定性，并构成了一定的审美关系，同时，审美活动作为本体性的活动，它本身就构成一种绵延，从直觉—形式到想象—意象，到生命体验—超越境界不过是这种绵延的不同层次或阶段。一切审美现象都是审美活动的现象，因此只有还原为审美活动才能得以解释和澄明。所谓一元论的美学，应该就是将审美活动奠定在生存论或存在论之上，并以审美活动为研究对象和核心建构起来的美学。

"美是主观和客观的统一"命题的最初提出，以主观与客观的预先设定为前提，并没有超越主客观二元论，但是，却为超越二元论提供了一种

---

① 《进化论与伦理学》（旧译《天演论》），第 8 页。
② 《1844 年经济学—哲学手稿》，第 82、84 页。
③ 《海德格尔选集》上卷，第 13—41 页。

思路。它否定了将美仅仅归之主观或客观的可能，肯定了"直觉"与"形象"相互依存、不可分割，"有形象才有直觉，有直觉才有形象"，肯定了美在"直觉"与"形象"的"往复回流"中生成。美实际上是一种"表现"或"创造"，当然，这只限止在美感经验，或李泽厚讲的"美的对象"的意义上。主观仅仅是"直觉"，而且是被"形象"限制了的直觉；客观仅仅是"形象"，而且是被直觉界定了的形象。"直觉"与"形象"的"统一"对于主观或客观都不是内在的、必然的，因而生命只是在刹那间偶然地回返并直观到了自己；即便表述为"客观方面某些事物、性质和形状"与"主观方面意识形态""交融在一起而形成的完整的形象"的时候，也没有超越主客观二元论。不过，"意识形态"（实际上是意识），不同于"直觉"，几乎是囊括世界观、人生观和价值观在内的整个观念世界，是"伴着情绪色彩的思想整体"；"事物、性质和形状"也不同于"形象"，几乎就是被意识到的外在世界本身。主观与客观的内涵在生命的向度上都极大地拓展和深化了，人们在这里感受和领略到的不再是刹那间的偶然的愉悦，而是理性的、意志的、情感的，即整个心灵的震撼与满足。但是，这依然是限制在美感经验范围之内，主体与客体的统一也还只是"思想"的事实；人仍然是一种片面的存在，而不是有血肉之躯的生命整体，同时，自然也不是一个整体，而是被"意识形态"所界定的作为"审美条件"的自然。"意识形态"在这里，就一方面说，是将人与自然统一起来的中介，而就另一方面说，又是将人与自然隔绝开来的屏障。

可以认为，将美理解为"审美关系"，而审美关系被表述为对象性关系的时候，是"美是主客观统一"命题的进一步表达。这时，审美主体不再是"直觉"或"意识形态"，而是包括与身体、欲望相关，称作"似本能"的"审美需要"以及形而上追求的生命整体，审美客体也不再是直觉或意识形态的对应物，即审美性质或条件，而同样是赋予人以生命和生机，成为人的"另一体"的生命整体，它们相互依存和澄明，构成了同一生命现象的两面——"审美关系"。因此，"审美关系"与"主客观统一"不同，既是主客体相互关联、融通的结果，又是它们得以存在并获得自己定性的原因。"关系"与"统一"同样可以理解为创造，但"关系"意义的创造，不是单纯主体的行为，不是"表现"，而是主体与客体共同的行为，是主体与客体的相互发现、交融、创构。主体在客体中直观到的不是既定的自己,而是由客体折射出来的自己,被客体确证和纯化的自己,超越了某种有限性的自己。美在"关系"中不再是仅仅作为结果,作为审美对象的"美",而是将审美主客体综合和建构起来的过程,因此,不同的综合和结构形式就构成了不同层次的美。但是,所有这些,只有在将"关系"理解为"活动"的时候,才是可能的和正确的。正如我们在蒋孔阳和朱立元那里看到的,"关系"自身是个模棱两可的概念,既可以被理解为预先设定的主体与客体之间的"关系",也可以被理解为在审美中建构起来的"关系",既可以被理解为一种方法论,也可以被理解为一种本体论,在"关系"概念基础上很难建构起真正意义的一元论美学。

逻辑的发展必然是扬弃"关系",将"审美活动"置于研究和叙述的中心。因为无论如何,"关系"本身不能说明自己,它的生成,它的存在,它的呈现,都不能离开"活动"。"关系"就是"审美活动"所构成的关系,作为一个讨论的话题,只能放在"活动"的框架之内。当朱光潜意识到介入审美活动的主观不仅是直觉,也不仅是意识形态,还包括"个人生活经验"在内的整个有机体的人,客观不是被动的物或物的形象,而是以其具体的实在性介入人的实践中的自然的整体,审美实际上是人与自然间的相互交换和转化,即"自然的人化"与"人的本质力量对象化"的时候,他谈的实际上是审美活动。所谓"人化",所谓"对象化",确切地讲,都不是指"关系",而是指实践,即"活动"及其过程。不过,这是包括整个自然,——内在的与外在的自然的人化;整个的本质力量,——感性的与情欲的,理性的与精神的对象化;是朱立元讲的"全面实践",而不是"有限实践"。将审美活动取代审美关系置于美学的中心,是美学的核心概念继"统一"和"关系"之后的第三次置换,伴随这次置换的应该是这样一些概念:超越性,——不仅是对客体和主体的超越,也是对主体和客体间既定关系的超越;生成性,——感性向悟性、理性的展开,及与之对应的形式向形象、生命境界的展开;主体间性,——主体性的淡化和消解,人既作为主体,又作为客体,与对象形成双向互动的审美关系。审美活动在一定意义上是认识活动、价值活动,但是在这里讲的本体论意义上,应该是植根于生命,彰显并完善着生命的自由的生命活动。

"美是主观与客观的统一"是美学的最基础的,最无可置疑的命题,也是最宽泛，最富有包容性的命题，围绕这一命题所展开的讨论绝不限于我们上面提到的几个人，也绝不会就此停止。随着讨论的逐步深入，可以预料，美的本质、本原、规律、审美经验、审美关系、审美活动、审美教育等必将得到日益确切的理解，同时，美学的二元论思维模式也必将得到彻底的清理和扬弃。

关于审美活动[*]

——评实践美学与生命美学的论争

20 世纪 50—60 年代那种以若干报刊为中心，有组织、有领导的美学讨论似乎已经成为过去，但美学论争却持续至今，有增无已，这大约是一般年轻学科的共有特点。不过，美学论争还有一个更为现实的缘由，就是它处在由古典模式向现代形态转变的过程中。80 年代处于主流地位的实践美学的兴起，是古典美学的终结，也是现代美学的肇始。近年来对实践美学越来越深入、越来越系统的诘难与批评表明现代美学取代古典美学已成为毋庸置疑的趋向。与 50—60 年代那场讨论不同，当前美学的论争虽然也涉及哲学基础方面问题，但主要是围绕美学自身问题展开的，是真正的美学论争。因此，这场论争同时将标志着中国（现代）美学学科的完全确立。下面，我仅就论争中涉及审美活动的几个问题谈谈自己的看法，希望能引起论争各方的关注和批评，并将论争进一步推向深入。

一 作为美学对象的审美活动

对象问题是一门学科的最基本的问题，是一切理论观点与方法论的出发点。所有重要的分歧，所有重要的转变，所有重要的进步，无不源于并最终归结为对对象问题的理解。

50—60 年代各派对美学对象的理解被扬弃了，现在一般均认为应以审美活动为美学对象，这显然是个重大进步，但是对审美活动在何种意义上被看作美学对象尚存在明显的分歧。一种着眼于它的涵盖面，认为美、

此文发表于《文艺研究》1997 年第 1 期；人大报刊复印资料《美学》卷 1997 年第 3 期全文转载。

美感、艺术并不以孤立的形式存在，而统一于审美活动中。把美学对象确定为审美活动可以避免因强调某一方面而产生的片面性；另一种则着眼于它的中介性，认为包括审美主体、审美客体及审美活动三者在内的审美现象中，审美活动处于中介的地位。只是由于审美活动，审美主体与审美客体才发生审美关系，因此美学应以审美关系中的审美活动为其对象；再一种强调审美活动的原在性，认为审美活动不唯在概念上涵盖美、美感及艺术。在表现上沟通审美主体与客体，从而构成一定的审美关系，而且它就是这一切存在的前提。美不过是审美活动的外化，美感不过是审美活动的内化，审美关系不过是审美活动的凝固化，艺术不过是审美活动的二级转化，因此美学研究归根结底无非是对审美活动的研究。

显然，这里存在着两种方法论或思维方式：一种是古典的，也就是传统的，另一种是现代的。古典的或传统的是以审美主体与审美客体的预先设定并相互对立为标志的二元论的思维方式。审美主体或审美客体被认为是美的本体，因而自身就是自身的根据，无须从外界获得说明。对审美主体的最终追问就是主体的审美心理结构，即审美需要、审美欲望、审美理想、审美情感之类；对审美客体的最终追问则是客体的形式、意蕴之类。由于审美主体与审美客体是相互关联、不可分割的，所以需要有个更高的概念将它们囊括在一起，或用一个中介将它们连缀在一起，这样美学便被推向了审美活动。审美活动在这里并不具有本体的意义。因为它有个前提，就是审美主体与审美客体的存在以及它们之间构成一种关系。现代的思维方式与之相反。它是以将审美主体与客体融通在一起的审美活动为美的本体的一元论的思维方式。审美主体与审美客体的设定被认为是假问题而取消了。按照这种思维方式，真正独立自足、不假外求的是现实的具体的审美活动，审美活动不是飘浮在审美主体和审美客体之上的空泛的概念，也不是本身无确定意义的中介，而是使审美主体与审美客体成为可能的根据。所谓审美主体或审美客体便是处在审美活动中，从而为审美活动所确证的主体或客体。在这个意义上，美学研究的正是审美活动本身，而不是它所包容的，仍被人为地分立的主体或客体。

古典的或传统的思维方式历来有两种趋向：或者是形而上的，即超离具体的审美主体与客体，以理念为出发点的思辨趋向，或者是形而下的，即拘泥于具体的审美主体与客体，以经验为出发点的实证的趋向。这两种趋向的弊端早已为美学家们所指出：现代思维方式以审美活动本身为对象,而审美活动既是具体的,又是抽象的,既是个别的,又是普遍的,既是偶然的,又是必然的,因此为克服古典的或传统的美学的弊端提供了可能。但目前现代思维方式还处在萌发的阶段,尚未达到与古典的或传统的美学分庭抗礼的地步。为它所借用或自创的若干概念、范畴乃至命题都还带有很大的任意性,当然更没有形成任何意义上的逻辑体系。它对古典的或传统的美学的绝然否定的态度,尤其表明了它的幼稚和不成熟。应该看到,古典的或传统的美学的局限性仅仅在于它把审美主体与审美客体看成是自在的并且是分立的,而不在于它对审美主体与审美客体的确认及作出的分析。而且还应看到,正是这种确认和这些分析支撑了以往的全部美学,并奠定了我们对审美活动的基本理解。试想,如果没有柏拉图的理念论、休谟的快感论、康德的合目的论、克罗齐的直觉论,我们恐怕连审美活动与认识活动、伦理活动之间的区别也说不清楚,更谈不上对审美活动的具体而微的探讨了。审美主体与审美客体并非是"虚构"的,它们与审美活动恰好构成了三位一体的关系。与基督教教义中的三位一体的区别只在于它取消了作为"发出者"或"生产者"的圣父的地位,而让审美主体与审美客体从审美活动中获得自身的定性。辨明这一点,我以为十分重要,因为这涉及美学的目的和宗旨。美学虽以审美活动为对象,但它的目的和宗旨却不在审美活动本身,而在审美活动中的人。因此美学要回答的不仅是审美活动是什么,该怎样,为什么等,而且要回答审美活动何以成为人的活动,人怎样进行审美活动,以及审美活动对人生的意义在哪里等。美学必须从古典的或传统的阶段走出来,这是没有疑问的,但是在此之前,是否应该以更多的热诚和耐心接受它的洗礼呢?

二 对审美活动的不同阐释

问题的症结在于如何理解审美活动。在我们面前有两种答案:其一,审美活动是一种主体性活动,又是一种对象性活动;其二,审美活动是以实践活动为基础同时又超越实践活动的超越性的生命活动。

所谓主体性活动与对象性活动意思应该是一致的。主体性活动,即以人自身为目的和尺度的活动;对象性活动,即将人的目的和尺度运用到对象上,使对象成为属人的活动。宽泛地讲,人的一切活动都是主体性和对象性的,这是人的活动区别于一般动物活动的一个标志,非主体性和非对象性活动对人说来是无法想象的。从这个意义上说，将审美活动说成是主体性活动与对象性活动是没有问题的①。问题在于两个方面：一、由于主体性活动与对象性活动是一般人类物质实践活动的特点，因而仅仅从物质实践的意义上规定审美活动，甚至把审美活动看成是一种物质实践活动；二、把主体性看成是先于审美活动而存在，并且是一般规定审美活动性质和趋向的最终根据。显然，审美活动与一般物质实践活动是有区别的。区别之一，物质实践活动虽然是感性的，但离不开理性的规范，审美活动虽也依恃于理性，而本质上却属于感性的；区别之二，物质实践活动总是从一定的功利出发的，是有目的的，审美活动是无目的而合目的的，是超功利的；区别之三，物质实践活动是受社会关系直接制约的，是社会性的，审美活动在一定意义上超离社会关系，是个体性的；区别之四，物质实践活动实质上是人与自然间物质和物质的交换，其结果是客体的实际被加工改造，审美活动却是精神的自我追寻和自我观照，客体仅仅是一种契机和媒介。以物质实践活动比照和阐释审美活动，势必会不适当地夸大审美活动的理性、功利性、社会性与物质性的一面，而忽视或抹杀其感性、非功利性、个体性、精神性的一面，使审美活动的真正本质与特征被遮蔽起来。同时，不应否认，人是有主体性的，但是这种主体性并非是先验地给定的，而是在实践中不断生成的。主体是审美活动的主体，因而一般说来，主体规定着审美活动，这似乎是不成问题的，但是审美活动同时承受着来自客体的张力，因此它总是在某些方面扩张着主体，塑造着主体，所以介入审美活动的主体与未曾介入审美活动的主体不是同一主体。主体通过审美活动而秉有特定的审美意向和情趣，从而使自己成为审美主体，在这里具有决定意义的东西不是主体本身，而是主体、客体以及主客体碰撞交融的过程，即审美活动。把主体性看作是审美活动的规定根据，同样会造成一种误解，以为审美活动源起于主体自身的某种心理或生理的机制，从而把审美活动的真正本质及特征遮蔽起来。

　　问题还不止于此。持审美活动即主体性与对象性活动的人往往把自己的观点归结为"实践本体论"与"人类学本体论"。殊不知这两者是相互矛盾的。实践本体论是把实践看作是不依恃于它物而独立自足的东西，看

---

① 卢卡奇说："人与动物的最重要的区别标志，就是语言和劳动已经具有对象化的一定特征。"（参见《审美特性》第1卷，中国社会科学出版社1985年版，第45页）

作是人与自然的一切演化和变革的根据，它的最大的理论品格和逻辑指向是取消了主体与客体的二元对立。马克思在《1844年经济学—哲学手稿》中所阐发的正是实践本体论。马克思在书中明白地指出，美的本源既不在审美主体，也不在审美客体，而在具有审美性质的精神活动中；审美主体与审美客体并不是先验的存在，而是在具有审美性质的精神活动中生成的；它们之间的对立只存在于人的观念中，在具有审美性质的精神活动中它们是统一的，互为条件的，审美主体与审美客体的任何具有根本意义的发展变化均离不开具有审美性质的精神活动。而人类学本体论却与此相反，把人本身看作本体，而当把人从实践中抽象出来之后，就只剩下了所谓的"心理"，所以人类学本体又称作"心理本体"。心理能不能成为本体呢？依照马克思的实践本体论，是不能的，因为心理不过是外在世界的对应物，是随同外在世界的改变而改变着的。把"心理"当作本体，势必要脱离审美活动，即实践，去追寻美的本源，并由此陷入自己设立的主客观二元论的陷阱。"实践本体论"与"人类学本体论"在逻辑上是相互排斥的，因此我们看到持这种主张的人如何在这两者中间摇摆不定，或者如何奋力从前者转向后者。

　　不能否认"实践本体论"及人的主体性的张扬对美学的意义。恰是它为美学向现代形态的过渡提供了可能。但是为了回答什么是审美活动这个问题，还必须寻求一种更广泛更坚实的人性与自然的根基。

　　把审美活动归结为一种生命活动，而不仅是一种实践活动，这无疑拓宽了人们的视野。生命活动，可以理解为与人的生命息息相关的活动，植根于人的生命的活动；可以理解为人的生命投入其中并使人享受生命的活动；也可以理解为人的生命为寻求自我保护、自我发展而不断超越自身的活动。生命活动，自然是指支撑着生命的全部生理、心理的共同活动，包括了感觉与超感觉、意识与潜意识、理性与非理性，因为这个原因，也包含着人与自然、主体与客体、有限与无限可能达到统一的前提。但是，生命活动是个异常宽泛的概念，审美活动作为一种生命活动，它自身还需要界定。"以实践活动为基础并超越于实践活动"是不是能够把审美活动与其他生命活动区分开来呢？显然不能。因为科学活动、伦理活动、宗教活动也是以实践活动为基础并超越于实践活动的（如果实践活动仅指物质生产实践与社会生活实践）。它们都是基于实践活动所提供的资料和契机，探寻着实践活动所尚未触及或不可能触及的问题。"超越性"，是对审美活动的进一步界定。对于"超越"，一般是讲对有限自我的超越，即对自我的有限理性、有限意志、有限情感的超越。依据这种理解，无疑超越是人区别于动物的普遍行为特征。从解决衣、食、住、行，到建立家庭、宗教、国家，到对自身及自然界的本质与规律的探讨，总之，人的每一个进步都意味着对有限自我的超越，没有这种对有限自我的超越，人就不能生存和发展。但这里对"超越"却有不同的理解，它指的是对"生命的有限性"的超越。人的现实生命都是有限的，需要在理想中获得超越。人的一切向善的实践活动，向真的科学活动，均是以服膺于生命的有限性为特征的现实活动。只有审美活动是以超越生命的有限性为特征的理想活动。依照这样的理解，一般实践活动、科学活动确实与审美活动区分开来了，而审美活动也从自身中游离出来，变得难以捉摸。问题之一，是向真、向善、向美这样的分别，以及把向美的审美活动看成是对向真的科学活动、向善的实践活动的超越。很难令人相信，实践活动中没有对真、美的追求，而审美活动中没有对真、善的向往。把美同真、善割裂开来，美本身只能是一种完全虚幻的存在。问题之二，是理想活动与现实活动的分别，把审美活动看成仅仅是理想活动。说审美活动不是服膺于有限生命的纯粹理想活动也令人难以置信，即便是理想也是从现实中生发的理想，否则便成了幻想或梦想。人的生命是现实与理想的统一，有限与无限的统一，正因为这样，生命才构成一种永恒的绵延，才形成了向真、向善、向美各种不同层次、不同指向的丰富多彩的活动。在实践活动与审美活动之间并不存在任何断裂，它们在生命中是一体的，实践活动中也有审美的冲动，审美活动中也有实践的情结。恰是这样在生命的历程中才构成了从有限到无限、从现实到理想的"桥梁"。审美活动的意义不应仅仅是制造一种"乌托邦"，一种"象征"，而应同时是人的生命中真正现实的一部分，是人现实地实现自己自由生命的一种努力。

什么是审美活动？——看来，这是一个尚需进一步探讨的问题。不过，我想，综合已有的研究成果，是否应该这样地进行描述：它是自由的合目的的评价活动；它是以意向与情感为核心的生命活动；它是人的自我观照、自我描述、自我追求的超越性活动。

三   一个焦点:个体性与人类性

古典的或传统的美学比较强调审美活动中的人类性以及与之相关的理性特征,这一点为实践美学继承下来了。实践美学所依恃的两个基本概念"实践"与"主体性"均与人类性及理性相关。"主体性"本来是通过个体并以个体形式体现的人类的共性,但在实践美学中它的个体性方面却被有意无意地忽略了;"实践"本来是一种在理性驱动并为理性所规范的感性活动,但在实践美学中它的感性方面也被或多或少地淡化了。这些弊病受到了后来兴起的生命美学与超越美学的猛烈批评。

批评者以反(传统)美学的姿态申发了如下观点:一、在美学中高扬人类性,把它置于审美活动的中心,而把人的生存意义及喜怒哀乐之情挤到边缘,其根源在于近代市场经济与人道主义思潮的泛滥。二、人类性是一种抽象,一种虚构,以之诠解美,于是出现了同样抽象与虚幻的"美本身"。"美本身"体现了人们对超验的信念及超验的主体的推崇。三、人类也需要虚构,需要"乌托邦",因此审美也需要有人类性作为背景,但是,审美所应展现的不是人类性,而是非人类性及真正体现人的特性的非逻辑、非规律、非抽象的表达。四、当前世界面对的主要问题,不是走出外在的物质世界,而是走出内在的理性世界,走出理性主义、绝对精神、人道主义编织的伊甸乐园。美学应该是对人类性的消解,对理性主义的拒绝。

无疑,指出这些是必要的:古典的或传统的美学对人类性及相关的理性的强调是有其历史文化背景的,这就是进入工业社会以来对人道主义的高扬;古典的或传统的美学中所强调的人类性常常具有虚构和抽象的性质,与真正的人类本性是不同的;美学应该从这种虚构和抽象的人类性中摆脱出来,也就是从旧的美学权力话语中摆脱出来,关注人的自由表达的方面;美学不应再沉迷于对虚幻的"美本身"的追求,而把眼光转向人的生存及超越问题上来。

但是,这里涉及一些基本理论问题也需要给予澄清。不论古典的或传统的美学如何理解人类性以及相关的理性,人类性及理性毕竟是审美活动中一个基本的、不可或缺的方面。当代西方美学的重大弊病就是忽视了这一方面。我们不应在批评古典的或传统的美学的同时,重复当代西方美学的错误，走向另一种片面。应该说，人作为类的发现不是近代以来的事，而是自有了人就已成为事实。这一点马克思讲得最为明白。马克思讲："有意识的生命活动直接把人跟动物的生命活动区别开来，正是仅仅由于这个缘故，人是类的存在物；换言之，正是由于他是类的存在物；他才是有意识的存在物。也就是说，他本身的生活对他说来才是对象。"① 人作为类的存在物与人作为有意识的存在物是互为条件、相辅相成的。动物也有自己的类，但动物并没意识到它是属类的，因此动物不是类的存在物；只有人不仅生活于类中，而且"把自己本身当作现有的、活生生的类来对待"。或者说"把自己本身的类，也把其他物的类""当作自己的对象"看待。② 这些话说明，所谓意识，一开始就是对类的意识，离开了类便没有意识；人对类的意识是人作为类的存在物的前提，也是人进入人的历史的前提。

既然人的意识与人作为类的存在物分不开，那么美作为一种意识便不能离开人的类特性。这是显而易见的，单个人无所谓美，一个长年孤独地生活在荒野中的人，绝不会去修饰自己。美的意识植根于人与人之间的认同感、亲近感与依恋感，植根于一种类的感情。美与爱是不可分的，没有爱的地方不可能有美。所以，美的意识，首先在于人与人之间的相互体认和交流。古希腊人把美阐释为和谐，我想和谐的真正含义也正在于此。当苏格拉底强调美的乐团、军队和社会必须是和谐、统一和有效的时候，作为他的出发点的正是一种类意识。可以把美看作是将人作为类凝聚在一起的媒介，而且是一切媒介，比如语言、文字、图式、姿态等之中信息量最大，并且最易于被接受的媒介。只是由于美，人才不仅作为现实的存在物，而且以理想的存在物聚合在一起，只是由于美，人作为类才在聚合的同时得到了精神上的升华。

康德美学的理论支点之一就是对人类的"共通感"的确认。在他看来，美所以是单称判断而又具有普遍性，原因就是人有共同的审美感。一些不愿深究的学者往往据此判定他是美学上的唯心论者，其实，"共通感"本身就是一种存在，而且是令每个人必然地置身于其中而无法逃脱的巨大的存在，正是由于它的存在，才产生了古代希腊艺术的永恒魅力问

---

① 《1844 年经济学—哲学手稿》，第 50 页。
② 同上书，第 49 页。

题，产生了资本主义制度对某些艺术形式是对立的问题，才产生了艺术的超时空继承和传播的问题等。当然，问题只是对"共通感"的进一步追问，它不是自存自在的，而是以一定社会经济文化为基础的，是共同的经济和文化生活的反映。如果我们承认"共通感"是真实的，那么对柏拉图所设定的"美本身"就不会感到困惑了。柏拉图不过是想切断"共通感"与每个人心中的具体的感性的美的联系，而把它纯化为一种具有超越性质的理念而已，他的出发点无疑也是对美的类的特性的张扬。

　　但从理论上讲，强化美的类的特性并不意味着对个体性的贬抑。不管在通常人们的观念里，人类性与个体性是多么地不相容，实际上它们是互相消长，彼此依存的。当人类还处在幼年时期时，人与人之间的类的交往还不是那么紧密，生产大半是以个体的方式进行的，那时候人们并不以他们能够充分享有个体性而感到满足，相反却热烈地向往着人类性（美学上对和谐，乃至中和的追求，艺术上对类型性，对程式化的强调可以证明）；而当人类步入成熟年龄，生产将人与人紧紧地固定在一起，人只是作为社会的"零件"生活的时候，人们又难耐这种人类性的千篇一律的单调，而又执着地追求个体性（美学上强调关系、移情与内模仿，艺术上强调典型性或个性可以证明）。可见，人类性以人的个体存在为前提，而个体性又以人类性存在为前提。这就是列宁在《哲学笔记》中讲的："对立面（个别跟一般相对立）是同一的：个体一定与一般相联系而存在。一般只能在个别中存在，只能通过个别而存在。"① 当前生命美学对个体性的强调就像历史上曾有过的对人类性的强调一样，在历史的维度上看是必然的，在理论的维度上看却不是必然的。

　　如果美学应该把生命原则奉为最高的原则，那么就必须反对对人的本性的任何割裂，而把人如实地视为一个整体。因为生命之为生命，首先在于它是活生生的整体。人并不仅仅作为个体而存在，同时他也属于类，作为类而存在；人也并不总是在非逻辑、非规律、非抽象的表达中生活，也常常在逻辑、规律、抽象的表达中生活。人离不开现实，因为人有血肉之躯，有七情六欲，但人又总是想超离现实，因为人有理性，有想象，有幻想。乌托邦与人们生存的大地同样构成了人的生命的一部分，没有大地人不能生存，没有乌托邦人不能像人那样生存。人恰恰是这样的矛盾体。据

---

　　① 《列宁选集》第 2 卷，人民出版社 1972 年版，第 713 页。

说现在人需要张扬个体性，打破一切既定的秩序：不要规律，不要节奏，不要情节，就像刚刚冲出家庭桎梏的浪子。但是我相信，这样的人过不了多久，就会厌倦他自己，而重新寻找他的家园。正因为人的生命是个矛盾的总体，所以人所追求的美也不是皎然纯一的东西。美是一面镜子，其中映现的应该是人的整体，而不是人的单纯的兽性或神性。

看来，我们不能拒绝我们的人类性，这样，我们也不好完全超出理性世界。前面已经讲过，人类性与理性是这样地密不可分，甚至可以说它们是一对同义词。当然，理性主义作为一种社会思潮，它已经渐渐成为过去，但这不意味着理性可以遭到轻视，尤其是我们这个还没有真正进入工业社会的国家，我们这个文化尚不十分发达的国家。我们的美学承担着类似启蒙时期的历史使命，需要对过去几千年的遗产及今后的可能趋向作出合理的阐释，以便使人能够理性地对待自己的个体性与人类性，在对美的追逐中完善自己的生命。我们不能想象，如果真的走出理性，拒绝人道主义，一味去追求每个人的自由的表达，会给我们的社会带来什么样的后果。

基于以上理解，我以为关于人类性的问题可以换一个角度，换一种提法，不叫作拒绝或消解人类性，而叫作还给人的生命的完整性。

四　审美活动中的自由概念

审美活动与人的自由之间的关联很早以来就为人所注意到了，席勒、康德、黑格尔、叔本华、萨特等人都有许多论述。实践美学一反前人对自由的理解，将自由与人类物质实践活动联系起来，认为自由即实践的自由，人类物质实践被自然所肯定，达到合规律与合目的性的统一，便取得了自由；而当实践自由消融在事物的形式上，积淀在事物的形式中，这种实践形式作为自由的形式，就是美。一种经典性提法叫作："就内容言，美是现实以自由形式对实践的肯定；就形式言，美是现实肯定实践的自由形式。"[1]

无疑，人的物质实践具有自由的性质。前面我们也曾提到，从解决衣食住行问题开始，人的一切实践行为，包括物质的与精神的，均体现了对

---

[1]　李泽厚：《美学论集》，第101页。

有限自我的超越。所谓超越，在一定意义上就是自由。但是，实践有历史的层次，自由有逻辑的层次，人之所以不满足于原始的、素朴的实践而不断从时间空间上深化实践，就因为人对自由有着近乎无限的追求。物质实践的自由，依照马克思的理解，就是人能够摆脱肉体的直接需要，自由地面对整个自然，就是能够不仅按照自己所属的种族的尺度，而且按照任何种族的尺度，以及人的内在尺度进行创造。物质实践的自由是现实的，也是有限的自由，因为它要受到来自三个方面的限制：一、主体——知识、才能、力量；二、对象——地域、时间、质量；三、手段与方式。由于实践的自由是有限的，它所积淀在或消融在形式上的自由也是有限的，如果这种自由的形式能够给人以审美的满足，那么这种满足更是有限的，而审美的自由是有限与无限的统一，本质上是一种无限的存在，因而也是没有任何形式可以消融或包容的。

不过，实践美学并没有把审美的自由与实践的自由完全等同起来，而认为审美自由是一种心灵的自由。审美自由不光决定于对象的形式，还决定于审美的心理结构。审美心理结构是在长久的实践中人向自然转化的结果（内在的自然人化），是自然人化造成的主体文化心理结构的完善。审美自由实际上就是对象形式与审美心理结构的对应而造成的审美的满足。

在完形心理学意义上，也许我们不应该拒绝对应这个概念，但是审美自由是不是由对象形式与审美心理结构相互对应而造成的心理效应，是大可以怀疑的。因为对应只能在有限的意义上达到某种认同，自我确证和相互融合，从而使心灵得到暂时的憩息；而审美的自由却要求从任何对应中超离出去，通过内在的生命体验，达到物我两忘的无限的境界，而且这里讲的对应双方对象的形式与审美心理结构作为有限的历史的产物只能为审美自由提供基础性的东西，审美自由的真正实现还要依靠对所有既定东西，对一切积淀为形式的东西的超越。这就是说，审美自由必须是将一切形式转化为无形式或超形式。

由此可见，实践美学从实践本体论出发，把审美自由与实践自由看成是本质上相通的东西，而忽略了它们之间的非常深刻的差异。应该说，审美自由与实践自由是两种不同层次上的自由。实践自由指的是人对有限自然（包括人作为自然存在物本身）的现实的超越，它的实质是人对自然的必然性的认识和改造；审美自由指的是人对有限心灵，即有限理性、意志、情感的超越，它的实质是人对自身的终极体认和关怀。无疑，实践自由是审美自由的前提或基础，因为没有实践的自由，便意味着人还没有作为现实的人介入自然，在这种情况下，去追求人自身的理想的完善自然是不可能的。但是，要实现审美的自由不能停留在人的现实存在的层次上，而必须让心灵升腾开去，营造一个最高的理想境界。

生命美学不仅指出了审美活动与实践活动是不同步的，实践活动具有两重性（肯定性、否定性），而且针对"自然的人化"提出了"自然属人化"的概念。认为美的直接来源不是"自然的人化"。而是"自然的属人化"。所谓"自然的属人化"即以其本来的特性进入人的视界的自然。它既区别于不属人的自然，也区别于实际改造过的自然。这对正确理解审美活动及其自由的根基问题无疑是有意义的，但是它却把审美活动归之为消解人类性的反常化的自由表达，把审美自由归之为人的自由本性的理想的实现，这似乎又把问题推向了另一面。

"自然的人化"是实践美学的核心概念。实践美学在阐释中遇到的最大的麻烦是未经人类加工改造的自然。近来有一种说法是：在实践对自然征服和改造的基础上，作为人自身的自然也被人化了，并获得了相应的审美经验，形成一定的审美需要、能力和审美态度，进而使更多的未被实践改造的自然也进入了审美领域，具有了审美属性，即所谓自然的"意识化"或"物态化"。依照这一说法，"自然的人化"可以是自然的"实践化"，也可以是自然的"意识化"、"物态化"。既是这样，自然的美就与实践没有必然的联系，美就不等于消融在形式上的实践的自由，实践就不是人与自然审美关系的唯一中介。

相比之下，"自然的属人化"或许要周延得多。这样，未经人类加工改造的自然何以成为审美对象的问题便迎刃而解了。但是这里也有一个问题：自然如何从不属人的转化为属人的，也就是如何进入人的审美视野的？据生命美学的解释，在人与这种属人化的自然之间充当中介的不是实践，而是广义的语言符号，属人化的自然美不具有社会性。这种说法恐怕也难以成立，因为人本身，包括人的各种感官就是在实践中形成的，恰是实践使人与自然结成了和一般动物不同的关系，而人的实践又是社会性的实践，人必须以社会的形式面对自然，以社会的尺度去评价自然。正如马克思说的："自然界的属人的本质只有对社会的人来说才是存在着的；因为只有在社会中，自然界才对人说来是人与人间联系的纽带，才对别人说来是他的存在和对他说来是别人的存在，才是属人的现实的生命要素；只有在社会中，自然界才表现为他自己的属人的存在的基础。"① 从这里我们是否可以得出这样的认识：说自然是属人的，也就是说是属社会的，只是在人是社会的人的意义上，自然才是属人的。

应该说人与自然间审美关系的确立有两个前提：一是人与自然的本然的亲缘关系，人就是自然的一部分。只有作为一部分人才能生存和发展；一是人通过实践与自然形成的对象化关系。人将自己从自然中分离出来，把自然同时把自身当作自己的对象。前者是生物学的，后者是人类学的。由于前者，人与自然间形成了永远解不开的情结，人把自然看作自己的另一生命，看作自己的母亲和家园；由于后者，自然遂成为人与人联系的纽带，成为人共同观照和反省自身的对象。"人化自然"强调的是后面一种关系，而且是自然作为人的对象的一面，人被看作绝对的主体，自然被看作人实现自身的场所和条件，审美活动即便不是等同于实践活动，也依附于实践活动，其中那种深切的认同感、亲和感、依恋感、共生感、回归感等通通被忽略了。相反"属人化的自然"强调的是前一种关系，即人作为本然的人与本然的自然间的关系。人与自然只有混沌的统一，自然对人不是对象，人也不是主体，在人的意识中只有作为孤独的个体的那种原始的生命自由，而审美活动似乎就是这种原始自由的表达和满足，审美活动赖以存在的人的自我意识及人类性从而被消解了。显然，"人化自然"与"属人化的自然'对审美活动中人与自然关系的阐释是不完全、不确切的。

把自由看作是人的本性，只有在这样的意义上是正确的：自由与人一同生成，自由是人之为人的确证。人是在劳动中造就的，而人的劳动是自由自觉的，所以自由就成了人的一种基本特性，但正因为如此，自由作为本性不是一成不变的，它随同人的完善而不断获得新的意义。自由应该是个无限的概念，是人的生存及超越自身的方式与境界。所谓"自由本性的理想的实现"，我以为至少容易给人造成这样两方面的误解：一是人有着有待实现的先在的自由本性，二是这种自由本性至少可以理想地实现。同时，这里还有一个必须澄清的问题，即自由与人类性的关系问题。如果

---

① 《1844年经济学—哲学手稿》，第75页。

在自由的概念中完全排除了人类性，那么这种自由只能是作为原始个体的生命自由，实际上是不自由，因为作为原始的个体不可能不屈从于自然的必然性，而所谓自然的必然性不是别的，恰是千万种孤独的个体为维系自己的生存而盲目释放的自然力的组合。人所以成为自由自觉的存在物，就是因为它是类的存在物，人类性是人获得自由的绝对的不可少的前提。由这里可以看出，对自由这一概念的界定，至少应包含三个层面：一、自由意味着对自然必然性的超越，而要超越自然的必然性，就必须超越自身的有限性，从有限逐步走向无限；二、所谓超越自己的有限性，就是消除自己作为单个人的片面存在，将自身纳入人类的整体中；三、当人成为整体，便不再把自然看作对立物，而看成自己的另一体，人与自然便达到完全和解，同时人自身感性方面与理性方面也达到统一，人作为人得到全面实现。显然，自由不是纯粹虚幻的，也不是完全实在的，自由恰好与人性中的现实性与理想性，兽性与神性相切合，自由是一种情结，一种召唤，一种境界，它时时闪现在人们面前，又时时把人引向遥远的彼岸。审美活动的真正意义或许就在于让人在自由的光照下看到自己的不自由，从而以极大热情去迎接可能的更大的自由。

给实践美学提十个问题[*]

　　作为实践美学的主要代表之一的刘纲纪在 2000 年一次国际美学会议上谈到，目前世界范围内存在着三种类型的马克思主义美学：一种是前苏联的马克思主义美学，一种是西方马克思主义美学，再一种是中国马克思主义美学。前苏联的马克思主义美学随着苏联和东欧国家的解体已经渐渐失去其影响；西方马克思主义美学由于在许多重大的和基本的问题上背离了马克思主义，面临着严峻的挑战和危机；所以真正坚持马克思主义的只有中国马克思主义美学，不过中国马克思主义美学需要适应时代的发展，不断从世界学术文化中，特别是从西方马克思主义美学中汲取营养，进行自身的调整和改造，否则很难承担起它的应有的使命。刘纲纪的这一篇谈话表明中国马克思主义实践美学已经意识到它在世界范围内所扮演的角色和所处的地位，同时也意识到它自身还不是非常完善和无懈可击的，还需要进一步推敲和讨论。

　　关于实践美学在美学上的贡献，拙作《走出古典——中国当代美学论争述评》中做了这样的概括：第一，它把美学探讨的中心从静态的美在何处，引向了动态的美是怎样发生发展的，从而大大推动了审美社会学的研究；第二，它把实践概念引进到美学，而实践概念是历史概念，这就使美学超离认识论成为可能；第三，它的理论指向直接是作为实践主体的人、人的本质、人的尺度、人的创造力等，于是人本身成为美学的最大课题；第四，美学因此在一定程度上脱离了抽象的概念的论争，而与人的生产劳动、自然环境以及艺术创作等实际问题结合起来；第五，它引发了人们对研究马克思主义经典作家的有关论著，特别是马克思的经济学著作的

　　[*] 此文发表于《吉首大学学报》2005 年第 4 期；人大报刊复印资料《美学》卷 2006 年第 1 期全文转载。

兴趣，使马克思主义美学脱离了旧的唯物主义色彩的阴影。

　　关于实践美学的局限性，我在同一著作中也指出，它的根本问题是试图以物质实践解释作为精神现象的审美活动。它所告诉人们的是，作为审美的客体，包括自然的、社会的、艺术作品中的，是从哪里来的；人作为审美的主体是怎样生成的；人何以能够通过生产劳动创造出审美客体，又何以能够从他所创造的审美客体中获得一种愉快。但是，美学所要追索的问题主要的不是这些，而是美是什么；审美如何成为可能；在美感的一刹那中，审美主体的心理状态是怎样的；美感的快慰是什么性质的，它与一般快感有什么不同；审美活动与认识活动、道德活动是怎样一种关系；等等。实践美学认为马克思提出并经过他们解释的"自然人化"，既回答了美的本源问题，也回答了美的本质的问题，实际上，它并没有回答美的本质问题，而作为对美的本源问题的回答也是值得商榷的。

　　但是，应该承认，实践美学在我们国内目前是处于主流地位的美学，它的影响至少在一般读者中还在不断扩大，之所以造成这样的状况，一方面是因为它的主要观点是建立在马克思主义实践哲学的基础之上，特别是马克思的有关著作作为它提供了坚实的理论支撑；另一方面是因为我们的读者长期受到马克思主义熏陶，对于实践美学比较容易理解和接受；还有一个原因，就是实践美学经过差不多两代学者的研究和探索，在许多观点上不断有新的补充和修正，它的开放性和包容性使它避免了其他一些美学因为褊狭而丧失话语权的命运。但是，实践美学同样面临着许多挑战，前不久召开的关于实践美学的专题讨论会就清楚地表明，在一些基本理论问题上，实践美学还存在一些值得商榷的问题，需要进一步去完善。

　　实践美学是我们中国学者在美学上的重要成果，并且是可以在国际学术界发生影响的成果，所以我们都有责任珍惜它，维护它。出于这样的考虑，我就自己的理解提出以下十个问题与实践美学论者讨论：

　　一、关于马克思主义哲学本体论。实践美学在冲脱了认识论的局限后，需要有一种哲学本体论的支撑，这一点，李泽厚意识到了，但是他认为马克思主义没有哲学本体论，马克思主义美学从来都是认识论美学，所以他借鉴康德和现代西方哲学的一些提法，提出了"人类学本体论"这个概念，同时他还提出了"工具本体"和"心理本体"这样的一些概念。刘纲纪不满意李泽厚在哲学本体论上的非马克思主义倾向，认为马克思主义本身就是一种哲学本体论，这种哲学本体论就是"实践本体论"或

"实践批判的本体论"。刘纲纪还注意到西方马克思主义者卢卡契将马克思主义哲学本体论称为"社会存在本体论",并且表明了自己不同意的意见。刘纲纪对卢卡契的观点存在一定程度的误解,这里暂时不去讨论。蒋孔阳同样认为马克思主义哲学本体论是实践本体论,但是没有做进一步的讨论。现在的问题是马克思主义哲学究竟有没有本体论?如果有,是不是可以用"实践本体论"或"实践批判本体论"来表述?如果用它来表述,就有两个问题需要讨论:一是如何理解"实践"这个概念,这个问题我们下面再谈;二是如何处理具有本体意义的自然界的问题。"实践本体论"能不能将包括自然界在内的整个存在从本体意义上统摄起来?我认为,与其将马克思主义哲学本体论表述为"实践本体论",而"实践"又被阐释为生产劳动,还不如表述为"工具本体论",因为工具是人与自然的统一,是目的性与规律性的统一,是人类文明的标志和尺度,也是全部社会实践的真正的根据和出发点。人与自然只有在工具的产生和发展的历史中才能得到最后的说明。当然,对于工具要有一个历史的理解,应该包括成为人类和自然物质交换的所有的物质中介。马克思讲,资本也是工具。

二、关于马克思主义的实践概念。李泽厚明确地把实践理解为物质生产实践;刘纲纪长时期也是这么理解实践概念的,但他后期有了重要的改变,认为实践是"人类在一切社会生活领域中使人的感性的本质得以生成和实现的活动,也就是人的感性的本质的自我实现、自我创造的活动"。蒋孔阳理解的实践概念更宽泛些,在他看来,人类的感性、情欲、情感和理智等一切本质力量的对象化活动都属于实践范畴,因此,一般的欣赏和审美活动也是一种实践。但是,很显然,马克思和恩格斯所讲的实践,首先指的是生产,而不是一般的感性行为;其次,指的是作为"历史中的决定性的因素"的生产,即"直接生活的生产"或"生命的生产",包括生活资料的生产和人自身的生产,而不是诸如精神生产的生产。马克思和恩格斯正是从这样的实践概念出发,精辟地分析和论证了生产力与生产关系、经济基础与上层建筑间的关系,创立了历史唯物主义与科学社会主义。就两种生产问题,曾经有人质疑过刘纲纪,刘纲纪承认人自身的生产也是决定历史发展的动力,但是在他后来的所有美学著述中从没给人自身的生产以应有的地位。人自身的生产,作为一种社会实践,在审美活动的生成发展过程中的重要作用,应该说是毋庸置疑的。人的审美情趣与一般高等动物对色彩、线条、形体的兴趣之间并没有一道不可逾越的鸿沟。不仅仅是工具的使用，还有在共同劳作中形成的人类特有的两性关系是人得以超越一般高等动物具有人的审美情趣的原因。也就是基于这样的道理，弗洛伊德的性心理学在美学发展史上的地位是不应也是不容忽视的。

三、关于人与人的本质力量。按照马克思的理解，实践应该是人与自然间物质交换过程，是主体与客体双向性的交融和互动的过程，而实践美学往往强调人的主体性、能动性的一面，忽略了人的受动性、受限制性的一面。无疑，马克思、恩格斯充分肯定了人的主体性和能动性，但是，与唯心主义者康德、黑格尔不同，他们的肯定是有前提的，这个前提就是：人是自然界的一部分，是"自然的、肉体的、感性的、对象性的存在物"；因此，人既是"具有自然力、生命力，是能动的自然存在物"，又"是受动的、受制约的和受限制的存在物"；人的感性、情感、情欲、激情也是人"真正本体论的本质（自然）的肯定"，是人"强烈追求自己的对象的本质力量"；人的主体性不是先验的、抽象的主体性，而是以作为对象的自然界的存在为直接前提的主体性，是"对象性的本质力量的主体性"；人在物质生产实践，即劳动中所获得的愉快，是人直观自己的本质的愉快，受动性对于人也是一种享受。实践美学在这个问题的理解上并不完全一致，后期的蒋孔阳对马克思的这些论点给予了较多的关注。

四、关于自然人化和美的本质。当实践美学用自然人化来解释美的本质的时候，在美与美的事物问题上始终存在着一种悖论。美是一种哲学的抽象，是一种精神现象；美的事物是经验的事实，是一种物质的存在；物质生产实践可以造就经验的事实和物质的存在，因而可以为美作为哲学的抽象提供可能，但是并不能直接澄明或升华为一种精神或理念。在经验的事实或物质的存在与精神或理念之间还存在着相当长的距离，还有许多不可逾越的鸿沟。蜘蛛织网、燕子筑巢、黄莺鸣叫也是美的事物，不过它们不能与人一起称作美的创造者，为什么呢？因为它们的活动是没有意识的，是不自由的。人的创造是有意识的，人的创造总包括一些经验以外的东西，包括人的认识、情趣和理想。但是，人的创造，作为一种客观化了的具体的物质存在与蛛网、燕巢、莺啼，并没有什么区别，因为它们总是与某个人或某些人的过去的经验联系在一起，是已有经验的体现，是个别的、有限的。而美，作为一种哲学的抽象，作为一种精神理念，是普遍的，无限的，在美中凝结的不仅仅是人类已有的经验，而且是人类对自然和人生，对现实与理想的伟大憧憬，它是经验的，也是超验的，是形而下的，也是形而上的，它是人的生命中一种永远挥之不去的情结。

五、关于美的形式和美的内容。这个问题恐怕不仅仅是实践美学的问题。黑格尔美学的主要贡献之一是对艺术的内容和形式的分析和论证，主要弊病之一是把这种分析和论证运用到美学上来，认为美也有内容和形式的区分。不唯是艺术，世上一切具体的实在都可以有内容和形式的区分，唯有作为哲学抽象的概念，特别是最高概念是不可以这样区分的。真、善、美就是这样的概念。李泽厚讲，"就内容讲，美是现实以自由形式对实践的肯定；就形式言，美是现实肯定实践的自由形式"。这种说法实际上是同语反复。我们不妨这样提问：陶渊明的《桃花源记》作为一篇散文可以有内容和形式之分，但是，它的美也有内容和形式之分吗？武松、鲁智深作为具体的人物形象可以有内容和形式之分，他们的美也可以有内容和形式之分吗？黑格尔曾谈到，有限的知解力是无法理解美的。实践美学就是试图将无限的美诉诸有限的知解力。有限的知解力之所以不能理解无限的美，是因为它必须借助分析综合的方法，将事物分解开来，然后再综合在一起，从局部到全体，从个别到一般。而美因为是无限的，所以无法分析和综合，美要求诉诸一种更高的智慧，即理性，要求诉诸直觉、顿悟、体验，要求整个心灵和生命的投入。

六、关于美的规律和审美活动的起源。马克思讲人的劳动和动物的"劳动"的区别之一是人"按照美的规律造型"。实践美学根据这句话和"劳动创造了美"这个短语，认定马克思把物质的生产劳动当作一切美的本源。但是，"劳动创造了美"，显然是在讲异化劳动，而不是讲美的起源；按照美的规律造型是在讲劳动的特性，而不是讲美的起源。而且用按照美的规律造型来论证美起源于劳动，在逻辑上显然是有矛盾的，既然劳动是按照美的规律造型，那就是说美的规律只是体现在劳动中，而不是产生在劳动中。为了解决这个矛盾，杨恩寰设定了一个"前人类的劳动"，认为美的规律应该起源于前人类的劳动，但这只是一种折中的说法。蒋孔阳提出从人类是个"自组织、自调节、自控制"的系统的角度，为解决这个矛盾提供了一套新的思路，较为可取，但已和"劳动创造了美"没有关系了。在美的起源问题上，应该说，马克思和恩格斯的两种生产论为我们提供了重要的理论依据。一方面是生活资料的生产，另一方面是人自身的生产，这两种生产的相互渗透和交互作用，使人既改变了人和自然的关系，自然成为人类可以利用、改造和欣赏的对象；也改变了人与人的关系，形成了家庭、宗族、阶层和各种社会交往的形式，造就了人类特有的爱、同情、尊重等感情。同时，还应借鉴达尔文的进化论，以便从人的进化过程中探讨人对某些色彩、形体、声音的兴趣与某些高等动物的性选择兴趣之间的生物学的联系。因为美的本源不仅是美的客体的问题，更重要的是审美主体的问题。

七、关于自然美的地位与意义。从谢林、黑格尔、佐尔格以来，美学就把研究的重心放在艺术上，认为艺术美高于自然美。实践美学也未能例外。实践美学同样认为，艺术美是自然美（社会美）的反映，但艺术美是融入了艺术家的思想感情并经过艺术家加工了的，艺术美是艺术家审美意识的物态化，是美的集中和典型的体现。可以看出，在这个问题上，实践美学没有跳出哲学认识论的框架。如果不是从认识论，而是从本体论或生存论出发，如果看到审美活动是人的一种生命活动，自然美是人对与自己生命攸关的自然界的一种意识和情趣，是人和自然之间和谐统一的象征，而艺术不过是用来调节人与自然（以及人与人间）关系的一个中介，那么就会意识到所谓艺术美高于自然美的说法，只不过是人类中心主义的一种不自觉的流露。不错，艺术美是较为集中的，而自然美是分散的，但是，是不是集中的一定比分散的更美？我们是更喜欢一览无余，还是喜欢层出不穷呢？艺术美比较精致，自然美比较粗糙，但是，在我们看惯了精致的东西后，不是更喜欢粗糙的、朴实的、原始的、甚至怪诞的东西吗？艺术美一经创造出来就不再变化，具有恒定性，自然美却随着岁月的流逝和季节的变化而不断改变着自己的面貌，但是，真正具有永恒价值的艺术美是很少的，而自然美正因为其日新月异、变幻莫测而受到人们的永久的青睐。自然美的突出特点是与它的存在融为一体，并且始终环绕着人类，成为人类生活中须臾不可或缺的东西，而艺术美却只是作为自然美的补偿和延伸的"第二自然"。自然美的问题，尤其在今天，是美学面临的真正具有现代性的课题。

八、关于艺术与美。长期以来，人们往往把美看作艺术的本质和目的，实践美学延续了这样的提法。由于实践美学的推动，这种观点几乎成了不容质疑的公理。但是，这是违背马克思主义美学基本原理的。马克思明确说，艺术是一种把握世界的方式，一种社会意识形态，一种精神生产,这就是说,艺术总是要表现和传达一种对世界的认识;总是要表现和传达一种政治、宗教、道德的观念,总是要作为一种价值介入到人们的经济生活中,成为社会经济总体的一个部分。真正的艺术从来不是为了美而创作的,即便是那些高喊"美是艺术的唯一目的"的 19 世纪西方唯美主义者也是如此。在中国,屈原、陶渊明、杜甫、李白、陆游、辛弃疾、曹雪芹,直到鲁迅;在西方,荷马、埃斯库勒斯、但丁、莎士比亚、密尔顿、席勒、歌德、巴尔扎克、列夫·托尔斯泰,直到卡夫卡,哪一个是为了美而创作,又有谁是单单为他们的作品中的美所打动的呢?艺术无疑要给人以审美享受,但是,这并不是艺术的本质和目的,就像人都要讲究美,美并不是人的本质和目的一样。

九、关于美和自由。李泽厚的美学许诺给人们提供一个审美的"乌托邦",一个"天人合一"的自由境界;刘纲纪认为,在现实生活中,人的自由和个性才能的发展是受限制的,只有在审美活动或艺术中人才能享有真正的自由,人的个性才能获得充分的发展。审美自由问题是个老话题。康德、席勒幻想通过审美或艺术实现人的自由,是因为他们看不到在现实中实现自由的可能;王国维与朱光潜同样看不到这种可能,不过他们不愿去侈谈审美或艺术的自由,而只是把它看作是一种从苦难中获得解脱的途径,一种"避风息凉"的方式。实践美学在这个问题上似乎还没有王国维和朱光潜清醒,而直接承袭了康德和席勒的观念,这就背离了作为它的基本出发点的实践唯物主义原则。审美活动或艺术如果给人以自由,也只是短暂的和虚幻的,而自由对于人来说属于现实的生存境遇的问题。所以,马克思和恩格斯从来不认为审美活动或艺术可以给人类带来自由,他们的全部学说可以说都是与这种论调相敌对的。

十、关于美学学科的性质。对照西方马克思主义美学,中国的马克思主义实践美学比较强调美学的科学性,而不太关注美学的意识形态性。李泽厚多次表示,美学应该放弃马克思主义的革命性和批判性,成为能够用数学方程式来表达的那样精密的科学;刘纲纪虽然在马克思主义哲学本体论的表述上采用了"实践批判本体论",但是他理解的批判,与西方马克思主义不同,实际上是物质的改造的意思。美学是一门人文科学,同时又是一种社会意识形态,这两方面是统一的。马克思主义美学是建设的,也是批判的,对精神文化领域各种不健康的、庸俗的东西的批判永远是美学的一个重要的课题。难以设想,只靠所谓的"积淀",就可以拯救人类的灵魂，完善人的本性。

　　需要说明的是，这里讲的实践美学，主要是指李泽厚在《批判哲学的批判》、《美学四讲》中表达的美学，刘纲纪在《艺术哲学》等著作中表达的美学以及蒋孔阳在《美学新论》中表达的某些美学观点。李泽厚后来游离于实践美学之外，他所谈论的与实践美学已经相距很远；刘纲纪则始终坚守在实践美学范围之内，不过他没有停止对美学基本问题的反思，在他后期的一些论述里，通过与西方马克思主义美学的比较，给自己，也是给实践美学提出了若干非常重要的理论问题。蒋孔阳虽然在许多观点上与李泽厚、刘纲纪比较接近，但是，他在"美在创造中"、"美是恒新恒异的"、"美是多层累的突创"等命题中就美的本质问题表达了完全不同的全新的见解。实践美学正在走向成熟，我们期望实践美学在他们及后来一些年轻学人的努力下有更多的新的建树。

人·美·艺术与自由[*]

——读高尔太《论美》的几则笔记

读了高尔太同志的《论美》，受到了一些启发，但也产生了不少疑问，于是随手做了几则笔记，特抄录如下，以就教于高尔太同志及其他美学界同志。

一 关于自由是"主体性心理结构"

高尔太同志美学的核心范畴是自由。他有这样几个论点：

——自由"首先是一种认识，一种意向，一种包含着目的、意识、趋向在内的主体性心理结构"，"其次它是一种手段"[①]；

——自由是对必然的超越，是"对自然必然性的反叛"[②]；

——自由是"不息地运动着的力"，"它所运行的方向性，也就是作为行动主体的目的性"[③]。

自由，这是一个诱人的字眼。从 18 世纪以来，差不多人人都懂得这个字眼的分量。但是，什么是自由？哲学家与政治家，现实主义者与自由主义者，从事繁重劳务的工人与大腹便便的资本家之间不会有相同的答案。因此，在把自由引进一门科学，作为具有特定内涵的科学术语时，首先应该对它的含义有一个明确的限定。高尔太同志对自由所做的解释能不

---

[*] 此文发表于北京大学哲学系编《人道主义与异化问题研究》，北京大学出版社 1985 年版。

[①] 《论美》，甘肃人民出版社 1982 年版，第 34—35 页。

[②] 同上书，第 205 页。参看《美是自由的象征》及《美学与哲学》两文。

[③] 《论美》，甘肃人民出版社 1982 年版，第 35 页。

能算是明确的限定呢？

　　马克思主义经典作家中谈论到自由的，有这么两段是人们所熟悉的：一段是恩格斯在《反杜林论》中提出的："黑格尔第一个正确地叙述了自由与必然之间的关系。在他看来，自由是对必然的认识。"① 另一段是列宁《哲学笔记》中对黑格尔《逻辑学》《本质》第三篇"现实"的批注："**注意** 自由＝主观性（'或者'）目的、意识、趋向**注意**。"②

　　这两段文字高尔太同志似乎都注意到了，可惜并没有认真地加以分析和比较。

　　我认为这两段话恰好揭示了构成自由这一概念的两个相互联系的侧面：——自由是对必然的认识，这是讲自由的客观性方面。就这个意义上说，必然是自由的基础，人只有在认识和把握了必然的基础上才能获得自由，因此，自由如果是真实的就必定是客观的，符合客观必然性的；——自由是目的、意识、趋向，这是讲自由的主观性方面。自由的主观性意味着，自由作为认识不能停留在客观性上，必须转化为主观性；认识中的自由还不是真正的自由，真正的自由是实践中的自由；认识还要在实践中，并通过实践得到确证。自由永远是具体的，因为人们的认识，人们的目的、意识、趋向是具体的，因为人们实际面对并努力克服的必然性是具体的。

　　自由首先是对必然的认识，这是毫无疑问的。这里的首先，是对意识、目的、趋向讲的，而不是对作为手段的意义讲的。说自由首先是一种认识，其次是一种意向，这符合认识论与心理学的一般规律；相反，说自由首先是一种认识，甚至首先是一种意向，一种心理结构，其次是手段，则违反了认识论与心理学的规律。道理是自由作为认识与作为手段并不存在先后的问题。没有认识的自由当然不成其为自由，而自由在没有成为手段之前也不可能被认识。手段不是别的，就是认识的外部现实。认识只要存在着就必定以手段的形式表现出来，凡是尚未表现为手段的就还不成为认识。游泳的自由是在实际开始游泳时才取得的。原始人在没有通过实践看到耀眼的火光时绝不会懂得摩擦生热的道理。当然，任何一种实践活动都会受某种意向的支配，但是这是生存的意向，繁衍族类的意向，获取某

---

　　① 《马克思恩格斯全集》第 20 卷，第 125 页。
　　② 《列宁全集》第 38 卷，第 174 页。

种物质与精神满足的意向，甚至是追求自由的意向，而不是自由的意向。

自由是一种认识，一种意向，认识与意向不等于主体性心理结构。主
体性心理结构是个含混不清的概念。什么叫主体性心理结构？说有目的性
与合目的性是认识的本质，说认识就等于评价，说人由于评价而成为自由
主体，成为意义的赋予者，所有这一切都是值得商榷的。显然，目的性并
不就是主观的东西，目的性不等于人的主观需要，如果不是这样，人的有
目的的活动与动物的维系生命的活动就难以区分了。目的性是以对客观实
在的认识为前提的，它不仅决定于人的主观欲念，更决定于客观实在在多
大程度和范围内激起这种欲念与满足这种欲念。列宁说："事实上，人的
目的是客观世界所产生的，是以它为前提的，——认定它是现存的，实有
的。但是人却以为他的目的是从世界以外拿来的，是不以世界为转移的
（'自由'）。"① 所以，不是有目的性与合目的性是认识的本质，恰恰相
反，倒是认识是有目的性与合目的性的基础。目的性与自由都来源于认
识，但自由不等于目的性，自由是目的性与必然性的事实上的统一。那
么，认识的本质是什么呢？这一点马克思主义经典作家早已讲得很清楚
了。认识是思维对客体的无休止的接近，是思维与客体的一致。人所以高
出于动物，就在于人能够超出自身的直接需要去认识世界和对待世界。人
是唯一能够认识世界的动物，惟其如此，人也是唯一能够按照世界固有规
律评价和改造世界（包括自身）的动物。认识不仅为评价和改造提供了
可能，而且提供了条件。评价的真谛不是主体赋予客体以意义，而是揭示
客体自身在与主体的物质交换中所含有的意义。太阳的价值是主体赋予的
吗？那么为什么主体偏偏把这样的价值赋予太阳，而不赋予月亮或其他星
体？牛、羊、马、猪、狗这些牲畜的意义是主体赋予的吗？为什么更凶猛
有力的虎、豹、狼、熊、狮不可以受到人的青睐？评价发自于主体，而这
个主体必须是沉入到客体中的主体，而不是自我封闭的主体。一切都取决
于客观的物质交换关系，客观的历史进程，包括人自身的价值也是如此。

为什么叫主体性心理结构？心理结构，顾名思义应是各种心理要素的
一种有规律的组合。自由作为认识，或作为目的、意识、趋向又是怎样组
合的呢？自由与一般欲念、情感、意志、理性是处于怎样的关系之中呢？
这一切我们没有看到任何具体分析，遇到的只是这个含混不清和难以消化

---

① 《列宁全集》第38卷，第201页。

的概念。

当然，问题不仅仅在于概念本身，更在于它在全部逻辑立论中的位置。我读了《论美》，觉得在其全部议论中，"自由是主体性心理结构"是一个最基本、最重要的概念。这从我前面提到的自由首先是一种认识、一种意向、一种主体性心理结构这个命题就可以看出。说首先是认识、意向，是为了与恩格斯、列宁的论断衔接起来，而真正强调的是主体性心理结构，只有这个概念是属于高尔太自己的，《论美》的全部议论实际上是从这里引申出来的。

自由是一种主体性心理结构，在自由作为手段之前，自然可以超脱必然和"反叛"必然。因为按照高尔太同志的理解，主体性心理结构不必来自认识，从根本上说，只是生命力的升华。这种议论延伸下去就与弗洛伊德，与西方的生命哲学联系在一起了（事实上，《论美》中也做了这种联系）。但是自由无论如何不能超脱或叛离必然性，就像黑格尔在《逻辑学》中说的："如果我们把自由这个概念看作必然性的抽象的对立面，那么这只是理智的自由概念而已；而真实的和理性的自由概念，其内部包含着被扬弃了的必然性。"① 自由既是对必然的认识，那么自由就是认识了的必然，如果自由中不包含着必然，那么自由就不成其为自由了。所以假定说必然是被自由一个一个扬弃了的环节，那么也可以说，自由是被必然一个一个扬弃了的环节。自由与必然是对立统一的两个环节，它们互相包容，互相依存。自由不仅从对必然性的认识开始，而且又总是以纳入必然性为归宿。当人们学会了绘画，自以为获得了某种自由的时候，同时也就被绘画本身的规律所制约着。法国大革命取得胜利的年代，人们为摆脱王权而狂欢雀跃，绝没有意识到他们的革命不过是资本主义发展的历史必然。整个人类历史，归根结底是必然性通过自由为自己开辟道路的历史。

人注定要生活在必然性之中，这是因为人本身就是必然性的产物。人是自然界的一部分。人与自然的关系首先是存在与存在的关系，其次才是意识对存在的关系。既然如此，人就要与其他存在一样服从自然规律。同时，因为人是社会性动物，人在与自然交往中建立了相互之间的关系，而人与人之间的关系是更为复杂的一种物质关系，人还必须服从人类社会的规律。幻想人可以超越必然性，这无异于幻想灵魂脱出躯体，但可惜人只

---

① 《列宁全集》第 38 卷，第 192 页。

要活着就要受这个躯体的摆布；而躯体又要受自然及社会环境的摆布。这么说，人注定是要做必然的奴隶了吗？不！人要认识必然，驾驭必然，利用必然，要努力创造一个更适宜自己生存的环境。人总是要在宇宙和谐中奏出几个不协和的音。人的这种冲动是从哪里来的呢？是对自由的向往吗？高尔太同志讲，是自由构成了不息的运动着的力。这么讲，自由应该被人们奉为上帝。如果自由是不息的运动着的力，人被这种力所驱使着，去追逐一个自己并不理解的目的性，还谈得上真正的自由吗？这样的自由也只能存在于哲学家或政治家们的幻想中，人们是不会感兴趣的。真正的自由只能是包含有必然性的、具体的自由，这样的自由才构成一种力，不过力的源泉在人们物质实践中，只有物质实践称得上是生命的本质，自由的灵魂。

二　关于"人的本质是自由"

但是自由与人在高尔太同志的理论里并不是对立的。他说：

——人的本质是自由①；
——自由是生命力的升华。它的能量也就是自然力的能量②；
——由无机物演化为有机物，由单细胞演化到人类，这个生命的发展过程不仅是有机体的结构越来越复杂和多样化的过程，也是有机体主动能动的活动能力越来越增强的过程。作为这个过程的结果，进化变成了历史，思维变成了意志，意识变成了无意识，感觉变成了理论家，即逻辑认识结构变成了感觉，历史的东西变成了个人的东西③。

马克思在《1844 年经济学—哲学手稿》中沿用了费尔巴哈的术语"人的类的特性"，但对"人的类的特性"重新作了如下规定："……而生产生活也就是类的生活。这是创造生命的生活。生命活动的性质包含着一个物种的全部特性、它的类的特性，而自由自觉的活动恰恰就是人的类的

---

① 《论美》，第 184 页。
② 同上书，第 213 页。
③ 同上书，第 65 页。

特性。"①

高尔太同志多次提到了这段话，可惜他注意的只是"生命活动"、"自由"这样孤立的概念，而没有看到这两个概念与其他概念间的逻辑联系，没有理解其中的真正含义。

马克思并没有说人的本质是自由（当然这不是说马克思没说的别人也不能说），正因为这样，马克思才称其为马克思，否则恐怕连黑格尔也不如了。把自由当作人的本质、人的目的看待的是 18 世纪资产阶级启蒙运动者。黑格尔已经看到了它的局限和它的虚弱，因此转向了自由所赖以存在的具体的现实。黑格尔"抓住了劳动的本质，把对象性的人、真正的因而是现实的人理解为他自己的劳动的结果"②，不过黑格尔所指的劳动是抽象的精神的劳动。

马克思批判了黑格尔，当然不是也不可能是站在资产阶级启蒙运动的立场上，而是站在正在形成中的马克思主义的立场上。马克思指出，人的类的特性不是别的，就是"自由自觉的活动"，也就是有意识的生产活动。一切物种的全部特性，它的类的特征，都是由其生命活动的性质决定的（而不是由上帝或其他精神实体安排的），不同物种只是通过各自的生命活动而相互区分开来。人所以区别于其他动物，就是因为人的生命活动是自由自觉的活动，是有意识的生产活动。显然，自由与自觉在这里都是活动的限制语。自由本身并不构成为本质，只有自由（自觉）的活动才构成为本质：第一是活动；第二是自由自觉。这就是马克思虽未摆脱人本主义影响，但已不同于资产阶级启蒙运动与黑格尔之处。正是在这个意义上，马克思才说："实际创造一个对象世界，改造无机的自然界，这是人作为有意识的类的存在物（亦即这样一种存在物，它把类当作自己的本质来对待，或者说把自己本身当作类的存在物来对待）的自我确证。"③或者说："正是通过对对象世界的改造，人才实际上确证自己是类的存在物。"④

人的自由是在人的生产活动、人的类生活中形成的。虽然从根本上说，人也是自然进化的结果，但自然与人之间毕竟有着明显的界限。说自

---

① 《1844 年经济学—哲学手稿》，人民出版社 1979 年版，第 50 页。
② 同上书，第 116 页。
③ 同上书，第 50 页。
④ 同上书，第 51 页。

由是生命力的升华,说感觉、思维、意识(无意识)、意志等是生命发展的结果,并没有加深人们对这个问题的认识,相反容易使人变得糊涂起来。人们根据前面提到的自由首先是一种主体性心理结构的提法,以及自由是不息地运动着的力的提法,完全可以推论自由与生命——同是植根于自然之中的,因此是先于经验和理性而存在的。当然,这样的理解是完全不正确的。自由与生命有什么关系呢?植物和动物是有生命的,它们有自由吗?即便是人,如果他醉生梦死,无所作为,又有什么自由呢?如果说生命是自由的前提,那么只有一种意义上是对的,就是生命造成了供人思维的器官——大脑。人没有了脑袋无论如何是谈不上自由的。但是大脑的形成只是前提,要使大脑开动起来,去认识必然,揭示规律,那就得靠人的生产和社会实践活动了。进一步说,人的生命是有限的,自由却是无限的,有限的生命怎么能成为无限的自由的依据?假使人们仅仅为了维系生命,创造生命,那像猴子一样攀援在丛山密林中就行了,何必花偌大心血去开拓新的世界?人之所以为人恐怕就在于不满足于维系和繁衍生命,生产和社会活动使他们最终与一般动物生命区分开来,使他们开阔了眼界,增长了才干,同时不断扩大了物质与精神需要。自由就是随同社会生产实践的发展而伸展开来的,只有从实践活动本身才可以找到自由赖以生长的根据。

在马克思看来,自由自觉的活动,或有意识的生产活动与人的类生活实际上是一个东西。人的类生活就是自由自觉的活动;正是自由自觉的活动构成了人的类的特性。他说:"有意识的生命活动直接把人跟动物的生命区别开来。正是仅仅由于这个缘故,人是类的存在物。换言之,正是由于他是类的存在物,他才是有意识的存在物,也就是说,他本身的生活对他说来才是对象。只是由于这个缘故,他的活动才是自由的活动。"① 这就是说,人们活动所以是有意识的,所以是自由自觉的,它的全部奥秘就在人的类生活中,即社会生活中。动物没有意识,更没有自由自觉,因为动物是彼此孤立的,动物没有类生活,它的存在和生命是直接同一的,生命就是它唯一的活动形式;人就不同了,人是类的存在物,人总是把类的特性看作自己的本质,看作自己行为的出发点,正因为这样,人除了一般生命活动外,还可以对这种生命活动进行反思,人把自己与自己的生命活

---

① 《1844 年经济学—哲学手稿》,第 50 页。

动区别开来了，于是人的活动才获得了自由自觉的性质。从这里可以看出，与其说自由是生命的本质，毋宁说自由是对生命的超脱，人只有在超出一般生命活动，把自己与属类联结在一起，从而成为类的存在物时，才成其为人。

既然自由自觉的活动就是人的类生活，那么对自由的任何抽象的理解，在马克思看来便完全是无稽之谈了。马克思将人的生产与动物的"生产"作了六方面对比，这些对比实际上就是为人的自由自觉活动做注脚的：第一，人的生产是实际创造一个对象世界，改造无机的自然界；动物的生产，比如蜜蜂、海狸、蚂蚁为自己构筑巢穴，只是生产其直接需要的东西。第二，人的生产是全面的，动物的生产是片面的。第三，人的生产可以摆脱肉体的直接需要，而且只有摆脱了这种需要时才是真正的进行生产；动物只是在直接的肉体需要的支配下生产。第四，人再生产整个自然界，动物只生产自己本身。第五，人可以自由地与自己的产品相对立，动物的产品则直接同它的肉体相联系。第六，人懂得按照任何物种的尺度进行生产，按照美的规律塑造物体，动物只是按照它所属的那个物种的尺度和需要进行塑造。什么叫自由自觉的活动？什么叫人类的自由？它的基本含义就在这里。自由是就人超出了肉体的直接需要说的，人在多大程度上超出了肉体的直接需要，人就有多大的自由。在这个意义上，那种仅仅满足于自己的肉体需要的人是不能称作自由的；自由是就人可以自由地与自己的产品对立说的，产品并不就是人本身，人可以不从自己的需要而从类的角度看待产品。在这个意义上，生产越向前发展，越摆脱原始的自给自足的自然经济，人的自由就越多；自由是就人能够把任何物种的尺度当作尺度，能够发现并按照美的规律进行生产说的，自由就是转化为意识、目的的必然，就是自觉地实践中的必然。在这个意义上，自由就意味着切实的现实主义，就意味着严格的科学态度，就意味着不断地发现、改革、创造。

但是这一切只有人作为类的存在物才有可能。在资本主义条件下，劳动异化的结果使人失去了类的本质，凡属于类的、精神的能力都变成了维持个人生存的手段，这时本来是自由自觉的活动便为强制的奴隶劳动所代替了。由此可见，对于人与人的自由真正具有决定意义的是人类在生产活动中所形成的社会关系。马克思的这一思想在后来一些著作中得到了更充分的发挥，并导致了他与费尔巴哈思想的彻底决裂。他摒弃了带有浓重的人本主义痕迹的费尔巴哈术语，越来越明确地把人与人之间的社会关系和人与自然之间的关系统一起来，把对人的本质的规定与对一定社会的历史发展的规定统一起来。比如我们看到，在《德意志意识形态》中有这么一段话："自然界和人的同一性表现在：人们对自然界的狭隘的关系制约着他们之间的狭隘的关系，而他们之间的狭隘的关系又制约着他们对自然界的狭隘的关系。"① 在《雇佣劳动与资本》中还可看到这样的话："为了进行生产，人们便发生一定的联系和关系；只有在这些社会联系和社会关系范围内，才会有他们对自然界的关系，才会有生产。"② 正是基于这个思想，马克思在《费尔巴哈论纲》中在人的本质问题上才提出了这样一种全新的观点："人并不是单个人所固有的抽象物，在其现实性上，它是一切社会关系的总和"③。这是迄今为止对人的本质的最科学的表述。

人是社会关系的总和这个表述中完全没有自由这个字眼，但是比自由自觉的活动的提法更深刻地概括了自由的本质，同时还包含了自由这个字眼所不能包容的更广阔、更深邃的一系列理论。人们从这个表述出发去理解自由，可以找到解决有关自由的最深奥问题的钥匙，但是从自由这个字眼出发去理解人，绝得不到人是社会关系的总和这样充满辩证唯物主义精神的科学的结论。而且自由这个概念，如果从抽象方面去理解，很容易把人引向倒退，与费尔巴哈，与康德，甚至与18世纪启蒙运动者合流在一起。

三　关于"美是自由的象征"

关于美，高尔太同志的观点是：

　　——美是自由的象征④；
　　——"美的王国是一个自由的王国"，"只有在美的王国里它才始终保持着自己的人类性，……始终保持着自己的人的本质——自

---

① 《马克思恩格斯全集》第3卷，第35页。
② 《马克思恩格斯全集》第6卷，第486页。
③ 《马克思恩格斯全集》第3卷，第5页。
④ 《论美》，第204页。

由"①；

　　——美，作为感受，作为内在心理结构的外在表现，它永远是真实的②；

　　——人化就是主体化，……它使反映过程本身成为一种自然对象的人化过程，这是一种"创造"③；

　　——人类对美的感觉能力也都是原始生命力的升华，它不仅具有历史的和社会的根源，而且具有原始生命力的根源④。

　　一般地说"美是自由的象征"并不算错，尽管不十分确切。但是高尔太同志所说的"美是自由的象征"有自己特殊的含义，是不是能够成立，很值得研究。

　　关键的问题当然在对自由的理解上。前面我们提到了，高尔太同志理解的自由是什么呢？一、是主体性心理结构；二、是对必然的反叛或超越；三、是生命力的升华；四、是不息地运动着的力。作为这样一种自由的象征，美应该是怎样的呢？恐怕任何人也回答不上来。

　　但是，我认为，美理应是能够把捉的。美就在人们面前，否则美与真、善怎么统一在一起？人们为什么还要去发现和创造美？美就在必然性之中，否则所谓"美的规律"岂不是一句空话？人们又怎么能形成共同的审美心理？

　　不过，暂时还是让我们回到美是自由的象征这个命题上来。

　　如果高尔太同志提出的"美是自由的象征"可以成立的话，我可以提出一个与此相反的命题：美是必然的象征。我相信这个命题与美是自由的象征同样的真实，凡是用来说明美是自由的象征的例子都可以当作美是必然的象征的注脚。比如：

　　蛇形线的美——可以说它是自由的象征，因为相对于直线来讲，蛇形线显得是自由的，但也可以说是必然的象征，因为蛇形线是沿着一个圆锥体向前运动的，它使人看到了一种规律，一种秩序。

　　人体的美——美的人体可以使人联想到自由，因为人体没有为厚重的

---

① 《论美》，第 57 页。
② 同上书，第 16 页。
③ 同上书，第 148 页。
④ 同上书，第 229 页。

毛皮所覆盖,从上面能够看到隆起的肌肉、流动的血液、跳动的脉搏,能够看到饱满的精力、坚强的意志、充沛的感情,而这些无疑都增加了人们对自由的信念;但同时美的人体也可以使人联想到必然,因为肌肉的排列是有秩序的,血液的流动是有定向的,脉搏的跳动是有节奏的,而其中所透出的力量、意志、情感又都是恰如其分、合情合理的,这些又都不能不使人增进了对必然的爱。

自然景物的美,——尤其是在城市住惯了的人,有谁不喜欢自然景物呢?相对于他们习惯了那些线条、色彩、音响,自然中的线条、色彩、音响是何等的自由,何等的清新啊!树木在微风中自由地飘拂着,花草在阳光下自由地生长着,鱼儿在水中自由地游弋着,鸟儿在空中自由地翱翔着……一切似乎都处在自由之中,然而一切又具有内在的必然性,树木在微风中必然地飘拂着,花草在阳光下必然地生长着,鱼儿必然地游弋在水中,鸟儿必然地翱翔在空中,如果不是这样,如果一切都失去了节度,都颠倒过来,使人看不到一点儿内在联系,那么人们会感到美吗?恐怕只会感到慌乱和恐惧。

正像歌德所说的,艺术的美在于酷似自然;自然的美在于近似艺术。人们总是希望在必然中看到自由,在自由中看到必然。没有自由的必然人们不能接受,因为那就等于取消了自己,把自己变成一块僵硬的石头;没有必然的自由人们同样不能接受,因为那就等于取消了世界,把自己变成一股无根的旋风。没有必然与没有自由都是对人自身的否定,而人若肯定自己就必须把自己置于必然与自由的对立统一之中。

美是自由的象征,同时也是必然的象征,确切地说,美是自由与必然统一的象征。只有这样理解,才可以懂得美为什么成为鉴赏的对象,而鉴赏为什么成为对美的一种认识或把握。所谓认识或把握,总是对必然的认识或把握,必然之外的东西是不可认识的。必然一旦被认识了便转化为自由。高尔太同志口头上不否定自由是对必然的认识,却否认鉴赏是一种把握,那就必然导致逻辑上的矛盾。按照他的说法,美是主观的,客观存在的只是美的条件,即便是美的条件,总还有某些属于必然性的东西,因此也有个认识与把握的问题。怎么能够把认识的因素排除在鉴赏之外呢?对必然性的认识不仅使鉴赏成为可能的,而且使鉴赏成了快感的重要源泉。亚里士多德在谈到诗的起源问题时指出:求知是一种最快乐的事,我们看一些图像所以感到快乐,就因为我们一面在看,一面在求知。这个说法是很有道理的。和谐之所以被认为是美,一个重要原因是人们从和谐中体验到事物之间或事物内部存在的必然的联系。不仅和谐是如此,其他秩序、整一、完善等都是如此。一个对象若要成为美的,只有在它透出了某种必然性,从而推动人们去认识和掌握这种必然性的时候,才是可能的。

当然,鉴赏也是一种表现,也包括了从主体到客体的过程。高尔太同志认为,美仅仅是"内在心灵结构的外在表现",而表现就是感受,就是评价,就是自由。其实,表现怎么能与再现(认识、把握)割裂开来呢?如果没有再现,心灵不过是一块灵敏度很高的肌肉。表现本质上也是再现,也是认识与把握,表现是人认识与把握自身,即自我观照的形式,人自身的进化程度,他内在的丰富性,完全决定于他意识中的物质世界的进化程度与丰富程度。所以表现并不就是自由,也包含着必然,而且只有在包含有必然的情况下,表现才是自由的。必然性在表现中至少体现在两个方面:一、感觉、表象、记忆、想象、意识、理性、欲念、趋向等心理机制的有规律的组合,——有意识与无意识的统一;二、个人心理性向与社会心理性向的有规律的组合,——个体与社会群体的统一。表现之所以成为鉴赏,就是由于其中体现着某种必然(当然也体现着自由);表现之所以成为一种情感的交流,也是由于其中体现了某种必然。否则,猴子的涂抹、疯人院传出的呼喊都可以称作美与艺术了,因为没有任何理由可以否定它们不属于"内在心灵结构的外在表现"。

美是自由的象征,正因为如此,美也是必然的象征。美是在人认识了必然并驾驭了必然,也就是成为自由的人的时候出现的。由这里可以得出这样的结论:造成美的第一个契机,不是自由,也不是必然,而是将这两者统一起来的物质实践。实践的观点对于美学也仍然是第一的和基本的观点。高尔太同志不大赞成这样的观点,试图从人的自然生命力上寻找自由和美的根源,结果在他那里,自由成了超脱于必然之上的抽象的自由;美成了象征着这种自由的抽象的美。高尔太同志为了证明自己的观点的正确,多次引用马克思说的关于美是"人的本质力量对象化"的话,但可惜他对这句话的理解也是错误的。他的观点正好与马克思相反,而与黑格尔的"自我意识的外化就是创立物"相近似。

黑格尔伟大之处在于他把劳动看作人的本质,但对他说来,劳动的本质就是"那知道自身的人的外化",即自我意识的外化,所以"人的本质,人,在黑格尔看来是和自我意识等同的"。"意识的对象无非就是自我意识;或者说,对象不过是对象化了的自我意识,作为对象的自我意识。"这样在理论上所能导致的实际结论就是:一、自我意识,作为抽象地思考和想象的产物,被看成先验的、绝对的东西;同时,人被看成非对象性的(先于任何对象存在的)、唯灵论的存在物。人是自私的,他的眼睛、他的耳朵等都是自私的;他的每一种本质力量在他身上都具有自私性这种特性。不是物质生活的现实造成了人和自我意识,而是相反,人和自我意识的外化造成了现实的种种现象。二、自我意识既是抽象的,那么由它的外化而造成的也只能是抽象之物,即"物相",而非现实之物。这样的物相对自我意识来说并不是什么独立的、本质的东西,而只是纯粹的创造物,它只证实创立的活动,并不证明其自身。但是人之所以能够创立物象,只是因为人本身是为对象所创立的,因为人本身就是自然界,因此所谓创立不应是自我意识的纯粹的活动,而应是对象性的、自然的存在物的活动,即物质的生产活动。只有这样的活动所创立的对象才是独立的、现实的,才能作为人的确证。

马克思指出,人直接地是自然存在物。人一方面是能动的,因为人赋有自然力、生命力,有各种禀赋、能力和情欲;另一方面又是受动的,因为人需要有一定对象来表现他的自然力、生命力,他的情欲的对象是不依赖他而存在着的。这就是说,人必然地要表现自己,表现自己的本质和生命,而人要表现自己就必须不脱离自己身外的现实的、感性的对象。"人只有凭借现实的、感性的对象才能表现自己的生命。"

同时,人不仅仅是自然存在物,还是属人的自然存在物,也就是说,人是为自己本身而存在的存在物,是类的即社会的存在物。他必须在自己的存在和自己的知识中确证并表现自己是社会的存在物。因此,正像属人的对象不是自然直接呈现的对象,属人的感性也不是自然直接存在的感觉。人在物质生产活动中有意识地改造着自然和自身,从而造成了不同于自然史的人的历史。

基于这样一种认识,马克思认为黑格尔所谓的物相的创立与真正人的创造活动完全是两回事,物相的创立不过是一种假象,是一种与纯粹活动的本质相矛盾的行为。它既不能说明人的创造的真正性质,也不能反映人的自由自觉活动的本质。因此,这种创立理所当然地应受到否定。

很显然,造成马克思与黑格尔的分歧的根本之点在于立论的出发点,黑格尔的出发点是抽象的自我意识,而马克思的出发点是现实的、具体的人。什么是人的本质？人的本质就是人的社会生活，就是物质生产实践，即自由自觉活动本身。那么美呢？美就是这种人的本质的对象化。对象化可以有种种，但唯有人的本质的对象化才是美，因为只有与人的本质相对应的美才成为人的鉴赏对象。

高尔太的自由，与黑格尔的自我意识一样是"一种（根本不可能有的）怪物"，一种非对象性的存在物。用这样的自由说明人的本质，人只能是非对象性的、唯灵论的存在物；说明人的创造，创造也只能是创立物相的活动；用这样的自由给美下定义，美自然成了一种虚无缥缈、扑朔迷离的幻影。高尔太同志说：美的王国是一个自由的王国，只有在美的王国里才始终保持着人类的本质——自由。是的，除了高尔太同志所创立的美的王国，哪里去寻求这种表现着自然生命力的自由？除了透过这表现自然生命力的自由，又哪里去寻求那幻影式的美？自由的花朵就开放在美的王国里，美的王国就诞生在自由的鲜花丛中，而自由与美又一同植根在高尔太同志的神秘莫测的原始的自然生命之上，就像在黑格尔那里，植根在抽象的自我意识之上。

四　关于艺术是"心灵的再现"

高尔太同志的艺术论是美论的延伸：

　　——"艺术概念的基本层次"：美；劳动产品；表现情感；具体形象；说真话[1]；
　　——艺术是"心灵的再现"，"描写现实在艺术家只是一种手段"[2]；
　　——"善与爱应当是艺术批评的原则"，艺术是"一种人类向善的努力的产物，一种人道主义的武器"[3]；
　　——艺术的价值就在于"传递自由的信息"[4]。

---

① 《论美》，第 79—85 页。
② 同上书，第 31 页。
③ 同上书，第 17，30 页。
④ 同上书，第 90 页。

构成艺术概念的逻辑层次是什么？我认为应该是：

第一，艺术是一种生产。由于是生产，所以艺术的基本构成包括三个方面：艺术家——生产的原动力；创作过程——生产活动本身；作品——生产产品。

第二，艺术是一种精神生产。由于是精神生产，所以艺术不同于一般的生产：作为艺术生产原动力的艺术家必须具有一定的思想文化素养；作为生产过程的创作活动必须以脑力劳动为主；作为产品的艺术作品必须能够满足人们精神生活的某种需要。

第三，艺术是一种按照美的规律进行的精神生产。由于是按照美的规律进行的精神生产，所以艺术又不同于其他的精神生产，艺术具有自己的独特性质，这表现在：它的原动力——艺术家不仅需具有一定思想文化素养，而且需具有按照美的规律把握世界的能力；它的创作过程不仅是个脑力劳动过程，而且是个形象思维的过程；它的产品——艺术作品不是满足人们的一般精神需要，而主要的是给人以美的享受。

这是艺术概念的逻辑层次，也是历史层次，逻辑与历史在这里是统一的。在西方，这三个层次恰好代表了艺术概念发展的三个阶段，这三个阶段可以在亚里士多德、黑格尔及马克思的著述中得到印证。亚里士多德在《伦理学》中把艺术归结为生产，并明确地指出了构成艺术生产的三个方面：一、艺术是理性的生产状态；二、艺术的目的是创造；三、艺术的原动力是艺术家。亚里士多德在许多地方强调了艺术本身的特征，但还没有把艺术作为精神生产与一般生产严格地区分开来；黑格尔比亚里士多德前进了一步，他是把艺术生产真正当作精神生产来看待的。他在《美学》中说："艺术和艺术作品既然是由心灵产生的，也就具有心灵的性格，尽管它们的表现也容纳感性事物的外形，把心灵渗透到感性事物里去。""在艺术作品里心灵只是在做它本身的事。"① 黑格尔的缺陷是把精神生产看成单个人的活动，因此他不了解审美与艺术的社会性质，即不了解美的规律的客观性质。马克思没有系统的美学著作，但他所创立的科学的哲学体系为正确地理解艺术本质提供了必要的依据。马克思阐明了单个人的求生存活动与类生活的关系，物质生产与精神生产的关系，生产劳动与审美活动的关系，审美活动中主体与客体的关系，并第一次提出了"按照美的规

① 《美学》第 1 卷，第 16 页。

律造型"这样的概念,这无疑使人们对艺术本质的理解大大加深了一步。

高尔太同志对艺术层次的分析不是从艺术本身的内在逻辑出发的,也不是从艺术概念的历史发展出发的,而是从他自己的艺术即表现的理论出发的,所以他所得出的结论恰恰与上面我们谈到的各点相反。可以看出他已经作出和必然作出的结论是:第一,艺术的基础不是生产,不是物质实践,而是美的观念;第二,艺术创作过程不是生产过程,而是表现过程,"表现力是一种内在的动力";第三,艺术表现的核心是情感,情感即思想,是"更深刻、更沉潜、因而不自觉的思想";第四,因此对艺术来讲,决定的东西不是观察体验和对美的规律的把握,而是真诚,"真诚是艺术最根本的要素","真诚是艺术的生命"。

读过美学史的人都知道,艺术即表现理论是有其历史渊源的。公元 3 世纪新柏拉图派的普洛丁大约是最早的一个艺术即表现论者,以后康德、克罗齐等人都系统地发挥了这个观点。艺术即表现论作为一种艺术及美学思潮的出现往往是与社会生活的普遍衰退联系在一起的。歌德说:一切处于衰退和解体状态时代的艺术都是主观的,这个话很有道理。因为既然社会解体了,既然现实不再能给人以希望,那么人们只好返回自身,从自身寻求必要的慰藉。艺术即表现论在理论上并非没有可取之处,3 世纪作为古代模仿论的对立物,18 世纪作为古典主义的对立物,19 世纪以来作为批判现实主义的对立物,对美学及艺术的发展都曾起到重要作用。但是随着马克思主义美学理论的形成,这种观点的虚弱和浅薄便日益明显地暴露出来,它的积极的方面渐渐为消极方面所压倒了。

艺术即表现论在理论上是虚弱的和浅薄的,这表现在它认为心灵是美及艺术的源泉,心灵高于现实,高于生活。但是心灵是什么?心灵是现实之外的吗?心灵在什么意义上高于现实?普洛丁说,心灵从神那里获得了理式;康德说,心灵中存在有某些先验的法则;高尔太同志认为,心灵植根在自然生命力之上。而这些都不过是一种虚设而已。实在说来,心灵就是内化了的现实,除此之外,心灵便什么也不是。所谓心灵的本质,心灵的奥秘、心灵的价值全不在心灵本身,而在心灵所能够包摄的现实中。真实的心灵就是正确地把握了现实的本质与规律的心灵;善良的心灵就是能够依照现实的趋向调整自己的意欲与情趣的心灵;美的心灵就是对无限丰富的现实的美有着切实的观察、深刻的理解和诚挚的热情的心灵。心灵所包摄的现实越丰富,心灵便越丰富;心灵所包摄的现实越深邃,心灵也就越深邃，相反，心灵所包摄的现实越贫乏，越浅陋，心灵便越贫乏，越浅陋。当然，心灵可以高于现实，那只有在充分占有和把握现实之后；心灵也可以表现为美，那只有在它自身成为现实的美之后。心灵不过是个折光镜，它显示给人们看的是用肉眼难以看到的太阳自身的光谱。如果不是这样，人人有颗心灵，为什么偏偏要关心另一颗心灵的表现？既然心灵是植根于自然生命力之上的，那心灵与心灵之间便不应存在着差异。

艺术即表现论在理论上是虚弱的和浅薄的，还表现在它认为，情感是心灵的本质，心灵的表现就是情感的表现。高尔太同志甚至批驳了普列汉诺夫，因为普列汉诺夫在托尔斯泰说的艺术诉诸情感之外，增加了艺术诉诸思想的话。其实，情感是什么？情感与思想是可以分割的吗？情感自身能够成为具有深刻感染力的美吗？在我看来，人类有两种情感：一种是基于自然本能的动物似的情感；一种是基于社会实践与理性的属人的情感。只有后一种情感才能表现为艺术，而这种情感是与思想紧密交织在一起的。艺术既要表现情感，就不能不表现思想，没有思想的艺术与没有情感的艺术同样是不可想象的。人的情感总是与思想交织在一起的，但是这对艺术来讲还不够，艺术要求有深沉的情感和成熟的思想。当思想还被包容在情感中，或者说，当思想还不成其为思想，还不能将情感统摄起来的时候，情感是浮浅的，思想也是浮浅的。这时候，情感与思想不仅距离艺术所要求的很远，而且根本不可能艺术地表现出来。因为艺术表现是将情感与思想融为一体的形象思维的过程，浮浅而不成熟的东西是不可能进入思维的。所以从这个意义上讲，与其说艺术是情感的表现，毋宁说艺术是思想——情感的表现；与其说情感是更深沉、更沉潜，因而不自觉的思想，毋宁说思想是更深刻、更明确，因而更自觉的情感。为什么我们感到巴尔扎克、托尔斯泰、鲁迅的感情是很深沉、很热烈的呢？难道不是因为我们从他们的作品中看到了非常深刻的思想吗？情感之间的距离是难以估量的，若不是伟大作家的思想深深震撼了我们，提高了我们，我们或许会以为自己胸中就跳荡着一颗伟大作家的心灵呢！

艺术即表现论在理论上是虚弱的和浮浅的，还表现在它认为，艺术表现的情感就是抽象的爱与善，爱与善被奉为永恒的艺术原则。其实这已是老生常谈了：哪里有什么抽象的、绝对的善与爱呢？如果真的存在这样的善与爱，我想它也绝不会成为艺术的原则，因为它太浮泛了，太空洞了，对艺术创作没有什么实际意义。问题不在于艺术要不要表现善与爱，而在于表现什么样的善与爱，这才是区别一部作品是否具有艺术价值的标准。鲁迅先生表现了对人民大众的爱，对祖国的爱，对未来新社会的爱，他成了伟大作家；而周作人表现了对官僚买办阶级的爱，对即将死灭社会的爱，他成了反动堕落的文人，这就是艺术实践本身所做出的结论。而且很显然，爱与恨，善与恶是不可分割的，你真的在爱着什么吗？那么你必然也在恨着什么；你真的在追求着善吗？那么你同时就在弃绝着恶。资产阶级人道主义者宣扬他们爱一切人，实际上他们爱的恐怕只有自己——自己对世界的观察和结论，自己的信仰，自己的那颗十分脆弱的心灵。所以我以为真正可以当作艺术原则的只有忠于现实，从现实出发，而不是什么抽象的爱与善；现实会把艺术引向真正的爱与善；而抽象的爱与善只会把艺术引向空虚的孤独的自我。

我以为艺术即表现论是虚弱的和浮浅的，还有一个根据，就是它把艺术家主观上真诚与否看作是艺术成败的唯一关键。像高尔太同志讲的：真诚是艺术的最后一个层次，最根本的要素，是艺术的生命。真诚是什么？——真诚是一种信念，它是建立在一系列判断和推理基础上的。一个幼稚无知的人，一个白痴是无所谓真诚的。只有当人们确切地了解一个事物，人们才可能去真诚地对待它，所以，真诚对于艺术（对其他事业也如此）并不是最后和最基本的；还有更基本的，那就是艺术家与现实生活的关系。现实生活，这是艺术生命的真正根基，是一切艺术家真正的诞生地。不是从别处，正是从现实生活中，艺术家才找到了自己的心灵，寄寓了自己的感情，铸就了自己的忠诚，同时，这种心灵、感情和真诚才在群众中得到了应有的共鸣。否则，即便是苦行僧式的真诚，对于并不想折磨自己的人又有何关系呢？

艺术并不就是表现，而是表现与再现的统一。这里，表现是再现基础上的表现；再现是表现形式中的再现。就像任何一个活着的人，既要活着就要从现实中取得必要的食品和衣物，同时就要消化这些食品，使用这些衣物。高尔太同志讲，艺术作为情感的表现，天然地就具有浪漫主义的倾向，这话有一定道理。但艺术作为生活的再现，也天然地具有现实主义的倾向，而且现实主义倾向对于艺术是更根本的、更本质的。因为浪漫主义产生于现实这自不必说，浪漫主义也必然以现实为依归，我们甚至可以说，浪漫主义实际上是现实主义的一种变型，这当然是指那些积极浪漫主义。谈到这里我们不禁想起来歌德与席勒间的那场著名的争论。当然这场争论还可以持续下去，不过就我们看，真理显然不在席勒一边，而在歌德一边。歌德认为席勒试图把感伤诗（即浪漫主义的诗）与素朴诗（即现实主义或古典主义的诗）完全区别开来，从主观方面寻找感伤诗的基础，是"自讨苦吃"。他说，席勒这么做只能导致这样的结论，"好像没有素朴诗做基础，感伤诗就能存在一样"。其实，"感伤诗也是从素朴诗生长出来的"①。歌德自称为客观的诗人，在他看来，诗人之为诗人，第一重要的是把握世界，而不是什么"主观情绪"，他说："就诗人来说，也是如此。要是他只能表达他自己的那一点儿主观情绪，他还算不上什么，但是一旦能掌握住世界并且能把它表达出来，他就是一个诗人了。此后他就有写不尽的材料，而且能经常写出新鲜的东西，至于主观诗人，却很快就把他的内心生活的那一点儿材料用完，并且最终陷入习套作风了。"② 歌德早年是个浪漫主义者，晚年则倾向于现实主义，古今中外许多作家都经历了从浪漫主义向现实主义的转变，这一事实再好不过地证明了，生活是艺术之母，唯有与生活汇合在一起，并从生活中汲取源泉，艺术才有出路。

五　关于美学与社会实践

那么，美学是什么？如何去研究美学呢？高尔太同志说：

——研究美，也就是研究美感，研究美感，也就是研究人，美的哲学是人的哲学③；

——"总的时代潮流要求美学继续向前发展"，在这种情况下，"唯一地用人类的社会实践来解释一切，好像在社会和实践中就可以找到美的全部的和最深的根源，实际上也就是把自己限制在一个严密的封闭系统之内了"④。

美学当然要研究人，不仅美学，一切社会科学都是以人为对象的，问

---

① 《歌德谈话录》，人民文学出版社 1978 年版，第 13 页。
② 同上书，第 96 页。
③ 《论美》，第 210 页。
④ 同上书，第 218 页。

题在于这是怎样的人，是抽象的人，还是具体的人？是从原始的自然生命力升华出来的人，还是作为社会关系总和的人？

一部西方美学史无非就是对人不断认识的历史。

古希腊与古罗马人着重认识人的环境，即人的外部现实，——这是认识人的第一步；列宁说，认识最初的目标就是将人与自然区分开来，而范畴就是构成这一过程的一个个纽结。这句话完全适用于美学。古希腊与罗马人对人——审美主体的认识，就体现在一系列美学范畴上。和谐，这是第一个真正意义上的范畴。和谐的提出并非像高尔太同志说的，基于什么"同构相应"，而是基于人对事物及事物间联系的意识，人看到了这种联系，同时也就看到人对这种联系的把握能力，这就是和谐之所以成为美的根源。和谐之后是善、有用、有益。善的范畴的提出，表明人看到了审美活动与功利活动的统一关系，主体与客体的统一关系。柏拉图把美归之为理式，从而否定了具体事物的美，然而强调了人的意识、观念、理想的审美意义，于是把人引向了美的另一面——它的无限性与超验性。亚里士多德在批判柏拉图的基础上，提出了"整一"这个范畴：整一是讲审美客体的整一：一般与个别、部分与全体、现实与趋向；实际上也讲了审美主体的整一：感性与理性。诗为什么会给人以快感？亚里士多德说：这是出于人的两种天性：喜欢模仿与喜欢节奏、音调，前者给人以理性上的满足，后者则给人以感性上的满足。贺拉斯对亚里士多德作了重要补充。他认为除了理智之外，情感是诗的魅力的源泉。以后朗吉弩斯发展了这一思想，他把崇高看成美的最高体现，而崇高不是自然，却是心灵的产物，是理性与情感共同的结晶。

中世纪的人把注意力从周围的物质环境转向人类社会本身。但是对他们来说，社会的力量还是一种不可捉摸的神秘的力量，是超然于人类之上并支配着人类命运的上帝。上帝是超感性和超理性的，因此人对上帝的观照也是非感性和非理性的，人只能超越自己才能与上帝沟通，这样，哲学与美学就都被勾销了，或者说变作了神学的奴仆。

但是，上帝只是人通向自身的一个环节。文艺复兴以后，人终于透过上帝的幻影看到了自身，不过，这依然是笼罩在上帝幻影中的人，是孤独的、抽象的人，而不是真正现实的人。这时，人被放在理性的解剖台上，人的感觉、表象、记忆、联想、推理、想象、意志、经验、理念等被当作构成人的元素肢解开来，认真地检视着、分析着。于是在人的本质问题上出现了许多截然不同的结论。笛卡尔说："我思故我在。"意思是思想即人的本质，人除了思想之外就不能确认自己。休谟说："人是一束知觉。"意思是感觉即人的本质，对于人来说，唯有感觉是真实的。伏尔泰、狄德罗，特别是康德试图调和这种理性与感性的对立，但他们的视野依然没有超过孤独的、抽象的人本身。康德认为，感性与理性在人身上本来就先验地统一在一起，人的审美判断力就是由协调活动的想象力与悟性构成的。康德以后，黑格尔也试图解决感性与理性的矛盾，他比康德要高明一些，不是从人自身，而是从人的外部，从人的现实活动中寻找使感性与理性统一起来的基础，这就是说，他开始摆脱长期以来盘踞在人们心灵上的孤独的人的幻影，而面向真正现实的、活着的人了。但是正像我们前面讲到的，黑格尔只承认一种现实，一种作为抽象的精神活动的劳动。在他看来，人的感性与理性的统一只有在抽象的精神活动中才可以实现，而在广大物质生活领域中，人依然找不到自己的本质，人依然是分裂的。

马克思、恩格斯从生产活动这个人的最基本的生存方式出发重新考察人，发现人是随同生产的发展而逐步完善起来的，发现人的生产方式制约着人的生活方式与思想方式，发现人的全部精神生活的演进无不可以从物质生产的发展中得到说明。于是，他们在哲学及美学上实行了彻底的变革，指出所谓人的类特性，不是别的，恰恰是人的自由自觉的活动；随后又指出，人的自由自觉活动要受到人的社会关系的制约，因此，人的本质归根结底是社会关系的总和。马克思、恩格斯关于人的本质问题的学说为深入探讨美学史上许多基本问题创造了前提。这些问题是过去美学家们没有解决也不可能解决的，比如：一、审美主体与客体的关系。按照马克思、恩格斯的观点，主体与客体的关系，首先是物质实践的关系，其次才是审美的关系。劳动创造了美，美是人的本质力量的对象化，当主体还没有进入物质实践时，主体便不成其为主体；当客体还没有当作物质实践的客体时，客体也不成其为客体。主体与客体的关系只是通过物质实践才确立起来的，也只有通过物质实践才能达到统一。二、审美个性与共性的关系。康德认为人有一种"共通性"，这是美可以争辩的原因。实际上审美个性与共性只有从人们的个别的与共同的物质实践中得到说明。物质实践的观点使审美活动真正成为历史，人们可以根据物质实践的实际进程来考察审美活动的水平，或者相反，从人们的审美活动水平来探讨物质实践的历史进程。三、审美活动中感性与理性的关系。物质实践本身抹掉了感性与理性的一切人为的界限。感官通过实践成了理论家，而理性通过实践深化了感觉。高尔太同志讲，感觉也是实践，这是不妥当的。感觉本身并不提出什么要求，因此感觉只是按照自己的本性行动着，它并不改变对象，更不改变自己，一切感觉上的更新和变异都是由物质实践引起的。正是在物质实践中，眼睛成了人的眼睛，耳朵成了人的耳朵。四、审美活动中再现与表现的关系。再现与表现是个理论问题，也是个实践问题。审美活动与认识活动一样是一种把握，同时是一种渗透，这是一个过程的两个方面，纯粹的再现与纯粹的表现都是不可想象的。

马克思、恩格斯并没有穷尽美学的研究，而只是为美学研究开拓了一条广阔的科学的道路。美学许多重大问题的解决还需要人们付出巨大的努力。我们是马克思主义者，我们相信只要我们沿着马克思、恩格斯所指出的方向继续走下去，就一定会在美学的研究上获得更大成果。这里，我觉得最根本的问题是我们对待马克思主义的态度。我们不能做教条主义者，死抱住马克思的现成结论不放，但也不能对马克思的已有结论采取不负责任的轻率态度，妄加苛责。当然高尔太同志并没有苛责马克思，但是不是多少有些轻率呢？如果按照高尔太同志的主张，人们抛开了马克思主义的实践观点，而去研究什么原始的自然生命力，那美学将成为怎样的科学呢？人们从美学中又能够获得怎样的教益呢？从上面我们对美学的回顾可以肯定，高尔太同志的理论并非是前进，恰恰相反，是一种倒退。

攀援——我的学术历程[*]

　　如果说宗白华先生的美学研究是"散步"，那么我的美学之路就像是攀援。散步是一种休闲，一种享受；攀援则是一种拼搏，一种奋斗。我的美学研究更像朱光潜先生，但又没有朱先生那么洒脱，那么自如，因为在我看来，朱先生是在用散步的精神做攀援的事情。

　　宗先生做学问乐在其中，无须事后去检讨，去品味；写成的书可以压在床底下，任其生灭，不屑于做自述自评之类的事。我做学问则乐在其后，写出来就要发表，从一排排铅字里获得精神上的补偿，从反省、回味中领略类似散步那种感觉。

　　但即便是反省和回味，对于我终究也还是一种攀援。

一　做朱光潜先生的助教

　　就我的性格讲，搞美学是最合适的，但进入美学圈子却不是我自己的选择。1958年，我还在北大中文系读书的时候，被学校抽调出来，做哲学教师，讲毛泽东的《实践论》和《矛盾论》，后来到1960年哲学系成立美学教研室，就归并到了美学教研室。那时候对美学可以说还只是懵懵懂懂的了解。

　　当时的美学教研室不算从西语系借调来的朱光潜先生，共有八个人：宗白华、邓以蛰、杨辛、甘霖、于民、李醒尘、叶朗和我。

　　我被分配在西方美学方面，做朱光潜先生的助教。能够作朱先生的助教，与几位老一辈学人在一起工作，这是我一生最大的幸运。当时，邓先生一直卧病在床，较少去打搅。他是著名的收藏家、鉴赏家，对中国书法

　　* 此文发表于《美与时代》2012年第6、7、8期。

和绘画有很深的研究。每次走进他的家中，面对那悬挂在墙上的数帧明清时期绘画，那简陋但古朴、典雅的陈设，那弥漫在空气中浓浓的书香气味，都会让人感到是进入了由睿智、艺术和人格构成的另一个世界。他很少谈到美学，有时候几句精到的评论会让人终生难忘。宗先生当时担任中国美学史的教学，犹如他的为人，他的课也是"散步"似的，哲理和意境交融在一起，如果不认真思索，就可能是云里雾里，有感无悟。宗先生活得很朴实，很洒脱，每天除了坐在躺椅上，读书、看报和接待来访的宾客之外，总要围着未名湖散散步，或坐在庭院里晒晒太阳。他几乎没有参加当时的美学讨论，但留给人们那几篇影响巨大的文字，像是有意给出的耐人寻味的回应。与宗先生不同，朱先生是个对学术异常执着的人，从满头青丝到两鬓斑白，一直没有放下手中的笔。就西方美学史这个领域来说，他是不折不扣的开拓者。国内学界能够系统了解柏拉图、莱辛、狄德罗、歌德、黑格尔、克罗齐的美学，大半要归功于朱先生。他是非常地道的翻译家，同时又是思想家、学问家。当代许多重要的学术论争——关于美的本质、共同美、人性论、经济基础与上层建筑、形象思维等都缘起于他。由于他的存在，学术界既多了几分严峻，也多了几分清新和活跃。面对这些大师级的学者，我时时感到自己是个小小的学生，虽忝列为教师，实则是进了一个最"豪华"的研究生班。不过，与通常的研究生班不同，所学的不仅是美学与相关的专业知识，还有他们那种数十年如一日孜孜于学术的献身精神，耐得住清贫和寂寥的超越精神，孤军奋战时不畏强权、坚持真理的求实精神。最令我钦敬的是，他们活得是那么自然，该做的都努力做了，而且做得那么精彩纷呈，却从不包装和炫耀自己。

二　第一次登上美学讲坛

那时，我还没有找到自己，但是找到了自己向往的未来。

我的任务是协助朱先生整理有关西方美学史的资料，为学生做课外辅导。朱先生的每段译文都先交到我的手里，由我安排去誊抄；朱先生的课不仅必听，而且要做详细的笔记，译文中或课程里有什么问题，可以利用每周一次见面的机会当面向朱先生请教。到了1963年，朱先生特意安排了一次课，让我试讲，内容是18世纪法国启蒙运动的美学。因为是第一次讲，而且是插在朱先生的课中间讲，心中非常紧张，唯恐落差太大，让先生失望。不过,还好,听课的学生很给我面子,不仅都坚持到了最后,而且用掌声把我送出了教室。

这一堂课收益最大的应该不是学生,而是我。虽然朱先生提供了现成的教材,但终究要靠自己去融会贯通,并用学生听得懂的语言表达出去。法国启蒙运动的美学是正在形成中的资产阶级美学,各种思潮风起云涌,此起彼伏,即便在它的主要代表人物伏尔泰、狄德罗、卢梭之间也没有形成统一的、完整的观念——他们每一个人都像是一个独立的世界,但又都是从古典主义向启蒙主义过渡的环节。如何将这一切明白地介绍给学生,而不使他们陷入具体的、个别的资料当中,做以偏概全的理解,是我面对的主要问题。这样,就是在备课和讲课过程中,我进一步接受了世界是多样性与统一性的总体的思想,这成为我后来思考美学问题的一个最基本的立足点。

但出乎意料的是,1963 年下半年,我的学业突然终止了。北大校长陆平将我介绍给新任新疆自治区党委主管政府工作的书记武光,作了他的秘书。不过,我走后不久即进入了"文化大革命",美学教研室自身也不复存在了。从这个时候起,直到1979 年,十多年中我学到了许多专业之外的知识,对人生和社会有了更深入的了解。但其中一段时间,我陷入了政治斗争的旋涡,连生活都失去了保障,幸好这时北京大学两次发函调我回校,从而帮我最终摆脱了困境。

美是人对自身和世界的一种价值追求,美学是人的美学,所以,对人的认识是不可或缺的一课。我补了这一课,懂得了美学的价值和意义。我就是带着这样的感触和意识,在那身不由己的日子里,写了几篇文学评论,其中包括评王蒙的《三乘客》和《第二次握手》两篇,后来,还写了一部题名《第二十四枚红叶》的中篇小说,发表在大型文学期刊《边塞》上。评论和小说充分表达了我对北大的怀念,对读书和友谊的向往和对真、美与和谐的追求。

三　追寻第一批哲人的足迹

王蒙同志在为我写的一部书的序中说,"几十年来,弃文从政者多矣","离政复文者则较为少见",遂视我为"同道"。我回到北大确乎是了却了我的一个夙愿。论性格,论材质,我真不是搞政治的材料。所以,回到北大后，有几次重返仕途的机会，我都放弃了。

但是，我知道，时隔十多年，重新登上北大讲坛，并非容易的事，虽然在这之前我尽力做了准备。我决心以一种不同于前人的新的观念和方法，从头梳理和讲解西方美学史，以获取学生们的信赖和尊重。这样，20世纪80年代第一学年的第二学期，我为"文化大革命"后第一批学生，七七级和七八级开设了"古希腊罗马美学"课，同时撰写了我的第一部著作《古希腊罗马美学》。那个时候，开设这样的课的，大概只有北京大学，既无前人可以借鉴，又无他人能够比照，所以我格外的认真和谨慎。

20世纪80年代初，美学曾经是一门"显学"。课堂上常常是满满的，不仅是学生，还有来自其他高校的教师和从事与艺术相关职业的爱好者。不过，对于大多数人来说，美学是门什么学问，具有什么意义，他们并不是很清楚。许多人将美学所讲的美与事物的美，将美学与美的艺术、技能或趣味混同起来，所以讲授古希腊罗马美学，不仅是介绍那个时代的美学，还需要厘清美学自身的一些问题。

讲古希腊罗马美学，最大的困难是如何将学生带进那个距今已两千年的特定的语境，如何将见诸美学史的一些概念还原成活的思想，并作为源头与后来的发展联结起来。所以，我尽力让学生了解那个令最初一批哲人为美而苦苦思索的生活世界。那是被马克思誉为人类"童年"和古代"历史发展最高的国家"的希腊和罗马社会。我相信，正是那种天真的、自由的和充满幻想的希腊文明激发了希腊人对美的玄想；正是政治上和宗教上定于一尊的罗马现实造就了罗马人对等级的迷恋和对高贵性的向往。同时，我尽力让学生了解那个令最初一批哲人为美而苦苦思索的美感世界。那是由神话、史诗、戏剧、雕塑、音乐、建筑和通俗文学组成的幻想的世界。我相信，在被称为希腊中心艺术的雕塑中，就潜藏着希腊人所以将"和谐"看作是"美本身"的秘密；在作为罗马中心艺术的建筑中，就可以找到罗马人所以视"崇高"为美的最高境界的理由。古希腊和罗马之所以是美学的发祥地，其中一个原因，就是它是迄今为止大部分西方文学和艺术形式的摇篮，并且在某些方面成为"不可企及的典范"。此外，我还尽力引导学生沿着第一批哲人的足迹，踏入古希腊和罗马人的观念世界。美学开始于用观念，而不是用感觉对世界进行描述。从毕达哥拉斯的"和谐"，到柏拉图的"理式"，亚里士多德的"整一"，一直到朗吉弩斯的"崇高"，这就是希腊和罗马人所勾画的美的历史。我认为，为了了解这一段美的历史，思维就必须学会超越经验世界，在观念世界中捕捉美的踪迹。

那个时候，学术风气很浓，课堂上鸦雀无声，大部分人都做笔记。那种气氛给我留下了极深的印象。

四　《古希腊罗马美学》

《古希腊罗马美学》是1983年由北京大学出版社出版的，印了三万册。不到两年，市场上已销售一空。迄今网上偶能见到，但价格已经涨了至少十倍。

这是我酝酿最久、下力最多的一部书。无论在内容上，还是在方法上，都试图给人耳目一新的感觉。我立足于哲学，努力把它写成以范畴为中心的美学观念史，不仅将美学本身，而且将所有相关的史实、人物、思想纳入一个逻辑的整体中，既是美学史，又是简化了的哲学史、文化史和艺术史。

我相信，柏拉图在《大希庇阿斯》中对"美是什么"的追问，是人类形成自我意识之后一次具有历史意义的追问，是美学开始介入人类生活的一个标志。古希腊罗马美学就是围绕"美是什么"这一问题而逻辑地展开的。在人们还沉浸在自然哲学的思考当中，直观地面对宇宙、人体及尚处在埃及时代的神庙、陶瓶、雕塑的时候，他们有理由确信美就是"和谐"；在人们将思考的重心转向人——"小宇宙"，神的"秀美"而不是神的庄严，人的灵魂而不是人的形体成为艺术主题的时候，"善"、"理式"就成为他们对美的另一种表达；奴隶主民主制解体了，绝对的、永恒的善以及神和传奇中的英雄失去了往日的光辉，这时候，现实的、具体的、感性的"整一"，在人们看来，就是美的表征；城邦与城邦、阶级与阶级、政治集团与政治集团之间的矛盾冲突日益凸显出来，戏剧取代雕塑成为希腊艺术的中心形式，一种由恐惧和怜悯之情所引发的快感紧紧地攫住人们的心灵，这时候，悲剧理所当然地被戴上了美的王冠；而由于罗马帝国的崛起，一扫希腊化时代的悲怆和沉沦，人们看到的是城邦社会所不曾看到的一种超越性的力量，所有的艺术，包括建筑、雕塑、绘画、戏剧、文学随笔，无不被神圣的"高贵性"所鼓舞和激荡的时候，于是，新的美的理想跃进人的心灵，这就是"崇高"。

　　但是，"美是什么"毕竟是苦苦思索的结果。每一种回答都有其独特的视角，独特的思路，都彰显着独特的学术个性。搜索毕达哥拉斯、赫拉克利特、德谟克利特留存至今的一些残章断笺，可以发现，他们虽都认为美是"和谐"，但理解并不相同，而且恰好形成了类似"正"、"反"、"合"的逻辑关系。"和谐"对人之所以有意义，是因为它的"有用"、"有益"和"善"，所以当苏格拉底立足于人本身，重新思考"美是什么"的时候，就与人的需要联系在了一起。但是，他的回答遭到了他的弟子柏拉图的批评，因为他混淆了"美是什么"与"美的东西是什么"这样两个不同的问题。柏拉图将美归结为一种"理式"，确认美既不是美的事物，也不是美的意念，而是为人类所共同认可的普遍的范型。与此相应，他认为，对美的感知不是感觉，而是"回忆"；艺术的本质不是对事物的"模仿"，而是揭示其背后的"真理"。从《大希庇阿斯》到《会饮》、《斐德诺》、《理想国》、《法律》可以明显地看到柏拉图的大体思路——从神话到哲学，从日常经验向逻辑思维转换的思路。亚里士多德以他的《诗学》与《修辞学》享誉于美学史，而他的真正重要的美学观点是在《形而上学》、《政治学》与《尼克马可伦理学》中表达出来的。他对"理式"论有过详细的评论，认为"理式"论不仅不能说明世界，其自身也还有待说明，所以又重新返回到经验世界。他提出了"整一"这个概念，强调美就在事物本身，并随着事物而变化；美与善是统一的，其区别在于美可以体现在静止的事物上；决定事物美或不美的是事物各个部分的统一关系，即"匀称、秩序、鲜明"。其后，从西塞罗开始，罗马的学者虽少有柏拉图、亚里士多德那样广阔的视野，却不乏与时代相适应的理论品格。他们从不同角度，并以不同的方式为罗马社会营造了一种以"高贵性"为基调的时代精神，其中特别是一直被美学史冷落的哲学家卢克莱修。恰是他赋予"高贵性"以自然和历史的内涵，从而像黑格尔说的，使它扬弃了"主观性"，获得了"具体的实在性"。在卢克莱修看来，世界与它的美根源于自然的创造力；快感和美感产生于一种物质的运动过程；艺术的力量实质上就是理性的力量。只有在这个基础上，斐罗斯屈拉特的"想象"和郎吉弩斯的"崇高"概念才提了出来，并被历史所容纳，成为美学发展的一个环节。

　　一方面是外在的环境的演化，另一方面是内在的思想的绵延，这就足以造成一部美学史了，但是，既是美学史就应该是美学自身的发展史，这就是说，对"美是什么"这一问题的回答自身应该显现着一种逻辑的、必然的关系，因此，我在书的"小结"中对几个主要范畴的转化和演变做了简略的概括和描述。

五　踏进中世纪学术"荒漠"

古希腊和罗马之后的中世纪西方美学很早以来就是我心中的一个"结"。讲西方美学史，这一段可以说最贫乏、最苍白。黑格尔的那句话很生动：中世纪犹如一片茫茫的沙漠，需要穿上千里靴一步跨过。翻开手头的几部美学史，19世纪科莱尔（Koller）的《美学史草稿》（1799）、齐默尔曼（Zimermann）的《作为哲学科学的美学史》（1858）等几乎没有提到中世纪；夏斯勒（Schasler）的《美学批评史》（1869）虽提到了中世纪，却断言中世纪不仅没有理论形态的美学，也没有观念形态的审美意识。20世纪前后的几部著作，鲍桑奎（Bernart Bosanquet）的《美学史》（1892）、克罗齐（Croce）的《作为表现的科学和一般语言学的美学的历史》（1902）开始注意到中世纪，但都语焉未详：克罗齐只介绍了圣奥古斯丁和圣托马斯·阿奎那对美所下的定义及艺术教育理论；鲍桑奎为中世纪辟了专章，但只作为"审美意识在中世纪连续的一些痕迹"来叙述。只是到了20世纪后半叶，中世纪美学才在吉尔伯特（K. Gilbet）、库恩（H. Kuhn）与比尔兹利（C. Beardsley）等少数学者中成为重要的话题，但也仅仅局限在与美和艺术直接相关的文字里。神学家巴尔塔萨（Balthasar）的《荣耀：神学美学》是我后来才读了的，意外的是其中只承认基督教早期的"审美的神学"与现代的"神学美学"，而否认中世纪神学美学的存在，而且只是讨论耶稣基督的受难与复活，即"十字架荣耀"中的审美意味，并不涉及基督教神学的美学思想或理论。

作为当时的主要教材，朱光潜先生的《西方美学史》同样偏重在文学艺术方面，而且内容简略，这对于那个跨越近一千年的美学发展阶段或许仅仅算是几个侧面。

我决心从原始资料做起，尽可能搜索和翻检中世纪神学著作，从中发掘那些真正具有思想和学术价值的东西，写出一部较翔实的、科学的美学史。我知道这是一项巨大的工程，问题还不在于黑格尔讲的需要看的著作浩如烟海，而在于很难接触到这些著作。我和我的学生查遍了北京的各大图书馆，我还专程去过天津南开大学，幸好找到了香港出版的《基督教历代名著集成》及德文版的《中世纪美的理论》，之后我的学生又到南京金陵神学院查询，在院长的亲自关怀下，复印回来了圣维克托的理查的《论三位一体》。1997 年，我应约到香港道风山基督教文化研究中心访问，在那里才又翻检到了台湾版的《古代教父神学》、达维德松的《早期基督教教义》、托名狄奥尼修斯的《神秘神学》、阿贝拉尔的《亲吻神学》、尼古拉·库萨的《论隐秘的上帝》及现代神学家莫尔特曼、舍勒、汉斯·昆等人的一些著作。我知道，即便如此，在资料上仍还存在很大空缺，但毕竟比过去充实多了，在此基础上至少可以勾画出中世纪美学的大体轮廓，填补其中一些空白，并为重新审视和评价中世纪神学美学开辟出一条新路。

此后，经过近六年的努力，到 1989 年，我写完并出版了《基督教与美学》一书（一学生协助写了文艺复兴部分）。之所以有这个称谓，是应出版社的需要，纳入"宗教与美学"一套丛书里。但我对这部书不甚满意，一、就中世纪部分讲，不够完整，缺少前此的使徒时期及 13 世纪至宗教改革前的内容，而文艺复兴部分与全书的主旨又显得有些游离；二、作为小结的"中世纪及文艺复兴时期美学逻辑纲要"被编辑删除了，部分内容被原封不动地移植在以他的名义写的"序"里。因此，到了 2003 年，该书以《美是上帝的名字——中世纪神学美学》题名重新出版时，我对它做了较大的补充和删改：删除了原来的文艺复兴部分，增添了"早期经典"及"隐秘教派"部分，同时，收进了圣奥古斯丁和圣托马斯·阿奎那两篇评传，这样，全书就囊括在了以中世纪基督教神学的历史发展为主线的逻辑框架之内，严整多了，也充实多了。

六　美是上帝的名字——基督教神学美学的主题

我在这部书的结论部分"中世纪及文艺复兴时期美学逻辑纲要"的开头写道："美学与哲学一样，是对人的自我意识的一种描述"。在我看来，自然和上帝无非是人的一面镜子，古希腊罗马人通过自然反观自己，中世纪的人通过上帝来体认自己；古希腊罗马人从经验出发，一步步进到超验领域，中世纪的人从超验出发，一步步回返到自身；古希腊人遵循的是从个别到一般，从具体到抽象，从物质到精神的规律，并以美学范畴的形式揭示了这个超离自然的过程；中世纪的人遵循的则是从一般到个别，从抽象到具体，从精神到物质的逻辑，以反思和思辨的形式探讨了回归上帝的行程。

上帝作为美学最高范畴的提出，终结了古希腊罗马对范畴的讨论，因为上帝已将所有范畴包容在自身中，上帝就是最高意义的"和谐"、"善"、"理式"、"整一"、"悲剧"和"崇高"。所有美学范畴都是在相互关联和限定中被确立的，所以都是有限的，上帝则是唯一的、无限的，它就是美的本体，美的本原，美的终极形式。所以，中世纪神学美学所关注的不再是"什么是美"，而是美的存在或显现的方式。美就是上帝，问题只是如何发现和认识上帝的美。我在书中提出了美学在这个阶段所讨论的五种意识：本体意识、创造意识、象征意识、静观意识与回归意识。上帝是三位一体，是存在的本体、存在的趋向、存在的表征，即真、善、美的统一，也是美、美的观照者与作为行为的观照的统一；上帝是创世主，作为美既是被观照的客体，也是创造的主体，上帝借助道与语言创造了世界；上帝通过创造世界彰显了自己，世界是美的，因为世界是上帝的象征；只有从有限的理性和意志超越出去的情况下才可能观照上帝的美，也只有在这种情况下观照才成为一种静观，一种无矛盾、无冲突的永恒的喜乐；上帝与他所创造的世界是统一的，这种统一不仅表现在世界是上帝的爱与意识的体现，更在于世界将按照上帝的爱与意志回归自己，回归上帝因此就是美的最终意义。这就是我所理解的中世纪神学美学的主题。

所有这些问题的核心是人的救赎。中世纪神学美学的历史就是通过上帝——美探讨人的救赎的历史。圣奥古斯丁是它的开创者，他以上帝之城与人间之城、耶稣基督与亚当、灵魂与肉体的对立为中世纪美学提出了一个几乎是永恒的问题。他告诫人们：他们是能够得到救赎的，因为在他们上面有一块福地"上帝之城"，在他们中间有一位救主耶稣基督，在他们自身有一颗尚未泯灭的、与上帝息息相通的灵魂。厄里根纳将上帝与人、精神界与物质界置放在同一自然过程中，从而确证了上帝创造世界与世界向上帝回归的必然性，同时赋予人以一种更为适当而不那么卑屈的地位，使人成了自然的"袖珍本"和通向上帝的中介。神秘主义者圣伯尔纳及圣维克多教派在"黑暗时代"为人们投下了一缕光明。他们认为，上帝不是别的，就是爱；上帝以自己的形象造人，因而使人具有了一颗爱的灵魂。人是一团爱的"星火"，从爱自然到最终爱上帝，这就是人的宿命。

圣托马斯·阿奎那是个理智主义者，在他看来，是理智将人与上帝联结在一起。真、善、美是上帝，也是人心中的一种观念，它们的区分取决于观照的不同意向和角度。在他看来，人有三重性质和三重目的：一是与一切实体相同的实现自身的自然趋向，一是与一切动物类似的保存和延续生命的趋向，一是只有人才有的回归最高善，即上帝的趋向。以此为人的自然本能、人的感性生活、人的物质欲求的合理性提供了宗教学的根据。中世纪末期，隐秘教派约翰·艾克哈特、尼古拉·库萨倡言上帝是不可言说的，因而对整个中世纪美学提出了反驳。他们将神性与神，神性与人性做了区分，认为以人的有限理智和爱去追逐神的所谓的善、美和知识，其结果只会造成人的傲慢和堕落，不过，他们断定人能够皈依上帝，因为人具有一个上帝造人时特意留下的"灵魂的小点"。这样，我们就可以得出结论，文艺复兴时期人文主义思潮只是在有限的意义上才是中世纪神学的对立物。

七　不可跨越的中世纪美学

我认为，中世纪神学美学不是美学史的特殊阶段，而是美学史的一个不可逾越的、必然的阶段。古希腊罗马美学依附在自然哲学之上，人们作为自然的人，从自然，即从经验世界中发现了美；中世纪美学则依附于基督教神学，人们作为肖似上帝的人，从上帝，从超验世界观照了美。上帝实则是人类的"蛹"，僵硬的外壳并不是用来束缚生命，而是保护和孕育生命的。美学正是借助神学的庇护，超越自然，进入了它发展的第二个阶段——以神学方式完善和展现自身的阶段。

中世纪美学是古希腊罗马美学的延续，同时也是文艺复兴之后近、现代美学的另一个源头。

资料表明，从希腊化时期开始，希腊哲学与希伯来宗教文化就相互交融，从而为中世纪美学的形成提供了思想与理论上的准备。其中，古罗马的朗吉弩斯、新柏拉图主义者普罗丁是两个承前启后的关键人物。朗吉弩斯将他理解的"崇高"与上帝直接联系在了一起；普罗丁的"流溢"说后来成为一些神学家用以解释圣三位一体和《创世记》的重要依据；同时，他主张的审美观照需像"升到神庙祭坛的人们须先脱衣沐浴那样"完全"忘掉"这个世界，则作为一种理论元素被融进到了基督教的静观与回归意识中。对此，中世纪美学的奠基人圣奥古斯丁的《忏悔录》的一段话可以作为极好的印证。他说：他早年写的《论美与适宜》之所以是错的，原因就在于不懂得"理性应接受另一种光明的照耀"，从而"从物质世界之外寻找真理"，是新柏拉图主义帮助他扫除了思想上的阴霾。从圣奥古斯丁以及几乎所有中世纪基督教神学家身上可以清楚地看到柏拉图与新柏拉图主义的影子。

同样，中世纪美学的发展同时也为美学向文艺复兴和近、现代的转变提供了准备。其中关键的人物是圣托马斯·阿奎那和但丁。圣托马斯·阿奎那关于人在理智上肖似上帝，人除了有以最高的善，即上帝为目的的趋向之外，还有以维持和延续生命和实现自身为目的的趋向，这些思想后来成了文艺复兴人文主义最基本的理论依据。但丁在哲学上是圣托马斯·阿奎那的信徒。他提出了这样一种带有浓烈时代气息的观点："凡是大自然要达到的目的，都符合上帝的意旨。"从而以自然目的论取代了圣托马斯·阿奎那的神学目的论。

对文艺复兴之后近代西方美学的发展，黑格尔在《哲学史讲演录》中做了很精辟的概括。他谈的是哲学，也是美学。依据是感性与理性、自由与必然、经验与超验的"联合"，也就是古希腊罗马精神与希伯来精神的"联合"。这个过程涉及培根、波墨到笛卡尔、斯宾诺莎、莱布尼兹、洛克，到康德、席勒、谢林等。而在黑格尔自己的陈述中，我们可以看到他如何将基督教神学的本体意识、创造意识、象征意识、回归意识及静观意识进一步融入自己的观念里，构筑了那个博大恢宏的理论体系。黑格尔的最大贡献在于将作为本体论的三位一体概念转换成一种哲学方法论，将绝对理念自身存在的形式与心灵向绝对理念回归的形式统一在了一起，从而为历史地和科学地认识美与艺术的生成和发展提供了可能。

八　为西方美学家们作传

《美是上帝的名字——中世纪神学美学》一书出版后，我获得了浙江省政府的奖励，但我更看重学界同仁的批评。刘纲纪先生给我写了一段极有分量的评语；从不给人写书评的王元骧先生竟在我不知情的情况下写了一篇热情洋溢的评论。台湾大学《哲学评论》杂志还在此前刊登了书中"中世纪与文艺复兴时期美学逻辑纲要"。

此前，不少朋友就问我，是否还要继续下去，写 17—18 世纪启蒙运动美学。当时，我确实有这个打算。我的几个研究生与我合作，曾就全书内容和框架进行过讨论，并开始搜集资料。英国哲学家贝克莱，法国哲学家笛卡尔和神父安德烈的一些著述就是在那个时候翻检出来的。可惜，由于出版方面的原因，不得已放弃了。不过，不久，安徽教育出版社来找我，希望我主编一套西方著名美学家评传，恰好与我的教学需要结合起来，于是，我全力投入到了这部评传的撰写和编辑中。

我需要在古希腊罗马和中世纪美学的基础上，对整个西方美学的脉络和行程有个整体的把握。

还在《古希腊罗马美学》出版之前的 1981 年，我应北京大学出版社之约，写过一篇题名《西方美学史撷华》的长文，较为系统地介绍了西方美学的历史发展。当时受朱光潜先生的影响，认为美学是一种认识论，基本问题是主体与客体的关系，认为整个西方美学史就是从客体到主体，再到主客体结合的过程，并且只写到了马克思之前的克罗齐和车尔尼雪夫斯基。之后的 1986 年，我又应朋友之邀，写了《西方美学的历史与逻辑》一文，基本上按照同样的思路对西方美学的行程做了概括。不过在文章的最后我写了这样的话："马克思主义美学的诞生宣告了西方古典美学的终结，同时预示了现代美学的开始。美学作为一种本体论、认识论已经过去了，而作为一种社会学、心理学、现象学，作为一种方法论又成为人们关注的课题"。两篇文章都没有将中世纪神学美学真正置于视野之中。

编辑和撰写《西方著名美学家评传》给我提供了一个重新审视西方美学史的极好机会。鉴于种种条件的限制，这部书收入的美学家只有 75 人，其中古代部分 22 人，近代部分 26 人，现代部分 17 人。一些本不应该被遗漏的遗漏了，比如卡西尔、弗莱、卢卡契、罗兰·巴特、德里达、拉康等。为了保证这部书具有一定的水准，我邀请了当时国内较为活跃和较有研究的一些学者参与了写作。当然，就整体水准看还是参差不齐。尽管如此，由于这部书弥补了西方美学史研究与教学上所需参考书的不足，还是受到了读者的充分肯定和赞扬。

评传与一般论或史的写作不同，它着眼的是人，而不是概念或命题。它当然要涉及概念，但并不停留在概念本身，而是把概念返归于思想，把思想返归于生命，最后呈现出来的是融概念、思想和生命为一体的活生生的人。主编这套评传，对我来说，最大的收益是从单纯的概念和思想中跳了出来，思考这些概念和思想背后的人的本身：他们的生活、情趣、经历和个性，他们之所以如此这般回答"美是什么"的原因。在撰写过程中我发现，所有被称作美学家的伟大学者，虽因提出某种美学概念和思想而成为美学史的一个个环节，但其出发点却千差万别，各不相同。

评传中，我自己撰写了四个人，圣奥古斯丁、圣托马斯·阿奎那、休谟、歌德。所以选择圣奥古斯丁和圣托马斯·阿奎那，是想通过对他们学术生涯的梳理，深化自己对中世纪美学的理解；所以选择休谟和歌德，是因为他们的美学触及人与自然还没有为人所意识的最隐秘的深处。休谟是最早从人性、从人的心理角度讨论美学的人，他的"印象先于观念"，"原始印象"先于"反省印象"；美是某种"秩序和结构"，由于"适于"人的"天性的原始组织"或"习惯"、"爱好"而产生的"快乐和满意"；以及"同情"是造成美，也是造成爱的一个根本的原因等的论断，非常有启发性。歌德与马克思的"整体性"观念曾促成了朱光潜后期美学思想的转折。他以自然"目的论"解释美，认为美是一种"本原现象"，并由此论证了美的"合理性"，同时，他认为对于诗来讲，重要的是"掌握住世界"，将作品"铸成优美的、生气灌注的整体"。歌德不喜欢谈论"观念"，但他的著述中却包含着极其深刻的哲理。

九　进入朱光潜的世界

1985年，辽宁人民出版社告诉我，他们准备出版一套"当代中国美学思想研究"丛书，其中有关朱光潜先生美学的一部希望由我来写。我当即接受了下来，因为我是朱先生的学生，多年来做他的助教，应该有这份责任，而且，这也是进一步学习西方和中国美学的机会。此外，还有一个原因，就是经过20世纪60年代美学讨论后，如何认识和评价朱光潜是一个有争议的问题，需要经过研究和讨论给出全面和公允的回答。

这是第一部评介朱光潜先生的书，可以借鉴的除了他自己的著作外，就是其他几派对他的批评。我力图摆脱所有周边因素的影响，写出一个在半个多世纪中深刻影响了中国美学界的真实的朱光潜。

我采取历史与逻辑相统一的方法，按照时间顺序对朱光潜美学做了梳理和评论，认为朱先生经历了一个综合——批判——综合的过程。20世纪 20 年代末 30 年代初是第一次综合时期，是在尼采的酒神精神与日神精神说基础上进行的，包含了三个层次：第一层次是克罗齐的直觉说、布洛的心理距离说、立普斯的移情说、谷鲁斯的内模仿说等；第二层次是英国经验主义派的联想说；第三层次是黑格尔、席勒、托尔斯泰等人的道德论美学。30 年代中期到 60 年代中期是批判时期，其中分为两个阶段，第一阶段从 30 年代到 40 年代，主要锋芒对准克罗齐的直觉说；第二阶段从 50 年代到 60 年代，主要锋芒转向以尼采为代表的唯心主义美学与机械唯物主义美学。70 年代末到 80 年代初是第二次综合时期，这个时期以马克思主义美学为立足点，对人的本质的全面占有、按照美的规律造型、共同美、形象思维、艺术典型，以及亚里士多德、维科、歌德、席勒、黑格尔等人的有关学说重新进行了阐释并加以概括，形成了一个较为完整的理论框架。

学术界有人认为朱光潜先生一生从未摆脱克罗齐的影响，他的贡献主要是"美是直觉"论。我认为这种论断是不恰当的。朱光潜本人前后三次集中批判克罗齐，而且每次都言之凿凿，说明他对克罗齐确实不满意；同时，无可否认，朱光潜之走向马克思主义虽有外在的原因，却也是逻辑的必然。他依据马克思主义基本原理，对于生产实践与艺术实践、经济基础与上层建筑、人性论与人道主义、形象思维与抽象思维、审美主体与审美客体等一系列关系所作的表述及由此构成的理论框架，深深地影响了一代学人，有力地推动了当代中国美学的研究。

如果我们要讲朱光潜先生的美学，那么应该就是经过综合、批判、综合而最后形成的理论框架，它的核心不是克罗齐的直觉论，而是由实践观点引申出来的人与自然统一的思想。人与自然的统一，在朱光潜先生的意义上，既是审美与艺术活动的出发点，也是它的归宿。体现在作为主体的人身上，就是心理与生理的统一（人的各种本质力量的统一）；体现在人的审美冲动上，就是功利与消遣的统一；体现在审美过程中，就是形象思维（包括灵感）与抽象思维的统一；体现在艺术创造活动中，就是现实主义与浪漫主义的统一，必然性与偶然性的统一；体现在作为审美与创造结构的艺术作品中，就是审美主体与审美客体的统一。这样，过去被认为是相互对立的各个命题，在这里都被容纳到一个相互关联并相互依存的网络中。当然，这个理论建构，严格地说，是尚未完成的，但我所看重的是融汇在其中的辩证思维的方法，而不是它的结论。

这部书面世的当年，我拿到了由台湾骆驼出版社出版的另一个版本。

十　《朱光潜美学思想及其理论体系》

1987 年到 1991 年，安徽教育出版社陆续出版了《朱光潜全集》，副主编许振轩先生特意到北京来，送我一套书，并表达了拟出一套"朱光潜研究丛书"的意思，约我为之写其中的一部，书名叫做《朱光潜美学思想及其理论体系》。我对"体系"的提法略有些犹豫，如果将朱光潜的美学与康德、黑格尔相比，显然尚缺乏一种完整的哲学的支撑，作为"体系"还不是体系性思维的结果，但朱先生毕竟以"综合"、"折中"的方法，进行过两次系统的综合，而且考虑到，"体系"是当时较时髦的词，什么书一加"体系"二字就无形中增加了些许分量，于出版销售方面有利，所以也就没有提出异议。

不过，一般情况下，我宁愿用"架构"、"框架"、"网络"这样的词。

与《朱光潜美学思想研究》不同，这部书主要着眼于朱光潜美学框架的阐释和分析，全书分叙与评两个部分，主体部分是叙，共五编：渊源、框架、转型、反思、重构；小结部分是评，涉及朱光潜的学术道路及四个基本命题：美学对象是艺术、美是主客观统一、美感经验是想象或形象思维、艺术是一种生产劳动。小结占全书的四分之一，是我真正下力的部分。

有三个原因使朱光潜美学居于当时美学的前沿位置，一个是他将《1844 年经济学—哲学手稿》中所阐发的"人化自然"置于根本的基础性的地位上，而这部手稿的讨论正方兴未艾；一个是他对曾被他扬弃的康德、克罗齐派美学进行了反思，某些观点被赋予了不同的意义；再一个是他直面学术界热点问题，切入乃至引领了当时的有关讨论和争论。朱光潜美学以自己的转型带动了整个中国美学的转型，使中国美学步入了一个更加深入和开放的时期。但是，应该说，作为一个学术框架，它是未完成的，因为：第一，他所接触到的马克思主义著作还仅仅是《1844 年经济学—哲学手稿》、《政治经济学批判》导言等，所涉及的概念和命题也仅仅是反映、意识形态、人化自然、美的规律等，而且对这些著作与这些概念、命题还缺乏必要的比较和研究，在反映与意识形态、物质实践与艺术实践等关系的理解上存在着明显的偏颇。第二，对那些被长期忽视但有学术价值的叔本华、尼采等人的美学等，虽试图冒着"回潮"的危险重新给予评价，但还没有真正展开。就是对康德、克罗齐的直觉论和形式主义美学的重新审视也还仅仅是开始。第三，与早期的艺术心理学不同，朱光潜后期美学在方法论上采取的不再是一般的"综合"、"折中"，而是歌德、马克思的以人的整体为出发点的"整体"观，但还没有得到彻底的贯彻。

与大部分美学建构一样，朱先生美学是建立在对"美是什么？"问题的回答上面。其他所有命题，包括美学对象、美感经验、艺术本质等都是对它的逻辑的延伸。美是什么？朱先生讲："美是主客观的统一。"这是20世纪美学讨论中为回应其他各派的批评作出的判断，但也是他一生坚守的信条。20世纪20—30年代，针对克罗齐的直觉论，他讲的是直觉与形式或情趣与意象的统一，强调了与直觉或情趣相对应的形式或意象；60年代初，针对蔡仪的反映论，他讲的是事物的性质、形式与适合它的意识形态的统一，强调了与事物的性质或形式相对应的意识形态；60年代后，针对传统的知识论与表现论，他讲的是作为实践主体的人与作为客体的事物的统一，强调了主体与客体在审美实践中的相互转化。通过对主客观统一命题的三次转换，朱先生从最初的艺术心理学转向了哲学和美学，从康德、克罗齐转向了马克思，从知识论或认识论转向了存在论。

朱先生所经历的过程，既是为应对论辩而反思和否定自己的过程，也是为自圆其说而完善和深化自己的过程，不过，这是一个尚待完成的过程，朱先生还不是一个完全的马克思主义存在论者，因而还没有完成对自己的反思和对全部命题的综合。无疑，主客观统一是人人都可经验到的普遍的事实，只是在一些哲学家的抽象中才被当作问题提了出来。他们往往把主观的东西看做唯一和最高的真实，把客观的东西看成是它的衍生物，因而从感觉、认识、精神活动中寻找将主观与客观统一起来的途径，克罗齐的直觉论就是在这个意义上得以确立和承认的，但是，在无限复杂的客观世界和无限丰富的主观世界之间，直觉不可能成为理想的中介，直觉既不足以造成包蕴无穷意味的意象，也不足以承载任何深沉和高尚的情趣。朱光潜先生试图以意识形态取代直觉，但意识形态也不能成为将主观与客观统一起来的理想的中介，因为意识形态既属于主观的东西，也必定包含主观自身的局限性，能够与客观世界相对应的只有人本身，这个人既不是直觉，也不是意识形态的负载物，而是以客观世界为对象并生活在这个世界中的活生生的人。实践，这是人借以认识和改造世界的方式，也是认识和改造自身的方式，只是在实践中人的主观世界与客观世界才处在同一层面上，才产生了彼此对应和相互间的交换。所以，一切所谓的主客观统一只能奠基在实践的基础之上。但是，朱光潜先生在一步步接近和走向实践论，即马克思主义的存在论的时候，对于直觉论、意识形态论往往只是做了简单的否定，而没有将它纳入实践论或存在论之中，给以相应的批判和改造，使之成为一个逻辑的整体。其实，被他集中批判的"表现论"与所谓的实践论并不是绝对对立，而是可以相互包容的，直觉是一种表现，意识形态、实践何尝不是一种表现？人作为精神的存在物，不仅需要在实践中肯定自己，也需要在直觉、意识形态中肯定自己。美，对于人们，是一个将自身与世界，当下与未来联结起来的链，这个链就存在于诸如直觉、意识形态和从最原始的到最现代的物质实践中。

十一　朱光潜的另一份遗产

1986 年，朱先生与世长辞了，中国美学界失去了一位领军式的学者。为纪念并永记朱先生对美学的贡献，北京大学与安徽教育出版社在黄山召开了一次国际学术会议。我没有提供论文，但思想一直在朱先生留下的丰实而厚重的遗产里盘旋，并于会后连续写了两篇东西，一篇刊发在香港中华书局出版的《朱光潜与当代中国美学》上，题名为《对传统的现代解释——朱光潜论意象、意境与境界》；一篇发表在《北京大学学报》上，题名为《论朱光潜的学术品格》。

前一篇意在阐明朱光潜先生通过对意象、意境、境界的阐释，将中国传统美学与西方美学衔接起来，并纳入现代学术潮流与评价体系所做的努力。意象、意境、境界是中国传统美学的最核心的几个概念，自美学作为一门学科在中国确立以来，对这些概念的辨析和厘定一直是学界关注的问题。朱先生的独特之处在于他所采取的比较美学方法。所谓比较美学，在我看来，就是相互阐释，相互发现，相互超越，从而在一个新的更高的概念上达到协调和统一。朱先生开始时以克罗齐的直觉论解释意象，称直觉即"单纯的意象"，克罗齐的学说即"意象直觉说"；后来发现这样做，意象的含义过分狭窄了，于是借鉴立普斯的移情论及英国联想主义理论，将联想和想象加了进去，认为直觉、联想、想象都可以造成意象，而这样又发现意象含义太宽泛了。一朵花与一幅水墨画，一个乐音与一首抒情诗所产生的审美效果无论如何是不同的，这种不同难以用意象这一概念表达清楚，所以在意象之外提出了意境和境界，认为意象是"个别事物在心中所印下的图影"，意境则是在意象基础上，融意象、情趣与语言为一体的艺术生命本身。意象可以指包括视、听、嗅、味、触诸感觉器官所生的印象在内的"心中的一切意象"（mentalimage），意境则指意象背后的"心中一切观照的对象"（object of contemplation），——一切呈现于直觉及想象中的社会现象与人生经验，包括所谓的"弦外之音"、"言外之意"。境界与意境同指艺术的内在精神和生命，因此可以相互阐释，但意境一般是指艺术作品表露出来的艺术家的思想情调，境界则指艺术作品在思想及艺术上所达到的完善程度。意境是已经凝定在作品中的，是没有时空界域的，境界则是艺术家与读者共同造就的，是随时空变换而不断更新的。这样，通过与直觉、移情、联想、想象的交互阐释，不仅意象、意境、境界概念得到了厘定，而且直觉、移情、联想、想象概念也得到了澄明，而朱光潜遂逐步从克罗齐的影响下走了出来，形成了对美及艺术的独特理解。

受朱先生的启发，我在文章的最后，结合《朱光潜美学及其理论体系》中对审美经验的理解，对意象、意境、境界做了进一步的阐发。我认为，审美经验是个结构性的复合概念，具有三个逐步递进的层次：第一是直觉——形式，第二是想象——意象（意境），第三是审美体验——境界。意象之"意"是象中之意，意境之"意"是境中之意，都是受限定的，而境界则是无限定的，因而是一种天人合一的超凡的自由状态。

后一篇意在张扬朱光潜先生崇高的学术品格，为日趋腐败的学术界树立一面镜子。学术为真理而存在，不为权力和金钱而存在，一旦屈从于权力和金钱，学术就不再是学术，而沦为粉饰包装、攀附邀宠之术。朱先生之所以在学术界享有崇高的威望就是他始终坚守这一信条，将学术视为"国家命运所系"的伟大事业，并为之奉献出了自己的一生，从未"为五斗米折腰"。朱先生做学问，就像他自己说的，以"忠"和"公"作为道德尺度，忠于学术，公于学术。因为要忠，所以怀有"宗教家的精神"，"死心塌地爱护自己的职守，坚持到底，以底于成"。20世纪50—60年代的所谓的美学讨论中，朱先生是个被批判者，四面楚歌、孤立无援，但他沉着应战，毫不妥协，既能正面地理解和对待来自对立诸派的批评，汲取必要的教益，又能坚守自己认为正确的东西，维护学术的尊严。而且，在以后的许多重要的论争中，他都"冒着'回潮'的风险"，领风气之先，充当了挑战者或发难者的角色；因为要公，所以怀有"科学家的头脑"，主张既"不可无我"，又"不可执我"，一切以真理为权衡。三次批判克罗齐，告别昔日的"老友"；三次检讨自己，清除唯心主义"遗毒"，朱先生就是这样，从旧的营垒一步步走出来，最终成为一个马克思主义者。可以想见，这一过程对于一个学者来讲，是多么的痛苦和艰难啊，但他都坚定地走了过来。所以，我认为，朱先生崇高的学术品格是他除了数百万字的著述之外留给我们的另一份珍贵的遗产。

十二　社会调查：改革开放以来农民审美观念的演变

大约是1991年召开的全国高校美学会议上，师兄杨恩寰教授诚恳地劝我说："北大这些年在美学史上出了不少成果，但是，要真正产生影响，必须在美学原理上下大功夫。"而我从自己的学术经历中也已意识到，所谓西方美学史其实就是被整合在一起的各种版本的美学原理，朱光潜的美学原理就是那些能够融入中国当代美学史的部分，对美学历史的任何反思无非是为了给当下的美学原理提供一种参照，美学研究的目的说到底就是美学原理的变革和更新。

当然，美学原理不应仅仅是美学史的绵延，还应该是时代的审美精神的写照和审美实践的体现。

为了扩展自己的学术视野和知识领域，丰富对社会和生活的体验，1991年，我应文化部的邀请，出席了全国村落文化研讨会，并就审美教育问题做了专题讲演。翌年，在文化部群众文化司、河北省群众艺术馆和北京大学的支持下，我赴河北廊坊、唐山、秦皇岛地区就改革开放以来农村审美观念的变化做了十多天的社会调查，完成了一份约五千字的调查报告。1993年，我随北大与中国社科院代表团出席了在台湾举办的"传统中国文化与未来文化的发展学术研讨会"，在会上结合在河北的调查研究成果作了题为《传统文化、外来文化与现代化》的报告。这份报告后来被收集在会议论集里，并发表在《学术论丛》上。

通过社会调查，我亲眼目睹了河北一些农村人们审美观念的变化，发现他们追求审美享受的意识增强了，住房经过了翻盖或整修，原来的纸裱的小窗棂换成了大玻璃窗，原来的土炕换成了木床，原来的板柜换成了组合家具，原来处在居室中心的是神龛、镜子、挂钟、胆瓶，现在是电视机、沙发和各种工艺品；穿着也变了，旧式的对襟褂子几乎绝迹了，连中山装也显得有些过时，时兴的是夹克、牛仔、健美服；人们开始更关注自己的打扮，尤其是年轻的妇女，涂脂抹粉、烫头吹风，佩戴各种饰物已经不算稀奇。日常生活中，"找乐儿"成了人们的一种重要需求。同时，发现他们实现自我价值的意识增强了。在审美与艺术领域，他们不再满足作一个接受者和消费者，而努力成为创造者。他们利用传统戏剧、秧歌儿、民间说唱等形式，自编自演、自娱自乐，积极开拓属于自己的艺术园地。每逢节庆的日子，富有特色的秧歌儿、旱船、高跷等齐聚一处，走街串巷，成为农村的一大盛事。由城里传来的一些艺术形式，如流行音乐、交谊舞、迪斯科等从一些好出"风头"的年轻人开始，也渐渐融入农民的生活中。此外，还发现他们美化环境的意识也增强了。他们向往城市，但是对农村怀有深深的依恋之情，希望获得类似城市那样的物质和精神文化生活，但仍然保有农村的山水、丛林和阳光。他们开始规划自己的村落，建设整齐有序的住房，修筑宽阔便捷的马路，在房前屋后种植花草树木，并开辟各种形式的文化园地。一些年轻人甚至立下志愿，要把家乡建得像花园一样，把城里人吸引到农村来。

尽管农民在生产和生活实践中处处显露出爱美的意愿，但并非完全出于自觉，言谈中常以善、有用、快适为由头，而忽略了美。明明在翻盖或装修新房的时候，美是一个重要的考虑，却说："咱农民不图别的，就图个住着豁亮、舒服。"明明穿牛仔服、夹克衫、健美服是为了追求时尚、漂亮，却说："这样的衣裳穿起来利索、好干活。"当询问他们"你认为人生最大快乐是什么"的时候，几乎没有人提到美，而全部是生活上的某种快适和满足。有的说："最快乐的事超不过娶个好媳妇，两口子不打架"；有的说："有个好身体，不得病，想干什么干什么"；有的说："阴天下雨，不干活，聚几个朋友玩玩"；还有的说："有钱，不愁吃喝，受人尊敬"。农民们之所以只谈善，不谈到美，一个原因是善或有用，即实际需要对于生活水平还很低的农民来说，是绝对第一位的东西；另一个原因是一般认为美与性是联系在一起的，而性在农民中尚讳莫如深。所以一说到美，老年人就说是年轻人的事，年轻人就说是女人的事，女人又说是无所谓的事。

调查表明，新的审美观念的生成，实际上是将美与善区别开来，给美以独特地位的过程；也是摆脱性压抑，使感性生活获得解放的过程，而这样就触及整个旧有的生活方式和传统文化。所以，我在报告中写道："新的审美观念的生成面对的不仅仅是善与有用的观念，而且是这个观念背后的整个旧的文化传统，它每前进一步都意味着对旧有的文化传统的背弃"，与"整个文化系统的重新整合"和更新。同时，我写到人是文化的载体，文化问题实质上是人的生存问题，新的审美观念无非是农村日趋现代化的写照。

在《传统文化、外来文化与现代化》中，我将中国农村现代化过程中的本土文化与城市文化的关系延展为一般传统文化与外来文化的关系，阐述了这样的观点：传统文化是一条连续不断、永无尽头的"链"，"它既包蕴着过去，也敞显着现在，并且指向未来"。在这个意义上，"外来文化并不是可以与传统文化相对立的文化实体，而只是融入传统文化的一些基因，一些契机，一些成分"，而"整个文化实际上是人的另一面"，是"人的本质与内在丰富性的敞露"。"人怎样创造了文化，也就怎样创造了自己。"

十三　毛泽东有关美学的八个命题

从 20 世纪 80 年代初开始，我先后多次参加了中华美学会、全国毛泽东文艺思想研究会及中外文艺理论研究会的学术会议，并在会上结识了不少朋友，获得了不少教益和信息；同时，在朋友们的热情邀请下，先后多次到各地高校访问和讲学，因而有了不少与同仁们学习交流的机会。应该说，我对美学与文艺学界的了解，多半来自这些会议和访问，而我的一些论文和书也多半是在这个过程中因受到启发而撰写出来的。

我意识到，从 20 世纪 80 年代起，在改革开放的推动下，我国学术界进入了一个非常活跃的时期。几乎所有旧的思想观念和理论命题都受到了质疑和冲击。就美学和艺术学来讲，成为热点和焦点的主要是审美和文艺活动与政治的关系问题，其中涉及这样两个方面：一是如何评价毛泽东的美学与文艺思想及其在中国所产生的影响；一是如何理解美与艺术的本质和推动审美与文艺实践的进一步发展。前者是一种反思，一种回顾；后者是一种探索，一种追寻，当然它们是紧密联系在一起的。

　　针对前一个问题，我先后写了四篇文章，一篇叫做《论毛泽东在美学上的地位》（发表时被编辑改为《论毛泽东美学思想体系》），一篇叫做《毛泽东的八个美学命题》，这两篇分别于 1990 年和 1991 年发表在《理论与创作》杂志上；第三篇叫做《学习邓小平文艺政治学札记》，1998 年刊发在《北京大学学报》上；第四篇叫做《毛泽东：文艺政治学的创立》，2008 年刊发在《汕头大学学报》上。

　　由于毛泽东在哲学、政治学、社会学、军事学、文艺学上的崇高地位，美学上的成就常常被学界忽略。其实，毛泽东在美学上同样作出了重要的贡献。我将毛泽东的美学归纳成八个命题，包括《在延安文艺座谈会上的讲话》中讲的生活美与艺术美的问题，《关于正确处理人民内部矛盾问题》中讲的真、善、美与假、恶、丑的问题，与何其芳谈话中讲的共同美与阶级美的问题等。这八个命题无论就理论本身还是就审美与艺术实践讲，都是根本性的问题，因而一经提出就引发了学界的热切关注，并产生了广泛、深远的影响。毛泽东在生活美与艺术美问题上坚持了辩证唯物主义的反映论，目的是号召文艺家们深入生活，深入工农兵群众，将本来就存在于现实中的美，通过艺术加工，生动、真实地表现出来，以更高、更集中、更典型的艺术作品回报社会。毛泽东的出发点是正处在抗日战争关键时刻的中国现实，以及在生活和艺术间尚徘徊不定的文学艺术界。对于美学来讲，它的重要性就在于，这是第一次就生活美与艺术美关系做出的马克思主义的经典性表述。毛泽东讲真、善、美与假、恶、丑的关系同样体现了辩证唯物主义精神。他没有将真与假、善与恶、美与丑分别地进行对比，而是将真、善、美与假、恶、丑总体地进行对比。这说明，他充分意识到真、善、美之间，及假、恶、丑之间的内在联系，意识到美的存在和发展不仅是在与丑，也是在与假、恶的比较和斗争中实现的。毛泽东讲共同美与阶级美的问题，更是极大地冲击了当时美学界存在的机械唯物论。我称这种机械唯物论为"准车尔尼雪夫斯基主义"，因为它继承了车尔尼雪夫斯基的两个基本观点：一个是绝对的客观论，一个是狭隘的阶级论。就绝对的客观论看来，美是第一性的，美感是第二性的，决定的因素是美，因此美是普遍的、共同的；就狭隘的阶级论看来，在阶级社会里，阶级的区分是制约人们思想观念的基本事实，也是真之为真，善之为善，美之为美的基本根据，因此美是有阶级性的。他们将绝对的客观论与狭隘的阶级论当作自己的理论支柱，却没有意识到这两个支柱并不在一条垂直线上。毛泽东这一谈话直接引发了持续近三年的人性论和人道主义的讨论，成为当代美学的一个新的发轫点。

十四　文艺政治学的创立

我将毛泽东的文艺学定位为"文艺政治学"。文艺政治学这个概念是我提出来的，目的是给毛泽东以及邓小平等人的文艺学一个恰当的地位，同时为文艺研究开辟一个新视角。文学艺术犹如生活本身，是个极广大的领域，人们可以从许多不同层面研究它，包括哲学、伦理学、社会学、心理学、人类学，甚至数学、几何学，当然也可以是政治学。文艺政治学，顾名思义就是立足于政治，把政治与文艺的关系当作核心论题，研究政治如何制约和影响文艺，文艺又如何干预和超越政治的一门学问。文艺政治学，有着深远的历史渊源，在中国可以追溯到先秦时期的孔子，在西方可以追溯到古希腊时期的柏拉图。但作为一门学科的创立应该始自19世纪资产阶级与无产阶级两大对立阶级形成以后。无产阶级为了摧毁强大的资产阶级的统治，需要有一种高度的阶级自觉，需要调动一切物质的和精神的力量，包括文学艺术。马克思主义经典作家有关经济基础与上层建筑、意识形态关系的论述，关于统治阶级的思想是占统治地位的思想的论述，关于文艺要反映无产阶级革命现实的论述等，为文艺政治学的创立奠定了坚实的理论基础。毛泽东则在这个基础上，结合中国一百年来文艺运动的实践经验，对与文艺政治学相关的概念、范畴和命题做了即便今天看来依然是最为完整和系统的表述。

全部问题的核心是对"政治"这一概念的阐释。毛泽东在不同语境中曾从三个方面界定了政治概念：一、政治以经济为其基础，政治是经济的集中表现；二、政治是历史的、具体的，没有一般的、抽象的政治；三、政治是阶级的、群众的政治，"一切政治的关键在群众"。基于政治是经济的集中表现，毛泽东科学地回答了政治与文化，包括文艺的一般关系问题，这就是"文艺从属于政治，但反转过来给予伟大影响于政治"。毛泽东认为，在现在的世界上，一切文化或文学艺术都是属于一定的阶级，属于一定的政治路线的，他强调的是现在的世界，其实古往今来无不如此。当然，这是就文化或文学艺术的总体说的。从总体上说，没有完全脱离政治而存在的文化或文艺，因为正像亚里士多德说的，人是政治动物，同时人又是具有审美需求的人；因为社会生活是个相互关联的整体，政治与文化或文艺是不可能孤立存在的；因为政治需要文化或文艺的渲染和鼓噪，而文化或文艺需要政治的支持和推动。基于政治是历史的、具体的，毛泽东将自己讨论始终限定在当代中国的范围内，并明确区分了新民主主义政治与社会主义政治。毛泽东认为，由于新民主主义时期的政治是打倒帝国主义、封建主义、官僚资本主义，建立新中国，因此从属于它的就是以"人民大众反帝反封建"为其基本内容和时代特征的文化和文艺；社会主义时期的政治是解放和发展生产力，建设具有现代工业、现代农业，现代科学文化的社会主义国家，因此文化和文艺就是为人民服务，为社会主义服务的文化和文艺。基于政治是阶级的、群众的，毛泽东认为，文化与文艺的根本问题是为群众和如何为群众这样两个相互关联的问题，强调群众生活是文学艺术的真正源泉，要求文艺工作者全心全意地无条件地深入到群众中去，妥善解决"普及"与"提高"，继承与创新，民族性与世界性的关系。

无疑，文艺与政治的关系是美学和文艺理论的一个根本性问题。无论对于一个人，或一个民族，除了基本的生存之外，首先的问题不是文艺，而是政治，确切地讲是由政治主导的社会环境。正像英国学者特里·伊格尔顿说的，在这个世界上，总还有比文艺更重要的东西，当还有数以万计的原子弹和氢弹高悬在头上的时候，人们怎么能够远离政治，沉溺在虚无缥缈的世界中呢？毛泽东的文艺政治学是在中华民族处在生死存亡的关键时刻，政治与文艺关系异常尖锐地凸显出来的情况下创立的，它所体现的不仅仅是毛泽东自己的思考和愿望，也是整个时代和整个社会的历史性趋向和要求。也正是这个原因，政治与文艺关系的全部复杂性才彰显出来，同时，对其进行系统和完整的表达才成为可能。

所以，除非视野局限于所谓的纯文艺学，应该承认，毛泽东的文艺政治学是中国现代文艺思想史上唯一真正具有中国特色和世界影响的重要的文艺理论。

十五　文艺与政治的三重关系

　　围绕毛泽东美学和文艺思想的论争集中在文艺与政治的关系上。为了从理论上做进一步的澄清，我于 2002 年初发表了一篇论文，题目就叫《文艺与政治——一个应重新审视的话题》。这篇文章主要是针对文艺理论界的所谓"向内转"的思潮而写的。在我看来，将文艺人为地区分为"内"、"外"，这是一种机械论。因为任何事物的本质都不是由事物自身决定的，而是由这一事物与周边环境的关系决定的。所谓本质就是内化了的关系。政治对于文艺在一定意义上属外部问题，在另一种意义上则是不折不扣的内部问题，否则，称文艺是一种社会意识形态就是无稽之谈了。政治，如果不是指国家机器和政治法律体制，则往往作为一种契机、一种视野、一种情结、一种价值渗透在文艺创作和欣赏的机理中。如果要举例，那么，在中国，从屈原到杜甫，到鲁迅；在西方，从荷马到但丁，到卡夫卡，莫不如是。

　　为了说明这个问题，我对"政治"这个概念的来龙去脉做了历史的梳理。阶级与阶级斗争这个概念是 19 世纪 30 年代才由英国哲学家约翰·韦德第一次提出来的。随后，马克思运用在他的《黑格尔法哲学批判·导言》、《德意志意识形态》、《资本论》中，成为他全部政治哲学的基础和核心。进入垄断资本主义和社会主义时代之后，以阶级为内在机制的社会结构发生了重要变化，资本与劳动、劳动与享受、脑力劳动与体力劳动的对立日渐削弱，不同阶层、群体、集团之间的矛盾日趋突出，政治，除了阶级的政治外，遂呈现出像 A. 古尔德、V. 瑟斯比在《现代政治思想》中所描述的"无数形态"。

　　但是，无论在什么时代，政治对于人都具有三重含义：首先，人是彼此构成一定政治关系，并在一定政治环境中生活的动物。其他动物，可以是群居的，可以有这样那样的分工和秩序，但是只有人才有体力劳动与脑力劳动的区别，才有剩余劳动和私有制，才需要并实际建立了一定的政治体制和国家机器，用以维护社会的稳定和维护少数人或大多数人的利益。其次，人是自觉地意识到自己的政治地位，并且具有某种共同的政治观念的动物。动物生活在群体中，但是并没意识到自己是群体的一员，既没有个体意识，也没有群体意识。与动物不同，人是类的存在物，所以是有意识的存在物，类总是人思考和行动的出发点。人不仅创立了一定政治体制和国家机器，而且形成了与之相应的各种政治观念，乃至政治理论。再次，人是在本性上趋向政治，对政治怀有原始情结的动物。其他动物不需要，也不懂得政治，维系它们生活的戒律是大自然预先已经安排好了的，而人在有了自我意识和类意识后，已不再愿意遵循自然的律令，于是通过政治重新安排人生、安顿自己成了人的一种基本的生命欲求。

这样，文艺与政治就有了三种不同的关系。也就是说，面对不同意义的政治，文艺就有了不同的身份。就政治是一定政治体制与国家机器，即马克思讲的上层建筑来说，文艺是个"干预者"；就政治是政治观念或政治理论，即马克思讲的社会意识形态来说，文艺就是它的"阐释者"；就政治是一种原始情结来说，文艺就是它的"体现者"。文艺之所以能够成为政治的"干预者"，是因为文艺面对的不仅是同一经济基础之上的政治，而且是人类历史上已有的政治，同时，不仅是政治，还有道德、宗教及绵延不绝、根深蒂固的民族文化传统，文艺需要有一种世界的眼光和胸襟。文艺之所以能够成为政治观念的"阐释者"，是因为文艺虽也属于社会意识形态，但它不仅与社会生活一样具有生动可感的形式，而且与社会生活保持着千丝万缕的联系，如果说文艺需要政治作为依托和引领，那么，政治就需要文艺的包装与鼓噪。可以这样做一比喻：政治（包括道德、宗教）观念是社会的精魂，文艺是社会的血肉。文艺之所以能够成为政治情结的"体现者"，是因为文艺家常常具有比一般人更为深沉和更为浓郁的政治情结，能够将具体的当下的政治与人类的命运联系起来，以批判的精神质疑政治，赋予政治观念以几分理想的、浪漫的色彩。

这篇文章发表后的第十个年头，2011 年 10 月，我从老朋友李衍柱的《〈大秦帝国〉论稿》中读到了《大秦帝国》作者的一段话。他说："政治生活是人类社会的最核心领域"，但是，我们"历经'文革'破坏，文学的逆反心理更导致了对政治生活的畏惧、厌恶，索性疏远。整个文学领域与相关的人文领域，普遍的意识是：政治是阴暗的，政治是丑恶的，政治领域是厚黑阴谋猖獗的"。这段话甚至使我感到，今天，文艺与政治关系之所以还是一个问题，因为它本身已经被政治化了，人们的出发点和思路，常常是现实的政治，而不是美学或文艺理论。

十六　《走出古典——当代中国美学论争述评》

　　针对后一个问题,我对 20 世纪 80 年代以来围绕美与艺术本质所展开的论争,进行了系统的清理和评论,1995 年,在国家社会科学基金的资助下,出版了《走出古典——当代中国美学论争述评》一书。

　　我之所以采取论争述评的形式,是因为美学或艺术学是在论争中发展起来的,为了公正地对论争各方做出考量,并引出相应的结论,只能是在述的基础上给予适当的评论。书中涉及的论争包括六个方面的问题:“共同美”、人性论与人道主义、《1844 年经济学—哲学手稿》、艺术本质、文学主体性、实践美学。我以为,论争的整个过程,就美学来讲,就是从以二元论为特征的古典美学逐步向一元论的现代美学过渡的过程;就艺术学来讲,就是由“向内转”重新返回生活世界的过程。

　　它的源头无疑是何其芳 1977 年发表在《人民文学》的散文《毛泽东之歌》中披露的他与毛泽东有关“共同美”的一次谈话。毛泽东说:“各阶级有各阶级的美,不同阶级之间也有共同美。‘口之于味,有同嗜焉’。”认真地说,这句话并没有揭示什么新的真理,而只是陈述早在两千多年前孟子就已指明了的、一切有正常理性与趣味的人都能够体味到的事实,但由于针对了当时占主导地位的狭隘的阶级论和旧的唯物论,且出自毛泽东之口,所以在美学界产生了极强烈的反响。当然,之所以强烈,还有一个原因,就是“文化大革命”之后,人们对文化、对秩序、对美的渴求。“共同美”的问题,就是康德讲到美的可传达性的问题,是康德所以超越休谟,也是马克思主义所以超越车尔尼雪夫斯基主义的基本依据。它直接导致的后果就是引发了有关人性论和人道主义等的一系列论争。

　　人性论与人道主义是个老问题。历史上许多人曾因这个问题受到过批判。重新提出来进行讨论,具有冲破思想壁垒,完善对马克思主义的理解,为美学、艺术学乃至所有人文科学确立新的立足点的意义。论争从 1979 年持续到 1982 年,参与的人近二百人,是历次论争中规模最大,影响也最大的。论争的核心问题是将人性与阶级性区别开来,给人性一个恰当的定位。人性问题是非常复杂的,这一点从论争之初人们就意识到了。人性不完全是阶级性,但它与阶级性又交织在一起。它们之间是什么关系？是共性与个性的关系，是一般与个别的关系，是全体与部分的关系，还是相互交叉和彼此重叠的关系？论争由于以下命题的先后提出而呈现为三个阶段：一个是被论争所扬弃的命题——"阶级性是人的本性和本质"（毛星）；另一个同样是被扬弃的命题——人性是"人类的自然本性"（朱光潜）或"社会共同性"（黄药眠）；再一个是被丰富和深化的命题——人性是"由一切现实关系制约的"整体，"影响人的一切行为活动的基因"（张家厚）。我对这三个阶段做了尽量完整的梳理和评论，并在此基础上，对人性做了这样的表述："包括在生物特性、遗传基因、生存方式及社会环境作用下形成的人的基本心理机制和功能的总体。"我认为，人性与阶级性虽都是人的活动的结果，但人性主要是人类学、社会学、伦理学的概念，是人作为类的存在物的特征，是生成的而非获得的，因此可以被扭曲而不可能丧失；阶级性则主要是经济学、政治学的概念，是特定历史阶段的产物，是获得的而非生成的，因而既可以被扭曲，也可以丧失。人性对于人是必然的，阶级性对于人是偶然的。阶级性有一个形成和消亡的过程。阶级性是人性的异化形式，不仅与类相对立，而且与每个个人相对立，但阶级性通过对立和"必不可免的联合"，又丰富和发展了人的类特性和个性，而且在阶级性发展较为充分的形式中，必然表现为对阶级所固有的狭隘性的超越，表现为对人的类生活、人的全面发展的自觉要求。

十七　围绕《1844 年经济学—哲学手稿》的论争

围绕《1844 年经济学—哲学手稿》（简称《手稿》）的论争，实际上是人性论、人道主义争论的继续。《手稿》中有大量篇幅谈到"人的本质"或"人的本性"问题，也谈到了"人道主义"问题，但并不是就人性谈人性，就人道主义谈人道主义，而是从人的最基本的"生命活动"——生产劳动及由劳动所构成的人与自然、人与人的关系，即从最基本的经济事实出发来谈人性与人道主义。在马克思看来，恰是劳动的这种自由自觉的性质，将人与动物区别开来，赋予人以社会性，并使人性的存在成为一部由自然不断向人生成的历史。因此，对人的追问应该不是对抽象的、一般的人性的追问，而应是对人的劳动及由劳动所构成的特定的人与自然、人与人关系的追问。对人道主义的理解也不应停留在人的尊严、人的价值这些空洞的概念上,而应视为对人的异化的扬弃和对本质力量的全面占有。

既然是以自由自觉界定人的劳动,以劳动界定人本身,那么共同美以及一般审美现象问题的最终答案应该就在于劳动,这样,论争的重心就由人性论与人道主义转向了作为美的本质或本原的劳动本身,涉及《手稿》中三个概念或短语:"劳动创造了美"、"人的本质力量的对象化"(原文为"人的本质的对象化")与"人化了的自然界"、"美的规律"。论争最大的收获是运用马克思的理解重新阐释了"实践"——生产劳动这个概念,并将它置于美学的基础性地位。由于"实践"概念的确认,20世纪60年代形成的各派的分歧开始有了分晓。蔡仪先生拒绝"实践"这一概念,拒绝"人的本质力量对象化"与"自然人化"这一命意,坚持美是自然的、客观的,因而渐渐失去了其在学术界的影响力;朱光潜先生接受了"实践"概念,以"人的本质力量对象化"与"自然人化"重新界定了他主张的"美是主客观统一",从而实现了从"直观观点"到"实践观点"的转变;被称为"实践派"的李泽厚、刘纲纪、蒋孔阳等人,更将"实践"直接等同于"自然人化"或"人的本质力量对象化",并将其与美的本质与本源联系在一起,淡化或消解了美的客观性与物质性,在此基础上建构了一个较为完整的逻辑体系。但是,任何对经典的解释都必然包含某种误解,对《手稿》也不例外。其实,马克思讲的"人的本质的对象化"的含义是很宽泛的。当他讲"劳动的对象化"或"人的类生活的对象化"时,无疑是指作为具有自由自觉特性的人的对象化;而当他讲"对象如何对他说来成为他的对象,这取决于对象的性质以及与其相应的本质力量的性质"时,则是指人的某些方面的机能或特性,比如视觉和听觉的对象化。而马克思讲的"自然人化",即"人化了的自然界"则是有其特定含义的,是指作为人的"确证"的"实际"创造或改造的"自然界",而非是一切自然界。朱光潜、李泽厚、刘纲纪、蒋孔阳等人没有理会这两个短语之间的差别,或者以"人的本质力量对象化"去阐释"自然人化",或者以"自然人化"去界定"人的本质力量对象化",前者就导致"自然人化"的泛化,将"理论"或"意识"中的自然界也囊括进去;后者则导致将"人的本质力量对象化"局限在具体的物质实践,抹杀了同样被马克思称作人的"本质力量"的感觉、情欲和思想。

十八　介入文艺本质论争的各家

如果超阶级的"共同美"得到确认，那么对文艺与政治的关系就应该有一种不同于流俗的新的理解；如果美是实践的产物得到确认，那么对文艺的本质的认识就需要换一个新的角度，但是文艺学有自己的历史积存和自己的逻辑理路，必须从清理这些积存并遵循这个理路开始，美学的种种议论，在一个时期内，都还没有真正融入它的肌体里。

我将围绕艺术本质的讨论分成了三个阶段：第一阶段是围绕作为客体的艺术展开的，涉及文艺与政治、文艺的批评标准和文艺的社会效果等，核心问题是"写真实"和"写本质"；第二阶段是围绕艺术作为主体展开的，涉及形象思维、艺术创作的非自觉性、创作灵感等，核心问题是"表现自我"；第三阶段是围绕艺术作为主体与客体交互作用的过程展开的，涉及"艺术是社会生活的反映"、文学"主体性"，核心问题是艺术的本质与特征问题。

可以用三个概念来概括这三个阶段讨论的性质：第一个阶段——清理，第二个阶段——突破，第三个阶段——探讨。其中最为关键的是第二阶段围绕"表现自我"展开的讨论，因为它既意味着第一阶段讨论的终结，又意味着第三阶段讨论的肇始，而且触及的问题最为根本，交锋最为激烈，影响最为深远，将文艺"向内转"的诉求表现得彻头彻尾、淋漓尽致。"表现自我"的中心思想是将"表现自我"视为"新的美学原则"，反对"教条主义"，主张"让诗人顽强地表现他们自己"；反对"歌颂传统"和"战歌传统"，主张"追求生活溶解在心灵中的秘密"；反对"古典主义的强调模仿和浪漫主义的直抒胸怀"，主张"实现诗歌掌握世界方式的根本转移"。"表现自我"与其说是一种理论，不如说是一种思潮。作为一种理论，我认为是不全面，不成熟的，而作为一种思潮，则有其现实的必然性与合理性。我从思想解放、文艺实践和吸收、借鉴国外创作经验等几个角度为其做了辩护，同时指出了它在理论上的先天性不足。不过，现在反思起来，当时思想上有一种片面性，就是忽略了文学本身是一种社会意识形态，过分强调了"自我表现"的积极的一面。按照我在《文艺与政治》一文中所说的，政治不仅是指物质的存在——国家机器，而且是指精神事实——意识形态，此外，政治作为一种生命情结还渗透在每个人的意识或无意识里。如果是这样，阶级，对于每个人来说，就不是由某个政治家集团杜撰出来的抽象的概念，而是他须臾不能离开的实实在在的现实。因为他就生活在阶级的社会里，他的命运与阶级不可分离；因为他不仅从属于阶级，而且阶级就是他思想和行为的出发点；因为即使他我行我素，特立独行，是个唯我主义者，血液里也仍然流淌着阶级的因子。所谓"表现自我"，这个"自我"，在我看来，除了生物性本能之外，就是与各种社会关系相关的社会意识，其中包括阶级意识，否则，只是一个抽象的名词。

十九　"自我表现"与人类学本体论、新唯美主义

不过，"表现自我"本身虽然没有建构什么理论，但是却为理论的建构提供了契机和平台。它是以"艺术是社会生活的反映"这一传统信条的颠覆者的身份出现的，它的"崛起"直接引发了两个结果：一个是人类学本体论的出场；一个是新唯美主义的形成。

显然，当"表现自我"不仅仅是我的认识，而且是我的欲望、情感和存在的时候，当"艺术是社会生活的反映"，不仅仅是"再现"式的反映，而且是"审美的反映"，是"人的本质力量的形象显现"的时候，艺术所承载的已经不是认识论的功能，而是本体论或存在论的功能。但是，本体论与认识论不应该是对立的，而应该是统一的。刘再复的《论文学的主体性》一文之所以产生那么大的影响，就在于他自觉地立足于所谓的"人类学本体论"，对"艺术是社会生活的反映"这一命题进行了全面的反思，而它的失误恰在于忽略了这一命题的认识论意义，从而暴露了"人类学本体论"自身的空泛性和狭隘性。因为它的立足点是孤立的、单个的人，完全不顾及人作为类的存在，而人如果没有了类，就永远不可能成为主体，就更没有什么文学的主体性问题；如果没有了类，人与自然的关系就只能是生物性关系，也就没有了这里讨论的反映论问题。

同样，如果"表现自我"排除了我的政治情结，而仅仅是我的兴趣、欲望和性格，而这些又只与美相关联，那么，美就成了主导艺术的核心概念。新唯美主义主要有三个命题：一个是"艺术是艺术家审美意识的物态化"；另一个是"艺术是美的集中体现和表现形式"；再一个是"艺术以美为目的"。新唯美主义凭借"向内转"的思潮，在 20 世纪 90 年代几

乎取代了马克思主义在文艺学中的地位。我是在《走出古典》之后，在 2004 年的一篇题为《艺术与美——一个马克思主义者与一个新唯美主义者的对话》的文章中对它进行了批评，同时，在 2011 年的另一篇文章《自然·生产·艺术——从赫胥黎论"宇宙过程"与"园艺过程"谈起》中对艺术的定位和性质做了另一种表达。

我认为，将艺术称为"艺术家的审美意识的物态化"是不妥的。因为艺术创作需要全部思想和情感的投入，作品是艺术家整个人格的写照，如果说是物态化，不应仅仅是审美意识，还必然包含有其他生命与社会意识。将艺术称为"美的集中体现和表现形式"也不妥当。因为艺术美就是艺术美，不可能取代自然美，而且，艺术美未必一定比自然更美。自然界的广漠、恢宏、深邃、渺远、恒定、神奇是艺术所不可能企及的。将艺术的目的限止于美，更是不妥，因为虽然艺术家中确有人主张为美而创作，但这就像主张为金钱而创作一样，并不能体现艺术的真正目的，而且凡是大艺术家无不怀有崇高理想和忧患意识，他们的作品往往是将美与真、善集于一体。

我认为，马克思在不同语境中讲到的艺术是一种"把握世界的方式"、艺术是一种"社会意识形态"、艺术是一种"生产"三个命题依然是我们认识艺术的重要依据，但要将三者联系起来看，而不能割裂开来。

在自然、生产、艺术的关联中，艺术承担着什么角色？如果像赫胥黎说的自然是个"宇宙过程"，生产是个"园艺过程"，那么艺术与哲学、宗教一起承担着通过对自身的反思，维系"宇宙过程"与"园艺过程"之间的平衡，满足人类全面健康发展需要的使命。艺术比哲学与宗教具有先天的优势，因为它自身就是感性与理性、人与自然的统一，自然的完整、节律、秩序和生生不息，也恰是艺术的基本品格。

二十　论争中的实践美学

论争于是延及"人类学本体论"的发明者李泽厚。李泽厚谈的不是文学，而是美学，"人类学本体论"（又称"主体性实践哲学"）是美学的哲学依据。

自康德提出"人是什么？"问题之后，哲学人类学就成为哲学界所热切关注的一个领域。人类学之所以能够成为哲学，像海德格尔说的，是因为它的方法、目的或逻辑起点是哲学的。作为哲学,它的"第一个任务"应该是确定"人在宇宙中的地位","第二个任务"则是将全部立论置放在"主体性"这个根基之上。海德格尔认为,人类学可以成为一种哲学,但不能取代哲学,因为并不是所有哲学问题都能够囊括在"人是什么?"之中。哲学人类学"永远不能取得哲学基础学的权利,只是因为它是人类学",它无法解决人的有限性问题。

李泽厚意识到了人类学所必须面对的人的有限性问题,因此,在汲取康德的主体性概念的同时,借鉴了马克思的实践哲学,将人的主体性建立在物质实践的基础上,赋予了主体性以两种双重内容与含义:外在的即工艺—社会的结构面与内在的即文化—心理的结构面;人类群体的性质和个体身心的性质。就是基于这样的理解,李泽厚很自信地将他的哲学人类学称为哲学本体论,而不是区域存在论。

于是,李泽厚就站在了一个新的立脚点上。在他看来,20世纪60年代由他提出的"实践美学"已经过时,美学需要从反映论的"客观论"向"实践论的客观论"转变,需要从"批判的、革命的哲学"向"建设的哲学"转变,需要从"美的哲学"向"审美心理学"转变,从而将"文化心理结构问题,即心灵塑造和人性培育问题"作为马克思主义美学的"主要课题"提到日程中来。

为了实现这种转变,李泽厚在他的理论框架中设立了"工具本体"与"心理本体"两个本体,并以此为根据,区分了"内在的自然人化"与"外在的自然人化";区分了美的本质、本源与美的性质、审美对象;区分了"审美心理结构"的"积淀"过程与社会历史过程;区分了作为美的哲学与审美心理学、艺术社会学。但是,李泽厚并没有讲清楚"心理"是怎样成为本体的,"心理本体"与"工具本体"是怎样的关系。按照亚里士多德之后哲学史上的通常用法,"本体"就是"是其所是",即独立自足、不假它求。"心理本体"既然是建立在实践基础上,为实践所限定的,怎么能够成为本体呢?"心理本体"与"工具本体"两个本体的设定,其结果是:一方面,由于"心理本体"的介入,"工具本体"失去了原来的根本的本体的地位;另一方面,由于"工具本体"尚没有完全消解,"心理本体"——所谓主体性并没有得到应有的伸张,而与此相关的种种区分都不免带有了机械论的性质。因此,作为一种理论建构,已经很难说它是具有内在统一性的逻辑整体。

李泽厚是"实践美学"的创立者，也是它的解构者、颠覆者。他提出的自然人化、主体性、审美心理结构、积淀、新感性、天人合一等概念恰好成为人们重新审视和反思的平台。在继起的论争中，我们看到，一方面是"实践美学"的渐趋消解，另一方面则是"超越美学"、"生命美学"、"体验美学"以及"新实践美学"等的相继兴起。

二十一　给实践美学提十个问题

尽管李泽厚自己不再愿意将他的美学称作"实践美学"，并且事实上确已超离于"实践美学"之外，但"实践美学"在中国美学界长时期内仍处于主流的地位。之所以如此的原因有很多，其中一个最重要的原因，我以为是我们有着深刻的马克思主义的背景，马克思的《手稿》在学术界具有几乎不可动摇的影响和地位。而由于这个原因，围绕李泽厚和"实践美学"的讨论，实际上成了如何正确地理解和进一步建构马克思主义美学的讨论。

研究当代中国美学，李泽厚和"实践美学"是无法绕开的。所以，进入21世纪之后，我又从不同角度多次谈到了李泽厚和"实践美学"。我对李泽厚的"实践美学"做了进一步的梳理，将它归纳为三个阶段。这三个阶段都是以"人化的自然"为立论的基点而展开的：第一阶段，"人化的自然"只是物质实践的另一种表达。论证的主题是美即自然性和社会性的统一，美感是对美的反映。第二阶段，"人化的自然"主要指人在自然中生成。论证的主题是人的主体性的两个方面，理性向感性的积淀，社会向个人的积淀，历史向心理的积淀。第三阶段，"人化的自然"在哲学层面上被分解为"自然的人化"与"人的自然化"，心理学层面上被分解为"外在自然人化"与"内在自然人化"。论证的主题是由"工具本体"向"心理本体"的过渡，即"新感性"的建立。这三个阶段，严格地讲，并非是一个前后一贯的逻辑整体，但它的跳跃性思维和自我否定过程却也为美学提出了许多新的问题，注入了新的生机。此外，他对马克思、康德等经典著作的细致的品味和大胆的阐释，对当代社会与学术潮流的敏锐的觉察和吸纳，对美学作为一门关乎人性完善的科学的关注和思虑，也都值得我们学习和借鉴。但是，我认为，"实践美学"还只是美学从古典到现代过渡的中间形式，它并没有摆脱二元论的思维模式，因而并没有找到审美活动赖以生成和发展的真正根基。

　　我给"实践美学"提出了十个问题。文章刊发在《吉首大学学报》2005 年第 4 期上。这十个问题是：一、马克思主义有没有哲学本体论？二、如何理解马克思的"实践"概念？三、人的"主体性"中是否包含"受动性"？四、"人化的自然"是否就是美学意义上的美？五、美作为最高抽象的概念是否有内容和形式的区分？六、马克思说的"按照美的规律造型"能否作为美起源于劳动的依据？七、能否认为艺术美是美的集中和典型的表现，艺术美是否高于自然美？八、美是艺术的本质和目的吗？九、是否能够将人们对自由的向往寄托在艺术上？十、美学能否摆脱批判性和否定性，成为像数学一样的精密科学？这十个问题的核心是对"实践"概念的理解。李泽厚认为实践就是物质生产实践，但马克思与恩格斯的理解要宽泛一些，同时还指人自身的生产。而且，他们非常肯定地说，正是"这两种生产"构成了"历史中的决定的因素"。在我看来，一方面是工具的使用，另一方面是在共同的劳动中形成的特有的两性关系，才是人得以超越一般高等动物具有审美需要和情趣的原因。不过，性作为一种生物性因素本来就在人的生命的根底部，因而人的审美情趣与一般高等动物对色彩、线条、形体的兴趣之间并不存在一道不可逾越的鸿沟。也是因为这个原因，进化论和弗洛伊德的性心理学应该是美学的必不可少的学术资源。如果这样理解"实践"概念，那么对马克思讲的"人化的自然"、"人的本质的对象化"、"对象性的本质力量的主体性"以及"彻底的人本主义与彻底的自然主义的统一"等也都应该有另一种不同的理解，相应地，对上述十个问题也应有较之"实践美学"更为确切、合理的回答。

二十二　中国需要什么样的美学

　　自 20 世纪初美学传入中国后，美学学科的性质就一直没有厘清。梁启超、王国维、蔡元培、宗白华、朱光潜、蔡仪等人都从认识论的角度理解美学，认为美学就是有关艺术与审美教育的科学。刘纲纪写了一部《艺术哲学》，马奇写了一部《艺术哲学论稿》，把美学与艺术哲学完全看成一个东西。"艺术是美的最高最集中的体现"，"自然美是美的雏形"，朱光潜先生的这个论断成为许多人热衷于"文艺美学"的直接依据。李泽厚的"实践美学"的一个贡献就是将美学与人们赖以生存发展的物质实践联系起来，从而为美学争得了一块属于自己的地盘，但是却又为此设立了一个前提，就是将美学分解为三：美的哲学、审美心理学、艺术社会学，并且将审美心理学置于"主体"和"中心"的位置。这样，美学充其量也只是一个"基础"，一个"根据"，美学所要讨论的绝大部分问题还是归入了心理学与艺术学。

20世纪90年代之后，尚未确立身份，因此尚未立住脚的美学又遇到了一次更大规模的冲击。这就是随着文化学的泛滥，"审美文化"问题的提出，教育部将"审美文化"列为重大的科研项目，一大批学者争先恐后投入了对它的研究。我应《文艺研究》之约也写了一篇笔谈，尝试性地提出了几个相关的论题。但是，不久之后我就发现，"审美文化"是个伪命题，是个误区。何谓"审美文化"？怎么来区分审美文化与非审美文化？按照马克思的说法，人的劳动与动物的"劳动"的区别之一，就是人是"按照美的规律造型的"，既然人的劳动本身就具有审美的性质，作为劳动产物的文化怎么能与审美无关呢？李泽厚讲，美的本质和根源是"自然的人化"；肖前讲，文化就是"人化"。由此可见，审美与文化无法区分，而它们之间的关系马克思已经讲得很清楚了。审美文化问题的提出，一方面表明了学术界有一种积极介入现实生活的意向和冲动；另一方面也反映出美学自身的问题已开始从一些学者的视野中淡出。人们甚至感到，由于文化学的渗透，美学面临着一种被"拼盘化"，甚至被解构的危险。

在这种情况下，什么是美学？美学与哲学、心理学、文艺学、社会学是怎样一种关系？随着经济和文化等实证学科的兴起，美学还有存在的必要吗？这无疑是个迫切需要回答的问题。

我坚信中国需要美学——一种作为哲学分支的美学，一种与心理学、文艺学、社会学相区别的美学，一种立足于形而下的经验世界，而以形而上的超验世界为终极指向的美学，因为我相信人的觉醒，人格的完善是中国革命和建设所面临的重大课题，而这正是美学的出发点，是审美教育的诉求和宗旨；我相信中国五千年来优秀的艺术文化遗产需要整理和阐释，而这正需要美学提供一种审美的视角和尺度；我相信在经验主义、形式主义、实用主义畅行无阻的时代，尤其需要讲一点"出世"的精神和宗教情怀，而美学正是通往人生最高境界的"桥梁"；我相信未来社会应该是

"彻底的人道主义与彻底的自然主义的统一",而这只能寄希望于人的全面发展以及人与自然的全面和解。在这个问题上没有任何科学能够比美学更有话语权,更有价值,更值得尊重。

对为什么中国需要美学,我们可以用以上这样几句话来回答,尽管不够确切,不够完善。但对于什么是美学,美学与心理学、文艺学、社会学等学科的区分,就很难用几句话来表述了。因为美学从诞生之日起,虽然已经二百多年,但始终没有确切的定位和边界,与之相关的研究对象、基本问题、范畴、方法论等都在讨论中,整部美学史可以说就是一部不断提问和不断回应的历史。所有的美学家都可以对什么是美学做出回答,都可以创设一种美学,但柏拉图的美学就是柏拉图的美学,康德的美学就是康德的美学,后者可以在某些观念上超越前者,但是绝对不可以完全取代前者,成为唯一的美学。美学的多样性是美学的一个重要特征。

二十三　美学的定位、基本问题、范畴与方法论

这就意味着要回答什么是美学,就必须了解历史上曾有过的各种答案,知道在所有的问题中已经解决的是什么和尚待解决的是什么。基于这样的考虑,20世纪90年代末,我写了一篇论文,题目是《何谓美学?——100年来中国学者的追问》,刊发在《郑州大学学报》上,后来被译成韩文转载在韩国《美术史论坛》上。同时,我还与几位研究生合作写了一部书,题名《美学建构中的尝试与问题》,收在我主编的《二十世纪美学研究》丛书中。在后一部书中,我明确地将一百年来的中国美学的发展概括为七种模式的转换和更迭的过程。这七种模式是:王国维的以"境界"为核心概念的美学;宗白华、吕澄、朱光潜(前期)、叶朗的以美感经验(美感态度、移情、直觉、感兴)为核心概念的美学;蔡仪的以"典型"为核心概念的美学;高尔泰的以"自由"为核心概念的美学;李泽厚、朱光潜(后期)、蒋孔阳的以"实践"为基础概念的美学;周来祥的以"和谐"为核心概念的美学以及以"生存"或"存在"为核心概念的后实践美学。这七种美学模式从不同的角度对什么是美学,美学与其他相关学科的关系做了自己的回答。正是通过他们之间的质疑、论辩和反思,中国美学在一百年来才有了长足的进步。这主要表现在:第一,审美活动作为美学研究的对象基本上得到了确认,从而摆脱了审美主体与

客体，美感与美孰先孰后这个子虚乌有问题的纠缠，将美学引向了具体审美现象本身；第二，美学作为哲学的分支，美学的形而上学性质基本上得到了肯定，美学被逻辑地引向了人的生存或生命本身；第三，建立在马克思主义基础上的多元化的方法论在认识上达成了基本的共识，于是，大大拓宽了美学研究领域，为全面、深入地探讨美学基本问题提供了可能。

但是，所有这些成果都只是阶段性的，美学的许多最核心的问题还在争论中，还需要进一步思考和研究。所谓最核心的问题，我指的是：学科定位，研究对象，基本问题，范畴体系和方法论。对这些问题，我在批评和借鉴七种模式成果的基础上尝试性地做了如下的回答：

我接受美学是哲学的一个分支的提法，但不是传统意义的认识论，也不是李泽厚所理解的"美的哲学"。美学所以是哲学的分支，是因为美学必须建立在一定的哲学体系之上，必须禀有形而上的超验的本性，同时，又必须有仅仅属于自己的形而下的经验的领域。

我肯定美学与心理学有着密切的关系，但是我不同意将美学看成是一种心理学，无论叫做"审美心理学"，还是叫做"文艺心理学"。心理学是一种经验学科，对于美学只是一种方法，它所适用的领域是有限的，与审美活动相关的道德与文化领域，艺术与艺术家的生活世界，人类天性中某些超验的现象等无疑是心理学所无法触及的。

在我看来，艺术哲学的对象是艺术，美学的对象是审美活动，艺术哲学是对艺术作为生命总体或观念总体的哲学思考，其中包括审美活动；美学是对审美活动作为一种生命形式或情感形式的哲学思考，其中包括艺术。因此，我不赞成将艺术哲学与美学混同起来。至于艺术社会学，在我看来，虽然也以艺术为对象，但其着眼点在社会，而非人生，对于美学只有比较、参照和借鉴的意义。

我赞同将美学对象确定为审美活动，但我不同意以"主体性"与"对象性"或以"超越性"界定审美活动，把审美活动视为没有内在空间和过程的一成不变的存在物。审美活动具有三个不同的层次，这就是：直觉—形式，想象—意象，生命体验—终极境界。人类无论就个体或群体讲，都在不同程度地反复经验或体验着这三个层次。审美活动一方面植根于现实的物质实践，另一方面指向理想的超越境界，这种绵延和伸展的特性就是康德所以称审美判断力具有"桥梁"意义的原因。

美学的基本问题是什么？一百年来，中国美学几乎始终限定在艺术之内，把艺术对现实的反映和超越当作美学的基本问题，但在我看来，美学的基本问题是人与自然、感性与理性的统一问题，艺术与现实的关系只有在这个意义上才属于美学问题。所谓人与自然、感性与理性的统一，就是马克思讲的人的本质力量的全面发展，人道主义与自然主义的统一问题，无疑，这是比艺术与现实的关系更为根本的问题。艺术的意义在于与自然、生产构成一个往复循环的动力链，将自然世界、现实世界和想象世界沟通在一起，使对美的向往成为人的全部生命的一个特征。

美学是一门交叉性、边缘性的学科，方法论的综合性、多元性是必然的，但是美学作为独立的科学应该有着不同于其他科学的研究方法，这就是体验、反思、思辨。审美活动本身就是一种体验活动，唯有用体验或再体验的方法才可能洞悉体验本身，这从19世纪狄尔泰、柏格森之后基本上没有争论，但是，仅仅体验是不够的，因为体验总是针对个别性，美学作为人文科学，必须通过反思，即通过对当下体验与原有体验，自己的体验与他人的体验（艺术品）的融通和综合，上升为普遍性，而且，美学还必须借助于思辨从形而下的经验性活动中揭示形而上的超验性的东西，"追踪并领悟生命的意义"。

在《美学建构中的尝试与问题》中，我没有谈到美学范畴，后来在传媒大学博士生课程上讲"我的美学观"时补充了进去。我以为，学术界对美学范畴的理解是比较混乱的。问题还不在对范畴的数目和种类的区分上，而在对范畴的性质和定位上。在我看来，范畴虽然是认知的产物，是最高概念，却是以事物本体的存在和运动的形式为其根基的。范畴是本体在运动过程中形成的若干侧面，其数量是有限的。由于运动是向对立面的转化，所以范畴总是相互对应和相互转化的。

二十四　《作为科学与意识形态的美学——中西马克思主义美学比较》

但是，后来我意识到我对美学的这种理解，还是属于西方马克思主义说的"肯定的美学"，而美学需要有一种批判的、否定的精神和品格，这是美学走向现代性的标志。

2000年9月，我退休之后，应聘到浙江台州学院任教，此后有了比较充裕的时间用于看书和思考问题。先是读了西方马克思主义者卢卡契的《社会存在本体论》、《审美特性》、《小说理论》等，写了一篇三万多字的文章，分两期刊发在《吉首大学学报》上，题名叫《从认识论到本体论的跨越——卢卡契与李泽厚美学比较》；之后，陆续读了其他的西方马克思主义者的书，并与杨道圣教授合作完成了《作为科学与意识形态的美学——中西马克思主义美学比较》一书的写作。

西方马克思主义美学是不是真正马克思主义的，学术界尚有争论，但无论如何，他们对现代资本主义所持的叛逆者的立场和批判的、否定的精神是与马克思主义一脉相承的。他们将自己的美学称为"否定的美学"。它的代表人之一霍克海默就说：美学的任务不是通过对传统命题的梳理和阐释重新确立某种"普遍性的准则"，而是从审美—艺术中去探求能够和"不公正的社会"相抗衡的东西。西方马克思主义的这种立场和主张不仅对于我，对于整个中国美学界都产生了巨大的影响。

一个明显的结果是：有关美学与意识形态、艺术与政治的关系的争论被悬置了起来，一些人表达了对其进行重新审视和理解的意向。

正像西方马克思主义者批评的，我们的美学和所有"肯定的美学"一样，有一种"学院化"的倾向。其一，我们比较注重美学自身的建设，而忽视美学所必须承担的社会责任。在日趋严重的异化现象面前，一些主流美学的代表者甚至以审美的"乌托邦"相号召，主张放弃批判，"告别革命"，通过所谓的"心理积淀"进行"文化—心理结构"的塑造。其二，我们比较注重审美与艺术作为"救赎者"的作用，而忽视它的负面的消极的影响。事实上，审美和艺术在许多方面已经与异化了的现实合流，人们所痛恶的拜物教主义、享乐主义、利己主义等常常就是以审美和艺术的形式堂而皇之地进入我们的生活的。其三，我们比较注重纯粹理论的研究，而忽视对具体审美与艺术现象的分析。与西方马克思主义美学不同，我们很少去关注现实的审美思潮和艺术倾向，很少去谈论诸如鲁迅、巴金、齐白石、徐悲鸿、聂耳这些影响了整整一代人的大艺术家。

但是，我们的美学作为"肯定的美学"在美学学科的建设上作出了重要的贡献，这是不可否认的。我们对马克思提出的一些具有肯定性意义的概念和命题做了深入的挖掘；对西方和中国美学的历史发展做了系统的梳理；对美学本身的基本范畴和框架进行了多角度、多层面的论证,从而在当代学术领域为美学学科确立了一个显要的地位。

美学的否定性与肯定性是相辅相成的,绝对的否定和绝对的肯定都是不可能的。而且,即便可以否定地面对社会现实,却无论如何不能否定美学自己。"否定的美学"首先是一种美学,否则,就失去了否定所必需的根据和话语。西方马克思主义美学的弊病就在于他们完全无视美学作为独立学科的价值和作为逻辑整体的力量,将美学降低为一种批判意识、角度或者策略,因此,尽管观念和语言都发人深省,却没有对美学的哲学基础做过完整的彻底的思考,没有对美学的对象、性质、意义做出合理的回答,更没有形成足以与所谓"正统"的马克思主义和传统美学相抗衡的前后一致的方法论。

二十五　美学何以本质上是否定的

我在思考,如果否定性是美学的一种品格或精神,那么这种品格或精神应该是美学自身的内在要求,是必然的,而不是从外面赋予它的、偶然的。不错,美学是一种社会意识形态,因为这个原因,美学要受到一定社会经济和政治的制约,甚至要表现一定阶级的审美意识和审美情趣,但是,美学与其他政治学、经济学、法学等不同,与社会政治和经济的关系是间接的,甚至是潜在的,美学是超越之学,而不是实证之学,所谓超越就是对现实,包括经验的与超验的,感性的与理想的双方面的批判和否定。

进一步说,否定性之所以是美学的基本特性,是因为:审美活动从客观方面说,是康德讲的"无目的而合目的"的活动。作为"无目的"的活动,审美活动区别于任何认识活动和道德活动,作为"合目的"的活动,却又与认识活动和道德活动紧密交织在一起。美是一种价值判断,它的核心是美,但又不仅是美,真、善永远是其中一个必然的因素,就是因为这个原因,审美活动才具有了可传达性,而美学才具有了社会意义,并成为一种社会意识形态。同时,就审美活动的主观方面说,审美活动本身就具有批判的、否定的机制,审美活动只有在这些内在机制得到充分调动的情况下才有可能。其一,是形式。形式是一种伟大的范塑和造型的力量,形式总是具有将人们从有限存在中解放出来的功能。其二,是身体。

人对自然的感知和交往，不是仅仅靠知性或理性，更重要的是通感，是妙悟，是直觉，是包括心灵在内的整个身体。身体所提供的信息要比知性和理性丰富得多，鲜活得多，完整得多。在知性和理性遭到压抑和扭曲的情况下，身体往往能透出一个不甘沉沦的、反叛的自我。其三，是模仿。如卢卡契所说，模仿能通过"目的性中断"将自然还原为纯粹视觉、听觉和想象的形象，从而使"拜物化"的自然转化为与人相关并"充满诗意的偶然性的自然"。其四，是想象。想象一方面与本我，与肉体，与潜意识相关，另一方面与情感，与爱，与信仰相关，因此想象所展开的常常是生命中最不安分的另一面。其五，是爱。爱是对丑陋、冷漠、孤独、无聊、自私、仇恨的拒绝和否定。只是由于爱的存在，我们才渴望并试图改变这个世界。

一个是客观的目的论原则，一个是主观的功能论的原则，这就是我认为的美学之所以具有否定性的原因。

二十六　另一类西方美学史

西方马克思主义者不认为超越就是否定，因此，很少将否定与超越联系起来，乃至对以超越性为旨归的西方传统美学持批判的态度，这样，既使美学丧失了来自形而上的超验层面的支撑，又使批判陷入了肤浅的经验主义和功利主义之中。

这之后，我有了一种冲动，就是重新审视和梳理一下西方美学史。恰好《学术月刊》约我写一篇关于审美超越性的文章，于是，我便将已经思考的东西截取了一部分，整理成《超验之美与人的救赎》一文，后来在厦门大学与台州学院的两次讲演中又在这个基础上做了一些必要的补充和发挥。

在我看来，整个西方美学史就是提出并确认存在一种超验之美，探讨如何通过审美超越，从经验之美升达到超验之美并与之融通起来，为人的自我实现和自我救赎，即人的自由提供一种可能。

我首先做的是将超验之美与美的超越性区分开来。我认为，凡美都有超越性，指的是对自己有限旨趣，特别是与自己相关的世俗功利的超越；而超验之美是指对整个经验世界的超越。美的超越性就是康德讲的"桥梁"，其意义在于将人从感性引渡到理性，从有限引渡到无限；而超验之美像点燃着的一盏灯，其意义在于让理性和无限——生命的终极境界闪烁出光明。美的超越性涉及的是人的认识和情趣，超验之美则把人们的认识和情趣升华为信仰或信念。

形式、肉体、模仿、想象、爱等，每一个因子都必然地引发和导致超越性，但只有将它们融合为浑然的整体，从而达到主客合一、物我两忘的境界，超越性才会升华为超验之美。

从这个意义上讲，柏拉图无疑是西方美学的奠基者和开创者。他所谓的"美本身"就是指超验之美，由于超验之美是超越一切经验之上的，所以他认为通达超验之美之路只有爱和"回忆"。亚里士多德与他不同，力图证明美是一种经验性的存在，是"整一"，是"秩序、匀称、鲜明"。新柏拉图主义之后，一直到15世纪末，超验之美始终是美学讨论的主题，美就是上帝的名字，通向超验之美的路就是皈依上帝的路。而从文艺复兴和宗教改革开始，超验之美被搁置起来了，先是有但丁开启的自然—人文主义，之后是由休谟阐发的经验—感觉主义以及由布瓦洛倡导的古典—理性主义对经验之美进行了广泛的张扬，自然、感觉、"合情合理"被认为是审美活动的内在根据和尺度。

18世纪中叶以后，人们尝试着在认识论的框架内对经验之美或超验之美进行综合。于是，美学作为一门科学诞生了。恰是在审美超越性的意义上，鲍姆伽通将美与诗理解为哲学问题，而且这在德国古典美学中形成了一种传统。康德将他理解的超验世界称为"物自体"，并把它看作是构成美学的"绝对合目的性的主观性原则"的"超感性的机体"，在他看来，美和崇高本身并不是超验的，审美活动并不意味着自由，却与超验的，即自由的根底相结合，并为实现其过渡提供了可能。谢林同样相信有一个超验世界的存在，并且相信这个超验世界的"初象之美"能够通过艺术的"映象之美"显现出来。黑格尔批评了康德以"理性的主观观念"的形式去调和超验世界与经验世界的对立，以主观合目的性去解释审美的超越性，同时肯定了谢林将超验世界与经验世界的统一理解为"理念"本身，将艺术看作是超验之美的显现。在黑格尔看来，"绝对理念"就是"绝对心灵"，而"绝对心灵"就是"绝对的自我外化"，哲学、宗教、艺术都属于"绝对心灵"的领域。艺术的目的是"绝对本身的感性表现"，美则是"将理念化为符合现实的具体形象，而且与现实结合成为直接的妥帖的统一体"。

　　但是，在德国古典美学中，经验之美只是一个被超越和被扬弃的环节，它的意义仅仅在于显现超验之美。特别在黑格尔那里，当他把所有感性的东西纳入理性的范畴，当康德的"物自体"、自然、惠爱、天才，席勒的感性冲动与形式冲动，歌德的人格、预感，谢林的理智直觉、无意识等概念被他搁置、淡出或消解了之后，不仅与身体相关的经验之美失去了必要的根基，而且超验（理念）之美本身也遭到了质疑。

　　理性主义在德国古典美学中得到了空前的张扬，同时也走到了自己的反面。站在它的对立面的首先是青年黑格尔派的费尔巴哈，被誉为新教神学之父的施莱尔马赫和丹麦学者克尔凯郭尔。继他们之后则是由叔本华、尼采，是狄尔泰、西美尔、倭铿、斯宾格勒、柏格森等的生命哲学，是弗洛伊德的精神分析和克罗齐的直觉主义。20世纪初是心理主义大行其道的时期，美学在心理主义的影响下，对经验之美做了细致入微的深入的探索和描述，但是经验之美总是因时因地而异，总是个别的、具体的、偶然的，所以无可避免地陷入了相对主义。

　　胡塞尔的现象学的创立宣告了生命哲学和心理主义的终结。现象学的影响来自两个方面：一是作为认识论和方法论的现象学本身，一是作为超验唯心主义的唯我论。前者不仅为合理地理解审美现象，克服美学的相对主义，而且为消除经验之美与超验之美的对立提供了可能；后者则为深化自我与世界（存在）的关系的讨论，为美学从认识论走向存在论提供了契机。当所谓"纯粹意识结构"的审美主体向世界（存在）展开，也就是当从主体性向主体间性和"生活世界"（胡塞尔），从"纯粹自我"向"存在自我"（莫里斯·盖格尔），从艺术的意向性结构向艺术的形而上学性质（茵加登），从审美知觉主体向艺术作品的"准主体"，到自在自为的自然美（杜夫海纳）展开，现象学事实上宣告了所谓的先验还原或本质还原的不可能，从而促使美学逻辑地转向了存在主义。

　　杜夫海纳、海德格尔、梅洛·庞蒂的存在主义对经验之美与超验之美做了第二次综合。与第一次综合不同，这是在存在论或本体论意义上的综合。这同样是一种超越，但不是单纯认知的过程，而是人自我实现的方式。它的起点不是纯粹的感性，而是感性与理性，同时也是经验与超验的原始同一，即杜夫海纳说的：我与自然间某种"先定的和谐"——"共同的实体性"。它的终点不是绝对理念，而是人与自然的最终和解，即海德格尔说的对"世界"及"在世界之内可通达的存在者"的"领会"，

"天、地、神、人共舞";就是梅洛·庞蒂说的通过身体"感知"并"拥有整个世界"。

西方美学史并没有终结。存在主义美学没有完全脱出审美乌托邦的性质。马克思所设想的人的全面发展,人本主义与自然主义的彻底的统一,作为美学问题,尚待从理论上给予真正科学的论证和合理的解答。

二十七　古今两个端点:柏拉图与今道友信

这篇文章发表之后,有人建议我写一部西方美学史。我没有应承,主要因为年龄大了,没有勇气面对几千年积累下来的庞大的历史资料。但我确想做进一步的尝试,写其中的几个人,其中之一是柏拉图,因为美的超验性问题是他提出来的,而且他的影响贯穿了整个西方美学史;另一个是写了《关于美》与《关于爱》的当代日本学者今道友信。今道友信不是西方人,但他在学养上继承了西方的传统,并且努力将西方美学与东方美学整合起来建立一种跨地域的现代美学框架。现在这两篇文章已经写出,一篇刊发了,另一篇即将刊发。

关于柏拉图的一篇,题名为《哲学视野中的爱与美——一种神话学的建构》。从标题可以看出,这篇文章的路数与此前的《古希腊罗马美学》不同,力图把柏拉图放回到他原初的思路和语境中。柏拉图是从哲学层面讨论美学的自不必说,而且他总是把美与爱放在一起讨论,同时,更为重要的是他所采取的方法是神话学的,而不是一般分析的或综合的方法。

希腊哲学最初都是以神话学的形式出现的。在一定意义上,神就是尚未定型的概念或范畴;神话就是支配这些概念或范畴相互关系的规则或法则。柏拉图充分利用了神话的资源,通过对神话的阐释建构了以灵魂不灭论、爱欲论、迷狂论、回忆论、理式论为基本框架的哲学。

《大希庇阿斯》是他的美学的绪论。目的是将"美本身"与事物的美区分开来,从而为美学确立一个基本的前提。他的结论是"美是难的"。何以难?因为"美本身"不是事物的美,因此不能依靠感觉经验,而必须依靠内在的禀赋、爱和信仰来回答。于是就引出了《会饮》、《斐德诺》、《理想国》等篇的讨论。

《会饮》是他的爱欲论和理式论的代表作。就爱来说,可以认为这是一篇爱的哲学纲要。文章通过六个神话故事解读了爱神（爱）的定位、性质、意义以及爱与美的关系。其核心的观点是：爱是将万物协调、统一起来的冲动和力量；人有两种爱——物质的与精神的，或者经验的与超验的；爱以美为对象，以"生殖"为目的，包括肉体与精神的"生殖"，由于"生殖"人获得了永生。在此基础上，文章讨论了人如何在爱的引导下，通过"学习"、"了解"、"思考"（"想通"）、"领悟"（"孕育"），由事物到人，由肉体到灵魂，由个别的精神到普遍的精神，最后达到"豁然贯通这涵盖一切的学问"——"以美为对象的学问"的过程。

柏拉图意识到，《会饮》并没有回答爱与美的全部问题，因为爱不仅是一种智慧，也是一种"迷狂"，人们对美的爱，并不都是认知和经验的结果，而常常是受着某种外在力量，即爱神的驱动，所以他又写了《斐德诺》。《斐德诺》被一些西方学者称为《爱的心理学》。其中较为集中地阐发了他的迷狂论、灵魂不灭论和回忆论。灵魂不灭论的根据，一是"自动论"，二是"回忆论"。柏拉图认为，灵魂是自动的，而凡是自动的，如果没有外部力量的阻止，会永远运动下去；同时，认为灵魂中的许多知识不是靠感觉经验，而是靠回忆得来的，是灵魂生前禀有的。因为人有一颗不灭的灵魂，而灵魂在轮回中保留了生前的许多记忆，其中特别是"美本身"的记忆，所以当他见到一个"神明相"的人，或者叫做"美的成功的仿影"的时候，就会为爱神所"凭附"，陷入"迷狂"状态，惊异不已，欣喜若狂，似乎重又回到生前与诸神畅游上界的境界。

这样，柏拉图实际上揭示了通往"美本身"的两条道路：一条源起于内在的"仍然隶属于'质料'的感官事物的（客观）趋势，争取分有'理式'的本质东西"的冲动，一条源起于外在的以其最高真实和美向人发出召唤的超然的力量；前者是自我救赎之路，智慧之路，后者是被拯救之路，迷狂之路。但无论是哪条路，都不能离开爱神的引导或凭附，"美本身"与"爱的深密教"同在，所以从根本上说，只有一条路，这就是爱之路。

关于今道友信的一篇，题名为《今道友信：技术关联时代的爱》。今道友信之重要在于他深入探讨了技术关联时代的爱的危机和继续存在的可能性，同时在于对爱与东方传统概念"仁"作了比较和区分，强调了爱作为一种"原体验"的存在论意义，但由于受到精神现象学的局限，将爱与美限定在意识—理念—艺术范围之内，所以并没有完全超出认识论范围。

二十八　爱的哲学与美的哲学

美和爱的关系是我从 20 世纪 90 年代以来就思考的一个问题,在我看来,这是任何一种有影响的美学必须面对的一个基本问题,柏拉图和今道友信的研究一方面确证了,另一方面又强化了我的这种意识和信念。

李泽厚将美学区分为"美的哲学"、"审美心理学"以及"艺术社会学",这种区分是二元论思维方式的典型表现。美与美感怎么能够分割开来呢?如果分割开来,对美感的研究只能停留在形而下的层面,而对美的探讨则势必漂浮在抽象的概念上。心理学,包括实验心理学、认知心理学、完型心理学、精神分析学在内,属于经验性科学,是美学的重要资源,但不是美学的"主干"或"中心"。心理学对于美感中的欲望、知觉、内模仿、结构、联想、移情等的描述对于了解美感的心理机制和运作方式是有价值的,但是不可能揭示潜藏在这些现象背后的生命的根基,不可能触及人对超验境界的诉求。

而我认为,美感的真正奥秘在对美的爱,只有爱才能说明人们为什么能在欲望、知觉、内模仿、联想、移情中获得审美的愉悦,同时又能在审美愉悦中得到整个精神和人格的提升。

我之所以形成这样的认识,除了柏拉图之外,还受到了孔子与当代西班牙哲学家乌纳穆诺的影响。孔子说:"里仁为美。"乌纳穆诺说:"到底是因为事物中所具有的美与永恒而唤醒、激发我们对于它们的爱,或者是由于我们对于事物的爱而使我们发觉事物所具有的美与永恒? ……难道说美,以及随之而来的永恒,不就是爱的一项创造吗?"为了弄清楚美与爱的关系,我还查阅了孟子、荀子、董仲舒、普洛丁、圣奥古斯丁、斯宾诺莎、休谟、帕斯卡尔、康德、弗洛伊德、海德格尔、马克斯·舍勒、弗洛姆、A. H. 马斯洛等三十多位哲学家、思想家的书。虽然他们中大多数都语焉不详,但还是给了我不少的启迪,不仅坚定了我的认识,而且使我逐渐形成了几个基本观点和相关的逻辑理路。

我意识到自己与柏拉图的区别。这个区别就在于我不是把爱理解为外在于人的神,而是理解为在性的基础上,在社会交往和生活实践中生成的人的基本的生命机制,因此我不认为人必须在扬弃感性经验的基础上才能够达到超验境界。我想，这样理解爱不仅不会贬损爱的神圣和伟大，相反会更加强化爱的人性根基及其在自我救赎上的巨大意义。

因此，我不是从超验的爱，从爱的概念入手，而是从经验的爱，从爱的现象入手，对爱与美的关系进行了多角度、多层面的探讨。我在1995年发表了《美·爱·自由（论纲）》（《学术论丛》第5期），隔了14年后，于2009年又发表了《爱的哲学与美的哲学》（《文艺研究》第7期）。

我认为，爱是与欲望、认同、同情、怜悯、依恋、友情、新奇、尊敬、忠诚、仰慕、自我实现等因素组合而成的心理体验或经验，是一个家族；美是由对象的不同特征和主体的不同心境相碰撞和相融合而形成的价值判断，美也是一个家族。

爱体现着人类克服孤独、分离、疏远，追求完整，融入社会和自然的内在的需要和趋向，爱具有内在的秩序；美是人自身以及与自然间的协调、比例、匀称、规律、统一、充实、完整的表征或象征，美也具有内在的秩序。这个秩序总体可以表述为：从个别到一般，从物质到精神，从社会到自然，从具象到理念，最后到"天、地、神、人"融为一体的境界。

爱与美有着共同的本源。它们同样是生命的一种欲求和内驱力，同样根植于人的自由的本性。性、生产、交往、皈依、自我实现是它们得以生成的一个个环节。

爱与美有着相似的历程。它们同样发轫于人类充满稚气的童年，同样经历了宗教的洗礼和人文主义的启蒙，在资产阶级革命时期同样得到了极度的张扬，在工具理性和压抑性文明里同样受到了普遍的扭曲。

爱与美有着对等的定位。如果理智、意志、情感是三位一体的心理结构，爱就是理智、意志、情感的共同的基础、内在机制和价值取向；如果真、善、美是三位一体的价值结构，而真被理解为存在的本体，善被理解为存在的趋向，美被理解为存在的表征，那么，爱与美就具有相互对应的定位，爱就是对存在的表征，即事物整体的爱；美就是让整个心灵投入其中的美。

爱与美有着共同的意义。爱的意义就是指向美，美的意义就是彰显爱。爱与美的意义就是通过协调理智、意志、情感，通过整合真与善，构成人的以自由为归宿的超越性心理结构，以虚静的心境和批判的精神去面对世界。

二十九　回返自然——生命的根底部

如果我对爱与美的关系的理解是正确的，那么，美学作为感性学，或作为超越之学就有了一层新的意义，因为爱与美将我们逼到了生命的根底部，同时又将我们推向了生命的终极部。

美学是感性学，这是美学之父鲍姆伽通一开始就说明白了的，但是，在德国古典哲学中，感性只是一个被超越，被扬弃的环节，美被理解为理念，美学的使命就是揭示从感性到理性的超越过程。存在主义者，特别是杜夫海纳意识到了这一点，但无力消除理性主义的影响，以至于感性向理性超越（或者感性向理性的积淀）长期以来成为美学的基本主题。

我认为，感性是要被超越的，但是，理性同样是要被超越的，审美活动的终极境界是感性与理性，即人与自然的完美的结合。这种结合在爱与美的秩序中已经先验地昭示给我们了。

感性在被超越之前，必须作为感性获得应有的肯定和张扬。

2004 年底，我在台州学院召开了一个小型的美学与文艺学前沿问题研讨会，在会上，我做了题为"回返感性"的发言。

我讲的感性是生命的整体。在我看来，感性之所以重要，不仅是因为感性的自然性本身，更因为感性是自然赋予人，从而使人有可能向理性延伸的一切。感性是理智、意志、情感的共同的基础。理性在通往真理的途中要对感性加以分析、概括和抽象，但是它所抽象的东西永远是感性的一部分。理性的任务是引导感性，但是理性自身的谬误常常要靠感性来纠正。然而，轻贱、鄙视感性是西方的一个历史传统。自从亚里士多德将人定义为"理性的动物"后，西方人就片面地标榜自己的理性的一面，特别是进入资本主义社会以来，随着"工具理性"的发展，感性自身被阉割了，感性与理性、感性与自然间的天然联系被切断了，人们渐渐地既失去了感性的能力，也失去了感性的兴趣，以至于沦落成了没有根基、无所皈依的"漂泊者"。

审美活动的意义之一就是回返感性。与认识活动、伦理活动、功利活动不同，审美活动不仅以感性为基础，而且自始至终保持着感性的形式。审美活动需要借助视觉、听觉及其他感官，需要调动意识与潜意识中的各种记忆，需要伴有情趣和激情的联想或想象，总之，需要调动身体的各种器官，并使其达到协调和平衡，因为这个原因，审美活动承担着认识、伦理和功利活动所不能承担的维系和激发感性能力与机制的使命。

回返感性，实际上就是回返生命的根底部，回返感性与理性未被分割的原初状态，从而为超越有限生命，实现感性与理性、人与自然的彻底统一提供一个坚实的基础。

三十　经验之美与超验之美

决定审美超越性的不是回到生命的根底部，而是确立生命的终极部。只是由于有个终极境界，即超验之美，审美活动才总是带有一定理想的性质，带有否定的和批判的性质。

而这样就涉及人的信念或信仰，因为终极境界存在于信念或信仰中，而不存在于思虑或想象中。

2004年，潘知常教授约我为《学术月刊》就审美活动与信仰问题写一篇笔谈，从此，我开始介入信仰问题的讨论。2010年8月，我以"美、爱与信仰"为题，在世界美学大会上做了一个简短的发言，随后，又在浙江工商大学做了一次讲演。

我之所以介入信仰问题的讨论，不仅仅是由于美学自身的需要，也是由于现实生活引发的焦虑。长期以来，我们的理论界、学术界、文化界比较多地是讲实践、实用、实效，很少讲信仰。包括一些学者在内，许多人根本没有信仰，或者只有迷信。而在我看来，有没有信仰，是人与动物的基本区别之一。无论对于个人，或是对于社会，信仰都是不可或缺的精神支柱和动力。由于不讲或少讲信仰，所以我们看到，拜物教盛行起来了，金钱成了事实上的神，社会上充斥着各种怪力乱神、黄腐黑毒等丑恶现象。信仰是个大问题，也是一门大学问，是人文科学，特别是美学不可以回避的课题。

信仰问题实际上就是救赎，即超越问题。康德讲，有两种信仰，一种是宗教的信仰，一种是理性的信仰。宗教信仰讲的是被救赎，被超越；理性信仰讲的是自我救赎，自我超越。理性信仰意味着什么呢？意味着在自己之外，在最高层面和终极意义上，为自己树立一个敬畏、崇拜、向往的目标；意味着在通向这个目标途中，找到了自己既不尊大又不卑屈的位置；意味着具有了一种最高的需求，一种拒绝平庸，脱出世俗，追求永恒的动力。

信仰可以是指一种实体，一种理念，或者一种境界，但无论何种信仰，其核心的内涵必定是融真、善、美于一体的超验的存在，其中真是它的本体，善是它的趋向，美是它的表征：作为认识的对象是真，作为意志的对象是善，作为爱的对象是美。信仰根植于人们的生活经验之中，是万千年来生活经验的伟大积淀，因此，任何一种信仰的确立，无不是从对生活中的真、善、美的体验或经验开始。在一般情况下，首先不是确证了它的真，领悟了它的善，而是体验了它的美，是接触了一个遥远、神奇、美丽的传说，一位创始人的伟大、悲壮的经历，以及无数信徒对这个传说和经历的有声有色的演绎。

通向信仰的秩序就是爱与美的秩序。对于美来讲，就是由直觉—形式到想象—意象，到生命体验—终极境界的过程，对于爱来讲，就是由性爱、友爱到博爱，到大爱、圣爱的过程。美作为直觉处在生命的根底部，在这里，人作为整体与同样是整体的对象之间进行着直接的碰撞和交流。想象联结着生命的根底部与超验部。想象将人生存空间与时间联系在了一起，不仅记录了人的成长过程，而且引导人超越有限理智和意志，趋向真、善、美本体。美作为生命体验是直觉和想象所不能达到的生命的超验部，即生命的终极境界。在这里，主体（人）与客体（自然）完全融合为一。按照黑格尔的说法，就是绝对理念与绝对心灵的同一；按照老庄的说法，就是天道与玄德的同一；按照海德格尔的说法，就是"天、地、神、人的共舞"。

信仰问题涉及从经验之美到超验之美这个最核心问题和最高旨趣，因此，我在这篇论文中将美学称为信仰之学。

跋

如今，我已经是年逾古稀的老人。在我回顾曾经攀援的时候，不免想起年纪比我还大的老一辈学人：宗白华、朱光潜、蒋孔阳等人。宗白华先生，无论学术上，还是生活上，都非常低调。晚年很少著述，但从没有停止思索。去世之后，家人竟从床底下箱子里翻出了大量未发表的手稿。朱光潜先生即使在病中，每日还艰难地下到一楼，伏在书桌上，把夜晚思考的东西写下来。一次独自去北大图书馆查阅维科的资料，被人发现后小心地扶了回来。我与蒋孔阳先生不熟，但接到过他一封亲笔信，对我出版《走出古典》一书给予了热情鼓励。而且我记得，在已经不能完全自理的情况下，蒋先生还由家人陪同参加了一次在济南召开的会议，看着学生代读了他的发言。我为他们的执着、真诚、朴实和超然的精神所感动。我深感虽然经过几十年的攀援，越过了几个不高的山崖，但距离想象中的巅峰还有千里万里，或许这就是我的收获，也是我的宿命。